管理学研究丛书

水利工程管理与施工技术

王海雷 王 力 李忠才◎主编

九州出版社
JIUZHOUPRESS

图书在版编目（CIP）数据

水利工程管理与施工技术／王海雷，王力，李忠才主编.
—北京：九州出版社，2018.4
ISBN 978-7-5108-6134-5

Ⅰ.①水… Ⅱ.①王… ②王… ③李…Ⅲ.①水利工程管理
②水利工程—工程施工 Ⅳ.①TV6②TV5

中国版本图书馆 CIP 数据核字（2017）第 249436 号

水利工程管理与施工技术

作　　者	王海雷　王　力　李忠才　主编	
出版发行	九州出版社	
地　　址	北京市西城区阜外大街甲 35 号（100037）	
发行电话	（010）68992190/3/5/6	
网　　址	www.jiuzhoupress.com	
电子信箱	jiuzhou@jiuzhoupress.com	
印　　刷	廊坊市海涛印刷有限公司	
开　　本	710 毫米×1000 毫米　16 开	
印　　张	40.25	
字　　数	722 千字	
版　　次	2018 年 4 月第 1 版	
印　　次	2018 年 4 月第 1 次印刷	
书　　号	ISBN 978-7-5108-6134-5	
定　　价	98.00 元	

主　编：王海雷　王　力　李忠才

副主编：潘建峰　石宝华　赵龙贵

编　著：（按姓氏笔画排序）

王　力　王海雷　石宝华　朱　涛

刘　轲　孙经军　纪爱娟　杨　栋

李　盈　张旭升　李忠才　赵龙贵

侯啸岳　郭黎伟　常　博　崔婷婷

潘　峰　潘建峰

前　　言

　　水利工程施工是按照设计提出的工程结构、数量、质量、进度及造价等要求修建水利工程的工作。水利工程的运用、操作、维修和保护工作，是水利工程管理的重要组成部分，水利工程建成后，必须通过有效的管理，才能实现预期的效果和验证原来规划、设计的正确性；工程管理的基本任务是保持工程建筑物和设备的完整、安全，使其处于良好的技术状况；正确运用水利工程设备，以控制、调节、分配、使用水资源，充分发挥其防洪、灌溉、供水、排水、发电、航运、环境保护等效益。做好水利工程的施工与管理是发挥工程功能的鸟之两翼、车之双轮。

　　本书是根据多年的实践经验编著而成的，包括十七方面的内容，分别是：概论、水利基础知识、防汛抢险、水利工程施工组织、施工导流、堤防施工、水闸施工、土石方施工、混凝土施工、钢筋施工、水利工程质量、水利工程管理、水利工程招投标、水利工程合同管理、施工安全管理、风险与信息管理、工程资料整编等。

　　本书由王海雷、王力、李忠才任主编，潘建峰、石宝华、赵龙贵任副主编，王力、王海雷、石宝华、朱涛、刘轲、孙经军、纪爱娟、杨栋、李盈、张旭升、李忠才、赵龙贵、侯啸岳、郭黎伟、常博、崔婷婷、潘峰、潘建峰参加编著。具体分工为：第一章、第八章、第十一章、第十六章由王力、张旭升、郭黎伟、潘建峰共同编写，共计约 16.5 万字，其中王力 4.1 万字、张旭升 3.5 万字、郭黎伟 2.5 字、潘建峰 6.4 万字；第二章、第九章、第十二章由石宝华、李盈、纪爱娟、常博共同编写，共计约 14.9 万字，其中石宝华 3.8 万字、李盈 3.7 万字、纪爱娟 3.6 万字、常博 3.8 万字；第三章、第六章、第十章由王海雷、刘轲、李忠才共同编写，共计约 12.4 万字，其中王海雷 5.8 万字、刘轲 2.5 万字、李忠才 4.1 万字；第四章、第十三章、第十五章由侯啸岳、崔婷婷、潘峰共同编写，共计约 12.8 万字，其中侯啸岳 4 万字、崔婷婷 4.1 万字、潘峰 4.7 万字；第五章、第七章、第十四章、第十七章由朱涛、孙经军、杨栋、赵龙贵共同编写，共计约 15 万字，其中朱涛 3.7 万字、孙经军 3.8 万字、杨栋 3.7 万字、赵龙贵 3.8 万字。全书由王力、王海雷、石宝华、朱涛、刘轲、孙经军、纪爱娟、杨栋、李盈、张旭升、李忠才、赵龙贵、侯啸岳、郭黎伟、常博、崔婷婷、潘峰、潘建峰统稿。

本书在编著的过程中,参考了大量的文献资料,不能一一列出,在此向参考文献的作者表示崇高的敬意。

由于作者水平有限,书中难免存在疏漏和不足之处,敬请读者批评指正。

编　者

2017 年 5 月

目 录

第一章　概　　论

第一节　水资源概述

一、世界水资源概况

地球上的水资源,从广义上来说是指水圈内的总水量。由于海水难以直接利用,因而通常所说水资源主要指陆地上的淡水资源。通过水循环,陆地上的淡水得以不断更新、补充,满足人类生产和生活需要。

水是地球上最丰富的资源,覆盖地球表面 71% 的面积。但是,地球上的水,尽管数量巨大,能直接被人们生产和生活利用的却少得可怜。地球上的水有近 98% 是既不能供人饮用、也无法灌溉农田的海水,淡水资源仅占其总水量的 2.53%,而在这极少的淡水资源中,有 70% 以上被冻结在南极和北极的冰盖中,加上难以利用的高山冰川和永冻积雪,有 87% 的淡水资源难以利用。人类真正能够利用的淡水资源是江河湖泊和地下水中的一部分,约占地球淡水量的 0.26%,占地球总水量的十万分之七,即真正有效利用的全球淡水资源每年约为 9000km^3。

世界上不同地区因受自然地理和气象条件的制约,降雨和径流量有很大差异,因而产生不同的水利问题。

非洲是高温干旱的大陆。按面积平均其水资源在各大洲中为最少,不及亚洲或北美洲的一半,并集中在西部的扎伊尔河等流域。除沿赤道两侧雨量较大外,大部分地区少雨,沙漠面积占陆地的 1/3。非洲尼罗河是世界上最长的河流,其水资源哺育了埃及古文明。

亚洲是面积大、人口多的大陆,雨量分布很不均匀。东南亚及沿海地区受湿润季风影响,水量较多,但因季节和年际变化雨量差异甚大,汛期的连续降雨常造成江河泛滥。如中国的长江、黄河,印度的恒河等都常给沿岸人民带来灾难。防洪问题是这些地区沉重的负担。中亚、西亚及内陆地区干旱少雨，以致无灌溉即无农业，必须采取各种措施开辟水源。

北美洲的雨量自东南向西北递减，大部分地区雨量均匀，只有加拿大的中部、美国的西部内陆高原及墨西哥的北部为干旱地区。密西西比河为该洲的第一大河，洪涝灾害比较严重，美国曾投入巨大的力量整治这一水系，并建成沟通湖海的干支流航道网。美国在西部的干旱地区，修建了大量的水利工程，对江河径流进行调节，并跨流域调水，保证了工农业用水的需要。

南美洲以湿润大陆著称，径流模数为亚洲或北美洲的两倍有余，水量丰沛。北部的亚马孙河是世界第一大河，流域面积及径流量均为世界各河之冠，水能资源也较丰富，但流域内人烟较少，水资源有待开发。

欧洲绝大部分地区具有温和湿润的气候，年际与季节降雨量分配比较均衡，水量丰富，河网稠密。欧洲人利用优越的自然条件，发展农业、开发水电、沟通航运，使欧洲的经济发展较快。

全球淡水资源不仅短缺而且地区分布极不平衡。按地区分布，巴西、俄罗斯、加拿大、中国、美国、印度尼西亚、印度、哥伦比亚和刚果等 9 个国家的淡水资源占了世界淡水资源的 60%。约占世界人口总数的 40% 的 80 个国家和地区严重缺水。目前，全球 80 多个国家有约 15 亿人口面临淡水不足问题，其中 26 个国家的 3 亿人口完全生活在缺水状态。预计到 2025 年，全世界将有 30 亿人口缺水，涉的国家和地区达 40 多个。水资源正在变成一种宝贵的稀缺资源，水资源问题已不仅仅是资源问题，更成为关系到国家经济、社会可持续发展和长治久安的重大战略问题。

二、我国水资源分布

根据水利部对水资源评价的结果，我国多年平均年降水总量为 6.08 万亿 m^3（相当于全国的年降水量平均为 648mm），通过水循环更新的地表水和地下水的多年平均年水资源总量为 2.77 万亿 m^3。其中地表水 2.67 万亿 m^3，地下水 0.81 万亿 m^3，地表水与地下水相互转换、互为补给的两者重复计算量为 0.71 万亿 m^3，与河川径流不重复的地下水资源量为 0.1 万亿 m^3。我国人均年水资源量为 2200m^3，约为世界人均占有量的 1/4，在世界银行连续统计的 153 个国家中居第 88 位。目前有 16 个省（自治区、直辖市）人均水资源量（不包括过境水）低于严重缺水线，有 6 个省（自治区）（宁夏、河北、山东、河南、山西、江苏）人均水资源量低于 500m^3。据预测，到 2030 年，我国人口将增至 16 亿，人均年水资源量将降至 1750m^3。

从中国大陆水资源总量的变化趋势看,最近20多年来,由于环境变化,如受气候变化和人类经济活动导致的土地利用和覆被变化的影响,我国各地区的水资源有不同程度的变化,降水和水资源数量略有减少,特别是中国北方地区(如华北地区等)水资源数量减少的趋势比较明显。北方缺水地区持续枯水年份的出现,以及黄河、淮河、海河与汉江同时遭遇枯水年份等不利因素的影响,更加加剧了北方水资源供需失衡的矛盾。

三、我国水资源特点

我国地理位置特殊,地形变化大,气候差异也大,水资源分布呈现明显的特点。

(一)水资源总量丰富,人均占有量少

我国水资源多年平均总量为2.77万亿 m^3 ,居世界第6位,平均径流深度约284mm,为世界平均值的90%,居世界第6位。虽然我国水资源总量丰富,但是平均占有量很少。水资源人均占有量为2200 m^3 ,约为世界人均量的1/4,排在世界第110位,被列为世界13个贫水国家之一。水资源耕地的平均占有量为28320 m^3/hm^2 ,仅为世界平均数的80%。

(二)水资源在空间上分布不平衡

长江流域及其以南地区国土面积只占全国的36.5%,其水资源量却占全国的81%;淮河流域及其以北地区的国土面积占全国的63.5%,其水资源量仅占全国水资源总量的19%。我国北方人口占全国总人口的2/5,但水资源占有量不到全国的1/5。在全国人均水资源量不足1000 m^3 的10个省区中,北方占了8个,而且主要集中在华北。另外,北方耕地面积占全国耕地面积的3/5,而水资源量仅占全国的1/5。南方每公顷耕地水资源量28320 m^3 ,而北方只有9645 m^3 ,前者是后者的3倍。水资源空间分布的不平衡性与全国人口、耕地资源分布的差异性,构成了我国水资源与人口、耕地资源不匹配的特点。

(三)水资源在时间上分布不平衡

我国河流年际间最大和最小径流的比值,长江以南地区中等河流在5以下,而北方地区多在10以上,径流量的年际变化存在明显的连续丰水年和连续枯水年。年内分布则是夏秋季水多,冬春季水少。大部分地区年内连续4个月降水量占全年的70%以上,短期径流过于集中,易造成洪水灾害。例如,1998年属于丰水年,全国河川径流量比正常年份多6247亿 m^3 ,其中长江偏多3491亿 m^3 (多36.7%),松花江偏多693亿 m^3 (多90.9%),长江、嫩江出现了特大洪涝灾害。2001年干旱严重,全国大部分地区河川径流量偏少,松花江、辽河、海河、黄河、淮河比正常年份来水量偏少23% ~67%,长江也偏少6% ~9%,仅东南、华南沿海、西南和西北内陆来水偏丰。

（四）水资源分布与人口、耕地布局不相适应

我国长江流域及以南地区水资源总量占全国的81%,人口占全国的54.7%,人均水资源量4170m³,为全国平均值的1.5倍,耕地占全国的36.5%,亩均水资源量4134m³,为全国平均值的2.3倍;北方地区水资源总量占全国的14.4%,人口占全国的43.2%,人均水资源量的938m³,为全国平均值的35%,耕地占全国的8.3%,亩均水资源量454m³,为全国平均值的26%。由于水土资源和人口组合极不平衡,因此,形成了北方用水十分紧张的局面。

第二节　水利工程管理

人们通过各种人工措施对天然的水进行控制、调节、治理和利用,以达到减轻或消除水旱灾害,满足人类生存、生活和生产需要的目的。为了治理江河和开发水资源而修建的各种设施都称之为水利工程。它涉及江河的防洪和治涝、农业灌溉和排水、土壤改良和水土保护、城乡供水、水力发电、水产养殖、治河航运,以及水利环境保护等。水利工程的基本任务是除水害和兴水利。

中国是一个水利大国,中华民族的治水传统与华夏文明一样源远流长。历代善治国者均以治水为重,把治水害、兴水利作为治国安邦的大事。我国历史上的"盛世"局面,无不得力于统治者对水利的重视,水利兴而天下定,天下定而人心稳,百业兴,社会必然繁荣昌盛。新中国成立以来,党和国家领导人极为重视水利事业的发展,先后投入了大量的人力、物力和财力,建成了一大批水利水电工程,这些工程对发展工农业生产,抗御水旱灾害,保护人民生命财产,都发挥了重要作用。同时,由于受当时重建轻管指导思想的影响,在相当长的一段时期内,水利工程的管理工作一直处于落后状态,加之长期实行低水费或无偿供水的政策,缺乏足够的资金对工程进行必要的更新改造,致使许多水利工程和设备老化失修,带病运行,效益衰减,严重影响工程效益的发挥。

随着我国的改革开放和经济体制的改革,原有的水利管理体制已经不适应形势发展的需要,水利管理体制的改革已迫在眉睫。1981年全国水利管理会议上认真总结了前一时期忽视工程管理、忽视经济效益的经验教训,提出了"把水利工作的重点转移到管理上来"的号召,大力加强法制建设,使管理法规制度日趋完善。1983年全国水利工作会议上确定了"加强经营管理,讲究经

济效益"的水利工作指导方针。1984 年全国水利改革座谈会上,通过总结过去几年水利改革的经验,进一步明确了水利改革方向。1985 年国务院颁发了《水利工程水费核定、计收和管理办法》,批转了原水利电力部《关于改革水利工程管理体制和管理办法》、《关于加强农田水利设施管理工作报告》等文件。1988 年全国人民代表大会常务委员会通过了《中华人民共和国水法》。同年,国务院颁布了《中华人民共和国河道管理条例》。1991 年,国务院颁布了《水库大坝安全管理条例》。水利部、财政部 1980 年还联合颁发了《水利工程管理单位财务包干试行办法》。另外还有:《水利水电工程管理条例》、《水库工程管理条例》、《水闸工程管理通则》、国务院《关于清除行洪蓄洪障碍,防障防洪安全的紧急通知》以及河道堤防、灌区、小型水库、土坝等方面的通则、规定、办法等,这些都是管理工作必须遵循的法规。水利管理的法规体系逐步趋向完备,对加强以法管理,维护正常管理秩序,防止水源、水域、水工程遭受破坏和侵占,以及进行体制改革等方面,提供了法律保障,使水利工程管理工作进入到一个有法可依,依法治水,讲求效益,改革发展的新阶段。

"十二五"期间,我国重大水利工程建设全面提速。以加快推进 172 项节水供水重大水利工程为契机,加强部门沟通协调,强化责任分工考核,切实加强重大水利工程前期工作和建设进度。大江大河大湖治理深入实施。进一步治理淮河工程全面推进,淮河流域重点平原洼地治理、淮河入江水道整治、蚌埠至浮山段行洪区调整和建设等工程加快实施,河南出山店水库截流,前坪水库开工。太湖流域水环境综合治理进展顺利,走马塘延伸拓浚等 7 项工程已完工。三江治理工程全面建设,黄河上游防洪治理、黄河下游防洪工程开工,荆江大堤综合整治、天津永定新河治理二期工程加快实施,安徽青弋江分洪道工程进展顺利,湖南洞庭湖区钱粮湖、共双茶、大通湖东三个蓄洪垸围堤加固工程、围堤湖等 10 个蓄洪垸堤防加固工程基本完工。大藤峡水利枢纽船闸部位基础开挖全面施工,黄河海勃湾、四川武都、亭子口、广东乐昌峡、辽宁锦凌、浙江合溪等工程投入初期运行,江西峡江水利枢纽 9 台机组、江西伦潭水利枢纽两台机组全部投产,新疆肯斯瓦特水利枢纽机组具备投产条件,河南河口村水库下闸蓄水、主体工程完工,河北双峰寺、湖南涔天河、江西浯溪口等工程加快实施,新疆卡拉贝利水利枢纽实现截流,湖南莽山、广西落久、新疆大石门等工程开工建设。水资源配置工程建设成效显著。甘肃引洮供水一期、辽宁大伙房水库输水二期、吉林引嫩入白、山西引黄入晋北干线、云南牛栏江—滇池补水工程建成通水,青海引大济湟调水总干渠隧洞全线贯通,辽宁观音阁水库输水、吉林中部城市引松供水、安徽淮水北调、陕西引汉济渭等工程加快实施。

西藏旁多、吉林哈达山、福建金钟、云南小中甸、山西张峰等工程投入初期运行,海南红岭水利枢纽机组并网发电,贵州黔中、辽宁青山、三湾等工程下闸蓄水,重庆金佛山、西藏拉洛等主体工程建设实施,福建长泰枋洋水利枢纽实现截流,新疆阿尔塔什水利枢纽导流洞开挖完成,辽宁猴山、黑龙江奋斗、山东庄里、重庆观景口、贵州马岭、云南德厚等大型水库开工建设。西南中型水库建设深入推进。节水供水重大水利工程顺利开工。2014 年 5 月,国务院常务会议部署加快推进节水供水重大水利工程建设,决定集中力量分步有序建设纳入规划的 172 项重大水利工程。按照国务院统一部署,2014 年开工建设了西江大藤峡、淮河出山店、陕西引汉济渭、新疆阿尔塔什等 17 项重大水利工程。2015 年新开工 28 个项目,超额完成《政府工作报告》明确的年度目标任务,172 个节水供水重大水利项目已开工 85 个,在建工程投资规模保持在 8000 亿元以上。重点工程验收工作进一步加强。三峡工程整体竣工验收枢纽工程验收以及地下电站阶段验收顺利完成,升船机工程验收启动。中哈霍尔果斯河友谊联合引水枢纽工程通过中哈两国联合验收并正式运用,河南燕山、安徽白莲崖、黄河龙口、天津永定新河治理一期以及走马塘拓浚延伸、洞庭湖二期治理三个单项、辽宁大伙房水库输水一期等工程通过竣工验收。嫩江尼尔基、广西百色、湖南皂市、四川紫坪铺、武都等工程积极开展竣工验收准备工作。

"十三五"时期是我国全面建成小康社会的决胜阶段,是加快推进"四个全面"战略布局的关键五年。随着经济社会快速发展和气候变化影响加剧,在水资源时空分布不均、水旱灾害频发等老问题仍未根本解决的同时,水资源短缺、水生态损害、水环境污染等新问题更加凸显,新老水问题相互交织,已成为我国经济社会可持续发展的重要制约因素和面临的突出安全问题。落实中央决策部署,提升国家水安全保障能力,加快推进水利现代化,需要统筹谋划好"十三五"时期的水利改革发展工作。根据《中共中央关于制定国民经济和社会发展第十三个五年规划的建议》和《国民经济和社会发展第十三个五年规划纲要》,按照国家关于"十三五"规划编制工作的总体要求,国家发展改革委会同水利部、住房城乡建设部组织编制了《水利改革发展"十三五"规划》(以下简称《规划》)。《规划》紧紧围绕实现全面建成小康社会这个奋斗目标,从全局和战略的高度,研究提出了"十三五"时期水利改革发展的总体思路、发展目标、主要任务、总体布局和政策措施。

"十三五"水利改革发展主要目标和重点任务。到 2020 年,基本建成与经济社会发展要求相适应的防洪抗旱减灾体系、水资源合理配置和高效利用体系、水资源保护和河湖健康保障体系、有利于水利科学发展的制度体系,水利基础设施网络进一步完善,水治理体系和水治理能力现代化建设取得重大进展,国家水安全保障综合能力显著增强。"十三五"水利改革发展重点任务包括8个方面:一是全面推进节水型社会建设;二是改革创新水利发展体制机制;三是加快完善水利基础设施网络;四是提高城市防洪排涝和供水能力;五是进一步夯实农村水利基础;六是加强水生态治理与保护;七是优化流域区域水利发展布局;八是全面强化依法治水、科技兴水。

"十三五"期间要推进水利工程建设管理体制改革。落实建设项目法人责任制、招标投标制、建设监理制、合同管理制,推行水利工程建设项目代建制。因地制宜推行水利工程项目法人招标、设计施工总承包等模式,推动水利工程专业化、市场化、社会化建设管理。创新小型农田水利工程建设管理模式,完善财政补助、价格机制、市场准入等相关支持政策,鼓励农民、村组集体、农民用水合作组织、新型农业经营主体等参与农田水利工程建设、管理、经营。探索水利工程移民新型安置方式,健全移民安置监督管理机制。

创新水利工程运行管护机制。推行水利工程企业化、物业化管理。积极推进水利工程管养分离,通过政府购买服务方式,鼓励专业化队伍承担工程维修养护和河湖管护。深化小型水利工程管理体制和产权制度改革,明确工程所有权和使用权,落实管护主体、责任和经费,探索"以大带小、小小联合"的水利工程集中管理模式,促进工程良性运行。

优化水利工程调度运用方式。综合考虑上下游、干支流、左右岸,兼顾防洪保安和蓄水兴利,按照安全第一、风险可控、效益最大的原则,合理制订各类水利工程调度运用方案,不断提高调度的科学化、精细化和规范化水平。积极推进梯级水库群联合调度,促进流域水资源综合利用效益最大化。稳步实施水库汛限水位动态控制,完善优化洪水预报,提高预报精度,延长预见期,合理利用雨洪资源。开展长江、海河等流域蓄滞洪区布局调整研究。

提高水利工程管理现代化水平。划定国有水利工程管理与保护范围。加强水利工程管理制度化、规范化和信息化建设,建立水利基础设施管理信息网络,健全水利工程管理标准规范体系。加强大坝安全监测、水情测报、通信预警和远程控制系统建设,提高水利工程管理信息化、自动化水平。大力推进安全生产标准化建设,完善水利安全生产应急预案体系,建立重大安全隐患防范和应急机制。

黄河流域要加快推进古贤水利枢纽等工程建设,深化黑山峡河段开发方案前期论证,进一步完善水沙调控体系;加大节水力度,强化流域水资源统一调度和用水管理,加快引汉济渭等工程建设,优化水资源配置格局;加强水土保持生态工程建设,推进黄河粗泥沙集中来源区水土流失治理,减少入黄泥沙;加强黄河下游及滩区治理,完成下游标准化堤防建设。

第三节　水管体制改革

一、水管体制改革的由来

为摸清水管单位的基本情况,找出水管单位目前存在的主要问题和困难,研究提出切合实际的改革措施,水利部建设与管理司 2000 年 9 月下发了《关于开展水利工程管理单位体制改革基本情况普查及调研工作有关问题的通知》(建管管[2000]4 号),由部建管司牵头、发展研究中心承担,组织开展了水管单位普查和典型调研工作。截至 2001 年 5 月底,全国 31 个省(自治区、直辖市)(不含台湾、香港、澳门)、5 个计划单列市及 7 个流域机构提交了水管单位现状调查表和管理体制改革情况报告。同时,组织十余个调研组,分别对广东、上海、浙江、湖北、辽宁、吉林、安徽、江西、云南、四川、陕西、新疆等省(市、区)和水利部有关流域机构的 70 余个水管单位进行了典型调研。通过普查和典型调研,初步掌握了水管单位的基本情况,基本摸清了水管单位目前存在的主要问题和困难。

(一)普查范围及内容

普查的水管单位范围为:直接管理水利工程、在财务上实行独立核算的国有水库、水闸、河道工程管理单位。不包括灌区管理单位(水库、灌区统一管理的除外)。普查年份为 1997、1998、1999 三个年度。

普查的主要内容有:①基本情况,统计了不同地区、不同工程性质水管单位数量、总量及水利工程固定资产原值等;②人员情况,统计了水管单位职工总人数和在岗职工、离退休人员数量,在岗职工中工程技术人员和机关、工程管理、多种经营等人员数量及结构比例;③财务收支情况,统计了财政拨款、行政事业性收费留用部分、水费、电费等经营性收费和多种经营纯收入等收入状况,以及人员工资、机构费用、用于工程运行的维护费等支出状况。

普查中将水管单位分为公益性单位、经营性单位和综合性单位三类。公益性单位是指只承担纯公益性任务的水利工程管理单位;经营性单位是指只承担供水、发电等经营性任务的水利工程管理单位;综合性单位是指既承担公益性任务,又承担经营性任务的水利工程管理单位。

普查主要采用函调的方式,由各省(自治区、直辖市)水利(水务)厅(局)、各计划单列市水利(水务)局、各流域机构、新疆生产建设兵团水利局对管辖范围内的水管单位有关情况进行统计,课题组根据上报材料进行汇总分析。

(二)基本数据分析

根据各地上报材料统计,共对5432个国有水库、水闸、河道管理单位进行了普查。课题组从基本情况、人员情况和财务收支情况三个方面,对这些水管单位的普查数据进行了分析。

水管单位基本情况:据普查统计,截至1999年底,5432个水管单位中,综合性单位3993个,占总数的73.51%;公益性单位1304个,占总数的24.0%;经营性单位135个,占总数的2.49%。水利工程固定资产原值1594.77亿元。

据统计,截至1999年底,5432个水管单位中,有拨款的水管单位1753个,占水管单位总数的32.27%,无拨款的单位3679个,占水管单位总数的67.73%。特别是1304个公益性单位中只有805个单位享有定项或定额拨款,仅占公益性单位总数的61.73%,还有38.27%(499个)公益性单位没有拨款。即使有拨款的公益性单位,其财政拨款也远远不能满足工程运行管理和人员工资等费用支出,普查的公益性单位1999年财政拨款(包括水利事业费和其他财政拨款)总共只有6.24亿元,而人员工资(5.81亿元)、机构费用(3.94亿元)、工程运行维护费(5.55亿元)三项实际支出达15.30亿元;无拨款的公益性单位,则困难更大。

(三)水管单位人员情况

截至1999年底,水管单位职工总数41.68万人,其中:在岗职工31.80万人,占总数的76.3%;离退休职工7.29万人,占总数的17.48%;其他人员2.59万人,占总数的6.22%。

分析表明:

1. 水管单位职工总数持续增加,超编问题严重。近几年,水管单位职工总数每年在以近万人的数量增加,1997～1999年三年中,职工总数上升了4.81%。1999年在岗职工总数达到31.80万人(不含离退休人员),超编严重。

2. 离退休职工多、上升速度快。1999年离退休职工人数为7.29万人(占职工总数的17.48%),较1997年增加了15.91%,使水管单位负担过重。部直属水管单位这一问题更为突出,1999年离退休人数为0.66万人(占直属单位职工总数的22.08%),比1997年增加了16.88%。

3. 专业人才缺乏。具有高中级技术职称的职工有1.48万人,仅占职工总数的3.55%。造成这种状况的主要原因:一是水管单位多数地处偏远地区,远离城市,生活条件艰苦;二是水管单位短缺,职工福利待遇较低,生活水平相对不高,致使水管单位急需的人才招不来,招来的又留不住。

4. 近几年从事多种经营的人员减少。这与水管单位多种经营困难较大、效益不高有直接关系。

(四)水管单位财务收支情况

1999年水管单位总收入为99.35亿元,总支出为104.87亿元。

1. 收入情况

1999年水管单位总收入99.35亿元,其中:水利事业费等财政拨款17.97亿元,占总收入的18.08%;行政事业性收费留成5.47亿元,占总收入的5.50%;水费、电费等经营性收入62.87亿元,占总收入的63.28%;多种经营纯收入9.52亿元,占总收入的9.58%;其他收入3.53亿元,占3.55%。可见水费、电费等经营性收入是水管单位的主要经济来源。如果仅就公益性水管单位而言,财政拨款也仅占总收入的34.54%。

近几年,中央和各级政府加大了对水利工程管理的投入,1999年较1997年:水管单位水利事业费等财政拨款上升了17.03%;行政事业性收费留用部分上升了9.77%;人均年事业费上升了18.35%,但这仅是低水平的上升,1999年人均年事业费也只有3354元。

水管单位职工收入有所提高,1999年人均年收入7501元,1997年人均年收入6720元,1999年比1997年人均年收入增加了22.62%。

2. 支出情况

1999年水管单位总支出为104.87亿元,其中:人员工资31.27亿元,占总支出的29.81%;机构费用22.72亿元,占总支出的21.67%;用于工程的运行维护费31.20亿元,占总支出的29.75%;其他支出19.68亿元,占总支出的18.76%。

分析表明:

水管单位各项支出逐年增加。1999年较1997年各项支出增加了11.21亿元,增幅11.97%,其中:人员工资上升了16.99%,上升幅度最大。在人员工资中,离退休人员工资上升了22.69%,占总支出的5.22%,而且这一比例还在不断上升,因此,能否解决好离退休职工的养老保险、医疗保险等社会保障问题,将直接影响到水管单位的经济效益,进而影响到水管单位的改革进程,应予以高度重视。另外,近年用于工程运行管理的经费虽有增加,但增幅不大,且占总支出的比例在下降。

支出结构不合理,人员工资和机构费用支出过大。近几年,虽然中央和各级政府加大了对水利工程管理的投入,但水利工程运行管理费用依然严重不足。与此同时,由于水管单位职工总数增加较快,加上工资上调等原因,致使人员工资和机构费用的支出增加,占总支出的比例由 1997 年的 50.05% 上升到 1999 年的 51.48%。1999 年用于水利工程管理的经费比 1997 年虽略有增加,但是战总支出的比例却在下降,1997、1998 和 1999 年用于工程的运行维护费占总支出的比例分别为 31.06%、31.05% 和 29.75%。

二、水管单位存在问题

随着我国社会主义市场经济体制的建立和改革的深入,水管单位长期以来积淀的问题逐渐暴露出来,矛盾越来越突出,主要表现在:

(一)定位不准,性质不明

水管单位缺乏科学的定位和定性,既不像事业单位,又不像企业。对于占水管单位大多数的综合性单位来讲,公益性资产和经营性资产界定不清,单位内部长期事企不分,公益性部分运行管理费没有得到财政应当给予的合理补给;经营性部分不能适应市场要求,难以实现良性发展。对于堤防管理等纯公益性水管单位来讲,自身不具备对外经营创收的条件和能力,但大多却被定为差额补助事业单位,有的甚至被定为自收自支事业单位。定位不准,性质不明,即影响工程管理又阻碍单位发展,使不少单位长期处于困境。

(二)管理关系不顺,权责不清

水管单位管理体制不顺,政府、政府有关部门、水行政主管部门、水管单位之间的管理关系不顺,权责不明。有的地方管人的不管事,管事的不管人,相互推诿、扯皮的现象时有发生。

部分水管单位现任主体不明确。一些水利工程没有严格按分级管理的原则进行管理,该由上一级管理的水利工程由下一级管理,不利于水资源的优化配置和统一调度;对一些非水利部门管理的水利设施和水管单位,各级水行政主管部门的行业管理责任难以落到实处。

(三)经费短缺,没有稳定的资金来源渠道

水管单位经费严重短缺,各级财政对公益性工程的运行管理和维修养护始终没有建立起相对稳定的、有制度保障的投入渠道,大量公益性支出财政没有承担。据对 5432 个水管单位统计,有拨款的水管单位仅占 1/3;1304 个纯公益性水管单位中有财政拨款的不到 2/3。即使有拨款数量也严重不足,难以维持人员工资和机构正常运转的开支,更谈不上工程的维修养护。水管单位经费短缺使得水利工程维修养护工作无法正常开展,这也是工程老化失修的重要原因之一。据水利部统计,在全国343座大型水库和2683座中型水库中,病险水库分别占了42%;小型水库病险率也高达36%。工程带病运行,影响了工程安全运行和整体效益的发挥。

（四）水价标准低,水费收取难

水费是综合性水管单位的主要收入来源,水价能否达到成本价和水费征收到位率的高低,将直接影响到水管单位的生存和发展。主要存在两方面的问题:一是水价偏低;二是水费收取率低,农业水费收取环节过多,搭车收费、截流严重。据部分省统计,农业供水水价仅占供水成本的1/3左右,水费的实际收取率仅为40%~60%。

（五）机构臃肿,专业人才缺乏

水管单位内设机构不科学,非工程管理岗位多,有的因人设事、因人设岗,导致效率低下,人浮于事。据普查统计,水管单位1999年在岗职工总数31.80万人,由于安排子女就业及一些地方政府随意安置人员等原因,队伍还在不断膨胀,目前职工人数每年以近1万人的速度递增。山东省青州市仁河水库、黑虎山水库及弥河管理局成立时批准的编制分别为27人、60人和45人,而人员分别膨胀到257人、340人和129人。

在人员总量过剩的同时,水管单位真正急需的工程技术人员严重短缺。到1999年底,全国水管单位具有高、中级职称的技术人员只占职工总数的3.55%。北京市水管单位具有高级职称的18人,仅占职工总数的0.58%,具有中极职称的106人,仅占3.41%,结构明显不合理。地处偏远地区的水管单位,专业人才短缺问题更为突出,青海省全省水管单位没有一个具有高级职称的,有中级职称的只有31人,占职工总数的3.27%。技术力量薄弱,使得水利工程管理无法满足规范的要求。

（六）内部管理粗放,运行机制不活

工程管理粗放,管理手段落后,技术含量不高,内部规章制度不健全,规范化管理水平低,更谈不上现代化管理。低水平的管理,导致管理成本高,影响了工程的维护管理。

内部运行机制不活,缺乏有效的激励、约束机制,人事、分配制度上还沿用传统计划经济体制下的不合理做法,不能充分调动职工积极性。

（七）社会保障程度低,医疗、养老负担重

由于国家事业单位医疗、养老等社会保障制度尚未出台,水管单位普遍自己承担相关费用,负担相当沉重。在部分已推行社会保障制度改革的地区,由于水管单位经济状况不好,没有经费来源,也只有少数单位办理了职工医疗保险和养老保险。即使将来全面建立事业单位社会保障制度,按水管单位目前的经济状况,如果不给予一定的政策支持,也难以按时足额交纳保费。这已成为改革中安置分流人员和保障离退休人员生活的一大难点。

三、水管体制改革意见

2002 年 9 月 17 日国务院办公厅转发国务院体改办关于水利工程管理体制改革实施意见主要内容:

(一)水管体制改革的必要性和紧迫性

水利工程是国民经济和社会发展的重要基础设施。50 多年来,我国兴建了一大批水利工程,形成了数千亿元的水利固定资产,初步建成了防洪、排涝、灌溉、供水、发电等工程体系,在抗御水旱灾害,保障经济社会安全,促进工农业生产持续稳定发展,保护水土资源和改善生态环境等方面发挥了重要作用。

但是,水利工程管理中存在的问题也日趋突出,主要是:水利工程管理体制不顺,水利工程管理单位(以下简称水管单位)机制不活,水利工程运行管理和维修养护经费不足,供水价格形成机制不合理,国有水利经营性资产管理运营体制不完善等。这些问题不仅导致大量水利工程得不到正常的维修养护,效益严重衰减,而且对国民经济和人民生命财产安全带来极大的隐患,如不尽快从根本上解决,国家近年来相继投入巨资新建的大量水利设施也将老化失修、积病成险。因此,推进水管体制改革势在必行。

(二)水管体制改革的目标和原则

1. 水管体制改革的目标

通过深化改革,力争在 3 到 5 年内,初步建立符合我国国情、水情和社会主义市场经济要求的水利工程管理体制和运行机制:

——建立职能清晰、权责明确的水利工程管理体制;

——建立管理科学、经营规范的水管单位运行机制;

——建立市场化、专业化和社会化的水利工程维修养护体系;

——建立合理的水价形成机制和有效的水费计收方式;

——建立规范的资金投入、使用、管理与监督机制;

——建立较为完善的政策、法律支撑体系。

2. 水管体制改革的原则

(1)正确处理水利工程的社会效益与经济效益的关系。既要确保水利工程社会效益的充分发挥,又要引入市场竞争机制,降低水利工程的运行管理成本,提高管理水平和经济效益。

（2）正确处理水利工程建设与管理的关系。既要重视水利工程建设,又要重视水利工程管理,在加大工程建设投资的同时加大工程管理的投入,从根本上解决"重建轻管"问题。

（3）正确处理责、权、利的关系。既要明确政府各有关部门和水管单位的权利和责任,又要在水管单位内部建立有效的约束和激励机制,使管理责任、工作效绩和职工的切身利益紧密挂钩。

（4）正确处理改革、发展与稳定的关系。既要从水利行业的实际出发,大胆探索,勇于创新,又要积极稳妥,充分考虑各方面的承受能力,把握好改革的时机与步骤,确保改革顺利进行。

（5）正确处理近期目标与长远发展的关系。既要努力实现水管体制改革的近期目标,又要确保新的管理体制有利于水资源的可持续利用和生态环境的协调发展。

（三）水管体制改革的主要内容和措施

1. 明确权责,规范管理

水行政主管部门对各类水利工程负有行业管理责任,负责监督检查水利工程的管理养护和安全运行,对其直接管理的水利工程负有监督资金使用和资产管理责任。对国民经济有重大影响的水资源综合利用及跨流域（指全国七大流域）引水等水利工程,原则上由国务院水行政主管部门负责管理;一个流域内,跨省（自治区、直辖市）的骨干水利工程原则上由流域机构负责管理;一省（自治区、直辖市）内,跨行政区划的水利工程原则上由上一级水行政主管部门负责管理;同一行政区划内的水利工程,由当地水行政主管部门负责管理。各级水行政主管部门要按照政企分开、政事分开的原则,转变职能,改善管理方式,提高管理水平。

水管单位具体负责水利工程的管理、运行和维护,保证工程安全和发挥效益。

水行政主管部门管理的水利工程出现安全事故的,要依法追究水行政主管部门、水管单位和当地政府负责人的责任;其他单位管理的水利工程出现安全事故的,要依法追究业主责任和水行政主管部门的行业管理责任。

2. 划分水管单位类别和性质,严格定编定岗

（1）划分水管单位类别和性质。根据水管单位承担的任务和收益状况,将现有水管单位分为三类:

第一类是指承担防洪、排涝等水利工程管理运行维护任务的水管单位,称

为纯公益性水管单位,定性为事业单位。

第二类是指承担既有防洪、排涝等公益性任务,又有供水、水力发电等经营性功能的水利工程管理运行维护任务的水管单位,称为准公益性水管单位。准公益性水管单位依其经营收益情况确定性质,不具备自收自支条件的,定性为事业单位;具备自收自支条件的,定性为企业。目前已转制为企业的,维持企业性质不变。

第三类是指承担城市供水、水力发电等水利工程管理运行维护任务的水管单位,称为经营性水管单位,定性为企业。

水管单位的具体性质由机构编制部门会同同级财政和水行政主管部门负责确定。

(2)严格定编定岗。事业性质的水管单位,其编制由机构编制部门会同同级财政部门和水行政主管部门核定。实行水利工程运行管理和维修养护分离(以下简称管养分离)后的维修养护人员、准公益性水管单位中从事经营性资产运营和其他经营活动的人员,不再核定编制。各水管单位要根据国务院水行政主管部门和财政部门共同制定的《水利工程管理单位定岗标准》,在批准的编制总额内合理定岗。

3. 全面推进水管单位改革,严格资产管理

(1)根据水管单位的性质和特点,分类推进人事、劳动、工资等内部制度改革。事业性质的水管单位,要按照精简、高效的原则,撤并不合理的管理机构,严格控制人员编制;全面实行聘用制,按岗聘人,职工竞争上岗,并建立严格的目标责任制度;水管单位负责人由主管部门通过竞争方式选任,定期考评,实行优胜劣汰。事业性质的水管单位仍执行国家统一的事业单位工资制度,同时鼓励在国家政策指导下,探索符合市场经济规则、灵活多样的分配机制,把职工收入与工作责任和绩效紧密结合起来。

企业性质的水管单位,要按照产权清晰、权责明确、政企分开、管理科学的原则建立现代企业制度,构建有效的法人治理结构,做到自主经营,自我约束,自负盈亏,自我发展;水管单位负责人由企业董事会或上级机构依照相关规定聘任,其他职工由水管单位择优聘用,并依法实行劳动合同制度,与职工签订劳动合同;要积极推行以岗位工资为主的基本工资制度,明确职责,以岗定薪,合理拉开各类人员收入差距。

要努力探索多样化的水利工程管理模式,逐步实行社会化和市场化。对于新建工程,应积极探索通过市场方式,委托符合条件的单位管理水利工程。

(2)规范水管单位的经营活动,严格资产管理。由财政全额拨款的纯公益

性水管单位不得从事经营性活动。准公益性水管单位要在科学划分公益性和经营性资产的基础上,对内部承担防洪、排涝等公益职能部门和承担供水、发电及多种经营职能部门进行严格划分,将经营部门转制为水管单位下属企业,做到事企分开、财务独立核算。事业性质的准公益性水管单位在核定的财政资金到位情况下,不得兴办与水利工程无关的多种经营项目,已经兴办的要限期脱钩。企业性质的准公益性水管单位和经营性水管单位的投资经营活动,原则上应围绕与水利工程相关的项目进行,并保证水利工程日常维修养护经费的足额到位。

加强国有水利资产管理,明确国有资产出资人代表。积极培育具有一定规模的国有或国有控股的企业集团,负责水利经营性项目的投资和运营,承担国有资产的保值增值责任。

4.积极推行管养分离

积极推行水利工程管养分离,精简管理机构,提高养护水平,降低运行成本。

在对水管单位科学定岗和核定管理人员编制基础上,将水利工程维修养护业务和养护人员从水管单位剥离出来,独立或联合组建专业化的养护企业,以后逐步通过招标方式择优确定维修养护企业。

为确保水利工程管养分离的顺利实施,各级财政部门应保证经核定的水利工程维修养护资金足额到位;国务院水行政主管部门要尽快制定水利工程维修养护企业的资质标准;各级政府和水行政主管部门及有关部门应当努力创造条件,培育维修养护市场主体,规范维修养护市场环境。

5.建立合理的水价形成机制,强化计收管理

(1)逐步理顺水价。水利工程供水水费为经营性收费,供水价格要按照补偿成本、合理收益、节约用水、公平负担的原则核定,对农业用水和非农业用水要区别对待,分类定价。农业用水水价按补偿供水成本的原则核定,不计利润;非农业用水(不含水力发电用水)价格在补偿供水成本、费用、计提合理利润的基础上确定。水价要根据水资源状况、供水成本及市场供求变化适时调整,分步到位。

除中央直属及跨省级水利工程供水价格由国务院价格主管部门管理外,地方水价制定和调整工作由省级价格主管部门直接负责,或由市县价格主管部门提出调整方案报省级价格主管部门批准。国务院价格主管部门要尽快出台《水利工程供水价格管理办法》。

(2)强化计收管理。要改进农业用水计量设施和方法,逐步推广按立方米

计量。积极培育农民用水合作组织,改进收费办法,减少收费环节,提高缴费率。严格禁止乡村两级在代收水费中任意加码和截留。

供水经营者与用水户要通过签订供水合同,规范双方的责任和权利。要充分发挥用水户的监督作用,促进供水经营者降低供水成本。

6.规范财政支付范围和方式,严格资金管理

(1)根据水管单位的类别和性质的不同,采取不同的财政支付政策。纯公益性水管单位,其编制内在职人员经费、离退休人员经费、公用经费等基本支出由同级财政负担。工程日常维修养护经费在水利工程维修养护岁修资金中列支。工程更新改造费用纳入基本建设投资计划,由计划部门在非经营性资金中安排。

事业性质的准公益性水管单位,其编制内承担公益性任务的在职人员经费、离退休人员经费、公用经费等基本支出以及公益性部分的工程日常维修养护经费等项支出,由同级财政负担,更新改造费用纳入基本建设投资计划,由计划部门在非经营性资金中安排;经营性部分的工程日常维修养护经费由企业负担,更新改造费用在折旧资金中列支,不足部分由计划部门在非经营性资金中安排。事业性质的准公益性水管单位的经营性资产收益和其他投资收益要纳入单位的经费预算。各级水行政主管部门应及时向同级财政部门报告该类水管单位各种收益的变化情况,以便财政部门实行动态核算,并适时调整财政补贴额度。

企业性质的水管单位,其所管理的水利工程的运行、管理和日常维修养护资金由水管单位自行筹集,财政不予补贴。企业性质的水管单位要加强资金积累,提高抗风险能力,确保水利工程维修养护资金的足额到位,保证水利工程的安全运行。

水利工程日常维修养护经费数额,由财政部门会同同级水行政主管部门依据《水利工程维修养护定额标准》确定。《水利工程维修养护定额标准》由国务院水行政主管部门会同财政部门共同制定。

(2)积极筹集水利工程维修养护岁修资金。为保障水管体制改革的顺利推进,各级政府要合理调整水利支出结构,积极筹集水利工程维修养护岁修资金。中央水利工程维修养护岁修资金来源为中央水利建设基金的30%(调整后的中央水利建设基金使用结构为:55%用于水利工程建设,30%用于水利工程维护,15%用于应急度汛),不足部分由中央财政给予安排。地方水利工程维修养护岁修资金来源为地方水利建设基金和河道工程修建维护管理费,不足部分由地方财政给予安排。

中央维修养护岁修资金用于中央所属水利工程的维修养护。省级水利工程维修养护岁修资金主要用于省属水利工程的维修养护,以及对贫困地区、县所属的非经营性水利工程的维修养护经费的补贴。

(3)严格资金管理。所有水利行政事业性收费均实行"收支两条线"管理。经营性水管单位和准公益性水管单位所属企业必须按规定提取工程折旧。工程折旧资金、维修养护经费、更新改造经费要做到专款专用,严禁挪作他用。各有关部门要加强对水管单位各项资金使用情况的审计和监督。

7.妥善安置分流人员,落实社会保障政策

(1)妥善安置分流人员。水行政主管部门和水管单位要在定编定岗的基础上,广开渠道,妥善安置分流人员。支持和鼓励分流人员大力开展多种经营,特别是旅游、水产养殖、农林畜产和建筑施工等具有行业和自身优势的项目。利用水利工程的管理和保护区域内的水土资源进行生产或经营的企业,要优先安排水管单位分流人员。在清理水管单位现有经营性项目的基础上,要把部分经营性项目的剥离与分流人员的安置结合起来。

剥离水管单位兴办的社会职能机构,水管单位所属的学校、医院原则上移交当地政府管理,人员成建制划转。在分流人员的安置过程中,各级政府和水行政主管部门要积极做好统筹安排和协调工作。

(2)落实社会保障政策。各类水管单位应按照有关法律、法规和政策参加所在地的基本医疗、失业、工伤、生育等社会保险。在全国统一的事业单位养老保险改革方案出台前,保留事业性质的水管单位仍维持现行养老制度。

转制为中央企业的水管单位的基本养老保险,可参照国家对转制科研机构、工程勘察设计单位的有关政策规定执行。各地应做好转制前后离退休人员养老保险待遇的衔接工作。

8.税收扶持政策

在实行水利工程管理体制改革中,为安置水管单位分流人员而兴办的多种经营企业,符合国家有关税法规定的,经税务部门核准,执行相应的税收优惠政策。

9.完善新建水利工程管理体制

进一步完善新建水利工程的建设管理体制。全面实行建设项目法人责任制、招标投标制和工程监理制,落实工程质量终身责任制,确保工程质量。

要实现新建水利工程建设与管理的有机结合。在制定建设方案的同时制定管理方案,核算管理成本,明确工程的管理体制、管理机构和运行管理经费来源,对没有管理方案的工程不予立项。要在工程建设过程中将管理设施与主体工程同步实施,管理设施不健全的工程不予验收。

10. 改革小型农村水利工程管理体制

小型农村水利工程要明晰所有权,探索建立以各种形式农村用水合作组织为主的管理体制,因地制宜,采用承包、租赁、拍卖、股份合作等灵活多样的经营方式和运行机制,具体办法另行制定。

11. 加强水利工程的环境与安全管理

(1)加强环境保护。水利工程的建设和管理要遵守国家环保法律法规,符合环保要求,着眼于水资源的可持续利用。进行水利工程建设,要严格执行环境影响评价制度和环境保护"三同时"制度。水管单位要做好水利工程管理范围内的防护林(草)建设和水土保持工作,并采取有效措施,保障下游生态用水需要。水管单位开展多种经营活动应当避免污染水源和破坏生态环境。环保部门要组织开展有关环境监测工作,加强对水利工程及周边区域环境保护的监督管理。

(2)强化安全管理。水管单位要强化安全意识,加强对水利工程的安全保卫工作。利用水利工程的管理和保护区域内的水土资源开展的旅游等经营项目,要在确保水利工程安全的前提下进行。

原则上不得将水利工程作为主要交通通道;大坝坝顶、河道堤顶或戗台确需兼作公路的,需经科学论证和有关主管部门批准,并采取相应的安全维护措施;未经批准,已作为主要交通通道的,对大坝要限期实行坝路分离,对堤防要限制交通流量。

地方各级政府要按照国家有关规定,支持水管单位尽快完成水利工程的确权划界工作,明确水利工程的管理和保护范围。

12. 加快法制建设,严格依法行政

要尽快修订《水库大坝安全管理条例》,完善水利工程管理的有关法律、法规。各省、自治区、直辖市要加快制定相关的地方法规和实施细则。各级水行政主管部门要按照管理权限严格依法行政,加大水行政执法的力度。

(四)加强组织领导

水管体制改革的有关工作由国务院水行政主管部门会同有关部门负责。各有关部门要高度重视,统一思想,密切配合。要加强对各地改革工作的指导,选择典型进行跟踪调研。对改革中出现的问题,要及时研究,提出解决措施。

第四节　河长制概述

一、河长制由来

"河长制",即由各级党政主要负责人担任"河长",负责辖区内河流的污染治理。"河长制"是从河流水质改善领导督办制、环保问责制所衍生出来的水污染治理制度,目的是为了保证河流在较长的时期内保持河清水洁、岸绿鱼游的良好生态环境。通过河长制,让本来无人愿管、被肆意污染的河流,变成悬在"河长"们头上的达摩克利斯之剑,在中国"水危机"严峻的当下,似乎是一个催生河清水绿的可行制度。

"河长制"由江苏省无锡市首创。它是在太湖蓝藻暴发后,无锡市委、市政府自加压力的举措,所针对的是无锡市水污染严重、河道长时间没有清淤整治、企业违法排污、农业面源污染严重等现象。

2007年8月23日,无锡市委办公室和无锡市人民政府办公室印发了《无锡市河(湖、库、荡、氿)断面水质控制目标及考核办法(试行)》。在下达的这份文件中明确指出:将河流断面水质的检测结果"纳入各市(县)、区党政主要负责人政绩考核内容","各市(县)、区不按期报告或拒报、谎报水质检测结果的,按照有关规定追究责任。"这份文件的出台,被认为是无锡推行"河长制"的起源。自此,无锡市党政主要负责人分别担任了64条河流的"河长",真正把各项治污措施落实到位。

2008年,江苏省政府决定在太湖流域借鉴和推广无锡首创的"河长制"。之后,江苏全省15条主要入湖河流已全面实行"双河长制"。每条河由省、市两级领导共同担任"河长","双河长"分工合作,协调解决太湖和河道治理的重任,一些地方还设立了市、县、镇、村的四级"河长"管理体系,这些自上而下、大大小小的"河长"实现了对区域内河流的"无缝覆盖",强化了对入湖河道水质达标的责任。淮河流域、滇池流域的一些省市也纷纷设立"河长",由这些地方的各级党政主要负责人分别承包一条河,担任"河长",负责督办截污治污。

把河流水质达标责任具体落实到人。"河长"不是目前行政序列中的官职,有人只是把它视作握有实权者挂的一个"虚衔",因而"河长制"能否收到实效,关键要看是否有人因任上不力而被问责。无锡市委、市政府于2007年12月5日印发了市委组织部《关于对市委、市政府重大决策部署执行不力实行

"一票否决"的意见》,文件明文规定:"对环境污染治理不力,没有完成节能减排目标任务,贯彻市委、市政府太湖治理一系列重大决策部署行动不迅速、措施不扎实、效果不明显的",对责任人实施"一票否决"。

一河一策。"河长"们上任后,纷纷着手对负责的河流进行会诊,分析污染症状,采取"一河一策"的方法,很快制定出了水环境综合整治方案等一系列措施。在具体实施中实行了"三包"政策——领导包推进、地区包总量、部门包责任。在这种人人有压力、大家有动力的治污体制下,河流治理取得了很好的效果。

设立"河长制"管理保证金专户,实施"河长制"管理保证金制度。在无锡市惠山区,每个"河长"要按每条河道个人缴纳3000元保证金的要求,在年初上缴区"河长制"管理保证金专户,同时,区财政划拨配套资金,充实到专户。专户资金用于对"河长制"管理工作的开展、推进及奖惩。根据"河长制"管理最终考核结果,以"水质好转、水质维持现状、水质恶化"等综合指数作为评判标准,水质好转且达到治理要求的,全额返还保证金并按缴纳保证金额度的100%进行奖励;水质不恶化且维持现状的,全额返还保证金;水质恶化的,全额扣除保证金。

2008年9月3日,无锡市委、市政府联合下发《关于全面建立"河(湖、库、荡、汊)长制"全面加强河(湖、库、荡、汊)综合整治和管理的决定》。这项《决定》,对探索性实践了近一年的"河长制"管理工作作出了明确规范,从组织架构、目标责任、措施手段、责任追究等多个层面提出了系统要求。

可以说,以《决定》的出台为标志,在全国首创的"河长制"真正从"试水"走向了成熟。它在云南、河南、河北,以及整个太湖流域的借鉴推行,足以证明无锡市的这项探索是符合当前中国流域治理现状、适应当前城乡行政管理体制的有效之举。

实践证明:"河长制"明确了地方党政领导对环境质量负总责的要求,对环境保护的职能问题作出了新的、科学的审视长期以来,对环境质量的指责或肯定,很大程度上是针对环保部门的。但在事实上,环保部门由于行政权限、技术手段、人员配备等限制,对于涉及环境的各方面掌控、调度往往力不从心。

环境问题尤其是水环境问题,牵涉领域众多,可谓包罗生产、生活的方方面面。"河长制"的出现,把地方党政领导推到了第一责任人的位置,其目的在于通过各级行政力量的协调、调度,有力有效地管理关乎水污染的各个层面。

《决定》明确,"河长"作为"河长制"管理的第一责任人,对所负责河道(含所分工包片地区)的水生态、水环境持续改善和断面水质达标负领导责任,牵头组织所管河道综合整治方案的制定、论证和实施,强化横向协调、落实长效管理,对断面水质达标负首要责任。

按照这一定义,目前全市建立了市、市(县)区、镇(街道、园区)三级"河长制"管理工作领导小组,下至村委会、社居委也必须建立工作小组。《决定》提出,"河道水质的考核得分是干部选拔任用的重要依据,对考核得分靠后,且所属河道水质恶化的责任人,严格实行'一票否决'"。

实践证明:"河长制"最大程度整合了各级党委政府的执行力,弥补了早先"多头治水"的不足,真正形成全社会治水的良好氛围。

客观地说,在环境问题上,"人人都是排污者",但长期以来,我们却并没有树立"人人都是治污者"的理念。旁观、指责、讽刺、挖苦一度成为不良的社会风气。

这种风气不仅存在于社会普通群众中,也存在于政府部门之间,谈到水臭了、河黑了,眼睛更多地看向环保、市政、水利等部门,对自身的追问却很少。

"河长制"力求改变这种风气。从现有组织架构来看,纵向从市委书记、市长开始,"系在一根绳上"的还有区委书记、区长,镇党委书记、镇长,村支部书记、村委主任,大大小小担任全市各级"河长"的干部人数近 2000 名;横向从市委、市政府开始,发改、经贸、财政、规划、建设、国土、城管、工商、公安等 12 个部门都各有分工、各具使命,谁都不能在水环境治理上缺位。这个办法,最大程度整合了各级党委政府的力量,弥补了早先"多头治水"的弊端,使治水网络密而不漏,任何一个环节上都有部门、有专人负责。而"一荣俱荣、一损俱损"的治水"生态链",使每个部门都不敢玩忽职守,提高了水环境治理的行政效能。

随着"河长制"的层层推进,社会力量也被带动起来。最明显的是产业结构调整,沿河、沿湖的企业不得不放弃传统落后的生产方式,超标排污企业被关停,有环保自觉的企业家开始寻求清洁生产方式,循环经济得到发展。"河长制"也壮大了民间治水的信心和决心,机关干部、党团员、青年学生中宣传环保的积极性高涨,家庭妇女也广泛参与,全市水环境治理的氛围空前良好。

实践证明:"河长制"提出了全市河道治理的总体目标和基本措施,并在九大行政板块中形成你追我赶的竞赛氛围,树立了"上下游共同治理"、"标本兼治"的科学态度。

"河长制"虽按照行政交界面划分并落实了各级领导干部的治水责任,但水是活水,一条河的治理需要上下游共同配合。《决定》提出的目标,既对各市(县)区的治水吹响了"竞技"口哨,又对各市(县)区上下游联动、协调配合提出了要求。

事实上,面对这样的目标任务,各市(县)区没有一家敢在治水大业上"拖后腿",标本兼治,不玩花架子成为各地干部的自觉意识。按照《决定》要求,各地要对辖区内"河长制"河道造册建档,做好数字、文字、图像等全面记录,并因地制宜实施"一河一策",有针对性地确定治水方案。同时,每条河都必须切实落实截污、清淤、企业整治、河容整治、两岸绿化、环境卫生等基本措施,地方政府同步做好排污总量控制、环境卫生监管、船舶污染治理等。

"河长制"的建立,为科学理性地实现和推进这些目标、措施提供了可能,如果没有这样的联动机制,水污染问题难以得到根治。

二、全面推行河长制

2016年12月11日,中共中央办公厅、国务院办公厅印发的《关于全面推行河长制的意见》公布,意见指出,全面推行河长制是落实绿色发展理念、推进生态文明建设的内在要求,是解决中国复杂水问题、维护河湖健康生命的有效举措,是完善水治理体系、保障国家水安全的制度创新。意见要求,地方各级党委和政府要强化考核问责,根据不同河湖存在的主要问题,实行差异化绩效评价考核,将领导干部自然资源资产离任审计结果及整改情况作为考核的重要参考。河湖管理保护是一项复杂的系统工程,涉及上下游、左右岸、不同行政区域和行业。近年来,一些地区积极探索河长制,由党政领导担任河长,依法依规落实地方主体责任,协调整合各方力量,有力促进了水资源保护、水域岸线管理、水污染防治、水环境治理等工作。全面推行河长制是落实绿色发展理念、推进生态文明建设的内在要求,是解决我国复杂水问题、维护河湖健康生命的有效举措,是完善水治理体系、保障国家水安全的制度创新。

(一)总体要求

(1)指导思想。全面贯彻党的十八大和十八届三中、四中、五中、六中全会精神,深入学习贯彻习近平总书记系列重要讲话精神,紧紧围绕统筹推进"五位一体"总体布局和协调推进"四个全面"战略布局,牢固树立新发展理念,认真落实党中央、国务院决策部署,坚持节水优先、空间均衡、系统治理、两手发力,以保护水资源、防治水污染、改善水环境、修复水生态为主要任务,在全国江河湖泊全面推行河长制,构建责任明确、协调有序、监管严格、保护有力的河湖管理保护机制,为维护河湖健康生命、实现河湖功能永续利用提供制度保障。

(2)基本原则。

——坚持生态优先、绿色发展。牢固树立尊重自然、顺应自然、保护自然的理念,处理好河湖管理保护与开发利用的关系,强化规划约束,促进河湖休养生息、维护河湖生态功能。

——坚持党政领导、部门联动。建立健全以党政领导负责制为核心的责任体系,明确各级河长职责,强化工作措施,协调各方力量,形成一级抓一级、层层抓落实的工作格局。

——坚持问题导向、因地制宜。立足不同地区不同河湖实际,统筹上下游、左右岸,实行一河一策、一湖一策,解决好河湖管理保护的突出问题。

——坚持强化监督、严格考核。依法治水管水,建立健全河湖管理保护监督考核和责任追究制度,拓展公众参与渠道,营造全社会共同关心和保护河湖的良好氛围。

(3)组织形式。全面建立省、市、县、乡四级河长体系。各省(自治区、直辖市)设立总河长,由党委或政府主要负责同志担任;各省(自治区、直辖市)行政区域内主要河湖设立河长,由省级负责同志担任;各河湖所在市、县、乡均分级分段设立河长,由同级负责同志担任。县级及以上河长设置相应的河长制办公室,具体组成由各地根据实际确定。

(4)工作职责。各级河长负责组织领导相应河湖的管理和保护工作,包括水资源保护、水域岸线管理、水污染防治、水环境治理等,牵头组织对侵占河道、围垦湖泊、超标排污、非法采砂、破坏航道、电毒炸鱼等突出问题依法进行清理整治,协调解决重大问题;对跨行政区域的河湖明晰管理责任,协调上下游、左右岸实行联防联控;对相关部门和下一级河长履职情况进行督导,对目标任务完成情况进行考核,强化激励问责。河长制办公室承担河长制组织实施具体工作,落实河长确定的事项。各有关部门和单位按照职责分工,协同推进各项工作。

(二)主要任务

(5)加强水资源保护。落实最严格水资源管理制度,严守水资源开发利用控制、用水效率控制、水功能区限制纳污三条红线,强化地方各级政府责任,严格考核评估和监督。实行水资源消耗总量和强度双控行动,防止不合理新增取水,切实做到以水定需、量水而行、因水制宜。坚持节水优先,全面提高用水效率,水资源短缺地区、生态脆弱地区要严格限制发展高耗水项目,加快实施农业、工业和城乡节水技术改造,坚决遏制用水浪费。严格水功能区管理监督,根据水功能区划确定的河流水域纳污容量和限制排污总量,落实污染物达标排放要求,切实监管入河湖排污口,严格控制入河湖排污总量。

(6)加强河湖水域岸线管理保护。严格水域岸线等水生态空间管控,依法划定河湖管理范围。落实规划岸线分区管理要求,强化岸线保护和节约集约利用。严禁以各种名义侵占河道、围垦湖泊、非法采砂,对岸线乱占滥用、多占少用、占而不用等突出问题开展清理整治,恢复河湖水域岸线生态功能。

(7)加强水污染防治。落实《水污染防治行动计划》,明确河湖水污染防治目标和任务,统筹水上、岸上污染治理,完善入河湖排污管控机制和考核体系。排查入河湖污染源,加强综合防治,严格治理工矿企业污染、城镇生活污染、畜禽养殖污染、水产养殖污染、农业面源污染、船舶港口污染,改善水环境质量。优化入河湖排污口布局,实施入河湖排污口整治。

(8)加强水环境治理。强化水环境质量目标管理,按照水功能区确定各类水体的水质保护目标。切实保障饮用水水源安全,开展饮用水水源规范化建设,依法清理饮用水水源保护区内违法建筑和排污口。加强河湖水环境综合整治,推进水环境治理网格化和信息化建设,建立健全水环境风险评估排查、预警预报与响应机制。结合城市总体规划,因地制宜建设亲水生态岸线,加大黑臭水体治理力度,实现河湖环境整洁优美、水清岸绿。以生活污水处理、生活垃圾处理为重点,综合整治农村水环境,推进美丽乡村建设。

(9)加强水生态修复。推进河湖生态修复和保护,禁止侵占自然河湖、湿地等水源涵养空间。在规划的基础上稳步实施退田还湖还湿、退渔还湖,恢复河湖水系的自然连通,加强水生生物资源养护,提高水生生物多样性。开展河湖健康评估。强化山水林田湖系统治理,加大江河源头区、水源涵养区、生态敏感区保护力度,对三江源区、南水北调水源区等重要生态保护区实行更严格的保护。积极推进建立生态保护补偿机制,加强水土流失预防监督和综合整治,建设生态清洁型小流域,维护河湖生态环境。

(10)加强执法监管。建立健全法规制度,加大河湖管理保护监管力度,建立健全部门联合执法机制,完善行政执法与刑事司法衔接机制。建立河湖日常监管巡查制度,实行河湖动态监管。落实河湖管理保护执法监管责任主体、人员、设备和经费。严厉打击涉河湖违法行为,坚决清理整治非法排污、设障、捕捞、养殖、采砂、采矿、围垦、侵占水域岸线等活动。

(三)保障措施

(11)加强组织领导。地方各级党委和政府要把推行河长制作为推进生态文明建设的重要举措,切实加强组织领导,狠抓责任落实,抓紧制定出台工作方案,明确工作进度安排,到2018年年底前全面建立河长制。

(12)健全工作机制。建立河长会议制度、信息共享制度、工作督察制度,协调解决河湖管理保护的重点难点问题,定期通报河湖管理保护情况,对河长制实施情况和河长履职情况进行督察。各级河长制办公室要加强组织协调,督促相关部门单位按照职责分工,落实责任,密切配合,协调联动,共同推进河湖管理保护工作。

(13)强化考核问责。根据不同河湖存在的主要问题,实行差异化绩效评价考核,将领导干部自然资源资产离任审计结果及整改情况作为考核的重要参考。县级及以上河长负责组织对相应河湖下一级河长进行考核,考核结果作为地方党政领导干部综合考核评价的重要依据。实行生态环境损害责任终身追究制,对造成生态环境损害的,严格按照有关规定追究责任。

(14)加强社会监督。建立河湖管理保护信息发布平台,通过主要媒体向社会公告河长名单,在河湖岸边显著位置竖立河长公示牌,标明河长职责、河湖概况、管护目标、监督电话等内容,接受社会监督。聘请社会监督员对河湖管理保护效果进行监督和评价。进一步做好宣传舆论引导,提高全社会对河湖保护工作的责任意识和参与意识。

江河湖泊具有重要的资源功能、生态功能和经济功能。近年来,各地积极采取措施,加强河湖治理、管理和保护,在防洪、供水、发电、航运、养殖等方面取得了显著的综合效益。但是随着经济社会快速发展,我国河湖管理保护出现了一些新问题,例如,一些地区入河湖污染物排放量居高不下,一些地方侵占河道、围垦湖泊、非法采砂现象时有发生。

党中央、国务院高度重视水安全和河湖管理保护工作。习近平总书记强调,保护江河湖泊,事关人民群众福祉,事关中华民族长远发展。李克强总理指出,江河湿地是大自然赐予人类的绿色财富,必须倍加珍惜。党的十八大以来,中央提出了一系列生态文明建设特别是制度建设的新理念、新思路、新举措。一些地区先行先试,在推行"河长制"方面进行了有益探索,形成了许多可复制、可推广的成功经验。在深入调研、总结地方经验的基础上,中央制定出台了《关于全面推行河长制的意见》。《意见》体现了鲜明的问题导向,贯穿了绿色发展理念,明确了地方主体责任和河湖管理保护各项任务,具有坚实的实践基础,是水治理体制的重要创新,对于维护河湖健康生命、加强生态文明建设、实现经济社会可持续发展具有重要意义。

三、河长制工作进展情况

2016 年 12 月 12 日,按照中央改革办和中宣部的统一安排,水利部在国务院新闻办公室举行新闻发布会,介绍了《意见》的出台背景、主要内容等,回答了媒体记者提问。2017 年 3 月 22 日,第二十五届"世界水日",第三十届"中国水周",陈雷部长在《人民日报》上发表题为"坚持生态优先绿色发展 以河长制促进河长治"的署名文章。从 3 月 2 日 – 12 日,水利部派出 16 个督导检查组分赴各地开展督导,督导意见按照一省一单的方式,由水利部办公厅反馈给各省办公厅。2017 年 3 月初,中央改革办穆虹常务副主任率队对水利部进行了专项督察,随后督察了黑龙江、安徽等省河长制推进情况,形成了督导报告。3 月 24 日习近平总书记主持召开了中央全面深化改革领导小组第三十三次会议,审议通过督导报告。

截至 2017 年 6 月,31 个省(自治区、直辖市)和新疆生产建设兵团工作方案已经全部编制完成。已有 28 个省份明确了省级总河长。其中,河北、辽宁、吉林、浙江、安徽、山东、湖北、广西、海南、贵州、陕西 11 个省由省级党委和政府主要负责同志共同担任总河长。内蒙古、江西、云南、宁夏 4 个省份和新疆生产建设兵团由省级党委主要负责同志担任总河长;北京、天津、山西、黑龙江、上海、江苏、福建、河南、湖南、广东、重庆、四川、西藏 13 个省份由省级政府主要负责人担任总河长。30 个省(区、市)和新疆生产建设兵团明确省级河长制办公室牵头部门设在水利部门;浙江省由省五水共治办牵头。北京等 27 个省(区、市)和新疆生产建设兵团印发文件,明确成立省级河长制办公室。北京、天津、江苏等 24 个省(自治区、直辖市)提出在 2017 年年底前全面建立河长制。其余 7 个省(自治区)和新疆生产建设兵团明确在 2018 年 6 月底前全面建立河长制。

第五节 黄河流域概述

黄河发源于青藏高原巴颜喀拉山北麓海拔 4500 米的约古宗列盆地,在山东垦利县注入渤海。黄河正源究竟在哪里,历史上有多种说法,主要争议在卡日曲和玛曲之间。元世祖忽必烈和清康熙皇帝曾先后派人查勘黄河源。1985 年黄河水利委员会根据历史传统和多种水文要素,确认玛曲为黄河正源,并在约古宗列盆地西南的玛曲曲果,东经 95°59′24″、北纬 35°01′18″处,竖立了河源标志。不论黄河的正源是玛曲还是卡日曲,青海省巴颜喀拉山北麓的约古宗列盆地,已是大家公认的黄河发源地。

黄河干流全长 5464 千米,其长度在我国各大江河中仅次于长江,位列世界第 5 位。

黄河从源头曲折东流,经青海、四川、甘肃、宁夏、内蒙古、山西、陕西、河南、山东等九个省（区）。其中,甘肃省省会兰州、宁夏回族自治区首府银川、河南省省会郑州、山东省省会济南都与黄河依傍。

从远古时期起,黄河两岸就成为华夏先人赖以生存的场所。炎、黄部落是很早就聚居在黄河流域的两大部族,炎帝最初活动范围在今天黄河中游渭水流域的姜水,黄帝就定居在黄河中游,今天我们泛称为中原的地带。后炎、黄两族逐渐融合,称为华夏,就是汉民族的前身。古时候中原地区的人产认为自己所处的是四方的中心,又把这里称为中华。由此,黄河流域被称为中华民族的摇篮。黄河在中华文明的形成和发展过程中起着无可替代的作用,黄土冲积平原最适合早期的农耕,当时气候温和湿润,黄河及其支流水量丰沛,使华夏诸族得以拥有东亚最大的农业区,形成了发达的文化。在我国 5000 年文明史中,黄河流域有 3300 多年是政治、经济、文化的中心。"八大古都"的四座位于黄河流域,在世界四大文明古国中,唯有起源于黄河流域的文明一脉相承,不断容纳吸收中华大地各种文明,继而向四周辐射。黄河哺育了中华民族的成长,孕育了光辉灿烂的文明,因此被称为中华民族的"母亲河"。

据 2007 年统计数据,黄河流域各类工程总供水量 512.08 亿立方米,其中向流域内供水 422.73 亿立方米,向流域外供水 89.35 亿立方米。根据黄河流域水资源综合规划成果,1980~2000 年黄河流域多年平均地下水资源量(矿化度小于等于 2 克每升)为 376.0 亿立方米,其中山丘区地下水资源量为 263.3 亿立方米,平原区地下水资源量为 154.6 亿立方米,山丘区与平原区之间的重复计算量为 41.9 亿立方米。黄河流域平原区 1980~2000 年平均地下水可开采量为 119.4 亿立方米,主要分布于上游兰州至河口镇区间和中游龙门至三门峡区间。

黄河流域总土地面积 11.9 亿亩(含内流区),占全国国土面积的 8.3%,其中大部分为山区和丘陵,分别占流域面积的 40% 和 35%,平原区仅占 17%。由于地貌、气候和土壤的差异,形成了复杂多样的土地利用类型,不同地区土地利用情况差异很大。流域内共有耕地 2.44 亿亩,农村人均耕地 3.5 亩,约为全国农村人均耕地的 1.4 倍。流域内大部分地区光热资源充足,生产发展尚有很大潜力。流域内有林地 1.53 亿亩,牧草地 4.19 亿亩,林地主要分布在中下游,牧草地主要分布在上中游,林牧业发展前景广阔。

黄河下游河道,上宽下窄,比降上陡下缓。由于大量泥沙淤积,下游河道逐年抬高。目前堤内滩面一般高出背河地面 4~6 米,部分河段高出背河地面 12 米,成为淮河和海河流域的分水岭。下游沿黄地区的城市均低于黄河河床,其中河南省新乡市地面低于黄河河床 20 米,开封市地面低于黄河河床 13 米,济南市地面低于黄河河床5米。

根据黄河流域自然资源特点、战略地位、国家和区域经济社会发展要求，《黄河流域综合规划》提出黄河治理开发保护与管理的主要任务是：进一步提高防洪能力，确保黄河防洪防凌安全；加强黄土高原水土流失区特别是粗沙区的综合治理，多途径处理和利用泥沙，协调水沙关系，减轻河道淤积；合理开发、优化配置、全面节约、有效保护水资源，实施跨流域向黄河调水，缓解水资源供需矛盾，改善水生态环境，合理开发、利用水力、水运资源；完善非工程措施，提高流域综合管理能力；维持黄河健康生命，支持流域及相关地区经济社会可持续发展。

为实现《黄河流域综合规划》确定的总体目标，需要构建完善的水沙调控体系、防洪减淤体系、水土流失综合防治体系、水资源合理配置和高效利用体系、水资源和水生态保护体系以及流域综合管理体系等六大体系。

1958年7月17日，黄河花园口站出现了洪峰流量22300立方米每秒的大洪水，这是至今有实测记录以来的最大洪水。在抗洪的关键时刻，周恩来总理中止上海会议，来到黄河抗战一线，亲自指挥抗洪斗争，同意黄河水利委员会提出的"不使用北金堤滞洪区分洪，依靠堤防和群众战胜洪水"的方案。在党中央、国务院的坚强领导下，豫、鲁两省200万军民和黄河职工经过英勇抗争，战胜了这场大洪水，取得黄河抗洪斗争的全面胜利，在人民治黄史上写下了光辉灿烂的篇章。

1982年8月，黄河花园口站出现15300立方米每秒洪峰，东平湖水库上游大河水位高于1958年水位1~2米，河道滩区全部进水，艾山以下防洪安全面临威胁。经过慎重研究，国家防总决定运用东平湖水库老湖分洪，控制艾山流量不超过8000立方米每秒。8月6~7日，先后开启东平湖林辛闸和十里堡闸进行分洪，自6日22时至9日23时，历时3昼夜，合计分洪流量1500~2000立方米每秒，最大流量2400立方米每秒，分洪总量4亿立方米，分洪后，艾山下泄最大洪峰流量7430立方米每秒，泺口以下洪水基本没有漫滩，工情平稳，洪水安全流入大海。

1996年8月，黄河中游地区出现3次强降雨过程，8月5日，花园口站出现最大流量7600立方米每秒洪峰，这场洪水量级只是中常洪水，却有着极其异常的表现。一是洪水位高，河南全部河段和山东52%的河段，都超过有记载以来的最高水位，其中花园口水位94.73米，比1958年22300立方米每秒的洪水位高0.91米，比1982年15300立方米每秒的洪水位高0.74米，为该站有实测记录以来的最高水位。二是洪峰传播慢，峰型变化大。花园口以下，正常的洪水传播速度一般为每小时 5 千米,而"96·8"洪水期间,洪峰从花园口到河南下界河段洪水传播速度仅为每小时 1.25 千米,传播时间是历次同流量均值的四分之一。三是漫滩范围广,险情灾情重。下游滩区几乎全部进水,140 多年未进水的原阳高滩也进了水,临黄大堤偎水长度 951 千米,下游河道 127 处工程 1346 道坝漫顶,堤防出险 100 余处,其中较大险情 14 处,抢险 5500 多坝次,滩区直接受灾人口 104 万。按当年价格,直接经济损失 64.6 亿元。中常洪水流量,出现重大险情,再次体现了黄河防洪的复杂性、艰巨性,为黄河防洪敲响了警钟。

2010 年 12 月 31 日公布的《中共中央、国务院关于加快水利改革发展的决定》提出,要实行最严格的水资源管理制度,确立水资源开发利用控制红线、用水效率控制红线和水功能区限制纳污红线,并建立用水总量控制制度、用水效率控制制度、水功能区限制纳污制度、水资源管理责任和考核制度四项制度。

2012 年 1 月 12 日国务院发布的《关于实行最严格水资源管理制度的意见》,明确提出了水资源开发利用控制、用水效率控制和水功能区限制纳污"三条红线"的目标,到 2030 年我国水资源管理"三条红线"的主要目标是:全国用水总量控制在 7000 亿立方米以内;用水效率达到或接近世界先进水平,万元工业增加值用水量(以 2000 年不变价计,下同)降低到 40 立方米以下,农田灌溉水有效利用系数提高到 0.6 以上;主要污染物入河湖总量控制在水功能区纳污能力范围之内,水功能区水质达标率提高到 95% 以上。

为切实加大水污染防治力度,保障国家水安全,2015 年 4 月 2 日国务院印发的《水污染防治行动计划》提出十条措施,俗称"水十条",主要内容包括:一是全面控制污染物排放;二是推动经济结构转型升级;三是着力节约保护水资源;四是强化科技支撑;五是充分发挥市场机制作用;六是严格环境执法监管;七是切实加强水环境管理;八是全力保障水生态环境安全;九是明确和落实各方责任;十是强化公众参与和社会监督。

第六节　山东黄河概述

一、机构设置

山东黄河河务局是水利部黄河水利委员会在山东省的派出机构,负责黄河山东段的治理开发与管理工作,是山东黄河的水行政主管部门。在沿黄菏泽、济宁、泰安、聊城、德州、济南、淄博、滨州、东营设有8个市河务(管理)局、30个县(市、区)河务(管理)局,13个直属单位。

二、河道情况

山东黄河现行河道是1855年(清咸丰五年)黄河在河南兰阳(今兰考县境内)铜瓦厢决口,夺大清河入渤海后形成的。改道之初两岸并无堤防,清同治末年,河道堤防逐渐兴建,光绪十年(公元1884年)基本形成规模。1938年6月,国民政府企图阻止日军进攻,在郑州花园口掘开黄河大堤,致使黄河改道南行经徐州淮河一线入黄海。1946年,国民政府企图以水代兵,阴谋水淹解放区,为此,国共两党进行了多次谈判,解放区军民与之进行了艰苦卓绝的斗争,粉碎了国民政府的阴谋。1947年3月,花园口决口堵复,黄河回归山东故道,即现行河道。

黄河在河南兰考从我省东明县入境,呈北偏东流向,经我省菏泽、济宁、泰安、聊城、德州、济南、淄博、滨州、东营9市的25个县(市、区),在垦利县注入渤海,河道长628公里。从河源至内蒙古托克托县的河口镇为上游,从河口镇至河南郑州的桃花峪为中游,桃花峪至河口为下游。

山东黄河河道特点上宽下窄,由菏泽东明高村以上的5~20公里,减至阳谷陶城铺以下的0.5~4公里,最窄处东阿艾山卡口宽度仅275米;纵比降上陡下缓,从1/6000降至1/10000;排洪能力上大下小,由东明高村的20000立方米每秒降至阳谷陶城铺以下11000立方米每秒。自东明上界到高村长56公里,属游荡型河段;高村至陶城铺长156公里,属过渡型河段;陶城铺至利津长307公里,属弯曲型窄河段;利津以下为摆动频繁的尾闾段,泥沙不断堆积,平均年造陆面积为25-30平方公里。

目前,山东黄河河道高于两岸地面4~6米,设防水位高出两岸地面8~12米,是典型的"二级悬河",即槽高、滩低、堤根洼,堤外更低。

2001-2008年,我省高村站年均水量225.5亿立方米,其中最大为2006年,为265.9亿立方米,最小为2001年,为129.5亿立方米。年均来沙量1.61亿吨(1951-2005年为8.68亿吨),其中最大为2003年,为2.75亿吨,最小2001年,为0.841亿吨。利津站年均水量161.1亿立方米(1950-2005年为320.2亿立方米),其中最大为2005年,为206.8亿立方米,最小为2002年,为41.89亿立方米。年均沙量1.67亿吨(1950-2005年为7.91亿吨),其中最大为2003年,为3.70亿吨,最小2002年,为0.543亿吨。

历史上黄河洪水灾害严重,尤其是黄河下游,频繁的决口、改道给两岸人民带来了深重灾难。据历史文献记载,自周定王五年(公元前602年)至1938年的2540年中,黄河在下游决口的年份达543年,决堤次数达1590多次,大的改道26次,平均"三年两决口,百年一改道"。1933年8月,陕县洪峰流量22000立方米每秒,下游两岸决口50多处,淹没冀、鲁、豫、苏四省30县,受灾面积6592公里,受灾人口273万多人,死亡1.27万余人。1938年6月国民党军队掘开花园口大堤,黄河夺淮入海,淹及豫、皖、苏三省44县,受灾人口1250万,死亡89万余人。除伏秋大汛外,黄河下游凌汛灾害也很严重,1855年铜瓦厢改道至1955年的一百年中,发生凌汛决溢的有29年,平均三年半就有一年凌汛灾害。1949年新中国成立后的1951年、1955年凌情严重,分别在利津县王庄和五庄决口成灾。黄河决口淹没范围北至天津,南达江淮,波及冀、豫、鲁、苏、皖5省25万平方公里,给黄淮海平原人民造成极其深重的灾难。即使现在,黄河洪水灾害仍然是中华民族的心腹之患。

1946年人民治黄以来,黄河治理开发取得了举世瞩目的巨大成就:一是加强了黄河工程建设,初步建成了"上拦下排、两岸分滞"的防洪工程体系。上拦工程是上中游的三门峡、小浪底等水库;下排工程是下游两岸堤防、险工、控导工程;两岸分滞就是东平湖、北金堤蓄滞洪工程。二是加强了黄河防洪非工程措施。主要是落实各级防汛责任制,组织培训黄河防汛队伍,储备防汛物资、设备,编制防洪预案,以及水情测报、通信联络、电力供应等各项保障措施。通过加强黄河防洪工程措施和非工程措施,依靠沿黄党政军民、治黄职工的严密防守,确保了黄河伏秋大汛岁岁安澜。特别是战胜了1949、1958、1976、1982年大洪水;安全度过了1969年和1970年三封三开的严重凌汛。近年来,又战胜了2001年汶河东平湖大水和2003年华西秋雨汛情,扭转了黄河历史上频繁决口改道的险恶局面,有力地保障了国家经济社会的顺利发展。

山东黄河的防洪任务是:确保黄河郑州花园口站发生22000立方米每秒洪水大堤不决口;遇超标准洪水,尽最大努力,采取一切措施缩小灾害。东平湖防洪运用水位为44.5米,并做好特殊情况下老湖46.0米水位运用的准备。大清河防御戴村坝站7000立方米每秒的洪水,遇超标准洪水,确保南堤安全。

黄河防汛工作实行各级人民政府行政首长负责制,统一指挥,分级分部门负责。各有关部门实行防汛岗位责任制。确保黄河防洪安全,要加强防洪工程建设管理,全面落实各级各类防汛责任制,修订完善防洪预案,组织培训好防汛队伍,储备好防汛物资设备,落实黄河滩区、蓄滞洪区群众迁安救护措施,做好水情测报、查险抢险、通信联络、电力供应等各项工作。

山东黄河初步建成了由堤防、险工、河道整治工程和蓄滞洪工程组成的防洪工程体系。现有各类堤防 1543.84 公里;险工 126 处、3998 段坝岸;控导工程 140 处、2504 段坝岸;建有东平湖水库、北金堤滞洪区 2 处蓄滞洪工程。

三、引黄供水

（一）山东黄河水资源基本情况

山东省当地水资源严重不足,全省水资源总量 308 亿 m^3,人均水资源占有量 344m^3,仅为全国人均占有量的 13%,远远低于国际公认的维持一个地区经济社会可持续发展所必需的 1000m^3 的下限值,属于严重缺水的省份。全省一般年份缺水 98 亿 m^3,干旱年份缺水 175 亿 m^3,水资源短缺已成为山东省经济社会可持续发展的"瓶颈"制约因素。

山东省地处黄河最下游,黄河流经山东省 9 个市的 25 个县(市区),河道长 628 公里,是山东省最主要的客水资源。黄河年平均径流量 580 亿 m^3,扣除输沙和生态用水量,正常年份最大可供水量为 370 亿 m^3,国务院分配给山东省的引水指标为 70 亿 m^3,分配给河北省、天津市的引水指标为 20 亿 m^3。目前,山东省引黄供水范围已达 11 市的 68 个县(市区),引黄水量和引黄灌溉面积约占全省总用水量和总灌溉面积的 40%,并在山东境内多次实施了远距离为天津、河北调水。黄河水资源在经济社会发展中占有举足轻重的战略地位。

（二）黄河断流生态恶化

黄河第一次天然断流始于 1972 年。据统计,在 1972~1999 年的 28 年中,利津站有 22 年出现断流,累计断流 89 次 1091 天,平均每年断流 50 天(断流年份平均值),其中 1997 年断流达 226 天。

二十世纪九十年代黄河几乎年年断流,并呈现以下特点:一是断流年份不断增加:七十年代断流 6 年,八十年代断流 7 年,九十年代断流 9 年。二是断流次数不断增多:七十年代断流 14 次,八十年代断流 15 次,九十年代断流 60 次。三是断流时间不断延长:七十年代断流 86 天,年均 14 天;八十年代断流 107 天,年均 15 天;九十年代断流 898 天,年均 100 天。四是首次断流时间提前:七、八十年代一般是在 5、6 月份断流;九十年代提前到 2、3 月份,并且出现了跨年度断流。五是断流河段不断上延:七十年代平均断流河段长度 242km,八十年代 256km,九十年代增加到 422km,断流河段最长的年份是 1995 年和 1997 年,断流至河南开封附近,长约 683km。

黄河断流给下游工农业生产造成了重大经济损失,对城乡生活用水、生态环境及河道防洪都造成了严重影响。据统计,黄河下游工农业损失:70 年代累计为 22.2 亿元,80 年代累计 29.2 亿元,90 年代(截止 1996 年)累计 216.4 亿元。

1997 年,黄河断流达 226 天,造成山东省直接经济损失高达 135 亿元,其中工业损失 40 亿元、农业损失 70 亿元、其他损失 25 亿元。由于黄河断流,加之遭遇了百年一遇的夏秋连旱,山东沿黄地区受旱面积达 2300 多万亩,其中重旱 1600 万亩,绝产 750 万亩,农业直接经济损失达 70 亿元。沿黄地区有 2500 个村庄、130 万人吃水困难;沿黄多数城市定时定量供水,有的用汽车拉水供居民吃水。黄河断流造成河口湿地面积萎缩,鱼类及鸟类死亡,生态环境急剧恶化。

(三)黄河水资源统一管理调度

二十世纪九十年代,随着黄河断流的不断加剧,黄河断流问题引起了各级政府和社会各界高度关注,163 位中国科学院和工程院院士郑重签名,呼吁国家采取措施解决黄河断流问题。此时小浪底水库的建成运用也为黄河水资源的统一调度奠定了基础,1998 年 12 月,经国务院同意,国家计委和水利部联合颁发了《黄河可供水量年度分配及干流水量调度预案》和《黄河水量调度管理办法》,授权黄委负责黄河水量统一调度管理工作,明确山东黄河河务局负责山东省境内黄河水资源的统一调度管理工作。1999 年 3 月开始黄河水量统一调度,取得连续九年不断流的同时,基本满足了山东沿黄地区工农业生产、城乡居民生活和生态环境用水,取得了显著的生态、社会和经济效益。

(四)黄河水资源生态调度成效显著

黄河水资源统一管理调度以来,在黄河来水持续偏枯及小浪底水库丰蓄枯用的调节作用下,山东河道已连续九年实现了黄河不断流,统筹了各方用水,在山东境内实施了四次引黄济津、八次引黄入卫、八次引黄济青、二次引黄济淀,保障了下游河流生态基流,改善了下游及河口的生态环境。因此,黄河水量统一调度不仅是生活生产用水的调度,更是修复河流生态系统的生态与环境调度。

1.引黄灌溉 – 效益与生态双赢

山东省沿黄现有引黄灌区 58 处,设计引水能力 2424.6 m^3/s,设计灌溉面积 4032 万亩,现有效灌溉面积 3580 万亩,年均引黄河水 60 亿 m^3。目前山东省已有 11 个市的 68 个县(市、区)用上了黄河水,山东省引黄水量和引黄灌溉面积约占全省总用水量和总灌溉面积的 40%。山东沿黄灌区农业种植结构以小麦、玉米、棉花、大豆以及蔬菜为主。据对近年来灌区农业种植结构及需水情况调查分析,全省年均种植小麦 3457.2 万亩,玉米 1884.5 万亩,棉花 1167.2 万亩,水稻 41.59 万亩,蔬菜 891.15 万亩,果树 259.71 万亩。黄河水资源统一调度,保证了农业用水所需,植被覆盖率接近 100%。根据调查山东引黄灌区与非灌区亩产量相差65公斤左右,山东引黄灌区2007年种植小麦3580万亩,据此测算,灌区仅小麦年增产约23.3亿公斤,按1.2元/公斤计算,农民年增收28亿元左右,引黄灌溉使我省沿黄灌区效益与生态双赢。

2. 河口生态逐步恢复

黄河水资源是黄河三角洲地区的唯一客水资源,该地区95%的用水依靠引用黄河水。当黄河来水量充沛时,黄河携带大量泥沙补充被侵蚀的海岸,河水漫滩,三角洲中较为低平的湿地得到富含有机质的水源补给,生物的生存环境产生良性循环。但由于20世纪90年代黄河频繁断流,来水量减少,致使河口生态环境恶化。实施统一调度后的1999-2007年,黄河最下游的利津水文站8年平均年入海水量114.8亿 m^3,保证了生态环境基本用水需要。河口地区生态环境显著改善,淡水湿地面积明显增大,湿地功能得到恢复。与2000年相比,在15.3万公顷的黄河三角洲上,又有1.3万公顷湿地得以再生。不断增加的湿地面积,改善的黄河河口生态系统,为众候鸟类创造了良好的栖息环境,使该地区成为东南亚内陆和环太平洋鸟类迁徙重要的“中转站”、越冬栖息地和繁殖地。近年来,一些海内外罕见的珍稀鸟类——白鹳、黑鹳、黑嘴鸥等飞抵黄河口繁衍生息。据统计,黄河口湿地的鸟类种类已从187种增加到283种,每年来这里的候鸟达400万只。经专家考察认定,保护区内现有各种野生动植物1922种,属国家一、二类重点保护的动植物有50余种。第二大自然保护区(贝壳与湿地系统自然保护区)目前发现有野生珍稀生物459种,比统一调度前增加了近一倍。黄河不断流,为近海鱼类的洄游、繁衍、生息创造了条件,多年未见的黄河刀鱼重现黄河河道。

3. 引黄济青

20世纪80年代初,青岛市水资源供需矛盾日渐尖锐,许多工厂因缺水限产或停产,城市居民饮水实行定量供给,制约了青岛市经济发展,影响了居民生活。为了解决青岛市严重缺水的局面,山东省人民政府1985年决定实施引黄济青。引黄济青干渠起自山东博兴县打渔张引黄闸,至青岛市棘洪滩水库止,全长292公里,设计日供水能力30万 m^3。棘洪滩水库是引黄济青工程的惟一调蓄水库,库区面积14.4平方公里,总库容1.46亿 m^3。自工程通水到2008年底,共引黄河水25.8亿 m^3,累计向青岛市区供水12亿 m^3,有力地促进了青岛市的经济发展,为2008青岛奥帆赛提供了用水保障;为工程沿线地区补充地下水近6.4亿 m^3,使工程沿线的地下水漏斗区减小;在地理上,有效地补偿了地下水,回灌补源6.2亿 m^3,有效防治了海水内侵的危害;缓解了工程沿线城区供水紧张状况,解决了沿途咸水区、高氟区71万群众、10多万头牲畜的饮用水问题;为工程沿线地区提供农业用水,改善并增加了灌溉面积,提高了农业生产效益。

4. 引黄济津

自1999年至今已陆续实施四次引黄济津,由聊城位山引黄闸累计放水32.95亿 m³,天津收水16.91亿 m³。天津作为资源型缺水城市,水资源极其匮乏,水危机红灯自20世纪70年代就已亮起,民谚"天津四大怪"之一就是"自来水,腌咸菜"。当时,水质差,水源缺,甚至连喝咸水都难以为继。如今,通过引黄济津应急调水,本地人均水资源占有量也只有160m³,仅为全国人均占有量的1/15,远低于世界公认的人均占有量1000m³的缺水警戒线,属重度缺水地区。特别是1997年以来海河流域持续严重干旱,为天津供水的潘家口、大黑汀水库需水量严重不足,导致天津被迫在2000、2002、2003和2004年实施4次引黄济津应急调水,解决了天津市用水的燃眉之急。黄河水资源为天津城市发展、滨海新区建设及重振昔日水网河渠奠定了基础。

5. 引黄济淀

被誉为"华北明珠"的白洋淀位于河北省保定市,总面积366平方公里,是华北地区最大的湿地生态系统。淀区年平均蒸发1773.4毫米,蒸发和渗漏量近3亿立方米,这对补充周边地区的地下水、减轻气候干燥程度、维护京津及华北地区生态环境有着不可替代的作用,被誉为"华北之肾"。

由于2006年白洋淀上游地区降水偏少,导致淀区蓄水量锐减,蓄水量仅为5000万立方米,水位只有6.5米,非常接近干淀的底线,而白洋淀水位只有达到8米左右才能满足水环境功能区划的要求。为改善白洋淀地区生态环境,保障淀区群众生活、生产用水安全,水利部、国家防办分别在2006、2008年两次组织实施了跨流域"引黄济淀"应急生态调水。据统计,第一次引黄济淀聊城位山闸累计放水4.79亿 m³,河北省收水3.4亿 m³,白洋淀收水1.0亿 m³。第二次引黄济淀应急生态调水位山闸共引水7.21亿立方米,河北收水4.84亿立方米,白洋淀收水1.57亿立方米。白洋淀通过引黄补水,保证了生态和周围群众生产生活用水,取得了显著的效益,同时改善了河北省及引黄济淀沿途的生态环境,使白洋淀再现水光天色,四季竞秀,叠叠荷塘、莽莽芦荡的美丽景色。

第二章　水利基础知识

第一节　水文知识

一、河流和流域

地表上较大的天然水流称为河流。河流是陆地上最重要的水资源和水能资源，是自然界中水文循环的主要通道。我国的主要河流一般发源于山地，最终流入海洋、湖泊或洼地。沿着水流的方向，一条河流可以分为河源、上游、中游、下游和河口几段。我国最长的河流是长江，其河源发源于青海的唐古拉山，湖北宜昌以上河段为上游，长江的上游主要在深山峡谷中，水流湍急，水面坡降大。自湖北宜昌至安徽安庆的河段为中游，河道蜿蜒弯曲，水面坡降小，水面明显宽敞。安庆以下河段为下游，长江下游段河流受海潮顶托作用。河口位于上海市。

在水利水电枢纽工程中，为了便于工作，习惯上以面向河流下游为准，左手侧河岸称为左岸，右手侧称为右岸。我国的主要河流中，多数流入太平洋，如长江、黄河、珠江等。少数流入印度洋（怒江、雅鲁藏布江等）和北冰洋。沙漠中的少数河流只有在雨季存在，成为季节河。

直接流入海洋或内陆湖的河流称为干流，流入干流的河流为一级支流，流入一级支流的河流为二级支流，依此类推。河流的干流、支流、溪涧和流域内的湖泊彼此连接所形成的庞大脉络系统，称为河系，或水系。如长江水系、黄河水系、太湖水系。流域或水系形状示意图见图 2-1。

一个水系的干流及其支流的全部集水区域称为流域。在同一个流域内的降水，最终通过同一个河口注入海洋。如长江流域、珠江流域。较大的支流或湖泊也能称为流域，如汉水流域、清江流域、洞庭湖流域、太湖流域。两个流域之间的分界线称为分水线，是分隔两个流域的界限。在山区，分水线通常为山

扇形河系　　羽形河系　　平行河系　　混合河系

图 2-1　流域或水系形状示意图

岭或山脊,所以又称分水岭,如秦岭为长江和黄河的分水岭。在平原地区,流域的分界线则不甚明显。特殊的情况如黄河下游,其北岸为海河流域,南岸为淮河流域,黄河两岸大堤成为黄河流域与其他流域的分水线。流域的地表分水线与地下分水线有时并不完全重合,一般以地表分水线作为流域分水线。在平原地区,要划分明确的分水线往往是较为困难的。

描述流域形状特征的主要几何形态指标有以下几个。

(1)流域面积 F,流域的封闭分水线内区域在平面上的投影面积。

(2)流域长度 L,流域的轴线长度。以流域出口为中心画许多同心圆,由每个同心圆与分水线相交作割线,各割线中点顺序连线的长度即为流域长度。如图 2-2 所示,$L = \sum L_i$。流域长度通常可用干流长度代替。

(3)流域平均宽度 B,流域面积与流域长度的比值,$B = F/L$。

(4)流域形状系数 K_F,流域宽度与流域长度的比值,$K_F = B/L$。

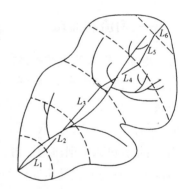

图 2-2　流域长度示意图

影响河流水文特性的主要因素包括:流域内的气象条件(降水、蒸发等),地形和地质条件(山地、丘陵、平原、岩石、湖泊、湿地等),流域的形状特征(形状、面积、坡度、长度、宽度等),地理位置(纬度、海拔、临海等),植被条件和湖泊分布,人类活动等。

二、河(渠)道的水文学和水力学指标

(1)河(渠)道横断面:垂直于河流方向的河道断面地形。天然河道的横断面形状多种多样,常见的有 V 形、U 形、复式等,如图 2-3 所示。人工渠道的横断面形状则比较规则,一般为矩形、梯形。河道水面以下部分的横断面为过不断面。过水断面的面积 A 随河水水面涨落变化,与河道流量相关。

(2)河道纵断面:沿河道纵向最大水深线切取的断面,如图 2-4 所示。

(3)水位 Z:河道水面在某一时刻的高程,即相对于海平面的高度差。我国目前采用黄海海平面作为基准海平面。

（4）河流长度 L：河流自河源开始，沿河道最大水深线至河口的距离。

（5）落差 ΔZ：河流两个过水断面之间的水位差。

（6）纵比降 i：水面落差与此段河流长度之比，$i = \Delta Z / \Delta L$。河道水面纵比降与河道纵断面基本上是一致的，在某些河段并不完全一致，与河道断面面积变化、洪水流量有关。

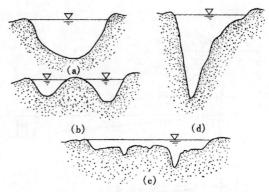

图 2-3　河道横断面图

(a)普通长直河道；(b)有河滩地的河道；
(c)中下游宽阔河道；(d)弯曲段河道

河水在涨落过程中，水面纵比降随洪水过程的时间变化而变化。在涨水过程中，水面纵比降较大，落水过程中则相对较小。

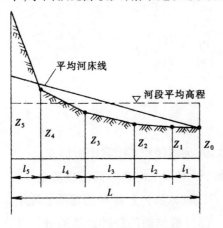

图 2-4　河流纵断面示意图

（7）水深 h：水面某一点到河底的垂直深度。河道断面水深指河道横断面上水位 Z 与最深点的高程差。

（8）流量 Q：单位时间内通过某一河道（渠道、管道）的水体体积，单位 m^3/s。

（9）流速 V：流速单位 m/s。在河道过水断面上，各点流速不一致。一般情况下，过水断面上水面流速大于河底流速。常用断面平均流速作为其特征指标。断面平均流速 $\bar{v} = Q/A$。

（10）水头：水中某一点相对于另一水平参照面所具有的水能。

在图 2-5 中，B_1 点相对于参照面 0—0 的总水头为 E。总水头 E 由三部分组成：①位置水头 $Z = Z_{B_1}$，是 B_1 点与参照平面（0—0 面）之间的高程差，表示水质点 B_1 具有的位能。②压强水头（亦称压力水头）$\dfrac{p_{B_1}}{\gamma} = h \cdot \cos\theta$，表示该点具有的压能。在较平直的河（渠）道中，$h$ 等于此点在水面以下的深度，位置水头（位能）与压强水头（压能）的和表示该处水流具有的势能。③流速水头 $\dfrac{\alpha V_{B_1}^2}{2g}$，表示 B_1 点水流具有的动能。式中 $\alpha = 1.0 \sim 1.1$。B_1 点的总能量为其机械能,即势能与动能之和。因此,1—1 过水断面上 B_1 点的总水头 $E_{B_1} = Z_{B1}$ $+ \dfrac{p_{B_1}}{\gamma} + \dfrac{\alpha V_{B_1}^2}{2g}$。

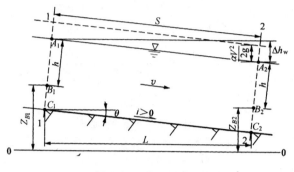

图 2-5　水头计算示意图

在较平直的河道上,某一过水断面上各点的总水头 E 为一常数,如图 2-5 中的 1—1 断面上的 A_1、B_1、C_1 三点间具有同样的能量,总水头相等,$E_{A_1} = E_{B_1} = E_{C_1}$。

在河道上下游两个断面之间的水头有差值 h_w。差值是河道水流流动过程中产生的能量损失,也称水头损失。图 2-5 中,1—1 断面与 2—2 断面间有

$$Z_1 + \frac{p_1}{\gamma} + \frac{\alpha V_1^2}{2g} = Z_2 + \frac{p_2}{\gamma} + \frac{\alpha V_2^2}{2g} + h_w$$

此方程称为伯努利方程。

三、河川径流

径流是指河川中流动的水流量。在我国,河川径流多由降雨所形成。

河川径流形成的过程是指自降水开始,到河水从海口断面流出的整个过程。这个过程非常复杂,一般要经历降水、蓄渗(入渗)、产流和汇流几个阶段。

降雨初期,雨水降落到地面后,除了一部分被植被的枝叶或洼地截留外,大部分渗入土壤中。如果降雨强度小于土壤入渗率,雨水不断渗入到土壤中,不会产生地表径流。在土壤中的水分达到饱和以后,多余部分在地面形成坡面漫流。当降水强度大于土壤的入渗率时,土壤中的水分来不及被降水完全饱和。一部分雨水在继续不断地渗入土壤的同时,另一部分雨水即开始在坡面形成流动。初始流动沿坡面最大坡降方向漫流。坡面水流顺坡面逐渐汇集到沟槽、溪涧中,形成溪流。从涓涓细流汇流形成小溪、小河,最后归于大江大河。渗入土壤的水分中,一部分将通过土壤和植物蒸发到空中,另一部分通过渗流缓慢地从地下渗出,形成地下径流。相当一部分地下径流将补充注入高程较低的河道内,成为河川径流的一部分。图 2-6 所示为某场降雨形成(地表和地下)径流以及流量变化的过程。图 2-7 所示为地下径流的形成。

降雨形成的河川径流与流域的地形、地质、土壤、植被，降雨强度、时间、季节，以及降雨区域在流域中的位置等因素有关。因此，河川径流具有循环性、不重复性和地区性。

表示径流的特征值主要有以下几点。

（1）径流量 Q：单位时间内通过河流某一过水断面的水体体积。

（2）径流总量 W：一定的时段 T 内通过河流某过水断面的水体总量，$W = QT$。

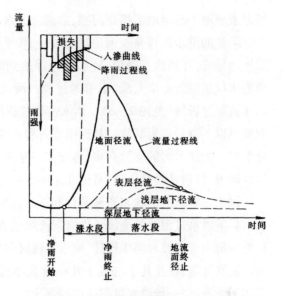

图 2-6　降雨形成径流过程示意图

（3）径流模数 M：径流量在流域面积上的平均值，$M = Q/F$。

（4）径流深度 R：流域单位面积上的径流总量，$R = W/F$。

（5）径流系数 α：某时段内的径流深度与降水量之比 $\alpha = R/P$。

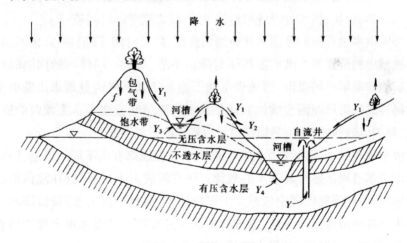

图 2-7　地下径流形成示意图

f—入渗；Y_1—地面径流；Y_2—表层径流；Y_3—地下径流
（浅层地下水补给）；Y_4—地下径流（深层地下水补给）

四、河流的洪水

当流域在短时间内较大强度地集中降雨，或地表冰雪迅速融化时，大量水经地表或地下迅速地汇集到河槽,造成河道内径流量急增,河流中发生洪水。

河流的洪水过程是在河道流量较小、较平缓的某一时刻开始,河流的径流量迅速增长,并到达一峰值,随后逐渐降落到趋于平缓的过程。与其同时,河道的水位也经历一个上涨、下落的过程。河道洪水流量的变化过程曲线称为洪水流量过程线(见图2-6)。洪水流量过程线上的最大值称为洪峰流量 Q_m,起涨点以下流量称为基流。基流由岩石和土壤中的水缓慢外渗或冰雪逐渐融化形成。大江大河的支流众多,各支流的基流汇合,使其基流量也比较大。山区性河流,特别是小型山溪,基流非常小,冬天枯水期甚至断流。

洪水过程线的形状与流域条件和暴雨情况有关。

影响洪水过程线的流域条件有河流纵坡降、流域形状系数。一般而言,山区性河流由于山坡和河床较陡,河水汇流时间短,洪水很快形成,又很快消退。洪水陡涨陡落,往往几小时或十几小时就经历一场洪水过程。平原河流或大江大河干流上,一场洪水过程往往需要经历三天、七天甚至半个月。如果第一场降雨形成的洪水过程尚未完成又遇降雨,洪水过程线就会形成双峰或多峰。大流域中,因多条支流相继降水,也会造成双峰或其他组合形态。1996年,黄河发生第二个洪峰追上第一个洪峰而入海的现象,即在上游某处洪水过程线为双峰,到下游某处洪水过程线为单峰。流域形状系数大,表示河道相对较长,汇流时间较长,洪水过程线相对较平缓,反之则涨落时间较短。

影响洪水过程线的暴雨条件有暴雨强度、降雨时间、降雨量、降雨面积、雨区在流域中的位置等。洪水过程还与降雨季节、与上一场降雨的间隔时间等有关。如春季第一场降雨,因地表土壤干燥而使其洪峰流量较小。发生在夏季的同样的降雨可能因土壤饱和而使其洪峰流量明显变大。流域内的地形、河流、湖泊、洼地的分布也是影响洪水过程线的重要因素。

由于种种原因,实际发生的每一次洪水过程线都有所不同。但是,同一条河流的洪水过程还是有其基本的规律。研究河流洪水过程及洪峰流量大小,可为防洪、设计等提供理论依据。工程设计中,通过分析诸多洪水过程线,选择其中具有典型特征的一条,称为典型洪水过程线。典型洪水过程线能够代表该流域(或河道断面)的洪水特征,作为设计依据。

符合设计标准(指定频率)的洪水过程线称为设计洪水过程线。设计洪水过程线由典型洪水过程线按一定的比例放大而得。洪水放大常用方法有同倍比放大法和同频率放大法,其中同倍比放大法又有"以峰控制"和"以量控制"两种。下面以同倍比放大为例介绍放大方法。

收集河流的洪峰流量资料,通过数量统计方法,得到洪峰流量的经验频率曲线。根据水利水电枢纽的设计标准,在经验频率曲线上确定设计洪水的洪峰流量。"以峰控制"的同倍比放大倍数 $K_Q = Q_{mp}/Q_m$。其中 Q_{mp}、Q_m 分别为设计标准洪水的洪峰流量和典型洪水过程线的洪峰流量。"以量控制"的同倍比放大倍数 $K_w = W_{tp}/W_t$。其中 W_{tp}、W_t 分别为设计标准洪水过程线在设计时段的洪水总量和典型洪水过程线对应时段的洪水总量。有了放大倍比后,可将典型洪水过程线逐步放大为设计洪水过程线。

五、河流的泥沙

河流中常挟带着泥沙,是水流冲蚀流域地表所形成。这些泥沙随着水流在河槽中运动。河流中的泥沙一部分是随洪水从上游冲蚀带来,一部分是从沉积在原河床冲扬起来的。当随上游洪水带来的泥沙总量与被洪水带走的泥沙总量相等时,河床处于冲淤平衡状态。冲淤平衡时,河床维持稳定。我国流域的水量大部分是由降雨汇集而成。暴雨是地表侵蚀的主要因素。地表植被情况是影响河流泥沙含量多少的另一主要因素。在我国南方,尽管暴雨强度远大于北方,由于植被情况良好,河流泥少含量远小于北方。位于北方植被条件差的黄河流经黄土地区,黄土结构疏松,抗雨水冲蚀能力差,使黄河成为高含沙量的河流。影响河流泥沙的另一重要因素是人类活动。近年来,随着部分地区的盲目开发,南方某些河流的泥沙含量也较前有所增多。

泥沙在河道或渠道中有两种运动方式。颗粒小的泥沙能够被流动的水流扬起,并被带动着随水流运动,称为悬移质。颗粒较大的泥沙只能被水流推动,在河床底部滚动,称为推移质。水流挟带泥沙的能力与河道流速大小相关。流速大,则挟带泥沙的能力大,泥沙在水流中的运动方式也随之变化。在坡度陡、流速高的地方,水流能够将较大粒径的泥沙扬起,成为悬移质。这部分泥沙被带到河势平缓、流速低的地方时,落于河床上转变为推移质,甚至沉积下来,成为河床的一部分。沉积在河床的泥沙称为床沙。悬移质、推移质和床沙在河流中随水流流速的变化相互转化。

在自然条件下,泥沙运动不断地改变着河床形态。随着人类活动的介入,河流的自然变迁条件受到限制。人类在河床两岸筑堤挡水,使泥沙淤积在受到约束的河床内,从而抬高河床底高程。随着泥沙不断地淤积和河床不断地抬高,人类被迫不断地加高河堤。例如,黄河开封段、长江荆江段均已成为河床底部高于两岸陆面十多米的悬河。

水利水电工程建成以后,破坏了天然河流的水沙条件和河床形态的相对平衡。拦河坝的上游,因为水库水深增加,水流流速大为减少,泥沙因此而沉积在水库内。泥沙淤积的一般规律是:从河流回水末端的库首地区开始,入库水流流速沿程逐渐减小。因此,粗颗粒首先沉积在库首地区,较细颗粒沿程陆续沉积,直至坝前。随着库内泥沙淤积高程的增加,较粗颗粒也会逐渐带至坝前。水库中的泥沙淤积会使水库库容减少,降低工程效益。泥沙淤积在河流进入水库的口门处,抬高口门处的水位及其上游回水水位,增加上游淹没。进入水电站的泥沙会磨损水轮机。水库下游,因泥沙被水库拦截,下泄水流变清,河床因清水冲刷造成河床刷深下切。

在多沙河流上建造水利水电枢纽工程时,需要考虑泥沙淤积对水库和水电站的影响。需要在适当的位置设置专门的冲砂建筑物,用以减缓库区淤积速度,阻止泥沙进入发电输水管(渠)道,延长水库和水电站的使用寿命。

描述河流泥沙的特征值有以下几个。

(1)含沙量:单位水体中所含泥沙重量,单位 kg/m^3。

(2)输沙量:一定时间内通过某一过水断面的泥沙重量,一般以年输沙量衡量一条河流的含沙量。

(3)起动流速 V_c:使泥沙颗粒从静止变为运动的水流流速。

第二节　　地 质 知 识

地质构造是指由于地壳运动使岩层发生变形或变位后形成的各种构造形态。地质构造有五种基本类型:水平构造、倾斜构造、直立构造、褶皱构造和断裂构造。这些地质构造不仅改变了岩层的原始产状、破坏了岩层的连续性和完整性,甚至降低了岩体的稳定性和增大了岩体的渗透性。因此研究地质构造对水利工程建筑有着非常重要的意义。要研究上述五种构造必须了解地质年代和岩层产状的相关知识。

一、地质年代和地层单位

地球形成至今已有 46 亿年,对整个地质历史时期而言,地球的发展演化及地质事件的记录和描述需要有一套相应的时间概念,即地质年代。同人类社会发展历史分期一样,可将地质年代按时间的长短依次分为宙、代、纪、世不同时期(表 2-1),对应于上述时间段所形成的岩层(即地层)依次称为宇、界、系、统,这便是地层单位。如太古代形成的地层称为太古界,石炭纪形成的地层称为石炭系等。

二、岩层产状

(一)岩层产状要素

岩层产状指岩层在空间的位置,用走向、倾向和倾角表示,称为岩层产状三要素。

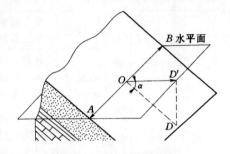

图2-8　岩层产状要素图

AOB—走向线;OD—倾向线;OD′—倾斜线在水平面上的投影,箭头方向为倾向;α—倾角

(1)走向。岩层面与水平面的交线叫走向线(图2-8中的AOB线),走向线两端所指的方向即为岩层的走向。走向有两个方位角数值,且相差180°。如NW300°和SE120°。岩层的走向表示岩层的延伸方向。

(2)倾向。层面上与走向线垂直并沿倾斜面向下所引的直线叫倾斜线(图2-8中的OD线),倾斜线在水平面上投影(图2-8中的$OD′$线)所指的方向就是岩层的倾向。对于同一岩层面,倾向与走向垂直,且只有一个方向。岩层的倾向表示岩层的倾斜方向。

表2-1　地质年代表

地质年代				国际代号		距今年龄 (100万年)	生物界	
宙(宇)	代(界)	纪(系)	世(统)				植物	动物
显生宙	新生代 (Kz)	第四纪	全新世 更新世	Q	Q_4 $Q_{1\sim3}$	0.01~3	被子植物	人类
		晚第三纪	上新世 中新世	N	N_2 N_1	25		哺乳动物
		早第三纪	渐新世 始新世 古新世	E	E_3 E_2 E_1	40 60 80		
	中生代 (Mz)	白垩纪	晚白垩世 早白垩世	K	K_2 K_1	140	裸子植物	爬行动物
		侏罗纪	晚侏罗世 中侏罗世 早侏罗世	J	J_3 J_2 J_1	195		
		三叠纪	晚三叠世 中三叠世 早三叠世	T	T_3 T_2 T_1	230		

续表

地质年代				国际代号		距今年龄（100万年）	生物界	
宙(宇)	代(界)	纪(系)	世(统)				植物	动物
显生宙	古生代（P$_z$）	晚古生代	二叠纪	晚二叠世 早二叠世	P	P$_2$ P$_1$	280	蕨类植物	两栖类动物
			石炭纪	晚石炭世 中石炭世 早石炭世	C	C$_3$ C$_2$ C$_1$	350		
			泥盆纪	晚泥盆世 中泥盆世 早泥盆世	D	D$_3$ D$_2$ D$_1$	410		鱼类
		早古生代	志留纪	晚志留世 中志留世 早志留世	S	S$_3$ S$_2$ S$_1$	440	孢子植物高级藻类	海生无脊椎动物
			奥陶纪	晚奥陶世 中奥陶世 早奥陶世	O	O$_3$ O$_2$ O$_1$	500		
			寒武纪	晚奥陶世 中奥陶世 早奥陶世	∈	∈$_3$ ∈$_2$ ∈$_1$	600		
隐生宙	元古代（P$_t$）	晚	震旦纪		Z		800	真核生物（绿藻）	
		中					1900		
		早					2500		
	太古代（A$_r$）						4000	原核生物（菌藻类）	
	地球初期发展阶段						4600	无生物	

（3）倾角。是指岩层面和水平面所夹的最大锐角（或二面角）（图 2 - 8 中的 α 角）。

除岩层面外，岩体中其他面（如节理面、断层面等）的空间位置也可以用岩层产状三要素来表示。

（二）岩层产状要素的测量

岩层产状要素需用地质罗盘测量（图 2 - 9）。地质罗盘的主要构件有磁针、刻度环、方向盘、倾角旋钮、水准泡、磁针锁制器等。刻度环和磁针是用来测岩层的走向和倾向的。刻度环按方位角分划，以北为 0°，逆时针方向分划为 360°。在方向盘上用四个符合代表地理方位，即 N（0°）表示北，S（180°）表示南,E(90°)表示东,W(270°)表示西。方向盘和倾角旋钮是用来测倾角的。方向盘的角度变化介于0°～90°。测量方法如下(图2-10):

(1)测量走向。罗盘水平放置,将罗盘与南北方向平行的边与层面贴触(或将罗盘的长边与岩层面贴触),调整圆水准泡居中,此时罗盘边与岩层面的接触线即为走向线,磁针(无论南针或北针)所指刻度环上的度数即为走向。

(2)测量倾向。罗盘水平放置,将方向盘上的N极指向岩层层面的倾斜方向,同时使罗盘平行于东西方向的边(或短边)与岩层面贴触,调整圆水准泡居中,此时北针所指刻度环上的度数即为倾向。

(3)测量倾角。罗盘侧立摆放,将罗盘平行于南北方向的边(或长边)与层面贴触,并垂直于走向线,然后转动罗盘背面的测有旋钮,使长水准泡居中,此时倾角旋钮所指方向盘上的度数即为倾角大小。若是长方形罗盘,此时桃形指针在方向盘上所指的度数,即为所测的倾角大小。

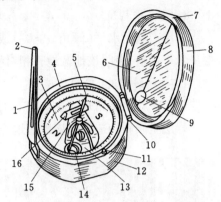

图2-9　地质罗盘

1—长照准合页;2—短照准合页;3—方向盘;
4—刻度环;5—磁针;6—反光镜;7—照准尖;
8—上盖;9—反光镜观测孔;10—连接合页;
11—磁针锁制器;12—壳体;13—倾角指示盘;
14—圆水准泡;15—测角旋钮(仪器背面);
16—长水准泡

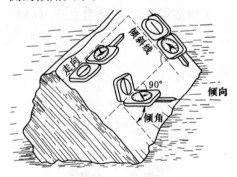

图2-10　岩层产状要素测量

(三)岩层产状的记录方法:

岩层产状的记录方法有以下两种:

(1)象限角表示法。一般以北或南的方向为准,记走向、倾向和倾角。如N30°E,NW∠35°,即走向北偏东30°、向北西方向倾斜、倾角35°。

(2)方位角表示法。一般只记录倾向和倾角。如SW230°∠35°,前者是倾向的方位角,后者是倾角,即倾向230°、倾角35°。走向可通过倾向±90°的方法换算求得。上述记录表示岩层走向为北西320°,倾向南西230°,倾角35°。

三、水平构造、倾斜构造和直立构造

(一)水平构造

岩层产状呈水平(倾角 $\alpha = 0°$)或近似水平($\alpha < 5°$)如图 2 – 11 所示。岩层呈水平构造,表明该地区地壳相对稳定。

(二)倾斜构造(单斜构造)

岩层产状的倾角 $0° < \alpha < 90°$,岩层呈倾斜状(图 2 – 12)。

岩层呈倾斜构造说明该地区地壳不均匀抬升或受到岩浆作用的影响。

图 2 – 11　水平岩层

图 2 – 12　倾斜岩层

图 2 – 13　直立岩层

(三)直立构造

岩层产状的倾角 $\alpha \approx 90°$,岩层呈直立状(图 2 – 13)。

岩层呈直立构造说明岩层受到强有力的挤压。

四、褶皱构造

褶皱构造是指岩层受构造应力作用后产生的连续弯曲变形。绝大多数褶皱构造是岩层在水平挤压力作用下形成的,如图 2 – 14 所示。褶皱构造是岩层在地壳中广泛发育的地质构造形态之一,它在层状岩石中最为明显,在块状岩体中则很难见到。褶皱构造的每一个向上或向下弯曲称为褶曲。两个或两个以上的褶曲组合叫褶皱。

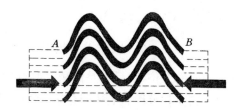

图 2 – 14　褶皱构造

（一）褶皱要素

褶皱构造的各个组成部分称为褶皱要素（图2-15）。

（1）核部。褶曲中心部位的岩层。

（2）翼部。核部两侧的岩层。一个褶曲有两个翼。

（3）翼角。翼部岩层的倾角。

（4）轴面。对称平分两翼的假象面。轴面可以是平面，也可以是曲面。轴面与水平面的交线称为轴线；轴面与岩层面的交线称为枢纽。

（5）转折端。从一翼转到另一翼的弯曲部分。

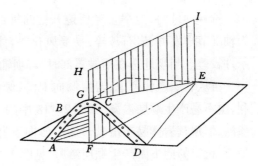

图2-15 褶皱要素示意图

AB—翼；被ABCD包围的内部岩层-核；

BGC—转折端；EFHI—轴面；

EF—轴线；EG—枢纽

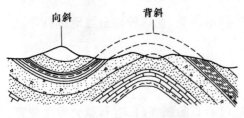

图2-16 背斜和向斜

（二）褶皱的基本形态

褶皱的基本形态是背斜和向斜（图2-16）。

（1）背斜。岩层向上弯曲，两翼岩层常向外倾斜，核部岩层时代较老，两翼岩层依次变新并呈对称分布。

（2）向斜。岩层向下弯曲，两翼岩层常向内倾斜，核部岩层时代较新，两翼岩层依次变老并呈对称分布。

（三）褶皱的类型

根据轴面产状和两翼岩层的特点，将褶皱分为直立褶皱、倾斜褶皱、倒转褶皱、平卧褶皱、翻卷褶皱（图2-17）。

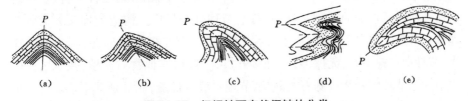

图2-17 根据轴面产状褶皱的分类

（a）直立褶皱；（b）倾斜褶皱；（c）倒转褶皱；（d）平卧褶皱；（e）翻卷褶皱

（四）褶皱构造对工程的影响

1. 褶皱构造影响着水工建筑物地基岩体的稳定性及渗透性

选择坝址时,应尽量考虑避开褶曲轴部地段,如图2-18中的Ⅱ、Ⅳ。因为轴部节理发育、岩石破碎,易受风化、岩体强度低、渗透性强,所以工程地质条件较差。当坝址选在褶皱翼部时,若坝轴线平行岩层走向,则坝基岩性较均一。再从岩层产状考虑,岩层倾向上游,倾角较陡时,对坝基岩体抗滑稳定有利,也不易产生顺层渗漏,如图2-18中的Ⅰ;当倾角平缓时,虽然不易向下游渗漏,但坝基岩体易于滑动。岩层倾向下游,倾角又缓时,岩层的抗滑稳定性最差,也容易向下游产生顺层渗漏,见图2-18中的Ⅲ。

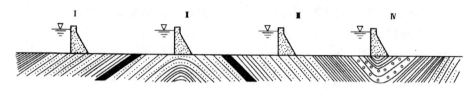

图2-18　褶皱不同部位筑坝剖面图

2.褶皱构造与其蓄水的关系

褶皱构造中的向斜构造,是良好的蓄水构造,在这种构造盆地中打井,地下水常较丰富。

五、断裂构造

岩层受力后产生变形,当作用力超过岩石的强度时,岩石就会发生破裂,形成断裂构造。断裂构造的产生,必将对岩体的稳定性、透水性及其工程性质产生较大影响。根据破裂之后的岩层有无明显位移,将断裂构造分为节理和断层两种形式。

(一)节理

没有明显位移的断裂称为节理。节理按照成因分为三种类型:第一种为原生节理:岩石在成岩过程中形成的节理,如玄武岩中的柱状节理;第二种为次生节理:风化、爆破等原因形成的裂隙,如风化裂隙等;第三种为构造节理:由构造应力所形成的节理。其中,构造节理分布最广。构造节理又分为张节理和剪节理。张节理由张应力作用产生,多发育在褶皱的轴部,其主要特征为:节理面粗糙不平,无擦痕,节理多开口,一般被其他物质充填,在砾岩或砂岩中的张节理常常绕过砾石或砂粒,节理一般较稀疏,而且延伸不远。剪节理由剪应力作用产生,其主要特征为:节理面平直光滑,有时可见擦痕,节理面一般是闭合的,没有充填物,在砾岩或砂岩中的剪节理常常切穿砾石或砂粒,产状较稳定,间距小、延伸较远,发育完整的剪节理呈X形。

(二)断层

有明显位移的断裂称之为断层。

1.断层要素

断层的基本组成部分叫断层要素(图2－19)。断层要素包括断层面、断层线、断层带、断盘及断距。

(1)断层面。岩层发生断裂并沿其发生位移的破裂面。它的空间位置仍由走向、倾向和倾角表示。它可以是平面,也可以是曲面。

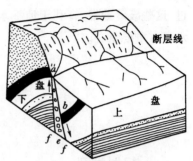

图2－19　断层要素图

ab—断距;e—断层破碎带;
f—断层影响带

(2)断层线。断层面与地面的交线。其方向表示断层的延伸方向。

(3)断层带。包括断层破碎带和影响带。破碎带是指被断层错动搓碎的部分,常由岩块碎屑、粉末、角砾及黏土颗粒组成,其两侧被断层面所限制,如图2－19(e)所示。影响带是指靠近破碎带两侧的岩层受断层影响裂隙发育或发生牵引弯曲的部分,如图2－19(f)所示。

(4)断盘。断层面两侧相对位移的岩块称为断盘。其中,断层面之上的称为上盘,断层面之下的称为下盘。

(5)断距。断层两盘沿断层面相对移动的距离。

2.断层的基本类型

按照断层两盘相对位移的方向,将断层分为以下三种类型:

(1)正断层。上盘相对下降,下盘相对上升的断层[图2－20(a)]。

(2)逆断层。上盘相对上升,下盘相对下降的断层[图2－20(b)]。

(3)平移断层。是指两盘沿断层面作相对水平位移的断层[图2－20(c)]。

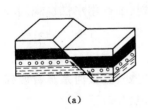 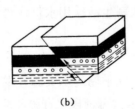 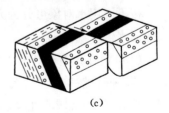

(a)　　　　　　　　　(b)　　　　　　　　　(c)

图2－20　断层类型示意图

(a)正断层;(b)逆断层;(c)平移断层

(三)断裂构造对工程的影响

节理和断层的存在,破坏了岩石的连续性和完整性,降低了岩石的强度,增强了岩石的透水性,给水利工程建设带来很大影响。如节理密集带或断层破碎带,会导致水工建筑物的集中渗漏、不均匀变形、甚至发生滑动破坏。因此在选择坝址、确定渠道及隧洞线路时,尽量避开大的断层和节理密集带,否则必须对其进行开挖、帷幕灌浆等方法处理,甚至调整坝或洞轴线的位置。不过,这些破碎地带,有利于地下水的运动和汇集。因此,断裂构造对于山区找水具有重要意义。

第三节　水资源规划知识

一、规划类型

水资源开发规划是跨系统、跨地区、多学科和综合性较强的前期工作,按区域、范围、规模、目的、专业等可以有多种分类或类型。

水资源开发规划,除在我国《水法》上有明确的类别划分外,当前尚未形成共识。不少文献针对规划的范围、目的、对象、水体类别等的不同而有多种分类。

（一）按水体划分

按不同水体可分为地表水开发规划、地下水开发规划、污水资源化规划、雨水资源利用规划和海咸水淡化利用规划等。

（二）按目的划分

按不同目的可分为供水水资源规划、水资源综合利用规划、水资源保护规划、水土保持规划、水资源养蓄规划、节水规划和水资源管理规划等。

（三）按用水对象划分

按不同用水对象可分为人畜生活饮用水供水规划、工业用水供水规划和农业用水供水规划等。

（四）按自然单元划分

按不同自然单元可分为独立平原的水资源开发规划、流域河系水资源梯级开发规划、小流域治理规划和局部河段水资源开发规划等。

（五）按行政区域划分

按不同行政区域可分为以宏观控制为主的全国性水资源规划和包含特定内容的省、地（市）、县域水资源开发现划。乡镇因常常不是一个独立的自然单元或独立小流域,而水资源开发不仅受到地域且受到水资源条件的限制,所以,按行政区划的水资源开发规划至少应是县以上行政区域。

(六)按目标单一与否划分

按目标的单一与否可分为单目标水资源开发规划(经济或社会效益的单目标)和多目标水资源开发规划(经济、社会、环境等综合的多目标)。

(七)按内容和含义划分

按不同内容和含义可分为综合规划和专业规划。

各种水资源开发规划编制的基础是相同的,相互间是不可分割的,但是各自的侧重点或主要目标不同,且各具特点。

二、规划的方法

进行水资源规划必须了解和搜集各种规划资料,并且掌握处理和分析这些资料的方法,使之为规划任务的总目标服务。

(一)水资源系统分析的基本方法

水资源系统分析的常用方法包括:

(1)回归分析方法。它是处理水资源规划资料最常用的一种分析方法。在水资源规划中最常用的回归分析方法有一元线性回归分析、多元回归分析、非线性回归分析、拟合度量和显著性检验等。

(2)投入产出分析法。它在描述、预测、评价某项水资源工程对该地区经济作用时具有明显的效果。它不仅可以说明直接用水部门的经济效果,也能说明间接用水部门的经济效果。

(3)模拟分析方法。在水资源规划中多采用数值模拟分析。数值模拟分析又可分为两类:数学物理方法和统计技术。数值模拟技术中的数学物理方法在水资源规划的确定性模型中应用较为广泛。

(4)最优化方法。由于水资源规划过程中插入的信息和约束条件不断增加,处理和分析这些信息,以制定和筛选出最有希望的规划方案,使用最优化技术是行之有效的方法。在水资源规划中最常用的最优化方法有线性规划、网络技术动态规划与排队论等。

上述四类方法是水资源规划中常用的基本方法。

(二)系统模型的分解与多级优化

在水资源规划中,系统模型的变量很多,模型结构较为复杂,完全采用一种方法求解是困难的。因此,在实际工作中,往往把一个规模较大的复杂系统分解成许多"独立"的子系统,分别建立子模型,然后根据子系统模型的性质以及子系统的目标和约束条件,采用不同的优化技术求解。这种分解和多级最优化的分析方法在求解大规模复杂的水资源规划问题时非常有用,它的突出优点是使系统的模型更为逼真,在一个系统模型内可以使用多种模拟技术和最优化技术。

(三)规划的模型系统

在一个复杂的水资源规划中,可以有许多规划方案。因此,从加快方案筛选的观点出发,必须建立一套适宜的模型系统。对于一般的水资源规划问题可建立三种模型系统:筛选模型、模拟模型、序列模型。

系统分析的规划方法不同于"传统"的规划方法,它涉及社会、环境和经济方面的各种要求,并考虑多种目标。这种方法在实际使用中已显示出它们的优越性,是一种适合于复杂系统综合分析需要的方法。

我国"十三五"水资源管理的规划总要求是:以落实最严格水资源管理制度、实行水资源消耗总量和强度双控行动、加强重点领域节水、完善节水激励机制为重点,加快推进节水型社会建设,强化水资源对经济社会发展的刚性约束,构建节水型生产方式和消费模式,基本形成节水型社会制度框架,进一步提高水资源利用效率和效益。

强化节水约束性指标管理。严格落实水资源开发利用总量、用水效率和水功能区限制纳污总量"三条红线",实施水资源消耗总量和强度双控行动,健全取水计量、水质监测和供用耗排监控体系。加快制定重要江河流域水量分配方案,细化落实覆盖流域和省市县三级行政区域的取用水总量控制指标,严格控制流域和区域取用水总量。实施引调水工程要先评估节水潜力,落实各项节水措施。健全节水技术标准体系。将水资源开发、利用、节约和保护的主要指标纳入地方经济社会发展综合评价体系,县级以上地方人民政府对本行政区域水资源管理和保护工作负总责。加强最严格水资源管理制度考核工作,把节水作为约束性指标纳入政绩考核,在严重缺水的地区率先推行。

强化水资源承载能力刚性约束。加强相关规划和项目建设布局水资源论证工作,国民经济和社会发展规划以及城市总体规划的编制、重大建设项目的布局,应当与当地水资源条件和防洪要求相适应。严格执行建设项目水资源论证和取水许可制度,对取用水总量已达到或超过控制指标的地区,暂停审批新增取水。强化用水定额管理,完善重点行业、区域用水定额标准。严格水功能区监督管理,从严核定水域纳污容量,严格控制入河湖排污总量,对排污量超出水功能区限排总量的地区,限制审批新增取水和入河湖排污口。强化水资源统一调度。

强化水资源安全风险监测预警。健全水资源安全风险评估机制,围绕经济安全、资源安全、生态安全,从水旱灾害、水供求态势、河湖生态需水、地下水开采、水功能区水质状况等方面,科学评估全国及区域水资源安全风险,加强水资源风险防控。以省、市、县三级行政区为单元,开展水资源承载能力评价,建立水资源安全风险识别和预警机制。抓紧建成国家水资源管理系统,健全水资源监控体系,完善水资源监测、用水计量与统计等管理制度和相关技术标准体系,加强省界等重要控制断面、水功能区和地下水的水质水量监测能力建设。

第四节　水利枢纽知识

为了综合利用和开发水资源,常需在河流适当地段集中修建几种不同类型和功能的水工建筑物,以控制水流,并便于协调运行和管理。这种由几种水工建筑物组成的综合体,称为水利枢纽。

一、水利枢纽的分类

水利枢纽的规划、设计、施工和运行管理应尽量遵循综合利用水资源的原则。

水利枢纽的类型很多。为实现多种目标而兴建的水利枢纽,建成后能满足国民经济不同部门的需要,称为综合利用水利枢纽。以某一单项目标为主而兴建的水利枢纽,常以主要目标命名,如防洪枢纽、水力发电枢纽、航运枢纽、取水枢纽等。在很多情况下水利枢纽是多目标的综合利用枢纽,如防洪—发电枢纽,防洪—发电—灌溉枢纽,发电—灌溉—航运枢纽等。按拦河坝的型式还可分为重力坝枢纽、拱坝枢纽、土石坝枢纽及水闸枢纽等。根据修建地点的地理条件不同,有山区、丘陵区水利枢纽和平原、滨海区水利枢纽之分。根据枢纽上下游水位差的不同,有高、中、低水头之分,世界各国对此无统一规定。我国一般水头70m以上的是高水头枢纽,水头30~70m的是中水头枢纽,水头为30m以下的是低水头枢纽。

二、水利枢纽工程基本建设程序及设计阶段划分

水利是国民经济的基础设施和基础产业。水利工程建设要严格按建设程序进行。根据《水利工程建设项目管理规定》(水利部水建[1995]128号)和有关规定,水利工程建设程序一般分为项目建议书、可行性研究报告、初步设计、施工准备(包括招标设计)、建设实施、生产准备、竣工验收、后评价等阶段。建

设前期根据国家总体规划以及流域综合规划,开展前期工作,包括提出项目建议书、可行性研究报告和初步设计(或扩大初步设计)。水利工程建设项目的实施,必须通过基本建设程序立项。水利工程建设项目的立项过程包括项目建议书和可行性研究报告阶段。根据目前管理现状,项目建议书、可行性研究报告、初步设计由水行政主管部门或项目法人组织编制。

项目建议书应根据国民经济和社会发展长远规划、流域综合规划、区域综合规划、专业规划,按照国家产业政策和国家有关投资建设方针进行编制,是对拟进行工程项目的初步说明。项目建议书编制一般由政府委托有相应资质的设计单位承担,并按国家现行规定权限向主管部门申报审批。

可行性研究应对项目进行方案比较,对项目在技术上是否可行和经济上是否合理进行科学的分析和论证。经过批准的可行性研究报告,是项目决策和进行初步设计的依据。可行性研究报告,由项目法人(或筹备机构)组织编制。可行性研究报告经批准后,不得随意修改和变更,在主要内容上有重要变动,应经原批准机关复审同意。项目可行性报告批准后,应正式成立项目法人,并按项目法人责任制实行项目管理。

初步设计是根据批准的可行性研究报告和必要而准确的设计资料,对设计对象进行全面研究,阐明拟建工程在技术上的可行性和经济上的合理性,规定项目的各项基本技术参数,编制项目的总概算。初步设计任务应择优选择有相应资质的设计单位承担,依照有关初步设计编制规定进行编制。

建设项目初步设计文件已批准,项目投资来源基本落实,可以进行主体工程招标设计和组织招标工作以及现场施工准备。项目的主体工程开工之前,必须完成各项施工准备工作,其主要内容包括:①施工现场的征地、拆迁;②完成施工用水、电、通信、路和场地平整等工程;③必需的生产、生活临时建筑工程;④组织招标设计、工程咨询、设备和物资采购等服务;⑤组织建设监理和主体工程招标投标,并择优选定建设监理单位和施工承包商。

建设实施阶段是指主体工程的建设实施,项目法人按照批准的建设文件,组织工程建设,保证项目建设目标的实现。项目法人或建设单位向主管部门提出主体工程开工申请报告,按审批权限,经批准后,方能正式开工。随着社会主义市场经济机制的建立,工程建设项目实行项目法人责任制后,主体工程开工,必须具备以下条件:①前期工程各阶段文件已按规定批准,施工详图设计可以满足初期主体工程施工需要;②建设项目已列入国家年度计划,年度建设资金已落实;③主体工程招标已经决标,工程承包合同已经签订,并得到主管部门同意;④现场施工准备和征地移民等建设外部条件能够满足主体工程开工需要。

生产准备应根据不同类型的工程要求确定，一般应包括如下内容：①生产组织准备，建立生产经营的管理机构及相应管理制度；②招收和培训人员；③生产技术准备；④生产的物资准备；⑤正常的生活福利设施准备。

竣工验收是工程完成建设目标的标志，是全面考核基本建设成果、检验设计和工程质量的重要步骤。竣工验收合格的项目即从基本建设转入生产或使用。

工程项目竣工投产后，一般经过一至两年生产营运后，要进行一次系统的项目后评价，主要内容包括：①影响评价——项目投产后对各方面的影响进行评价；②经济效益评价——对项目投资、国民经济效益、财务效益、技术进步和规模效益、可行性研究深度等进行评价；③过程评价——对项目的立项、设计施工、建设管理、竣工投产、生产营运等全过程进行评价。项目后评价一般按三个层次组织实施，即项目法人的自我评价、项目行业的评价、计划部门（或主要投资方）的评价。

设计工作应遵循分阶段、循序渐进、逐步深入的原则进行。以往大中型枢纽工程常按三个阶段进行设计，即可行性研究、初步设计和施工详图设计。对于工程规模大，技术上复杂而又缺乏设计经验的工程，经主管部门指定，可在初步设计和施工详图设计之间，增加技术设计阶段。20世纪80年代以来，为适应招标投标合同管理体制的需要，初步设计之后又有招标设计阶段。例如，三峡工程设计包括可行性研究、初步设计、单项工程技术设计、招标设计和施工详图设计五个阶段。

另外，原电力工业部在《关于调整水电工程设计阶段的通知》（电计〔1993〕567号）中，对水电工程设计阶段的划分作如下调整：

（1）增加预可行性研究报告阶段。在江河流域综合利用规划及河流（河段）水电规划选定的开发方案基础上，根据国家与地区电力发展规划的要求，编制水电工程预可行性研究报告。预可行性研究报告经主管部门审批后，即可编报项目建议书。预可行性研究是在江河流域综合利用规划或河流（河段）水电规划以及电网电源规划基础上进行的设计阶段。其任务是论证拟建工程在国民经济发展中的必要性、技术可行性、经济合理性。本阶段的主要工作内容包括：河流概况及水文气象等基本资料的分析；工程地质与建筑材料的评价；工程规模、综合利用及环境影响的论证；初拟坝址、厂址和引水系统线路；初步选择坝型、电站、泄洪、通航等主要建筑物的基本形式与枢纽布置方案；初拟主体工程的施工方法，进行施工总体布置、估算工程总投资、工程效益的分析和经济评价等。预可行性研究阶段的成果,为国家和有关部门作出投资决策及筹措资金提供基本依据。

(2)将原有可行性研究与初步设计两阶段合并,统称为可行性研究报告阶段。加深原有可行性研究报告深度,使其达到原有初步设计编制规程的要求。并以《水利水电工程初步设计报告编制规程》(DL 5021—93)为准编制可行性研究报告。可行性研究阶段的设计任务在于进一步论证拟建工程在技术上的可行性和经济上的合理性,并要解决工程建设中重要的技术经济问题。主要设计内容包括:对水文、气象、工程地质以及天然建筑材料等基本资料作进一步分析与评价;论证本工程及主要建筑物的等级;进行水文水利计算,确定水库的各种特征水位及流量,选择电站的装机容量、机组机型和电气主结线以及主要机电设备;论证并选定坝址、坝轴线、坝型、枢纽总体布置及其他主要建筑物的型式和控制性尺寸;选择施工导流方案,进行施工方法、施工进度和总体布置的设计,提出主要建筑材料、施工机械设备、劳动力、供水、供电的数量和供应计划;提出水库移民安置规划;提出工程总概算,进行技术经济分析,阐明工程效益。最后提交可行性研究报告文件,包括文字说明和设计图纸及有关附件。

(3)招标设计阶段。暂按原技术设计要求进行勘测设计工作,在此基础上编制招标文件。招标文件分三类:主体工程、永久设备和业主委托的其他工程的招标文件。招标设计是在批准的可行性研究报告的基础上,将确定的工程设计方案进一步具体化,详细定出总体布置和各建筑物的轮廓尺寸、材料类型、工艺要求和技术要求等。其设计深度要求做到可以根据招标设计图较准确地计算出各种建筑材料的规格、品种和数量,混凝土浇筑、土石方填筑和各类开挖、回填的工程量,各类机械电气和永久设备的安装工程量等。根据招标设计图所确定的各类工程量和技术要求,以及施工进度计划,监理工程师可以进行施工规划并编制出工程概算,作为编制标底的依据。编标单位则可以据此编制招标文件,包括合同的一般条款、特殊条款、技术规程和各项工程的工程量表,满足以固定单价合同形式进行招标的需要。施工投标单位,也可据此进行投标报价和编制施工方案及技术保证措施。

(4)施工详图阶段。配合工程进度编制施工详图。施工详图设计是在招标设计的基础上,对各建筑物进行结构和细部构造设计;最后确定地基处理方案,进行处理措施设计;确定施工总体布置及施工方法,编制施工进度计划和施工预算等;提出整个工程分项分部的施工、制造、安装详图。施工详图是工程施工的依据,也是工程承包或工程结算的依据。

三、水利工程的影响

水利工程是防洪、除涝、灌溉、发电、供水、围垦、水土保持、移民、水资源保护等工程及其配套和附属工程的统称,是人类改造自然、利用自然的工程。修建水利工程,是为了控制水流、防止洪涝灾害,并进行水量的调节和分配,从而满足人民生活和生产对水资源的需要。因此,大型水利工程往往显现出显著的社会效益和经济效益,带动地区经济发展,促进流域以至整个中国经济社会的全面可持续发展。

但是也必须注意到,水利工程的建设可能会破坏河流或河段及其周围地区在天然状态下的相对平衡。特别是具有高坝大库的河川水利枢纽的建成运行,对周围的自然和社会环境都将产生重大影响。

修建水利工程对生态环境的不利影响是:河流中筑坝建库后,上下游水文状态将发生变化。可能出现泥沙淤积、水库水质下降、淹没部分文物古迹和自然景观,还可能会改变库区及河流中下游水生生态系统的结构和功能,对一些鱼类和植物的生存和繁殖产生不利影响;水库的"沉沙池"作用,使过坝的水流成为"清水",冲刷能力加大,由于水势和含沙量的变化,还可能改变下游河段的河水流向和冲积程度,造成河床被冲刷侵蚀,也可能影响到河势变化乃至河岸稳定;大面积的水库还会引起小气候的变化,库区蓄水后,水域面积扩大,水的蒸发量上升,因此会造成附近地区日夜温差缩小,改变库区的气候环境,例如可能增加雾天的出现频率;兴建水库可能会增加库区地质灾害发生的频率,例如,兴建水库可能会诱发地震,增加库区及附近地区地震发生的频率;山区的水库由于两岸山体下部未来长期处于浸泡之中,发生山体滑坡、塌方和泥石流的频率可能会有所增加;深水库底孔下放的水,水温会较原天然状态有所变化,可能不如原来情况更适合农作物生长,此外,库水化学成分改变、营养物质浓集导致水的异味或缺氧等,也会对生物带来不利影响。

修建水利工程对生态环境的有利影响是:防洪工程可有效地控制上游洪水,提高河段甚至流域的防洪能力,从而有效地减免洪涝灾害带来的生态环境破坏;水力发电工程利用清洁的水能发电,与燃煤发电相比,可以少排放大量的二氧化碳、二氧化硫等有害气体,减轻酸雨、温室效应等大气危害以及燃煤开采、洗选、运输、废渣处理所导致的严重环境污染;能调节工程中下游的枯水期流量,有利于改善枯水期水质;有些水利工程可为调水工程提供水源条件;高坝大库的建设较天然河流大大增加了的水库面积与容积可以养鱼,对渔业有利;水库调蓄的水量增加了农作物灌溉的机会。

此外,由于水位上升使库区被淹没,需要进行移民,并且由于兴建水库导致库区的风景名胜和文物古迹被淹没,需要进行搬迁、复原等。在国际河流上兴建水利工程,等于重新分配了水资源,间接地影响了水库所在国家与下游国家的关系,还可能会造成外交上的影响。

上述这些水利工程在经济、社会、生态方面的影响,有利有弊,因此兴建水利工程,必须充分考虑其影响,精心研究,针对不利影响应采取有效的对策及措施,促进水利工程所在地区经济、社会和环境的协调发展。

第五节　　水库知识

一、水库的概念

水库是指在山沟或河流的狭口处建造拦河坝形成的人工湖泊。水库建成后,可发挥防洪、蓄水、灌溉、供水、发电、养鱼等效益。有时天然湖泊也称为水库(天然水库)。

水库规模通常按总库容大小划分,水库总库容 $\geq 10 \times 10^8 \mathrm{m}^3$ 的为大(1)型水库,水库总库容为 $(1.0 \sim 10) \times 10^8 \mathrm{m}^3$ 的是大(2)型水库,水库总库容为 $(0.10 \sim 1.0) \times 10^8 \mathrm{m}^3$ 的是中型水库,水库总库容为 $(0.01 \sim 0.10) \times 10^8 \mathrm{m}^3$ 的是小(1)型水库,水库总库容为 $(0.001 \sim 0.01) \times 10^8 \mathrm{m}^3$ 的是小(2)型水库。

二、水库的作用

河流天然来水在一年间及各年间一般都会有所变化,这种变化与社会工农业生产及人们生活用水在时间和水量分配上往往存在矛盾。兴建水库是解决这类矛盾的主要措施之一。兴建水库也是综合利用水资源的有效措施。水库不仅可以使水量在时间上重新分配,满足灌溉、防洪、供水的要求,还可以利用大量的蓄水和抬高了的水头来满足发电、航运及渔业等其他用水部门的需要。水库在来水多时把水存蓄在水库中,然后根据灌溉、供水、发电、防洪等综合利用要求适时适量地进行分配。这种把来水按用水要求在时间和数量上重新分配的作用,称为水库的调节作用。水库的径流调节是指利用水库的蓄泄功能和计划地对河川径流在时间上和数量上进行控制和分配。

径流调节通常按水库调节周期分类,根据调节周期的长短,水库也可分为无调节、日调节、周调节、年调节和多年调节水库。无调节水库没有调节库容,按天然流量供水;日调节水库按用水部门一天内的需水过程进行调节;周调节水库按用水部门一周内的需水过程进行调节;年调节水库将一年中的多余水量存蓄起来,用以提高缺水期的供水量;多年调节水库将丰水年的多余水量存蓄起来,用以提高枯水年的供水量,调节周期超过一年。水库径流调节的工程措施是修建大坝(水库)和设置调节流量的闸门。

水库还可按水库所承担的任务,划分为单一任务水库及综合利用水库;按水库供水方式,可分为固定供水调节及变动供水调节水库;按水库的作用,可分为反调节、补偿调节、水库群调节及跨流域引水调节等。补偿调节是指两个或两个以上水库联合工作,利用各库水文特性、调节性能及地理位置等条件的差别,在供水量、发电出力、泄洪量上相互协调补偿。通常,将其中调节性能高的、规模大的、任务单纯的水库作为补偿调节水库,而以调节性能差、用水部门多的水库作为被补偿水库(电站),考虑不同水文特性和库容进行补偿。一般是上游水库作为补偿调节水库补充放水,以满足下游电站或给水、灌溉引水的用水需要,如图2-21(a)所示。反调节水库又称再调节水库,是指同一河段相邻较近的两个水库,下一级反调节水库在发电、航运、流量等方面利用上一级水库下泄的水流,如图2-21(b)所示。例如,葛洲坝水库是三峡水库的反调节水库;西霞院水库是小浪底水库的反调节水库,位于小浪底水利枢纽下游16km,当小浪底水电站执行频繁的电调指令时,其下泄流量不稳定,会对大坝下游至花园口间河流生命指标以及两岸人民生活、生产用水和河道工程产生不利影响,通过西霞院水库的再调节作用,既保证发电调峰,又能有效保护下游河道。

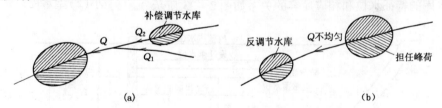

图2-21 补偿调节水库及反调节水库示意图

三、水量平衡原理

水量平衡是水量收支平衡的简称。对于水库而言,水量平衡原理是指任意时刻,水库(群)区域收入(或输入)的水量和支出(或输出)的水量之差,等于该时段内该区域储水量的变化。如果不考虑水库蒸发等因素的影响,某一时段 Δt 内存蓄在水库中的水量(体积)ΔV 可用式(2-1)表达

$$\Delta V = \frac{Q_1 + Q_2}{2}\Delta t - \frac{q_1 + q_2}{2}\Delta t \qquad (2-1)$$

式中　Q_1、Q_2——时段 Δt 始、末的天然来水流量,m^3/s;

　　　q_1、q_2——时段 Δt 始、末的泄水流量,m^3/s。

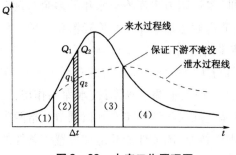

图 2-22　水库工作原理图

如图 2-22 所示,(1)当来水流量等于泄水流量时,水库不蓄水,水库水位不升高,库容不增加;(2)、(3)当来水流量大于泄水流量时,水库蓄水,库水位升高,库容增加;(4)当来水流量小于泄水流量时,水库放水,库水位下降。

四、水库的特征水位和特征库容

水库的库容大小决定着水库调节径流的能力和它所能提供的效益。因此,确定水库特征水位及其相应库容是水利水电工程规划、设计的主要任务之一。水库工程为完成不同任务,在不同时期和各种水文情况下,需控制达到或允许消落的各种库水位称为水库的特征水位。相应于水库的特征水位以下或两特征水位之间的水库容积称为水库的特征库容。水库的特征水位主要有正常蓄水位、死水位、防洪限制水位、防洪高水位、设计洪水位、校核洪水位等;主要特征库容有兴利库容、死库容、重叠库容、防洪库容、调洪库容、总库容等。水库的特征水位和相应库容的关系如图 2-23 所示。

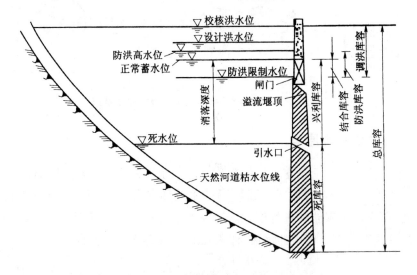

图 2-23　水库的特征水位及相应库容示意图

（一）水库的特征水位

正常蓄水位是指水库在正常运用情况下，为满足兴利要求在开始供水时应该蓄到的水位，又称正常水位、兴利水位，或设计蓄水位。它是决定水工建筑物的尺寸、投资、淹没、水电站出力等指标的重要依据。选择正常蓄水位时，应根据电力系统和其他部门的要求及水库淹没、坝址地形、地质、水工建筑物布置、施工条件、梯级影响、生态与环境保护等因素，拟定不同方案，通过技术经济论证及综合分析比较确定。

防洪限制水位是指水库在汛期允许兴利蓄水的上限水位，又称汛前限制水位。防洪限制水位也是水库在汛期防洪运用时的起调水位。选择防洪限制水位，要兼顾防洪和兴利的需要，应根据洪水及泥沙特性，研究对防洪、发电及其他部门和对水库淹没、泥沙冲淤及淤积部位、水库寿命、枢纽布置以及水轮机运行条件等方面的影响，通过对不同方案的技术经济比较，综合分析确定。

设计洪水位是指水库遇到大坝的设计洪水时，在坝前达到的最高水位。它是水库在正常运用情况下允许达到的最高洪水位，可采用相应于大坝设计标准的各种典型洪水，按拟定的调度方式，自防洪限制水位开始进行调洪计算求得。

校核洪水位是指水库遇到大坝的校核洪水时，在坝前达到的最高水位。它是水库在非常运用情况下，允许临时达到的最高洪水位，可采用相应于大坝校核标准的各种典型洪水，按拟定的调洪方式，自防洪限制水位开始进行调洪计算求得。

防洪高水位是指水库遇下游保护对象的设计洪水时在坝前达到的最高水位。当水库承担下游防洪任务时，需确定这一水位。防洪高水位可采用相应于下游防洪标准的各种典型洪水，按拟定的防洪调度方式，自防洪限制水位开始进行水库调洪计算求得。

死水位是指水库在正常运用情况下，允许消落到的最低水位。选择死水位，应比较不同方案的电力、电量效益和费用，并应考虑灌溉、航运等部门对水位、流量的要求和泥沙冲淤、水轮机运行工况以及闸门制造技术对进水口高程的制约等条件，经综合分析比较确定。正常蓄水位到死水位间的水库深度称为消落深度或工作深度。

（二）水库的特征库容

最高水位以下的水库静库容，称为总库容，一般指校核洪水位以下的水库容积，它是表示水库工程规模的代表性指标，可作为划分水库等级、确定工程安全标准的重要依据。

防洪高水位至防洪限制水位之间的水库容积,称为防洪库容。它用以控制洪水,满足水库下游防护对象的防洪要求。

校核洪水位至防洪限制水位之间的水库容积,称为调洪库容。

正常蓄水位至死水位之间的水库容积,称为兴利库容或有效库容。

当防洪限制水位低于正常蓄水位时,正常蓄水位至防洪限制水位之间汛期用于蓄洪、非汛期用于兴利的水库容积,称为共用库容或重复利用库容。

死水位以下的水库容积,称为死库容。除特殊情况外,死库容不参与径流调节。

第六节　水电站知识

水电站是将水能转换为电能的综合工程设施,又称水电厂。它包括为利用水能生产电能而兴建的一系列水电站建筑物及装设的各种水电站设备。利用这些建筑物集中天然水流的落差形成水头,汇集、调节天然水流的流量,并将它输向水轮机,经水轮机与发电机的联合运转,将集中的水能转换为电能,再经变压器、开关站和输电线路等将电能输入电网。

在通常情况下,水电站的水头是通过适当的工程措施,将分散在一定河段上的自然落差集中起来而构成的。就集中落差形成水头的措施而言,水能资源的开发方式可分为坝式、引水式和混合式三种基本方式。根据三种不同的开发方式,水电站也可分为坝式、引水式和混合式三种基本类型。

一、坝式水电站

在河流峡谷处拦河筑坝、坝前壅水,形成水库,在坝址处形成集中落差,这种开发方式称为坝式开发。用坝集中落差的水电站称为坝式水电站。其特点为:

坝式水电站的水头取决于坝高。坝越高,水电站的水头越大,但坝高往往受地形、地质、水库淹没、工程投资、技术水平等条件的限制,因此与其他开发方式相比,坝式水电站的水头相对较小。目前坝式水电站的最大水头不超过300m。

拦河筑坝形成水库,可用来调节流量。坝式水电站的引用流量较大,电站的规模也大,水能利用比较充分。目前世界上装机容量超过2000MW的巨型水电站大都是坝式水电站。此外坝式水电站水库的综合利用效益高,可同时满足防洪、发电、供水等兴利要求。

要求工程规模大,水库造成的淹没范围大,迁移人口多,因此坝式水电站的投资大,工期长。

坝式开发适用于河道坡降较缓,流量较大,有筑坝建库条件的河段。

坝式水电站按大坝和发电厂的相对位置的不同又可分为河床式、坝后式、闸墩式、坝内式、溢流式等。在实际工程中,较常用的坝式水电站是河床式和坝后式水电站。

(一)河床式水电站

河床式水电站一般修建在河流中下游河道纵坡平缓的河段上,为避免大量淹没,坝建得较低,故水头较小。大中型河床式水电站水头一般为25m以下,不超过30~40m;中小型水电站水头一般为10m以下。河床式电站的引用流量一般都较大,属于低水头大流量型水电站,其特点是:厂房与坝(或闸)一起建在河床上,厂房本身承受上游水压力,并成为挡水建筑物的一部分,一般不设专门的引水管道,水流直接从厂房上游进水口进入水轮机,如图2-24所示。我国湖北葛洲坝、浙江富春江、广西大化等水电站,均为河床式水电站。

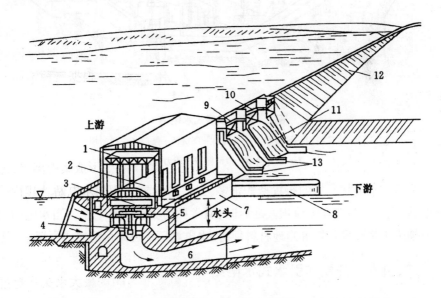

图2-24　河床式水电站

1—桥式吊车;2—主厂房;3—发电机;4—水轮机;5—蜗壳;6—尾水管;7—水电站厂房;

8—尾水导墙;9—闸门;10—工作桥;11—溢流坝;12—拦河坝;13—闸墩

(二)坝后式水电站

坝后式水电站一般修建在河流中上游的山区峡谷地段,受水库淹没限制相对较小,所以坝可建得较高,水头也较大,在坝的上游形成了可调节天然径流的水库,有利于发挥防洪、灌溉、航运及水产等综合效益,并给水电站运行创造了十分有利的条件。由于水头较高,厂房不能承受上游过大水压力而建在坝后(坝下游),如图 2-25 所示。其特点是:水电站厂房布置在坝后,厂坝之间常用缝分开,上游水压力全部由坝承受。三峡水电站、福建水口水电站等,均属坝后式水电站。

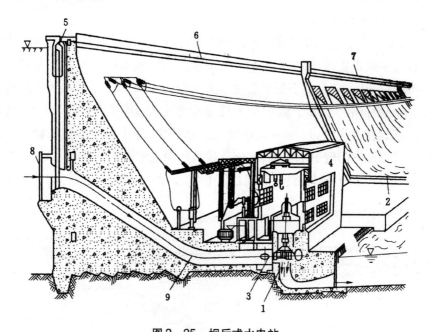

图 2-25　坝后式水电站

1—水轮机;2—导流墙;3—主阀;4—厂房;5—闸门;6—拦河坝;

7—溢流坝;8—拦河栅;9—压力管道

坝后式水电站厂房的布置型式很多,当厂房布置在坝体内时,称为坝内式水电站;当厂房布置在溢流坝段之后时,通常称为溢流式水电站。当水电站的拦河坝为土坝或堆石坝等当地材料坝时,水电站厂房可采用河岸式布置。

二、引水式开发和引水式水电站

在河流坡降较陡的河段上游,通过人工建造的引入道(渠道、隧洞、管道等)引水到河段下游,集中落差,这种开发方式称为引水式开发。用引水道集中水头的水电站,称为引水式水电站。

引水式开发的特点是:由于引水道的坡降(一般取 1/1000~1/3000)小于原河道的坡降,因而随着引水道的增长,逐渐集中水头;与坝式水电站相比,引水式水电站由于不存在淹没和筑坝技术上的限制,水头相对较高,目前最大水头已达 2000m 以上;引水式水电站的引用流量较小,没有水库调节径流,水量利用率较低,综合利用价值较差,电站规模相对较小,工程量较小,单位造价较低。

引水式开发适用于河道坡降较陡且流量较小的山区河段。根据引水建筑物中的水流状态不同,可分为无压引水式水电站和有压引水式水电站。

(一)无压引水式水电站

如图 2-26 所示,无压引水式水电站的主要特点是具有较长的无压引水水道,水电站引水建筑物中的水流是无压流。无压引水式水电站的主要建筑物有低坝、无压进水口、沉沙池、引水渠道(或无压隧洞)、日调节池、压力前池、溢水道、压力管道、厂房和尾水渠等。

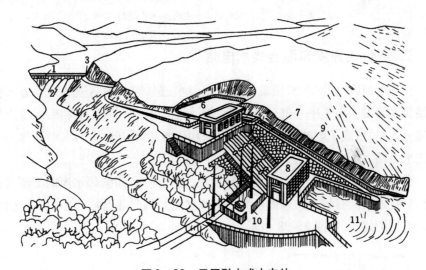

图 2-26 无压引水式水电站

1—拦河坝;2—溢流坝;3—进水闸;4—引水渠道;5—压力前池;6—日调节池;7—压力钢管;

8—厂房;9—泄水道;10—开关站;11—尾水渠

(二)有压引水式水电站

如图 2-27 所示,有压引水式水电站的主要特点是有较长的有压引水道,如有压隧洞或压力管道,引水建筑物中的水流是有压流。有压引水式水电站的主要建筑物有拦河坝、有压进水口、有压引水隧洞、调压室、压力管道、厂房和尾水渠等。

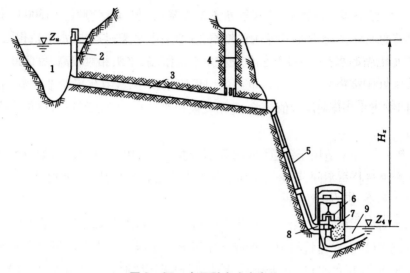

图 2 – 27　有压引水式水电站

1—水库;2—进水建筑物;3—引水水洞;4—调压室;5—压力管道;

6—发电机;7—水轮机;8—主阀;9—尾水渠

三、混合式开发和混合式水电站

在一个河段上,同时采用筑坝和有压引水道共同集中落差的开发方式称为混合式开发。坝集中一部分落差后,再通过有压引水道集中坝后河段上另一部分落差,形成了电站的总水头。用坝和引水道集中水头的水电站称为混合式水电站。

混合式水电站适用于上游有良好坝址,适宜建库,而紧邻水库的下游河道突然变陡或河流有较大转弯的情况。这种水电站同时兼有坝式水电站和引水式水电站的优点,如图 2 – 28 所示。

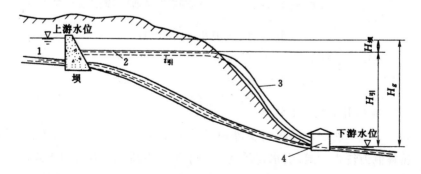

图 2 – 28　混合式水电站示意图

1—水库;2—引水隧洞;3—压力管道;4—厂房

混合式水电站和引水式水电站之间没有明确的分界线。严格说来,混合式水电站的水头是由坝和引水建筑物共同形成的,且坝一般构成水库。而引水式水电站的水头,只由引水建筑物形成,坝只起抬高上游水位的作用。但在工程实际中常将具有一定长度引水建筑物的混合式水电站统称为引水式水电站,而较少采用混合式水电站这个名称。

四、抽水蓄能电站

随着国民经济的迅速发展以及人民生活水平的不断提高,电力负荷和电网日益扩大,电力系统负荷的峰谷差越来越大。

在电力系统中,核电站和火电站不能适应电力系统负荷的急剧变化,且受到技术最小出力的限制,调峰能力有限,而且火电机组调峰煤耗多,运行维护费用高。而水电站启动与停机迅速,运行灵活,适宜担任调峰、调频和事故备用负荷。

抽水蓄能电站不是为了开发水能资源向系统提供电能,而是以水体为储能介质,起调节作用。抽水蓄能电站包括抽水蓄能和放水发电两个过程,它有上下两个水库,用引水建筑物相连,蓄能电站厂房建在下水库处,如图2-29所示。在系统负荷低谷时,利用系统多余的电能带动泵站机组(电动机 + 水泵)将下库的水抽到上库,以水的势能形式储存起来;当系统负荷高峰时,将上库的水放下来推动水轮发电机组(水轮机 + 发电机)发电,以补充系统中电能的不足。

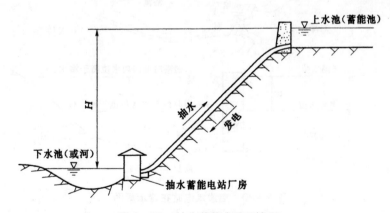

图2-29 抽水蓄能电站示意图

随着电力行业的改革,实行负荷高峰高电价、负荷低谷低电价后,抽水蓄能电站的经济效益将是显著的。抽水蓄能电站除了产生调峰填谷的静态效益外,还由于其特有的灵活性而产生动态效益,包括同步备用、调频、负荷调整、满足系统负荷急剧爬坡的需要、同步调相运行等。

五、潮汐水电站

海洋水面在太阳和月球引力的作用下,发生一种周期性涨落的现象,称为潮汐。从涨潮到涨潮(或落潮到落潮)之间间隔的时间,即潮汐运动的周期(亦称潮期),约为12h又25min。在一个潮汐周期内,相邻高潮位与低潮位间的差值,称为潮差,其大小受引潮力、地形和其他条件的影响因时因地而异,一般为数米。有了这样的潮差,就可以在沿海的港湾或河口建坝,构成水库,利用潮差所形成的水头来发电,这就是潮汐能的开发。据计算,世界海洋潮汐能蕴藏量约为 $27 \times 10^6 MW$,若全部转换成电能,每年发电量大约为1.2万亿kW·h。

利用潮汐能发电的水电站称为潮汐水电站,如图2-30所示。潮汐电站多修建于海湾。其工作原理是修建海堤,将海湾与海洋隔开,并设泄水闸和电站厂房,然后利用潮汐涨落时海水位的升降,使海水流经水轮机,通过水轮机的转动带动发电机组发电。涨潮时外海水位高于内库水位,形成水头,这时引海水入湾发电;退潮时外海水位下降,低于内库水位,可放库中的水入海发电。海潮昼夜涨落两次,因此海湾每昼夜充水和放水也是两次。潮汐水电站可利用的水头为潮差的一部分,水头较小,但引用的海水流量可以很大,是一种低水头大流量的水电站。

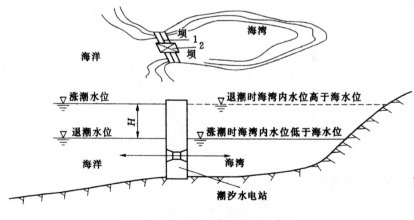

图2-30　潮汐水电站布置示意图

1—挡水坝;2—电子站厂房

潮汐能与一般水能资源不同,是取之不尽,用之不竭的。潮差较稳定,且不存在枯水年与丰水年的差别,因此潮汐能的年发电量稳定,但由于发电的开发成本较高和技术上的原因,所以发展较慢。

六、无调节水电站和有调节水电站

水电站除按开发方式进行分类外,还可以按其是否有调节天然径流的能力而分为无调节水电站和有调节水电站两种类型。

无调节水电站没有水库,或虽有水库却不能用来调节天然径流。当天然流量小于电站能够引用的最大流量时,电站的引用流量就等于或小于该时刻的天然流量;当天然流量超过电站能够引用的最大流量时,电站最多也只能利用它所能引用的最大流量,超出的那部分天然流量只好弃水。

凡是具有水库,能在一定限度内按照负荷的需要对天然径流进行调节的水电站,统称为有调节水电站。根据调节周期的长短,有调节水电站又可分为日调节水电站、年调节水电站及多年调节水电站等,视水库的调节库容与河流多年平均年径流量的比值(称为库容系数)而定。无调节和日调节水电站又称径流式水电站。具有比日调节能力大的水库的水电站又称蓄水式水电站。

在前述的水电站中,坝后式水电站和混合式水电站一般都是有调节的;河床式水电站和引水式水电站则常是无调节的,或者只具有较小的调节能力,例如日调节。

第七节　泵站知识

一、泵站的主要建筑物

(1)进水建筑物:包括引水渠道、前池、进水池等。其主要作用是衔接水源地与泵房,其体型应有利于改善水泵进水流态,减少水力损失,为主泵创造良好的引水条件。

(2)出水建筑物:有出水池和压力水箱两种主要形式。出水池是连接压力管道和灌排干渠的衔接建筑物,起消能稳流作用。压力水箱是连接压力管道和压力涵管的衔接建筑物,起消能稳流作用。压力水箱是连接压力管道和压力涵管的衔接建筑物,起汇流排水的作用,这种结构形式适用于排水泵站。

(3)泵房:安装水泵、动力机和辅助设备的建筑物,是泵站的主体工程,其主要作用是为主机组和运行人员提供良好的工作条件。泵房结构形式的确定,主要根据主机组结构性能、水源水位变幅、地基条件及枢纽布置,通过技术经济比较,择优选定。泵房结构形式较多,常用的有固定式和移动式两种,下面分别介绍。

二、泵房的结构型式

(一)固定式泵房

固定式泵房按基础型式的特点又可分为分基型、干室型、湿室型和块基型四种。

(1)分基型泵房。泵房基础与水泵机组基础分开建筑的泵房,如图 2 – 31 所示。这种泵房的地面高于进水池的最高水位,通风、采光和防潮条件都比较好,施工容易,是中小型泵站最常采用的结构型式。

分基型泵房适用于安装卧式机组,且水源的水位变化幅度小于水泵的有效吸程,以保证机组不被淹没的情况。要求水源岸边比较稳定,地质和水文条件都比较好。

(2)干室型泵房。泵房及其底部均用钢筋混凝土浇筑成封闭的整体,在泵房下部形成一个无水的地下室,如图 2 – 32 所示。这种结构型式比分基型复杂,造价高,但可以防止高水位时,水通过泵房四周和底部渗入。

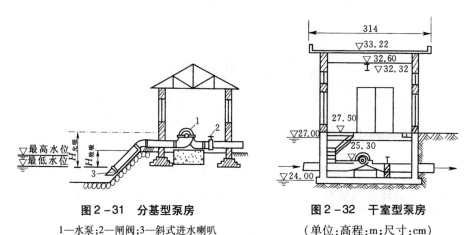

图 2 –31　分基型泵房

1—水泵;2—闸阀;3—斜式进水喇叭

图 2 –32　干室型泵房

(单位:高程:m;尺寸:cm)

干室型泵房不论是卧式机组还是立式机组都可以采用,其平面形状有矩形和圆形两种,其立面上的布置可以是一层的或者多层的,视需要而定。这种型式的泵房适用于以下场合:水源的水位变幅大于泵的有效吸程;采用分基型泵房在技术和经济上不合理;地基承载能力较低和地下水位较高。设计中要校核其整体稳定性和地基应力。

(3)湿室型泵房。其下部有一个与前池相通并充满水的地下室的泵房。一般分两层,下层是湿室,上层安装水泵的动力机和配电设备,水泵的吸水管或者泵体淹没在湿室的水面以下,如图2-33所示。湿室可以起着进水池的作用,湿室中的水体重量可平衡一部分地下水的浮托力,湿室中的水体重量可平衡一部分地下水的浮托力,增强了泵房的稳定性。口径1m以下的立式或者卧式轴流泵及立式离心泵都可以采用湿室型泵房。这种泵房一般都建

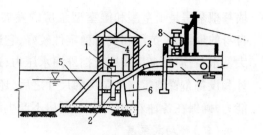

图2-33 湿室型泵房
1—立式电机;2—立式轴流泵;3—开关柜;
4—起重设备;5—拦污栅;6—挡土墙;
7—压力水箱;8—变压器

在软弱地基上,因此对其整体稳定性应予以足够的重视。

(4)块基型泵房。用钢筋混凝土把水泵的进水流道与泵房的底板浇成一块整体,并作为泵房的基础的泵房。安装立式机组的这种泵房立面上按照从高到低的顺序可分为电机层、连轴层、水泵层和进水流道层,如图2-34所示。

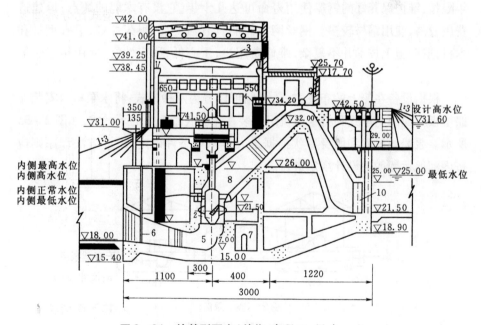

图2-34 块基型泵房(单位:高程:m;尺寸:cm)
1—主电动机;2—主水泵;3—桥式吊车;4—高压开关柜;5—进水流道;6—检修闸门;
7—排水廊道;8—出水流通;9—真空破坏阀;10—备用挡洪闸门

水泵层以上的空间相当于干室型泵房的干室,可安装主机组、电气设备、辅助设备和管道等;水泵层以下进水流道和排水廊道,相当于湿室型泵房的进水池。进水流道设计成钟形或者弯肘形,以改善水泵的进水条件。从结构上看,

块基型泵房是干室型和湿室型泵房的发展。由于这种泵房结构的整体性好，自身的重量大、抗浮和抗滑稳定性较好，它适用于以下情况：口径大于1.2m的大型水泵；需要泵房直接抵挡外河水压力；适用于各种地基条件。根据水力设计和设备布置确定这种泵房的尺寸之后，还要校核其抗渗、抗滑以及地基承载能力，确保在各种外力作用下，泵房不产生滑动倾倒和过大的不均匀沉降。

（二）移动式泵房

在水源的水位变化幅度较大，建固定式泵站投资大、工期长、施工困难的地方，应优先考虑建移动式泵站。移动式泵房具有较大的灵活性和适应性，没有复杂的水下建筑结构，但其运行管理比固定式泵站复杂。这种泵房可以分为泵船和泵车两种。

承载水泵机组及其控制设备的泵船可以用木材、钢材或钢丝网水泥制造。木制泵船的优点是一次性投资少、施工快，基本不受地域限制；缺点是强度低、易腐烂、防火效果差、使用期短、养护费高，且消耗木材多。钢船强度高，使用年限长，维护保养好的钢船使用寿命可达几十年，它没有木船的缺点；但建造费用较高，使用钢材较多。钢丝网水泥船具有强度高，耐久性好，节省钢材和木材，造船施工技术并不复杂，维修费用少，重心低，稳定性好，使用年限长等优点。

根据设备在船上的布置方式，泵船可以分为两种型式：将水泵机组安装在船甲板上面的上承式和将水泵机组安装在船舱底骨架上的下承式，如图2-35所示。泵船的尺寸和船身形状根据最大排水量条件确定，设计方法和原则应按内河航运船舶的设计规定进行。

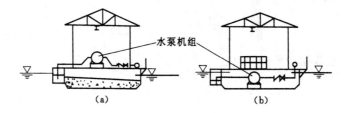

图2-35　泵船

（a）上承式布置；（b）下承式布置

选择泵船的取水位置应注意以下几点：河面较宽，水足够深，水流较平稳；洪水期不会漫坡，枯水期不出现浅滩；河岸稳定，岸边有合适的坡度；在通航和放筏的河道中，泵船与主河道有足够的距离防止撞船；应避开大回流区，以免漂浮物聚集在进水口，影响取水；泵船附近有平坦的河岸，作为泵船检修的场地。

泵车是将水泵机组安装在河岸边轨道上的车子内,根据水位涨落,靠绞车沿轨道升降小车改变水泵的工作高程的提水装置。其优点是不受河道内水流的冲击和风浪运动的影响,稳定性较泵船好,缺点是受绞车工作容量的限制,泵车不能做得太大,因而其抽水量较小。其使用条件如下:水源的水位变化幅度为 10~35m,涨落速度不大于 2m/h;河岸比较稳定,岸坡地质条件较好,且有适宜的倾角,一般以 10°~30°为宜;河流漂浮物少,没有浮冰,不易受漂木、浮筏、船只的撞击;河段顺直,靠近主流;单车流量在 1m³/s 以下。

三、泵房的基础

基础是泵房的地下部分,其功能是将泵房的自重、房顶屋盖面积、积雪重量、泵房内设备重量及其荷载和人的重量等传给地基。基础和地基必须具备足够的强度和稳定性,以防止泵房或设备因沉降过大或不均匀沉降而引起厂房开裂和倾斜,设备不能正常运转。

基础的强度和稳定性既取决于其形状和选用的材料,又依赖于地基的性质,而地基的性质和承载能力必须通过工程地质勘测加以确定。设计泵房时,应综合考虑荷载的大小、结构型式、地基和基础的特性,选择经济可靠的方案。

(一)基础的埋置深度

基础的底面应该设置在承载能力较大的老土层上,填土层太厚时,可通过打桩、换土等措施加强地基承载能力。基础的底面应该在冰冻线以下,以防止水的结冰和融化。在地下水位较高的地区,基础的底面要设在最低地下水位以下,以避免因地下水位的上升和下降而增加泵房的沉降量和引起不均匀沉陷。

(二)基础的型式和结构

基础的型式和大小取决于其上部的荷载和地基的性质,需通过计算确定。泵房常用的基础有以下几种:

(1)砖基础。用于荷载不大、基础宽度较小、土质较好及地下水位较低的地基上,分基型泵房多采用这种基础。由墙和大方脚组成,一般砌成台阶形,由于埋在土中比较潮湿,需采用不低于 75 号的黏土砖和不低于 50 号的水泥砂浆砌筑。

(2)灰土基础。当基础宽度和埋深较大时,采用这种型式,以节省大方脚用砖。这种基础不宜做在地下水和潮湿的土中。由砖基础、大方脚和灰土垫层组成。

(3)混凝土基础。适合于地下水位较高,泵房荷载较大的情况。可以根据需要做成任何形式,其总高度小于 0.35m 时,截面长做成矩形;总高度在 0.35～1.0m 之间,用踏步形;基础宽度大于 2.0m,高度大于 1.0m 时,如果施工方便常做成梯形。

(4)钢筋混凝土基础。适用于泵房荷载较大,而地基承载力又较差和采用以上基础不经济的情况。由于这种基础底面有钢筋,抗拉强度较高,故其高宽比较前述基础小。

第三章　防汛抢险

第一节　洪涝灾害

由于我国幅员辽阔,水资源时空分布不均匀,水土资源的不合理开发,国民经济的快速发展,人们生活质量的不断提高,江河的自然演变,我国水利的未来形势仍很严峻,特别是随着全球气候变暖,极端天气事件带来的水害将更加频繁和严重,因此防洪抢险工作任重而道远。

我国水资源所面临的三大问题是:洪涝灾害、干旱缺水和环境恶化。我国是世界上洪水危害最为严重的国家之一。我国水害的基本特点如下。

一、洪涝、干旱集中

我国位于亚欧大陆的东南部,东临太平洋,西北深入亚欧大陆腹地,西南与南亚次大陆接壤。全国降水随着距海洋的远近和地势的高低而有着显著的变化。按照年降水量400mm等值线,从东北到西南,经大兴安岭、呼和浩特、兰州,绕祁连山,过拉萨,到日喀则,斜贯大陆,将国土分为东西相等的两部分。在此线以西为集中干旱地区,年降水量200~400mm,有的不足100mm,年蒸发量大,常年干旱;在此线以东为洪涝多发地区,东南季风直达区内,年降水量由西向东递增,大多为800~1600mm,沿海一带可达2000mm。

我国绝大多数河流分布在东部多雨地区,随着地势降低自西向东汇集,径流洪水自西向东递增,我国长江、黄河、淮河、海河、辽河、松花江、珠江等七大江河大多数分布在这个地带,各大江河中下游100多万km²的国土面积,集中了全国半数以上的人口和70%的工农业产值,这些地区地面高程有不少处于江河洪水位以下,易发生洪涝灾害,历来是防御洪水的重点地区。

二、洪涝灾害频发

我国大部分属于北温带季风区,随着季风的进退,降水量具有明显的季节性变化。全国各地雨季由南向北变化,如华南地区雨季始于每年4月,长江中下游雨季始于6月,而淮河以北地区则始于7月。到8月下旬以后,雨季又逐渐返回南方,雨季自北向南先后结束。我国东部沿海地区在每年夏、秋季常受发生于西太平洋的热带气候影响,引发暴雨洪水。

全国多年平均水资源总量约 $2.8 \times 10^{12} m^3$,多年平均降水量648mm,而年降水量的70%以上集中在汛期。新中国成立以来,虽经过大量修建水库、堤防及江河整治,使江河的防洪标准有很大提高,但由于降水量在年际分配、年内分配和地区分配的不均匀性,相当部分江河的防洪工程还不能抵御较大洪水的侵袭,防洪减灾体系尚不够完善和健全,洪水灾害在今后长时期内仍将是中华民族的心腹大患。

1950~2006年,我国水害频繁,灾情严重,平均每年受灾面积9670.19km²,成灾面积5424.39km²,因灾死亡人口4792人,倒塌房屋202.53万。1990~2006年,平均每年因水害造成的直接经济损失达1136.68亿元。2008年,全国水害严重,虽各级政府和防洪抗旱指挥部门依法防控、科学调度,采取有效措施,抗御了洪涝、干旱、台风、凌汛等灾害,但直接经济损失仍达955.44亿元。

三、抗洪能力脆弱

目前全国尚有3.7万余座病险水库,病险率达43%,沿海仍有34.3%的重点海堤没有达标,大江大河部分干流没有得到有效治理,蓄滞洪区安全建设还未全面实施,中小河流治理严重滞后,部分江河缺少控制性骨干工程,很多城市防洪排涝标准偏低。如一旦遭遇超过防御标准的洪水,人力则无法抵御,洪水灾害难以幸免。

以长江为例,在1954年和1998年两次遭遇流域性大洪水。1954年6~8月,长江干支流遭遇洪水,枝城以下800km河段最高水位全面超过历史最高纪录,虽经军民全力抗洪抢险,保证了荆江大堤和武汉市主要市区的安全,但长江干堤和汉江下游堤防溃决61处,沿江5省123个县(市)受灾,受灾农田3170km²,死亡3.3万人,并导致京广铁路中断100多d。1998年汛期,长江上游先后出现8次洪峰并与中下游洪水遭遇,形成全流域大洪水。在党中央、国务院统一指挥下,正确决策,全力抢险,"严防死守"长江干堤,抗御了一次又一次洪水袭击,确保了沿江重要城市的安全,但直接经济损失仍达2000多亿元。

大江大河能否安澜,直接影响着人民生命财产的安全,直接关系着中华民族的兴亡,人们已达成高度统一的共识。同时,由于强对流天气等极端天气事件造成的区域性山洪同样不能忽视,其引发的泥石流、山体滑坡和溪河洪水,给局部地区带来的洪灾往往是毁灭性的。由于山洪具有强度大、历时短、范围小的特点,通常都是突发性的,往往难以预报和抵御。2008 年,全国因山洪灾害造成人员死亡占全部因灾死亡人数的 79.6%。

四、人类活动影响严重

地面植被起着拦截雨水、调蓄地面径流的作用,由于人类滥伐森林,盲目开垦山地,地面植被不断遭到破坏,加剧了水土流失。据 2007 年统计,全国水土流失面积为 356 万 km^2,占国土面积的 37.08%。黄河、长江流域水土流失最为严重。地处黄河中下游的黄土高原水土流失面积达 43 万 km^2,致使黄河多年平均输沙量达 16 亿 t,导致河床逐年抬高,成为河床高于两岸地面 3 ~ 8m 的"悬河",洪水威胁着 25 万 km^2 土地、1 亿多人口的安全。长江流域水土流失严重的地区主要在上游,水土流失面积为 35 万 km^2,致使长江多年平均输沙量约 7.4 亿 t。水土流失改变了江河的产流、汇流条件,增加了洪峰流量和洪水总量,导致江河、湖泊严重淤积,降低了湖泊的天然滞(蓄)洪能力和江河防洪能力,给中下游的防洪带来很大的困难。

我国随着社会经济高速发展和人口不断增长,城市化进程快速推进,人们不断与湖争地,我国湖泊的水面积不断缩小,很多湖泊已经消失。据统计,1949 年长江中下游地区共有湖泊面积 25828km^2,到 1977 年仅剩 14073km^2,减少了 45.5%。1949 年长江中下游通江湖泊面积 17198km^2,目前只剩下洞庭湖、鄱阳湖仍与长江相遇,面积仅 6000 多 km^2。由于围湖造田,湖泊调蓄径流能力降低,增加了堤防的防洪负担。此外,河道违法设障,围垦河道滩地的情况也相当普遍。

由于人类不按客观规律办事,必将遭受大自然的报复,人类也将为之付出惨痛的教训。以长江 1998 年洪水为例,长江荆江段以上洪峰流量和洪水总量均小于长江 1954 年的洪水,但汉口、沙市等众多水文站实测水位均超过 1954 年的洪水位。加上长江下游盲目围垦、设障,行洪断面缩小,致使长江中上游河段堤防较长时间处于高水位,加大了抗洪救灾的难度。

在 1998 年长江洪水之后,国务院下发了《关于灾后重建、整治江河、兴建水利的若干意见》作出了"平垸行洪、退田还湖、移民建镇、疏浚河湖"的果断决策,我国迈出了与洪水和谐相处、与自然和谐相处的坚实一步。

第二节　洪水概述

一、洪水概念

洪水是指江湖在较短时间内发生的流量急剧增加、水位明显上升的水流现象。洪水来势凶猛,具有很大的自然破坏力,淹没河中滩地,毁坏两岸堤防等水利工程设施。因此,研究洪水特性,掌握其变化规律,积极采取防御措施,尽量减轻洪灾损失,是研究洪水的主要目的。

(一)洪水的分类和特征

洪水按成因和地理位置的不同,可分为暴雨洪水、融雪洪水、冰凌洪水以及溃坝洪水等。海啸、风暴潮等也可能引起洪水灾害,各类洪水都具有明显的季节性和地区性特点。我国大部分地区以暴雨洪水为主,但对我国沿海的海南、广东、福建、浙江等而言,热带气旋引发的洪水较常见,而对于黄河流域、东北地区而言,冰凌洪水经常发生。

(二)洪水三要素

洪水三要素为洪峰流量 Q_m、洪水总量 W 和洪水历时 T,如图 3-1 所示。

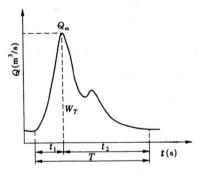

图 3-1　洪水三要素示意图

1.洪峰流量

在一次洪水过程中,通过河道的流量由小到大,再由大到小,其中最大的流量称为洪峰流量 Q_m。在岩石河床或比较稳定的河床,最高洪水位出现时间一般与洪峰流量出现的时间相同。

2.洪水总量

洪水总量是指一次洪水通过河道某一断面的总水量。洪水总量按时间长度进行统计,如 1d 洪水总量、3d 洪水总量、5d 洪水总量等。

3.洪水历时

洪水历时是指在河道的某一断面上,一次洪水从开始涨水到洪峰,再到落平所经历的时间。洪水历时与暴雨持续时间和空间特性、流域特性有关。

洪峰传播时间是指自河段上游某断面洪峰出现到河段下游某断面洪峰出现所经历的时间。在调洪中,常利用洪峰传播时间进行错峰调洪,也可以进行洪水预报。

（三）洪水等级

洪水等级按洪峰流量重现期划分为以下四级：

一般洪水　5～10年一遇；

较大洪水　10～20年一遇；

大洪水　20～50年一遇；

特大洪水　大于50年一遇。

二、洪水类型

（一）暴雨洪水

暴雨洪水是指由暴雨通过产流、汇流在河道中形成的洪水。暴雨洪水在我国发生很频繁。

1. 暴雨洪水的成因

暴雨洪水历时长短视流域大小、下垫面情况与河道坡降等因素而定。洪水大小不仅同暴雨量级关系密切，还与流域面积、土壤干湿程度、植被、河网密度、河道坡降以及水利工程设施有关。在相同的暴雨条件下，河道坡度愈陡，承受的雨水愈多，洪水愈大；在相同暴雨和相同流域面积条件下，河道坡度愈陡、河网愈密，雨水汇流愈快，洪水愈大。如暴雨发生前土壤干旱，吸水较多，形成的洪水较小。

2. 暴雨洪水的特性

在我国，暴雨具有明显的季节性和地区性特点，年际变化也很大。对于全流域的大洪水，主要由东南季风和热带气旋带来的集中降雨产生；对于区域性的洪水，主要由强对流天气引发的短历时降雨产生。

对于一次暴雨引发的洪水而言，其洪水过程一般有起涨、洪峰出现和落平三个阶段。山区河流河道坡度陡，流速大，洪水易暴涨暴落；平原河流河道坡度缓，流速小，洪峰不明显，退水也慢。大江大河流域面积大，接纳支流众多洪水往往出现多峰，而中小流域常为单峰。持续降雨往往出现多峰，单次降雨则为单峰。

（二）融雪洪水

融雪洪水是指流域内积雪（冰）融化形成的洪水。高寒积雪地区，当气温回升至0℃以上，积雪融化，形成融雪洪水。若此时有降雨发生，则形成雨雪混合洪水。融雪洪水主要发生在大量积雪或冰川发育的地区，如我国的新疆与黑龙江等地区。

（三）冰凌洪水

冰凌洪水是河流中因冰凌阻塞、水位壅高或槽蓄水量迅速下泄而引起显著的涨水现象。黄河宁蒙河段、山东河段，以及松花江等江河，进入冬季后，河道下游封冻早于上游。按洪水成因，冰凌洪水分为冰塞洪水、冰坝洪水和融冰洪水。河道封冻后，冰盖下冰花、碎冻大量堆积形成冰塞堵塞部分河道断面，致使上游水位显著壅高，此为冰塞洪水；在开河期，大量流冰在河道内受阻，冰块上爬下插，堆积成横跨过水断面的坝状冰体，造成上游水位壅高，当冰坝承受不了上游冰、水压力时便突然破坏，迅速下泄，此为冰坝洪水；封冻河段因气温升高使冰盖逐渐融解时，河槽蓄水缓慢下泄形成洪水，此为融冰洪水。

1967 年 12 月至 1968 年 2 月间，黄河上游中宁河段出现连续 50d 冰塞，河水漫溢，致使 1144km² 农田受灾。另据新华网报道，2009 年 1 月 17 日黄河壶口出现 100 年一遇特大凌汛，3km 河段堆积冰量达 600 万 m³，大片土地受淹，直接经济损失上千万元。

（四）山洪

山洪是指流速大，过程短暂，往往挟带大量泥沙、石块，突然破坏力很大的小面积山区洪水。山洪一般由强对流天气暴雨引发在一定地形、地质、地貌条件下形成。在相同条件下，地面坡度愈陡，表层土质愈疏松，植被愈差，愈易于形成。由于山洪具有强度大、分布广，且有着很大突发性、多发性、随机性特点，对人民生命财产造成极大的危害，甚至造成毁灭性的破坏。如 2005 年 6 月 10 日，在黑龙江省宁安市突降暴雨，引发泥石流灾害，致使正在上课的 88 名小学生死亡。又如在 2009 年 8 月 8 日登陆台湾的"莫拉克"台风中，高雄县小林村遭遇泥石流"灭村"，有 169 户、398 人被埋。

山洪灾害可分为溪河洪水、泥石流和山体滑坡等三类。

（五）泥石流

泥石流是指含饱和固体物质（泥沙、石块）的高粘性流体。泥石流一般发生在山区，暴发突然，历时短暂，洪流挟带大量泥沙、石块，来势汹涌，所到之处往往造成毁灭性破坏。

1. 泥石流形成的基本条件

（1）两岸谷坡陡峻，沟床坡降较大，并具有利于水流汇集的小流域地形。

（2）沟谷和沿程斜坡地带分布有足够数量的松散固体物质。

（3）沟谷上中游有充沛的突发性洪水水源，如瞬时极强暴雨、气温骤高冰雪消融、湖堰溃决等产生强大的水动力。

在我国，泥石流的分布具有明显的地域特点。在西部山区，断裂发育、新构造运动强烈、地震活动性强、岩体风化破碎、植被不良、水土流失严重的地区,常是泥石流的多发区。

2.泥石流的组成

典型的泥石流一般由以下三个地段组成:

(1)形成区(含清水区、固体物质补给区)。大多为高山环抱的扇状山间洼地,植被不良,岩土体破碎疏松,滑坡、崩塌发育。

(2)流通区。位于沟谷中游段,往往成峡谷地形,谷底纵坡陡峻,是泥石流冲出的通道。

(3)堆积区。位于沟谷出口处,地形开阔,纵坡平缓,流速骤减,形成大小不等的扇形、锥形及垄岗地形。

3.泥石流的分类

(1)泥石流按流体性质分为粘性泥石流、稀性泥石流、过渡性泥石流。

(2)泥石流按物质补给方式分为坡面泥石流、崩塌泥石流、滑坡泥石流、沟床泥石流、溃决泥石流。

(3)泥石流按流体中固体物质的组成分为泥石流、泥流、碎石流、水石流。

(4)泥石流按发育阶段分为发展期泥石流、活跃期泥石流、衰退期泥石流、间歇(中止)期泥石流。

(5)泥石流按暴发规格(一次泥石流最大可冲出的松散固体物质总量)分特大型泥石流(大于 50 万 m^3)、大型泥石流(10 万~50 万 m^3)、中型泥石流(1万~10 万 m^3)和小型泥石流(小于 1 万 m^3)等。

(六)山体滑坡

山体滑坡是指由于山体破碎,存在裂隙,节理发育,整体性差,或强风化层和覆盖层堆积较厚,浸水饱和后抗剪强度降低,在外力(洪水冲刷、地震)作用下,部分山体向下坍滑的现象。山体滑坡虽影响范围小,但具有突发性,对倚山而建的居民而言,具有很大的破坏力。

(七)溃坝洪水

溃坝洪水是指水库大坝、堤防、海塘等挡水建筑物遭遇超标准洪水或发生重大险情,突然溃决发生的洪水。溃坝洪水具有突发性和破坏性大的特点,对洪水防御范围内的工农业生产和人民生命财产安全构成很大威胁。在河南"75·8"特大洪水中两座大型水库垮坝失事。其中:板桥水库溃坝流量达 78800m^3/s,6h 下泄水量 6.07 亿 m^3;石漫滩水库溃坝流量达 30000m^3/s,致使下游中型水库田岗水库库水位超过坝顶 5m 之多。

三、洪水标准

（一）频率与重现期

频率概念抽象，常用重现期来代替。所谓重现期，是指大于或等于某随机变量（如降雨、洪水）在长时期内平均多少年出现一次（即多少年一遇）。这个平均重现间隔期即重现期，用 N 表示。

在防洪、排涝研究暴雨洪水时，频率 $P(\%)$ 和重现期 $N(年)$ 存在下列关系：

$$N = \frac{1}{P}$$

$$P = \frac{1}{N} \times 100\%$$

例如，某水库大坝校核标准洪水的频率 $P = 0.1\%$，由上式得 $N = 1000$ 年，称 1000 年一遇洪水。即出现大于或等于 $P = 0.1\%$ 的洪水，在长时期内平均 1000 年遇到一次。若遇到大于该校核标准的洪水，则不能保证大坝安全。

（二）洪水标准和防洪标准

防洪标准是指防护对象防御相应洪水能力的标准，常用洪水的重现期表示，如 50 年一遇、100 年一遇等。

在我国，在 1961 年以前基本上等同采用苏联洪水标准，1961 年我国颁布了自己制定的洪水标准，1964 年进行了修订，1978 年颁布了《水利水电枢纽工程等级划分及设计标准（山区、丘陵区部分）》（试行）（SDJ 12—78），1987 年颁布了《水利水电枢纽工程等级划分及设计标准（平原、滨海部分）》（试行）（SDJ 217—87）。现行的洪水标准是国家标准《防洪标准》（GB 50201—94）和部颁标准《水利水电工程等级划分及洪水标准》（SL 252—2000）。

水利水电工程按其工程规模、效益及在国民经济中的重要性划分为五个等别，所属水工建筑物划分五个级别。水利水电工程分等指标见表 3 - 1，山区、丘陵区水利水电工程永久性水工建筑物洪水标准见表 3 - 2。

（三）堤防防洪标准

堤防是为了保护防护对象的防洪安全而修建的，它本身并无特殊的防洪要求，它的防洪标准应根据防护对象的要求确定：

保护大片农田　10～20 年一遇；

保护一般集镇　20～50 年一遇；

保护城市　50～100 年一遇；

保护特别重要城市　300～500 年一遇；

保护重要交通干线　50～100 年一遇。

表3-1　水利水电工程分等指标

工程等别	工程规模	水库总库容（亿 m³）	防洪		治涝	水闸	灌溉	发电
			保护城镇及工矿企业的重要性	保护农田（万亩）	治涝面积（万亩）	过闸流量（m³/s）	灌溉面积（万亩）	装机容量（万 kW）
Ⅰ	大(1)型	≥10	特别重要	≥500	≥200	≥5000	≥150	≥120
Ⅱ	大(2)型	10~1.0	重要	500~100	200~60	5000~1000	150~50	120~30
Ⅲ	中型	1.0~0.10	中等	100~30	60~15	1000~100	50~5	30~5
Ⅳ	小(1)型	0.10~0.01	一般	30~5	15~3	100~20	5~0.5	5~1
Ⅴ	小(2)型	0.01~0.001		<5	<3	<20	<0.5	<1

表3-2　山区、丘陵区水利水电工程永久性水工建筑物洪水标准［重现期（年）］

项目		水工建筑物级别				
		1	2	3	4	5
设计		1000~500	500~100	100~50	50~30	30~20
校核	土石坝	可能最大洪水（PMF）或10000~5000	5000~2000	2000~1000	1000~300	300~200
	混凝土坝、浆砌石坝	5000~2000	2000~1000	1000~500	500~200	200~100

四、黄河下游洪水

(一)黄河四汛

黄河下游洪水按照出现时段划分为桃、伏、秋、凌四汛。12月至次年2月为凌汛期;3至4月份桃花盛开之时,上中游冰雪融化,形成洪峰,称为"桃汛";7至8月暴雨集中,量大峰高,谓"伏汛",是黄河大洪水多发及易成灾时段;9至10月流域多普降大雨,形成洪峰,谓"秋汛"。伏汛、秋汛习惯上统称伏秋大汛,亦即我们常说的汛期。伏秋大汛的洪水多由黄河中游暴雨形成,发生时间短,含沙量高,水量大。黄河决口成灾主要发生在伏秋大汛和凌汛期。

(二)黄河下游洪水来源

黄河下游洪水来源有五个地区,即上游的兰州以上地区,中游的河口镇至龙门区间、龙门至三门峡区间、三门峡至花园口区间（简称河龙间、龙三间、三花间），以及下游的汶河流域。其中，中游的三个地区是黄河洪水的主要来源区，它们一般不同时遭遇，来水主要有以下三种情况：一是三门峡以上来水为主形成的大洪水，简称"上大型洪水"，如 1933 年洪水。其特点是洪峰高、洪量大、含沙量也大，对黄河下游威胁严重；二是三花间来水为主形成的大洪水，简称"下大型洪水"，如 1958 年洪水。其特点是洪水涨势猛、洪峰高、含沙量小、预见期短，对黄河下游防洪威胁最为严重；三是以三门峡以上的龙三间和三门峡以下的三花间共同来水造成，简称"上下较大型洪水"，如 1957、1964 年洪水。其特点是洪峰较低，历时较长，对黄河下游防洪也有相当威胁。上游地区洪水洪峰小、历时长、含沙量小，与黄河中游和下游的大洪水均不遭遇。汶河大洪水与黄河大洪水一般不会相遇，但黄河的大洪水与汶河的中等洪水有遭遇的可能。汶河洪峰形状尖瘦、含沙量小，除威胁大清河及东平湖堤防安全外，当与黄河洪水相遇时，影响东平湖对黄河洪水的分滞洪量，从而增加山东黄河窄河段的防洪压力。

（三）冰凌洪水

冰凌洪水只有上游的宁蒙河段和下游的花园口以下河段出现，它主要发生在河道解冰开河期间。冰凌洪水有两个特点：一是峰低、量小、历时短、水位高。凌峰流量一般为 1000～2000m³/s，全河最大实测值不超过 4000m³/s；洪水总量上游一般为 5～8 亿 m³，下游为 6～10 亿 m³；洪水历时，上游一般为 6～9 天，下游一般为 7～10 天。由于河道中存在着冰凌，易卡冰结坝壅水，导致河道水位迅猛上涨，在相同流量下比无冰期高得多。例如 1955 年利津站凌峰流量 1960m³/s，相应水位达 15.31m，比 1958 年洪峰流量 10400m³/s 的洪水位高出 1.55m。二是流量沿程递增。因为在河道封冻以后，沿程拦蓄部分上游来水，使河槽蓄水量不断增加，"武开河"时这部分水量被急剧释放出来，向下游推移，沿程冰水越积越多，形成越来越大的凌峰流量。

自三门峡水库防凌蓄水运用以来，黄河下游凌汛"武开河"大大减少，减轻了下游防凌负担。进入九十年代以后，通过科学调度下游冬季引蓄水，也在客观上为减轻凌汛威胁提供了有利条件。

（四）泥沙特点

黄河是举世闻名的多沙河流，三门峡站进入下游的泥沙多年平均约 16 亿 t，平均含沙量 35kg/m³。在大量泥沙排泄入海的同时，约有四分之一的泥沙淤在河道内，使河床不断抬高，形成地上"悬河"。黄河水沙有以下主要特点：一是水少沙多，其年输沙量之多、含沙量之高居世界河流之冠。二是水沙异源。黄河泥沙90%来自中游的黄土高原。上游的来水量占全流域的54%,而来沙量仅占9%;三门峡以下的支流伊、洛、沁河的来水量占10%,来沙量占2%左右,这两个地区水多沙少,是黄河的清水来源区。中游河口镇至龙门区间来水量占14%,来沙量占56%;龙门至潼关区间来水量占22%,来沙量占34%,这两个地区水少沙多,是黄河泥沙主要来源区。三是年际变化大,年内分布不均。1933年来沙量最大,达37.67亿t,1928年最小,为4.88亿t,相差8倍。年内分布亦很不均衡,汛期来沙量在天然情况下占全年的80%以上,且又集中于几场暴雨洪水。三门峡水库"蓄清排浑"运用以来,汛期下泄沙量占全年沙量的97%。四是含沙量变幅大,同一流量下的含沙量可相差10倍左右,1977年8月三门峡站最大含沙量达911kg/m³,非汛期含沙量一般小于10kg/m³。

第三节 防汛组织工作

一、防汛组织机构

防汛抢险工作是一项综合性很强的工作,牵涉面广,责任重大,不能简单理解是水利部门的事情,必须动员全社会各方面的力量参与。防汛机构担负着发动群众,组织各方面的社会力量,从事防汛指挥决策等重大任务,并且在组织防汛工作中,还需进行多方面的联系和协调。因此,需要建立强有力的组织机构,做到统一指挥、统一行动、分工合作、同心协力共同完成。

防汛组织机构是各级政府的一个工作职能部门。我国政府的防汛组织机构是国家防汛抗旱总指挥部,下属有与之相关的工作协调部门,如图3-2所示。

根据《中华人民共和国防洪法》、《中华人民共和国防汛条例》规定,防汛工作实行各级人民政府行政首长负责制,实行统一指挥,分级、分部门负责,各有关部门实行防汛岗位责任制。国务院设立国家防汛抗旱总指挥部,负责组织领导全国的防汛抗旱工作,其办事机构设在国务院水行政主管部门(水利部)。在国家确定的重要江河、湖泊可以设立由有关省、自治区、直辖市人民政府和该江河、湖泊的流域管理机构负责人等组成的防汛指挥机构,指挥所管辖范围内的防汛抗洪工作,其办事机构设在各流域管理机构。

除国务院、流域管理机构成立防汛指挥机构外,有防汛任务的各省、自治区及市、县(区)人民政府也要相应设立防汛指挥机构,负责本行政区域的防汛突发事件的应对工作。其办事机构设在当地政府水行政主管部门的水利(水务)局,负责管辖范围内的日常防汛工作。有防汛任务的乡(镇)也应成立防汛组织,负责所辖范围内防洪工程的防汛工作。有关部门、单位可根据需要设立行业防汛指挥机构,负责本行业、单位防汛突发事件的应对工作。

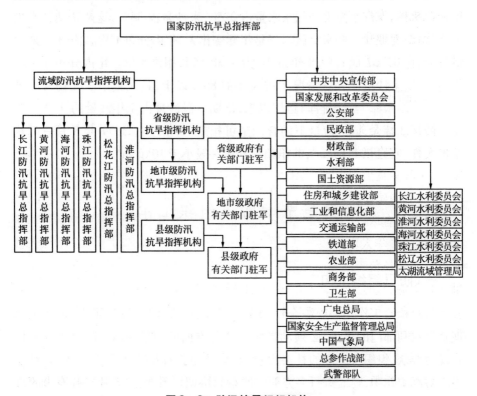

图3-2 防汛抗旱组织机构

地方防汛指挥机构是由省、市、县(区)政府有关部门,当地驻军和人民武装部队负责人组成,由当地政府主要负责人[副省长、副市长、县(区)长]任总指挥。指挥机构成员各地稍有不同,以市级防汛指挥机构为例,指挥部成员包括各级政府、当地驻军(武警)、水利(水务)局、市委宣传部、市发展和改革委员会(局)、市对外贸易经济合作局、市公安局、市民政局、市财政局、市国土资源局、市住房和城乡建设局、市交通运输局、市农业局、市安全生产监督管理局、市卫生局、市气象局、广播电视局等部门的主要负责人。此外,根据各地实际情况,成员还有供销社、林业局、水文局(站)、环境保护局、城市综合管理局、海事局、供电局、电信局、保险公司、石油(化)公司等部门的主要负责人。

我国海岸线很长,沿海各省、市、县(区)每年因强热带风暴、台风而引起的洪涝灾害损失极其严重。因此,相关省、市、县(区)将防台风的工作同样放在重要位置,除防汛、抗旱工作外,还要做好防台风的工作。由此机构设置的名称为防汛防风抗旱总指挥部,简称三防总指挥部,而下设的日常办事机构,则称为三防办公室。

防汛工作按照统一领导、分级分部门负责的原则,建立健全各级、各部门的防汛机构,发挥有机的协作配合,形成完整的防汛组织体系。防汛机构要做到正规化、专业化,并在实际工作中,不断加强机构的自身建设,提高防汛人员的素质,引用先进设备和技术,充分发挥防汛机构的指挥战斗作用。

二、防汛责任制

防汛工作是关系全社会各行业和千家万户的大事,是一项责任重大而复杂的工作,它直接涉及国民经济的发展和城乡人民生命财产的安全。洪水到来时,工程一旦出现险情,防汛抢险是压倒一切工作的大事,防汛工作责任重于泰山,必须建立和健全各种防汛责任制,实现防汛工作正规化和规范化,做到各项工作有章可循,所有工作各负其责。

根据《中华人民共和国防洪法》第三十八条,"防汛抗洪工作实行各级人民政府行政首长负责制,统一指挥、分级分部门负责"。因此,各级防汛抗旱指挥部要建立健全切合本地实际的防汛管理责任制度。防汛责任制包括:①行政首长负责制;②分级管理责任制;③部门责任制;④包干责任制;⑤岗位责任制;⑥技术责任制;⑦值班工作责任制。

（一）行政首长负责制

行政首长负责制是指由各级政府及其所属部门的首长对本政府或本部门的工作负全面责任的制度,这是一种适合于中国行政管理的政府工作责任制。其指地方各级人民政府实行省长、市长、县长(区长)、乡长、镇长负责制。各省的防汛工作,由省长(副省长)负责,地(市)、县(区)的防汛工作,由各级市长、县(区)长(或副职)负责。

行政首长负责制是各种防汛责任制的核心,是取得防汛抢险胜利的重要保证,也是历来防汛抢险中最行之有效的措施。防汛抢险需要动员和调动各部门各方面的力量,党、政、军、民全力以赴,发挥各自的职能优势,同心协力共同完成。因此,防汛指挥机构需要政府主要负责人亲自主持,全面领导和指挥防汛抢险工作。根据《中华人民共和国防汛条例》,防汛工作实行各级人民政府行政首长负责制,按照国家防汛抗旱总指挥部国汛[1995]6号文件的要求,各级地方人民政府行政首长防汛工作职责如下:

(1)负责组织制定本地区有关防洪的法规、政策;组织做好防汛宣传和思想动员工作,增强各级干部和广大群众的水患意识。

（2）根据流域总体规划，动员全社会的力量，广泛筹集资金，加快本地区防洪工程建设，不断提高抗御洪水的能力，负责督促本地区重大清障项目的完成。

（3）负责组建本地区常设防汛办事机构，协调解决防汛抗洪经费和物资等问题，确保防汛工作顺利开展。

（4）组织有关部门制定本地区主要江河、重要防洪工程、城镇及居民点的防御洪水和台风的各项措施预案（包括运用蓄滞洪区），并督促各项措施的落实。

（5）掌握本地区汛情，及时做出部署，组织指挥当地群众参加抗洪抢险，坚决贯彻执行上级的防汛调度命令。在防御洪水设计标准内，要确保防洪工程的安全；遇超标准洪水要采取一切必要措施，尽量减少洪水灾害，切实防止因洪水而造成大量人员伤亡事故。重大情况及时向上级报告。

（6）洪灾发生后，组织各方面力量迅速开展救灾工作，安排好群众生活，尽快恢复生产，修复水毁防洪工程，保持社会稳定。

（7）各级行政首长对所分管的防汛工作必须切实负起责任，确保安全度汛，防止发生重大灾害损失。因思想麻痹、工作疏忽或处置失当而造成重大灾害后果的，要追究领导责任，情节严重的要绳之以法。

（二）分级管理责任制

根据水系及水库、堤防、水闸等防洪工程所处的行政区域、工程等级、重要程度和防洪标准等，确定省、地（市）、县、乡、镇分级管理运用、指挥调度的权限责任。在统一领导下，对所管辖区域的防洪工程实行分级管理、分级调度、分级负责。

（三）部门责任制

防汛抢险工作牵涉面广，需要调动全社会各部门的力量参与，防汛指挥机构各部门（成员）单位，应按照分工情况，各司其职，责任制层层落实到位，做好防汛抗洪工作。

（四）包干责任制

为确保重点地区的水库、堤坝、水闸等防洪工程和下游保护对象的汛期安全，省、地（市）、县、乡各级政府行政负责人和防汛指挥部领导成员实行分包工程责任制，将水库、河道堤段、蓄滞洪区等工程的安全度汛责任分包，责任到人，有利于防汛抢险工作的开展。

（五）岗位责任制

汛期管好用好水利工程，特别是防洪工程，对做好防汛减少灾害至关重要。工程管理单位的业务处室和管理人员以及护堤员、巡逻人员、防汛工、抢险队等要制定岗位责任制。明确任务和要求,定岗定责,落实到人。岗位责任制的范围、项目、安全程度、责任时间等,要做出相关职责的条文规定,严格考核。在实行岗位责任制的过程中,要调动职工的积极性,强调严格遵守纪律。要加强管理,落实检查制度,发现问题及时纠正。

(六)技术责任制

在防汛抢险工作中,为充分发挥技术人员的专长,实现科学抢险、优化调度以及提高防汛指挥的准确性和可靠性,凡是评价工程抗洪能力、确定预报数字、制定调度方案、采取的抢险措施等有关技术问题,均应由专业技术人员负责,建立技术责任制。关系重大的技术决策,要组织相当技术级别的人员进行咨询,以防失误。县、乡(镇)的技术人员也要实行技术责任制,对所包的水库、堤防、闸坝等工程安全做到技术负责。

(七)值班工作责任制

为了随时掌握汛情,减少灾害损失,在汛期,各级防汛指挥机构应建立防汛值班制度,汛期值班室 24h 不离人。值班人员必须坚守岗位,忠于职守,熟悉业务,及时处理日常事务,以便防汛机构及时掌握和传递汛情。要及时加强上下联系,多方协调,充分发挥水利工程的防汛减灾作用。汛期值班人员的主要责任如下:

(1)及时掌握汛情。汛情一般包括水情、工情和灾情。①水情。按时了解雨情、水情实况和水文、气象预报。②工情。当雨情、水情达到某一数量值时,要主动向所辖单位了解水库、河道堤防和水闸等防洪工程的运用及防守情况。③灾情。主动了解受灾地区的范围和人员伤亡情况以及抢救的措施。

(2)按时报告、请示、传达。按照报告制度,对于重大汛情及灾情要及时向上级汇报;对需要采取的防洪措施要及时请示批准执行;对授权传达的指挥调度命令及意见,要及时准确传达。做到不延时、不误报、不漏报,并随时落实和登记处理结果。

(3)熟悉所辖地区的防汛基本资料和主要防洪工程的防御洪水方案的调度计划,对所发生的各种类型洪水要根据有关资料进行分析研究,掌握各地水库、堤防、水闸发生的险情及处理情况。

(4)积极主动抓好情况收集和整理,对发生的重大汛情要整理好值班记录,以备查阅,并归档保存。

(5)严格执行交接班制度,认真履行交接班手续。

(6)做好保密工作,严守国家机密。

三、防汛队伍

为做好防汛抢险工作,取得防汛斗争的胜利,除充分发挥工程的防洪能力外,更主要的一条是在当地防汛指挥部门领导下,在每年汛前必须组织好防汛队伍。多年的防汛抢险实践证明,防汛抢险采取专业队伍与群众队伍相结合,军民联防是行之有效的。各地防汛队伍名称不同,主要由专业防汛队、群众防汛抢险队、军(警)抢险队组成。

(一)专业防汛队

专业防导队是懂专业技术和管理的队伍,是防汛抢险的技术骨干力量,由水库、堤防、水闸管理单位的管理人员、护堤员等组成,平时根据管理中掌握的工程情况分析工程的抗洪能力,做好出险时抢险准备。进入汛期,要上岗到位,密切注视汛情,加强检查观测,及时分析险情。专业防汛队要不断学习养护修理知识,学习江河、水库调度和巡视检查知识以及防汛抢险技术,必要时进行实战演习。

(二)群众防汛抢险队

群众防汛抢险队是防汛抢险的基础力量。它是以当地青壮年劳力为主,吸收有防汛抢险经验的人员参加,组成不同类别的防汛抢险队伍,可分为常备队、预备队、抢险队、机动抢险队等。

1.常备队

常备队是防汛抢险的基本力量,是群众性防汛队伍,人数比较多,由水库、堤防、水闸等防洪工程周围的乡(镇)居民中的民兵或青壮年组成。常备队组织要健全,汛前登记造册编成班、组,要做到思想、工具、料物、抢险技术四落实。汛期按规定到达各防守位置,分批组织巡逻。另外,在库区、滩区、滞洪区也要成立群众性的转移救护组织,如救护组、转移组和留守组等。

2.预备队

预备队是防汛的后备力量,当防御较大洪水或紧急抢险时,为补充加强常备队的力量而组建的。人员条件和距离范围更宽一些。必要时可以扩大到距离水库、堤防、水闸较远的县、乡(镇),要落实到户到人。

3.抢险队

抢险队是为防洪工程在汛期出险而专门组织的抢护队伍,是在汛前从群众防汛队伍中选拔有抢险经验的人员组成。当水库、堤防、水闸工程发生突发性险情时,立即抽调组成的抢险队员,配合专业队投入抢险。这种突击性抢险关系到防汛的成败,既要迅速及时,又要组织严密,指挥统一。所有参加人员必须服从命令听指挥。

4.机动抢险队

为了提高抢险效果,在一些主要江河堤段和重点水库工程可建立训练有素、技术熟练、反应迅速、战斗力强的机动抢险队,承担重大险情的紧急抢险任务。机动抢险队要与管理单位结合,人员相对稳定。平时结合管理养护,学习提高技术,参加培训和实践演习。机动抢险队应配备必要的交通运输和施工机械设备。

(三)军(警)抢险队

2005年,我国颁布了《军队参加抢险救灾条例》,明确了中国人民解放军和中国人民武装警察部队是抢险救灾的突击力量,执行国家赋予的抢险救灾任务是军队的重要使命。解放军和武警部队历来在关键时刻承担急、难、险、重的抢险任务,每当发生大洪水和紧急抢险时,他们总是不惧艰险,承担着重大险情抢护和救生任务。防汛队伍要实行军民联防,各级防汛指挥部应主动与当地驻军联系,及时通报汛情、险情和防御方案,明确部队防守任务和联络部署制度,组织交流防汛抢险经验。当遇大洪水和紧急险情时,立即请求解放军和武警部队参加抗洪抢险。

四、防汛抢险技术培训

(一)防汛抢险技术的培训

防汛抢险技术的培训是防汛准备的一项重要内容,除利用广播、电视、报纸和因特网等媒体普及抢险常识外,对各类人员应分层次、有计划、有组织地进行技术培训。其主要包括专业防汛队伍的培训、群防队伍的技术培训、防汛指挥人员的培训等。

1.培训的方式

(1)采取分级负责的原则,由各级防汛指挥机构统一组织培训。

(2)培训工作应做到合理规范课程、考核严格、分类指导,保证培训工作质量。

(3)培训工作应结合实际,采取多种组织形式,定期与不定期相结合,每年汛前至少组织一次培训。

2.专业防汛队伍的培训

对专业技术人员应举办一些抢险技术研讨班,请有实践经验的专家传授抢险技术,并通过实战演习和抢险实践提高抢险技术水平。对专业抢险队的干部和队员,每年汛前要举办抢险技术学习班,进行轮训,集中学习防汛抢险知识,并进行模拟演习,利用旧堤、旧坝或其他适合的地形条件进行实际操作,增强抗洪抢险能力。

3.群防队伍的技术培训

对群防队伍一般采取两种办法:一是举办短期培训班,进入汛期后,在地方(县)防汛指挥部的组织领导下,由地方(县)人民武装部和水利管理部门召集常备队队长、抢险队队长集中培训,时间一般为3~5d,也可采用实地演习的办法进行培训;二是群众性的学习,一般基层管理单位的工程技术人员和常备队队长、抢险队队长分别到各村向群众宣讲防汛抢险常识,并辅以抢险挂图和模型、幻灯片、看录像等方式进行直观教学,便于群众领会掌握。

4.防汛指挥人员的培训

应举办由防汛指挥人员、防汛指挥成员单位负责人参加的防汛抢险技术研讨班,重点学习和研讨防汛责任制、水文气象知识、防汛抢险预案、防洪工程基本情况、抗洪抢险技术知识等,使防汛抢险指挥人员能够科学决策,指挥得当。

(二)防汛抢险演习

为贯彻"以防为主,全力抢险"的防汛工作方针,强化防汛抢险队伍建设,各级防汛抗旱指挥机构应定期举行不同类型的应急演习,以检验、改善和强化应急准备和应急响应能力;专业抢险队伍必须针对当地易发生的各类险情有针对性地每年进行抗洪抢险演习;多个部门联合进行的专业演习,一般2~3年举行一次,由省级防汛指挥机构负责组织。

防汛抢险演习主要包括现场演练、岗位练兵、模拟演练等,是根据各地方的防汛需要和实际情况进行,一般内容如下:

(1)现场模拟堤防漫溢、管涌、裂缝等险情,以及供电系统故障、落水人员遇险等。

(2)险情识别、抢护办法、报险、巡堤查险、抢险组织、各种打桩方法。

(3)进行水上队列操练、冲锋舟水流湍急救援、游船紧急避风演练、某村群众遇险施救、个别群众遇险施救、群众转移等项目演习。

(4)水库正常洪水调度、非常洪水预报调度、超标准洪水应急响应、提闸泄洪演练。

(5)泵站紧急强排水演练、供电故障排除演练。

(6)堤防工程的水下险情探测、抛石护坡、管涌抢护、裂缝处理、决口堵复抢险等。

通过各种仿真联合演习,进一步加强地方防汛抢险队伍互动配合能力,提高抢险队员们的娴熟的技巧,积累应急抢险救灾的经验,增强抢险救灾人员的快速反应和防汛抢险救灾技能,提高抗洪抢险的实战能力。

五、防汛组织

黄河防汛工作实行各级人民政府行政首长负责制,统一指挥,分级分部门负责。各有关部门实行防汛岗位责任制。

黄河防汛费用按照国家、地方政府和受益者合理承担相结合的原则筹集。黄河防汛费用必须专款用于黄河防汛准备、防汛抢险、防洪工程修复、防汛抢险器材和国家储备物资的购置、维修及其他防汛业务支出。

有黄河防汛任务的县级以上人民政府和单位,应当根据国家和省的有关规定,安排必要的资金和劳务,用于黄河防汛队伍组织训练、防汛物料筹集、防汛抢险等防导活动。

任何单位和个人不得截留、挪用黄河防汛、救灾资金和物资。

任何单位和个人都有依法参加黄河防汛抗洪和保护黄河防洪设施的义务。

在黄河防汛工作中做出突出成绩的单位和个人,由县级以上人民政府给予表彰和奖励。

有黄河防汛任务的县级以上人民政府防汛指挥机构,在上级防汛指挥机构和同级人民政府的领导下,行使本行政区域内的黄河防汛指挥权,组织、监督本行政区域内的防汛指挥调度决策、防守抢护、群众迁移安置救护、防汛队伍建设、物资供应保障、河道及蓄滞洪区清障等黄河防汛工作的实施。

有黄河防汛任务的县级以上人民政府,应当明确同级防汛指挥机构的成员单位及有关部门的黄河防汛职责。各级防汛指挥机构的成员单位及有关部门应当按照各自的职责分工,负责有关的黄河防汛工作。

沿黄河的县级以上人民政府防汛指挥机构设立的黄河防汛办公室,负责本行政区域内黄河防汛的日常工作。黄河防汛办公室设在同级黄河河务部门。

各级黄河河务部门的主要负责人应当参与本级防汛指挥机构的指挥工作。

东平湖防汛指挥机构由泰安市和济宁市人民政府及其有关部门、山东黄河东平湖管理局、泰安和济宁军分区及当地驻军的负责人组成,负责东平湖、大清河及所管辖的黄河干流的防汛工作,其办公室设在山东黄河东平湖管理局。

各级防汛指挥机构应当加强对本级防汛指挥机构成员单位及有关部门、下级防汛指挥机构的黄河防汛工作的监督、检查。对检查中发现的问题应当责令责任单位限期整改。

黄河防汛队伍实行专业防汛队伍与群众防汛队伍相结合和军警民联防的原则。

专业防汛队伍由各级黄河河务部门负责组织管理。

群众防汛队伍由各级人民政府及其防汛指挥机构统一领导和指挥,当地人民武装部门负责组织和训练,黄河河务部门负责技术指导和有关器材保障。

驻鲁的中国人民解放军和武装警察部队根据国家赋予的防汛任务,参加黄河防汛抢险。

六、防汛准备

省人民政府应当根据国家颁布的黄河防洪规划、黄河防御洪水方案和国家规定的防洪标准,结合防洪工程实际状况,制定全省的黄河防汛预案。

沿黄河的市、县(市、区)人民政府应当根据全省的黄河防汛预案,结合本地实际,于每年汛期以前制定本地区的防汛预案。

东平湖防汛预案由东平湖防汛指挥机构于每年汛期以前组织制定,征求泰安市和济宁市人民政府的意见后,报省防汛指挥机构批准颁布。

黄河防汛预案应当包括防汛基本情况、防汛任务、组织指挥与责任分工、队伍组织建设和后勤保障、物资储备和运输、通信和电力保障、滩区和蓄滞洪区群众迁移安置救护、蓄滞洪区运用、洪水(含凌水)测报、防御措施等内容。

黄河防汛预案一经批准,各级防汛指挥机构及有关部门和单位必须执行。

有迁移安置救护任务的各级人民政府,应当建立由民政、黄河河务、公安、交通、卫生、国土资源等部门参加的滩区、蓄滞洪区群众迁移安置救护组织,制定迁移安置救护方案,落实迁移安置救护措施。

汛期前,各级人民政府必须对所管辖的蓄滞洪区的通信、预报警报、避洪、撤退道路等安全设施,以及紧急撤离和救生准备工作进行检查。发现安全隐患,应当及时处理。

沿黄河的各级人民政府应当采取措施,确保河道畅通。对滩区、蓄滞洪区内的行洪障碍,按照谁设障、谁清除的原则,由防汛指挥机构责令限期清除;逾期不清除的,由防汛指挥机构组织强行清除,所需费用由设障者承担。

禁止围湖造地、围垦河道。

黄河入海备用流路内不得建设阻水建筑物、构筑物。

各级人民政府应当加强对防洪工程建设的领导与协调,保证工程建设顺利进行。

防洪工程的建设、勘察设计、施工和监理单位,必须按照国家、省有关工程质量标准和法律、法规的规定,确保防洪工程的质量。

黄河河道管理范围内的非防洪工程设施的建设单位或者管理使用单位,应当在每年汛期以前制定工程设施的防守方案和度汛措施并组织实施,黄河河务部门应当给予技术指导。

受洪水威胁地区的油田、管道、铁路、公路、电力等企业事业单位应当自筹资金,兴建必要的防洪自保工程。在黄河河道管理范围内修建的防洪自保工程,必须符合国家规定的防洪标准和有关技术要求。

黄河滩区安全建设应当符合黄河治理开发规划。黄河滩区内修建的村台、撤退道路等避洪设施,必须符合国家规定的防洪标准和有关技术要求。

黄河防汛物资由国家储备物资、机关和社会团体储备物资和群众备料组成。

国家储备物资由黄河河务部门按照储备定额和防汛需要常年储备。

机关和社会团体储备物资由各级行政机关、企业事业单位、社会团体储备,所需数量由各级人民政府根据黄河防汛预案确定。

群众备料由县级人民政府根据黄河防汛预案组织储备。

机关和社会团体储备物资、群众备料应当落实储备地点、数量和运输措施。

黄河防汛通信实行黄河专用通信网和通信公用网相结合。

黄河河务部门应当做好黄河专用通信网的建设、管理和维护工作;通信部门应当为防汛抢险提供通信、信息保障,并制定非常情况下的通信、信息保障预案。

沿黄河的各级人民政府应当加强当地的公路网建设、管理与维护,并与黄河堤防辅道相连接,确保防汛抢险道路畅通。

黄河河务部门应当加强堤顶硬化和堤防辅道的建设与维护,为防汛抢险物资的运输提供条件。

各级防汛指挥机构应当在汛期以前对防汛责任制落实、度汛工程建设、防汛队伍组织训练、防汛物资储备以及河道清障等进行检查,被检查单位和个人应当予以配合。

七、防汛抢险

黄河汛期包括伏秋汛期和凌汛期。

伏秋汛期为每年的七月一日至十月三十一日。凌汛期为每年的十二月一日至次年的二月底。大清河的汛期为每年的六月一日至九月三十日。特殊情况下,省防汛指挥机构可以宣布提前或者延长汛期时间。

出现下列情况之一的,有关县级以上防汛指挥机构可以宣布本辖区进入紧急防汛期:

(1)黄河水位接近保证水位;

(2)黄河防洪工程设施发生重大险情;

(3)启用蓄滞洪区;

(4)凌水漫滩,威胁堤防和滩区群众安全。

在汛期,气象部门应当及时向防汛指挥机构及其黄河防汛办公室提供长期、中期、短期天气预报,实时雨量和有关天气公报;黄河水文测报单位应当按照黄河防汛预案的要求报送水情、凌情;水文部门应当及时提供汶河流域水情、雨情信息及洪水预报;电力部门应当优先为黄河防汛提供电力供应,并制定非常情况下的电力保障方案。

八、山东黄河防洪重点

黄河防洪,每个堤段、每个环节都不能出问题,尤其是工程薄弱、易出险的堤段和重要工程,是防守的重点,如险点险段,堤防高度不足、堤身单薄堤段,以及险工、控导、涵闸工程。就河段而言,山东省东明、东平湖、济南及河口四个河段,是山东省黄河防洪的重中之重。

(一)东明河段

山东省上界至高村,河道长 56km,河道宽浅,水流散乱,主溜摆动频繁,属游荡型河段,历史上险情不断,是著名的"豆腐腰"河段。目前滩面横比降 1/2000～1/3000,比河道纵比降大 2～3 倍,是黄河上最危险的顺堤行洪段之一,即使中常洪水,也可能发生横河、斜河,大洪水时可能发生滚河。要做好顺堤行洪、临堤抢大险的充分准备。该河段位于山东省河段上首,洪峰到达时间短,峰高量大,滩区面积大,居住群众多,迁安任务重,应引起高度重视。

(二)东平湖水库

东平湖水库是处理黄河洪水及汶河洪水的关键工程,运用机遇多。存在的主要问题:水库围坝质量差,隐患多;分泄洪闸老化失修,电器设备老化;老湖退水入黄不畅,仅汶河来水也有运用新湖的可能;向南四湖排水工程不配套;库区 21.3 万人需搬迁等。做到"分得进,守得住,排得出,群众保安全",任务非常艰巨。

（三）济南窄河段

济南北店子至泺口河道狭窄弯曲，河宽一般在 1.0km 左右，曹家圈铁路大桥附近河宽仅 459m，是下游著名的窄河段之一。2000 年设计标准洪水位比济南市区低洼处高 11.62m，洪水位高，冲刷力强，防守任务非常艰巨。而且紧靠省会济南，地理位置十分重要。左岸修建的北展宽工程，堤身比较单薄，质量差，隐患多，且工程不配套，大吴泄洪闸等老化失修严重，堤线防守和群众搬迁任务都很重。

（四）河口地区

由于河口地区河道淤积严重，漫滩流量减小。防洪工程战线长，标准低，人力相对较少，防守抢护比较困难。且河口地区是国家的重要发展基地，保卫胜利油田安全十分重要。

第四节　防汛工作流程

防汛工作是一项常年的任务，当年防汛工作的结束，就是次年防汛工作的开始。防汛工作大体可分为汛前准备、汛期工作和汛后工作三个部分。

一、汛前准备

每年汛前，在各级防汛抗旱指挥部领导下做好各项防汛准备是夺取防汛抗洪斗争胜利的基础。主要的准备工作有以下几项：

（一）思想准备

通过召开防汛工作会议，新闻媒体广泛宣传防汛抗洪的有关方针政策，以及本地区特殊的多灾自然条件特点，充分强调做好防汛工作的重要性和必要性，克服麻痹侥幸心理，树立"防重于抢"的思想，做好防大汛、抢大险、抗大灾的思想准备。

（二）组织准备

建立健全防汛指挥机构和常设办事机构，实行以行政首长负责制为核心的分级管理责任制、分包工程责任制、岗位责任制、技术责任制、值班工作责任制等。落实专业性和群众性的防汛抢险队伍。

（三）防御洪水方案准备

各级防汛抗旱指挥部应根据上级防汛指挥机构制定的洪水调度方案，按照确保重点、兼顾一般的原则，结合水利工程规划及实际情况，制定出本地区水利工程调度方案及防御洪水方案,并报上级批准执行。所有水利工程管理单位也都要根据本地区水利工程调度方案,结合工程规划设计和实际情况,在兴利服从防洪、确保安全的前提下,由管理单位制定工程调度运用方案,并报上级批准执行。有防洪任务的城镇、工矿、交通以及其他企业,也应根据流域或地方的防御洪水方案,制定本部门或本单位的防御洪水方案,并报上级批准执行。

(四)工程准备

各类水利工程设施是防汛抗洪的重要物质基础。由于受大自然和人类活动的影响,水利工程的工作状况会发生变化,抗洪能力会有所削弱,如汛前未能及时发现和处理,一旦汛期情况突变,往往会造成大的损失。因此,每年汛前要对各类防洪工程进行全面的检查,以便及时发现薄弱环节,采取措施,消除隐患。对影响安全的问题,要及时加以处理,使工程保持良好状态;对一时难以处理的问题,要制定安全度汛方案,确保水利工程安全度汛。

(五)气象与水文工作准备

气象部门和水文部门应按防汛部门要求提供气象信息和水文情报。水文部门要检查各报汛站点的测报设施和通讯设施,确保测得准、报得出、报得及时。

(六)防汛通信设施准备

通信联络是防汛工作的生命线,通信部门要保证在汛期能及时传递防汛信息和防汛指令。各级防汛部门间的专用通信网络要畅通,并要完善与主要堤段、水库、滞蓄洪区及有关重点防汛地区的通信联络。

(七)防汛物资和器材准备

防汛物资实行分级负担、分级储备、分级使用、分级管理、统筹调度的原则。省级储备物资主要用于补助流域性防洪工程的防汛抢险,市、县级储备物资主要用于本行政区域内防洪工程的防汛抢险。有防汛抗洪任务的乡镇和单位应储备必要的防汛物资,主要用于本地和本单位防汛抢险,并服从当地防汛指挥部的统一调度。常用的防汛物资和器材有:块石、编织袋、麻袋、土工布、土、砂、碎石、块石、水泥、木材、钢材、铅丝、油布、绳索、炸药、挖抬工具、照明设备、备用电源、运输工具、报警设备等。应根据工程的规模以及可能发生的险情和抢护方法对上述物资器材作一定数量的储备,以备急用。

(八)行蓄滞洪区运用准备

对已确定的行蓄滞洪区,各级防汛抗旱指挥部要对区内的安全建设,通信、道路、预警、救生设施和居民撤离安置方案等进行检查并落实。

二、防汛责任制度

各级防汛抗旱指挥部要建立健全分级管理责任制、分包工程责任制、岗位责任制、技术责任制、值班工作责任制。

（一）分级管理责任制

根据水系以及堤防、闸坝、水库等防洪工程所处的行政区域、工程等级和重要程度以及防洪标准等，确定省、市、县各级管理运用、指挥调度的权限责任，实行分级管理、分级负责、分级调度。

（二）分包工程责任制

为确保重点地区和主要防洪工程的度汛安全，各级政府行政负责人和防汛指挥部领导成员实行分包工程责任制。例如分包水库、分包河道堤段、分包蓄滞洪区、分包地区等。

（三）岗位责任制

汛期管好用好水利工程，特别是防洪工程，对减少灾害损失至关重要。工程管理单位的业务部门和管理人员以及护堤员、巡逻人员、抢险人员等要制定岗位责任制，明确任务和要求，定岗定责，落实到人。岗位责任制的范围、内容、责任等，都要做出明文规定，严格考核。

（四）技术责任制

在防汛抢险中要充分发挥技术人员的技术专长，实现优化调度，科学抢险，提高防汛指挥的准确性和可行性。预测预报、制定调度方案、评价工程抗洪能力、采取抢险措施等有关防汛技术问题，应由各专业技术人员负责，建立技术责任制。

（五）值班工作责任制

汛期容易突然发生暴雨洪水、台风等灾害，而且防洪工程设施在自然环境下运行，也会出现异常现象。为预防不测，各级防汛机构均应建立防汛值班制度，使防汛机构及时掌握和传递汛情，加强上下联系，多方协调，充分发挥枢纽作用。汛期值班人员的主要责任如下：

（1）了解掌握汛情。汛情一般包括雨情、水情、工情、灾情。具体要求是：①雨情、水情：按时了解实时雨情、水情实况和气象、水文预报；②工情：当雨情、水情达到某一量值时，要主动向所辖单位了解河道堤防、水库、闸坝等防洪工程的运用、防守、是否发生险情及处理情况；③灾情：主动了解受灾地区的范围和人员伤亡情况以及抢救措施。

（2）按时报告、请示、传达。按照报告制度，对于重大汛情及灾情要及时向上级汇报;对需要采取的防洪措施要及时请示批准执行;对授权传达的指挥调度命令及意见,要及时准确传达。

(3)熟悉所辖地区的防汛基本资料和主要防洪工程的防御洪水方案的调度计划,对所发生的各种类型洪水要根据有关资料进行分析研究。

(4)对发生的重大汛情等要整理好值班记录,以备查阅并归档保存。

(5)严格执行交接班制度,认真履行交接班手续。

(6)做好保密工作,严守机密。

三、汛期巡查

汛前对防洪工程进行全面仔细的检查,对险工、险段、险点部位进行登记;汛期或水位较高时,要加强巡检查险工作,必须实行昼夜值班制度。检查一般分为日常巡查和重点检查。

(一)日常巡查

日常巡查即要对可能发生险情的区域进行普遍的查看,做到"徒步拉网式"巡查,不漏疑点。要把对工程的定时检查与不定时巡查结合起来,做到"三加强、三统一",即加强责任心,统一领导,任务落实到人;加强技术指导,统一填写检查记录的格式,如记述出现险情的时间、地点、类别,绘制草图,同时记录水位和天气情况等有关资料,必要时应进行测图、摄影和录像,甚至立即采取应急措施,并同时报上一级防汛指挥部;加强抢险意识,统一巡查范围、内容和报警方法。

(二)重点检查

重点检查即重点对汛前调查资料中所反映出来的险工、险段,以及水毁工程修复情况进行检查。重点检查要认真细致,特别注意发生的异常现象,科学分析和判断,若为险情,要及时采取措施,组织抢险,并按程序及时上报。

(三)检查的范围

检查的范围包括堤坝主体工程、堤(河)岸,背水面工程压浸台,距背水坡脚一定范围内的水塘、洼地和水井,以及与工程相接的各种交叉建筑物。检查的主要内容包括是否有裂缝、滑坡、跌窝、洞穴、渗水、塌岸、管涌(泡泉)、漏洞等险情发生。

(四)检查的要求

检查必须注意"五时",做到"四勤"、"三清"、"三快"。

(1)五时:即黎明时、吃饭时、换班时、黑夜时、狂风暴雨交加时,这些时候往往最容易疏忽忙乱,注意力不集中,险情不易判查,容易被遗漏,特别是对已经处理过的险情和隐患,更要注意复查,提高警惕。

(2)四勤:即勤看、勤听、勤走、勤做。

(3)三清:即险情要查清、信号要记清、报告要说清。

(4)三快:即发现险情要快,处理险情要快,报告险情要快。

以上几点即要求及时发现险情,分析原因,小险迅速处理,防止发展扩大,重大险情立即报告,尽快处理,避免溃决失事,造成严重灾害。

(五)巡查的基本方法

巡查的主要目的是发现险情,巡查人必须做到认真、细致。巡查时的主要方法也很简单,可概括为"看、听、摸、问"四个字。

(1)看:主要查看工程外观是否与正常状态出现差异。要查看工程表面是否出现有缝隙,是否发生塌陷坑洞,坡面是否出现滑挫等现象;要查看迎水面是否有漩涡产生,迎水坡是否有垮塌;要查看背水坡是否有较大面积湿润、背水坡和背水面地表是否有水流出,背水面渠道、洼地、水塘里是否有翻水现象,水面是否变浑浊。

(2)听:仔细辨析工程周围的声音,如迎水面是否有形成漩涡产生的嗡嗡声,背水坡脚是否有水流的潺潺声,穿堤建筑物下是否有射流形成的哗哗声。

(3)摸:当发现背水坡有渗水、冒水现象时,用手感觉水温,如果水温明显低于常温,则表示该水来自外江水,此处必为险情;用手感觉穿堤建筑物闸门启闭机是否存在震动,如果是,则闸门下可能存在漏水等险情。

(4)问:因地质条件等原因,有时险情发生的范围远超出一般检查区域,因此,要问询附近居民,农田中是否发生冒水现象,水井是否出现浑浊等。

四、汛后工作

汛期高水位时水利工程局部特别是险工、险段处或多或少会发生一些损坏,这些损坏处在水下不易被发现,经历一个汛期,汛后退水期间,这些水毁处将逐渐暴露出来,有时因退水较快,还可能出现临水坡岸崩塌等新的险情。为全面摸清水利工程险工隐患,调查水利工程的薄弱环节,必须开展汛后检查工作。汛后检查工作,应包括以下几个方面的内容:

(一)工程检查

一是要重点检查汛期出险部位的状况;二是要对水利工程进行一次全面的普查,特别是重点险工和险段处;三是要做好通信及水文设施的检查工作。详细记录险情部位的相关资料,分析险情产生的原因,形成险情处置建议方案。

（二）防汛预案和调度方案修订

比对实施的防汛预案和调度方案,结合汛期实际操作情况,完善和修订下年度的防汛预案和调度方案。

（三）汛情总结

全面总结汛期各方面工作,包括当年洪水特征、洪涝灾害情况,形成原因,发生与发展过程等,发生险情情况、应急抢护措施,洪水调度情况、救灾中的成功经验与教训等。

（四）工程修复

结合秋冬水利建设项目制定水毁工程整险修复方案,安排或申报整险修复工程计划,在翌年汛前完成整险修复工程任务。

（五）其他工作

其他各方面的工作,如清点核查防汛物资,对防汛抢险所耗用和过期变质失效的物料、器材及时办理核销手续,并增储补足。

第五节　黄河防汛措施

一、工程措施

1946 年开始,在党的领导下,依靠群众修建了大量的防洪工程,培修堤防,加固险工,整治河道,在中游干支流上先后建设了三门峡、陆浑、故县和小浪底水库,同时修建了北金堤、东平湖、齐河北展、垦利南展等分滞洪工程,初步建成了"上拦下排,两岸分滞"的防洪工程体系,为处理洪水提供了调(水库调节)、排(河道排泄)、分(分洪滞洪)的多种措施,改变了过去历史上单纯依靠堤防工程防洪的局面,为战胜洪水奠定了较好的基础。

上拦工程主要有干流的三门峡、小浪底水库和支流的陆浑、故县水库。

1. 三门峡水库

三门峡水库是为根治黄河水害、开发黄河水利修建的第一个大型关键性工程,位于河南省三门峡市与山西省平陆县交界的黄河干流上,控制黄河流域面积 68.8 万 km^2,1957 年动工兴建,1960 年 9 月 15 日基本建成运用。大坝为混凝土重力坝,最大坝高 106m,主坝长 713m,坝顶宽 6.5 ~ 22.6m,顶高程 353m。现防洪运用水位 335m 以下,库容约 56 亿 m^3。发电装机容量(5 台机组)25 万 kW,年发电量 13 亿 kWh。其运用原则是:当上游发生特大洪水时,根据上、下游来水情况,关闭部分或全部闸门,增建的泄水孔原则上应提前关闭,以防增加下游负担。冬季承担下游防凌任务。

2. 小浪底水库

(1)工程概况

小浪底水库位于黄河干流中游末端最后一个峡谷的出口,上距三门峡水库大坝 130km,下距郑州京广铁路桥 115km,控制流域面积 69.4 万 km²。小浪底水库是一座以防洪、防凌、减淤为主,兼顾洪水、灌溉和发电的综合枢纽工程。总库容 126.5 亿 m³,其中,防洪库容 51 亿 m³,防凌和兴利库容 41 亿 m³,调沙库容 10 亿 m³,淤积库容 72.5 亿 m³。水库正常蓄水位 275m,最大坝高 154m,回水到三门峡水库坝下。小浪底水库安装 6 台发电机组,装机容量 156 万 kW,多年发电量 51 亿 kWh。该工程于 1994 年开工,1997 年 10 月 28 日截流,2001 年建成运用。据初步设计,小浪底水库第一阶段蓄水拦沙期估计约 15 年,拦沙库容淤满后,水库进入正常运用。即每年 7 月到 9 月水库敞泄洪水泥沙,10 月到次年 6 月拦水拦沙,抬高水位发电。

(2)小浪底水库建成后对山东黄河的影响

①对防洪的影响

首先从对黄河下游构成洪灾威胁的暴雨洪水来看,三门峡以上为"上大型洪水",以下为"下大型洪水"。小浪底和三门峡水库联合运用,可有效防御"上大型洪水",而对"下大型洪水",因水库控制的流域面积为 5730km²,仅占三门峡至花园口无控制区面积 4.6 万 km² 的 13.7%,因此,控制"下大型洪水"的作用是有限的。

其次,从小浪底水库对下游的防洪效益来看,水库兴建后,花园口站防御标准由六十年一遇提高到千年一遇,遇大洪水、特大洪水不使用北金堤滞洪区,主要受益河段是高村以上;而艾山以下河段,防洪任务未变。就是说,无论小浪底水库兴建与否,艾山以下的防洪标准均为 10000m³/s,百年一遇、千年一遇洪水仍需运用东平湖分洪,东平湖水库分洪运用机遇及艾山发生 10000m³/s 流量的机遇仍将达百分之十几。因此,小浪底水库防洪运用后,艾山以下河道的防洪任务并没有减轻。对于超 10000m³/s 洪水,由于干流水库蓄积洪水,延长了洪水历时,反而使艾山以下河道防洪任务加重。

②对防凌的影响

小浪底水库建成后,增加了 20 亿 m³ 防凌调蓄库容,与三门峡水库联合调度运用,两库库容共计 35 亿 m³,根据以往黄河下游严重凌汛且来水量较多的年份进行测算,这个库容基本可以满足防凌要求。再加上利用山东省的展宽工程,可以基本解除山东黄河凌汛的威胁。但是,由于下游凌汛期间,气温变化无常,凌情影响因素很多,主河槽逐年淤积,河槽蓄水量相对减少,仍有发生不测凌灾的可能,要保持警惕,以防万一。

③对河道减淤的影响

小浪底水库设计拦沙库容 100 亿 t,可减少下游河道淤积约 77 亿 t,相当于正常来水年份下游河道 20 年不淤。这说明水库的减淤作用从总量来说是明显的,但从已建成的三门峡水库多年运用的实践来看,对不同的河段,减淤作用各不相同,即近冲远淤。高村以上河段因紧接小浪底水库,减淤作用最大,高村至艾山河段也有一定的减淤作用,艾山以下河道因距小浪底水库较远,水库拦沙下泄清水,经过长距离的河槽冲刷调整,水流含沙量增大,把宽河道的泥沙挟移至窄河道,而水量经过沿程的引用又逐渐减少,加之艾山以下河道比降较缓,水流挟沙能力减弱,因此对艾山以下河段是否减淤值得研究。甚至还有可能加重山东河段的淤积。

3. 陆浑水库

陆浑水库位于黄河支流伊河中游的河南省嵩县田湖附近,控制流域面积 3492km²,占该河流域面积的 57.9%,设计防洪水位 327.10m,总库容 12.9 亿 m³,防洪库容 6.46 亿 m³,坝顶高程 333.0m,最大坝高 55m,坝长 710m,1959 年 12 月开工,1965 年 8 月建成。该库以防洪为主,灌溉、发电、供水和养鱼等综合利用,是下游重要的拦洪工程。

4. 故县水库

故县水库位于黄河支流洛河中游的河南省洛宁县故县村附近,控制流域面积 5370km²,占三门峡至花园口间流域面积的 13%,设计防洪水位为 548.55m,总库容 12 亿 m³,防洪库容初期为 7 亿 m³,后期为 5 亿 m³。1958 年 10 月开工,1991 年 10 月投入运用。该水库是防洪、灌溉、发电、供水综合利用的水库,主要作用是减轻黄河下游洪水威胁。当预报花园口站流量达 12000m³/s 且有上涨趋势时,要求故县水库提前 8h 关闸停止泄洪,但库水位达到 20 年一遇洪水位时,应启闸泄洪保坝。发电装机 3 台机组 6 万 kW,年发电量 1.76 亿 kWh。

二、非工程措施

(一)防汛队伍

黄河抗洪抢险队伍主要有黄河专业队伍、群众队伍、中国人民解放军和武装警察部队三支力量组成。

1. 黄河专业队伍

山东黄河万名在职职工是防汛抢险的技术骨干力量,主要负责防洪工程的建设、管理和维护,水情、工情测报,通信联络,是工程防守和紧急抢险的骨干力量。除各单位固定防守堤段安排的防守力量外,另组建37支抢险队(其中有10支配备了大型抢险机械),担负着黄河机动抢险任务。

2.群众防汛队伍

每年山东省共组织群众防汛队伍约140万人,分一、二、三线。一线队伍由沿黄乡(镇)的群众组成,每年组织约45万人;二线队伍由沿黄县的后方乡(镇)群众组成,约45万人;三线队伍由沿黄市(地)的部分后方县(市、区)群众组成,约50万人;沿黄城市还组织部分工人预备队。

3.解放军和武装警察部队

中国人民解放军和武装警察部队是抗洪抢险的突击力量,担负着急、难、险、重任务,主要承担大堤防守、重点河段的险情抢护、分洪闸闸前围堰和行洪障碍的爆破以及滩区(蓄滞洪区)群众紧急迁安救护等任务。

(二)水情测报

1.山东黄河水情站网布设

为了满足黄河防洪的需要,黄河流域设立了水文站网,由水文站、水位站、水库站、雨量站组成,并严格按照规范,及时准确地测报水雨情,为防洪提供可靠信息。站网中的各站分属黄河流域各省、区及沿黄业务部门管理。目前向山东省报汛的有水文、水位、水库、雨量等各类站点共约194个,其中本省78个,外省116个,主要分布在黄河兰州以下干流、三门峡至花园口区间及山东省汶河流域。

2.水文情报、预报

水文情报主要指雨情和水文观测站的流量、水位、含沙量等,是防洪决策的重要依据。水文预报是根据洪水的形成、特点和在河道中的运行规律,利用过去和实时水情资料,对未来一定时段内的洪水情况进行的预测。黄河下游洪水预报发布中心设在黄河防汛总指挥部。山东省防指黄河防汛办公室为满足山东全河防汛需要,几十年来一直根据花园口站峰量情况或三花间干支流洪水,预估山东省黄河高村、孙口、艾山、泺口、利津五个站的洪峰流量、水位及到达各站时间,基本满足了山东省黄河防汛的需要。沿黄市(地)局防办和高村、孙口等五个水文站,根据工作需要,也不同程度地开展了所辖河段的水情测报,为各级防汛指挥部提供汛情发展趋势,使汛期防守和抢险更加主动。

3.水文自动化传输系统

自 1992 年起,山东黄河先后建立了"黄河实时水雨情译电和水文资料管理系统"、"山东黄河防汛自动化计算机局域网系统"、"山东沿黄地(市)局远程网络系统"、"黄河下游防洪减灾计算机系统"等。通过以上各系统,可把黄河流域的实时水、凌、雨情电报进行翻译,存入数据库,并与有关部门交换。省局领导及部分处室可随时检索实时(历史)水凌情资料,市(地)局与省局实现信息共享。

（三）黄河防汛通信

山东黄河专用通信网,主要通信设备有:数字微波机、程控交换机、800MHZ 移动通信设备、一点多址微波通信设备、450MHZ 无线接入通信设备及其配套电源设备等,初步形成了以交换程控自动化、传输数字微波化为主,辅以一点多址通信、无线接入通信、集群通信、预警通信等多种通信手段相结合的比较完整的现代化通信专用网,基本上满足了黄河防汛指挥、调度和日常治黄工作的需要。

（四）滩区、蓄滞洪区安全建设

1. 黄河滩区社经情况

山东省黄河滩区面积 1310.45km^2(不包括河口滩区),耕地 135.15 万亩。沿黄 9 个市(地)的 25 个县(市、区)中,滩内有村庄、农户的有 18 个县(市、区)。涉及 50 个乡(镇)、889 个自然村,139717 户、61.13 万人。1996 年 8 月黄河滩区发生洪涝灾害后,省政府采取对滩区村庄搬迁和加固村台的措施,已将滩区群众外迁 16 万人。目前,山东黄河滩区内还有 630 个村庄、45 万多人没有搬迁出滩区。其中筑起村台的有 454 个村庄、76170 户、304680 人,尚未筑起村台的有 176 个村庄、25527 户、154540 人。由于村台、避水台强度还不能满足防大洪水的要求,大洪水时,需外迁群众 39.5 万人。

2. 蓄滞洪区社经情况

东平湖水库涉及东平、梁山和汶上 3 县,库区内共有 312 个行政村,人口 29.06 万人,耕地 45.23 万亩,涉及 15 个乡(镇)。有避水村台 153 个,台顶总面积 309 万 m^2,高程在 44.5~47.0m,多数为 45.5m,有硬化撤退公路 300 余 km。分洪运用时需要外迁人口 21.3 万人(其中老湖 1.6 万人)。北展宽区涉及齐河、天桥 2 个县(区),82 个自然村 4.18 万人,区内耕地 5.15 万亩。分洪运用时区内需外迁 9531 人。根据国务院批准的黄河防御特大洪水方案,当黄河发生特大洪水时,需要利用北展宽区上的大吴泄洪闸向徒骇河泄洪 700m^3/s,泄洪河道内需要外迁 13.14 万人。北金堤滞洪区涉及河南省长垣、滑县、濮阳、范县、台前和山东省莘县、阳谷 7 个县(市),64 个乡(镇),2155 个自然村,156.56

万人,耕地235.79万亩。其中山东省涉及7个乡(镇),23个行政村,1.4万人,耕地11.39万亩,分洪运用时需要外迁,同时还有河南省范县、台前县的573个村庄40万人的安置任务。

3.避洪措施

(1)村庄外迁

"96·8"洪水以后,省委、省政府为从根本上解决黄河滩区群众的长住久安和有利于行洪,使滩区群众彻底摆脱洪水漫滩－家园重建－再漫滩－再重建的恶性循环,为滩区百姓创造脱贫致富奔小康的条件,决定用3年左右的时间把滩区内能够搬出的村庄搬迁到堤外。至1999年底迁出约16万人。

(2)就地避洪

①围村埝(安全区)避洪:在人口集中、地势较高的村镇,可采取四周修建圩堤以防御洪水。围村埝要统一规划,并设在静水区内。②村台(也称作庄台)避洪:该种避洪措施适用于蓄滞洪机遇较多、淹没水深较浅的地区。③避水台、房台避洪:避水台是指区内村庄用土方集中修筑的避洪设施,由于避水台修做面积较小,一般上面不盖房屋,只作临时避洪用途。房台是指区内群众以一家一户为单位分散修做的土方避洪设施,房台上加盖房屋,它既是居住户生活和经济活动的场所,又作永久性避洪用途。④避水楼避洪:在蓄水较深和群众经济基础较好的地区,有计划地指导农民修建避水楼避洪,一旦遭遇或滞蓄洪水,居民和重要财产可往其中转移。⑤高杆树木避洪。

山东省黄河滩区、蓄滞洪区在村台、房台、避水台建设方面做了大量工作,取得了一定成绩,发挥了较大作用,但也存在很多问题。国家自1973年起有计划的帮助滩区群众修做了一些村台、避水台避水工程。截至1995年底,山东省黄河滩区累计修做村台、避水台土方5316.5万 m^3,面积1864万 m^2。这些村台、避水台的修建不仅维持了黄河滩区群众的正常生产生活秩序,而且使其有了一定的安全感。"96·8"洪水期间,虽然水位表现高(几乎全部漫滩),洪水传播慢,持续时间长,损失惨重,但所建村台、避水台在稳定群众情绪、解决群众基本生活、保障群众生命财产安全方面发挥了重大作用。据统计,台上避洪人数达17.28万人,尤其是菏泽地区黄河滩区,上台避洪人口达6.64万人,占滩区总人口的35%,在漫滩水深平均2m以上的情况下,保护了部分群众的生命、财产安全,减少了洪灾损失。

目前存在的问题,主要有:①高度不足。村台、避水台高度一般为3m左右,普遍低于规划设计标准2~3m。②整体抗洪能力差。大部分村台为一家一户,未形成大面积名副其实的村台,且坡度不足,土基不实,极易出现蛰裂、坍塌形象。③村台迎水面均未有石护坡防护，难以抵挡水流冲击。对以上情况,应给予足够的重视,协调一致,把问题解决好。

(五)防汛自动化建设

山东黄河防汛自动化建设始于八十年代末,进入九十年代防汛自动化建设发展加快,先后建立了水情译电系统、气象卫星云图接收系统、计算机网络系统、办公自动化系统和大屏幕指挥系统等,省、市(地)局基本实现了办公自动化,保证了各种信息、指令的及时传递,从而保证了抗洪、抢险、救灾等工作的顺利进行。

1.水情译电系统。主要用于接收翻译黄河上、中游实时水雨情信息。

2.气象卫星云图接收系统。可以定时自动接收日本 GMS 气象卫星图片信息,主要用于监视灾害性天气变化过程。

3.黄河下游防洪减灾计算机局域网络系统。该系统是黄委与芬兰合作建设的,山东局作为黄委会主干网的二级子网,通过微波通信干线和路由器等设备与黄委主干网连接。

4.办公自动化系统。1999 年采用 Lotus 平台建成,目前整个网络系统安装近 100 台微机工作站和 8 个市(地)局子网组成。通过网络系统能够及时地将水、雨情、卫星云图及有关防汛信息传递到 8 个市(地)局,实现了防汛信息的共享。目前省、市(地)局基本实现了办公自动化,使公文传递、传真电报及其他材料、信息的传输更加迅速、及时,提高了办事效率。

5.大屏幕防汛指挥系统。目前,山东河务局及 8 个市(地)局都已建成大屏幕防汛指挥系统。该系统能够将水情、云图、工程图等声像资料从大屏幕上播放出来,便于防汛指挥、技术人员及时了解汛情和进行防汛指挥调度。

(六)防洪预案

防洪预案是根据国务院规定的防汛任务和《水法》、《防洪法》、《防汛条例》的要求,结合山东省黄河防汛实际而预先制定的洪水防御计划,主要内容包括:洪水及河道排洪能力分析,防洪任务和存在的主要问题,洪水处理原则和防洪重点,组织指挥和防汛责任划分,防汛队伍、料物的组成和作用,各级洪水的防御措施,以及各种保障等。

(七)防汛物资

山东黄河防汛物资的储备由黄河部门防汛常备物资、机关团体和群众备料、中央防汛物资储备等部分组成。

1.防汛常备物资,指黄河部门常年储备的防汛机械设备、料物、器材、工具等。主要物资由省黄河防汛办公室按照规定的储备定额和需要,结合防汛经费情况,统一储备。零星器材、料物、工具等由各市(地)黄河防办按定额自行储备。仓库设置按照"保证重点,合理布局,管理安全,调用及时"的原则,分布于黄河沿线,是山东省黄河抢险应急和先期投入使用的物资来源。

2.机关团体和群众备料。指生产及经营可用于防汛的物资的企业、政府机关、社会团体和群众所能掌握及自有的可用于防汛的物资,这是抗洪抢险物资的重要储源。汛前由各级政府根据防汛需要下达储备任务,防汛指挥机构汛前进行检查、落实,按照"备而不集、用后付款"的原则,汛前逐单位、逐户进行登记造册、挂牌号料、落实地点、数量和运输方案措施,视水情、工情及防守抢险需要由当地防汛指挥部调用。

3.中央防汛物资指由国家防办在全国各地设立的中央防汛物资储备定点仓库所备的物资,主要满足防御大江大河大湖的特大洪水抢险需要。在紧急防汛期,这部分物资将是重要后续供应来源。根据急需,由防汛抗旱指挥部逐级向国家防办申请。

第六节　主要抢险方法

一、渗水险情抢护

(一)险情

堤坝在汛期持续高水位情况下,浸润线较高,而浸润线出逸点以下的背水坡及堤坝脚附近易出现土壤湿润或发软,并有水渗出的现象,称为渗水或散浸、洇水。如不及时处理,可能发展成管涌、流土、滑坡等险情。渗水是堤坝常见险情。如1954年长江发生洪水时,荆江堤段发现渗水235处,长达53.45km。

(二)产生原因

(1)高水位持续时间长。

(2)堤坝断面不足或缺乏有效防渗、排水措施。

(3)堤坝土料透水性大、杂质多或夯压不实。

(4)堤坝本身有隐患,如白蚁、鼠、蛇巢穴等。

(三)抢护原则

堤坝渗水抢护的原则是"临水截渗,背水导渗"。临水截渗,就是在临水面采取防渗措施,以减少进入堤坝坝体的渗水。背水导渗,就是在背水坡采取导渗沟、反滤层、透水后戗等反滤导渗措施,以降低浸润线,保护渗流出逸区。

当堤坝发生险情后,应当查明出险原因和险情严重程度。如渗水时间不长且渗出的是清水,水情预报水位不再大幅上涨时,只要加强观察,监视险情变化,可暂不处理;如渗水严重,则必须迅速处理,防止险情扩大。

(四)抢护方法

1.临水截渗

通过加强迎水坡防渗能力,减小进入堤坝内的渗流量,以降低浸润线,达到控制渗水险情的目的。

(1)粘土前戗截渗

当堤坝前水不太深,流速不大,附近有丰富粘性土料时,可采用此法。

具体做法是:根据堤坝前水深和渗水范围确定前戗修筑尺寸。一般顶宽3~5m,戗顶高出水位约1m,长度至少超过渗水段两端各5m左右。抛填粘土时,可先在迎水坡肩准备好粘土,然后将土沿迎水坡由上而下、由里而外,向水中慢慢推入。由于土料入水后的崩解、沉积和固结作用,即筑成粘土前戗。

(2)土工膜截渗

当堤坝前水不太深,附近缺少粘性土料时,可采用此法。

具体做法是:①先选择合适的防渗土工膜,并清理铺设范围内的坡面和坝基附近地面,以免损坏土工膜。②根据渗水严重程度,确定土工膜沿边坡的宽度,预先粘结好,满铺迎水坡面并伸到坡脚后外延1m以上为宜。土工膜长度不够时可以搭接,其搭接长度应大于0.5m。③铺设前,一般将土工膜卷在8~10m的滚筒上,置于迎水坡肩上,每次滚铺前把土工膜的下边折叠粘牢形成卷筒,并插入直径4~5cm的钢管加重,使土工膜能沿坡紧贴展铺。④土工膜铺好后,应在上面满压一层土袋。从土工膜最下端压起,逐渐向上,平铺压重,不留空隙,以作为土工膜的保护层。土工膜截流示意图如图3-3所示。

(3)土袋前戗截流

当堤坝前水不太深,流速较大,土料易被冲走时可采用此法。

具体做法是:在迎水坡坡脚以外用土袋筑一道防冲墙,其厚度与高度以能防止水流冲刷戗土为度,然后抛填粘土,即筑成截流戗体,如图3-4所示。

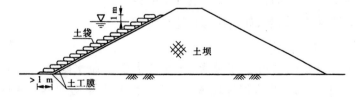

图3-3　土工膜截流示意图

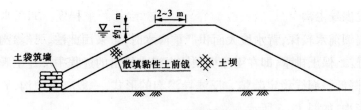

图3-4 土袋前戗截流

（4）桩柳前戗截渗

当堤坝前水较深，在水下用土袋筑防冲墙有困难时，可采用此法。

具体做法是：首先在迎水坡坡脚前0.5～1.0m处打木桩一排，排距1m，桩长以入土1m，桩顶高出水面1m为度。其次用竹竿、木杆将木桩串联，上挂芦席或草帘，木桩顶端用8号铅丝或麻绳与堤坝上的木桩拴牢。最后在桩柳墙与堤坝迎水坡之间填土筑戗体，如图3-5所示。

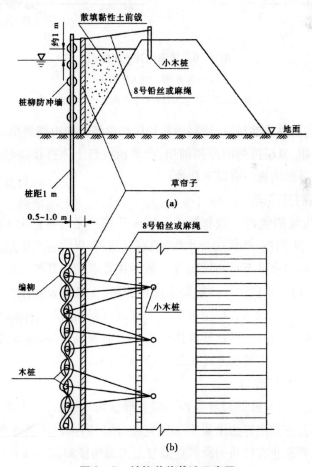

图3-5 桩柳前戗截流示意图

2.反滤导渗沟

当堤坝前水较深,背水坡大面积严重渗水时,可采用此法。导渗沟的作用是反滤导渗、保土排水,即在引导堤坝体内渗水排出的过程中不让土颗粒被带走,从而降低浸润线稳定险情。反滤导渗沟的形式,一般有纵横沟、Y字形沟和人字形沟,如图3-6所示。

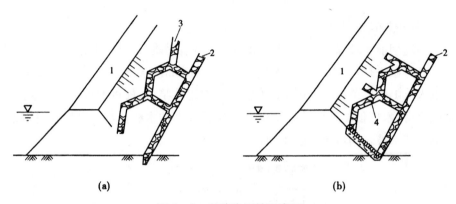

(a)　　　　　　　　　　　　　　　　　　**(b)**

图3-6　导渗沟开挖示意图

(a)Y字形沟;(b)人字形沟

1—堤坝顶;2—排水沟;3—Y字形沟;4—人字形沟

在导渗沟内铺垫滤料时,滤料的粒径应顺渗流方向由细到粗,即掌握下细上粗、边细中粗、分层排列的原则铺垫,严禁粗料与土体直接接触。根据铺垫的滤料不同,导渗沟做法有以下几种。

(1)砂石料导渗沟

顺堤坝边坡的竖沟一般每隔6~10m开挖一条,沟深和沟宽均不小于0.5m。再顺坡脚开挖一条纵向排水沟,填好反滤料,纵沟应与附近地面原有排水沟渠相连,将渗水排至远离坡脚外。然后在背水坡上开挖与排水沟相连的导渗沟,逐段开挖,逐段按反滤层要求铺设滤料,一直铺设到浸润线出逸点以上。如开沟后仍排水不畅,可增加竖沟密度或开斜沟,以改善反滤导渗效果。为防止泥土掉入导渗沟,可在导渗沟砂石料上面覆盖草袋、席片等,然后压块石、砂袋保护。导渗沟铺填方式如图3-7(a)所示。

(2)土工织物导渗沟

沟的开挖方法与砂石料导渗沟相同。导渗沟开挖后,将土工织物紧贴沟底和沟壁铺好,并在沟口边沿露出一定宽度,然后向沟内填满透水料,不必分层。填料时,要防止有棱角的滤料直接与土工织物接触,以免刺破。如土工织物尺寸不够,可采用搭接形式,搭接宽度不小于20cm,如图3-7(b)所示。在滤料铺好后,上面铺盖草帘、席片等,并压以砂袋、块石保护。纵向排水沟要求与砂石料导渗沟相同。

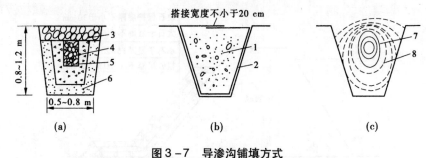

图3-7 导渗沟铺填方式

(a)砂石料导渗沟;(b)土工织物导渗沟;(c)梢料导渗沟

1—一般透水料(粗砂、石子、砖、渣等);2—土工织物滤层;3—块石;

4—碎石;5—石屑;6—粗砂;7—粗梢料(芦苇、秫秸、柳枝等);

8—细梢料(麦糠、稻糠、麦秸、稻草等),每层厚大于20~30cm

(3)梢料导渗沟

梢料导渗沟也称芦柴导渗沟。梢料是用稻糠、稻草、麦秸等当作细梢料,用芦苇、树枝等当作粗梢料,如图3-7(c)所示。当缺乏砂石料和土工织物时,可用梢料替代反滤材料。其开沟方法与砂石料导渗沟相同。梢料铺垫后,上面再用席片、草帘等铺盖,最后用块石或砂袋压实。

3.反滤层导渗

当堤坝背水坡渗水较严重,土体过于稀软,开挖反滤导渗沟有困难时,可采用此法。反滤层的作用和反滤导渗沟相同。虽然反滤层不能明显降低浸润线,但能对渗流出逸区起到保护作用,从而增强堤坝稳定性。根据铺垫的滤料不同,反滤层有以下几种。

(1)砂石料反滤层

筑砂石料反滤层时,先将表层的软泥、草皮、杂物等清除,清除深度20~30cm,再按反滤要求将砂石料分层铺垫,上压块石,如图3-8(a)所示。

(2)土工织物反滤层

按砂石料反滤层要求对背水坡渗水范围内进行清理后,先满铺一层合适土工织物,若宽度不够,可以搭接,搭接宽度应大于20cm。然后铺垫透水材料(不需分层)厚40~50cm,其上铺盖席片、草帘,最后用块石、砂袋压盖保护,如图3-8(b)所示。

(3)梢料反滤层

梢料反滤层又称柴草反滤层。用梢料代替砂石料筑反滤层时,先将渗水范围按砂石料反滤进行清理,再按下细上粗反滤要求分层铺垫梢料,最后用块石、砂袋压盖保护,如图3-8(c)所示。

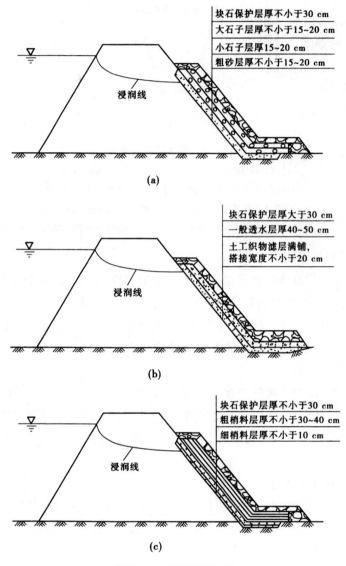

图3-8　反滤层示意图

(a)砂石料反滤层;(b)土工织物反滤层;(c)梢料反滤层

二、管涌险情抢护

(一)抢护原则

抢护管涌险情的原则应是制止涌水带砂,而留有渗水出路。这样既可使沙层不再被破坏,又可以降低附近渗水压力,使险情得以控制和稳定。

值得警惕的是,管涌虽然是堤防溃口的极为明显和常见的原因,但对它的危险性仍有认识不足,措施不当,或麻痹疏忽,贻误时机的。如大围井抢筑不及或高围井倒塌都曾造成决堤灾害。

(二)抢护方法

1.反滤围井

在管涌口处用编织袋或麻袋装土抢筑围井,井内同步铺设反滤料,从而制止涌水带砂,以防止险情进一步扩大,当管涌口非常小时,也可用无底水桶或汽油桶做围井。这种方法一般适用于发生在背河地面或洼地坑塘出现数数目不多和面积较小的管涌,以及数目虽多但未连成大面积,可以分片处理的管涌群。对位于水下的管涌,当水深比较浅时,也可以采用这种方法。

围井面积应根据地面情况、险情程度、料物储备等来确定。围井高度应以能够控制涌水带砂为原则,但也不能过高,一般不超过1.5m,以免围井附近产生新的管涌。对管涌群,可以根据管涌口的间距选择单个或多个围井进行抢护。围井与地面应紧密接触,以防造成漏水,使围井水位无法抬高。

围井内必须用透水材料铺填,切忌用非透水材料。根据所用反滤料的不同,反滤围井可分为以下几种形式。

(1)砂石反滤围井　砂石反滤围井是抢护管涌险情的最常见形式之一。选用不同级配的反滤料,可用于不同土层的管涌抢险。在围井抢筑时,首先应清理围井范围内的杂物,并用编织袋或麻袋装土填筑围井。然后根据管涌程度的不同,采用不同的方式铺设反滤料。对管涌口不大、涌水量较小的情况,采用由细到粗的顺序铺设反滤料,即先填入细料,再填过渡料,最后填粗料,每级滤料的厚度为20~30cm,反滤料的颗粒组成应根据被保护土的颗粒级配事先选定和储备;对管涌口直径和涌水量较大的情况,可先填入较大的块石或碎石,以减弱涌出的水势,再按前述方法铺设反滤料,以免较细颗粒的反滤料被水流带走。

反滤料填好后应注意观察,若发现反滤料下沉可补足滤料,若发现仍有少量浑水带出而不影响其骨架改变(即反滤料不产生下陷),可继续观察其发展,暂不处理或略抬高围井水位。管涌险情基本稳定后,在围井的适当高度插入排水管(塑料管、钢管和竹管),使围井水位适当降低,以免围井周围再次发生管涌或井壁倒塌。同时,必须持续不断地观察围井及周围情况的变化,及时调整排水口高度,如图3-9(a)所示。

(2)土工织物反滤围井　首先对管涌口附近进行清理平整,清除尖锐杂物。管涌口用粗料(碎石、砾石)充填,以减小涌水压力。铺土工织物前,先铺一层砂,粗砂层厚 30～50cm。然后选择合适的土工织物铺上。需要特别指出的是,土工织物的选择是相当重要的,并不是所有土工织物都适用。选择的方法可以将管涌口涌出的水和砂子放在土工织物上,从上向下渗透几次,看土工织物是否淤堵。若管涌带出的土为粉砂时,一定要慎重选用土工织物(针刺型);若为较粗的砂,一般的土工织物均可选用。

最后要注意的是,土工织物铺设一定要形成封闭的反滤层土工织物周围应嵌入土中,土工织物之间用线缝合。然后在土工织物上面用块石等强透水材料压盖,加压顺序为先四周后中间,最终中间高、四周低,最后在管涌区四周用土袋修筑围井。围井修筑方法和井内水位控制与砂石反滤围井相同,如图 3-9(b)所示。

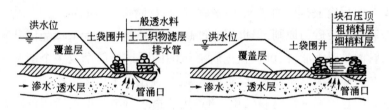

图 3-9　围井导渗流方法示意

(a)砂石围井;(b)土工织物围井;(c)梢料围井

(3)"梢料"反滤围井　"梢料"反滤围井用"梢料"代替砂石反滤料做围井,适用于砂石料缺少的地方。下层选用麦秸、稻草,铺设厚度 20～30cm。上层铺设粗"梢料",如柳枝、芦苇等,铺设厚度 30～40cm。梢料填好后,为防止梢料上浮,梢料上面压块石等透水材料。围井修筑方法及井内水位控制与砂石反滤围井相同,如图 3-9(c)所示。

2.反滤压盖

在堤内出现大面积管涌或管涌群时,如果料源充足,可采用滤层压盖的方法,以降低涌水流速,制止地基泥沙流失,稳定险情。反滤层压盖必须用透水性好的材料,切忌使用不透水材料。根据所用反滤料不同,可分为以下几种。

(1)砂石滤料铺盖　在抢筑前,先清理铺设范围内的杂物和软泥,同时对其中涌水和涌砂子较严重的出口,可用块石或砖块抛填,以削弱其水势,然后在已清理好的管涌范围内,铺粗砂一层,厚约 20cm,再铺小石子和大石子各一层,厚度均为 20cm,最后铺盖块石一层,予以保护,如图 3-10(a)所示。

(2)土工织物滤层铺盖　在抢筑前,先清理铺设范围内的杂物和软泥,然后在其上面满铺一层土工织物滤料,再在上面铺一层厚度为 40～50cm 的透水料,最后在透水料层上满压一层厚度为 20~30cm 的片石或块石,如图 3-10(b)所示。

（3）"梢料"反滤铺盖　当缺乏砂石料时,可用梢料作铺盖。其清基和减弱水势措施与砂石滤料压盖相同。在铺筑时,先铺细"梢料",如麦秸、稻草等,厚 10~15cm,再铺粗"梢料",如柳枝、秫秸和芦苇等,厚 15~20cm,粗细"梢料"共厚约 30cm,然后再铺席片、草垫或苇席等,组成一层。视情况可只铺一层或连铺数层,然后用块石或沙袋压盖,以免梢料漂浮。梢料总的厚度以能够制止涌水携带泥沙、变浑水为清水、稳定险情为原则,如图 3-10(c)所示。

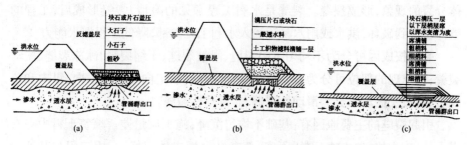

图 3-10　滤层压盖方法示意

（a）砂石滤层铺盖；（b）土工织物滤层铺盖；（c）梢料滤层铺盖

3. 背水月牙堤抢护

背水月牙堤抢护又称背水围堰。当背水堤脚附近出现分布范围较大的管涌群险情时,可在堤背出险情的范围外抢筑月牙堤,拦截涌出的水,抬高下游堤脚处的水位,使堤坝两侧的水位平衡,如图 3-11 所示。

月牙堤的抢护可随着水位的升高而加高,直到险情稳定为止,但月牙堤高度一般不超过 2m,然后安设排水管将余水排出。背水月牙堤的修筑必须保证质量标准,同时要慎重考虑月牙堤填筑工作与完工时间是否能适应管涌险情的发展。

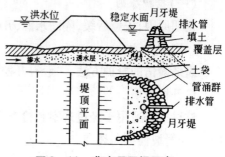

图 3-11　背水月牙堤示意

4. 水下反滤的抢护

当水深较深,做反滤围井困难时,可采用水下抛填反滤层的办法。如管涌严重,可先填块石以减弱涌水的水势,然后从水上向管涌口处分层倾倒砂料,使管涌处形成反滤堆,使砂粒不再带出,以控制险情的发展,从而达到控制管涌险情的目的。但这种方法使用砂石料较多,也可用土袋做成水下围井,以节省砂石滤料。

5."牛皮包"的处理

当地表土层在草根或其他胶结体作用下凝结成一片时,渗透水压把表土层顶起而形成的鼓包,俗称为"牛皮包"。一般可在隆起的部位,铺麦秸或稻草一层,厚10~20cm,其上再铺柳枝、秫秸或芦苇一层,厚20~30cm。如厚度超过30cm时,可分横竖两层铺放,然后再压土袋或块石。

三、裂缝险情抢护

土质工程受温度、干湿性、不均匀受力、基础沉降、震动等外界影响发生土体分裂的现象,形成裂缝。裂缝是水利工程常见的险情,裂缝形成后,工程的整体性受到破坏,洪水或雨水易于渗入水利工程内部,降低工程挡水能力。

裂缝按成因可分为不均匀沉陷裂缝、滑坡裂缝、干缩裂缝、冰冻裂缝、振动裂缝;按出现的部位可分为表面裂缝、内部裂缝;按走向可分为横向、纵向和龟纹裂缝;按发展动态分为滑动性裂缝、非滑动性裂缝。

引起裂缝的主要原因有:基础不均匀沉降;施工质量差。填筑土料中夹有淤土块、冻土块、硬土块;碾压不实,新老结合面未处理好;土质工程与其他建筑物接合部处理不好;工程内部存在隐患。比如白蚁、獾、狐、鼠等的洞穴,人类活动造成的洞穴如坟墓、藏物洞、军沟战壕等;在高水位渗流作用下,浸润线抬高,干湿土体分界明显,背水坡抗剪强度降低或迎水坡水位骤降等;振动及其他原因,如地震或附近爆破造成工程或基础砂土液化,引起裂缝,工程顶部存在不均匀荷载或动荷载。

(一)抢护原则

判明原因,先急后缓,隔断水源,开挖回填。

(二)抢护方法

裂缝险情的抢护方法,一般有开挖回填、横墙隔断、封堵缝口等。

1.开挖回填

这种方法适用于经过观察和检查确定已经稳定,缝宽大于3cm,深度超过1m的非滑坡性纵向裂缝。

(1)开挖。沿裂缝开挖一条沟槽,挖到裂缝以下0.3~0.5m深,底宽至少0.5m,边坡的坡度应满足稳定及新旧填土能紧密结合的要求,两侧边坡可开挖成阶梯状,每级台阶高宽控制在20cm左右,以利稳定和新旧填土的结合。沟槽两端应超过裂缝1m。

(2)回填。回填土料应和堤坝原土料相同,含水量相近,并控制含水量在适宜范围内。土料过干时应适当洒水。回填要分层填土夯实,每层厚度约

20cm,顶部高出3~5cm,并做成拱弧形,以防雨水入侵。

需要强调的是,已经趋于稳定并不伴随有崩塌、滑坡等险情的裂缝,才能用上述方法进行处理。当发现伴随有崩塌、滑坡险情的裂缝,应先抢护崩塌、滑坡险情,待脱险并裂缝趋于稳定后,再按上述方法处理。

2. 横墙隔断

此法适用于横向裂缝,施工方法如下。

(1)沿裂缝方向,每隔3~5m开挖一条与裂缝垂直的沟槽,并重新回填夯实,形成梯形横墙,截断裂缝。墙体底边长度可按2.5~3.0m掌握,墙体厚度以便利施工为度,但不应小于50cm。开挖和回填的其他要求与上述开挖回填法相同,如图3-12所示。

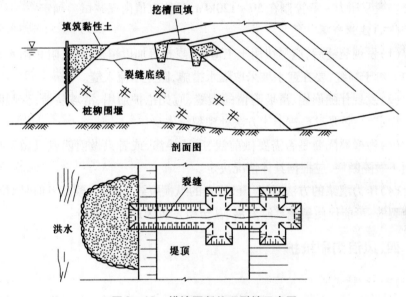

图3-12　横墙隔断处理裂缝示意图

(2)如裂缝临水端已与河水相通,或有连通的可能,开挖沟槽前,应先在临水侧裂缝前筑前戗截流。沿裂缝在背水坡已有水渗出时,应同时在背水坡做反滤导渗。

(3)当裂缝漏水严重,或水位猛涨,来不及全面开挖裂缝时,可先沿裂缝每隔3~5m挖竖井,并回填粘土截堵,待险情缓和后,再伺机采取其他处理措施。

3. 封堵缝口

(1)灌堵缝口。裂缝宽度小于1cm,深度小于1m,不甚严重的纵向裂缝及不规则纵横交错的龟纹裂缝,经观察已经稳定时,可用灌堵缝口的方法:①用粉细砂壤土由缝口灌入,再用木条或竹片捣塞密实;②沿裂缝作宽5~10cm,

高 3~5cm 的小土埂,压住缝口,以防雨水浸入。

裂缝无论是否采取封堵措施,均应注意观察、分析,研究其发展趋势,以便及时采取必要的措施。如灌堵以后,又有裂缝出现,说明裂缝仍在发展中,应仔细判明原因,另选适宜方法进行处理。

(2)裂缝灌浆。缝宽较大、深度较小的裂缝,可以用自流灌浆法处理。即在缝顶开宽、深各 0.2m 的沟槽,先用清水灌下,再灌水土重量比为 1:0.15 的稀泥浆,然后再灌水土重量比为 1:0.25 的稠泥浆,泥浆土料可采用壤土或砂壤土,灌满后封堵沟槽。

如裂缝较深,采用开挖回填困难时,可采用压力灌浆处理。先逐段封堵缝口,然后将灌浆管直接插入缝内灌浆,或封堵全部缝口,由缝侧打孔灌浆,反复灌实。灌浆压力一般控制在 50~120kPa,具体取值由灌浆试验确定。

(三)注意事项

(1)发现裂缝后,应尽快用土工薄膜、雨布等加以覆盖保护,阻止雨水流入缝中。对于横缝,要在迎水坡采取隔水措施,阻止水流入缝。

(2)发现伴随崩塌、滑坡险情的裂缝,应先抢护崩塌、滑坡险情,待脱险并趋于稳定后,必要时再按上述方法处理裂缝本身。

(3)做横墙隔断是否需要做前戗、反滤导渗,或者只做前戗或只做反滤导渗而不做隔断墙,应根据具体情况决定。

(4)压力灌浆的方法适用于已稳定的纵横裂缝,效果也较好。但是对于滑动性裂缝,可能促使裂缝继续发展,甚至引发更为严重的险情。

四、风浪淘刷抢护

(一)险情说明

汛期涨水后,堤前水深增大,风浪也随之增大。堤坡在风浪淘刷下,易受破坏。轻者把临水堤坡冲刷成陡坎,重者造成坍塌、滑坡、漫水等险情,使堤身遭受严重破坏,甚至有决口的危险。

(二)原因分析

风浪造成堤防险情的原因可归纳为两方面:一是堤防本身存在的问题,如高度不足、断面不足、土质不好等;二是与风浪有关的问题,如堤前吹程、水深风速大、风向与吹程一致等。

进一步分析风浪可能引起堤防破坏的原因有三:一是风浪直接冲击堤坡,形成陡坎,侵蚀堤身;二是抬高了水位,引起堤顶漫水冲刷;三是增加了水面以上堤身的饱和范围,减小土壤的抗剪强度,造成崩塌破坏。

（三）抢护原则与方法

按消减风浪冲力，加强堤坡抗冲能力的原则进行，一般是利用漂浮物来消减风浪冲力，在堤坡受冲刷的范围内做好防浪护坡工程，以加强堤坡的抗冲能力。常用的抢护方法主要有挂柳防浪、挂枕防浪、土袋防浪、柳箔防浪、木排防浪、湖草排防浪、桩柳防浪土工膜防浪等。

（四）注意事项

1. 抢护风浪险情尽量不要在堤坡上打桩，必须打桩时，桩距要疏，以免破坏土体结构，影响堤防防洪能力。

2. 防风浪一定要坚持"预防为主，防重于抢"的原则，平时要加强管理养护，备足防汛料物，避免或减少出现抢险被动局面。

3. 汛期抢做临时防浪措施，使用材料较多效果较差，容易发生问题。因此，在风浪袭击严重的堤段，如堤前有滩地，应及早种植防浪林并应种好草皮护坡，这是一种行之有效的防风浪生物措施。

五、漏洞险情抢护

在高水位的情况下，堤坝背水坡及坡脚附近出现横贯堤坝本身或基础的流水孔洞，称为漏洞，漏洞是常见的危险性险情之一。

漏洞视出水是否带砂分为清水漏洞和浑水漏洞两种。如果渗流量小，土粒未被带动，流出的水是清水，称为清水洞。清水洞持续发展，或者堤坝内有通道，水流直接贯通，挟带泥砂，流出的水色浑浊，则称为浑水漏洞。

漏洞产生的主要原因有：

（1）由于历史原因，工程内部遗留有屋基、墓穴、阴沟、暗道、腐朽树根等。

（2）填土质量不好，未夯实，有硬块或架空结构，在高水位作用下，土块间部分细料流失。

（3）填筑材料中夹有砂层等，在高水位作用下，砂粒流失。

（4）工程有白蚁、蛇、鼠、獾等动物洞穴。

（5）高水位持续时间长，工程土体变软，易促成漏洞的生成，故有"久浸成漏"之说。

（6）位于老口门和老险工部位在修复时结合部位处理不好或产生过的贯穿裂缝处理不彻底。

（一）抢护原则

抢护原则是："前截后导，临重于背，抢早抢小，一气呵成"。抢护时，先在迎水面找到漏洞进水口，及时堵塞，截断漏水来源；不能截断水源时，应在背水坡漏洞出水口采用反滤导渗,或筑围井降低洞内水流流速,延缓并制止土料流失,防止险情扩大,切忌在漏洞出口处用不透水料塞堵,以免造成险情扩大。

(二)抢护方法

1.漏洞进水口探摸

漏洞进水口探摸准确,是漏洞抢险成功的重要前提。漏洞进水口探摸有以下几种方法:

(1)查看漩涡。在无风浪时漏洞进水口附近的水体易出现漩涡,一般可直接看到;漩涡不明显时可利用麦糠、锯末、碎草、纸屑等漂浮物撒于水面,如发现打旋或集中一处时,即表明此处水下有进水口;夜间可用柴草扎成小船,插上耐久燃料串,点燃后,将小船放入水中,发现小船有旋转现象,即表明此处水下有进水口。

(2)观察水色。在出现漏洞水域,分段分期撒放石灰、墨水、颜料等不同带色物质,并设专人在背水坡漏洞出水口处观测,如发现出洞水色改变,即可判断漏洞进水口的大体位置,然后进一步缩小投放范围,改变带色微粒,漏洞进水口便能准确找出。

(3)布幕、席片探漏。将布幕或席片连成一体,用绳索拴好,并适当坠以重物,使其沉没水中并贴紧坡面移动,如感到拉拖突然费劲,辩明不是有石块、木桩或树根等物阻挡,且出水口水流减弱,就说明这里有漏洞。

(4)夜晚无法观察时,可以耳伏地探听声音,如果发现声音异常,有可能是漏洞;也可用手、足摸探出水口水温,若出水水温与迎水坡水温一致,可判断为漏洞出水。

(5)其他方法探漏。

1)十字形漏控探漏器:用两片薄铁片对口卡十字形铁翅,固定于麻秆一端,另一端扎有鸡翎或小旗及绳索,称为“漏控”,当飘浮到进水口时就会旋转下沉,由所系线绳即可探明洞口位置。

2)水轮报警型探洞器:参照旋杯式流速仪原理,用可接长的玻璃钢管作控水杆,高强磁水轮作探头制成新型探洞器。当水轮接近漏洞进水口时,水轮旋转,接通电路,启动报警器,即可探明洞口位置。

3)竹竿钓球探洞法:在长竹竿上系线绳,线绳中间系一小网兜装球,线绳下端系一小铁片。探测时,一人持竿,另一人持绳,沿堤顺水流方向前进(图3-13),如遇漏洞口,小铁片将被吸到洞口附近,水上面的皮球被吸入水面以下,借此寻找洞口。

(6)水下探摸。有的洞口位于水深流急之处,水面看不到漩涡,可下水探摸。其方法是:一人站在迎水坡或水中,将长杆(一般5~6m)插入水面,插牢并保持稳定,另派水性好的1~2人扶杆摸探。一处不得,可移位探摸,如杆多人多,也可分组进行。此法危险性大,摸探人有可能被吸入漏洞的,下水的人必须腰系安全绳,还应手持短杆左右摸探并缓慢前进。要规定拉放安全绳信号,安全绳应套在预打的木桩上,设专人负责拉放安全绳,以策安全。此外,在流缓的情况下,还可以采用数人并排探摸的办法查找洞口,即由熟悉水性的人排成横排,个子高水性好的在下边,手臂相挽,用脚踩探,凭感觉寻找洞口,同时还应备好长杆、梯子及绳索等,供下水的人把扶,以策安全。

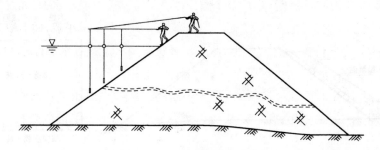

图3-13 竹竿钓球探洞示意图

2.进水口抢堵主要方法

(1)塞堵法

在水浅、流速较小,人可下水接近洞口的地方,塞堵漏洞进口是最有效、最常用的方法,尤其是在地形起伏复杂,洞口周围有灌木杂物时更适用。一般可用软性材料塞堵,如针刺无纺布、棉被、棉絮、草包、编织袋包、网包、棉衣及草把等,也可用预

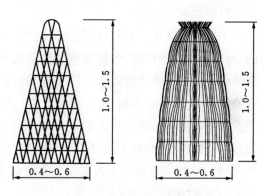

图3-14 软楔、草捆示意图(单位:m)

先准备的一些软楔(图3-14)、草捆塞堵。在有效控制漏洞险情的发展后,还需用粘性土封堵闭气,或用大块土工膜、篷布盖堵,然后再压土袋或土枕,直到完全断流为止。在抢堵漏洞进口时,切忌乱抛砖石等块状物料,以免架空,致使漏洞继续发展扩大。

1)软楔作法:用绳结成网格约10cm见方的圆锥形网罩。网内填麦秸、稻草等。为防止入水后漂浮,软料中可裹填粘土。软楔大头直径一般40~60cm,长1.0~1.5m。为了抢护方便,可事先结成大小不同的网罩,届时根据洞口大小选用,在抢堵漏洞时再充填物料。

2)草捆作法:把谷草、麦秸或稻草等用绳捆成锥体,大头直径一般40~60cm,长1.0~1.5m,务必捆扎牢固。为防止入水后漂浮,软料中可裹填粘土。

(2)盖堵法

1)复合土工膜(图3－15)或篷布盖堵。当洞口较多且较为集中,附近无树木杂物,逐个堵塞费时且易扩展成大洞时,采用大面积复合土工膜排体或篷布盖堵,沿迎水坡肩部位从上往下,顺坡铺盖洞口,或从船上铺放,盖堵离坡肩较远处的漏洞进口,然后抛压土袋或土枕,并抛填粘土,形成前戗截漏。

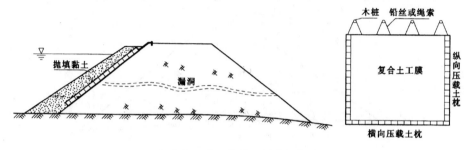

图3－15　复合土工膜排体

2)就地取材盖堵。

①软帘盖堵法:当洞口附近流速较小、土质松软或洞口周围已有许多裂缝时,可就地取材用草帘、苇箔等重叠数层编扎软帘,也可临时用柳枝、秸料、芦苇等编扎软帘。软帘的大小也应根据洞口具体情况和需要盖堵的范围决定。在盖堵前,先将软帘卷起,置放在洞口的上部。软帘的上边可根据受力大小用绳索或铅丝系牢于坡顶的木桩上,下边附以重物,利于软帘下沉时紧贴边坡,然后用长杆顶推,顺坡下滚,把洞口盖堵严密,再盖压土袋,抛填粘土,封堵闭气,见图3－16。也可用不透水土工布铺盖于漏洞进水口,其上再压防滑纺织布土袋使其闭气。

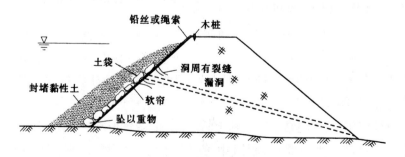

图3－16　软帘盖堵示意图

②铁锅盖堵法:此法适用于洞口小周围土质坚实的情况,一般用直径比洞

口大的铁锅,正扣或反扣在漏洞进口上,周围用胶泥封闭;如果锅径略小于洞径,用棉衣、棉被将铁锅包住手再扣。铁锅盖紧后抛压土袋并填筑粘性土,封堵闭气,至不再漏水为止,见图3-17。

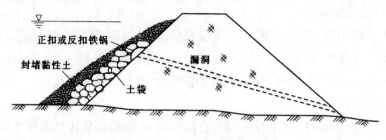

图3-17 铁锅盖堵示意图

③篷布盖堵法:在洞口以上坡顶相距5m打两根木桩,选结实篷布在其两端置套圈,上端套圈穿一根直径30cm的钢管,将篷布卷在此钢管上,放在木桩外沿坡面推滚入水中盖住洞口,再抛纺织布土袋闭气。

④网兜盖堵法:在洞口较大的情况下,可用预制长方形网兜在进水口盖堵。网兜一般采用直径1.0cm左右的麻绳,织成网眼为20cm^{2}的绳网,周围再用直径3cm的麻绳作网框。网宽2~3m,长应为进水口底以上的边坡长的两倍以上。用力将绳网折起,两端一并系于顶部预打的木桩上,网中间折叠处附以重物,将网顺坡成网兜状,然后在网中填以柴草泥或其他物料以盖堵洞口。待洞口盖堵完成后,再抛压土袋填筑粘性土封死洞口。

⑤门板盖堵法:在水大流急,洞口较大的地方,可随时采用此法。把门板上先抹一层胶泥盖在洞口上,再用席片、油布、棉被或棉絮等盖严,然后抛压土袋并填筑粘性土封死洞口。

采用盖堵法抢护漏洞进口,需防止盖堵初始时,由于洞内断流,外部水压力增大,洞口覆盖物的四周进水。因此洞口覆盖后必须立即封严四周,同时迅速用充足的粘土料封堵闭气。

3.辅助措施

(1)反滤围井

反滤围井在管涌险情抢护中作了介绍,不再重复。值得注意的是,有些漏洞出水凶急,按反滤抛填物料有困难,为了消杀水势,可改填瓜米或卵石,甚至块石,先按反级配填料,然后再按正级配填料,做反滤围井,滤料一般厚0.6~0.8m。反滤围井建成后,如断续冒浑水,可将滤料表层粗骨料清除,再按上述级配要求重新施作。

(2)土工织物反滤导渗体

将反滤土工织物覆盖在漏洞出口上,其上加压反滤料进行导滤。由于漏洞险情危急,且土工织物导滤易淤堵,若处置不当,可能导致险情迅速恶化,应慎用之。

(3)抽槽截洞

对于漏洞进口部位较高、出口部位较低,且堤坝顶面较宽,断面较大时,可在堤坝顶部抽槽,再在槽内填筑粘土或土袋,截断漏洞。槽深 2m 范围内能截断漏洞,可使用此法;槽深 2m 范围内不能截断漏洞,不得使用此法。

(三)注意事项

(1)无论对漏洞进水口采取哪种办法探找和盖堵,都应注意探漏抢堵人员的人身安全,落实切实可行的安全措施。

(2)漏洞抢堵闭气后,还应有专人看守观察,以防再次出现漏洞。

(3)要正确判断险情是堤身漏洞还是堤基管涌。如是前者,则应寻找进水口并以外帮堵截为主,辅以内导;否则按管涌抢护方法来处理。

第七节　黄河历年大洪水

一、1958 年黄河洪水

1958 年 7 月中旬黄河三门峡至花园口之间(简称三花区间)发生了一场自 1919 年黄河有实测水文资料以来的最大的一场洪水。此次洪峰流量达22300 立方米/秒,横贯黄河的京广铁路桥因受到洪水威胁而中断交通 14 天。仅山东、河南两省的黄河滩区和东平湖湖区,淹没村庄 1708 个,灾民 74.08 万人,淹没耕地 304 万亩,房屋倒塌 30 万间。此次洪水主要是由于 7 月 14 日至19 日在黄河三花区间的干流区间以及伊河、洛河、沁河流域持续暴雨所造成。暴雨笼罩面积达 8.6 万千方公里,其中 200 毫米以上的强暴雨区面积有 16000平方公里,300 毫米以上的有 6500 平方公里,400 毫米以上的有 2000 平方公里;平均最大 1 天雨量 69.4 毫米,最大 3 天雨量 119.1 毫米;在这 5 天中大部分雨量是集中在 16 日 20 时至 17 日 8 时的 12 小时内。如垣曲站 12 个小时的降雨量为 249 毫米,为五天降水总量 499.6 毫米的 50%。

受暴雨影响,7 月 17 日 10 时至 18 日 0 时,沿程次第出现最大流量,从而形成干支流洪水在花园口同时遭遇的不利情况。三门峡站 18 日 16 时出现洪峰流量 8890 立方米每秒,支流伊洛河黑石关站 17 日 13 时半出现洪峰流量

9450 立方米每秒,沁河小董站 17 日 20 时出现洪峰流量 1050 立方米每秒,由于洛河白马寺上游决口和伊洛河夹滩地区的滞洪作用,使花园口的洪峰流量受到一定程度的削减。黄河花园口站 7 月 18 日出现洪峰流量 22300 立方米每秒,洪峰水位 93.82 米,峰顶持续 2.5 个小时,花园口站大于 10000 立方米每秒的流量持续 79 小时。此次洪水来势猛,峰值高,三花区间各支流及区间洪水过程陡涨陡落,从最大暴雨结束到花园口出现洪峰,历时不足一天,沙量小,花园口站 5 天沙量 4.6 亿吨。三门峡相应 5 天沙量 4.3 亿吨,有利于淤滩刷槽,增加河道的行洪能力。黄河下游河道上宽下窄,花园口站 22300 立方米每秒的大洪水推进到下游河段后,东坝头以下全部漫滩,大堤临水,堤根水深一般 2~4 米,个别水深达 5~6 米,同时高水位持续时间长,高村至洛口河段洪水在保证水位持续 34~76 小时。孙口至艾山段由寸:东平湖的滞洪作用,使孙口的流量从 15900 立方米每秒削减至 12600 立方米每秒。东平湖 1958 年最大面积为 208 平方公里,尚未修建分洪闸和泄洪闸,大洪水时自然分洪,分洪前湖水位为 41.28 米,对分蓄(滞)黄河洪水十分有利。据调查,7 月 19 日午后洪水冲破东平湖的马山、银山、铁山黄河闸间的民埝分洪入湖,当湖水位抬高后再经清河门回归黄河。根据孙口、艾山、位山、团山各流量站及艾山水位站实测资料分析,在铁马山头一带最大进湖流量达 10300 立方米每秒,进湖洪水总量 26.19 亿立方米,湖区最大滞洪量约 14.25 亿立方米,削减艾山站洪峰流量 2900 立方米每秒,洪峰推迟 24 小时,对削减东平湖以下河道洪水起到很大作用。

1958 年大水来临的时候,中央、河南、山东省政府立即召开了防汛紧急会议,进行全民动员,全力以赴,组织动员了 200 多万军民上堤防汛,有的每公里上堤人数达 300-500 人。广大军民在“人在堤在,水涨堤高,保证不决口”的战斗口号。仅一夜之间就加修子埝 600 多公里,防止厂洪水漫溢,保住了大堤安全。

当花园口出现 22300 立方米每秒流量时,按规定应启用北金堤滞洪区和东平湖滞蓄洪水,但考虑到花园口站洪峰已经出现,花园口以上各站水位也已回落,伊、洛、沁河和三门峡以干流区间雨势减弱,只要加强防守,充分利用高村以上宽河道和东平湖滞蓄洪水,可以不使用北金堤滞洪区,以减少分洪损失。此意见经黄河防汛总指挥部征得河南、山东两省同意后,并向国务院、中央防汛总指挥部、水利电力部发了请示电报,经周恩来总理批准,决定依靠群众,固守大堤,不使用北金堤滞洪区,只开放东平湖滞洪区,坚决战胜洪水,确保安全。

在抗洪斗争的关键时刻,周恩来总理于 7 月 18 日亲临黄河前线,视察水情,指挥抗洪,总署防守。这对治黄抗洪大军是极大的鼓舞,对夺取这次胜利起到了重大作用。

二、1982 年黄河洪水

1982 年 8 月 2 日黄河花园口站出现 15300 立方米每秒的洪峰,这次洪水主要来自三门峡至花园口干支流区间。从 7 月 29 日开始,上述地区普降大雨到暴雨、大暴雨,局部地区降特大暴雨,到 8 月 2 日,共计 5 日累计雨量伊河陆浑 782 毫米,畛水仓头 423 毫米。造成伊、洛、沁河和黄河洪峰并涨,洛河黑石关站洪峰流量 4110 立方米每秒,沁河小董站发生了 4130 立方米每秒的超标准洪水,沁河大堤偎水长度 150 千米,其中五车口上下数千米,洪水位超过堤顶 0.1~0.2 米。在沁河杨庄改道工程的配合下,经组织 3 万人抢险,共抢修子埝 21.23 千米,战胜了洪水。花园口 7 日洪量达 49.7 亿立方米,最大含沙量 63.4 公斤每立方米,平均含沙量 32.1 公斤每立方米。花园口至孙口河段洪水位普遍较 1958 年高 1 米左右,造成全线防洪紧张局面。洪水出现后,党中央、国务院十分关心,中央防汛总指挥部分别向河南、山东发了电报,要求河南立即彻底铲除长垣生产堤,建议山东启用东平湖水库,控制泺口站流量不超过 8000 立方米每秒。8 月 6 日东平湖林辛进湖闸开启分洪,7 日十里堡进湖闸开启,9 日晚两闸先后关闭。这次洪水期间河南、山东两省组织 19 万多军民上堤防守,抗洪抢险共用石料 8.25 万立方米,软料 531.4 万千克,同时采取破除生产堤清除行洪障碍(滞洪 17.5 亿立方米)、运用东平湖老湖区分洪(滞洪 4 亿立方米)等有效措施,使洪水顺利泄入大海。

三、1996 年洪水

1996 年 8 月 5 日黄河下游花园口站相继出现了两个编号洪峰。一号洪峰发生于 8 月 5 日 14 时,流量 7600 立方米每秒,相应水位 94.73 米。这场洪水主要来源于晋陕区间和三花区间的降雨。据计算这次洪水小花区间干支流洪水占花园口站一号洪峰的 47%。花园口站 5000 立方米每秒以上的洪水持续 53 小时,其洪量为 11.6 亿立方米。二号洪峰发生于 8 月 13 日 4 时 30 分,流量 5520 立方米每秒,相应水位 94.09 米。这场洪水的形成主要为黄河龙门以上的降雨所致。一号洪峰和二号洪峰尽管流量属于中常洪水,与以往相比,特别是一号洪峰呈现出一些新特点:一是黄河铁谢以下河段全线水位表现偏高。除高村、艾山、利津三站略低于历史最高水位外,其余各站水位均突破有记载以来的最高值。花园口站最高水位 94.73 米,超过了 1992 年 8 月该站的高含沙洪水所创下的 94.33 米的历史纪录,比 1958 年 22300 立方米每秒的洪水位高 0.91 米,比 1982 年 15300 立方米每秒的洪水位高 0.74 米。二是洪水传播速度慢。由于一号洪峰水位表现高,黄河下游滩区发生大范围的漫滩,洪峰传播速度异常缓慢。据计算,一号洪峰从花园口传至利津站历经 369.3 个小时,是正常漫滩洪水传播时间的 2 倍。三是工程险情多。黄河下游临黄大堤有近 1000 千米假水,平均水深 2~4 米,深的达 6 米以上,多处出现渗水、塌坡,许多背河潭坑、水井水位明显上涨,堤防发生各类险情 211 处,控导工程有 96 处 1223 道坝垛漫顶过流,河道工程有 2960 道坝出险 5279 坝次。据统计,洪水期间,抢险用石料 70.2 万立方米,用土料 49.3 万立方米,耗资 1.41 亿元。四是洪灾大,损失较重。1855 年以来未曾上过水的原阳、封丘、开封等地的高滩这次也大面积漫水。据统计,黄河下游滩区淹没面积 343 万亩,直接经济损失近 40 亿元。"96·8"洪水期间,江泽民总书记、李鹏总理多次打电话询问黄河汛情。姜春云副总理对黄河抗洪抢险多次作出重要指示。水利部钮茂生部长、周文智副部长,财政部李延龄副部长等先后亲临黄河抗洪第一线检查指导工作。国家防总及时增拨了特大防汛补助费 1.71 亿元用于抗洪抢险及水毁工程修复。陕西、山西两省领导亲自带队到黄河小北干流和三门峡库区检查指导防汛工作。河南省推迟了原定召开的省委六届二中全会,在外地考察的山东省领导也冒雨返回,亲临防汛第一线指挥抗洪抢险。黄河防总总指挥马忠臣主持召开了黄河防总和河南省防指联席会议,进一步安排了抗洪救灾工作。黄河防总办公室按照国家防总和黄河防总的统一部署,加强了防汛值班,密切注视雨、水情的发展变化,要求沿黄各级防办加强巡堤查险,发现险情尽早抢护。在社会各界大力支持下,经过 20 多天 200 多万人次的艰苦奋战,终于战胜了"96·8"洪水,保证了黄河大堤安然无恙。两次洪峰于 8 月 22 日同时入海。

第四章　水利工程施工组织

第一节　概　　述

一、建设项目管理发展历程

（一）古代的建设工程项目管理

建设工程项目的历史悠久，相应的项目管理工作也源远流长。早期的建设工程项目主要包括：房屋建筑（如皇宫、庙宇、住宅等）、水利工程（如运河、沟渠等）、道路桥梁工程、陵墓工程、军事工程（如城墙、兵站）等。古人用自己的智慧与才能，运用当时的工程材料、工程技术和管理方法，创造了一个又一个令后人瞩目的宏伟建筑工程，如我国的万里长城、都江堰水利工程、京杭大运河、北京紫禁城、拉萨的布达拉宫等。这些工程项目至今还发挥着巨大的经济效益和社会效益。从这些宝贵的文化遗产中可以反映出我国早期经济、政治、社会、宗教以及工程技术的发展水平，也体现了当时的工程建设管理水平。虽然我们对当时的工程项目管理情况了解甚少，但是它一定具有严密的组织管理体系，具有详细的工期和费用方面的计划和控制，也一定具有严格的质量检验标准和控制手段。由于我国早期科学技术水平和人们认识能力的限制，历史上的建设工程项目管理是经验型的、非系统的，不可能有现代意义上的工程项目管理。因此，古人在建设工程项目组织实施上的做法只能称为"项目管理"的思想雏形。

（二）现代的建设工程项目管理

现代的建设工程项目管理产生于 20 世纪中叶。第二次世界大战结束以后，国际社会出现了一个和平环境，世界各国的科学技术与经济社会都得到了快速的发展。各国的科学研究项目、国防工程项目和民用工程项目的规模越来越大，应用技术也越来越复杂，所需资源种类越来越多，耗费时间也越来越长,所有这些工程项目的开展势必对建设工程项目管理提出了新的要求。

早在20世纪40年代美国的原子弹计划,50年代美国海军的"北极星"导弹计划以及60年代的阿波罗登月计划都应用了网络计划技术,以确保工期目标和成本目标的实现。与此同时,系统论、信息论、控制论的思想得到了较快的发展,这些理论和方法被人们应用于建设工程项目管理中,极大地促进了建设工程项目管理理论与实践的发展。但是在70年代以前,建设工程项目管理的重点是对项目的范围、费用、质量和采购等方面的管理,管理对象主要是"创造独特的工程产品和服务"的项目。

20世纪70年代以后,计算机技术逐渐普及,网络计划优化的功能得以发挥,人们开始利用计算机对工期和资源、工期和费用进行优化,以求最佳的管理效果。此外,管理学的成熟理论与方法在建设工程项目管理中也得到了大量的应用,拓宽了建设项目管理的研究领域。

总之,现代建设工程项目管理是在20世纪50年代以后发展起来的,在将近60年的发展过程中,建设工程项目管理经历了以下几个阶段。

1. 网络计划应用阶段

20世纪50年代,网络技术应用于工程项目(主要是美国的军事工程项目)的工期计划和控制中,并取得了很大的成功。最著名的两个实例是美国1957年的"北极星"导弹研制和后来的登月计划。

2. 计算机应用初级阶段

20世纪60年代,大型计算机用于网络计划的分析中。当时大型计算机的网络计划分析计算日趋成熟,但因当时的计算机尚未普及且上机费用较高,一般的项目不可能使用计算机进行管理。所以这一时期的计算机在项目管理中尚不十分普及。

3. 信息系统方法应用阶段

20世纪70年代,人们开始将信息系统的方法引入建设项目管理,提出了项目管理信息系统。这个时期计算机网络分析程序已经十分成熟,项目管理信息系统的提出扩大了项目管理的研究深度和广度,同时扩大了网络技术的作用和应用范围,在工期计划的基础上实现了用计算机进行资源和成本的计划、优化和控制。整个70年代,人们对项目管理过程和各种管理职能进行了全面的、系统的研究,项目管理的职能在不断扩展。同时人们研究了在企业职能组织中对项目组织的应用,使项目管理在企业管理方面得以推广。

4. 普及计算机阶段

20世纪70年代末80年代初,计算机的普及使项目管理理论和方法的应用走向了更广阔的领域。这个时期的项目管理工作致力于简化、高效,使一般的项目管理公司和中小企业在中小型项目中都可以使用现代化的项目管理方法和手段,并取得了很大的成功,经济效益显著。

5. 管理领域扩大阶段

20 世纪 80 年代以后,建设项目管理的研究领域进一步扩大,包含了合同管理、界面管理、项目风险管理、项目组织行为和沟通管理等。在计算机应用上则加强了决策支持系统、专家系统和互联网技术应用的研究。

作为现代管理科学的一个重要分支学科——建设工程项目管理,自 1982 年引进我国,经历了 1988 年在全国进行应用试点,在 1993 年正式推广等阶段,至今已有 20 多年的历史。在各级政府、建设主管部门的大力推动和全国工程界的努力实践下,到目前为止我国建设工程项目管理已经取得了较大的发展。

(三)现代建设工程项目管理的特征

1. 内容更加丰富

现代建设工程项目管理内容由原来对项目范围、费用、质量和采购等方面的管理,扩展到对项目的合同管理、人力资源管理、项目组织管理、沟通协调管理、项目风险管理和信息管理等。

2. 强调整体管理

从前期的项目决策、项目计划、实施和变更控制到项目的竣工验收与运营,涵盖了建设工程项目寿命周期的全过程。

3. 管理技术更加科学

现代建设项目管理从管理技术手段上,更加依赖计算机技术和互联网技术,更加及时地吸收工程技术进步与管理方法创新的最新成果。

4. 应用范围更广泛

建设工程项目管理的应用,已经从传统的土木工程、军事方面扩展到航空航天、环境工程、公用工程、各类企业研发工程以及资源性开发项目和政府投资的文教、卫生、社会事业等工程项目管理领域。

二、建设项目管理趋势

随着人类社会在经济、技术、社会和文化等各方面的发展,建设工程项目管理理论与知识体系的逐渐完善,进入 21 世纪以后,在工程项目管理方面出现了以下新的发展趋势。

(一)建设工程项目管理的国际化

随着经济全球化的逐步深入,工程项目管理的国际化已经形成潮流。工程项目的国际化要求项目按国际惯例进行管理。按国际惯例就是依照国际通用的项目管理程序、准则与方法以及统一的文件形式进行项目管理,使参与项目的各方(不同国家、不同种族、不同文化背景的人及组织)在项目实施中建立起统一的协调基础。

我国加入 WTO 后,我国的行业壁垒下降、国内市场国际化、国内外市场全面融合,外国工程公司利用其在资本、技术、管理、人才、服务等方面的优势进入我国国内市场,尤其是工程总承包市场,国内建设市场竞争日趋激烈。工程建设市场的国际化必然导致工程项目管理的国际化,这对我国工程管理的发展既是机遇也是挑战。一方面,随着我国改革开放的步伐加快,我国经济日益深刻地融入全球市场,我国的跨国公司和跨国项目越来越多。许多大型项目要通过国际招标、国际咨询或 BOT 等方式运行。这样做不仅可以从国际市场上筹措到资金,加快国内基础设施、能源交通等重大项目的建设,而且可以从国际合作项目中学习到发达国家工程项目管理的先进管理制度与方法。另一方面,入世后根据最惠国待遇和国民待遇准则,我国将获得更多的机会,并能更加容易地进入国际市场。加入 WTO 后,作为一名成员国,我国的工程建设企业可以与其他成员国企业拥有同等的权利,并享有同等的关税减免待遇,将有更多的国内工程公司从事国际工程承包,并逐步过渡到工程项目自由经营。国内企业可以走出国门在海外投资和经营项目,也可在海外工程建设市场上竞争,锻炼队伍培养人才。

(二)建设工程项目管理的信息化

伴随着计算机和互联网走进人们的工作与生活,以及知识经济时代的到来,工程项目管理的信息化已成必然趋势。作为当今更新速度最快的计算机技术和网络技术在企业经营管理中普及应用的速度迅猛,而且呈现加速发展的态势。这给项目管理带来很多新的生机,在信息高度膨胀的今天,工程项目管理越来越依赖于计算机和网络,无论是工程项目的预算、概算、工程的招标与投标、工程施工图设计、项目的进度与费用管理、工程的质量管理、施工过程的变更管理、合同管理,还是项目竣工决算都离不开计算机与互联网,工程项目的信息化已成为提高项目管理水平的重要手段。目前西方发达国家的一些项目管理公司已经在工程项目管理中运用了计算机与网络技术,开始实现了项目管理网络化、虚拟化。另外,许多项目管理公司也开始大量使用工程项目管理软件进行项目管理,同时还从事项目管理软件的开发研究工作。为此,21世纪的工程项目管理将更多地依靠计算机技术和网络技术,新世纪的工程项目管理必将成为信息化管理。

（三）建设工程项目全寿命周期管理

建设工程项目全寿命周期管理就是运用工程项目管理的系统方法、模型、工具等对工程项目相关资源进行系统地集成，对建设工程项目寿命期内各项工作进行有效的整合，并达成工程项目目标和实现投资效益最大化的过程。

建设工程项目全寿命周期管理是将项目决策阶段的开发管理，实施阶段的项目管理和使用阶段的设施管理集成为一个完整的项目全寿命周期管理系统，是对工程项目实施全过程的统一管理，使其在功能上满足设计需求，在经济上可行，达到业主和投资人的投资收益目标。所谓项目全寿命周期是指从项目前期策划、项目目标确定，直至项目终止、临时设施拆除的全部时间年限。建设工程项目全寿命周期管理既要合理确定目标、范围、规模、建筑标准等，又要使项目在既定的建设期限内，在规划的投资范围内，保质保量地完成建设任务，确保所建设的工程项目满足投资商、项目的经营者和最终用户的要求；还要在项目运营期间，对永久设施物业进行维护管理、经营管理，使工程项目尽可能创造最大的经济效益。这种管理方式是工程项目更加面对市场，直接为业主和投资人服务的集中体现。

（四）建设工程项目管理专业化

现代工程项目投资规模大、应用技术复杂、涉及领域多、工程范围广泛的特点，带来了工程项目管理的复杂性和多变性，对工程项目管理过程提出了更新更高的要求。因此，专业化的项目管理者或管理组织应运而生。在项目管理专业人士方面，通过 IPMP（国际项目管理专业资质认证）和 PMP（国际资格认证）认证考试的专业人员就是一种形式。在我国工程项目领域的执业咨询工程师、监理工程师、造价工程师、建造师，以及在设计过程中的建设工程师、结构工程师等，都是工程项目管理人才专业化的形式。而专业化的项目管理组织——工程项目（管理）公司是国际工程建设界普遍采用的一种形式。除此之外，工程咨询公司、工程监理公司、工程设计公司等也是专业化组织的体现。可以预见，随着工程项目管理制度与方法的发展，工程管理的专业化水平还会有更大的提高。

第二节　施工项目管理

施工项目管理是施工企业对施工项目进行有效的掌握控制，主要特征包括:一是施工项目管理者是建筑施工企业,他们对施工项目全权负责;二是施工项目管理的对象是施工项目,具有时间控制性,也就是施工项目有运作周期(投标—竣工验收);三是施工项目管理的内容是按阶段变化的。根据建设阶段及要求的变化,管理的内容具有很大的差异;四是施工项目管理要求强化组织协调工作,主要是强化项目管理班子,优选项目经理,科学地组织施工并运用现代化的管理方法。

在施工项目管理的全过程中,为了取得各阶段目标和最终目标的实现,在进行各项活动中,必须加强管理工作。

一、建立施工项目管理组织

(1)由企业采用适当的方式选聘称职的施工项目经理。

(2)根据施工项目组织原则,选用适当的组织形式,组建施工项目管理机构,明确责任、权利和义务。

(3)在遵守企业规章制度的前提下,根据施工项目管理的需要,制订施工项目管理制度。

项目经理作为企业法人代表的代理人,对工程项目施工全面负责,一般不准兼管其他工程,当其负责管理的施工项目临近竣工阶段且经建设单位同意,可以兼任另一项工程的项目管理工作。项目经理通常由企业法人代表委派或组织招聘等方式确定。项目经理与企业法人代表之间需要签订工程承包管理合同,明确工程的工期、质量、成本、利润等指标要求和双方的责、权、利以及合同中止处理、违约处罚等项内容。

项目经理以及各有关业务人员组成、人数根据工程规模大小而定。各成员由项目经理聘任或推荐确定,其中技术、经济、财务主要负责人需经企业法人代表或其授权部门同意。项目领导班子成员除了直接受项目经理领导,实施项目管理方案外,还要按照企业规章制度接受企业主管职能部门的业务监督和指导。

项目经理应有一定的职责,如贯彻执行国家和地方的法律、法规;严格遵守财经制度、加强成本核算;签订和履行"项目管理目标责任书";对工程项目施工进行有效控制等。项目经理应有一定的权力,如参与投标和签订施工合同;用人决策权;财务决策权;进度计划控制权;技术质量决定权;物资采购管理权;现场管理协调权等。项目经理还应获得一定的利益,如物质奖励及表彰等。

二、项目经理的地位

项目经理是项目管理实施阶段全面负责的管理者,在整个施工活动中有举足轻重的地位。确定施工项目经理的地位是搞好施工项目管理的关键。

(1)从企业内部看,项目经理是施工项目实施过程中所有工作的总负责人,是项目管理的第一责任人。从对外方面来看,项目经理代表企业法定代表人在授权范围内对建设单位直接负责。由此可见,项目经理既要对有关建设单位的成果性目标负责,又要对建筑业企业的效益性目标负责。

(2)项目经理是协调各方面关系,使之相互紧密协作与配合的桥梁与纽带。要承担合同责任、履行合同义务、执行合同条款、处理合同纠纷、受法律的约束和保护。

(3)项目经理是各种信息的集散中心。通过各种方式和渠道收集有关的信息,并运用这些信息,达到控制的目的,使项目获得成功。

(4)项目经理是施工项目责、权、利的主体。这是因为项目经理是项目中人、财、物、技术、信息和管理等所有生产要素的管理人。项目经理首先是项目的责任主体,是实现项目目标的最高责任者。责任是实现项目经理责任制的核心,它构成了项目经理工作的压力,也是确定项目经理权力和利益的依据。其次,项目经理必须是项目的权力主体。权力是确保项目经理能够承担起责任的条件和手段。如果不具备必要的权力,项目经理就无法对工作负责。项目经理还必须是项目利益的主体。利益是项目经理工作的动力。如果没有一定的利益,项目经理就不愿负相应的责任,难以处理好国家、企业和职工的利益关系。

三、项目经理的任职要求

项目经理的任职要求包括执业资格的要求、知识方面的要求、能力方面的要求和素质方面的要求。

(一)执业资格的要求

根据建设部《建筑施工企业项目经理资质管理办法》(建字[1995]1号)文的规定,项目经理要经过有关部门培训、考核和注册,获得《全国建筑施工企业项目经理培训合格证》或《建筑施工企业项目经理资质证书》才能上岗。

项目经理的资质分为一、二、三、四级。其中:

(1)一级项目经理应担任过一个一级建筑施工企业资质标准要求的工程项目,或两个二级建筑施工企业资质标准要求的工程项目施工管理工作的主要负责人,并已取得国家认可的高级或者中级专业技术职称。

(2)二级项目经理应担任过两个工程项目,其中至少一个为二级建筑施工企业资质标准要求的工程项目施工管理工作的主要负责人,并已取得国家认可的中级或初级专业技术职称。

(3)三级项目经理应担任过两个工程项目,其中至少一个为三级建筑施工企业资质标准要求的工程项目施工管理工作的主要负责人,并已取得国家认可的中级或初级专业技术职称。

(4)四级项目经理应担任过两个工程项目,其中至少一个为四级建筑施工企业资质标准要求的工程项目施工管理工作的主要负责人,并已取得国家认可的初级专业技术职称。

项目经理承担的工程规模应符合相应的项目经理资质等级。一级项目经理可承担一级资质建筑施工企业营业范围内的工程项目管理;二级项目经理可承担二级以下(含二级)建筑施工企业营业范围内的工程项目管理;三级项目经理可承担三级以下(含三级)建筑企业营业范围内的工程项目管理;四级项目经理可承担四级建筑施工企业营业范围内的工程项目管理。

项目经理每两年接受一次项目资质管理部门的复查。项目经理达到上一个资质等级条件的,可随时提出升级的要求。

根据建设部《关于建筑业企业项目经理资质管理制度向建造师执业资格制度过渡有关问题的通知》(建字 86 号)文的规定:关于"取消建筑施工企业项目经理资质核准,由注册建造师代替,并设立过渡期"的规定之日起,至2008年 2 月 27 日止,为项目经理资质管理制度向建造师执业资格制度过渡的五年过渡期。

在过渡期内,大、中型工程项目施工的项目经理逐渐由取得建造师执业资格人员担任,小型工程项目施工的项目经理可由原三级项目经理资质的人员担任。即在过渡期内,凡持有项目经理资质证书或建造师注册证书的人员,经企业聘用均可担任工程项目施工的项目经理。过渡期满后,大、中型工程项目施工的项目经理必须由取得建造师注册证书的人员担任。取得建造师执业资格的人员是否能聘用为项目经理由企业来决定。

(二)知识方面的要求

通常项目经理应接受过大专、中专以上相关专业的教育,必须具备专业知识,如土木工程专业或其他专业工程方面的专业,一般应是某个专业工程方面的专家,否则很难被人们接受或很难开展工作。项目经理还应受过项目管理方面的专门培训或再教育,掌握项目管理的知识。作为项目经理需要的广博的知识,能迅速解决工程项目实施过程中遇到的各种问题。

(三)能力方面的要求

项目经理应具备以下几方面的能力:

(1)必须具有一定的施工实践经历和按规定经过一段实践锻炼,特别是对同类项目有成功的经历。对项目工作有成熟的判断能力、思维能力和随机应变的能力。

(2)具有很强的沟通能力、激励能力和处理人事关系的能力,项目经理要靠领导艺术、影响力和说服力而不是靠权力和命令行事。

(3)有较强的组织管理能力和协调能力。能协调好各方面的关系,能处理好与业主的关系。

(4)有较强的语言表达能力,有谈判技巧。

(5)在工作中能发现问题,提出问题,能够从容地处理紧急情况。

(四)素质方面的要求

(1)项目经理应注重工程项目对社会的贡献和历史作用。在工作中能注重社会公德,保证社会的利益,严守法律和规章制度。

(2)项目经理必须具有良好的职业道德,将用户的利益放在第一位,不牟私利,必须有工作的积极性、热情和敬业精神。

(3)具有创新精神,务实的态度,勇于挑战,勇于决策,勇于承担责任和风险。

(4)敢于承担责任,特别是有敢于承担错误的勇气,言行一致,正直,办事公正、公平,实事求是。

(5)能承担艰苦的工作,任劳任怨,忠于职守。

(6)具有合作的精神,能与他人共事,具有较强的自我控制能力。

四、项目经理的责、权、利

(一)项目经理的职责

(1)贯彻执行国家和地方政府的法律制度,维护企业的整体利益和经济利益。法规和政策,执行建筑业企业的各项管理制度。

(2)严格遵守财经制度,加强成本核算,积极组织工程款回收,正确处理国家、企业和项目及单位个人的利益关系。

(3)签订和组织履行"项目管理目标责任书",执行企业与业主签订的"项目承包合同"中由项目经理负责履行的各项条款。

(4)对工程项目施工进行有效控制,执行有关技术规范和标准,积极推广应用新技术、新工艺、新材料和项目管理软件集成系统,确保工程质量和工期,实现安全、文明生产,努力提高经济效益。

(5)组织编制施工管理规划及目标实施措施,组织编制施工组织设计并实施之。

(6)根据项目总工期的要求编制年度进度计划,组织编制施工季(月)度施工计划,包括劳动力、材料、构件及机械设备的使用计划,签订分包及租赁合同并严格执行。

(7)组织制定项目经理部各类管理人员的职责和权限、各项管理制度,并认真贯彻执行。

(8)科学地组织施工和加强各项管理工作。做好内、外各种关系的协调,为施工创造优越的施工条件。

(9)做好工程竣工结算,资料整理归档,接受企业审计并做好项目经理部解体与善后工作。

(二)项目经理的权力

为了保证项目经理完成所担负的任务,必须授予相应的权力。项目经理应当有以下权力:

(1)参与企业进行施工项目的投标和签订施工合同。

(2)用人决策权。项目经理应有权决定项目管理机构班子的设置,选择、聘任班子内成员,对任职情况进行考核监督、奖惩,乃至辞退。

(3)财务决策权。在企业财务制度规定的范围内,根据企业法定代表人的授权和施工项目管理的需要,决定资金的投入和使用,决定项目经理部的计酬方法。

(4)进度计划控制权。根据项目进度总目标和阶段性目标的要求,对项目建设的进度进行检查、调整,并在资源上进行调配,从而对进度计划进行有效的控制。

(5)技术质量决策权。根据项目管理实施规划或施工组织设计,有权批准重大技术方案和重大技术措施,必要时召开技术方案论证会,把好技术决策关和质量关,防止技术上决策失误,主持处理重大质量事故。

(6)物资采购管理权。按照企业物资分类和分工,对采购方案、目标、到货要求,以及对供货单位的选择、项目现场存放策略等进行决策和管理。

(7)现场管理协调权。代表公司协调与施工项目有关的内外部关系,有权处理现场突发事件,事后及时报公司主管部门。

(三)项目经理的利益

施工项目经理最终的利益是其行使权力和承担责任的结果,也是市场经济条件下责、权、利、效相互统一的具体体现。项目经理应享有以下的利益:

(1)获得基本工资、岗位工资和绩效工资。

(2)在全面完成"项目管理目标责任书"确定的各项责任目标,交工验收交结算后,接受企业考核和审计,可获得规定的物质奖励外,还可获得表彰、记功、优秀项目经理等荣誉称号和其他精神奖励。

(3)经考核和审计,未完成"项目管理目标责任书"确定的责任目标或造成亏损的,按有关条款承担责任,并接受经济或行政处罚。

项目经理责任制是指以项目经理为主体的施工项目管理目标责任制度,用以确保项目履约,用以确立项目经理部与企业、职工三者之间的责、权、利关系。项目经理开始工作之前由建筑业企业法人或其授权人与项目经理协商、编制"项目管理目标责任书",双方签字后生效。

项目经理责任制是以施工项目为对象,以项目经理全面负责为前提,以"项目管理目标责任书"为依据,以创优质工程为目标,以求得项目的最佳经济效益为目的,实行的一次性、全过程的管理。

五、项目经理责任制的特点

(一)项目经理责任制的作用

实行项目管理必须实现项目经理责任制。项目经理责任制是完成建设单位和国家对建筑业企业要求的最终落脚点。因此,必须规范项目管理,通过强化建立项目经理全面组织生产诸要素优化配置的责任、权力、利益和风险机制,更有利于对施工项目、工期、质量、成本、安全等各项目标实施强有力的管理,使项目经理有动力和压力,也有法律依据。

项目经理责任制的作用如下:

(1)明确项目经理与企业和职工三者之间的责、权、利、效关系。

(2)有利于运用经济手段强化对施工项目的法制管理。

(3)有利于项目规范化、科学化管理和提高产品质量。

(4)有利于促进和提高企业项目管理的经济效益和社会效益。

(二)项目经理责任制的特点

(1)对象终一性。以工程施工项目为对象,实行施工全过程的全面一次性负责。

(2)主体直接性。在项目经理负责的前提下,实行全员管理,指标考核、标价分离、项目核算,确保上缴集约增效、超额奖励的复合型指标责任制。

（3）内容全面性。根据先进、合理、可行的原则,以保证工程质量、缩短工期、降低成本、保证安全和文明施工等各项指标为内容的全过程的目标责任制。

（4）责任风险性。项目经理责任制充分体现了"指标突出、责任明确、利益直接、考核严格"的基本要求。

六、项目经理责任制的原则和条件

（一）项目经理责任制的原则

实行项目经理责任制有以下原则:

（1）实事求是。实事求是的原则就是从实际出发,做到具有先进性、合理性、可行性。不同的工程和不同的施工条件,其承担的技术经济指标不同,不同职称的人员实行不同的岗位责任,不追求形式。

（2）兼顾企业、责任者、职工三者的利益。企业的利益放在首位,维护责任者和职工个人的正当利益,避免人为的分配不公,切实贯彻按劳分配、多劳多得的原则。

（3）责、权、利、效统一。尽到责任是项目经理责任制的目标,以"责"授"权"、以"权"保"责",以"利"激励尽"责"。"效"是经济效益和社会效益,是考核尽"责"水平的尺度。

（4）重在管理。项目经理责任制必须强调管理的重要性。因为承担责任是手段,效益是目的,管理是动力。没有强有力的管理,"效益"不易实现。

（二）项目经理责任制的条件

实施项目经理责任制应具备下列条件:

（1）工程任务落实、开工手续齐全、有切实可行的施工组织设计。

（2）各种工程技术资料齐全、劳动力及施工设施已配备,主要原材料已落实并能按计划提供。

（3）有一个懂技术、会管理、敢负责的人才组成的精干、得力的高效的项目管理班子。

（4）赋予项目经理足够的权力,并明确其利益。

（5）企业的管理层与劳务作业层分开。

七、项目管理目标责任书

在项目经理开始工作之前,由建筑业企业法定代表人或其授权人与项目经理协商,制定"项目管理目标责任书",双方签字后生效。

（一）编制项目管理目标责任书的依据

（1）项目的合同文件。

（2）企业的项目管理制度。

（3）项目管理规划大纲。

（4）建筑业企业的经营方针和目标。

（二）项目管理目标责任书的内容

（1）项目的进度、质量、成本、职业健康安全与环境目标。

（2）企业管理层与项目经理部之间的责任、权利和利益分配。

（3）项目需用的人力、材料、机械设备和其他资源的供应方式。

（4）法定代表人向项目经理委托的特殊事项。

（5）项目经理部应承担的风险。

（6）企业管理层对项目经理部进行奖惩的依据、标准和方法。

（7）项目经理解职和项目经理部解体的条件及办法。

八、项目经理部的作用

项目经理部是施工项目管理的工作班子,置于项目经理的领导之下。在施工项目管理中有以下作用:

（1）项目经理部在项目经理的领导下,作为项目管理的组织机构,负责施工项目从开工到竣工的全过程施工生产的管理,是企业在某一工程项目上的管理层,同时对作业层负有管理与服务的双重职能。

（2）项目经理部是项目经理的办事机构,为项目经理决策提供信息依据,当好参谋。同时又要执行项目经理的决策意图,向项目经理负责。

（3）项目经理部是一个组织体,其作用包括:完成企业所赋予的基本任务——项目管理与专业管理等。要具有凝聚管理人员的力量并调动其积极性,促进管理人员的合作;协调部门之间、管理人员之间的关系,发挥每个人的岗位作用;贯彻项目经理责任制,搞好管理;做好项目与企业各部门之间、项目经理部与作业队之间、项目经理部与建设单位、分包单位、材料和构件供方等的信息沟通。

（4）项目经理部是代表企业履行工程承包合同的主体,对项目产品和业主全面、全过程负责;通过履行合同主体与管理实体地位的影响力,使每个项目经理部成为市场竞争的成员。

九、项目经理部建立原则

（1）要根据所选择的项目组织形式设置项目经理部。不同的组织形式对施工项目管理部的管理力量和管理职责提出了不同的要求,同时也提供了不同的管理环境。

(2)要根据施工项目的规模、复杂程度和专业特点设置项目经理部。项目经理部规模大、中、小的不同,职能部门的设置相应不同。

(3)项目经理部是一个弹性的、一次性的管理组织,应随工程任务的变化而进行调整。工程交工后项目经理部应解体,不应有固定的施工设备及固定的作业队伍。

(4)项目经理部的人员配置应面向施工现场,满足施工现场的计划与调度、技术与质量、成本与核算、劳务与物资、安全与文明施工的需要,而不应设置研究与发展、政工与人事等与项目施工关系较少的非生产性管理部门。

(5)应建立有益于组织运转的管理制度。

十、项目经理部的机构设置

项目经理部的部门设置和人员的配置与施工项目的规模和项目的类型有关,要能满足施工全过程的项目管理,成为全体履行合同的主体。

项目经理部一般应建立工程技术部、质量安全部、生产经营部、物资(采购)部及综合办公室等。复杂及大型的项目还可设机电部。项目经理部人员由项目经理、生产或经营副经理、总工程师及各部门负责人组成。管理人员持证上岗。一级项目部由 30~45 人组成,二级项目部由 20~30 人组成,三级项目部由 10~20 人组成,四级项目部由 5~10 人组成。出任项目部项目经理的要求按建设部《关于建筑业企业项目经理资质管理制度向建造师执业资格制度过渡有关问题的通知》(建市[2003]86 号)文中的规定执行。

项目经理部的人员实行一职多岗、一专多能、全部岗位职责覆盖项目施工全过程的管理,不留死角,以避免职责重叠交叉,同时实行动态管理,根据工程的进展程度,调整项目的人员组成。

十一、项目经理部的管理制度

项目经理部管理制度应包括以下各项:

(1)项目管理人员岗位责任制度。

(2)项目技术管理制度。

(3)项目质量管理制度。

(4)项目安全管理制度。

(5)项目计划、统计与进度管理制度。

（6）项目成本核算制度。

（7）项目材料、机械设备管理制度。

（8）项目现场管理制度。

（9）项目分配与奖励制度。

（10）项目例会及施工日志制度。

（11）项目分包及劳务管理制度。

（12）项目组织协调制度。

（13）项目信息管理制度。

项目经理部自行制定的管理制度应与企业现行的有关规定保持一致。如项目部根据工程的特点、环境等实际内容，在明确适用条件、范围和时间后自行制定的管理制度，有利于项目目标的完成，可作为例外批准执行。项目经理部自行制定的管理制度与企业现行的有关规定不一致时，应报送企业或其授权的职能部门批准。

十二、项目经理部的建立步骤和运行

（一）项目经理部设立的步骤

（1）根据企业批准的"项目管理规划大纲"，确定项目经理部的管理任务和组织形式。

（2）确定项目经理部的层次；设立职能部门与工作岗位。

（3）确定人员、职责、权限。

（4）由项目经理根据"项目管理目标责任书"进行目标分解。

（5）组织有关人员制定规章制度和目标责任考核、奖惩制度。

（二）项目经理部的运行

（1）项目经理应组织项目经理部成员学习项目的规章制度，检查执行情况和效果，并应根据反馈信息改进管理。

（2）项目经理应根据项目管理人员岗位责任制度对管理人员的责任目标进行检查、考核和奖惩。

（3）项目经理部应对作业队伍和分包人实行合同管理，并应加强控制与协调。

（4）项目经理部解体应具备下列条件。

1）工程已以竣工验收。

2）与各分包单位已经结算完毕。

3）已协助企业管理层与发包人签订了"工程质量保修书"。

4)"项目管理目标责任书"已经履行完成,经企业管理层审计合格。

5)已与企业管理层办理了有关手续。

6)现场最后清理完毕。

十三、编制施工项目管理规划

施工项目管理规划是对施工项目管理目标、组织、内容、方法、步骤、重点进行预测和决策,做出具体安排的纲领性文件。施工项目管理规划的内容主要如下。

(1)进行工程项目分解,形成施工对象分解体系,以便确定阶段控制目标,从局部到整体地进行施工活动和进行施工项目管理。

(2)建立施工项目管理工作体系,绘制施工项目管理工作体系图和施工项目管理工作信息流程图。

(3)编制施工管理规划,确定管理点,形成施工组织设计文件,以利于执行。现阶段这个文件便以施工组织设计代替。

十四、进行施工项目的目标控制

施工项目的目标有阶段性目标和最终目标。实现各项目标是施工项目管理的目的所在,因此应当坚持以控制论理论为指导,进行全过程的科学控制。施工项目的控制目标包括进度控制目标、质量控制目标、成本控制目标、安全控制目标和施工现场控制目标。

在施工项目目标控制的过程中,会不断受到各种客观因素的干扰,各种风险因素随时可能发生,故应通过组织协调和风险管理,对施工项目目标进行动态控制。

十五、对施工项目的生产要素进行优化配置和动态管理

施工项目的生产要素是施工项目目标得以实现的保证,主要包括劳动力资源、材料、设备、资金和技术(即5M)。生产要素管理的内容如下。

(1)分析各项生产要素的特点。

(2)按照一定的原则、方法对施工项目生产要素进行优化配置,并对配置状况进行评价。

(3)对施工项目各项生产要素进行动态管理。

十六、施工项目的合同管理

由于施工项目管理是在市场条件下进行的特殊交易活动的管理,这种交

易活动从投标开始,持续于项目实施的全过程,因此必须依法签订合同。合同管理的好坏直接关系到项目管理及工程施工技术经济效果和目标的实现,因此要严格执行合同条款约定,进行履约经营,保证工程项目顺利进行。合同管理势必涉及国内和国际上有关法规和合同文本、合同条件,在合同管理中应予以高度重视。为了取得更多的经济效益,还必须重视索赔,研究索赔方法、策略和技巧。

十七、施工项目的信息管理

项目信息管理旨在适应项目管理的需要,为预测未来和正确决策提供依据,提高管理水平。项目经理部应建立项目信息管理系统,优化信息结构,实现项目管理信息化。项目信息包括项目经理部在项目管理过程中形成的各种数据、表格、图纸、文字、音像资料等。项目经理部应负责收集、整理、管理本项目范围内的信息。项目信息收集应随工程的进展进行,保证真实、准确。

施工项目管理是一项复杂的现代化的管理活动,要依靠大量信息及对大量信息进行管理。进行施工项目管理和施工项目目标控制、动态管理,必须依靠计算机项目信息管理系统,获得项目管理所需要的大量信息,并使信息资源共享。另外要注意信息的收集与储存,使本项目的经验和教训得到记录和保留,为以后的项目管理提供必要的资料。

十八、组织协调

组织协调是指以一定的组织形式、手段和方法,对项目管理中产生的关系不畅进行疏通,对产生的干扰和障碍进行排出的活动。

(1)协调要依托一定的组织、形式的手段。

(2)协调要有处理突发事件的机制和应变能力。

(3)协调要为控制服务,协调与控制的目的,都是保证目标实现。

第三节　建设项目管理模式

建设项目管理模式对项目的规划、控制、协调起着重要的作用。不同的管理模式有不同的管理特点。目前国内外较为常用的建设工程项目管理模式有:工程建设指挥部模式、传统管理模式、建筑工程管理模式(CM 模式)、设计—采购—建造(EPC)交钥匙模式、BOT(建造—运营—移交)模式、设计—管理模式、管理承包模式、项目管理模式、更替型合同模式（NC 模式）。其中工程建设指挥部模式是我国计划经济时期最常采用的模式,在今天的市场经济条件下,仍有相当一部分建设工程项目采用这种模式。国际上通常采用的模式是后面的八大管理模式,在八大管理模式中,最常采用的是传统管理模式,目前世界银行、亚洲开发银行以及国际其他金融组织贷款的建设工程项目,包括采用国际惯例 FIDIC(国际咨询工程师联合会)合同条件的建设工程项目均采用这种模式。

一、工程建设指挥部模式

工程建设指挥部是我国计划经济体制下,大中型基本建设项目管理所采用的一种模式,它主要是以政府派出机构的形式对建设项目的实施进行管理和监督,依靠的是指挥部领导的权威和行政手段,因而在行使建设单位的职能时有较大的权威性,决策、指挥直接有效。尤其是有效地解决征地、拆迁等外部协调难题,以及在建设工期要求紧迫的情况下,能够迅速集中力量,加快工程建设进度。但是由于工程建设指挥部模式采用纯行政手段来管理技能管理活动,存在着以下弊端。

（一）工程建设指挥部缺乏明确的经济责任

工程建设指挥部不是独立的经济实体,缺乏明确的经济责任。政府对工程建设指挥部没有严格、科学的经济约束,指挥部拥有投资建设管理权,却对投资的使用和回收不承担任何责任。也就是说,作为管理决策者,却不承担决策风险。

（二）管理水平低,投资效益难以保证

工程建设指挥部中的专业管理人员是从本行业相关单位抽调并临时组成的团队,应有的专业人员素质难以保障。而当他们在工程建设过程中积累了一定经验之后,又随着工程项目的建成而转入其他工程岗位。以后即使是再建设新项目,也要重新组建工程建设指挥部。为此,导致工程建设的管理水平难以提高。

（三）忽视了管理的规划和决策职能

工程建设指挥部采用行政管理手段,甚至采用军事作战的方式来管理工程建设,而不善于利用经济的方式和手段。它着重于工程的实现,而忽视了工程建设投资、进度、质量三大目标之间的对立统一关系。它努力追求工程建设的进度目标,却往往不顾投资效益和对工程质量的影响。

由于这种传统的建设项目管理模式自身的先天不足,使得我国工程建设的管理水平和投资效益长期得不到提高,建设投资和质量目标的失控现象也在许多工程中存在。随着我国社会主义市场经济体制的建立和完善,这种管理模式将逐步为项目法人责任制所替代。

二、传统管理模式

传统管理模式又称为通用管理模式。采用这种管理模式,业主通过竞争性招标将工程施工的任务发包给或委托给报价合理和最具有履约能力的承包商或工程咨询、工程监理单位,并且业主与承包商、工程师签订专业合同。承包商还可以与分包商签订分包合同。涉及材料设备采购的,承包商还可以与供应商签订材料设备采购合同。

这种模式形成于19世纪,目前仍然是国际上最为通用的模式,世界银行贷款、亚洲开发银行贷款项目和采用国际咨询工程师联合会(FIDIC)的合同条件的项目均采用这种模式。

传统管理模式的优点是:由于应用广泛,因而管理方法成熟,各方对有关程序比较熟悉;可自由选择设计人员,对设计进行完全控制;标准化的合同关系;可自由选择咨询人员;采用竞争性投标。

传统管理模式的缺点是:项目周期长,业主的管理费用较高;索赔和变更的费用较高;在明确整个项目的成本之前投入较大。此外,由于承包商无法参与设计阶段的工作,设计的“可施工性”较差,当出现重大的工程变更时,往往会降低施工的效率,甚至造成工期延误等。

三、建筑工程管理模式(CM模式)

采用建筑工程管理模式,是以项目经理为特征的工程项目管理方式,是从项目开始阶段就由具有设计、施工经验的咨询人员参与到项目实施过程中来,以便为项目的设计、施工等方面提供建议。为此,又称为“管理咨询方式”。

建筑工程管理模式的特点,与传统的管理模式相比较,具有的主要优点有以下几个方面。

(一)设计深度到位

由于承包商在项目初期(设计阶段)就任命了项目经理,他可以在此阶段充分发挥自己的施工经验和管理技能,协同设计班子的其他专业人员一起做好设计,提高设计质量,为此,其设计的“可施工性”好,有利于提高施工效率。

(二)缩短建设周期

由于设计和施工可以平行作业,并且设计未结束便开始招标投标,使设计施工等环节得到合理搭接,可以节省时间,缩短工期,可提前运营,提高投资效益。

四、设计—采购—建造(EPC)交钥匙模式

EPC 模式是从设计开始,经过招标,委托一家工程公司对"设计—采购—建造"进行总承包,采用固定总价或可调总价合同方式。

EPC 模式的优点是:有利于实现设计、采购、施工各阶段的合理交叉和融合,提高效率,降低成本,节约资金和时间。

EPC 模式的缺点是:承包商要承担大部分风险,为减少双方风险,一般均在基础工程设计完成、主要技术和主要设备均已确定的情况下进行承包。

五、BOT 模式

BOT 模式即建造—运营—移交模式,它是指东道国政府开放本国基础设施建设和运营市场,吸收国外资金、本国私人或公司资金,授给项目公司特许权,由该公司负责融资和组织建设,建成后负责运营及偿还贷款。在特许期满时将工程移交给东道国政府。

BOT 模式作为一种私人融资方式,其优点是:可以开辟新的公共项目资金渠道,弥补政府资金的不足,吸收更多投资者;减轻政府财政负担和国际债务,优化项目,降低成本;减少政府管理项目的负担;扩大地方政府的资金来源,引进外国的先进技术和管理,转移风险。

BOT 模式的缺点是:建造的规模比较大,技术难题多,时间长,投资高。东道国政府承担的风险大,较难确定回报率及政府应给予的支持程度,政府对项目的监督、控制难以保证。

六、国际采用的其他管理模式

(一)设计—管理模式

设计—管理合同通常是指一种类似 CM 模式但更为复杂的,由同一实体向业主提供设计和施工管理服务的工程管理方式,在通常的 CM 模式中,业主分别就设计和专业施工过程管理服务签订合同。采用设计—管理合同时,业主只签订一份既包括设计也包括类似 CM 服务在内的合同。在这种情况下,设计师与管理机构是同一实体。这一实体常常是设计机构与施工管理企业的联合体。

设计—管理模式的实现可以有两种形式:一是业主与设计—管理公司和

施工总承包商分别签订合同,由设计—管理公司负责设计并对项目实施进行管理;另一种形式是业主只与设计—管理公司签订合同,由设计公司分别与各个单独的承包商和供应商签订分包合同,由他们施工和供货。这种方式看作是 CM 与设计—建造两种模式相结合的产物,这种方式也常常对承包商采用阶段发包方式以加快工程进度。

(二)管理承包模式

业主可以直接找一家公司进行管理承包,管理承包商与业主的专业咨询顾问(如建筑师、工程师、测量师等)进行密切合作,对工程进行计划管理、协调和控制。工程的实际施工由各个承包商承担。承包商负责设备采购、工程施工以及对分包商的管理。

(三)项目管理模式

目前许多工程日益复杂,特别是当一个业主在同一时间内有多个工程处于不同阶段实施时,所需执行的多种职能超出了建筑师以往主要承担的设计、联络和检查的范围,这就需要项目经理。项目经理的主要任务是自始至终对一个项目负责,这可能包括项目任务书的编制,预算控制,法律与行政障碍的排除,土地资金的筹集,同时使设计者、计量工程师、结构、设备工程师和总承包商的工作协调地、分阶段地进行。在适当的时候引入指定分包商的合同,使业主委托的工作顺利进行。

(四)更替型合同模式(NC 模式)

NC 模式是一种新的项目管理模式,即用一种新合同更替原有合同,而二者之间又有密不可分的联系。业主在项目实施初期委托某一设计咨询公司进行项目的初步设计,当这一部分工作完成(一般达到全部设计要求的 30% ~ 80%)时,业主可开始招标选择承包商,承包商与业主签约时承担全部未完成的设计与施工工作,由承包商与原设计咨询公司签订设计合同,完成后一部分设计。设计咨询公司成为设计分包商,对承包商负责,由承包商对设计进行支付。

这种方式的主要优点是:既可以保证业主对项目的总体要求,又可以保持设计工作的连贯性,还可以在施工详图设计阶段吸收承包商的施工经验,有利于加快工程进度、提高施工质量,还可以减少施工中设计的变更,由承包商更多地承担这一实施期间的风险管理,为业主方减轻了风险,后一阶段由承包商承担了全部设计建造责任,合同管理也比较容易操作。采用 NC 模式,业主方必须在前期对项目有一个周密的考虑,因为设计合同转移后,变更就会比较困难,此外,在新旧设计合同更替过程中要细心考虑责任和风险的重新分配,以免引起纠纷。

第四节　水利工程建设程序

水利水电工程的建设周期长,施工场面布置复杂,投资金额巨大,对国民经济的影响不容忽视。工程建设必须遵守合理的建设程序,才能顺利地按时完成工程建设任务,并且能够节省投资。

在计划经济时代,水利水电工程建设一直沿用自建自营模式。在国家总体计划安排下,建设任务由上级主管单位下达,建设资金由国家拨款。建设单位一般是上级主管单位、已建水电站、施工单位和其他相关部门抽调的工程技术人员和工程管理人员临时组建的工程筹备处或工程建设指挥部。在条块分割的计划经济体制下,工程建设指挥部除了负责工程建设外,还要平衡和协调各相关单位的关系和利益。工程建成后,工程建设指挥部解散。其中一部分人员转变为水电站运行管理人员,其余人员重新回到原单位。这种体制形成于新中国成立初期。那时候国家经济实力薄弱,建筑材料匮乏,技术人员稀缺。集中财力、物力、人力于国家重点工程,对于新中国成立后的经济恢复和繁荣起到了重要作用。随着国民经济的发展和经济体制的转型,原有的这种建设管理模式已经不能适应国民经济的迅速发展,甚至严重地阻碍了国民经济的健康发展。经过10多年的改革,终于在20世纪90年代后期初步建立了既符合社会主义市场经济运行机制,又与国际惯例接轨的新型建设管理体系。在这个体系中,形成了项目法人责任制、投标招标制和建设监理制三项基本制度。在国家宏观调控下,建立了"以项目法人责任制为主体,以咨询、科研、设计、监理、施工、物供为服务、承包体系"的建设项目管理体制。投资主体可以是国资,也可以是民营或合资,充分调动各方的积极性。

项目法人的主要职责是:负责组建项目法人在现场的管理机构;负责落实工程建设计划和资金进行管理、检查和监督;负责协调与项目相关的对外关系。工程项目实行招标投标,将建设单位和设计、施工企业推向市场,达到公平交易、平等竞争。通过优胜劣汰,优化社会资源,提高工程质量,节省工程投资。建设监理制度是借鉴国际上通行的工程管理模式。监理为业主提供费用控制、质量控制、合同管理、信息管理、组织协调等服务。在业主授权下,监理对工程参与者进行监督、指导、协调,使工程在法律、法规和合同的框架内进行。

水利工程建设程序一般分为项目建议书、可行性研究、初步设计、施工准备（包括投标设计）、建设实施、生产准备、竣工验收、后评价等阶段，见图4-1。根据国民经济总体要求，项目建议书在流域规划的基础上，提出工程开发的目标和任务，论证工程开发的必要性。可行性研究阶段，对工程进行全面勘测、设计，进行多方案比较，提出工程投资估算，对工程项目在技术上是否可行和经济上是否合理进行科学的论证和分析，提出可行性研究报告。项目评估由上级组织的专家组进行，全面评估项目的可行性和合理性。项目立项后，顺序进行初步设计、技术设计（招标设计）和技施设计，并进行主体工程的实施。工程建成后经过试运行期，即可投产运行。

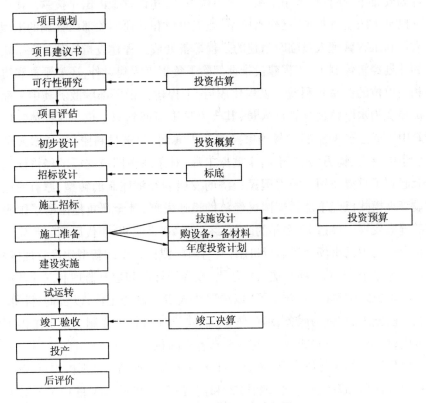

图4-1 基本建设程序流程图

第五节　水利工程施工组织

一、施工方案、设备的确定

在施工工程的组织设计方案研究中,施工方案的确定和设备及劳动力组合的安排和规划是重要的内容。

（一）施工方案选择原则

在具体施工项目的方案确定时,需要遵循以下几条原则。

（1）确定施工方案时尽量选择施工总工期时间短、项目工程辅助工程量小、施工附加工程量小、施工成本低的方案。

（2）确定施工方案时尽量选择先后顺序工作之间、土建工程和机电安装之间、各项程序之间互相干扰小、协调均衡的方案。

（3）确定施工方案时要确保施工方案选择的技术先进、可靠。

（4）确定施工方案时着重考虑施工强度和施工资源等因素,保证施工设备、施工材料、劳动力等需求之间处于均衡状态。

（二）施工设备及劳动力组合选择原则

在确定劳动力组合的具体安排以及施工设备的选择上,施工单位要尽量遵循以下几条原则。

1. 施工设备选择原则

施工单位在选择和确定施工设备时要注意遵循以下原则。

（1）施工设备尽可能地符合施工场地条件,符合施工设计和要求,并能保证施工项目保质保量地完成。

（2）施工项目工程设备要具备机动、灵活、可调节的性质,并且在使用过程中能达到高效低耗的效果。

（3）施工单位要事先进行市场调查,以各单项工程的工程量、工程强度、施工方案等为依据,确定何时的配套设备。

（4）尽量选择通用性强,可以在施工项目的不同阶段和不同工程活动中反复使用的设备。

（5）应选择价格较低,容易获得零部件的设备,尽量保证设备便于维护、维修、保养。

2. 劳动力组合选择原则

施工单位在选择和确定劳动力组合时要注意遵循以下原则。

(1)劳动力组合要保证生产能力可以满足施工强度要求。

(2)施工单位需要事先进行调查研究,确保劳动力组合能满足各个单项工程的工程量和施工强度。

(3)在选择配套设备的基础上,要按照工作面、工作班制、施工方案等确定最合理的劳动力组合,混合劳动力工种,实现劳动力组合的最优化。

二、主体工程施工方案

水利工程涉及多种工种,其中主体工程施工主要包括地基处理、混凝土施工、碾压式土石坝施工等。而各项主体施工还包括多项具体工程项目。本节重点研究在进行混凝土施工和碾压式土石坝施工时,施工组织设计方案的选择应遵循的原则。

(一)混凝土施工方案选择原则

混凝土施工方案选择主要包括混凝土主体施工方案选择、浇筑设备确定、模板选择、坝体选择等内容。

1.混凝土主体施工方案选择原则

在进行混凝土主体施工方案确定时,施工单位应该注意以下几部分的原则。

(1)混凝土施工过程中,生产、运输、浇筑等环节要保证衔接的顺畅和合理。

(2)混凝土施工的机械化程度要符合施工项目的实际需求,保证施工项目按质按量完成,并且能在一定程度上促进工程工期和进度的加快。

(3)混凝土施工方案要保证施工技术先进,设备配套合理,生产效率高。

(4)混凝土施工方案要保证混凝土可以得到连续生产,并且在运输过程中尽可能减少中转环节,缩短运输距离,保证温控措施可控、简便。

(5)混凝土施工方案要保证混凝土在初期、中期以及后期的浇筑强度可以得到平衡的协调。

(6)混凝土施工方案要尽可能保证混凝土施工和机电安装之间存在的相互干扰尽可能少。

2.混凝土浇筑设备选择原则

混凝土浇筑设备的选择要考虑多方面的因素,比如混凝土浇筑程序能否适应工程强度和进度、各期混凝土浇筑部位和高程与供料线路之间能否平衡协调等等。具体来说,在选择混凝土浇筑设备时,要注意以下几条原则。

（1）混凝土浇筑设备的起吊设备能保证对整个平面和高程上的浇筑部位形成控制。

（2）保持混凝土浇筑主要设备型号统一，确保设备生产效率稳定、性能良好，其配套设备能发挥主要设备的生产能力。

（3）混凝土浇筑设备要能在连续的工作环境中保持稳定的运行，并具有较高的利用效率。

（4）混凝土浇筑设备在工程项目中不需要完成浇筑任务的间隙可以承担起模板、金属构件、小型设备等的吊运工作。

（5）混凝土浇筑设备不会因为压块而导致施工工期的延误。

（6）混凝土浇筑设备的生产能力要在满足一般生产的情况下，尽可能满足浇筑高峰期的生产要求。

（7）混凝土浇筑设备应该具有保证混凝土质量的保障措施。

3. 模板选择原则

在选择混凝土模板时，施工单位应当注意以下原则。

（1）模板的类型要符合施工工程结构物的外形轮廓，便于操作。

（2）模板的结构形式应该尽可能标准化、系列化，保证模板便于制作、安装、拆卸。

（3）在有条件的情况下，应尽量选择混凝土或钢筋混凝土模板。

4. 坝体接缝灌浆设计原则

在坝体的接缝灌浆时应注意考虑以下几个方面。

（1）接缝灌浆应该发生在灌浆区及以上部位达到坝体稳定温度时，在采取有效措施的基础上，混凝土的保质期应该长于四个月。

（2）在同一坝缝内的不同灌浆分区之间的高度应该为 10～15 米。

（3）要根据双曲拱坝施工期来确定封拱灌浆高程，以及浇筑层顶面间的限定高度差值。

（4）对空腹坝进行封顶灌浆，火堆受气温影响较大的坝体进行接缝灌浆时，应尽可能采用坝体相对稳定且温度较低的设备进行。

（二）碾压式土石坝施工方案选择原则

在进行碾压式土石坝施工方案选择时，要事先对工程所在地的气候、自然条件进行调查，搜集相关资料，统计降水、气温等多种因素的信息，并分析它们可能对碾压式土石坝材料的影响程度。

1. 碾压式土石坝料场规划原则

在确定碾压式土石坝的料场时，应注意遵循以下原则。

（1）碾压式土石坝料场的料物物理学性质要符合碾压式土石坝坝体的用料要求,尽可能保证物料质地的统一。

（2）料场的物料应相对集中存放,总储量要保证能满足工程项目的施工要求。

（3）碾压式土石坝料场要保证有一定的备用料区,并保留一部分料场以供坝体合龙和抢拦洪高时使用。

（4）以不同的坝体部位为依据,选择不同的料场进行使用,避免不必要的坝料加工。

（5）碾压式土石坝料场最好具有剥离层薄、便于开采的特点,并且应尽量选择获得坝料效率较高的料场。

（6）碾压式土石坝料场应满足采集面开阔、料场运输距离短的要求,并且周围存在足够的废料处理场。

（7）碾压式土石坝料场应尽量少地占用耕地或林场。

2.碾压式土石坝料场供应原则

碾压式土石坝料场的供应应当遵循以下原则。

（1）碾压式土石坝料场的供应要满足施工项目的工程和强度需求。

（2）碾压式土石坝料场的供应要充分利用开挖渣料,通过高料高用、低料低用等措施保证料物的使用效率。

（3）尽量使用天然砂石料用作垫层、过滤和反滤,在附近没有天然砂石料的情况下,再选择人工料。

（4）应尽可能避免料物的堆放,如果避免不了,就将堆料场安排在坝区上坝道路上,并要保证防洪、排水等一系列措施的跟进。

（5）碾压式土石坝料场的供应尽可能减少料物和弃渣的运输量,保证料场平整,防止水土流失。

3.土料开采和加工处理要求

在进行土料开采和加工处理时,要注意满足以下要求。

（1）以土层厚度、土料物理学特征、施工项目特征等为依据,确定料场的主次并进行区分开采。

（2）碾压式土石坝料场土料的开采加工能力应能满足坝体填筑强度的需求。

（3）要时刻关注碾压式土石坝料场天然含水量的高低,一旦出现过高或过低的状况,要采用一定具体措施加以调整。

（4）如果开采的土料物理力学特性无法满足施工设计和施工要求,那么应选择对采用人工砾质土的可能性进行分析。

（5）对施工场地、料场输送线路、表土堆存场等进行统筹规划，必要情况下还要对还耕进行规划。

4.坝料上坝运输方式选择原则

在选择坝料上坝运输方式的过程中，要考虑运输量、开采能力、运输距离、运输费用、地形条件等多方面因素，具体来说，要遵循以下原则。

（1）坝料上坝运输方式要能满足施工项目填筑强度的需求。

（2）坝料上坝的运输在过程中不能和其他物料混掺，以免污染和降低料物的物理力学性能。

（3）各种坝料应尽量选用相同的上坝运输方式和运输设备。

（4）坝料上坝使用的临时设备应具有设施简易、便于装卸、装备工程量小的特点。

（5）坝料上坝尽量选择中转环节少、费用较低的运输方式。

5.施工上坝道路布置原则

施工上坝道路的布置应遵循以下原则。

（1）施工上坝道路的各路段要能满足施工项目坝料运输强度的需求，并综合考虑各路段运输总量、使用期限、运输车辆类型和气候条件等多项因素，最终确定施工上坝的道路布置。

（2）施工上坝道路要能兼顾当地地形条件，保证运输过程中不出现中断的现象。

（3）施工上坝道路要能兼顾其他施工运输，如施工期过坝运输等，尽量和永久公路相结合。

（4）在限制运输坡长的情况下，施工上坝道路的最大纵坡不能大于15%。

6.碾压式土石坝施工机械配套原则

确定碾压式土石坝施工机械的配套方案时应遵循以下原则。

（1）确定碾压式土石坝施工机械的配套方案要能在一定程度上保证施工机械化水平的提升。

（2）各种坝面作业的机械化水平应尽可能保持一致。

（3）碾压式土石坝施工机械的设备数量应该以施工高峰时期的平均强度进行计算和安排，并适当留有余地。

第六节　水利工程进度控制

一、概念

水利水电建设项目进度控制是指对水电工程建设各阶段的工作内容、工作秩序、持续时间和衔接关系。根据进度总目标和资源的优化配置原则编制计划，将该计划付诸实施，在实施的过程中经常检查实际进度是否按计划要求进行，对出现的偏差分析原因，采取补救措施或调整、修改原计划，直到工程竣工验收交付使用。进度控制的最终目的是确保项目进度目标的实现，水利水电建设项目进度控制的总目标是建设工期。

水利水电建设项目的进度受许多因素的影响，项目管理者需事先对影响进度的各种因素进行调查，预测他们对进度可能产生的影响，编制可行的进度计划，指导建设项目按计划实施。然而在计划执行过程中，必然会出现新的情况，难以按照原定的进度计划执行。这就要求项目管理者在计划的执行过程中，掌握动态控制原理，不断进行检查，将实际情况与计划安排进行对比，找出偏离计划的原因，特别是找出主要原因，然后采取相应的措施。措施的确定有两个前提：一是通过采取措施，维持原计划，使之正常实施；二是采取措施后不能维持原计划，要对进度进行调整或修正，再按新的计划实施。这样不断地计划、执行、检查、分析、调整计划的动态循环过程，就是进度控制。

二、影响进度因素

水利工程建设项目由于实施内容多、工程量大、作业复杂、施工周期长及参与施工单位多等特点，影响进度的因素很多，主要可归为人为因素，技术因素，项目合同因素，资金因素，材料、设备与配件因素，水文、地质、气象及其他环境因素，社会因素及一些难以预料的偶然突发因素等。

三、工程项目进度计划

工程项目进度计划可以分为进度控制计划、财务计划、组织人事计划、供应计划、劳动力使用计划、设备采购计划、施工图设计计划、机械设备使用计划、物资工程验收计划等。其中工程项目进度控制计划是编制其他计划的基础，其他计划是进度控制计划顺利实施的保证。施工进度计划是施工组织设计的重要组成部分,并规定了工程施工的顺序和速度。水利工程项目施工进度计划主要有两种:一是总进度计划,即对整个水利工程编制的计划,要求写出整个工程中各个单项工程的施工顺序和起止日期及主体工程施工前的准备工作和主体工程完工后的结尾工作的施工期限;二是单项工程进度计划,即对水利枢纽工程中主要工程项目,如大坝、水电站等组成部分进行编制的计划,写出单项工程施工的准备工作项目和施工期限,要求进一步从施工方法和技术供应等条件论证施工进度的合理性和可靠性,研究加快施工进度和降低工程成本的具体方法。

四、进度控制措施

进度控制的措施主要有组织措施、技术措施、合同措施、经济措施和信息措施。

(1)组织措施包括落实项目进度控制部门的人员、具体控制任务和职责分工;

项目分解、建立编码体系;确定进度协调工作制度,包括协调会议的时间、人员等;对影响进度目标实现的干扰和风险因素进行分析。

(2)技术措施是指采用先进的施工工艺、方法等,以加快施工进度。

(3)合同措施主要包括分段发包、提前施工以及合同期与进度计划的协调等。

(4)经济措施是指保证资金供应。

(5)信息管理措施主要是通过计划进度与实际进度的动态比较,收集有关进度的信息。

五、进度计划的检查和调整方法

在进度计划执行过程中,应根据现场实际情况不断进行检查,将检查结果进行分析,而后确定调整方案,这样才能充分发挥进度计划的控制功能,实现进度计划的动态控制。为此,进度计划执行中的管理工作包括:检查并掌握实际进度情况;分析产生进度偏差的主要原因;确定相应的纠偏措施或调整方法等3个方面。

(一)进度计划的检查

1.进度计划的检查方法

(1)计划执行中的跟踪检查。在网络计划的执行过程中,必须建立相应的检查制度,定时定期地对计划的实际执行情况进行跟踪检查,搜集反映实际进度的有关数据。

（2）搜集数据的加工处理。搜集反映实际进度的原始数据量大面广，必须对其进行整理、统计和分析，形成与计划进度具有可比性的数据，以便在网络图上进行记录。根据记录的结果可以分析判断进度的实际状况，及时发现进度偏差，为网络图的调整提供信息。

（3）实际进度检查记录的方式。

1）当采用时标网络计划时，可采用实际进度前锋线记录计划实际执行情况，进行实际进度与计划进度的比较。

实际进度前锋线是在原时标网络计划上，自上而下从计划检查时刻的时标点出发，用点画线依次将各项工作实际进度达到的前锋点连接成的折线。通过实际进度前锋线与原进度计划中的各项工作箭线交点的位置可以判断实际进度与计划进度的偏差。

2）当采用无时标网络计划时，可在图上直接用文字、数字、适当符号或列表记录计划的实际执行状况，进行实际进度与计划进度的比较。

2.网络计划检查的主要内容

（1）关键工作进度。

（2）非关键工作的进度及时差利用的情况。

（3）实际进度对各项工作之间逻辑关系的影响。

（4）资源状况。

（5）成本状况。

（6）存在的其他问题。

3.对检查结果进行分析判断

通过对网络计划执行情况检查的结果进行分析判断，可为计划的调整提供依据。一般应进行如下分析判断：

（1）对时标网络计划可利用绘制的实际进度前锋线，分析计划的执行情况及其发展趋势，对未来的进度做出预测、判断，找出偏离计划目标的原因及可供挖掘的潜力所在。

（2）对无时标网络计划可根据实际进度的记录情况对计划中未完的工作进行分析判断。

（二）进度计划的调整

进度计划的调整内容包括：调整网络计划中关键线路的长度、调整网络计划中非关键工作的时差、增（减）工作项目、调整逻辑关系、重新估计某些工作的持续时间、对资源的投入作相应调整。网络计划的调整方法如下。

1. 调整关键线路法

（1）当关键线路的实际进度比计划进度拖后时，应在尚未完成的关键工作中，选择资源强度小或费用低的工作缩短其持续时间，并重新计算未完成部分的时间参数，将其作为一个新的计划实施。

（2）当关键线路的实际进度比计划进度提前时，若不想提前工期，应选用资源占有量大或者直接费用高的后续关键工作，适当延长期持续时间，以降低其资源强度或费用；当确定要提前完成计划时，应将计划尚未完成的部分作为一个新的计划，重新确定关键工作的持续时间，按新计划实施。

2. 非关键工作时差的调整方法

非关键工作时差的调整应在其时差范围内进行，以便更充分地利用资源、降低成本或满足施工的要求。每一次调整后都必须重新计算时间参数，观察该调整对计划全局的影响，可采用以下几种调整方法：

（1）将工作在其最早开始时间与最迟完成时间范围内移动。

（2）延长工作的持续时间。

（3）缩短工作的持续时间。

3. 增减工作时的调整方法

增减工作项目时应符合这样的规定：不打乱原网络计划总的逻辑关系，只对局部逻辑关系进行调整；在增减工作后应重新计算时间参数，分析对原网络计划的影响。当对工期有影响时，应采取调整措施，以保证计划工期不变。

4. 调整逻辑关系

逻辑关系的调整只有当实际情况要求改变施工方法或组织方法时才可进行，调整时应避免影响原定计划工期和其他工作的顺利进行。

5. 调整工作的持续时间

当发现某些工作的原持续时间估计有误或实现条件不充分时，应重新估算其持续时间，并重新计算时间参数，尽量使原计划工期不受影响。

6. 调整资源的投入

当资源供应发生异常时，应采用资源优化方法对计划进行调整，或采取应急措施，使其对工期的影响最小。

网络计划的调整可以定期调整，也可以根据检查的结果随时调整。

第五章　施工导流

第一节　施工导流

施工导流是指在水利水电工程中为保证河床中水工建筑物干地施工而利用围堰围护基坑,并将天然河道河水导向预定的泄水道,向下游宣泄的工程措施。

一、全段围堰法导流

全段围堰法导流,就是在河床主体工程的上、下游各建一道断流围堰,使水流经河床以外的临时或永久泄水道下泄。在坡降很陡的山区河道上,若泄水建筑物出口处的水位低于基坑处河床高程时,也可不修建下游围堰。主体工程建成或接近建成时,再将临时泄水道封堵。这种导流方式又称为河床外导流或一次拦断法导流。

按照泄水建筑物的不同,全段围堰法一般又可划分为明渠导流、隧洞导流和涵管导流。

(一)明渠导流

明渠导流是在河岸或滩地上开挖渠道,在基坑上、下游修建围堰,使河水经渠道向下游宣泄。一般适用于河流流量较大、岸坡平缓或有宽阔滩地的平原河道,如图 5 – 1(a)所示。在规划时,应尽量利用有利条件以取得经济合理的效果。如利用当地老河道,或利用裁弯取直开挖明渠,或与永久建筑物相结合,埃及的阿斯旺坝就是利用了水电站的引水渠和尾水渠进行施工导流,如图 5 – 1(b)所示。目前导流流量最大的明渠为中国三峡工程导流明渠,其轴线长 3410.3m,断面为高低渠相结合的复式断面,最小底宽 350m,设计导流流量为 79000m³/s,通航流量为 20000 ~ 35000m³/s。

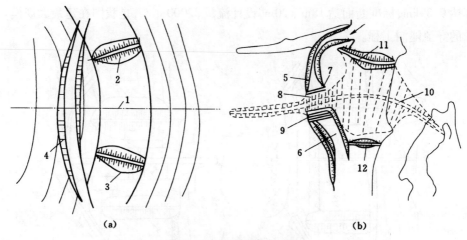

图 5 - 1　明渠导流示意图

(a)在岸坡上开挖的明渠;(b)利用水电站引水渠和尾水渠的导流明渠

1—水工建筑物轴线;2—上游围堰;3—下游围堰;4—导流明渠;5—电站引水渠;

6—电站尾水渠;7—电站进水口;8—电站引水隧洞;9—电站厂房;

10—大坝坝体;11—上游围堰;12—下游围堰

导流明渠的布置设计,一定要以保证水流顺畅、泄水安全、施工方便、缩短轴线及减少工程量为原则。明渠进、出口应与上下游水流平顺衔接,与河道主流的交角以 30°左右为宜;为保证水流畅通,明渠转弯半径应大于 5b(b 为渠底宽度);明渠进出上下游围堰之间要有适当的距离,一般以 50~100m 为宜,以防明渠进出口水流冲刷围堰的迎水面。此外,为减少渠中水流向基坑内入渗,明渠水面到基坑水面之间的最短距离宜大于(2.5~3.0)H(H 为明渠水面与基坑水面的高差,以 m 计)。同时,为避免水流紊乱和影响交通运输,导流明渠一般单侧布置。

此外,对于要求施工期通航的水利工程,导流明渠还应考虑通航所需的宽度、深度和长度的要求。

(二)隧洞导流

隧洞导流是在河岸山体中开挖隧洞,在基坑的上下游修筑围堰,一次性拦断河床形成基坑,保护主体建筑物干地施工,天然河道水流全部或部分由导流隧洞下泄的导流方式。这种导流方法适用于河谷狭窄、两岸地形陡峻、山岩坚实的山区河流,如图 5 - 2 所示。例如,××水利枢纽工程导流洞工程,级别为4 级,洞长约 572m、洞口净断面为 11m×13m,设计流量为 1750m³/s;×× 隧洞工程,标准断面宽×高为 17.5m×23m,两条洞长度分别为 1.03km 和 1.1km,设计流量 13500m³/s(图 5 - 3);金沙江溪洛渡导流隧洞工程,6 条隧洞总长度达 9.39km, 标准断面达 18m×20m, 设计流量 32000m³/s, 是我国在建最大规模的导流隧洞工程。

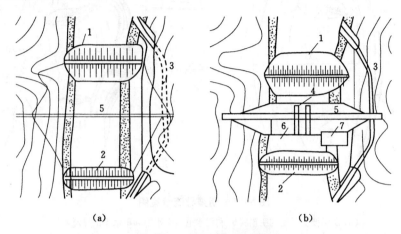

(a)   (b)

图 5 - 2　隧洞导流示意图

(a) 隧洞导流;(b) 隧洞导流并配合底孔宣泄汛期洪水

1—上游围堰;2—下游围堰;3—导流隧洞;4—底孔;

5—坝轴线;6—溢流坝段;7—水电站厂房

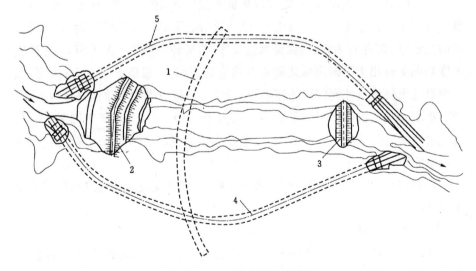

图 5 - 3　××水电站隧洞导流

1—混凝土拱坝;2—上游围堰;3—下游围堰;4—右导流隧洞;5—左导流隧洞

导流隧洞的布置,取决于地形、地质、枢纽布置以及水流条件等因素,具体要求与水工隧洞类似。但必须指出,为了提高隧洞单位面积的泄流能力、减小洞径,应注意改善隧洞的过流条件。隧洞进出口应与上下游水流平顺衔接,与河道主流的交角以 30°左右为宜;有条件时,隧洞最好布置成直线,若有弯道,

其转弯半径以大于 $5b$（b 为洞宽）为宜；否则，因离心力作用会产生横波，或因流线折断而产生局部真空，影响隧洞泄流，严重时还会危及隧洞安全。隧洞进出口与上下游围堰之间要有适当距离，一般宜大于 50m，以防隧洞进出口水流冲刷围堰的迎水面。

隧洞断面形式可采用方圆形、圆形或马蹄形，以方圆形居多。一般导流临时隧洞，若地质条件良好，可不做专门衬砌。为降低糙率，应进行光面爆破，以提高泄量，降低隧洞造价。

（三）涵管导流

涵管一般为钢筋混凝土结构。河水通过埋设在坝下的涵管向下游宣泄，如图 5－4 所示。

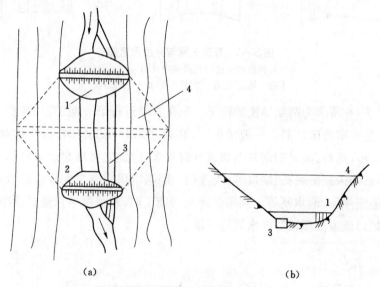

（a）　　　　　　　　　　（b）

图 5－4　涵管导流示意图

（a）平面图；（b）上游立视图

1—上游围堰；2—下游围堰；3—涵管；4—坝体

涵管导流适用于导流流量较小的河流或只用来负担枯水期的导流。一般在修筑土坝、堆石坝等工程中采用。涵管通常布置在河岸滩地上，其位置常在枯水位以上，这样可在枯水期不修围堰或只修小围堰而先将涵管筑好，然后再修上、下游断流围堰，将河水经涵管下泄。

涵管外壁和坝身防渗体之间易发生接触渗流，通常可在涵管外壁每隔一定距离设置截流环，以延长渗径，降低渗透坡降，减少渗流的破坏作用。此外，必须严格控制涵管外壁防渗体填料的压实质量。涵管管身的温度缝或沉陷缝中的止水也必须认真对待。

二、分段围堰法导流

分段围堰法导流,也称分期围堰导流,就是用围堰将水工建筑物分段分期围护起来进行施工的方法。分段就是将河床围成若干个干地施工基坑,分段进行施工。分期就是从时间上按导流过程划分施工阶段。段数分得越多,围堰工程量越大,施工也越复杂;同样,期数分得越多,工期有可能拖得越长。因此,在工程实践中,两段两期导流采用的最多,如图 5 - 5 所示。

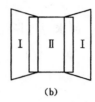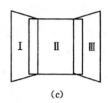

图 5 - 5　导流分期与分段示意图

(a)两段两期;(b)三段两期;(c)三段三期

Ⅰ——期基坑;Ⅱ—二期基坑;Ⅲ—三期基坑

图 5 - 6 所示为两期导流的例子。先在右岸进行第一期工程的施工,水流由左岸的束窄河床宣泄。一般情况下,在修建第一期工程时,为使水电站、船闸早日投入运行,满足初期发电和通航的要求,应优先考虑建造水电站、船闸,并在建造物内预留底孔、缺口等;或者在一期基坑里应有二期导流的泄水建筑物,如溢流坝段、泄水闸等。到第二期工程施工时,水流就可以通过船闸、预留底孔、缺口或溢流坝段等泄水通道下泄了。

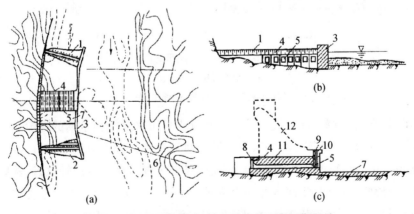

图 5 - 6　利用导流底孔、缺口导流的两段两期导流

(a)平面图;(b)下游立视图;(c)导流底孔纵断面图

1——期上游横向围堰;2——期下游横向围堰;3——一、二期纵向围堰;4—预留缺口;

5—导流底孔;6—二期上、下游围堰轴线;7—护坦;8—封堵闸门槽;9—工作闸门槽;

10—事故闸门槽;11—已浇筑的混凝土坝体;12—未浇筑的混凝土坝体

三、导流方式的选择

(一)选择导流方式的一般原则

导流方式的选择,应当是工程施工组织总设计的一部分。导流方式选择是否得当,不仅对于导流费用有重大影响,而且对整个工程设计、施工总进度和总造价都有重大影响。导流方式的选择一般遵循以下原则:

(1)导流方式应保证整个枢纽施工进度最快、造价最低。

(2)因地制宜,充分利用地形、地质、水文及水工布置特点选择合适的导流方式。

(3)应使整个工程施工有足够的安全度和灵活性。

(4)尽可能满足施工期国民经济各部门的综合利用要求,如通航、过鱼、供水等。

(5)施工方便,干扰小,技术上安全可靠。

(二)影响导流方案选择的主要因素

水利水电枢纽工程施工,从开工到完工往往不是采用单一的导流方式,而是几种导流方式组合起来配合运用,以取得最佳的技术经济效果。这种不同导流时段、不同导流方式的组合,通常称为导流方案。选择导流方案时应考虑的主要因素有以下几种:

(1)水文条件。河流的水文特性,在很大程度上影响着导流方式的选择。每种导流方式均有适用的流量范围。除了流量大小外,流量过程线的特征、冰情与泥沙也影响着导流方式的选择。

(2)地形、地质条件。前面已叙述过每种导流方式适用于不同的地形地质条件,如宽阔的平原河道,宜用分期或导流明渠导流,河谷狭窄的山区河道,常用隧洞导流。当河床中有天然石岛或沙洲时,采用分段围堰法导流,更有利于导流围堰的布置,特别是纵向围堰的布置。在河床狭窄、岸坡陡峻、山岩坚实的地区,宜采用隧洞导流。至于平原河道、河流的两岸或一岸比较平坦,或有河湾、老河道可资利用,则宜采用明渠导流。

(3)枢纽类型及布置。水工建筑物的形式和布置与导流方案的选择相互影响,因此,在决定水工建筑物型式和布置时,应该同时考虑并初步拟定导流方案,应充分考虑施工导流的要求。

分期导流方式适用于混凝土坝枢纽;而土坝枢纽因不宜分段填筑,且一般不允许溢流,故多采用全段围堰法。高水头水利枢纽的后期导流常需多种导流方式的组合,导流程序也较复杂。例如,狭窄处高水头混凝土坝前期导流可用隧洞,但后期导流则常利用布置在坝体不同高程的泄水孔过流;高水头土石坝的前后期导流,一般采用布置在两岸不同高程上的多层隧洞;如果枢纽中有永久泄水建筑物,如泄水闸、溢洪坝段、隧洞、涵管、底孔、引水渠等,应尽量加以利用。

(4)河流综合利用要求。施工期间,为了满足通航、筏运、供水、灌溉、生态保护或水电站运行等的要求,导流问题的解决更加复杂。在通航河道上,大都采用分段围堰法导流,要求河流在束窄以后,河宽仍能便于船只的通行,水深要与船只吃水深度相适应,束窄断面的最大流速一般不应超过 $2.0\text{m}^3/\text{s}$,特殊情况需与当地航运部门协商研究确定。

分期导流和明渠导流易满足通航、过木、过鱼、供水等要求。而某些峡谷地区的工程,为了满足过水要求,用明渠导流代替隧洞导流,这样又遇到了高边坡开挖和导流程序复杂化的问题,这就往往需要多方面比较各种导流方案的优缺点再选择。在施工中、后期,水库拦洪蓄水时要注意满足下游供水、灌溉用水和水电站运行的要求。而某些工程为了满足过鱼需要,还需建造专门的鱼道、鱼类增殖站或设置集鱼装置等。

(5)施工进度、施工方法及施工场地布置。水利水电工程的施工进度与导流方案密切相关。通常是根据导流方案安排控制性进度计划。在水利水电枢纽施工导流过程中,对施工进度起控制作用的关键性时段主要有导流建筑物的完工工期、截断河床水流的时间、坝体拦洪的期限、封堵临时泄水建筑物的时间以及水库蓄水发电的时间等,各项工程的施工方法和施工进度之间影响到各时段中导流任务的合理性和可能性。例如,在混凝土坝枢纽中,采用分段围堰法施工时若导流底孔没有建成,就不能截断河床水流和全面修建第二期围堰;若坝体没有达到一定高程和没有完成基础及坝身纵缝的接缝灌浆,就不能封堵底孔,水库也不能蓄水。因此,施工方法、施工进度与导流方案是密切相关的。

此外,导流方案的选择与施工场地的布置也相互影响。例如,在混凝土坝施工中,当混凝土生产系统布置在一岸时,宜采用全段围堰法导流。若采用分段围堰法导流,则应以混凝土生产系统所在的一岸作为第一期工程,因为这样两岸施工交通运输问题比较容易解决。

导流方案的选择受多种因素的影响。一个合理的导流方案,必须在周密研究各种影响因素的基础上,拟定几个可能的方案,并进行技术经济比较,从中选择技术经济指标优越的方案。

第二节　施工截流

一、截流方法

当泄水建筑物完成时,抓住有利时机,迅速实现围堰合龙,迫使水流经泄水建筑物下泄,称为截流。

截流工程是指在泄水建筑物接近完工时,即以进占方式自两岸或一岸建筑戗堤(作为围堰的一部分)形成龙口,并将龙口防护起来,待其他泄水建筑物完工以后,在有利时机,全力以最短时间将龙口堵住,截断河流。接着在围堰迎水面投抛防渗材料闭气,水即全部经泄水道下泄。在闭气同时,为使围堰能挡住当时可能出现的洪水,必须立即加高培厚围堰,使之迅速达到相应设计水位的高程以上。

截流工程是整个水利枢纽施工的关键,它的成败直接影响工程进度。如失败了,就可能使进度推迟一年。截流工程的难易程度取决于河道流量、泄水条件;龙口的落差、流速、地形地质条件;材料供应情况及施工方法、施工设备等因素。因此事先必须经过充分的分析研究,采取适当措施,才能保证截流施工中争取主动,顺利完成截流任务。

河道截流工程在我国已有千年以上的历史。在黄河防汛、海塘工程和灌溉工程上积累了丰富的经验,如利用捆厢帚、柴石枕、柴土枕、杩杈、排桩填帚截流,不仅施工方便速度快,而且就地取材,因地制宜,经济适用。新中国成立后,我国水利建设发展很快,江淮平原和黄河流域的不少截流堵口、导流堰工程多是采用这些传统方法完成的。此外,还广泛采用了高度机械化投块料截流的方法。

选择截流方式应充分分析水力学参数、施工条件和难度、抛投物数量和性质,并进行技术经济比较。截流方法包括以下几种。

(1)单戗立堵截流。简单易行,辅助设备少,较经济,适用于截流落差不超过 3.5m,但龙口水流能量相对较大,流速较高,需制备较多的重大抛投物料。

(2)双戗和多戗立堵截流。可分担总落差,改善截流难度,适用于截流落差大于 3.5m。

(3)建造浮桥或栈桥平堵截流。水力学条件相对较好,但造价高,技术复杂,一般不常选用。

(4)定向爆破截流、建闸截流等。只有在条件特殊、充分论证后方宜选用。

二、投抛块料截流

投抛块料截流是目前国内外最常用的截流方法,适用于各种情况,特别适用于大流量、大落差的河道上的截流。该法是在龙口投抛石块或人工块体(混凝土方块、混凝土四面体、铅丝笼、柳石枕、串石等)堵截水流,迫使河水经导流建筑物下泄。采用投抛块料截流,按不同的投抛合龙方法,截流可分为立堵、平堵、混合堵三种方法。

(一)立堵法

先在河床的一侧或两侧向河床中填筑截流戗堤,逐步缩窄河床,即进占;当河床束窄到一定的过水断面时即行停止(这个断面称为龙口),对河床及龙口戗堤端部进行防冲加固(护底及裹头);然后掌握时机封堵龙口,使戗堤合龙;最后为了解决戗堤的漏水,必须即时在戗堤迎水面设置防渗设施(闭气),如图5-7所示。整个截流过程包括进占、护底及裹头、合龙和闭气等项工作。截流之后,对戗堤加高培厚即修成围堰。

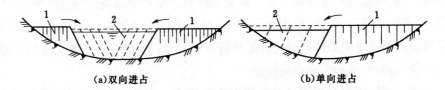

(a)双向进占　　　　　　　　　(b)单向进占

图5-7　立堵法截流

1—截流戗堤;2—龙口

(二)平堵法

如图5-8所示,平堵法截流是沿整个龙口宽度全线抛投,抛投料堆筑体全面上升,直至露出水面。为此,合龙前必须在龙口架设浮桥。由于它是沿龙口全宽均匀平层抛投,所以其单宽流量较小,出现的流速也较小,需要的单个抛投材料重量也较轻,抛投强度较大,施工速度较快,但有碍通航。

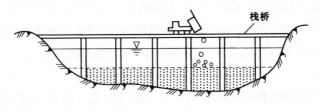

图5-8　平堵法截流

(三)混合堵

混合堵是指立堵结合平堵的方法。在截流设计时,可根据具体情况采用立堵与平堵相结合的截流方法,如先用立堵法进占,然后在龙口小范围内用平堵法截流;或先用船抛土石材料平堵法进占,然后再用立堵法截流。用得比较多的是首先从龙口两端下料保护戗堤头部,同时进行护底工程并抬高龙口底槛高程到一定高度,最后用立堵截断河流。平堵可以采用船抛,然后用汽车立堵截流。

三、爆破截流

(一)定向爆破截流

如果坝址处于峡谷地区,而且岩石坚硬,交通不便,岸坡陡峻,缺乏运输设备时,可利用定向爆破截流。我国某个水电站的截流就利用左岸陡峻岸坡设计设置了三个药包,一次定向爆破成功,堆筑方量 $6800m^3$,堆积高度平均 $10m$,封堵了预留的 $20m$ 宽龙口,有效抛掷率为 68% 。

(二)预制混凝土爆破体截流

为了在合龙关键时刻瞬间抛入龙口大量材料封闭龙口,除了用定向爆破岩石外,还可在河床上预先浇筑巨大的混凝土块体,合龙时将其支撑体用爆破法炸断,使块体落入水中,将龙口封闭。

采用爆破截流,虽然可以利用瞬时的巨大抛投强度截断水流,但因瞬间抛投强度很大,材料入水时会产生很大的挤压波,巨大的波浪可能使已修好的戗堤遭到破坏,并会造成下游河道瞬间断流。此外,定向爆破岩石时,还需校核个别飞石距离,空气冲击波和地震的安全影响距离。

四、下闸截流

人工泄水道的截流,常在泄水道中预先修建闸墩,最后采用下闸截流。天然河道中,有条件时也可设截流闸,最后下闸截流,三门峡鬼门河泄流道就曾采用这种方式,下闸时最大落差达 $7.08m$,历时 30 余小时;神门岛泄水道也曾考虑下闸截流,但闸墩在汛期被冲倒,后来改为管柱拦石栅截流。

除以上方法外,还有一些特殊的截流合龙方法,如木笼、钢板桩、草土、杩搓堰截流、埽工截流、水力冲填法截流等。

综上所述,截流方式虽多,但通常多采用立堵、平堵或混合堵截流方式。截流设计中,应充分考虑影响截流方式选择的条件,拟定几种可行的截流方式,通过对水文气象条件、地形地质条件、综合利用条件、设备供应条件、经济指标等进行全面分析,经技术比较选定最优方案。

五、截流时间和设计流量的确定

(一)截流时间的选择

截流时间应根据枢纽工程施工控制性进度计划或总进度计划决定,至于时段选择,一般应考虑以下原则,经过全面分析比较而定。

(1)尽可能在较小流量时截流,但必须全面考虑河道水文特性和截流应完成的各项控制工程量,合理使用枯水期。

(2)对于具有通航、灌溉、供水、过木等特殊要求的河道,应全面兼顾这些要求,尽量使截流对河道的综合利用的影响最小。

(3)有冰冻河流,一般不在流冰期截流,避免截流和闭气工作复杂化,如特殊情况必须在流冰期截流时应有充分论证,并有周密的安全措施。

(二)截流设计流量的确定

一般设计流量按频率法确定,根据已选定截流时段,采用该时段内一定频率的流量作为设计流量。当水文资料系列较长,河道水文特性稳定时,可应用这种方法。至于预报法,因当前的可靠预报期较短,一般不能在初步设计中应用,但在截流前夕有可能根据预报流量适当修改设计。在大型工程截流设计中,通常多以选取一个流量为主,再考虑较大、较小流量出现的可能性,用几个流量进行截流计算和模型试验研究。对于有深槽和浅滩的河道,如分流建筑物布置在浅滩上,对截流的不利条件,要特别进行研究。

六、截流戗堤轴线和龙口位置的选择方法

(一)戗堤轴线位置选择

通常截流戗堤是土石横向围堰的一部分,应结合围堰结构和围堰布置统一考虑。单戗截流的戗堤可布置在上游围堰或下游围堰中非防渗体的位置。如果戗堤靠近防渗体,在二者之间应留足闭气料或过渡带的厚度,同时应防止合龙时的流失料进入防渗体部位,以免在防渗体底部形成集中漏水通道。为了在合龙后能迅速闭气并进行基坑抽水,一般情况下将单戗堤布置在上游围堰内。

当采用双戗多戗截流时,戗堤间距满足一定要求,才能发挥每条戗堤分担落差的作用。如果围堰底宽不太大,上、下游围堰间距也不太大时,可将两条戗堤分别布置在上、下游围堰内,大多数双戗截流工程都是这样做的。如果围堰底宽很大,上、下游间距也很大,可考虑将双戗布置在一个围堰内。当采用

多仓时,一个围堰内通常也需布置两条仓堤,此时,两仓堤间均应有适当间距。

在采用土石围堰的一般情况下,均将截仓堤布置在围堰范围内。但是也有仓堤不与围堰相结合的,仓堤轴线位置选择应与龙口位置相一致。如果围堰所在处的地质、地形条件不利于布置仓堤和龙口,而仓堤工程量又很小,则可能将截流仓堤布置在围堰以外。龚嘴工程的截流仓就布置在上、下游围堰之间,而不与围堰相结合。由于这种仓堤多数均需拆除,因此,采用这种布置时应有专门论证。选择平堵截流仓堤轴线的位置时,应考虑便于抛石桥的架设。

(二)龙口位置选择

选择龙口位置时,应着重考虑地质、地形条件及水力条件。从地质条件来看,龙口应尽量选在河床抗冲刷能力强的地方,如岩基裸露或覆盖层较薄处,这样可避免合龙过程中的过大冲刷,防止仓堤突然塌方失事。从地形条件来看,龙口河底不宜有顺流流向陡坡和深坑。如果龙口能选在底部基岩面粗糙、参差不齐的地方,则有利于抛投料的稳定。另外,龙口周围应有比较宽阔的场地,离料场和特殊截流材料堆场的距离近,便于布置交通道路和组织高强度施工,这一点也是十分重要的。从水力条件来看,对于有通航要求的河流,预留龙口一般均布置在深槽主航道处,有利于合龙前的通航,至于对龙口的上、下游水流条件的要求,以往的工程设计中有两种不同的见解:一种认为龙口应布置在浅滩,并尽量造成水流进出龙口折冲和碰撞,以增大附加壅水作用;另一种认为进出龙口的水流应平直顺畅,因此可将龙口设在深槽中。实际上,这两种布置各有利弊,前者进口处的强烈侧向水流对仓堤端部抛投料的稳定不利,由龙口下泄的折冲水流易对下游河床和河岸造成冲刷。后者的主要问题是合龙段仓堤高度大,进占速度慢,而且深槽中水流集中,不易创造较好的分流条件。

(三)龙口宽度

龙口宽度主要根据水力计算而定,对于通航河流,决定龙口宽度时应着重考虑通航要求,对于无通航要求的河流,主要考虑仓堤预进占所使用的材料及合龙工程量的大小。形成预留龙口前,通常均使用一般石渣进占,根据其抗冲流速可计算出相应的龙口宽度。另一方面,合龙是高强度施工,一般合龙时间不宜过长,工程量不宜过大。当此要求与预进占材料允许的束窄度有矛盾时,也可考虑提前使用部分大石块,或者尽量提前分流。

(四)龙口护底

对于非岩基河床,当覆盖层较深,抗冲能力小,截流过程中为防止覆盖层被冲刷,一般在整个龙口部位或困难区段进行平抛护底,防止截流料物流失量过大。对于岩基河床,有时为了减轻截流难度,增大河床糙率,也抛投一些料物护底并形成拦石坎。计算最大块体时应按护底条件选择稳定系数。

以葛洲坝工程为例,预先对龙口进行护底,保护河床覆盖层免受冲刷,减少合龙工程量。护底的作用还可增大糙率,改善抛投的稳定条件,减少龙口水深。根据水工模型试验,经护底后,25t混凝土四面体有97%稳定在戗堤轴线上游,如不护底,则仅有62%稳定。此外,通过护底还可以增加戗堤端部下游坡脚的稳定,防止塌坡等事故的发生。对护底的结构型式,曾比较了块石护底、块石与混凝土块组合护底及混凝土块拦石坎护底三个方案。块石护底主要用粒径0.4~1.0m的块石,模型试验表明,此方案护底下面的覆盖层有掏刷,护底结构本身也不稳定;块石与混凝土块组合护底是由0.4~0.7m的块石和15t混凝土四面体组成,这种组合结构是稳定的,但水下抛投工程量大;混凝土块拦石坎护底是在龙口困难区段一定范围内预抛大型块体形成潜坝,从而起到拦阻截流抛投料物流失的作用。混凝土块拦石坎护底,工程量较小而效果显著,影响航运较少,且施工简单,经比较选用钢架石笼与混凝土预制块石的拦石坎护底。在龙口120m困难段范围内,以17t混凝土五面体在龙口上侧形成拦石坎,然后用石笼抛投下游侧形成压脚坎,用以保护拦石坎。龙口护底长度视截流方式而定对平堵截流,一般经验认为紊流段均需防护,护底长度可取相应于最大流速时最大水深的3倍。

对于立堵截流护底长度主要视水跃特性而定。根据苏联经验,在水深20m以内戗堤线以下护底长度一般可取最大水深的3~4倍,轴线以上可取2倍,即总护底长度可取最大水深的5~6倍。葛洲坝工程上、下游护底长度各为25m,约相当于2.5倍的最大水深,即总长度约相当于5倍最大水深。

龙口护底是一种保护覆盖层免受冲刷,降低截流难度,提高抛投料稳定性及防止戗堤头部坍塌的行之有效的措施。

第三节 施工排水

一、基坑排水

基坑排水工作按排水时间及性质,一般可分为:①基坑开挖前的排水,包括基坑积水、基坑积水排除过程中围堰及基坑的渗水和降水的排除;②基坑开挖及建筑物施工过程中的经常性排水,包括围堰和基坑的渗水、降水、地基岩石冲洗及混凝土养护用废水的排除等。

（一）初期排水

基坑积水主要是指围堰闭气后存于基坑内的水体，还要考虑排除积水过程中从围堰及地基渗入基坑的水量和降雨。初期排水的流量是选择水泵数量的主要依据，应根据地质情况、工期长短、施工条件等因素确定。初期排水流量可按下式估算：

$$Q = kV/T(\text{m}^3/\text{h}) \tag{5-1}$$

式中　Q——初期排水流量，m^3/s；

　　　V——基坑积水的体积，m^3；

　　　k——积水系数，考虑了围堰、基坑渗水和可能降雨的因素，对于中小型工程，取 $K = 2 \sim 3$；

　　　T——初期排水时间，s。

初期排水时间与积水深度和允许的水位下降速度有关。如果水位下降太快，围堰边坡土体的动水压力过大，容易引起坍坡；如水位下降太慢，则影响基坑开挖工期。基坑水位下降的速度一般控制在 $0.5 \sim 1.5\text{m/d}$ 为宜。在实际工程中，应综合考虑围堰型式、地基特性及基坑内水深等因素而定。对于土围堰，水位下降速度应小于 0.5m/d。

根据初期排水流量即可确定水泵工作台数，并考虑一定的备用量。水利水电工地常用离心泵或潜水泵。为了运用方便，可选择容量不同的水泵，组合使用。水泵站一般布置成固定式或移动式两种，当基坑水深较大时，采用移动式。

（二）经常性排水

当基坑积水排除后，立即转入经常性排水。对于经常性排水，主要是计算基坑渗流量，确定水泵工作台数，布置排水系统。

1. 排水系统布置

经常性排水通常采用明式排水，排水系统包括排水干沟、支沟和集水井等。一般情况下，排水系统分为两种情况，一种是基坑开挖中的排水（图 5-9），另一种是建筑物施工过程中的排水（图 5-10）。前者是根据土方分层开挖的要求，分次下降水位，通过不断降低排水沟高程，使每一个开挖土层呈干燥状态。排水系统排水沟通常布置在基坑中部，以利两侧出土；当基坑较窄时，将排水干沟布置在基坑上游侧，以利于截断渗水。沿干沟垂直方向设置若干排水支沟。基础范围外布置集水井，井内安设水泵，渗水进入支沟后汇入干沟，再流入集水井，由水泵抽出坑外。后者排水目的是控制水位低于坑底高程，保证施工在干地条件下进行。排水沟通常布置在基坑四周,离开基础轮廓线不小于 $0.3 \sim 1.0m$。集水井离基坑外缘之距离必须大于集水井深度。排水沟的底坡一般不小于 0.002,底宽不小于 $0.3m$,沟深为:干沟 $1.0 \sim 1.5m$,支沟为 $0.3 \sim 0.5m$。集水井的容积应保证当水泵停止运转 $10 \sim 15min$ 井内的水量不致漫溢。井底应低于排水干沟底 $1 \sim 2m$。

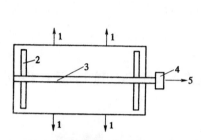

图 5 - 9 基坑开挖过程中的
排水系统布置
1—运土方向;2—支沟;
3—干沟;4—集水井;5—抽水

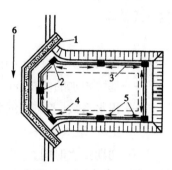

图 5 - 10 修建建筑物时基坑
排水系统布置
1—围堰;2—集水井;3—排水沟;
4—建筑物轮廓;5—排水沟水流方向;6—河流

2.经常性排水流量

经常性排水主要排除基坑和围堰的渗水,还应考虑排水期间的降雨、地基冲洗和混凝土养护弃水等。这里仅介绍渗流量估算方法。

(1)围堰渗流量。透水地基上均匀土围堰,每 m 堰长渗流量 q 的计算按水工建筑物均质土坝渗流计算方法。

(2)基坑渗流量。由于基坑情况复杂,计算结果不一定符合实际情况,应用试抽法确定。近似计算时可采用表 5 - 1 所列参数。

表 5 - 1 地基渗流量　　　　　[单位: $m^3/(h \cdot m \cdot m^2)$]

地基类别	含有淤泥粘土	细砂	中砂	粗砂	砂砾石	有裂缝的岩石
渗流量 q	0.1	0.16	0.27	0.3	0.35	$0.05 \sim 0.10$

降雨量按在抽水时段最大日降水量在当天抽干计算;施工弃水包括基岩冲洗与混凝土养护用水,两者不同时发生,按实际情况计算。

排水水泵根据流量及扬程选择,并考虑一定的备用量。

(三)人工降低地下水位

在经常性排水中,采用明排法,由于多次降低排水沟和集水井高程,变换水泵站位置,不仅影响开挖工作正常进行,还会在细砂、粉砂及砂壤土地基开挖中,因渗透压力过大而引起流砂、滑坡和地基隆起等事故,对开挖工作产生不利影响。采用人工降低地下水位措施可以克服上述缺点。人工降低地下水位,就是在基坑周围钻井,地下水渗入井中,随即被抽走,使地下水位降至基坑底部以下,整个开挖部分土壤呈干燥状态,开挖条件大为改善。

人工降低地下水位方法,按排水原理分为管井法和井点法两种。

1. 管井法

管井法就是在基坑周围或上下游两侧按一定间距布置若干单独工作的井管,地下水在重力作用下流入井内,各井管布置一台抽水设备,使水面降至坑底以下。

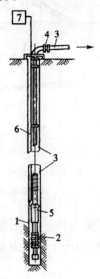

管井法适用于基坑面积较小,土的渗透系数较大($K = 10 \sim 250\text{m/d}$)的土层。当要求水位下降不超过7m 时,采用普通离心泵;在要求大幅度降低地下水位的深井中抽水时,最好采用专用的离心式深井水泵(图5 - 11)。

管井由井管、滤水管、沉淀管及周围反滤层组成。地下水从滤水管进入井管,水中泥砂沉淀在沉淀管中。滤水管可采用带孔的钢管,外包滤网;井管可采用钢管或无砂混凝土管,后者采用分节预制,套接而成。每节长 1m,壁厚为 $4 \sim 6\text{cm}$,直径一般为 $30 \sim 40\text{cm}$。管井间

图 5 - 11　深井水泵
管井装置
1—管井;2—水泵;
3—压力管;4—阀门;
5—电动机;6—电缆;
7—配电盘

距应满足在群井共同抽水时,地下水位最高点低于坑底,一般取 $15 \sim 25\text{m}$。

2. 井点法

当土壤的渗透系数 $k < 1\text{m/d}$ 时,用管井法排水,井内水会很快被抽干,水泵经常中断运行,既不经济,抽水效果又差,这种情况下,采用井点法较为合适。井点法适宜于渗透系数为 $0.1 \sim 50\text{m/d}$ 的土壤。井点的类型的轻型井点、喷射井点和电渗井点三种,比较常用的是轻型井点。

轻型井点由井管、集水管、普通离心泵、真空泵和集水箱等设备组成的排水系统,如图 5 - 12 所示。

轻型井点的井管直径为 $38 \sim 50\text{mm}$,采用无缝钢管,管的间距为 $0.8 \sim 1.6\text{m}$,最大可达 3.0m。地下水从井管底部的滤水管内借真空泵和水泵的抽吸作用流入管内,沿井管上升汇入集水管,再流入集水箱,由水泵抽出。

轻型井点系统开始工作时,先开动真空泵排出系统内的空气,待集水箱内

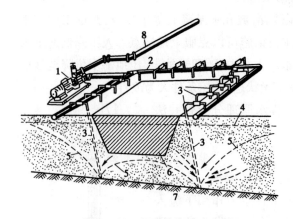

图5-12　轻型井点排水布置

1—带真空泵和集水箱的离心式水泵；2—集水总管；
3—井管；4—原地下水位；5—排水后水面降落曲线；
6—基坑；7—不透水层；8—排水管

水面上升到一定高度时，再启动水泵抽水。如果系统内真空不够，仍需真空泵配合工作。

井点排水时，地下水位下降的深度取决于集水箱内的真空值和水头损失。一般集水箱的真空值为 400～500mmHg 柱。

当地下水位要求降低值大于 4～5m 时，则需分层降落，每层井点控制 3～4m。但分层数应小于三层为宜。因层数太多，坑内管路纵横交错，妨碍交通，影响施工；且当上层井点发生故障时，由于下层水泵能力有限，造成地下水位回升，严重时导致基坑淹没。

第四节　导流验收

根据 SL 223—2008《水利水电建设工程验收规程》，枢纽工程在导（截）流前，应由项目法人提出验收申请，竣工验收主持单位或其委托单位主持对其进行阶段验收。

阶段验收委员会由验收主持单位、质量和安全监督机构、工程项目所在地水利（务）机构、运行管理单位的代表以及有关专家组成，可邀请地方人民政府以及有关部门参加。

大型工程在阶段验收前，验收主持单位根据工程建设需要，成立专家组，先进行技术预验收。如工程实施分期导（截）流时，可分期进行导（截）流验收。

一、验收条件

（1）导流工程已基本完成，具备过流条件，投入使用（包括采取措施后）不影响其他未完工程继续施工。

（2）满足截流要求的水下隐蔽工程已完成。

（3）截流设计已获批准，截流方案已编制完成，并做好各项准备工作。

（4）工程度汛方案已经有管辖权的防汛指挥部门批准，相关措施已落实。

（5）截流后壅高水位以下的移民搬迁安置和库底清理已完成并通过验收。

（6）有航运功能的河道，碍航问题已得到解决。

二、验收内容

（1）检查已完成的水下工程、隐蔽工程、导（截）流工程是否满足导（截）流要求。

（2）检查建设征地、移民搬迁安置和库底清理完成情况。

（3）审查导（截）流方案，检查导（截）流措施和准备工作落实情况。

（4）检查为解决碍航等问题而采取的工程措施落实情况。

（5）鉴定与截流有关已完工程施工质量。

（6）对验收中发现的问题提出处理意见。

（7）讨论并通过阶段验收鉴定书。

三、验收程序

（1）现场检查工程建设情况及查阅有关资料。

（2）召开大会：

1）宣布验收委员会组成人员名单。

2）检查已完工程的形象面貌和工程质量。

3）检查在建工程的建设情况。

4）检查后续工程的计划安排和主要技术措施落实情况，以及是否具备施工条件。

5）检查拟投入使用工程是否具备运行条件。

6）检查历次验收遗留问题的处理情况。

7）鉴定已完工程施工质量。

8）对验收中发现的问题提出处理意见。

9）讨论并通过阶段验收鉴定书。

10）验收委员会委员和被验收单位代表在验收鉴定书上签字。

四、验收鉴定书

导（截）流验收的成果文件是主体工程投入使用验收鉴定书，它是主体工程投入使用运行的依据，也是施工单位向项目法人交接、项目法人向运行管理单位移交的依据。

自验收鉴定书通过之日起 30 个工作日内,验收主持单位发送各参验单位。

第五节　围堰拆除

围堰是临时建筑物,导流任务完成后,应按设计要求拆除,以免影响永久建筑物的施工及运转。如在采用分段围堰法导流时,第一期横向围堰的拆除,如果不合要求,势必会增加上、下游水位差,从而增加截流工作的难度,增大截流料物的质量及数量。这类教训在国内外有不少,如苏联的伏尔谢水电站截流时,上、下游水位差是 1.88m,其中由于引渠和围堰没有拆除干净造成的水位差就有 1.73m。又如下游围堰拆除不干净,会抬高尾水位,影响水轮机的利用水头,如浙江省富春江水电站曾受此影响,降低了水轮机出力,造成不应有的损失。

土石围堰相对来说断面较大,拆除工作一般是在运行期限的最后一个汛期过后,随上游水位的下降,逐层拆除围堰的背水坡和水上部分。葛洲坝一期土石围堰的拆除程序如图 5-13 所示。但必须保证依次拆除后所残留的断面能继续挡水和维持稳定,以免发生安全事故,使基坑过早淹没,影响施工。土石围堰的拆除一般可用挖土机或爆破开挖等方法。

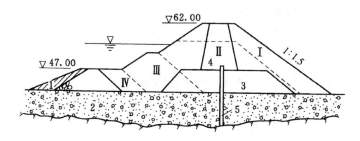

图 5-13　葛洲坝一期土石围堰的拆除程序图
1—黏土斜墙;2—覆盖层;3—堆渣;4—心墙;5—防渗墙

钢板桩格型围堰的拆除,首先要用抓斗或吸石器将填料清除,然后用拔桩机起拔钢板桩。混凝土围堰的拆除,一般只能用爆破法炸除,但应注意,必须使主体建筑物或其他设施不受爆破危害。

一、控制爆破

控制爆破是为达到一定预期目的的爆破。如定向爆破、预裂爆破、光面爆破、岩塞爆破、微差控制爆破、拆除爆破、静态爆破、燃烧剂爆破等。

（一）定向爆破

定向爆破是一种加强抛掷爆破技术，它利用炸药爆炸能量的作用，在一定的条件下，可将一定数量的土岩经破碎后按预定的方向抛掷到预定地点，形成具有一定质量和形状的建筑物或开挖成一定断面的渠道。

在水利水电工程建设中，可以用定向爆破技术修筑土石坝、围堰、截流戗堤以及开挖渠道、溢洪道等。在一定条件下，采用定向爆破方法修建上述建筑物，较之用常规方法可缩短施工工期、节约劳力和资金。

定向爆破主要是使抛掷爆破最小抵抗线方向符合预定的抛掷方向，并且在最小抵抗线方向事先造成定向坑，利用空穴聚能效应集中抛掷，这是保证定向的主要手段。造成定向坑的方法，在大多数情况下，都是利用辅助药包，让它在主药包起爆前先爆，形成一个起走向坑作用的爆破漏斗。如果地形有天然的凹面可以利用，也可不用辅助药包。

图5-14（a）为用定向爆破堆筑堆石坝。药包设在坝顶高程以上的岸坡上。根据地形情况，可从一岸爆破或两岸爆破。图5-14（b）为定向爆破开挖渠道。在渠底埋设边行药包和主药包。边行药包先起爆，主药包的最小抵抗线就指向两边，在两边岩石尚未下落时起爆主药包，中间岩体就连同原两边爆起的岩石一起抛向两岸。

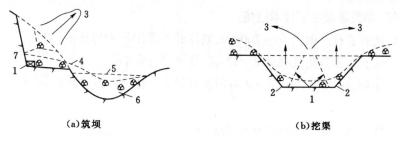

（a）筑坝　　　　　　　　　　　　（b）挖渠

图5-14　定向爆破筑坝挖渠示意图

1—主药包；2—边行药包；3—抛掷方向；4—堆积体；5—筑坝；6—河床；7—辅助药包

（二）预列爆破

进行石方开挖时，在主爆区爆破之前沿设计轮廓线先爆出一条具有一定宽度的贯穿裂缝，以缓冲、反射开挖爆破的振动波，控制其对保留岩体的破坏影响，使之获得较平整的开挖轮廓，此种爆破技术为预裂爆破。预烈爆破布置图如图 5 - 15 所示。

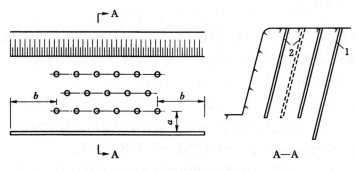

图 5 - 15　预裂爆破布置图

1—预裂缝;2—爆破孔

在水利水电工程施工中,预裂爆破不仅在垂直、倾斜开挖壁面上得到广泛应用;在规则的曲面、扭曲面以及水平建基面等也采用预裂爆破。

(1)预裂爆破要求

1)预裂缝要贯通且在地表有一定开裂宽度。对于中等坚硬岩石,缝宽不宜小于 1.0cm;坚硬岩石缝宽应达到 0.5cm 左右;但在松软岩石上缝宽达到 1.0cm 以上时,减振作用并未显著提高,应多做些现场试验,以利总结经验。

2)预裂面开挖后的不平整度不宜大于 15cm。预裂面不平整度通常是指预裂孔所形成之预裂面的凹凸程度,它是衡量钻孔和爆破参数合理性的重要指标,可依此验证、调整设计数据。

3)预裂面上的炮孔痕迹保留率应不低于 80% ,且炮孔附近岩石不出现严重的爆破裂隙。

(2)预裂爆破主要技术措施

1)炮孔直径一般为 50 ~ 200mm,对深孔宜采围较大的孔径。

2)炮孔间距宜为孔径的 8 ~ 12 倍,坚硬岩石取小值。

3)不耦合系数(炮孔直径 d 与药卷直径 d_0 的比值)建议取 2 ~ 4,坚硬岩石取小值。

4)线装药密度一般取 250 ~ 400g/m。

5)药包结构形式,目前较多的是将药卷分散绑扎在传爆线上(图 5 - 16)。分散药卷的相邻间距不宜大于 50cm,且不大于药卷的殉爆距离。考虑到孔底的夹制作用较大,底部药包应加强,约为线装药密度的 2 ~ 5 倍。

6)装药时距孔口 1m 左右的深度内不要装药,可用粗砂填塞,不必捣实。填塞段过短,容易形成漏斗,过长则不能出现裂缝。

(三)光面爆破

光面爆破也是控制开挖轮廓的爆破方法之一,如图5－17所示。它与预裂爆破的不同之处在于光面爆孔的爆破是在开挖主爆孔的药包爆破之后进行。它可以使爆裂面光滑平顺,超欠挖均很少,能近似形成设计轮廓要求的爆破。光面爆破一般多用于地下工程的开挖,露天开挖工程中用得比较少,只是在一些有特殊要求或者条件有利的地方使用。

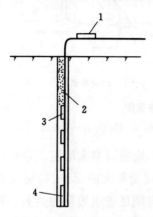

图5－16　预裂爆破装药结构图

1—雷管;2—导爆索;

3—药包;4—底部加强药包

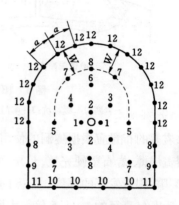

图5－17　光面爆破布孔图

1～12—炮孔孔段编号

光面爆破的要领是孔径小、孔距密、装药少、同时爆。

光面爆破主要参数的确定:

(1)炮孔直径宜在50mm以下。

(2)最小抵抗线W通常采用1～3m,或用下式计算:

$$W = (7 \sim 20)D \qquad (5-2)$$

(3)炮孔间距a。

$$a = (0.6 \sim 0.8)W \qquad (5-3)$$

(4)单孔装药量。用线装药密度Q_x表示,即

$$Q_x = KaW \qquad (5-4)$$

式中　　D——炮孔直径;

　　　　K——单位耗药量。

(四)岩塞爆破

岩塞爆破系一种水下控制爆破。当在已成水库或天然湖泊内取水发电、灌溉、供水或泄洪时,为修建隧洞的取水工程,避免在深水中建造围堰,采用岩塞爆破是一种经济而有效的方法。它的施工特点是先从引水隧洞出口开挖,

直到掌子面到达库底或湖底邻近,然后预留一定厚度的岩塞,待隧洞和进口控制闸门井全部建完后,一次将岩塞炸除,使隧洞和水库连通。岩塞布置如图5 - 18所示。

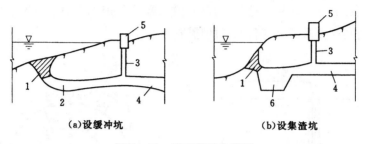

（a）设缓冲坑　　　　　　　　　　（b）设集渣坑

图 5 - 18　岩塞爆破布置图

1—岩塞;2—缓冲坑;3—闸门井;4—引水隧洞;5—操纵室;6—集渣坑

岩塞的布置应根据隧洞的使用要求、地形、地质因素来确定。岩塞宜选择在覆盖层薄、岩石坚硬完整,且层面与进口中线交角大的部位,特别应避开节理、裂隙、构造发育的部位。岩塞的开口尺寸应满足进水流量的要求。岩塞厚度应为开口直径的 1 ~ 1.5 倍。太厚难于一次爆通,太薄则不安全。

水下岩塞爆破装药量计算,应考虑岩塞上静水压力的阻抗,用药量应比常规抛掷爆破药量增大 20% ~ 30%。为了控制进口形状,岩塞周边采用预裂爆破以减震防裂。

（五）微差控制爆破

微差控制爆破是一种应用特制的毫秒延期雷管,以毫秒级时差顺序起爆各个（组）药包的爆破技术。其原理是把普通齐发爆破的总炸药能量分割为多数较小的能量,采取合理的装药结构,最佳的微差间隔时间和起爆顺序,为每个药包创造多面临空条件,将齐发大量药包产生的地震波变成一长串小幅值的地震波,同时各药包产生的地震波相互干涉,从而降低地震效应,把爆破震动控制在给定水平之下。爆破布孔和起爆顺序有成排顺序式、排内间隔式（又称 V 形式）、对角式、波浪式、径向式等（图 5 - 19）,或由它组合变换成的其他形式,其中以对角式效果最好,成排顺序式最差。采用对角式时,应使实际孔距与抵抗线比大于 2.5 以上,对软石可为 6 ~ 8;相同段爆破孔数根据现场情况和一次起爆的允许炸药量而确定装药结构,一般采用空气间隔装药或孔底留空气柱的方式,所留空气间隔的长度通常为药柱长度的 20% ~ 35% 左右。间隔装药可用导爆索或电雷管齐发或孔内微差引爆,后者能更有效降震,爆破采用毫秒延迟雷管。最佳微差间隔时间一般取 $(3 ~ 6)W$,刚性大的岩石取下限。

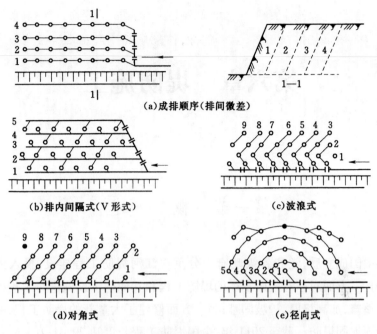

（a）成排顺序（排间微差）

（b）排内间隔式（V 形式）

（c）波浪式

（d）对角式

（e）径向式

图 5-19　微差控制爆破起爆形式及顺序

一般相邻两炮孔爆破时间间隔宜控制在 20~30ms，不宜过大或过小；爆破网路宜采取可靠的导爆索与继爆管相结合的爆破网路，每孔至少一根导爆索，确保安全起爆；非电爆管网路要设复线，孔内线脚要设有保护措施，避免装填时把线脚拉断；导爆索网路联结要注意搭接长度、拐弯角度、接头方向，并捆扎牢固，不得松动。

微差控制爆破能有效地控制爆破冲击波、震动、噪音和飞石；操作简单、安全、迅速；可近火爆破而不造成伤害；破碎程度好，可提高爆破效率和技术经济效益。但该网路设计较为复杂；需特殊的毫秒延期雷管及导爆材料。微差控制爆破适用于开挖岩石地基、挖掘沟渠、拆除建筑物和基础，以及用于工程量与爆破面积较大，对截面形状、规格、减震、飞石、边坡后面有严格要求的控制爆破工程。

第六章　堤防施工

第一节　概　　述

　　新中国成立后,党和各级政府十分重视江河堤防工程建设,投入大量人力、物力,一方面对原有残破不堪的堤防工程和其他防洪设施进行了规模空前的全面整修,加高培厚,护坡固基;另一方面修建了大量新的堤防工程,并多方采取措施加固堤防。截至2011年,全国堤防工程长度达29.41万km,黄河下游干堤建设标准化堤防,把大堤建成防洪保障线、抢险交通线、生态景观线。同时,全国各地修建了大量其他防洪工程设施,初步建成防洪工程体系,实行防洪工程措施和非工程措施相结合,使我国防洪事业由过去的被动防御逐步转为主动控制,不断完善强化战胜洪水的各项必要条件,提高工程抗洪能力,提升抗洪斗争水平,从而更有成效地保障江河湖海防洪安全。

一、堤防名称

　　堤也称"堤防"。沿江、河、湖、海,排灌渠道或分洪区、行洪区界修筑用以约束水流的挡水建筑物。其断面形状为梯形或复式梯形。按其所处地位及作用,又分为河堤、湖堤、渠堤、水库围堤等。黄河下游堤防起自战国时代,到汉代已具相当规模。明代潘季驯治河,更创筑遥堤、缕堤、格堤、月堤。因地制宜加以布设,进一步发挥了防洪作用。

　　大堤一般指防洪标准较高的堤防,如"临黄大堤"、"荆江大堤"等。黄河下游两岸大堤,大部分是在铜瓦厢决口黄河夺大清河入海后逐渐培修形成的。新中国成立后,在"宽河固堤"方针指导下,已进行过三次大修堤,其防御标准近期为防花园口站22000立方米每秒。

　　临黄堤是黄河下游现今的设防大堤。左岸起自河南孟县中曹坡,止山东省利津县四段,长710.66公里;右岸起自河南孟津县牛庄,止山东省垦利县二十一户,长 612.19 公里。

二、堤防分类

（一）按抵抗水体性质分类

按抵抗水体性质的不同分为河堤、湖堤、水库堤防和海堤。

（二）按筑堤材料分类

按筑堤材料不同分为土堤、石堤、土石混合堤及混凝土、浆砌石、钢筋混凝土防洪墙。

一般将土堤、石堤、土石混合堤称为防洪堤；由于混凝土、浆砌石混凝土或钢筋混凝土的堤体较薄，习惯上称为防洪墙。

（三）按堤身断面分类

按堤身断面形式不同，分为斜坡式堤、直墙式堤或直斜复合式堤。

（四）按防渗体分类

按防渗体不同，分为均质土堤、斜墙式土堤、心墙式土堤、混凝土防渗墙式土堤。

堤防工程的形式应根据因地制宜、就地取材的原则，结合堤段所在的地理位置、重要程度、堤址地质、筑堤材料、水流及风浪特性、施工条件、运行和管理要求、环境景观、工程造价等技术经济比较来综合确定。如土石堤与混凝土堤相比，边坡较缓，占用面积空间大，防渗防冲及抗御超额洪水与漫顶的能力弱，需合理和科学设计。混凝土堤则坚固耐冲，但对软基适应性差、造价高。

我国堤防根据所处的地理位置和堤内地形切割情况，堤基水文地质结构特征按透水层的情况分为透水层封闭模式和渗透模式两大类。堤防施工主要包括堤料选择、堤基（清理）施工、堤身填筑（防渗）等内容。

黄河标准化堤防为临黄大堤 1 级堤防，同时具备防洪保障线、抢险交通线、生态景观线的功能。标准化堤防范围为左岸老龙湾（64 + 000）至利津（355 + 264）和右岸郑州惠金[- (1 + 172)]至垦利（255 + 160）堤段，详见表 6 - 1。

表 6 - 1 黄河下游标准化堤防范围

岸别	省别	大堤桩号	备注
左岸	河南	64 + 000 ~ 79 + 700	沁河堤
		68 + 469 ~ 200 + 880	
		0 + 000 ~ 194 + 485	

续表

岸别	省别	大堤桩号	备注
左岸	山东	194 + 485 ~ 194 + 605	
		3 + 000 ~ 355 + 264	
右岸	河南	- (1 + 172) ~ 156 + 050	
	山东	156 + 050 ~ 336 + 600	
		0 + 000 ~ 10 + 471	河湖共用堤
		- (1 + 980) ~ 255 + 160	

三、堤防主体工程

(一)堤身

(1)堤顶宽度应满足施工、运行管理、防汛抢险等需要。设计堤顶高程处的堤顶宽度见表6-2。

表6-2　设计堤顶高程处的堤顶宽度

岸别	省别	大堤桩号	堤顶宽度(m)	备注
左岸	河南	64 + 000 ~ 79 + 000	12	沁河堤
		68 + 469 ~ 200 + 880	12	
		0 + 000 ~ 194 + 485	12	
	山东	194 + 485 ~ 194 + 605(3 + 000)	12	
		3 + 000 ~ 295 + 000	12	
		295 + 000 ~ 355 + 264	10	
右岸	河南	- (1 + 172) ~ 156 + 050	12	
	山东	156 + 050 ~ 036 + 600	12	
		0 + 000 ~ 10 + 471	12	河湖共用堤
		- (1 + 980) ~ 189 + 121	12	
		189 + 121 ~ 255 + 160	10	

(2)堤防帮宽的位置应符合下列规定:

1)堤防设计高程处的宽度不足值小于1m的不再进行帮宽;

2)临河堤坡陡于 1:3 或帮宽宽度大于 3m 的平工段帮临河；

3)堤防已淤背或有后戗的帮背河；

4)遇有转弯段等堤段，应根据实际情况确定帮临河或背河。

(3)堤顶高程、宽度应保持设计标准，高程误差不大于 ±5cm，宽度误差不大于 ±10cm。

堤肩线线直弧圆，平顺规整，无明显凸凹，5m 长度范围内凸凹不大于 5cm。

(4)临、背河边坡应为 1:3，并应保持设计坡度。

1)坡面平顺，沿断面 10m 范围内，凸凹小于 5cm；

2)堤脚处地面平坦，堤脚线平顺规整，10m 长度范围内凸凹不大于 10cm。

(二)淤区

(1)淤区盖顶高程：

1)左岸老龙湾(64 +000)至利津(355 +264)、右岸郑州惠金[-(1 +172)]至垦利(255 +160)堤段的淤区顶部高程，区分不同堤段分别低于设计洪水位 0 ~3m，其中花园口、泺口堤段的淤区顶部高程与堤顶平；

2)淤区盖顶厚度为 0.5m。

(2)淤区宽度原则为 100m(含包边)，移民迁占确有困难的堤段其淤区宽度不小于 80m。

(3)包边水平宽度 1.0m，外边坡 1:3，坡面植树或植草防护。

(4)淤区顶部应设置围堤、格堤，其标准如下：

1)围堤顶宽 2m，高出淤区顶 0.5m，外坡 1:3，内坡 1:1，植草防护；

2)淤区每 100m 应设一条横向格堤，顶宽 1.0m，高出淤区顶 0.5m，边坡 1:1。

(5)淤区顶部平整，两格堤范围内顶部高差不大于 30cm，并种植适生林。

(6)淤区边坡应保持设计坡度，坡面平顺，坡脚线清晰，沿坡横断面 10m 范围内，凸凹小于 20m。

(7)淤区应在坡脚外划定护堤地，并种植防护林。

(三)戗台

(1)戗台外沿修筑边埝，顶宽、高度均为 0.3m，外边坡 1:3，内边坡 1:1。戗台每隔 100m 设置一格堤，顶宽、高度均为 0.3m，边坡 1:1。

(2)戗台高度、顶宽、边坡应保持设计标准，顶面平整，10m 长度范围内高差不大于 5cm。

(3)戗台顶部应种植树木防护，树木株行距根据树种确定。

四、黄河标准化堤防

黄河下游标准化堤防从 2002 年开始建设，按照现有设计标准对黄河防洪工程进行放淤固堤、堤防帮宽,并配套建成堤顶道路、防浪林建设等,实现防洪保障线、抢险交通线和生态景观线功能。

防洪保障线强调防洪保安全,是标准化堤防建设的首要任务,即按防洪设计标准建设堤顶宽度10m～12m,堤顶高程为设计洪水位加超高,临背河坡均为1:3的标准断面堤防,30m～50m宽的防浪林和100m宽的防渗加固淤背体;抢险交通线,即在堤防上修建道路,为防洪抢险服务,用于防汛抢险车辆的交通运输;生态景观线,指大堤行道林、背河护堤地的抢险取材林以及淤背体的适生林建设。

黄河标准化堤防建设是"三条黄河"建设的重要组成部分,是维持黄河健康生命、打造母亲河健康体魄的重要手段之一。根据国家的黄河治理部署,黄委决定从2002年起在黄河南岸的郑州、开封、济南及菏泽东明段率先实施第一期标准化堤防建设。

为确保黄河防洪安全,加快黄河下游治理步伐,根据2001年国务院116次总理办公会审查批准的《关于加快黄河治理开发若干重大问题的意见》和《黄河近期重点治理开发规划》以及水利部汪恕诚部长提出的"堤防不决口、河道不断流、水质不超标、河床不抬高"的黄河治理目标,2002年黄委确定建设黄河下游标准化堤防,即通过对堤防实施堤身帮宽、放淤固堤、险工加高改建、修筑堤顶道路、建设防浪林和生态防护林等工程,构造"防洪保障线、抢险交通线和生态景观线",形成标准化的堤防体系,确保黄河下游防御花园口22000立方米每秒洪水时安全度汛,构造维护可持续发展和维持黄河健康生命的基础设施,达到人与自然和谐。

黄河标准化堤防建设是新时期实施治黄规划、提高堤防防洪能力的一项重大举措,对进一步完善黄河防洪工程体系,确保黄河安澜,促进沿黄区域社会经济的可持续发展具有十分重大的意义。其基本标准是:堤顶帮宽至12m,堤顶硬化宽度6m,堤顶两侧各种植一行风景树,堤肩种植花草;平工段临河种植50m宽防浪林;背河为100m宽淤区,淤区高程与2000年设防水位平,淤区成品后种植适生林。

第二节　堤防级别

防洪标准是指防洪设施应具备的防洪(或防潮)能力,一般情况下,当实际发生的洪水小于防洪标准洪水时,通过防洪系统的合理运用,实现防洪对象的防洪安全。

由于历史最大洪水会被新的更大的洪水所超过,所以任何防洪工程都只能具有一定的防洪能力和相对的安全度。堤防工程建设根据保护对象的重要性,选择适当的防洪标准,若防洪标准高,则工程能防御特大洪水,相应耗资巨大,虽然在发生特大洪水时减灾效益很大,但毕竟特大洪水发生的概率很小,甚至在工程寿命期内不会出现,造成资金积压,长期不能产生效益,而且还可能因增加维修管理费而造成更大的浪费;若防洪标准低,则所需的防洪设施工程量小,投资少,但防洪能力弱,安全度低,工程失事的可能性就大。

一、堤防工程防洪标准和级别

堤防工程本身没有特殊的防洪要求,其防洪标准和级别划分依赖于防护对象的要求,是根据防护对象的重要性和防护区范围大小而确定的。堤防工程防洪标准,通常以洪水的重现期或出现频率表示。按照《堤防工程设计规范》(GB 50286—2013)的规定,堤防工程级别是依据堤防工程的防洪标准判断的,见表6-3。

表6-3　堤防工程的级别

防洪标准[重现期(年)]	≥100	<100且≥50	<50且≥30	<30且≥20	<20且≥10
堤防工程的级别	1	2	3	4	5

二、堤防工程设计洪水标准

依照防洪标准所确定的设计洪水,是堤防工程设计的首要资料。目前设计洪水标准的表达方法,以采用洪水重现期或出现频率较为普遍。例如,上海市新建的黄浦江防汛(洪)墙采用千年一遇的洪水作为设计洪水标准。作为参考比较,还可从调查、实测某次大洪水作为设计洪水标准,例如长江以1954年型洪水为设计洪水标准,黄河以1958年花园口站发生的洪峰流量22000 m^3/s 为设计洪水标准等。为了安全防洪,还可根据调查的大洪水适当提高作为设计洪水标准。

因为堤防工程为单纯的挡水构筑物,运用条件单一,在发生超设计标准的洪水时,除临时防汛抢险外,还运用其他工程措施为配合,所以可只采用一个设计标准,不用校核标准。

确定堤防工程的防洪标准与设计洪水时,还应考虑到有关防洪体系的作用,例如江河、湖泊的堤防工程,由于上游修筑水库或开辟分洪区、滞洪区、分洪道等,堤防工程的防洪标准和设计洪水标准就提高了。

三、堤防级别、防洪标准与防护对象

对于堤防工程本身来说,并没有特殊的防洪要求,只是其级别划分和设计标准依赖于防护对象的要求,堤防工程的设计管理和对其安全也就有不同的相应要求。根据现行国家标准《堤防工程设计标准》(GB 50286—1998)中的规定,堤防工程的级别是依据堤防的防洪标准判断的,见表6-4。

表6-4 堤防工程的级别

防洪标准(重现期)/年	≥100	100~50	50~30	30~20	20~10
堤防工程的级别	1	2	3	4	5

堤防工程的设计应以所在河流、湖泊、海岸带的综合规划或防洪、防潮专业规划为依据。城市堤防工程的设计,还应以城市总体规划为依据。堤防工程的设计,应具备可靠的气象水文、地形地貌、水系水域、地质及社会经济等基本资料;堤防加固、扩建设计,还应具备堤防工程现状及运用情况等资料。堤防工程设计应满足稳定、渗流、变形等方面要求。堤防工程设计,应贯彻因地制宜、就地取材的原则,积极慎重地采用新技术、新工艺、新材料。位于地震烈度7度及其以上地区的1级堤防工程,经主管部门批准,应进行抗震设计。堤防工程设计除符合本规范外,还应符合国家现行有关标准的规定。

对于遭受洪灾或失事后损失巨大、影响十分严重的堤防工程,其级别可适当提高;遭受洪灾或失事后损失及影响较小或使用期限较短的临时堤防工程,其级别可适当降低。

对于海堤的乡村防护区,当人口密集、乡镇企业较发达、农作物高产或水产养殖产值较高时,其防洪标准可适当提高;海堤的级别亦相应提高。蓄、滞洪区堤防工程的防洪标准,应根据批准的流域防洪规划或区域防洪规划的要求专门确定。堤防工程上的闸、涵、泵站等建筑物及其他构筑物的设计防洪标准,不应低于堤防工程的防洪标准,并应留有适当的安全裕度。

堤防工程级别和防洪标准,都是根据防护对象的重要性和防护区范围大小而确定的。堤防工程的防洪标准应根据防护区内防护标准较高防护对象的防护标准确定。但是,防护对象有时是多样的,所以不同类型的防护对象,会在防洪标准和堤防级别的认识上有一定的差别。

按照现行国家标准《防洪标准》(GB 50201—94)中的规定:防护对象的防洪标准应以防御的洪水或潮水的重现期表示;对特别重要的防护对象,可采用

可能最大洪水表示。根据防护对象的不同需要,其防洪标准可采用设计一级或设计、校核两级。各类防护对象的防洪标准,应根据防洪安全的要求,并考虑经济、政治、社会、环境等因素,综合论证确定。有条件时,应进行不同防洪标准所可能减免的洪灾经济损失与所需的防洪费用的对比分析,合理确定。

对于以下防护对象,其防洪标准应按下列的规定确定:①当防护区内有两种以上的防护对象,又不能分别进行防护时,该防护区的防洪标准,应按防护区和主要防护对象两者要求的防洪标准中较高者确定;②对于影响公共防洪安全的防护对象,应按自身和公共防洪安全两者要求的防洪标准中较高者确定;③兼有防洪作用的路基、围墙等建筑物、构筑物,其防洪标准应按防护区和该建筑物、构筑物的防洪标准中较高者确定。

对于以下的防护对象,经论证,其防洪标准可适当提高或降低:①遭受洪灾或失事后损失巨大、影响十分严重的防护对象,可采用高于国家标准规定的防洪标准;②遭受洪灾或失事后损失及影响均较小或使用期限较短及临时性的防护对象,可采用低于国家标准规定的防洪标准;③采用高于或低于国家标准规定的防洪标准时,不影响公共防洪安全的,应报行业主管部门批准;影响公共防洪安全的,尚应同时报水行政主管部门批准。

按照现行国家标准《防洪标准》(GB 50201—94)中的规定,堤防工程防护对象的等级和防洪标准见表6-5。

表6-5　防护对象的等级和防洪标准

防护对象的等级		I	II	III	IV
城市	重要性	特别重要城市	重要城市	中等城市	一般城镇
	非农业人口/万人	≥150	150~50	50~20	≤20
	防洪标准(重现期)/年	≥200	200~100	100~50	50~20
乡村	防护区耕地面积/万亩	≥300	300~100	100~30	30
	防护区人口/万人	≥150	150~50	50~20	≤20
	防洪标准(重现期)/年	100~50	50~30	30~20	20~10
工矿企业	工矿企业规模	特大型	大型	中型	小型
	防洪标准(重现期)/年	200~100	100~50	50~20	20~10
江河港口	重要性	重要港区	中等港区	一般港区	-
	防洪标准(重现期)/年	100~50	50~20	20~10	-

防护对象的等级		I	II	III	IV
海港	重要性	重要港区	中等港区	一般港区	–
	防洪标准(重现期)/年	200～100	100～50	50～20	–
滨海发达乡村	防护区耕地面积/万亩	≥100	100～30	30～5	<5
	防护区人口/万人	≥150	150～50	50～10	<10
	防洪标准(重现期)/年	200～100	100～50	50～20	20～10

　　堤防工程的重要性,通常用堤防工程所防护对象的等级来表示,在表6－5中反映了防护对象的重要性,以及防护区的土地、人口的数量和生产规模等。堤防工程防护对象的门类非常多,除了表6－5中所列的城市、乡村、工矿企业、江河港口、海港和滨海发达乡村外,还有民用机场、文物古迹、风景区以及位于洪泛区的铁路、公路、管道、水利水电工程、动力设施、通信设施等,其重要性、普遍性和对防洪安全的要求也各有不同。当防护区内有多个不同类别的防护对象,其堤防工程的级别应按防洪要求较高的防护对象确定。同一防护区内有3个或3个以上防范要求相同的城镇、工矿企业时,堤防工程的级别可提高一等。

四、主要江河流域的防洪标准

　　根据有关统计资料表明,我国七大江河的防洪标准普遍偏低,根本不能满足中下游防洪的最低要求,它们目前各自的防洪标准如下。

　　长江:中下游干流及湖区堤防可达10～20年一遇洪水标准。如遇1954年型洪水(洪水量级大约相当于100～200年一遇标准),在运用现有的蓄洪区和滞洪区等措施后,仅能确保荆江大堤和武汉市安全。

　　黄河:基本可以防御1958年型洪水(花园口洪峰流量22300m³/s),相当于60年一遇的洪水标准。当花园口流量超过15000m³/s时,需要根据时机运用东平湖等滞洪区。由于河床不断淤积,需继续加高加固堤防等,才可以维持这一标准。

　　淮河:中游干流可防御1954年型洪水,相当于40年一遇防洪标准。当遇到1954年型洪水时,为了确保淮北大堤等重要堤防,需要洼地行洪和使用蒙洼、城西湖行蓄洪区。主要支流为10～20年一遇防洪标准。

　　海河:堤防防洪标准不到20年一遇洪水,辅以运用蓄、滞洪区,北系规划防 1939 年型洪水,南系规划防 1963 年型洪水。均相当于 50 年一遇的洪水。

辽河:干支流的主要堤防曾经防御 5000～5500m³/s 的洪水,相当于 20 年一遇洪水标准。近年来由于河道淤积,行洪能力大大下降,仅能防御 3000m³/s 流量洪水。沈阳、抚顺、辽阳三市超过 100 年一遇洪水,本溪防洪标准则不到 20 年一遇洪水。

松花江:干流防洪标准约为 20 年一遇洪水,农田防洪标准为 10～20 年一遇洪水。哈尔滨可防御 100 年一遇洪水。

珠江:北江大堤按 100 年一遇标准设防,但目前仍有险工险段。三角洲地区主要堤防可防御 50 年一遇的洪水,三角洲一般地区可防 20 年一遇洪水,西江干流主要堤防可防 10～20 年一遇洪水。

太湖:防洪标准目前不足 20 年一遇洪水,一期工程完成后可达到 50 年一遇标准。

五、主要江河流域的防洪规划

2009 年 3 月 31 日,国务院批复了淮河流域防洪规划。至此,长江、黄河、淮河、海河、珠江、松花江、辽河、太湖等重要流域防洪规划均通过国务院批复,这标志着我国防洪减灾体系建设与管理进入了一个新的阶段。七大流域防洪规划是我国防洪减灾工作的重要战略性、指导性、基础性文件,对完善我国防洪减灾体系和提高江河总体防洪减灾能力将起到重要的推动作用。

(一)科学安排洪水出路

七大流域防洪规划以科学发展观为指导,在认真总结大江大河治理经验和教训的基础上,坚持以人为本、人与自然和谐相处的理念,根据经济社会科学发展、和谐发展和可持续发展的要求,确定了我国主要江河防洪区,制定了主要江河流域防洪减灾的总体战略、目标及其布局,科学安排洪水出路,在保证防洪安全前提下突出洪水资源利用,重视洪水管理和风险分析,统筹了防洪减灾与水资源综合利用、生态与环境保护的关系,着力保障国家及地区的防洪安全,促进经济社会可持续发展。

规划确定,我国主要江河防洪保护区总面积约 65.2 万平方千米,约占国土面积的 6.8%,区内人口、耕地面积、GDP 分别占全国总数的 39.7%、27.8% 和 62.1%。蓄、滞洪区共 94 处,面积 3.37 万平方千米,其中长江 40 处、淮河 21 处、海河 28 处。

(二)明确防洪减灾总体目标

规划提出,全国防洪减灾工作的总体目标是:逐步建立和完善符合各流域水情特点并与经济社会发展相适应的防洪减灾体系,提高抗御洪水和规避洪水风险的能力,保障人民生命财产安全,基本保障主要江河重点防洪保护区的防洪安全,把洪涝灾害损失降低于最低程度。在主要江河发生常遇洪水或较大洪水时,基本保障国家的经济活动和社会生活安全;在遭遇特大洪水或超标准洪水时,国家经济活动和社会生活不致发生大的动荡,生态与环境不会遭到严重破坏,经济社会可持续发展进程不会受到重大干扰。具体体现为:①全社会具有较强的防灾减灾意识,规范化的经济社会活动的行为准则,建立较为完善的防洪减灾体系、社会保障体系和有效的灾后重建机制;②主要江河流域和区域按照防洪规划的要求,建成标准协调、质量达标、运行有效、管理规范,并与经济社会发展水平相适应的防洪工程体系,各类防洪设施具有规范的运行管理制度,当遇到防御目标洪水时,能保障正常的经济活动和社会生活的安全;③建立法制完备、体制健全、机制创新、行为规范的洪水管理制度和监督机制,规范和调节各类水事行为,为全面提升管理能力与水平提供强有力的体制和制度保障;④对超标准洪水有切实可行的防御预案,确保国家正常的经济活动和社会生活不致受到重大干扰;⑤通过防洪减灾综合措施,大幅度减少因洪涝灾害造成的人员直接死亡,洪涝灾害直接经济损失占 GDP 的比例与先进国家水平基本持平。

（三）进一步提高大江大河防洪标准

七大流域防洪规划的实施,将进一步提高我国大江大河的防洪标准,完善城市防洪体系,对保障国家粮食安全和流域人民群众生命财产安全、促进经济社会又好又快发展、构建社会主义和谐社会具有十分重要的意义。

六、国家出台黄河防洪新方案

2014 年 4 月 4 日,《黄河防御洪水方案》获国务院批复,为近 30 年来首次修订。新方案重新划定了上中下游洪水量级,明确了干支流水库群联合调度思路,强化了流域防总职能。

黄河是我国第二大河,黄河流经青海、四川、甘肃、宁夏、内蒙古、山西、陕西、河南、山东 9 省(区),流域面积 79.5 万平方千米。黄河是一条多泥沙、多灾害河流,历史上洪水泥沙灾害严重。黄河防洪安全关系全流域及黄淮海平原广大地区人民生命财产安全,涉及兰州、银川、郑州、济南、西安、太原等多座大中型城市,京九、京广、陇海等铁路干线,京港澳、连霍、京沪等高速公路及胜利油田、中原油田等重要设施安全。

《中华人民共和国防洪法》第四十条规定:"有防汛抗洪任务的县级以上地

方人民政府根据流域综合规划、防洪工程实际状况和国家规定的防洪标准,制订防御洪水方案(包括对特大洪水的处置措施)。长江、黄河、淮河、海河的防御洪水方案,由国家防汛指挥机构制订,报国务院批准;跨省(区)的其他江河的防御洪水方案,由有关流域管理机构会同有关省(区)人民政府制订,报国务院或者国务院授权的有关部门批准。防御洪水方案经批准后,有关地方人民政府必须执行。"

2005 年新修订颁布的《中华人民共和国防汛条例》第十一条也有与上述类似的规定。

1985 年国务院批转的《黄河防御特大洪水方案》,距今已近 30 年。

近年来,黄河防洪工程体系、防洪非工程措施以及防御洪水的理念等都发生了很大变化,对黄河防御洪水方案提出了新的更高的要求。首先,1986 年以来,黄河干支流先后建成了龙羊峡、万家寨(含龙口)、小浪底(含西霞院)、故县等大型水库,海勃湾水库和河口村水库正在建设,上游宁夏、内蒙古河段(以下简称宁蒙河段)堤防建设逐步完善,下游干流标准化堤防建设基本完成,主要支流堤防工程进一步完善;其次,黄河加强了水文测报、预报能力建设,黄河防汛抗旱指挥系统、黄河小浪底至花园口区间(简称小花间)暴雨洪水预警预报系统等防汛调度决策支持系统逐步建设完善,防汛信息化技术得到整体提高;第三,2007 年 5 月成立了新的流域防汛指挥机构——黄河防汛抗旱总指挥部,其工作范围从黄河中下游 4 省扩展到全流域,职能从以防洪为主扩展为防汛抗旱一体化,在确保防洪安全、保障水资源安全、实施洪水泥沙统一调度等方面实行流域统一管理、统一指挥;第四,制订防御洪水方案的理念发生了根本转变,由过去单纯的控制洪水,向管理洪水、塑造协调洪水泥沙过程、利用洪水资源转变。

该方案编制遵循科学、合理、可行的原则,考虑洪水泥沙自然规律、流域内政治经济条件和社会实际状况等因素,体现由控制洪水向洪水(泥沙)管理转变的思路。方案制订从以下 5 个方面开展了重点研究:一是根据黄河洪水泥沙特点分别对上游和中下游洪水泥沙进行了研究;二是研究了小浪底水库拦沙后期防洪运用方式;三是研究了干支流水库群防洪(凌)调度以及水库、河道和蓄滞洪区之间的关系;四是研究了中下游中小洪水水沙调控运用方式;五是研究了黄河凌汛的主要特点及不同凌情的防御措施。

该方案编制坚持并遵循 5 项原则:一是坚持标准内洪水充分发挥防洪工程作用的原则;二是坚持超标准洪水确保重要防洪工程和重点防洪目标安全,尽量减轻洪水灾害的原则;三是坚持尽可能充分利用最新研究成果进行技术支撑的原则;四是坚持可操作的原则;五是在确保防洪安全的前提下,兼顾水库、河道减淤和洪水资源利用的原则。

（一）关于流域洪水特性

黄河河源至内蒙古托克托县河口镇为上游,河口镇至河南郑州市桃花峪为中游,桃花峪至入海口为下游。

黄河洪水按成因可分为暴雨洪水和冰凌洪水两种类型。暴雨洪水主要来自上游和中游,多发生在 6~10 月,上游洪水主要来自兰州以上,中游的暴雨洪水来自河口镇至龙门区间、龙门至三门峡区间和三门峡至花园口区间(分别简称河龙间、龙三间和三花间,下同)。冰凌洪水主要发生在上游宁蒙河段、黄河中游部分河段和下游河段,上中游河段的发生时间在 3 月,下游河段发生的时间一般在 2 月。

黄河上游多为强连阴雨,一般以 7 月、9 月出现机会较多,8 月出现机会较少。降雨特点是面积大、历时长、强度不大。上游洪水过程具有历时长、洪峰低、洪量大的特点,兰州站一次洪水历时平均为 40 天左右,最短为 22 天,最长为 66 天,较大洪水的洪峰流量一般为 4000~6000 立方米每秒。

黄河中游以三门峡以上的河龙间和龙三间来水为主形成的洪水称为"上大洪水",其特点是洪峰高、洪量大、含沙量高,对黄河下游防洪威胁严重。如 1933 年洪水。以三花间干流支流来水为主形成的洪水称为"下大洪水",具有洪峰高、涨势猛、预见期短的特点,对黄河下游防洪威胁最为严重。如 1954 年、1958 年、1982 年洪水。以三门峡以上的龙三间和三门峡以下的三花间共同来水组成的洪水称为"上下较大洪水",特点是洪峰较低、历时较长、含沙量较小,对下游防洪也有相当威胁。如 1957 年洪水。

黄河上游的大洪水与中游大洪水不遭遇,对黄河下游威胁不大,但可能与中游的小洪水遭遇,形成历时较长、洪峰流量一般不超过 8000 立方米每秒的花园口断面洪水,含沙量较小。

（二）关于防洪工程体系

1.水库工程

（1）干流梯级水库（水电站）规划和建设情况

根据《黄河治理开发规划纲要》、《黄河流域综合规划》和《黄河流域防洪规划》,黄河上游干流龙羊峡至三盛公河段共布置 26 座梯级电站,目前已建水库(水电站)为 19 座,在建(水电站)为 5 座。黄河中游干流河口镇至桃花峪河段规划建设 10 座水利枢纽,目前已建水库(水电站)为 6 座。

（2）骨干水库防洪库容

方案干支流骨干水库防洪库容指设计(或现状)汛限水位与防洪高水位或设计洪水位之间的库容。主要水库防洪指标见表6-6。

表6-6 黄河干支流骨干水库主要防洪指标情况表

工程名称	设计讯限水位 (米)	防洪库容 (亿立方米)	设计洪水位 (米)	校验洪水位 (米)
龙羊峡	2588*	52.6*	2602.25	2607
刘家峡	1727*	10.2*	1735	1738
三门峡	305*	约55*		
小浪底	254	40.5	274	275
陆 浑	317	2.5	327.5	331.8
故 县	527.3	4.9	548.55	551.2
河口村	238	2.3	285.43	285.43

注:1、*为水库现状运用指标;2、三门峡水库最高防洪运用水位335米。

2.堤防工程

(1)兰州市城市河段

兰州市城市河段范围为西柳沟至桑园峡火车站,河道长约45千米。堤防规划长约76千米,已建堤防基本达到100年一遇的设计标准。

(2)宁夏、内蒙古河段

宁夏、内蒙古河段干流堤防较连续的堤段主要分布在下河沿至青铜峡水库之间的两岸川地、青铜峡以下至石嘴山的左岸、青铜峡至头道墩的右岸、三盛公以下的平原河道两岸;其余不连续分布在头道墩至石嘴山右岸及石嘴山至三盛公库区两岸。

宁夏河段堤防已达20年一遇设计防洪标准(其中银川、吴忠城市河段已达50年一遇)。内蒙古河段堤防设计防洪标准:下河沿—三盛公河段为20年一遇;三盛公—蒲滩拐河段右岸为30年一遇、左岸为50年一遇。内蒙古河段部分堤防达不到设计防洪标准。

(3)主要支流

黄河支流众多,直接入黄的一级支流有111条,其中流域面积大于1000平方千米的支流有76条。本方案重点考虑位于黄河洪水主要来源区或对黄河防洪影响较大的支流,包括汾河、渭河、伊洛河、沁河及大汶河等,这些支流的防洪重点河段主要在下游,堤防较为完善,上中游河段以城市(县)河段为主也修建有不同防洪标准的堤防。

3. 蓄滞洪区

《黄河流域防洪规划》对黄河分滞洪区的安排意见是：东平湖滞洪区为重点滞洪区，分滞黄河设防标准以内的洪水；北金堤滞洪区为保留滞洪区，作为处理超标准特大洪水的临时分洪措施；取消大功分洪区、齐河及垦利展宽区。

方案对下游仅考虑东平湖、北金堤滞洪区。将上游内蒙古河段应急分洪区及宁蒙河段大型引黄设施作为应急防凌（防洪）措施考虑。

（1）东平湖滞洪区

东平湖滞洪区位于黄河下游由宽河道转为窄河道的过渡段，是保证窄河段防洪安全的关键工程，承担分滞黄河洪水和调蓄大汶河洪水的双重任务，控制艾山下泄流量不超过 10000 立方米每秒。小浪底水库建成后，东平湖滞洪区的分洪运用概率为近 30 年一遇，分洪运用仍很频繁，是黄河重点滞洪区。滞洪区内有耕地 47.6 万亩（新湖区 39.3 万亩、老湖区 8.3 万亩）；46 米高程以下有 28.7 万人（其中新湖区 21.7 万人、老湖区 7 万人）。

（2）北金堤滞洪区

北金堤滞洪区是防御黄河下游超标准洪水的重要工程措施之一。滞洪区面积 2316 平方千米，人口 174.23 万人（其中河南省 172.78 万人，山东省 1.45 万人），还有国家大型企业中原油田。小浪底水库建成后，北金堤滞洪区的分洪运用概率为近千年一遇。虽然北金堤滞洪区的分洪运用概率很小，但考虑到小浪底水库拦沙库容淤满后，下游河道会继续淤积抬高，仍作为防御特大洪水的临时分洪措施予以保留。

（3）内蒙古河段应急分洪区

目前，黄河上游内蒙古河段建有乌兰布和、河套灌区及乌梁素海、杭锦淖尔、蒲圪卜、昭君坟、小白河 6 个应急分洪区，设计总分洪容量 4.58 亿立方米。其中，乌兰布和、河套灌区及乌梁素海分洪区承担内蒙古全河段的应急分凌（分洪）任务；杭锦淖尔、蒲圪卜、昭君坟和小白河分洪区承担各自附近河段的应急分凌（分洪）任务。

目前，下河沿—头道拐河段建有规模较大的引（提）水工程设施 20 余处，可以应急向引黄灌区分洪。由于引黄设施退水工程设施不配套，一旦分洪有可能造成农田淹没等次生灾害，因此引黄设施的运用需慎重。

4. 下游滩区

黄河下游滩区是行洪、滞洪、沉沙的重要区域。小浪底水库运用以来，黄河下游河道主槽冲刷，过洪能力增大。目前，花园口以上河段平滩流量已增加至6000立方米每秒左右,花园口以下仍有局部河段主槽过洪能力只有约4000立方米每秒。根据现状地形调查分析,当花园口站发生8000立方米每秒洪水时,下游滩区绝大部分将受淹。目前滩区超过半数的人口没有安全设施,已建避水工程高度大多不够,撤退道路不足,滩区安全设施建设不能完全满足群众避洪保安要求。2011年,国务院批准对黄河下游滩区运用实施补偿。2013年1月,《黄河下游滩区运用财政补偿资金管理办法》正式施行,目前已基本完成前期相关工作。

(三)关于防御洪水原则

1.坚持以人为本。在任何情况下都要把确保人民群众的生命安全放在首位,最大限度减轻灾害损失。

2.统筹兼顾,突出重点。统筹上下游、左右岸、干支流,考虑工程现状和规划情况;正确处理整体和局部、重点与一般关系,标准内洪水确保兰州市城市河段、宁蒙河段达标堤段、下游堤防、支流重点河段堤防安全,超标准洪水确保重要防洪工程和重点防洪目标安全。

3.充分发挥防洪工程作用。充分发挥骨干水库的拦洪错峰作用,上游包括龙羊峡、刘家峡水库,中游包括三门峡、小浪底、陆浑、故县、河口村水库;利用兰州市城市河段、宁蒙河段、黄河下游河段和主要支流下游河段的堤防,充分发挥河道排洪能力;尽量降低东平湖、北金堤等蓄滞洪区的运用概率;科学合理调度洪水,尽最大可能减轻灾害损失。

4.多种措施并举防御冰凌洪水。通过加强骨干水库防凌调度、必要时启用应急分洪区分滞凌水,采取综合措施,减轻凌汛灾害损失。

5.兼顾减淤和洪水资源利用。在确保防洪安全的前提下,统筹考虑防洪减淤、洪水泥沙联合调控、洪水资源利用等。

(四)关于防御洪水安排

根据防御洪水原则,防御洪水安排方面方案与原方案的区别主要有:

1.增加了上游、中游的防御洪水安排。

原方案只涉及下游防洪,本方案还包括上游和中游防洪,体现了流域防御洪水的整体性。

2.防洪防凌工程根据新情况进行了补充调整。

本方案增加了龙羊峡、刘家峡、海勃湾、万家寨、小浪底、故县、河口村等水库工程,增加了内蒙古河段6个应急分洪区,取消了大功、南展宽区和北展宽区3个分洪区。

3.对下游洪水量级划分进行了调整,增加了上游洪水量级划分。

对下游洪水,原方案将下游洪水量级划分为花园口站洪水流量 10000~15000 立方米每秒、15000~22000 立方米每秒、22000~30000 立方米每秒、30000~46000 立方米每秒四个量级。本方案首先根据下游堤防的设计防洪标准、以花园口站流量是否超过 22000 立方米每秒为指标,将下游洪水分为设计标准内和设计标准以上两个量级;然后根据中小洪水进行水沙调控的洪水量级、东平湖滞洪区启用流量等,进一步将设计标准内洪水细分为花园口站洪水流量小于等于 8000 立方米每秒、8000~10000 立方米每秒、10000~22000 立方米每秒三个量级。

对黄河上游洪水,分别按兰州市城市河段和宁蒙河段进行洪水量级划分,根据两河段堤防的设计防洪标准,将洪水分为设计标准内和设计标准以上两个量级。兰州市城市河段的控制站为兰州站,宁蒙河段的控制站为下河沿站和石嘴山站。考虑到宁蒙河段堤防防洪标准不一,且不同标准对应的设计流量差别不大,为便于实际操作,在洪水安排中将设计标准选取为 20 年一遇,即该河段的最低防洪标准。

防御洪水安排中需重点说明的问题主要有:

1. 黄河干流有关站及区间设计洪水

"防御洪水安排"中主要根据防洪控制目标河段设计防洪标准和水库、蓄滞洪区运用的节点划分洪水量级,河段代表站的控制流量均为其上游水库调控后的数值。

2. 上游龙羊峡、刘家峡水库联合防洪运用方式

(1)设计运用方式

龙羊峡、刘家峡水库联合防洪调度,龙羊峡水库根据入库流量大小判别洪水量级;刘家峡水库根据天然入库流量及龙羊峡、刘家峡两水库汛限水位以上蓄洪量两个指标判别洪水量级。

当发生 1000 年一遇及以下洪水时,龙羊峡水库按控制下泄流量不大于 4000 立方米每秒运用,否则龙羊峡水库按控制下泄流量不大于 6000 立方米每秒运用。

当发生 100 年一遇及以下洪水时,刘家峡水库按控制下泄流量不大于 4290 立方米每秒运用;当发生 100 年一遇以上、1000 年一遇及以下洪水时,刘家峡水库按控制下泄流量不大于 4510 立方米每秒运用;当发生 1000 年一遇以上、2000 年一遇及以下洪水时,刘家峡水库按控制下泄流量不大于 7260 立方米每秒运用;当发生 2000 年一遇以上洪水时,刘家峡水库敞泄运用。

(2)近期运用

龙羊峡水库运用后,改变了水库以下洪水的天然过程,宁蒙河段主槽过流能力减小较多,由 20 世纪 80 年代的 4000 立方米每秒左右减小到目前的约 1500 立方米每秒,宁蒙河段防洪形势较为严峻。因此,在近期利用龙羊峡水库现状汛限水位 2588 米至设计汛限水位 2594 米之间的库容兼顾宁蒙河段防洪。

3. 中游河段

黄河中游重点防洪河段为北干流河段。其中禹门口(龙门)以上主要为山区峡谷河段,沿县城河段修有护岸或堤防;禹门口(龙门)以下河道宽浅,防洪工程主要为控导和护岸工程。

4. 中游水库群联合防御下游洪水的调度思路

黄河下游洪水主要来自中游,根据洪水来源区,在洪水上涨阶段,对"上大洪水"遵循先小浪底、再三门峡、然后东平湖、最后再小浪底的调度思路。预报花园口站发生 10000 立方米每秒及其以上洪水,首先使用小浪底水库进行控制运用;当洪水量级达到或超过 50 年一遇,三门峡水库在达到最高蓄水位后按进出库平衡方式控制运用;当洪水量级达到或超过 100 年一遇,小浪底水库根据入库流量按照进出库平衡或敞泄方式运用,下游东平湖分洪;东平湖滞洪区分洪蓄满后,再使用小浪底水库控制运用。

对"下大洪水"遵循先小浪底水库、再支流水库、然后东平湖滞洪区、最后三门峡水库的调度思路。预报花园口站发生 10000 立方米每秒及其以上洪水,首先使用小浪底水库进行控制运用;花园口站发生 12000 立方米每秒及其以上洪水(约 20 年一遇),陆浑、故县、河口村水库按黄河下游防洪要求控制运用;当洪水量级达到 20~30 年一遇,孙口站洪峰流量超过 10000 立方米每秒,东平湖滞洪区分洪运用;花园口站发生 15000 立方米每秒及其以上洪水(约 100 年一遇),三门峡水库按照小浪底水库出库流量控制运用。

花园口站洪水流量回落至 10000 立方米每秒以后,各水库开始退水,按照先支流陆浑、故县、河口村水库,后干流三门峡、小浪底的顺序退水。

5. 小浪底水库防洪运用

(1)小浪底水库不同阶段运用指标

小浪底水库原始库容 126.5 亿方米,设计拦沙 75.5 亿立方米。小浪底水库的运用分为拦沙期和正常运用期(淤积量达到 75.5 亿立方米),拦沙期又分为拦沙初期和拦沙后期;拦沙库容淤满后进入正常运用期,长期保持 51 亿立方米有效库容。正常运用期设计汛限水位 254 米,防洪库容 40.5 亿立方米。

根据水利部 2004 年批复的《小浪底水利枢纽拦沙初期运用调度规程》,小浪底水库淤积量达到 21 亿至 22 亿立方米进入拦沙后期。小浪底库区自 1997 年 10 月(大坝截流)至 2012 年已累计淤积泥沙约 26 亿立方米,水库运用已进入拦沙后期。根据水利部 2009 年批复的《小浪底水利枢纽拦沙后期(第一阶段)运用调度规程》,小浪底水库淤积总量达到 42 亿立方米以前为拦沙后期第一阶段。目前小浪底水库处于拦沙后期第一阶段。

小浪底水库拦沙后期采用逐步抬高水位的运用方式,随着拦沙量的增加,水库库容逐步减少,汛限水位也逐步提高,直至水库淤积量达到设计值,形成高滩深槽,汛限水位达到设计的 254 米。拦沙后期小浪底水库淤积量达 42 亿立方米、60 亿立方米时,汛限水位(前汛期)不超过 240 米、250 米。

2013 年小浪底水库汛限水位(前汛期)为 230 米。

(2)初步设计中明确的正常运用期防洪运用方式

预报花园口站洪水流量小于 8000 立方米每秒,按进出库平衡运用。预报花园口站洪水流量大于 8000 立方米每秒,按控制花园口站 8000 立方米每秒方式运用,在此过程中:

1)发生三门峡以上来水为主的"上大洪水"。当水库蓄洪量达到 7.9 亿立方米,小浪底水库按控制花园口站流量不超过 10000 立方米每秒运用。当水库蓄洪量达 20 亿立方米且有增大趋势,控制蓄洪水位不再升高,相应增大泄洪流量、允许花园口站洪水流量超过 10000 立方米每秒。当预报花园口站 10000 立方米每秒以上洪量达 20 亿立方米,说明东平湖滞洪区将达到可能承担黄河分洪量 17.5 亿立方米,小浪底水库恢复按控制花园口站 10000 立方米每秒运用。

2)发生三花间来水为主的"下大洪水"。水库蓄洪量虽未达到 7.9 亿立方米,但小花间的洪水流量已达 7000 立方米每秒,且有上涨趋势,水库下泄最小流量 1000 立方米每秒。若预报小花间流量大于 9000 立方米每秒,水库下泄最小流量 1000 立方米每秒,否则按控制花园口站 10000 立方米每秒运用。

(3)本方案中小浪底水库防洪运用方式

由于目前黄河下游河道主槽最小过洪能力约为 4000 立方米每秒,对于花园口站 8000 立方米每秒以下洪水,考虑目前小浪底水库汛限水位较低,可以利用 254 米以下防洪库容进行水沙调控运用,兼顾减淤和洪水资源利用。

本次方案制订中,对小浪底水库拦沙后期中小洪水的防洪运用方式进行了研究。认为对中小洪水应采用高含沙洪水敞泄、一般含沙量洪水控制运用的防洪方式,这种方式有利于延长小浪底水库淤沙库容的使用年限、充分利用高含沙洪水对下游河道进行"淤滩刷槽"。在拦沙后期,为了形成小浪底水库正常运用期淤积形态、达到设计的防洪库容,小浪底水库对中小洪水的防洪运用水位应控制不超过254米;随着拦沙量的增加,水库254米以下的库容会逐渐减小,在防洪运用中应根据具体情况调整中小洪水的控制流量。

综合考虑小浪底拦沙后期下游防洪形势和正常运用期防洪方式后,本方案中小浪底水库防洪运用方式为:

1)花园口站发生8000立方米每秒以下洪水

这类洪水发生概率较大且大部分为高含沙洪水,其防洪调度应充分考虑洪水量级和含沙量、水库防洪库容大小和淤积量、下游河道主槽过流能力和河道淤积、下游滩区淹没损失等多种因素,小浪底水库通过预泄、敞泄、控泄等多种方式,适时进行水沙调控,塑造有利的洪水泥沙过程,尽量减少水库、河道淤积。

2)花园口站发生8000立方米每秒以上、10000立方米每秒以下洪水

这类洪水多以潼关以上来水为主,且含沙量较大,若控制花园口站较小流量运用将造成水库较严重淤积,因此在小浪底水库拦沙后期,若洪水主要来源于三门峡以上,原则上按进出库平衡方式运用;若洪水主要来源于三花间,可酌情按控制花园口站不大于8000立方米每秒方式运用。在小浪底水库正常运用期,原则上仍按设计方式控制花园口站8000立方米每秒运用。

3)花园口站发生10000立方米每秒以上、22000立方米每秒以下洪水

为确保下游堤防安全、减轻洪水灾害损失,小浪底水库主要防洪任务是削减花园口站10000立方米每秒以上洪水流量。

对"上大洪水",小浪底水库首先按控制花园口站流量10000立方米每秒运用,当库水位达到200年一遇蓄水位263米(拦沙后期淤积量达42亿立方米之前)或100年一遇蓄水位266.6米(正常运用期),且有上涨趋势,小浪底水库转为维持库水位控制运用。预报东平湖滞洪区分洪量将达到设计分洪容量,小浪底水库恢复按控制花园口站10000立方米每秒运用。

"下大洪水",若预报小花间流量小于9000立方米每秒,小浪底水库按控制花园口站10000立方米每秒运用;否则,按控制出库流量不大于1000立方米每秒下泄。由于小花间流量不能完全控制,水库群运用后花园口站洪峰流量仍可能超过10000立方米每秒。

6.三门峡水库防洪运用方式

(1)原方案确定的防洪运用方式

1985年国务院批复的《黄河、长江、淮河、永定河防御特大洪水方案》(国

发[1985]79号)中确定的三门峡水库防洪运用方式为:"花园口站发生22000立方米每秒以上至30000立方米每秒洪水时……三门峡水库运用,应视洪水来自三门峡以上地区还是以下地区,适当控制,减轻下游负担"、"花园口站发生30000立方米每秒以上至46000立方米每秒特大洪水时,除充分运用三门峡、陆浑、北金堤和东平湖拦洪滞洪外,还要……"

(2)小浪底水库初设明确的防洪运用方式(小浪底水库正常运用期)

1)对"上大洪水",水库先按敞泄运用,达本次洪水的最高蓄水位后,控制库水位、按入库流量泄洪(即"先敞后控"方式)。

2)对"下大洪水",在小浪底水库未达到花园口站100年一遇洪水的蓄洪量26亿立方米前,按敞泄运用。小浪底水库蓄洪量达26亿立方米,且有增大趋势,三门峡水库开始投入控制运用,并按小浪底水库的泄洪流量控制泄流。

(3)本方案中三门峡水库防洪运用方式

本方案制订中对小浪底水库拦沙后期三门峡水库的运用方式进行了研究,认为在小浪底水库254米以下防洪库容较大的时期,小浪底水库能够承担更多的防洪任务、三门峡水库控制运用时机可以适当调整。因此在小浪底水库拦沙后期,三门峡水库投入控制运用的时机比小浪底正常运用期稍晚。

"上大洪水",50年一遇以下洪水,三门峡水库按照敞泄方式运用,50年一遇(相应小浪底水库运用水位达266.6米)及其以上洪水三门峡水库按照"先敞后控"方式运用。

"下大洪水",小浪底水库淤积量达到42亿立方米前,发生200年一遇及其以上洪水,三门峡水库按照小浪底水库的出库流量控制运用;小浪底水库正常运用期,发生100年一遇及其以上洪水(相应小浪底水库运用水位达269.3米),三门峡水库开始控制运用;小浪底水库淤积量达到42亿立方米、小于75.5亿立方米时,发生200年至100年一遇洪水,三门峡水库开始控制运用。

小浪底水库正常运用期,在小浪底水库未达到花园口站100年一遇洪水的蓄洪量26亿立方米(相应小浪底水库运用水位达269.3米)前,按敞泄运用。小浪底水库蓄洪量达26亿立方米,且有增大趋势,三门峡水库开始投入控制运用,并按小浪底水库的泄洪流量控制泄流,直到蓄洪量达本次洪水的最大蓄量。此后,控制已蓄洪量,按入库流量泄洪,直到小浪底水库达到最大蓄洪量,转入退水运用。

7.陆浑、故县、河口村水库设计防洪运用方式

(1)陆浑水库

1)预报花园口站洪峰流量小于12000立方米每秒

　　当入库流量小于1000立方米每秒时,原则上按进出库平衡方式运用,否则按控制下泄流量1000立方米每秒运用。当库水位达到20年一遇洪水位(321.5米),则灌溉洞控泄77立方米每秒流量,其余泄水建筑物全部敞泄排洪,如水位继续上涨,达到百年一遇洪水位(324.95米)时,灌溉洞打开参加泄流。在退水过程中,按不超过本次洪水实际出现的最大泄流量泄洪,直到库水位降至汛限水位。

　　2)预报花园口站洪水流量达12000立方米每秒且有上涨趋势

　　当水库水位低于蓄洪限制水位(323米)时,水库按不超过77立方米每秒控泄。当水库水位达到蓄洪限制水位时,若入库流量小于蓄洪限制水位相应的泄流能力(3230立方米每秒),原则上按入库流量泄洪,否则按敞泄滞洪运用至蓄洪限制水位。在退水阶段,若预报花园口站流量仍大于等于10000立方米每秒时,原则上按进出库平衡方式运用,当预报花园口站流量小于10000立方米每秒时,按控制花园口站流量不大于10000立方米每秒泄流至汛限水位。

　　(2)故县水库

　　1)预报花园口站洪峰流量小于12000立方米每秒

　　当入库流量小于1000立方米每秒时,原则上按进出库平衡方式运用,否则按控制下泄流量1000立方米每秒运用。当库水位达20年一遇洪水位(543.2米)时,如入库流量不大于20年一遇洪水位相应的泄洪能力(7400立方米每秒),原则上按进出库平衡方式运用,否则按敞泄滞洪运用。在退水过程中,按不超过本次洪水实际出现的最大泄流量泄洪,直到库水位降至汛限水位。

　　2)预报花园口站洪水流量达12000立方米每秒且有上涨趋势

　　水库水位低于蓄洪限制水位(548米)时,水库按不超过90立方米每秒(发电流量)控泄。当水库水位达到蓄洪限制水位时,若入库流量小于蓄洪限制水位相应的泄流能力(11100立方米每秒),原则上按进出库平衡方式运用,否则按敞泄滞洪运用至蓄洪限制水位。在退水阶段,若预报花园口站流量仍大于等于10000立方米每秒时,原则上按进出库平衡方式运用,当预报花园口站流量小于10000立方米每秒时,按控制花园口站流量不大于10000立方米每秒泄流至汛限水位。其退水次序在陆浑水库之后。

　　(3)河口村水库

　　1)预报花园口站洪峰流量小于12000立方米每秒

　　当预报武陟站流量小于4000立方米每秒时,原则上按进出库平衡方式运用;否则按控制武陟站流量4000立方米每秒运用。在退水过程中,按不超过本次洪水实际出现的最大泄流量泄洪,直到库水位降至汛限水位。

2)预报花园口站洪水流量达12000立方米每秒且有上涨趋势

当水库水位低于蓄洪限制水位(285.43米)时,水库按不超过16立方米每秒(发电流量)控泄。当水库水位达到蓄洪限制水位时,若入库流量小于蓄洪限制水位相应的泄流能力(10900立方米每秒),按入库流量泄洪,否则按敞泄滞洪运用至蓄洪限制水位。在退水阶段,若预报花园口流量仍大于10000立方米每秒时,原则上按进出库平衡方式运用,当预报花园口流量小于10000立方米每秒时,按控制花园口流量不大于10000立方米每秒泄流至汛限水位。其退水次序在故县水库之后。

8.东平湖滞洪区运用

艾山站设计防洪流量为11000立方米每秒(考虑平阴、长清南部山区加水1000立方米每秒),孙口站洪水流量超过10000立方米每秒,东平湖滞洪区应相机分洪运用,分洪后控制黄河流量不超过10000立方米每秒。

本方案中东平湖滞洪区老湖区采用新库容资料。

9.设计标准以上洪水的防御措施

对设计标准以上洪水,高村以上河段可以利用堤防3米的超高或进一步加修子堰输送洪水,高村以下通过渠村闸向北金堤滞洪区分洪。北金堤滞洪区分洪运用后,可将花园口站万年一遇洪水由27400立方米每秒削减到孙口站17500立方米每秒,经东平湖滞洪区分洪后,可控制艾山站以下洪峰流量不超过11000立方米每秒,由堤防约束行洪入海。

黄河下游北岸沁河口至封丘黄河堤防以及沁河丹河口以下左岸堤防,保护有新乡市等重要防洪城市和京九、京广铁路以及多条高速公路等重要设施;南岸高村以上河段保护郑州市、开封市等全国重点防洪城市和京九、京广、陇海铁路以及多条高速公路等重要设施。这几段堤防位置靠上,一旦决口波及范围大,需要全力固守。对于济南河段黄河堤防,因济南市为全国重点防洪城市,所以也要全力固守。

(五)关于责任与权限

1.原方案对地方人民政府、各级防指(总)及有防汛任务的相关部门的责任没有做出规定。本方案明确了黄河防总负责黄河流域防洪的组织、协调、指导、监督工作和重要防洪防凌工程的调度运用;省(区)级人民政府要负责辖区内的抗洪抢险、人员转移安置、救灾及灾后恢复等各项工作;明确了煤矿、油气、交通、电力、电信等相关部门负责所属设施的防洪防凌安全。

2. 原方案仅对东平湖、北金堤等蓄滞洪区的分洪运用做出了规定。本方案明确了龙羊峡、刘家峡、海勃湾、万家寨、三门峡、小浪底、陆浑、故县、河口村等干支流骨干水库工程、东平湖滞洪区、北金堤滞洪区和内蒙古应急分洪区的防洪防凌调度运用权限。

（六）关于工作与任务

此部分为新增内容。根据《防洪法》规定，本方案对黄河的防汛准备、洪水预警预报、滩区蓄滞洪区及库区运用、抗洪抢险、救灾等方面做了原则规定，明确了黄河防总及沿黄地方各级防指（总）、各有关部门和单位的工作与任务，以便根据本方案部署抗洪抢险等方面的工作与任务。

第三节　堤防设计

一、工程管护范围

（一）工程管理范围划分

1. 工程主体建筑物：堤身、堤内外戗台、淤区、险工、控导（护滩）、高岸防护等工程建筑物。

2. 穿、跨堤交叉建筑物：各类穿堤水闸和管线的覆盖范围及保护用地等，其中水闸工程应包括上游引水渠、闸室、下游消能防冲工程和两岸联接建筑物等。

3. 附属工程设施：包括观测、交通、通信设施、标志标牌、排水沟及其他维修管理设施。

4. 管理单位生产、生活区建筑或设施：包拖动力配电房、机修车间、设备材料仓库、办公室、宿舍、食堂及文化娱乐设施等。

5. 工程管护范围、包括堤防工程护堤地、河道整治工程护坝地及水闸工程的保护用地等，应按照有关法规、规范依法划定，在工程新建、续建、加固时征购。

（二）工程安全保护范围

与工程管护范围相连的地域，应依据有关法规划定一定的区域，作为工程安全保护范围，在工程新建、续建、加固等设计时，应在设计时依法划定。

堤顶和堤防临、背坡采用集中排水和分散排水两种方案，主要要求如下：

设置横向排水沟的堤防可在堤肩两侧设置挡水小埝或其他排水设施集中

排汇堤顶雨水,小埝顶宽0.2m、高0.15m,内边坡为1:1,外边坡为1:3。临、背侧堤坡每隔100m左右设置1条横向排水沟,临、背侧交错布置,并与纵向排水沟、淤区排水沟连通。

堤坡、堤肩排水设施采用混凝土或浆砌石结构,尺寸根据汇流面积、降雨情况计算确定。

堤坡不设排水沟的堤防应在堤肩两侧各植0.5m宽的草皮带。

堤防管理范围内应建设生物防护工程,包括防浪林带、护堤林带、适生林带及草皮护坡等,应按照临河防浪、背河取材、乔灌结合的原则,合理种植,主要要求如下:

1. 沿堤顶两侧栽植1行行道林,株距2m。

2. 应在堤防非险工河段的临河侧种植防浪林带,背河侧种植护堤林带。

对于临河侧防浪林带,外侧种植灌木,近堤侧种植乔木,种植宽度各占一半(株、行距,乔木采用2m,灌木采用1m);对于种植区存在坑塘、常年积水的情况,应有计划的消除坑塘,待坑塘消除后补植。

背河侧护堤林带种植乔木,株、行距均采用2m。

3. 淤区顶部本着保持工程完整和提供防汛抢险料源的原则种植适生林带。

4. 堤防边坡、戗坡种植草皮防护,墩距为20cm左右,梅花形种植;禁止种植树木和条类植物。

5. 具有生态景观功能要求的城区堤段,堤防设计宜结合黄河生态景观的建设要求进行绿化美化。

为满足防汛抢险和工程管理需要,应按照《黄河备防土(石)料储备定额》和有利于改善堤容堤貌的原则,在合适部位储备土(石)料,主要要求如下:

1. 标准化堤防的备防土料应平行于大堤集中存放在淤区,间距500～1000m,宽度5～8m,高度比堤顶低1m,四周边坡1:1。

2. 备防石料应在险工坝顶或淤区集中放置,每垛备防石高度为1.2m,数量以10的倍数为准。

淤区顶部排水设施由围堤、格堤和排水沟组成,主要要求如下:

1. 应在淤区顶部的外边缘修筑纵向围堤,每间隔100m修一条横向格堤。围堤顶宽1.0m,高度0.5m,外坡1:3,内坡1:1.5;格堤顶宽1.0m,高度0.5m,内、外坡均为1:1。

2. 应在淤区顶部与背河堤坡接合部修一条纵向排水沟,并与堤坡横向排水沟连通,直通淤区坡脚;若堤坡采用散排水,淤区纵、横排水沟需相互连通,排水至淤区坡脚。

　　工程管护基地宜修建在堤防背河侧,按每公里 120m² 标准集中进行建设。

　　应按照减少堤身土体流失和易于防汛抢险的原则建设堤顶道路和上堤辅道,主要要求如下:

　　1. 未硬化的堤顶采用粘性土盖顶;堤顶硬化路面有碎石路面、柏油路面和水泥路面三种。临黄大堤堤顶一般采用柏油路面硬化,路面结构参照国家三级公路标准设计;其他设防大堤堤顶道路宜按照砂石路面处理。

　　2. 沿堤线每隔 8～10km 应硬化不少于 1 条的上堤辅道,并尽量与地方公路网相连接;上堤辅道不应削弱堤身设计断面和堤肩,坡度宜按 7%～8% 控制。

　　应在堤防合理位置埋设千米桩、边界桩和界碑等标志,主要要求如下:

　　1. 应从起点到终点,依序进行计程编码,在背河堤肩埋设千米桩。

　　2. 沿堤防护堤地或防浪林带边界埋设边界桩,边界桩以县局为单位从起点到终点依序进行编码,直线段每 200m 埋设 1 根,弯曲段适当加密。

　　3. 沿堤省、地(市)、县(市、区)等行政区的交界处,应统一设置界碑。

　　4. 沿堤线主要上堤辅道与大堤交叉处应设置禁行路杆,禁止雨、雪天气行车,并设立超吨位(3 吨以上)车辆禁行警示牌。

　　5. 通往控导、护滩(岸)工程及沿黄乡镇的道口应设置路标。

　　6. 大型跨(穿)堤建筑物上、下游 100m 处应分别设置警示牌。

二、设计洪水位的确定

　　设计洪水位是指堤防工程设计防洪水位或历史上防御过的最高洪水位,是设计堤顶高程的计算依据。接近或达到该水位,防汛进入全面紧急状态,堤防工程临水时间已长,堤身土体可能达饱和状态,随时都有可能出现重大险情。这时要密切巡查,全力以赴,保护堤防工程安全,并根据"有限保证,无限负责"的原则,对于可能超过设计洪水位的抢护工作也要做好积极准备。

三、堤顶高程的确定

　　当设计洪峰流量及洪水位确定之后,就可以据此设计堤距和堤顶高程。

　　堤距与堤顶高程是相互联系的。同一设计流量下,如果堤距窄,则被保护的土地面积大,但堤顶高,筑堤土方量大,投资多,且河槽水流集中,可能发生强烈冲刷,汛期防守困难;如果堤距宽,则堤身矮,筑堤土方量小,投资少,汛期易于防守,但河道水流不集中,河槽有可能发生淤积,同时放弃耕地面积大,经济损失大。因此,堤距与堤顶高程的选择存在着经济、技术最佳组合问题。

（一）堤距

堤距与洪水位关系可用水力学中推算非均匀流水面线的方法确定,也可按均匀流计算得到设计洪峰流量下堤距与洪水位的关系。堤距的确定,需按照堤线选择原则,并从当地的实际情况出发,考虑上下游的要求,进行综合考虑。除进行投资与效益比较外,还要考虑河床演变及泥沙淤积等因素。例如,黄河下游大堤堤距最大达 15~23km,远远超出计算所需堤距,其原因不只是容、泄洪水,还有滞洪滞沙的作用。最后,选定各计算断面的堤距作为推算水面线的初步依据。

（二）堤顶高程

堤顶高程应按设计洪水位或设计高潮位加堤顶超高确定。

堤顶超高应考虑波浪爬高、风壅增水、安全加高等因素。为了防止风浪漫越堤顶,需加上波浪爬高,此外还需加上安全超高,堤顶超高按式(6-1)计算确定。1、2 级堤防工程的堤顶超高值不应小于 2.0m。

$$Y = R + E + A \qquad (6-1)$$

式中　Y——堤顶超高,m;

　　　R——设计波浪爬高,m;

　　　E——设计风壅增水高度,m;

　　　A——安全加高,m,按表6-7确定。

表6-7　堤防工程的安全加高值

堤防工程的级别		1	2	3	4	5
安全加高值（m）	不允许越浪的堤防工程	1.0	0.8	0.7	0.6	0.5
	允许越浪的堤防工程	0.5	0.4	0.4	0.3	0.3

波浪爬高与地区风速、风向、堤外水面宽度和水深,以及堤外有无阻浪的建筑物、树林、大片的芦苇、堤坡的坡度与护面材料等因素都有关系。

四、堤身断面尺寸

堤身横断面一般为梯形,其顶宽和内外边坡的确定,往往是根据经验或参照已建的类似堤防工程,首先初步拟定断面尺寸,然后对重点堤段进行渗流计算和稳定校核,使堤身有足够的质量和边坡,以抵抗横向水压力,并在渗水达到饱和后不发生坍滑。

堤防宽度的确定,应考虑洪水的渗径和汛期抢险交通运输以及防汛备用器材堆放的需要。汛期高水位,若堤身过窄,渗径短,渗透流速大,渗水容易从大堤背水坡腰逸出,发生险情。对此,须按土坝渗流稳定分析方法计算大堤浸润线位置检验堤身断面。我国主要江河堤顶宽度:荆江大堤为 8~12m,长江其他干堤 7~8m,黄河下游大堤宽度一般为 12m(左岸贯孟堤、太行堤上段、利津南宋至四段、右岸东平湖 8 段临黄山口隔堤和垦利南展上界至二十一户为10m)。为便于排水,堤顶中间稍高于两侧(俗称花鼓顶),倾斜坡度 3%~5%。

边坡设计应视筑堤土质、水位涨落强度和洪水持续历时、风浪、渗透情况等因素而定。一般是临水坡较背水坡陡一些。在实际工程中,常根据经验确定。如果采用壤土或沙壤土筑堤,且洪水持续时间不太长,当堤高不超过 5m时,堤防临水坡和背水坡边坡系数可采用 2.5~3.0;当堤高超过 5m 时,边坡应更平缓些。例如荆江大堤,临水坡边坡系数为 2.5~3.0,背水坡为 3.0~6.3,黄河下游大堤标准化堤防工程建成后临水坡和背水坡边坡系数均为 3.0。若堤身较高,为增加其稳定性和防止渗漏,常在背水坡下部加筑戗台或压浸台,也可将背水坡修成变坡形式。

五、渗流计算与渗控措施设计

一般土质堤防工程,在靠水、着溜时间较长时,均存在渗流问题。同时,平原地区的堤防工程,堤基表层多为透水性较弱的粘土或沙壤土,而下层则为透水性较强的砂层、砂砾石层。当汛期堤外水位较高时,堤基透水层内出现水力坡降,形成向堤防工程背河的渗流。在一定条件下,该渗流会在堤防工程背河表土层非均质的地方突然涌出,形成翻沙鼓水,引起堤防工程险情,甚至出现决口。因此,在堤防工程设计中,必须进行渗流稳定分析计算和相应的渗控措施设计。

(一)渗流计算

水流由堤防工程临河慢慢渗入堤身,沿堤的横断面方向连接其所行经路线的最高点形成的曲线,称为浸润线。渗流计算的主要内容包括确定堤身内浸润线的位置、渗透比降、渗透流速以及形成稳定浸润线的最短因时等。

(二)渗透变形的基本形式

堤身及堤基在渗流作用下,土体产生的局部破坏,称为渗透变形。渗透变形的形式及其发展过程,与土料的性质及水流条件、防渗排渗等因素有关,一般可归纳为管涌、流土、接触冲刷、接触流土或接触管涌等类型。管涌为非粘性土中,填充在土层中的细颗粒被渗透水流移动和带出,形成渗流通道的现象;流土为局部范围内成块的土体被渗流水掀起浮动的现象;接触冲刷为渗流沿不同材料或土层接触面流动时引起的冲刷现象:当渗流方向垂直于不同土壤的接触面时,可能把其中一层中的细颗粒带到另一层由较粗颗粒组成的土层孔隙中的管涌现象,称为接触管涌。如果接触管涌继续发展,形成成块土体移动,甚至形成剥蚀区时,便形成接触流土。接触流土和接触管涌变形,常出现在选料不当的反滤层接触面上。渗透变形是汛期堤防工程常见的严重险情。

一般认为,粘性土不会产生管涌变形和破坏,沙土和砂砾石,其渗透变形形式与颗粒级配有关。颗粒不均匀系数,$\eta = d_{60}/d_{10} < 10$ 的土壤易产生流土变形;$\eta > 20$ 的土壤会产生管涌变形;$10 < \eta < 20$ 的土壤,可能产生流土变形,也可能产生管涌变形。

(三)产生管涌与流土的临界坡降

使土体开始产生渗透变形的水力坡降为临界坡降。当有较多的土料开始移动时,产生渗流通道或较大范围破坏的水力坡降,称为破坏坡降。临界坡降可用试验方法或计算方法加以确定。

为了防止堤基不均匀性等因素造成的渗透破坏现象,防止内部管涌及接触冲刷,容许水力坡降可参考建议值(见表 6 - 8)选定。如果在渗流出口处做有滤渗保护措施,表 6 - 8 中所列允许渗透坡降可以适当提高。

表 6 - 8　控制堤基土渗透破坏的容许水力坡降

基础表层土名称	堤坝等级			
	I	II	III	IV
一、板桩形式的地下轮廓				
1. 密实粘土	0.50	0.55	0.60	0.65
2. 粗砂、砾石	0.30	0.33	0.36	0.39
3. 壤土	0.25	0.28	0.30	0.33
4. 中砂	0.20	0.22	0.24	0.26
5. 细砂	0.15	0.17	0.18	0.20
二、其他形式的地下轮廓				
1. 密实粘土	0.40	0.44	0.48	0.52
2. 粗砂、砾石	0.25	0.28	0.30	0.33
3. 壤土	0.20	0.22	0.24	0.26
4. 中砂	0.15	0.17	0.18	0.20
5. 细砂	0.12	0.13	0.14	0.16

（四）渗控措施设计

堤防工程渗透变形产生管漏涌沙，往往是引起堤身蛰陷溃决的致命伤。为此，必须采取措施，降低渗透坡降或增加渗流出口处土体的抗渗透变形能力。目前工程中常用的方法，除在堤防工程施工中选择合适的土料和严格控制施工质量外，主要采用"外截内导"的方法治理。

1. 临河面不透水铺盖

在堤防工程临水面堤脚外滩地上，修筑连续的粘土铺盖，以增加渗径长度，减小渗流的水力坡降和渗透流速，是目前工程中经常使用的一种防渗技术。铺盖的防渗效果，取决于所用土料的不透水性及其厚度。根据经验，铺盖宽度约为临河水深的 15～20 倍，厚度视土料的透水性和干容重而定，一般不小于 1.0m。

2. 堤背防渗盖重

当背河堤基透水层的扬压力大于其上部不（弱）透水层的有效压重时，为防止发生渗透破坏，可采取填土加压，增加覆盖层厚度的办法来抵抗向上的渗透压力，并增加渗径长度，消除产生管涌、流土险情的条件。盖重的厚度和宽度，可依盖重末端的扬压力降至允许值的要求设计。近些年来，在黄河和长江一些重要堤段，采用堤背放淤或吹填办法增加盖重，同时起到了加固堤防和改良农田的作用。

3. 堤背脚滤水设施

对于洪水持续时间较长的堤防工程，堤背脚渗流出逸坡降达不到安全容许坡降的要求时，可在渗水逸出处修筑滤水戗台或反滤层、导渗沟、减压井等工程。

滤水戗台通常由砂、砾石滤料和集水系统构成，修筑在堤背后的表层土上，增加了堤底宽度，并使堤坡渗出的清水在戗台汇集排出。反滤层设置在堤背面下方和堤脚下，其通过拦截堤身和从透水性底层土中渗出的水流挟带的泥沙，防止堤脚土层侵蚀，保证堤坡稳定。堤背后导渗沟的作用与反滤层相同。当透水地基深厚或为层状的透水地基时，可在堤坡脚处修建减压井，为渗流提供出路，减小渗压，防止管涌发生。

第四节　堤基施工

一、堤基清理

（1）在进行坝基清理前，监理工程师根据设计文件、图纸要求、技术规范指标、堤基情况等,审查施工单位提交的基础处理方案。

(2)对于施工单位进行的堤基开挖或处理过程中的详细记录,监理工程师均应按照有关规定审核签字。

(3)堤基清理范围包括堤身、铺盖和压载的基面。堤基清理边线应比设计基面边线宽出 300 ~ 500mm。老堤加高培厚,其清理范围包括堤顶和堤坡。

(4)堤基清理时,应将堤基范围内表层的砖石、淤泥、腐殖土、杂填土、泥炭、杂草、树根以及其他杂物等清除干净,并应按指定的位置堆放。

(5)堤基清理完毕后,应在第一层土料填筑前,将堤基内的井窖、树坑、坑塘等按堤身要求进行分层回填、平整、压实处理,压实后土体干密度应符合设计要求。

(6)堤基处理完毕后应立即报监理工程师,由业主、设计、监理和监督等部门共同验收,分部工程检测的数量按堤基处理面积的平均数每 $200m^2$ 为一个计算单元,并做好记录和共同签字认可,方能进行堤身的填筑。

(7)如果堤基的地质比较复杂、施工难度较大或无相关规范可遵循时,应进行必要的技术论证,然后通过现场试验取得有关技术参数并经监理工程师批准。

(8)堤基处理后要避免产生冻结,当堤基出现冻结,有明显夹层和冻胀现象时,未经处理不得在堤基上进行施工。

(9)基坑积水应及时将其排除,对泉眼应在分析其成因和对堤防的影响后,予以封堵或引导。在开挖较深的堤基时,应时刻注意防止滑坡。

二、清理方法

(1)堤基表层的不合格土、杂物等必须彻底清除,堤基范围内的坑槽、沟等,应按堤身填筑要求进行回填处理。

(2)堤基内的井窖、墓穴、树根、腐烂木料、动物巢穴等是最易塌陷的地方,必须按照堤身填筑要求回填,并进行重点认真质量检验。

(3)对于新旧堤身的结合部位清理、接槎、刨光和压实,应符合《堤防工程施工规范》(SL 260—1998)中的要求。

(4)基面清理平整后,应及时要求施工单位报验。基面验收合格后应抓紧堤身的施工,若不能立即施工,应通知施工单位做好基面保护工作,并在复工前再报监理检验,必要时应当重新清理。

(5)堤基清理单元工程的质量检查项目与标准,主要有以下几个方面:基面清理标准,堤基表层不合格土、杂物等全部清除;一般堤基清理,堤基上的坑塘、洞穴均按要求处理;堤基平整压实,表面无显著凸凹,无松土和弹簧土。

三、软弱堤基处理

(1)浅埋的薄层采用挖除软弱层换填砂、土时,应按设计要求用中粗砂或砂砾,铺填后及时予以压实。厚度较大难以挖除或挖除不经济时,可采用铺垫透水材料加速排水和扩散应力、在堤脚外设置压载、打排水井或塑料排水带、放缓堤坡、控制加荷速率等方法处理。

(2)流塑态淤质软粘土地基上采用堤身自重挤淤法施工时,应放缓堤坡、减慢堤身填筑速度、分期加高,直至堤基流塑变形与堤身沉降平衡、稳定。

(3)软塑态淤质软粘土地基上在堤身两侧坡脚外设置压载体处理时,压载体应与堤身同步、分级、分期加载,保持施工中的堤基与堤身受力平衡。

(4)抛石挤淤应使用块径不小于30cm的坚硬石块,当抛石露出土面或水面时,改用较小石块填平压实,再在上面铺设反滤层并填筑堤身。

(5)修筑重要堤防时,可采用振冲法或搅拌桩等方法加固堤基。

四、透水堤基处理

(1)浅层透水堤基宜采用粘性土截水槽或其他垂直防渗措施截渗。粘性土截水槽施工时,宜采用明沟排水或井点抽排,回填粘性土应在无水基底上,并按设计要求施工。

(2)深厚透水堤基上的重要堤段,可设置粘土、土工膜、固化灰浆、混凝土、塑性混凝土、沥青混凝土等地下截渗墙。

(3)用粘性土做铺盖或用土工合成材料进行防渗,应按相关规定施工。铺盖分片施工时,应加强接缝处的碾压和检验。

(4)采用槽形孔浇筑混凝土或高压喷射连续防渗墙等方法对透水堤基进行防渗处理时,应符合防渗墙施工的规定。

(5)砂性堤基采用振冲法处理时,应符合相关标准的规定。

五、多层堤基处理

(1)多层堤基如无渗流稳定安全问题,施工时仅需将经清基的表层土夯实后即可填筑堤身。

(2)盖重压渗、排水减压沟及减压井等措施可单独使用,也可结合使用。表层弱透水覆盖层较薄的堤基如下卧的透水层均匀且厚度足够时,宜采用排水减压沟,其平面位置宜靠近堤防背水侧坡脚。排水减压沟可采用明沟或暗沟。暗沟可采用砂石、土工织物、开孔管等。

(3)堤基下有承压水的相对隔水层,施工时应保留设计要求厚度的相对隔水层。

(4)堤基面层为软弱或透水层时,应按软弱堤基施工、透水堤基施工处理。

六、岩石堤基处理

(1)强风化岩层堤基,除按设计要求清除松动岩石外,筑砌石堤或混凝土堤时基面应铺层厚大于 30mm 的水泥砂浆;筑土堤时基面应涂层厚为 3mm 的粘土浆,然后进行堤身填筑。

(2)裂缝或裂隙比较密集的基岩,可采用水泥固结灌浆或帷幕灌浆进行处理。

第五节　堤身施工

一、土坝填筑与碾压施工作业

(一)影响因素

土料压实的程度主要取决于机具能量、碾压遍数、铺土的厚度和土料的含水量等。

土料是由土粒、水和空气三相体所组成。通常固相的土粒和液相的水是不会被压缩的。土料压实就是将被水包围的细土颗粒挤压填充到粗土粒间孔隙中去,从而排走空气,使土料的空隙率减小,密实度提高。一般来说,碾压遍数越多,则土料越紧实。当碾压到接近土料极限密度时,再进行碾压起的作用就不明显了,如图 6-1 所示。

在同一碾压条件下,土的含水量对碾压质量有直接的影响。当土具有一定含水量时,水的润滑作用使土颗粒间的摩擦阻力减小,从而使土易于密实。但当含水量超过某一限度时,土中的孔隙全由水来填充而呈饱和状态,反而使土难以压实。图 6-2 中曲线最高点所对应的含水量即为土料压实的最优含水量,即土料在这样含水量的条件下,所得到的土料密实度为最大。

(二)压实机具及其选择

在碾压式的小型土坝施工中,常用的碾压机具有平碾、肋条碾,也有用重型履带式拖拉机作为碾压机具使用的。碾压机具主要靠沿土面滚动时碾本身的自重,在短时间内对土体产生静荷重作用,使土粒互相移动而达到密实。

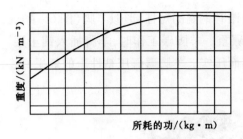

图6-1 土的重度与压实功的关系

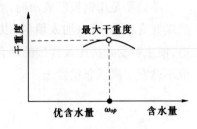

图6-2 土的重度与
含水量的关系曲线

根据压实作用力来划分,通常有碾压、夯击、振动压实三种机具。随着工程机械的发展,又有振动和碾压同时作用的振动碾,产生振动和夯击作用的振动夯等。常用的压实机具有以下几种。

1.平碾及肋条碾

平碾的滚筒可用钢板卷制而成,滚筒一端有小孔,从小孔中可加入铁粒等,以增加其重量。平碾的滚筒也可用石料或混凝土制成。一般平碾的质量(包括填料重)为5~12t,沿滚筒宽度的单宽压力为200~500N/cm,铺土厚度一般不超过20~25cm。

肋条碾可就地用钢筋混凝土制作,它与平碾不同之处在于作用地土层上的单位压力比平碾大,压实效果较好,可减少土层的光面现象,图6-3是平碾及肋条碾示意图。

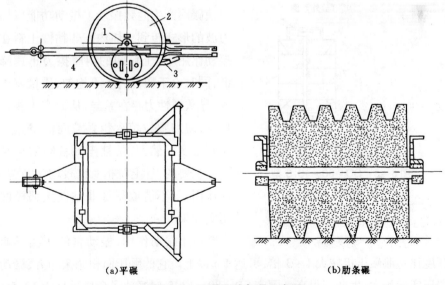

(a)平碾 (b)肋条碾

图6-3 平碾及肋条碾示意图

1—滚动轴;2—滚筒;3—刮刀;4—框架

羊脚碾是用钢板制成滚筒,表面上镶有钢制的短柱,形似羊脚(图6-4),筒端开有小孔,可以加入填料,以调节碾重。羊脚碾工作时,羊脚插入铺土层后,使土料受到挤压及揉搓的联合作用而压实。羊脚碾碾压粘性土的效果好,但不适宜于碾压非粘性土。

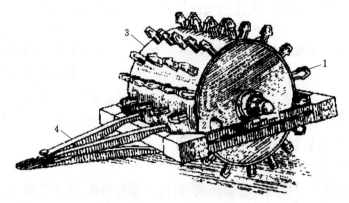

图6-4 羊脚碾外形图

1—羊脚;2—加载孔;3—碾滚筒;4—杠辕框架

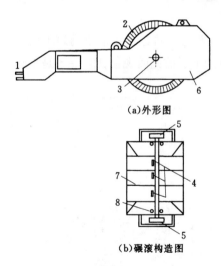

(a)外形图

(b)碾滚构造图

图6-5 SD-80-13.5型
振动碾示意图

1—索引挂钩;2—碾滚;3—轴;4—偏心块;
5—皮带轮;6—车架侧壁;7—隔板;
8—弹簧悬架

2. 振动碾

这是一种振动和碾压相结合的压实机械,如图6-5所示。它是由柴油机带动与机身相连的附有偏心块的轴旋转,迫使碾滚产生高频振动。振动功能以压力波的形式传到土体内。非粘性土料在振动作用下,土粒间的内摩擦力迅速降低,同时由于颗粒大小不均匀,质量有差异,导致惯性力存在差异,从而产生相对位移,使细颗粒填入粗颗粒间的空隙而达到密实。然而,粘性土颗粒间的粘结力是主要的,且土粒相对比较均匀,在振动作用下,不能取得像非粘性土那样的压实效果。

由于振动作用,振动碾的压实影响深度比一般碾压机械大1~3倍,可达1m以上。它的碾压面积比振动夯、振动器压实面积大,生产率很高。国产SD-80-13.5型振动碾全机质量为13.5t,振动频率为1500~1800次/min,小时生产率高达600m³/台时。振动压实效果好,使非粘性土料的相对密度大为提高,坝体的沉陷量大幅度降低,稳定性明显增强,使土工建筑物的抗振性能大为改善。故抗振规范明确规定,对有防振要求的土工建筑物必须用振动碾压实。振动碾结构简单,制作方便,成本低廉,生产率高,是压实非粘性土石料的高效压实机械。

3. 气胎碾

气胎碾有单轴和双轴之分。单轴的主要构造是由装载荷重的金属车箱和装在轴上的 4~6 个气胎组成。碾压时在金属车厢内加载,并同时将气胎充气至设计压力。为防止气胎损坏,停工时用千斤顶将金属厢支托起来,并把胎内的气放掉,如图 6-6 所示。

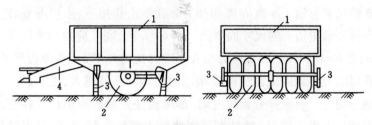

图 6-6　拖行单轴式气压碾

1—金属车厢;2—充气轮胎;3—千斤顶;4—牵挂杠辕

气胎碾在碾压土料时,气胎随土体的变形而变形。随着土体压实密度的增加,气胎的变形也相应增加,始终能保持较为均匀的压实效果,气胎碾压实应力分布图如图 6-7 所示。它与刚性碾比较,气胎不仅对土体的接触压力分布均匀而且作用时间长,压实效果好,压实土料厚度大,生产效率高。

气胎碾可根据压实土料的特性调整其内压力,使气胎对土体的压力始终保持在土料的极限强度内。通常气胎的内压力,对粘性土以 $(5~6)×10^5$Pa、非粘性土以 $(2~4)×10^5$Pa 最好。平碾碾滚是刚性的,不能适应土体的变形,荷载过大就会使碾

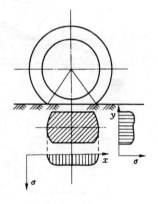

图 6-7　气胎碾压实应力分布图

滚的接触应力超过土体的极限强度,这就限制了这类碾朝重型方向发展。气胎碾却不然,随着荷载的增加,气胎与土体的接触面增大,接触应力仍不致超过土体的极限强度。所以只要牵引力能满足要求,就不妨碍气胎碾朝重型高效方向发展。早在 20 世纪 60 年代,美国就生产了重 200t 的超重型气胎碾。由于气胎碾既适宜于压实粘性土料,又适宜于压实非粘性土料,能做到一机多用,有利于防渗土料与坝壳土料平起同时上升,用途广泛,很有发展前途。

4.夯实机具

水利工程中常用的夯实机具有木夯、石磲、蛤蟆夯（即蛙式打夯机）等。夯实机具夯实土层时，冲击加压的作用时间短，单位压力大，但不如碾压机械压实均匀，一般用于狭窄的施工场地或碾压机具难以施工的部位。

夯板可以吊装在去掉土斗的挖掘机的臂杆上，借助卷扬机操纵绳索系统使夯板上升。夯击土料时将索具放松，使夯板自由下落，夯实土料，其压实铺土厚度可达1m，生产效率较高。对于大颗粒填料可用夯板夯实，其破碎率比用碾压机械压实大得多。为了提高夯实效果，适应夯实土料特性，在夯击粘性土料或略受冰冻的土料时，还可将夯板装上羊脚，即成羊脚夯。

夯板的尺寸与铺土厚度 h 密切相关。在夯击作用下，土层沿垂直方向应力的分布随夯板短边 b 的尺寸而变化。当 $b=h$ 时，底层应力与表层应力之比为 0.965；当 $b=0.5h$ 时，底层应力与表层应力比为 0.473。若夯板尺寸不变，表层和底层的应力差值随铺土厚度增加而增加。差值越大，压实后的土层竖向密度越不均匀。故选择夯板尺寸时，尽可能使夯板的短边尺寸接近或略大于铺土厚度。夯板工作时，机身在压实地段中部后退移动，随夯板臂杆的回转，土料被夯实的夯迹呈扇形。为避免漏夯，夯迹与夯迹之间要套夯，其重叠宽度为 10 ~ 15cm，夯迹排与排之间也要搭接相同的宽度。为充分发挥夯板的工作效率，避免前后排套压过多，夯板的工作转角以不大于80°~90°为宜，如图6-8所示。

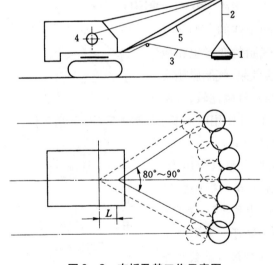

图6-8　夯板及其工作示意图

1—夯板；2—提升索；3—操纵索；4—机房；5—枝干

选择压实机具时，主要依据土石料性质（粘性或非粘性、颗粒级配、含水量等）、压实指标、工程量、施工强度、工作面大小以及施工强度等。在不超过土石料极限强度的条件下，宜选用较重型的压实机具，以获得较高的生产率和较好的压实效果。

二、堤身填筑与砌筑

(一)填筑作业要求

(1)地面起伏不平时按水平分层由低处开始逐层填筑,不得顺坡铺填。堤防横断面上的地面坡度陡于 1:5 时,应将地面坡度削至缓于 1:5。

(2)分段作业面的最小长度不应小于 100m,人工施工时作业面段长可适当减短。相邻施工段作业面宜均衡上升,若段与段之间不可避免出现高差时,应以斜坡面相接。分段填筑应设立标志,上下层的分段接缝位置应错开。

(3)在软土堤基上筑堤或采用较高含水量土料填筑堤身时,应严格控制施工速度,必要时在堤基、坡面设置沉降和位移观测点进行控制。如堤身两侧设计有压载平台时,堤身与压载平台应按设计断面同步分层填筑。

(4)采用光面碾压实粘性土时,在新层铺料前应对压光层面做刨毛处理;在填筑层检验合格后因故未及时碾压或经过雨淋、暴晒使表面出现疏松层时,复工前应采取复压等措施进行处理。

(5)施工中若发现局部"弹簧土"、层间光面、层间中空、松土层或剪切破坏等现象时应及时处理,并经检验合格后方准铺填新土。

(6)施工中应协调好观测设备安装埋设和测量工作的实施;已埋设的观测设备和测量标志应保护完好。

(7)对占压堤身断面的上堤临时坡道做补缺口处理时,应将已板结的老土刨松,并与新铺土一起按填筑要求分层压实。

(8)堤身全断面填筑完成后,应做整坡压实及削坡处理,并对堤身两侧护堤地面的坑洼进行铺填和整平。

(9)对老堤进行加高培厚处理时,必须清除结合部位的各种杂物,并将老堤坡挖成台阶状,再分层填筑。

(10)粘性土填筑面在下雨时不宜行走践踏,不允许车辆通行。雨后恢复施工,填筑面应经晾晒、复压处理,必要时应对表层再次进行清理。

(11)土堤不宜在负温下施工。如施工现场具备可靠保温措施,允许在气温不低于 -10℃ 的情况下施工。施工时应取正温土料,土料压实时的气温必须在 -1℃ 以上,装土、铺土、碾压、取样等工序快速连续作业。要求粘性土含水量不得大于塑限的 90%,砂料含水量不得大于 4%,铺土厚度应比常规要求适当减薄,或采用重型机械碾压。

(二)铺料作业要求

(1)应按设计要求将土料铺至规定部位,严禁将砂(砾)料或其他透水料与粘性土料混杂,上堤土料中的杂质应予以清除;如设计无特别规定,铺筑应平行堤轴线顺次进行。

(2)土料或砾质土可采用进占法或后退法卸料;砂砾料宜用后退法卸料;砂砾料或砾质土卸料如发生颗粒分离现象时,应采取措施将其拌和均匀。

(3)铺料厚度和土块直径的限制尺寸,宜通过碾压试验确定;在缺乏试验资料时,可参照表6-9的规定取值。

表6-9　铺料厚度和土块直径限制尺寸表

压实功能类型	压实机具种类	铺料厚度(cm)	土块限制直径(cm)
轻型	人工夯、机械夯	15~20	≤5
	5~10t 平碾	20~25	≤8
中型	12~15t 平碾 斗容2.5m³ 铲运机 5~8t 振动碾	25~30	≤10
重型	斗容大于7m³ 铲运机 10~16t 振动碾 加载气胎碾	30~50	≤15

(4)铺料至堤边时,应比设计边线超填出一定余量:人工铺料宜为10cm,机械铺料宜为30cm。

(三)压实作业要求

施工前应先做现场碾压试验,验证碾压质量能否达到设计压实度值。若已有相似施工条件的碾压经验时,也可参考使用。

(1)碾压施工应符合下列规定:碾压机械行走方向应平行于堤轴线;分段、分片碾压时,相邻作业面的碾压搭接宽度:平行堤轴线方向的宽度不应小于0.5m;垂直堤轴线方向的宽度不应小于2m;拖拉机带碾或振动碾压实作业时,宜采用进退错距法,碾迹搭压宽度应大于10cm;铲运机兼作压实机械时,宜采用轨迹排压法,轨迹应搭压轮宽的1/3;机械碾压应控制行车速度,以不超过下列规定为宜:平碾为2km/h,振动碾为2km/h,铲运机为2挡。

(2)机械碾压不到的部位,应辅以夯具夯实,夯实时应采用连环套打法,夯迹双向套压,夯压夯1/3,行压行1/3;分段、分片夯实时,夯迹搭压宽度应不小于1/3夯径。

(3)砂砾料压实时,洒水量宜为填筑方量的20%~40%;中细砂压实的洒水量,宜按最优含水量控制;压实作业宜用履带式拖拉机带平碾、振动碾或气胎碾施工。

(4)当已铺土料表面在压实前被晒干时,应采用铲除或洒水湿润等方法进行处理;雨前应将堤面做成中间稍高两侧微倾的状态并及时压实。

(5)在土堤斜坡结合面上铺筑施工时,要控制好结合面土料的含水量,边刨毛、边铺土、边压实。进行垂直堤轴线的堤身接缝碾压时,须跨缝搭接碾压,其搭压宽度不小于2.0cm。

(四)堤身与建筑物接合部施工

土堤与刚性建筑物如涵闸、堤内埋管、混凝土防渗墙等相接时,施工应符合下列要求:

(1)建筑物周边回填土方,宜在建筑物强度分别达到设计强度的50%～70%情况下施工。

(2)填土前,应清除建筑物表面的乳皮、粉尘及油污等;对表面的外露铁件(如模板对销螺栓等)宜割除,必要时对铁件残余露头需用水泥砂浆覆盖保护。

(3)填筑时,须先将建筑物表面湿润,边涂泥浆、边铺土、边夯实;涂浆高度应与铺土厚度一致,涂层厚宜为3～5mm,并应与下部涂层衔接;不允许泥浆干涸后再铺土和夯实。

(4)制备泥浆应采用塑性指数 $I_P > 17$ 的粘土,泥浆的浓度可用1:2.5～1:3.0(土水重量比)。

(5)建筑物两侧填土,应保持均衡上升;贴边填筑宜用夯具夯实,铺土层厚度宜为15～20cm。

(五)土工合成材料填筑要求

工程中常用到土工合成材料,如编织型土工织物、土工网、土工格栅等,施工时按以下要求控制:

(1)筋材铺放基面应平整,筋材垂直堤轴线方向铺展,长度按设计要求裁制。

(2)筋材一般不宜有拼接缝。如筋材必须拼接时,应按不同情况区别对待:编织型筋材接头的搭接长度,不宜小于15cm,以细尼龙线双道缝合,并满足抗拉要求;土工网、土工格栅接头的搭接长度,不宜小于5cm(土工格栅至少搭接一个方格),并以细尼龙绳在连接处绑扎牢固。

(3)铺放筋材不允许有褶皱,并尽量用人工拉紧,以U形钉定位于填筑土面上,填土时不得发生移动。填土前如发现筋材有破损、裂纹等质量问题,应及时修补或做更换处理。

（4）筋材上面可按规定层厚铺土，但施工机械与筋材间的填土厚度不应小于 15cm。

（5）加筋土堤压实，宜用平碾或气胎碾，但在极软地基上筑加筋土堤时，开始填筑的二、三层宜用推土机或装载机铺土压实，当填筑层厚度大于 0.6m 后，方可按常规方法碾压。

（6）加筋土堤施工时，最初二、三层填筑应遵照以下原则：在极软地基上作业时，宜先由堤脚两侧开始填筑，然后逐渐向堤中心扩展，在平面上呈"凹"字形向前推进；在一般地基上作业时，宜先从堤中心开始填筑，然后逐渐向两侧堤脚对称扩展，在平面上呈"凸"字形向前推进；随后逐层填筑时，可按常规方法进行。

第七章　水闸施工

第一节　概　　述

一、涵闸

涵闸是一种控制水位调节流量,具有挡水、泄水双重作用的低水头水工建筑物。涵闸包括涵洞和水闸两种不同的建筑工程,其主要区别在于结构形式的不同。涵洞一般过水断面小,泄水能力小,泄水道为暗管,结构简单,基础要求比较低;水闸一般是开敞式的,孔径大,泄水能力大,结构较复杂,基础要求高。涵洞按结构分有箱式、盖板式、拱式、管式和空顶式等。水闸按闸门形状和启闭方式分有直升式、弧形式等。按照涵闸的功用分又有进水闸、节制闸、排水闸、挡潮闸、分洪闸等。涵闸在防洪、灌溉、排涝,挡潮、发电等水利水电工程中占有重要的地位,尤其在河流中、下游平原和滨海地区,得到了广泛的应用。

二、水闸的组成

(一)水闸的类型

水闸按其所承担的任务可以分为进水闸(取水闸)、节制闸、冲沙闸、分洪闸、排水闸、挡潮闸等。

水闸按照结构形式分为开敞式和涵洞式。

国内已建的其他类型的水闸还有水力自控翻板闸、橡胶水闸、灌注桩水闸、装配式水闸等。

(二)水闸的组成

水闸一般由上游连接段、闸室段及下游连接段三部分组成,如图 7-1 所示。

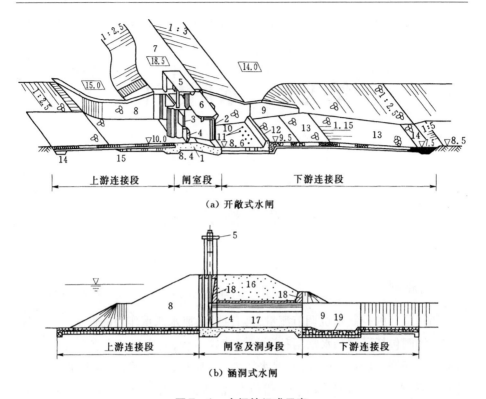

（a）开敞式水闸

（b）涵洞式水闸

图 7-1 水闸的组成示意

1—闸室底板；2—闸墩；3—胸墙；4—闸门；5—工作桥；6—交通桥；7—堤顶；8—上游翼墙；
9—下游翼墙；10—护坦；11—排水孔；12—消力坎；13—海漫；14—防冲槽；
15—上游铺盖；16—大堤；17—洞身；18—挡土墙；19—消力池

（1）上游连接段。主要是引导水流平顺、均匀地进入闸室，避免对闸前河床及两岸产生有害冲刷，减少闸基或两岸渗流对水闸的不利影响。一般由铺盖、上游翼墙、上游护底、防冲槽或防冲齿墙及两岸护坡等部分组成。铺盖紧靠闸室底板，主要起防渗、防冲作用；上游翼墙的作用是引导水流平顺地进入闸孔及侧向防渗、防冲和挡土；上游护底、防冲槽及两岸护坡是用来防止进闸水流冲刷河床、破坏铺盖，保护两侧岸坡的。

（2）闸室段。它是水闸的主体部分，起挡水和调节水流作用，包括底板、闸墩、闸门、胸墙、工作桥和交通桥等。底板是水闸闸室基础，承受闸室全部荷载并较均匀地传给地基，兼起防渗和防冲作用，同时闸室的稳定主要由底板与地基间的磨擦力来维持；闸墩的主要作用是分隔闸孔，支撑闸门，承受和传递上部结构荷载；闸门则用于控制水位和调节流量；工作桥和交通桥用于安装启闭设备、操作闸门和联系两岸交通。

（3）下游连接段。主要用来消能、防冲及安全排出流经闸基和两岸的渗流。一般包括消力池、海漫、下游防冲槽、下游翼墙及两岸护坡等。消力池主要用来消能，兼有防冲作用；海漫的作用是继续消除水流余能、扩散水流、调整流速分布、防止河床产生冲刷破坏；下游防冲槽是用来防止下游河床冲坑继续向上游发展的防冲加固措施；下游翼墙则用来引导过闸水流均匀扩散，保护两岸免受冲刷；两岸护坡是用来保护岸坡，防止水流冲刷。

第二节　水闸设计

一、设计标准

水闸管护范围为水闸工程各组成部分和下游防冲槽以下 100m 的渠道及渠堤坡脚外 25m。若现状管理范围大于以上范围，则维持现状不变。

水闸建设与加固应为管理单位创造必要的生活工作条件，主要包括管理场所的生产、生活设施和庭院建设，标准如下：

（1）办公用房按定员编制人数，人均建筑面积 9 ~ 12m²；办公辅助用房（调度、计算、通信、资料室等）按使用功能和管理操作要求确定建筑面积；生产和辅助生产的车间、仓库、车库等应根据生产能力、仓储规模和防汛任务等确定建筑面积。

（2）职工宿舍、文化福利设施（包括食堂、文化室等）按定员编制人数人均 35 ~ 37m² 确定。

（3）管理单位庭院的围墙、院内道路、照明、绿化美化等，应根据规划建筑布局，确定其场地面积；生产、生活区的人均绿化面积不少于 5m²，人均公共绿化地面积不少于 10m²。

（4）需在城镇建立后方基地的闸管单位，前、后方建房面积应统筹安排，可适当增加建筑面积和占地面积。

（5）对靠近城郊和游览区的水闸管理单位，应结合当地旅游、生态环境建设特点进行绿化。

堤防、水闸、河道整治工程的各种碑、牌、桩及其规格、选材、字体、颜色等参照《黄河防洪工程标志标牌建设标准》确定。

二、水闸等级划分

（一）工程等别及建筑物级别

（1）平原区水闸枢纽工程应根据水闸最大过闸流量及其防护对象的重要性划分等别,其等别应按表7-1确定。

规模巨大或在国民经济中占有特殊重要地位的水闸枢纽工程,其等别应经论证后报主管部门批准确定。

表7-1　平原区水闸枢纽工程分等指标

工程等别	I	II	III	IV	V
规　　模	大(1)型	大(2)型	中型	小(1)型	小(2)型
最大过闸流量(m³/s)	≥5000	5000~1000	1000~100	100~20	<20
防护对象的重要性	特别重要	重要	中等	一般	-

注:当按表列最大过闸流量及防护对象重要性分别确定的等别不同时,工程等别应经综合分析确定。

（2）水闸枢纽中的水工建筑物应根据其所属枢纽工程等别,作用和重要性划分级别,其级别应按表7-2确定。

表7-2　水闸枢纽建筑物级别划分

工程等别	永久性建筑物级别		临时性建筑物级别
	主要建筑物	次要建筑物	
I	1	3	4
II	2	3	4
III	3	4	5
IV	4	5	5
V	5	5	-

注:永久性建筑物指枢纽工程运行期间使用的建筑物。主要建筑物指失事后将造成下游灾害或严重影响工程效益的建筑物。次要建筑物指失事后不致造成下游灾害或对工程效益影响不大并易于修复的建筑物。临时性建筑物指枢纽工程施工期间使用的建筑物。

（二）洪水标准

（1）平原区水闸的洪水标准应根据所在河流流域防洪规划规定的防洪任务,以近期防洪目标为主,并考虑远景发展要求,按表7-3所列标准综合分析确定。

表7-3 平原区水闸洪水标准

水闸级别		1	2	3	4	5
洪水重现期(a)	设计	100~50	50~30	30~20	20~10	10
	校核	300~200	200~100	100~50	50~30	30~20

(2)挡潮闸的设计潮水标准应按表7-4确定。

表7-4 挡潮闸设计潮水标准

挡潮闸级别	1	2	3	4	5
设计潮水位重现期(a)	≥100	100~50	50~20	20~10	10

注:若确定的设计潮水位低于当地历史最高潮水位时,应以当地历史最高潮水位作为校核潮水标准。

(3)4、5级临时性建筑物的洪水标准应根据其结构类别按表7-5的规定幅度,结合风险度综合分析合理选定。对失事后果严重的重要工程,应考虑遭遇超标准洪水的应急措施。

表7-5 临时性建筑物洪水标准

建筑物类型	建筑物级别	
	4	5
	洪水重现期(a)	
土石结构	20~10	10~5
混凝土,浆砌石结构	10~5	5~3

三、闸址选择

(1)闸址应根据水闸的功能,特点和运用要求,综合考虑地形,地质,水流,潮汐,泥沙,冻土,冰情,施工,管理,周围环境等因素,经技术经济比较后选定。

(2)闸址宜选择在地形开阔,岸坡稳定,岩土坚实和地下水水位较低的地点。

(3)节制闸或泄洪闸闸址宜选择在河道顺直,河势相对稳定的河段,经技术经济比较后也可选择在弯曲河段裁弯取直的新开河道上。

(4)进水闸,分水闸或分洪闸闸址宜选择在河岸基本稳定的顺直河段或弯道凹岸顶点稍偏下游处,但分洪闸闸址不宜选择在险工堤段和被保护重要城镇的下游堤段。

(5)排水闸(排涝闸)或泄水闸(退水闸)闸址宜选择在地势低洼,出水通畅处,排水闸(排涝闸)闸址且宜选择在靠近主要涝区和容泄区的老堤堤线上。

(6)挡潮闸闸址宜选择在岸线和岸坡稳定的潮汐河口附近,且闸址泓滩冲淤变化较小,上游河道有足够的蓄水容积的地点。

(7)若在多支流汇合口下游河道上建闸,选定的闸址与汇合口之间宜有一定的距离。

(8)若在平原河网地区交叉河口附近建闸,选定的闸址宜在距离交叉河口较远处。

(9)若在铁路桥或1、2级公路桥附近建闸,选定的闸址与铁路桥或1、2级公路桥的距离不宜太近。

(10)选择闸址应考虑材料来源,对外交通,施工导流,场地布置,基坑排水,施工水电供应等条件。

(11)选择闸址应考虑水闸建成后工程管理维修和防汛抢险等条件。

(12)选择闸址还应考虑下列要求:

——占用土地及拆迁房屋少;

——尽量利用周围已有公路,航运,动力,通信等公用设施;

——有利于绿化,净化,美化环境和生态环境保护;

——有利于开展综合经营。

四、总体布置

(一)枢纽布置

水闸枢纽布置应根据闸址地形,地质,水流等条件以及该枢纽中各建筑物的功能、特点、运用要求等确定,做到紧凑合理,协调美观,组成整体效益最大的有机联合体。

(二)闸室布置

(1)水闸闸室布置应根据水闸挡水,泄水条件和运行要求,结合考虑地形,地质等因素,做到结构安全可靠,布置紧凑合理,施工方便,运用灵活,经济美观。

(2)水闸闸顶高程应根据挡水和泄水两种运用情况确定。挡水时,闸顶高程不应低于水闸正常蓄水位(或最高挡水位)加波浪计算高度与相应安全超高值之和;泄水时,闸顶高程不应低于设计洪水位(或校核洪水位)与相应安全超高值之和。水闸安全超高下限值见表7-6。

表7-6 水闸安全超高下限值(m)

运用情况	水闸级别	1	2	3	4,5
挡水时	正常蓄水位	0.7	0.5	0.4	0.3
	最高挡水位	0.5	0.4	0.3	0.2
泄水时	设计洪水位	1.5	1.0	0.7	0.5
	校核洪水位	1.0	0.7	0.5	0.4

位于防洪(挡潮)堤上的水闸,其闸顶高程不得低于防洪(挡潮)堤堤顶高程。

闸顶高程的确定,还应考虑下列因素:

——软弱地基上闸基沉降的影响;

——多泥沙河流上,下游河道变化引起水位升高或降低的影响;

——防洪(挡潮)堤上水闸两侧堤顶可能加高的影响等。

上游防渗铺盖采用混凝土结构,并适当布筋。

(三)防渗排水布置

水闸防渗排水布置应根据闸基地质条件和水闸上,下游水位差等因素,结合闸室,消能防冲和两岸连接布置进行综合分析确定。

表7-7 允许渗径系数值

排水条件	地基类别	粉砂	细砂	中砂	粗砂	中砾,细砾	粗砾夹卵石	轻粉质砂壤土	轻砂壤土	壤土	粘土
有滤层		13~9	9~7	7~5	5~4	4~3	3~2.5	11~7	9~5	5~3	3~2
无滤层		-	-	-	-	-	-	-	-	7~4	4~3

(四)消能防冲布置

水闸消能防冲布置应根据闸基地质情况,水力条件以及闸门控制运用方式等因素,进行综合分析确定。

(五)两岸连接布置

(1)水闸两岸连接应能保证岸坡稳定,改善水闸进,出水流条件,提高泄流能力和消能防冲效果,满足侧向防渗需要,减轻闸室底板边荷载影响,且有利于环境绿化等。

两岸连接布置应与闸室布置相适应。

(2)水闸两岸连接宜采用直墙式结构;当水闸上,下游水位差不大时,也可采用斜坡式结构,但应考虑防渗,防冲和防冻等问题。

在坚实或中等坚实的地基上,岸墙和翼墙可采用重力式或扶壁式结构;在松软地基上,宜采用空箱式结构. 岸墙与边闸墩的结合或分离,应根据闸室结构和地基条件等因素确定。

(3)当闸室两侧需设置岸墙时,若闸室在闸墩中间设缝分段,岸墙宜与边闸墩分开;若闸室在闸底板上设缝分段,岸墙可兼作边闸墩,并可做成空箱式。对于闸孔孔数较少,不设永久缝的非开敞式闸室结构,也可以边闸墩代替岸墙。

(4)水闸的过闸单宽流量应根据下游河床地质条件,上,下游水位差,下游尾水深度,闸室总宽度与河道宽度的比值,闸的结构构造特点和下游消能防冲设施等因素选定。

(5)水闸的过闸水位差应根据上游淹没影响,允许的过闸单宽流量和水闸工程造价等因素综合比较选定。一般情况下,平原区水闸的过闸水位差可采用 $0.1 \sim 0.3 m$。

五、防渗排水设计

水闸的防渗排水设计应根据闸基地质情况,闸基和两侧轮廓线布置及上,下游水位条件等进行,其内容应包括:

(1)渗透压力计算;

(2)抗渗稳定性验算;

(3)滤层设计;

(4)防渗帷幕及排水孔设计;

(5)永久缝止水设计。

六、观测设计

(1)水闸的观测设计内容应包括:

1)设置观测项目;

2)布置观测设施;

3)拟定观测方法;

4)提出整理分析观测资料的技术要求。

（2）水闸应根据其工程规模,等级,地基条件,工程施工和运用条件等因素设置一般性观测项目,并根据需要有针对性地设置专门性观测项目。

水闸的一般性观测项目应包括:水位,流量,沉降,水平位移,扬压力,闸下流态,冲刷,淤积等。

水闸的专门性观测项目主要有:永久缝,结构应力,地基反力,墙后土压力,冰凌等。

当发现水闸产生裂缝后,应及时进行裂缝检查。对沿海地区或附近有污染源的水闸,还应经常检查混凝土碳化和钢结构锈蚀情况。

（3）水闸观测设施的布置应符合下列要求:

1）全面反映水闸工程的工作状况;

2）观测方便,直观;

3）有良好的交通和照明条件;

4）有必要的保护设施。

（4）水闸的上,下游水位可通过设自动水位计或水位标尺进行观测。测点应设在水闸上,下游水流平顺,水面平稳,受风浪和泄流影响较小处。

（5）水闸的过闸流量可通过水位观测,根据闸址处经过定期律定的水位～流量关系曲线推求。

对于大型水闸,必要时可在适当地点设置测流断面进行观测。

（6）水闸的沉降可通过埋设沉降标点进行观测.测点可布置在闸墩,岸墙,翼墙顶部的端点和中点。工程施工期可先埋设在底板面层,在工程竣工后,放水前再引接到上述结构的顶部。

第一次的沉降观测应在标点埋设后及时进行,然后根据施工期不同荷载阶段按时进行观测。在工程竣工放水前,后应立即对沉降分别观测一次,以后再根据工程运用情况定期进行观测,直至沉降稳定时为止。

（7）水闸的水平位移可通过沉降标点进行观测.水平位移测点宜设在已设置的视准线上,且宜与沉降测点共用同一标点。

水平位移应在工程竣工前,后立即分别观测一次,以后再根据工程运行情况不定期进行观测。

（8）水闸闸底的扬压力可通过埋设测压管或渗压计进行观测。

对于水位变化频繁或透水性甚小的粘土地基上的水闸,其闸底扬压力观测应尽量采用渗压计。

测点的数量及位置应根据闸的结构型式,闸基轮廓线形状和地质条件等因素确定,并应以能测出闸底扬压力的分布及其变化为原则。测点可布置在地下轮廓线有代表性的转折处。测压断面不应少于 2 个,每个断面上的测点不应少于 3 个。对于侧向绕流的观测,可在岸墙和翼墙填土侧布置测点。

扬压力观测的时间和次数应根据闸的上,下游水位变化情况确定。

(9)水闸闸下流态及冲刷,淤积情况可通过在闸的上,下游设置固定断面进行观测.有条件时,应定期进行水下地形测量。

(10)水闸的专门性观测的测点布置及观测要求应根据工程具体情况确定。

(11)在水闸运行期间,如发现异常情况,应有针对性的对某些观测项目加强观测。

(12)对于重要的大型水闸,可采用自动化观测手段。

(13)水闸的观测设计应对观测资料的整理分析提出技术要求。

第三节　闸室施工

一、底板施工

水闸底板有平底板与反拱底板两种。目前,平底板较为常用。

(一)平底板施工

闸室地基处理工作完成后,对软基应立即按设计要求浇筑 8~10cm 的素混凝土垫层,以保护地基和找平。垫层找到一定强度后,进行扎筋、立模和清仓工作。

底板施工中,混凝土入仓方式很多。如可以用汽车进行水平运输,起重机进行垂直运输入仓和泵送混凝土入仓。采用这两种方法,需要起重机械、混凝土泵等大型机械,但不需在仓面搭设脚手架。在中小型工程中,采用架子车,手推车或机动翻斗车等小型运输工具直接入仓时,需在仓面搭设脚手架。其布置如图 7-2 所示。

底板的上、下游一般都设有齿墙。浇筑混凝土时,可组成两个作业组分层浇筑。先由两个作业组共同浇筑下游齿墙,待齿墙浇平后,第一组由下游向上游进行,抽出第二组去浇上游齿墙,当第一组浇到底板中部时,第二组的上游齿墙已基本浇平,然后将第二组转到下游浇筑第二坯。当第二坯浇到底板中部,第一组已达到上游底板边缘,这时第一组再转回浇第三坯。如此连续进行,可缩短每坯间隔时间,因而可以避免冷缝的发生,提高工程质量,加快施工进度。

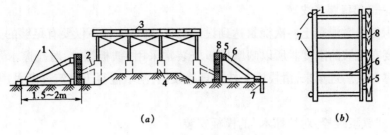

图 7 - 2　底板立模与仓面脚手

（二）反拱底板施工

1. 施工程序

由于反拱底板对地基的不均匀沉陷反应敏感，因此必须注意施工程序，目前采用的有以下两种。

（1）先浇闸墩及岸墙后浇反拱底板。这样，闸墩岸墙在自重下沉降基本稳定后，再浇反拱底板，从而底板的受力状态得到改善。

（2）反拱底板与闸墩，岸墙底板同时浇筑。此法适用于地基较好的水闸，对于反拱底板的受力状态较为不利，但保证了建筑的整体性，同时减少了施工工序，加快了进度。对于缺少有效排水措施的砂性土地基，采用这种方法较为有利。

2. 施工要点

（1）反拱底板施工时，首先必须做好基坑排水工作，降低地下水位，使基土干燥，对于砂土地基排水尤为重要。

（2）挖模前必须将基土夯实，然后按设计圆弧曲线放样挖模，并严格控制曲线的准确性，土模挖出后，可在上铺垫一层砂浆，约 10mm 厚，待其具有一定强度后加盖保护，以待浇筑混凝土。

（3）当采用第一种施工程序，在浇筑岸墩墙底板时，应将接缝钢筋一头埋在岸墩墙底板之内，另一头插入土模中，以备下一阶段浇入反拱底板。

（4）当采用第二种施工程序，可在拱脚处预留一缝，缝底设临时铁皮止水，缝顶设"假铰"，待大部分上部结构施工后，在低温期用二期混凝土封堵。

（5）为保证反拱底板受力性能，在拱腔内浇筑的门槛、消力坎等构件，需在底板混凝土凝固后浇筑二期混凝土，接缝处不加处理以使两者不成整体。

二、闸墩施工

闸墩的特点是高度大、厚度小、门槽处钢筋密、预埋件多、闸墩相对位置要求严格，所以闸墩的立模与混凝土浇筑是施工中的主要问题。

（一）闸墩模板安装

为使闸墩混凝土一次浇筑达到设计高程,闸墩模板不仅要有足够的强度,而且要有足够的刚度。所以闸墩模板安装常采用"铁板螺栓、对拉撑木"的立模支撑方法。近年来,滑模施工技术日趋成熟,闸墩混凝土浇筑逐渐采用滑模施工。

1."铁板螺栓,对拉撑木"的模板安装

立模前,应准备好两种固定模板的对销螺栓:一种是两端都绞丝的圆钢,直径可选用12mm、16mm或19mm,长度大于闸墩厚度并视实际安装需要确定;另一种是一端绞丝,另一端焊接一块5mm×40mm×400mm扁铁的螺栓,扁铁上钻两个圆孔,以便固定在对拉撑木上。

闸墩立模时,其两侧模板要同时相对进行。先立平直模板,次立墩头模板。在闸底板上架立第一层模板时,上口必须保持水平,在闸墩两侧模板上,每隔1m左右钻与螺栓直径相应的圆孔,并于模板内侧对准圆孔撑以毛竹管或混凝土撑头,然后将螺栓穿入,且端头穿出横向双夹围囹和竖直围囹木,然后用螺帽拧紧在竖直围囹木上。铁板螺栓带扁铁的一端与水平对拉撑木相接,与两端均绞丝的螺栓要相间布置。在对立撑木与竖直围囹木之间要留有10cm空隙,以便用木楔校正对拉撑木的松紧度。对拉撑木是为了防止每孔闸墩模板的歪斜与变形。若闸墩不高,每隔两根对销螺栓放一根铁板螺栓。具体安装见图7-3和图7-4。

闸墩两端的圆头部分,待模板立好后,在其外侧自下而上相隔适当距离,箍以半圆形粗钢筋铁环,两端焊以扁铁并钻孔,钻孔尺寸与对销螺栓相同,并将它固定在双夹围囹上(图7-5)。

当水闸为3孔一联整体底板时,则中孔可不予支撑。在双孔底板的闸墩上,则宜将两孔同时支撑,这样可使3个闸墩同时浇筑。

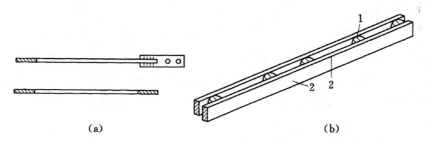

　　　　（a）　　　　　　　　　　　　　　　　（b）

图7-3　对销螺栓及双夹围囹

（a）对销螺栓和铁板螺栓;（b）双夹围囹

1—每隔1m一块的2.5cm小木块;2—两块5cm×15cm的木板

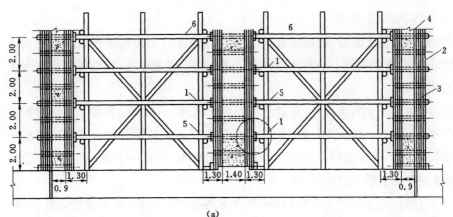

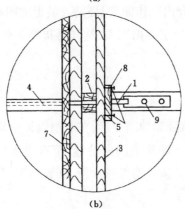

图 7-4　铁板螺栓对拉撑木的闸墩模板(单位:m)

1—铁板螺栓;2—双夹围图;3—纵向围图;4—毛竹管;5—马钉;

6—对拉撑木;7—模板;8—木楔块;9—螺栓孔

2. 翻模施工

由于钢模板的广泛应用,施工人员依据滑模的施工特点,发展形成了使用于闸墩施工的翻模施工法。立模时一次至少立 3 层,当第二层模板内混凝土浇至腰箍下缘时,第一层模板内腰箍以下部分的混凝土须达到脱模强度(以 98kPa 为宜),这样便可拆掉第一层,去架立第四层模板,并绑扎钢筋。依此类推,保持混凝土浇筑的连续性,以避免产生次缝。

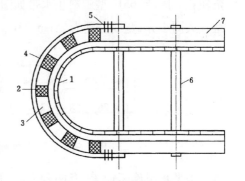

图 7-5　闸墩圆头立模

1—模板;2—半圆钢筋环;3—板墙筋;

4—竖直围图;5—扁铁;6—毛竹管;

7—双夹围图

（二）混凝土浇筑

闸墩模板立好后，随即进行清仓工作。用压力水冲洗模板内侧和闸墩底面，污水由底层模板上的预留孔排出。清仓完毕堵塞小孔后，即可进行混凝土浇筑。

闸墩混凝土的浇筑，主要是解决好两个问题：一是每块底板上闸墩混凝土的均衡上升；二是流态混凝土的入仓及仓内混凝土的铺筑。为了保证混凝土的均衡上升，运送混凝土入仓时应很好地组织，使在同一时间运到同一底块各闸墩的混凝土量大致相同。

为防止流态混凝土自 8～10m 高度下落时产生离析，采用溜管运输，可每隔 2～3m 设置一组。由于仓内工作面窄，浇捣人员走动困难，可把仓内浇筑面分划成几个区段，每区段内固定浇捣工人，这样可提高工效。每坯混凝土厚度可控制在 30cm 左右。

三、止水施工

为适应地基的不均匀沉降和伸缩变形，在水闸设计中均设置有结构缝（包括沉陷缝与温度缝）。凡位于防渗范围内的缝，都有止水设施，且所有缝内均应有填料，填料通常为沥青油毡或沥青杉木板、沥青芦苇等。止水设施分为垂直止水和水平止水两种。

（一）水平止水

水平止水大多利用塑料止水带或橡皮止水带，近年来广泛采用塑料止水带。它止水性能好，抗拉强度高，韧性好，适应变形能力强，耐久且易粘结，价格便宜。国产"651"型塑料止水带如图 7-6 所示，其他还有 652、653、654 等，型式大同小异，宽度分别为 28cm、23cm、35cm，可根据实际情况采用。

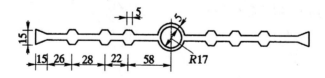

图 7-6 "651"型塑料止水带（单位：mm）

水平止水施工简单，有两种方法（图 7-7）：一是先将止水带的一端埋入先浇块的混凝土中，拆模后安装填料，再浇另一侧混凝土，另一种方法是先将填料及止水带的一端安装在先浇块模板内侧，混凝土浇好拆模后，止水带嵌入混凝土中，填料被贴在混凝土表面，随后再浇后浇块混凝土。

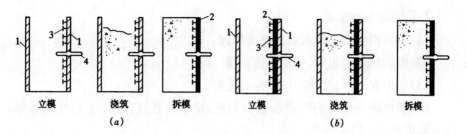

图 7-7 水平止水安装示意图

(a)先浇混凝土后装填料;(b)先装填料后浇混凝土

1—模板;2—填料;3—铁钉;4—止水带

(二)垂直止水

垂直止水多用金属止水片,重要部分用紫铜片,一般可用铝片,镀锌或镀铜铁皮。重要结构,要求止水片与沥青井联合使用,沥青井与垂直止水的施工过程如图 7-8 所示,沥青井用预制混凝土块砌筑,用水泥砂浆胶结,2~3m 可分为一段,与混凝土接触面应凿毛,以利结

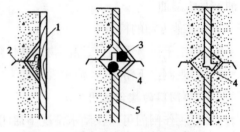

图 7-8 垂直止水施工过程示意图

1—模板;2—金属止水片;3—预制混凝土块;

4—灌热沥青;5—填料

合,沥青要在后浇块浇筑前随预制块的接长分段灌注。井内灌注的是沥青胶,其配合比为沥青:水泥:石棉粉 = 2:2:1。沥青井内沥青的加热方式,有蒸汽管加热和电加热两种,多采用电加热。

第四节 水闸运用

一、水闸准备操作

(一)闸门启闭前的准备工作

1. 闸门的检查

(1)闸门的开度是否在原定位置。

(2)闸门的周围有无漂滔物卡阻,门体有无歪斜,门槽是否堵塞。

(3)在冰冻地区,冬季启闭闸门前还应注意检查闸门的活动部分有无冻结现象。

2.启闭设备的检查

(1)启闭闸门的电源或动力有无故障。

(2)电动机是否正常,相序是否正确。

(3)机电安全保护设施、仪表是否完好。

(4)机电转动设备的润滑油是否充足,特别注意高速部位(如变速箱等)的油量是否符合规定要求。

(5)牵引设备是否正常。如钢丝绳有无锈蚀、断裂,螺杆等有无弯曲变形,吊点结合是否牢固。

(6)液压启闭机的油泵、阀、滤油器是否正常,油箱的油量是否充足,管道、油缸是否漏油。

3.其他方面的检查

(1)上下游有无船只、漂浮物或其他障碍物影响行水等情况。

(2)观测上下游水位、流量、流态。

(二)闸门的操作运用原则

(1)工作闸门可以在动水情况下启闭,船闸的工作闸门应在静水情况下启闭。

(2)检修闸门一般在静水情况下启闭。

二、水闸操作

(一)闸门启闭前的准备工作

1.严格执行启闭制度

(1)管理机构对闸门的启闭,应严格按照控制运用计划及负责指挥运用的上级主管部门的指示执行。对上级主管部门的指示,管理机构应详细记录,并由技术负责人确定闸门的运用方式和启闭次序,按规定程序下达执行。

(2)操作人员接到启闭闸门的任务后,应迅速做好各项准备工作。

(3)当闸门的开度较大,其泄流或水位变化对上下游有危害或影响时,必须预先通知有关单位,做好准备,以免造成不必要的损失。

2.认真进行检查工作

(1)闸门的检查:

1)闸门的开度是否在原定位置。

2)闸门的周围有无漂滔物卡阻,门体有无歪斜,门槽是否堵塞。

3)冰冻地区,冬季启闭闸门前还应注意检查闸门的活动部分有无冻结现象。

（2）启闭设备的检查：

1）启闭闸门的电源或动力有无故障。

2）电动机是否正常，相序是否正确。

3）机电安全保护设施、仪表是否完好。

4）机电转动设备的润滑油是否充足，特别注意高速部位（如变速箱等）的油量是否符合规定要求。

5）牵引设备是否正常。如钢丝绳有无锈蚀、断裂，螺杆等有无弯曲变形，员点结合是否牢固。

6）液压启闭机的油泵、阀、滤油器是否正常，油箱的油量是否充足，管道、油缸是否漏油。

（3）其他方面的检查：

1）上下游有无船只、漂浮物或其他障碍物影响行水等情况。

2）观测上下游水位、流量、流态。

（二）闸门的操作运用原则

（1）工作闸门可以在动水情况下启闭；船闸的工作闸门应在静水情况启闭。

（2）检修闸门一般在静水情况启闭。

（三）闸门的操作运用

1. 工作闸门的操作

工作闸门在操作运用时，应注意以下几个问题。

（1）闸门在不同开启度情况下工作时，要注意闸门、闸身的振动和对下游冲刷。

（2）闸门放水时，必须与下游水位、流量相适应，水跃应发生在消力池内。应根据闸下水位与安全流量关系图表和水位—闸门开度—流量关系图表，进行分次开启。

（3）不允许局部开启的工作闸门，不得中途停留使用。

2. 多孔闸门的运行

（1）多孔闸门若能全部同时启闭，尽量全部同时启闭，若不能全部同时启闭，应由中间孔依次向两边对称开启或由两端向中间依次对称关闭。

（2）对上下双层孔口的闸门，应先开底层后开上层，关闭时顺序相反。

（3）多孔闸门下泄小流量时，只有水跃能控制在消力池内时，才允许开启部分闸孔。开启部分闸孔时，也应尽量考虑对称。

（4）多孔闸门允许局部开启时，应先确定闸下分次允许增加的流量，然后，确定闸门分次启闭的高度。

（四）启闭机的操作

1.电动及手、电两用卷扬式、螺杆式启闭机的操作

（1）电动启闭机的操作程序，凡有锁定装置的，应先打开锁定装置，后合电器开关。当闸门运行到预定位置后，及时断开电器开关，装好锁锭，切断电源。

（2）人工操作手、电两用启闭机时，应先切断电源，合上离合器，方能操作。如使用电动时，应先取下摇柄，拉开离合器后，才能按电动操作程序进行。

2.液压启闭机操作

（1）打开有关阀门，并将换向阀扳至所需位置。

（2）打开锁定装置，合上电器开关，启动油泵。

（3）逐渐关闭回油控制阀升压，开始运行闸门。

（4）在运行中若需改变闸门运行方向，应先打开回油控制阀至极限，然后扳动换向阀换向。

（5）停机前，应先逐步打开回油阀，当闸门达到上、下极限位置，而压力再升时，应立即将回油控制阀升至极限位置。

（6）停机后，应将换向阀扳至停止位置，关闭所有阀门，锁好锁锭，切断电源。

（五）水闸操作运用应注意的事项

（1）在操作过程中，不论是摇控、集中控制或机旁控制，均应有专人在机旁和控制室进行监护。

（2）启动后应注意：启闭机是否按要求的方向动作，电器、油压、机械设备的运用是否良好；开度指示器及各种仪表所示的位置是否准确；用两部启闭机控制一个闸门的是否同步启闭。若发现当启闭力达到要求，而闸门仍固定不动或发生其他异常现象时，应即停机检查处理，不得强行启闭。

（3）闸门应避免停留在容易发生振动的开度上。如闸门或启闭机发生不正常的振动、声响等，应即停机检查。消除不正常现象后，再行启闭。

（4）使用卷扬式启闭机关闭闸门时，不得在无电的情况下，单独松开制动器降落闸门（设有离心装置的除外）。

（5）当开启闸门接近最大开度或关闭闸门接近闸底时，应注意闸门指示器或标志，应停机时要及时停机，以避免启闭机械损坏。

（6）在冰冻时期，如要开启闸门，应将闸门附近的冰破碎或融化后，再开启闸门。在解冻流冰时期泄水时，应将闸门全部提出水面，或控制小开度放水，以避免流冰撞击闸门。

(7)闸门启闭完毕后,应校核闸门的开度。

水闸的操作是一项业务性较强的工作,要求操作人员必须熟悉业务,思想集中,操作过程中,必须坚守工作岗位,严格按操作规程办事,避免各种事故的发生。

第五节　水闸裂缝

一、水闸裂缝的处理

(一)闸底板和胸墙的裂缝处理

闸底板和胸墙的刚度比较小,适应地基变形的能力较差,很容易受到地基不均匀沉陷的影响,而发生裂缝。另外,由于混凝土强度不足、温差过大或者施工质量差也会引起闸底板和胸墙裂缝。

对不均匀沉陷引起的裂缝,在修补前,应首先采取措施稳定地基,一般有两种方法:一种方法是卸载,比如将边墩后的土清除改为空箱结构,或者拆除交通桥;另外一种方法是加固地基,常用的方法是对地基进行补强灌浆,提高地基的承载能力。对于因混凝土强度不足或因施工质量而产生的裂缝,应主要进行结构补强处理。

(二)翼墙和浆砌块石护坡的裂缝处理

地基不均匀沉陷和墙后排水设备失效是造成翼墙裂缝的两个主要原因。由于不均匀沉陷而产生的裂缝,首先应通过减荷稳定地基,然后再对裂缝进行修补处理,因墙后排水设备失效,应先修复排水设施,再修补裂缝。浆砌石护坡裂缝常常是由于填土不实造成的,严重时应进行翻修。

(三)护坦的裂缝处理

护坦裂缝产生的原因有:地基不均匀沉陷、温度应力过大和底部排水失效等。因地基不均匀沉陷产生的裂缝,可待地基稳定后,在裂缝上设止水,将裂缝改为沉陷缝。温度裂缝可采取补强措施进行修补,底部排水失效,应先修复排水设备。

(四)钢筋混凝土的顺筋裂缝处理

钢筋混凝土的顺筋裂缝是沿海地区挡潮闸普遍存在的一种病害现象。裂缝的发展可使混凝土脱落、钢筋锈蚀,使结构强度过早丧失。顺筋裂缝产生的原因是海水渗入混凝土后,降低了混凝土碱度,使钢筋表面的氧化膜遭到破坏,结果导致海水直接接触钢筋而产生电化学反应,使钢筋锈蚀。锈蚀引起的体积膨胀致使混凝土顺筋开裂。

顺筋裂缝的修补,其施工过程为:沿缝凿除保护层,再将钢筋周围的混凝土凿除2cm;对钢筋彻底除锈并清洗干净;在钢筋表面涂上一层环氧基液,在混凝土修补面上涂一层环氧胶,再填筑修补材料。

顺筋裂缝的修补材料应具有抗硫酸盐、抗碳化、抗渗、抗冲、强度高、凝聚力大等特性。目前常用的有铁铝酸盐早强水泥砂浆及混凝土、抗硫酸盐水泥砂浆及细石混凝土、聚合物水泥砂浆及混凝土和树脂砂浆及混凝土等。

(五)闸墩及工作桥裂缝处理

我国早期建成的许多闸墩及工作桥,发现许多细小裂缝,严重老化剥离,其主要原因是混凝土的碳化。混凝土的碳化是指空气中的二氧化碳与水泥中氢氧化钙作用生成碳酸钙和水,使混凝土的碱度降低,钢筋表面的氢氧化钙保护膜破坏而开始生锈,混凝土膨胀形成裂缝。

此种病害的处理应对锈蚀钢筋除锈,锈蚀面积大的加设新筋,采用预缩砂浆并掺入阻锈剂进行加固。

二、闸门的防腐处理

(一)钢闸门的防腐处理

钢闸门常在水中或干湿交替的环境中工作,极易发生腐蚀,加速其破坏,引起事故。为了延长钢闸门的使用年限,保证安全运用,必须经常地予以保护。

钢铁的腐蚀一般分为化学腐蚀和电化学腐蚀两类。钢铁与氧气或非电解质溶液作用而发生的腐蚀,称为化学腐蚀;钢铁与水或电解质溶液接触形成微小腐蚀电池而引起的腐蚀,称为电化学腐蚀。钢闸门的腐蚀多属电化学腐蚀。

钢闸门防腐蚀措施主要有两种。一种是在钢闸门表面涂上覆盖层,借以把钢材母体与氧或电解质隔离,以免产生化学腐蚀或电化学腐蚀。另一种是设法供给适当的保护电能,使钢结构表面积聚足够的电子,成为一个整体阴极而得到保护,即电化学保护。

钢闸门不管采用哪种防腐措施,在具体实施过程中,首先都必须进行表面的处理。表面处理就是清除钢闸门表面的氧化皮、铁锈、焊渣、油污、旧漆及其他污物。经过处理的钢闸门要求表面无油脂、无污物、无灰尘、无锈蚀、表面干燥、无失效的旧漆等。目前钢闸门表面处理方法有人工处理、火焰处理、化学处理和喷砂处理等。

人工处理就是靠人工铲除锈和旧漆,此法工艺简单,无需大型设备,但劳动强度大、工效低、质量较差。

火焰处理就是对旧漆和油脂有机物,借燃烧使之碳化而清除。对氧化皮是利用加热后金属母体与氧化皮及铁锈间的热膨胀系数不同而使氧化皮崩裂、铁锈脱落。处理用的燃料一般为氧—乙炔焰。此种方法,设备简单,清理费用较低,质量比人工处理好。

化学处理是利用碱液或有机溶剂与旧漆层发生反应来除漆,利用无机酸与钢铁的锈蚀产物进行化学反应清理铁锈。除旧漆可利用纯碱石灰溶液(纯碱:生石灰:水 = 1:1.5:1.0)或其他有机脱漆剂。除锈可用无机酸与填加料配制的除锈药膏。化学处理,劳动强度低,工效较高,质量较好。

喷砂处理方法较多,常见的干喷砂除锈除漆法是用压缩空气驱动砂粒通过专用的喷嘴以较高的速度冲到金属表面,依靠砂粒的冲击和摩擦以除锈、除漆。此种方法工效高、质量好,但工艺较复杂,需专用设备。

1. 涂料保护

涂料保护系借油漆或其他涂料涂在结构表面而形成保护层。

涂料的种类很多,成分复杂,但却不外乎由五大部分组成,即

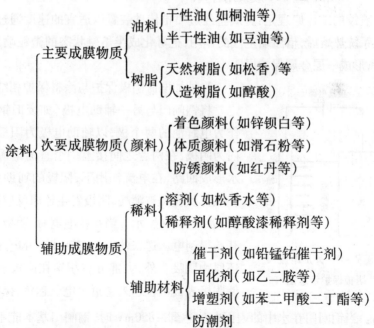

涂料命名 = 成膜物质名称 + 颜料或颜色名称 + 基本名称

例如: 　醇酸沥青　　　铝粉　　　　面漆

　　　　环氧树脂　　　钼铬红　　　底漆

水工上常用的涂料主要有环氧二乙烯乙炔红丹底漆、环氧二乙烯乙炔铝粉面漆、醇酸沥青铝粉面漆、830 号沥青铝粉防锈漆、831 号黑棕船底防锈漆等。以上涂料一般应涂刷 3～4 遍,涂料保护的时间一般约 10～15 年。在几层漆中,底漆直接与结构表面接触,要求结合牢固;面漆因暴露于周围介质之中,要求有足够的硬度及耐水性、抗老化性等。

涂料保护一般施工方法有刷涂和喷涂两种。刷涂是用漆刷将油漆涂刷到钢闸门表面。此种方法工具设备简单,适宜于构造复杂、位置狭小的工作面。

喷涂是利用压缩空气将漆料通过喷嘴喷成雾状而覆盖于金属表面上,形成保护层。喷涂工艺优点是工效高、喷漆均匀、施工方便。特别适合于大面积施工。喷涂施工需具备喷枪、贮漆罐、空压机、滤清器、皮管等设备。

2. 喷镀保护

喷镀保护是在钢闸门上喷镀一层锌、铝等活泼金属,使钢铁与外界隔离从而得到保护。同时,还起到牺牲阳极(锌、铝)保护阴极(钢闸门)的作用。喷镀有电喷镀和气喷镀两种。水工上常采用气喷镀。

气喷镀所需设备主要有压缩空气系统、乙炔系统、喷射系统等。常用的金属材料有锌丝和铝丝。一般采用锌丝。

气喷镀的工作原理是:金属丝经过喷枪传动装置以适宜的速度通过喷嘴,由乙炔系统热熔后,借压缩空气的作用,把雾化成半熔融状态的微粒喷射到部件表面,形成一层金属保护层。

3. 外加电流阴极保护与涂料保护相结合

将钢闸门与另一辅助电极(如废旧钢铁等)作为电解池的两个极,以辅助电极为阳极、钢闸门为阴极,在两者之间接上一个直流电源,通过水形成回路,在电流作用下,阳极的辅助材料发生氧化反应而被消耗,阴极发生还原反应得到保护,如图 7-9 所示。当系统通电后,阴极表面就开始得到电源送来的电子,其中除一部分被水中还原物质吸收外,大部分将积聚在阴极表面上,使阴极表面电位越来越负。电位越负,保护效率

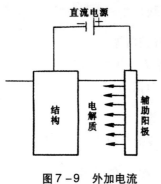

图 7-9　外加电流阴极保护示意图

就越高。当钢闸门在水中的表面电位达到 −850mV 时,钢闸门基本能不锈,这个电位值被称为最小保护电位。

在钢闸门上采用外加电流阴极保护时,需消耗大量保护电流。为了节约用电,可采用与涂料一并使用的联合保护措施。

（二）钢丝网水泥闸门的防腐处理

钢丝网水泥是一种新型水工结构材料,它由若干层重叠的钢丝网、浇筑高强度等级水泥砂浆而成。它具有重量轻、造价低、便于预制、弹性好、强度高、抗振性能好等优点。完好无损的钢丝网水泥结构,其钢丝网与钢筋被氢氧化钙等碱性物质包围着,钢丝与钢筋在氢氧化钙碱性作用下生成氢氧化铁保护膜保护网、筋,防止了网筋的锈蚀。因此,对钢丝网水泥闸门必须使砂浆保护层完整无损。要达到这个要求,一般采用涂料保护。

钢丝网水泥闸门在涂防腐涂料前也必须进行表面处理,一般可采用酸洗处理,使砂浆表面达到洁净、干燥、轻度毛糙。

常用的防腐涂料有环氧材料、聚苯乙烯、氯丁橡胶沥青漆及生漆等。为保证涂抹质量,一般需涂 2~3 层。

（三）木闸门的防腐处理

在水利工程中,一些中小型闸门常用木闸门,木闸门在阴暗潮湿或干湿交替的环境中工作,易于霉料和虫蛀,因此也需进行防腐处理。

木闸门常用的防腐剂有氟化钠、硼铬合剂、硼酚合剂,铜铬合剂等。作用在于毒杀微生物与菌类,达到防止木材腐蚀的目的。施工方法有涂刷法、浸泡法、热浸法等。处理前应将木材烤干,使防腐剂容易吸附和渗入木材体内。

木闸门通过防腐剂处理以后,为了彻底封闭木材空隙,隔绝木材与外界的接触,常在木闸门表面涂上油性调和漆、生桐油、沥青等,以杜绝发生腐蚀的各种条件。

第六节　险情抢护

一、涵闸与土堤结合部出险

（一）出险原因

土料回填不实;闸体或土堤所承受的荷载不均匀,引起不均匀沉陷、错缝、裂缝,遇到降雨地面径流进入,冲蚀形成陷坑,或使岸墙、护坡失去依托而蛰裂、塌陷;洪水顺裂缝造成集中绕渗,严重时在闸下游侧造成管涌、流土,危及涵闸及堤防的安全。

（二）抢护原则与方法

堵塞漏洞的原则是:临水堵塞漏洞进水口,背水反滤导渗;抢护渗水的原

则是:临河截渗,背河导渗。常用的抢护方法有以下几种:

1. 堵塞漏洞进口

(1)布蓬覆盖

一般适用于涵洞式水闸闸前堤坡上漏洞的抢护。布蓬长度要能从堤顶向下铺放将洞口严密覆盖,并留一定宽裕度,用直径 10~20cm 钢管一根,长度大于布宽约 0.6m,长竹竿数根以及拉绳、木桩等。将蓬布两端各缝一套筒,上端套上竹竿,下端套上钢管,绑扎牢固,把蓬布套在钢管上,在堤顶肩部打木桩数根,将卷好的蓬布上端固定,下端钢管两头各拴一根拉绳,然后用竹竿顶推将布蓬卷顺堤坡滚下,直至铺盖住漏洞进口,为提高封堵效果,在蓬布上面抛压土袋。

(2)草捆或棉絮堵塞

当漏洞口尺寸不大,且水深在 2.5m 以内的情况,用草捆(棉絮)堵塞,并在上压盖土袋,以使闭气。

(3)草泥袋网袋堵塞

当洞口不大,水深 2m 以内,可用草泥装入尼龙网袋。用网袋将漏洞进口堵塞。

2. 背河反滤导渗

如果渗漏已在涵闸下游堤坡出逸,为防止流土或管涌等渗透破坏,致使险情扩大,需在出渗处采取导渗反滤措施。

(1)砂石反滤导渗

在渗水处按要求填筑反滤结构,滤水体汇集的水流,可通过导管或明沟流入涵闸下游排走。

(2)土工织物滤层

铺设前将坡面进行平整并清除杂物,使土工织物与土面接触良好,铺放时要避免尖锐物体扎破织物。织物幅与幅之间可采用搭接,搭接宽度一般不小于 0.2m。为固定土工织物,每隔 2m 左右用"Ⅱ"型钉将织物固定在堤坡上。

(3)柴草反滤

在背水坡用柴草修做反滤设施,第一层铺麦秸厚约 5cm,第二层铺秸料(或苇帘等)约 20cm,第三层铺细柳枝厚约 20cm。铺放时注意秸料均顺水流向铺放,以利排出渗水。为防止大风将柴草刮走,在柴草上压一层土袋。

3. 中堵截渗

(1)开膛堵漏

在临河堵塞与背河导渗反滤之后,为彻底截断渗流通道,可从堤顶偏下游侧,在涵闸岸墙与土堤接合部开挖 3~5m 的沟槽,开挖至渗流通道,用含水量较低的粘性土或灰土分层将沟槽回填并夯实(大水时此法应慎重使用)。

(2)喷浆截渗

(3)灌浆截渗

二、涵闸滑动抢险

(一)出险原因

1. 上游挡水位超过设计挡水位,使水平水压力增加,同时渗透压力和上浮力也增大,使水平方向的滑动力超过抗滑摩阻力。

2. 防渗、止水设施破坏,使渗径变短,造成地基土壤渗透破坏甚至冲蚀,地基摩阻力降低。

3. 其他附加荷载超过设计值,如地震力等。

(二)抢护原则与方法

抢护的原则是增加摩阻力,减小滑动力,以稳固工程基础。常用的方法有以下几种:

1. 加载增加摩阻力

适用于平面缓慢滑动险情的抢护。具体做法是在水闸的闸墩、公路桥面等部位堆放块石、土袋或钢铁等重物,需加载量由稳定核算确定。注意事项:加载不得超过地基许可应力,否则会造成地基大幅度沉陷。具体加载部位的加载量不能超过该构件允许的承载限度。一般不要向闸室内抛物增压,以免压坏闸底板或损坏闸门构件。险情解除后要及时卸载,进行善后处理。

2. 下游堆重阻滑

适用对圆弧滑动和混合滑动两种缓滑险情的抢护。在水闸出现的滑动面下端,堆放土袋、块石等重物,以防滑动,重物堆放位置和数量由阻滑稳定计算确定。

3. 下游蓄水平压

在水闸下游一定范围内用土袋或土筑成围堤,以壅高水位,减小上下游水头差,抵消部分水平推力。围堤高度根据壅水需要而定。若水闸下游渠道上建有节制闸,且距离较近时,可关闭壅高水位,亦能起到同样的作用。

4. 圈堤围堵

一般适用于闸前有较宽的滩地的情况,临河侧可堆筑土袋,背水侧填筑土戗,或两侧均堆筑土袋,中间填土夯实,以减少土方量。

三、闸顶漫溢抢护

（一）出险原因

设计洪水水位标准偏低或河道淤积,洪水位超过闸门或胸墙顶高程。

（二）抢护方法

涵洞式水闸因埋设于堤内,其抢护方法与堤防的防漫溢措施基本相同,对开敞式水闸的防漫溢措施如下:

1. 无胸墙开敞式水闸

当闸跨度不大时,可焊一个平面钢架,将钢架吊入闸门槽内,放置于关闭的闸门顶上,紧靠闸门的下游侧,然后在钢架前部的闸门顶部,分层叠放土袋,迎水面放置土工膜(布)或布篷挡水,宽度不足时可以搭接,搭接长不小于0.2m。亦可用2~4cm厚的木板,严密拼接紧靠在钢架上,在木板前放一排土袋作前戗,压紧木板防止漂浮。

2. 有胸墙开敞式水闸

利用闸前工作桥在胸墙顶部堆放土袋,迎水面压放土工膜(布)或篷布挡水。

上述堆放土袋应与两侧大堤衔接,共同挡御洪水。

为防闸顶漫溢抢筑的土袋高度不易过高,若洪水位超高过多,应考虑抢筑围堤挡水,以保证闸的安全。

四、闸基渗水、管涌抢险

（一）出险原因

水闸地下轮廓渗径不足,渗透比降大于地基土壤允许比降,地基下埋藏有强透水层,承压水与河水相通,当闸下游出逸渗透比降大于土壤允许值时,可能发生流土或管涌、冒水冒砂,形成渗漏通道。

（二）抢护原则与方法

抢护的原则是:上游截渗,下游导渗和蓄水平压减小水位差。具体措施如下:

1. 闸上游落淤阻渗

先关闭闸门,在渗漏进口处,用船载粘土袋由潜水人员下水填堵进口,再加抛散粘土落淤封闭,或利用洪水挟带的泥沙,在闸前落淤阻渗,或者用船在渗漏区抛填粘土形成铺盖层防止渗漏。

2. 闸下游管涌或冒水冒沙区修筑反滤围井。

3. 下游围堤蓄水平压,减小上下游水头差。

4. **闸下游滤水导渗**

当闸下游冒水冒沙面积较大或管涌成片,在渗流破坏区采用分层铺填中粗砂、石屑、碎石反滤层,下细上粗,每层厚 20～30cm,上面压块石或土袋,如缺乏砂石料,亦可用秸料或细柳枝做成柴排(厚 15～30cm),上铺草帘或苇席(厚 5～10cm),再压块石或砂土袋,注意不要将柴草压得过紧,同时不可将水抽干再铺填滤料,以免使险情恶化。

第八章　土石方施工

第一节　开挖方法

黄河下游险工历史悠久,东坝头以上的黑岗口险工建于 1625 年,马渡和万滩险工建于 1722 年,花园口险工建于 1744 年,距今都有 200 年以上的历史。东坝头以下险工在 1855 年铜瓦厢改道后修建,当时险工多为秸埽和砖埽结构。1946 年人民治黄以来,曾对险工进行了三次加高改建,一般坝垛均加高 3~6m。第一期改建是 1946 年至 20 世纪 50 年代,主要任务是完成了险工石化,即将原有的秸、砖结构改为石结构。第二期改建是在 1963~1967 年,主要任务是将原有石坝进行戴帽加高或顺坡加高。第三期改建是在 1974~1985 年,主要任务是对原有石坝进一步加高,对一些稳定性差的坝垛进行了拆除重建。1998 年以后进入第四期改建,主要任务是对高度不足、坦石外坡陡、根石薄弱、坝型不合理、老化严重、稳定性差的靠溜坝垛进行改建加固。

一、坝垛断面

黄河下游河道坝垛工程是黄河防洪工程的重要组成部分,一般由土坝基、粘土坝胎、坦石、根石(控导工程一般不设根石台)四部分组成。根据抢险、存放备防石等需要,土坝体顶宽采用 12~15m,非裹护部分边坡采用 1:2.0,裹护部分边坡采用 1:1.3。坝体和坦石之间设水平宽 1m 的粘土胎,主要作用是防止河水、渗水、雨水的冲刷或渗透破坏。考虑到风浪、浮冰的作用力,以及高水位时水流对坝胎土的冲刷,并结合实际运用经验,扣石坝和乱石坝坦石厚度顶宽采用水平宽度 1.0m,外边坡 1:1.5。坦石采用顺坡或退坦加高,如改建坝的坦石质量较好,坡度为 1:1.5,根石坚固,可顺坡加高,否则,应退坦加高,并将外边坡放缓至 1:1.5,内坡 1:1.3。对于险工,为了增加坝垛的稳定性,一般都设有根石台,根石台顶宽考虑坝体稳定及抢险需要定为 2.0m,根石坡度根据稳定分析结果并结合目前实际情况定为1:1.5。

二、坝垛结构型式

坝垛结构均由两部分组成:一是土坝身,由壤土修筑,是裹护体依托的基础;二是裹护体,由石料等材料修筑。裹护体是坝基抗冲的"外衣"。坝基依靠裹护体保护,维持其不被水流冲刷,保其安全;裹护体发挥抗冲作用。裹护体的上部称为护坡或护坦,下部称为护根或护脚。上下部的界限一般按枯水位划分,也有按特定部位如根石台顶位置划分的。裹护体的材料多数采用石料,少数采用其他材料如混凝土板,或石料与其他材料结合使用,如护坡采用石料,护根采用模袋混凝土、冲沙土袋等沉排。

石护坡依其表层石料(俗称沿子石)施工方法不同,一般分为乱石护坡、扣石护坡、砌石护坡三种,分别称为乱石坝、扣石坝、砌石坝(见图8-1)。乱石护坡坡度较缓,坝外坡1:1.5,内坡1:1.3,沿子石由块石中选择较大石料粗略排整,使坡面大致保持平整;扣石护坡坡度与乱石护坡相同,沿子石由大块石略作加工,光面朝外斜向砌筑,构成坝的坡面;砌石护坡坡度陡,一般仅为1:0.3~1:0.5。由于砌石坝坝坡陡,稳定性差,根石受水流冲刷,坡度变陡后坝体易发生突然滑塌险情,同时砌石坝依靠较大的根石断面维护坝的安全,不经济,因此这种坝型结构已被淘汰,不再新建,已有的需拆改成乱石坝或扣石坝。

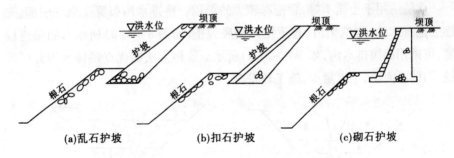

(a)乱石护坡   (b)扣石护坡   (c)砌石护坡

图8-1 险工坝垛护坡型式

护根除少数为排体外,一般由柳石枕、乱石、铅丝笼等抛投物筑成。护根是护坡的基础,最容易受到水流的冲刷,是坝岸最重要的组成部分,也是最容易出险的部位,有60%以上的坝岸险情是根石出险造成的。护根的强弱,即护根的深度、坡度、厚度,对护坡的稳定起着决定性作用。一般护根的深度达到所在部位河床冲刷最大深度,坡度达到设计稳定的坡度,厚度达到护根后面的土体不被冲刷时,坝垛才能稳定。

三、人工挖运

在我国的水利工程施工中,一些土方量小及不便于机械化施工的地方,用人工挖运还是比较普遍的。挖土用铁锹、镐等工具;运土用筐、手推车、架子车等工具。

人工开挖渠道时,应自中心向外,分层下挖,先深后宽,边坡处可按边坡比挖成台阶状,待挖至设计要求时,再进行削坡。如有条件应尽可能做到挖填平衡。必须弃土时,应先行规划堆土区,做到先挖远倒,后挖近倒,先平后高。

受地下水影响的渠道,应设排水沟,排水位本着上游照顾下游,下游服从上游的原则,即向下游放水的时间和流量,应照顾下游的排水条件;同时下游服从上游的需要。一般下游应先开工,并不得阻碍上游水量的排泄,以保证水流畅通。开挖主要有以下两种方式。

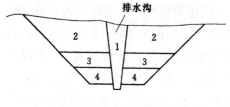

图 8-2 一次到底法

1~4—开挖顺序

1. 一次到底法

一次到底法(图 8-2)适用于土质较好,挖深 2~3m 的渠道。开挖时应先将排水沟挖到低于渠底设计高程 0.5m 处,然后再按阶梯状逐层向下开挖,直到渠底为止。

2. 分层下挖法

此法适用于土质不好,且挖深较大的渠道。将排水沟布置在渠道中部,先逐层挖排水沟,再挖渠道,直至挖到渠底为止,如图 8-3(a)所示。如渠道较宽,可采用翻滚排水沟,如图 8-3(b)所示。这种方法的优点是排水沟分层开挖,沟的断面小,土方量少,施工较安全。

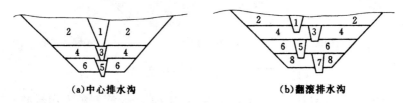

(a)中心排水沟　　　　　(b)翻滚排水沟

图 8-3 分层下挖法

1~8—开挖顺序;1、3、5、7—排水沟

四、机械开挖

单斗式挖掘机是仅有一个铲土斗的挖掘机械(图 8-4),均由行走装置、

动力装置和工作装置三大部分组成。行走装置有履带式、轮胎式和步行式3类。常用的为履带式,它对地面的单位压力小,可在较软的地面上开行,但转移速度慢;动力装置有电动和内燃机两类,国内以内燃机式使用较多;工作装置有正向铲、反向铲、拉铲和抓铲4类,前两类应用最广泛。

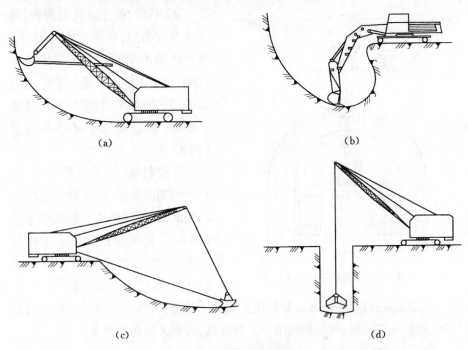

(a)　　　　　　　　　　　　　　(b)

(c)　　　　　　　　　　　　　　(d)

图8-4　单斗式挖掘机

(a)正向铲;(b)反向铲;(c)拉铲;(d)抓铲

工作装置可用钢索操纵或液压操纵。大、中型正向铲一般用钢索操纵,小型正向铲和反向铲趋向液压操纵。液压操纵的挖掘机结构紧凑、传动平稳、操纵灵活、工作效率高。

(一)正向铲挖掘机

正向铲挖掘机如图8-5所示,最适于挖掘停机面以上的土方,但也可挖停机面以下一定深度的土方,工作面高度一般不宜小于1.5m,过低或开

图8-5　正向铲挖掘机

挖停机面以下的土方生产率较低。工程中正向铲的斗容量常用1~4m³。正向铲稳定性好、铲土力大,可挖掘I~Ⅳ类土及爆破石渣。

挖土机的每一工作循环包括挖掘、回转、卸土和返回4个过程。它的生产

率主要决定于每斗的铲土量和每斗作业的延续时间。为了提高挖土机的生产率,除了工作面(指挖土机挖土时的工作空间,也称为掌子面)高度必须满足一次铲土能装满土斗的要求外,还要考虑开挖方式和与运土机械的配合问题,应尽量减少回转角度,缩短每个循环的延续时间。

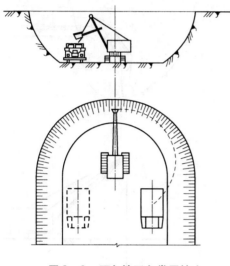

正向铲的挖土方式有两种,即正向掌子挖土和侧向掌子挖土。掌子的轮廓尺寸由挖土机的工作性能及运输方式决定。开挖基坑常采用正向掌子,并尽量采用最宽工作面,使汽车便于倒车和运土(图8-6)。

开挖料场、土丘及渠道土方,宜采用侧向掌子,汽车停在挖掘机的侧面,与挖掘机的开行路线平行(图8-7),使得挖卸土的回转角度较小,省去汽车倒车与转弯时间,可提高挖土机生产率。

图8-6 正向铲正向掌子挖土

大型土方开挖工程,常常是先用正向掌子开道,将整个土场分成较小的开挖区,增加开挖前线,再用侧向掌子进行开挖,可大大提高生产率。

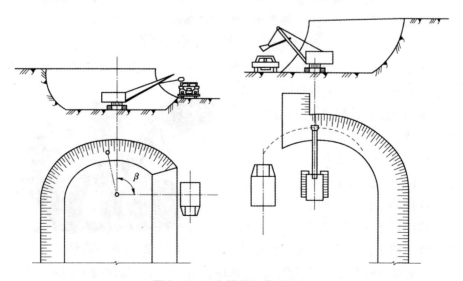

图8-7 正向铲侧向掌子挖土

(二)反向铲挖掘机

目前,工程中常用液压反铲(图8-8)。其最适于开挖停机面以下的土方,如基坑、渠道、管沟等土方,最大挖土深度为4~6m,经济挖土深度为1.5~3m。但也可开挖停机面以上的土方。常用反铲斗容量有0.5m³、1.0m³、1.6m³等数种。反铲的稳定性及铲土力均较正铲为小,只能挖Ⅰ~Ⅱ类土。

图8-8　履带式液压
反铲挖掘机

反铲挖土可采用两种方式:一种是挖掘机位于沟端倒退着进行开挖,称为沟端开行[图8-9(a)];另一种是挖掘机位于沟侧,行进方向与开挖方向垂直,称为沟侧开行[图8-9(b)]。后者挖土的宽度与深度小于前者,但能将土弃于距沟边较远的地方。

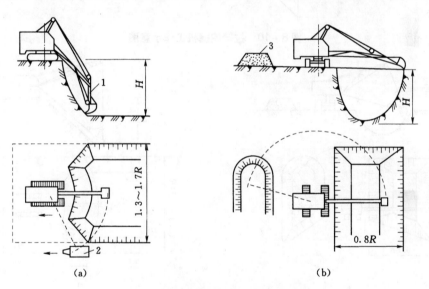

(a)　　　　　　　　　　　(b)

图8-9　反铲挖掘机开行方式与工作面

(a)沟端倒退开行;(b)沟侧开行

1—反铲挖掘机;2—自卸汽车;3—弃土堆

(三)拉铲挖掘机

常用拉铲的斗容量为0.5m³、1.0m³、2.0m³、4.0m³等数种。拉铲一般用于挖掘停机面以下的土方,最适于开挖水下土方及含水量大的土方。

拉铲的臂杆较长,且可利用回转通过钢索将铲斗抛至较远距离,故其挖掘半径、卸土半径和卸载高度均较大(图8-10),最适于直接向弃土区弃土。在大型渠道、基坑的开挖与清淤及水下砂卵石开挖中应用较广泛。

拉铲的基本开挖方式,也可分为沟端开行和沟侧开行两种(图8-11)。

沟端开行的开挖深度较大,但开挖宽度和卸土距离较小。

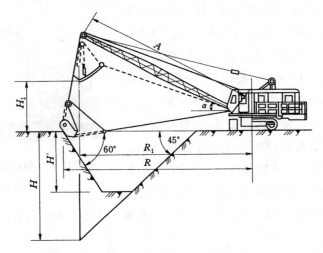

图 8 - 10　拉铲挖掘机工作示意图

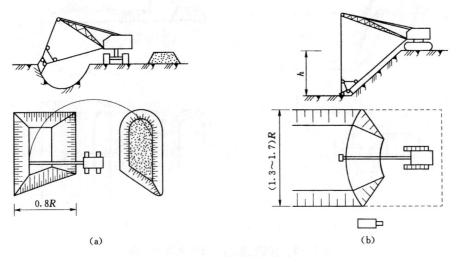

(a)　　　　　　　　　　　　　　　(b)

图 8 - 11　拉铲开行方式

(a)沟侧开行;(b)沟端开行

第二节　施工机械

一、开挖与运输机械的选择

进行施工机械选择及计算需需收集相关资料,如施工现场自然地形条件、

施工现场情况、能源供应、企业施工机械设备和使用管理水平等。结合工程实际,应注意以下几点:

(1)优先选用正铲挖掘机作为大体积集中土石方开挖的主要机械,再选择配套的运输机械和辅助机械。其具体机型的选定应充分考虑工程量大小、工期长短、开挖强度及施工部位特点和要求。

(2)对于开挖Ⅲ级以下土方、挖装松散土方和砂砾石、施工场地狭窄且不便于挖掘机作业的土石方挖装等情况,可选用装载机作为主要挖装机械。

(3)与土石方开挖机械配套的运输机械主要选用不同类型和规格的自卸汽车。自卸汽车的装载容量应与挖装机械相匹配,其容量宜取挖装机械铲斗斗容的 3 ~ 6 倍。

(4)对于弃渣场平整、小型基坑及不深的河渠土方开挖、配合开挖机械作掌子面清理和渣堆集散、配合铲运机开挖助推等工况,宜选用推土机。

(5)具备岸坡作业条件的水下土石方开挖,应优先考虑选择不同类型和规格的反铲、拉铲和抓斗挖掘机。

(6)不具备岸坡作业条件的水下土石方开挖,应选择水上作业机械。水上作业机械需与拖轮、泥驳等设备配套。

1)采集水下天然砂石料,宜用链斗或轮斗式采砂船。

2)挖掘水下土石方、爆破块石,包括水下清障作业,宜用铲斗船。

3)范围狭窄而开挖深度大的水下基础工程,宜用抓斗船。

4)开挖松散砂壤土、淤泥及软塑粘土等,宜用铰吸式挖泥船。

(7)钻孔凿岩机械的选择,根据岩石特性、开挖部位、爆破方式等综合分析后确定,同时考虑孔径、孔深、钻孔方向、风压及架设移动的方便程度等因素。

二、开挖与运输机械数量的确定

(一)挖掘机、装载机和铲运机

生产能力 P 计算,有

$$P = \frac{TVK_{ch}K_t}{K_k t} \qquad (8-1)$$

式中　P——台班生产率,m³(自然方)/台班;

　　　T——台班工作时间,取 $T = 480$min;

　　　V——铲斗容量,m³;

　　K_{ch}——铲斗充满系数,对挖机,壤土取 1.0,粘土取 0.8,爆破石渣取 0.6;

　　　　　对装载机,当装载干砂土、煤粉时取 1.2,其他物料同挖掘机;对

铲运机,一般取 0.5 ~ 0.9,有推土机助推时,取 0.8 ~ 1.2;

K_t——时间利用系数,对挖掘机,作业条件一般,机械运用和管理水平良好,取 0.7;对装载机,取 0.7 ~ 0.8;对铲运机,一般取 0.65 ~ 0.75;

K_k——物料松散系数,对挖掘机和装载机,Ⅰ ~ Ⅳ级土取 1.10 ~ 1.30;对铲运机,一般取 1.10 ~ 1.25;

t——每次作业循环时间,min。

需要量 N 计算,有

$$N = \frac{Q}{MP} \qquad (8-2)$$

式中　N——机械需要量,台;

Q——由工程总进度决定的月开挖强度,$m^3/$月;

M——单机月工作台班数;

P——单机台班生产率,$m^3/$台班。

(二)采砂船、吸泥船

链斗式采砂船生产能力 P 计算,有

$$P = TVnK_{ch}K_t \frac{1}{K_k} \qquad (8-3)$$

式中　P——单船每班生产率,$m^3/$班;

T——每班工作时间,取 $T = 480min$;

V——单个链斗容量,m^3;

n——每分钟链斗通过个数,个$/min$;

K_{ch}——链斗充满系数;

K_t——时间利用系数;

K_k——物料松散系数;

铰吸式挖泥船生产能力 P 计算,有

$$P = TK_t QB \qquad (8-4)$$

式中　P——单船每班生产率,$m^3/$班;

T——每班工作时间,取 $T = 480min$;

Q——泥浆流量,m^3/min;

B——泥浆浓度,%;

K_t——时间利用系数。

各类工作船舶的需要量均可参照(8-2)进行计算。

(三)钻孔凿岩机械

钻孔机械生产能力 P 计算,有

$$P = TvK_tK_s \tag{8-5}$$

式中　P——钻机台班生产率,m/台班;

　　　T——台班工作时间,取 $T = 480\text{min}$;

　　　v——钻速,m/min,由厂家提供,在地质条件、钻孔压力和钻孔方向等改变时需修正;

　　　K_t——工作时间利用系数;

　　　K_s——钻机同时利用系数,取 $0.7 \sim 1.0(1 \sim 10$ 台),台数多取小值,反之取大值,单台取 1.0。

当考虑钻孔爆破与开挖直接配套时,钻孔机械的需要量 N,有

$$N = L/P \tag{8-6}$$

式中　N——需要量,台;

　　　P——钻机台班生产率,m/台班;

　　　L——岩石月开挖强度为 Q 时,钻机平均每台班需要钻孔的总进尺,m/台班,$L = Q/(mq)$;

　　　Q——月开挖强度,$\text{m}^3/$月;

　　　m——钻机月工作台班数;

　　　q——每米钻孔爆破石方量(自然方),m^3/m,由钻爆设计取值。

(四)运输汽车

运输汽车数量应保证挖掘机连续工作来配置。汽车数量按式(8-7)计算,即

$$N_1 = T_a/t_1 \tag{8-7}$$

式中　N_1——汽车数量;

　　　T_a——自卸汽车每一运土循环的延续时间,min;$T_a = t_1 + 2L/v_c + t_2 + t_3$;

　　　t_1——自卸汽车每次装车时间,min,$t_1 = nt$;

　　　n——自卸汽车每车装土次数;$n = Q_1K_s/qK_c\gamma$;

　　　t——挖土机每次循环延续时间,s,即每挖一斗的时间,对 W-100 正铲挖土机为 $25 \sim 40\text{s}$,对 W-100 拉铲挖土机为 $45 \sim 60\text{s}$;

　　　Q_1——自卸汽车的载重量,kN;

　　　γ——土的重度,一般取 17kN/m^3;

　　　L——运土距离,m;

　　　v_c——重车与空车的平均速度,m/min;

　　　t_2——自卸汽车卸土时间,min;

  t_3——自卸汽车操纵时间,min,包括停放等待、待装、等车、让车等,一

    般取 $2 \sim 3min$;

  K_s——土的可松行系数;

  K_c——土斗充盈系数,取 $0.8 \sim 1.1$;

  q——挖掘机的斗容量,m^3。

第三节　明挖施工

一、明挖施工程序

  水利枢纽工程通常由若干单项工程项目组成,如坝、电站、通航建筑物等。安排土石方工程施工程序,首先要划分分部工程和施工区段。

  分部工程通常按建筑物划分,如大坝、电站等。施工区段是按施工特性和施工要求来划分的,如船闸可分为上引航道、船闸及下引航道。区段划分除形态特征外,关键还在施工要求方面。如船闸和引航道在施工要求上就不一样,从工程进度上看,船闸基础开挖后,要进行混凝土工程施工和闸门等金属结构的安装,以及调试等工作,需要较长时间。引航道一般只有开挖或筑堤,没有或仅有少量混凝土浇筑,工期相对不甚紧迫。施工程序上应选挖船闸基础,再挖引航道。在工程质量上,船闸基础开挖质量要求高,必须保证基础岩石的完整性,爆破控制较严格,引航道开挖质量要求稍低,则不太严格。

  安排施工区段的施工程序,即安排各区段的施工先后次序,其主要原则如下。

  (1)工种多,需要较长施工时间的区段应尽早施工;工种少、施工简单、又不影响整个工程或某部分完工日期的区段可后施工。

  (2)工种不多,但对整个工程或部位起控制作用的区段,施工时将给主要区段带来干扰,甚至损害,这样的区段应先预施工。如峡谷地区大坝的岸坡开挖。

  (3)本身不是主要区段,但它先施工可给整个工程或主要区段创造便利条件,或具有明显经济效益的区段,也应早期施工或一部分早期施工。

  (4)对其他部分或区段无大的影响,又不控制工期的区段,应作为调节施工强度的区段,安排在两个高峰之间的低强度时施工。

  (5)各区段的施工程序应与整个工程施工要求一致,与施工导流及工程总进度符合。

二、明挖施工进度

各分部工程和施工区段的施工程序确定后,即对施工进度进行安排。安排施工进度时,必须根据工程的各个部分和区段的施工条件及开挖或填筑工程量选择施工方案和机械设备。依据各区段不同高程和位置的工作条件与工作场面大小,估算可能达到的施工强度,计算每个部位需要的施工时间,最后得出各部分和区段的总施工进度计划。

施工场面较大,施工条件方便,施工时间较长而强度不大的区段,可按其中等条件进行粗略估算。对施工条件较差、施工时间较短、施工强度大的控制性区段,应该按部位和高程分析其可能达到的施工强度和需要的施工时间。最后按施工程序和各分部或区段需要的施工时间,作出土石方工程的进度计划。

土石方工程施工进度反映出各分部工程和各区段的施工程序、施工的起止时间和施工强度。实际上也决定了施工方法、机械设备数量及机械的规格型号。

除上所述,安排施工进度时必须考虑下述条件。

(1)土石方工程施工进度必须与整个工程的施工总进度一致,按工程总进度要求按期完成,如果某部分实在不能在总进度规定时间内完成,应修正总进度。

(2)应考虑气候条件,特别是土料施工时,应考虑雨季、冬季(冰冻)对施工的影响。在此期间是停工或是采取防护措施,应进行分析比较而定。

(3)应考虑水文条件,特别是山区河流的洪水期与枯水期水位变化很大,某些部位可尽量利用枯水期低水位时施工,尽量减少水下施工或建筑围堰,以节省施工费用。

(4)主要建筑物基础处理一般都比较费时间,基础施工要求严格,有时遇有断层、破碎带或洞室溶穴需要处理,安排进度应留有余地。

(5)在料场距离远,道路坡度大的山区,堆石坝填筑的最大施工强度,往往受道路昼夜允许行驶的车辆车次控制。

三、明挖施工方案选择

土石方工程施工方案的选择必须依据施工条件、施工要求和经济效果等进行综合考虑,具体因素有如下几个方面。

(1)土质情况。必须弄清土质类别,如粘性土、非粘性土或岩石,以及密实程度、块体大小、岩石坚硬性、风化破碎情况。

（2）施工地区的地势地形情况和气候条件，距重要建筑物或居民区的远近。

（3）工程情况。工程规模大小、工程数量和施工强度、工作场面大小、施工期长短等。

（4）道路交通条件，修建道路的难易程度、运输距离远近。

（5）工程质量要求。主要决定于施工对象，如坝、电站厂房及其他重要建筑物的基础开挖、填筑应严格控制质量。通航建筑物的引航道应控制边坡不被破坏，不引起塌方或滑坡。对一般场地平整的挖填有时是无质量要求的。

（6）机械设备。主要指设备供应或取得的难易、机械运转的可靠程度、维修条件与能力。当小型工程或施工时间不长时，为减少机械购置费用，可用原有的设备。但旧机械完好率低、故障多，工作效率必然较低，配置的机械数量应大于需要的量，以补偿其不足。工程数量巨大、施工期限很长的大型工程，应该采用技术性能好的新机械，虽然机械购置费用较多，但新机械完好率高，生产率也高，生产能力强，可保证工程顺利进行。

（7）经济指标。当几个方案或施工方法均能满足施工要求时，一般应以完成工程施工所花费用低者为最好。有时，为了争取提前发电，经过经济比较后，也可选用工期短、费用较高的施工方案。

四、开挖方法

（一）钻孔爆破法

通过钻孔、装药、爆破开挖岩石的方法，简称钻爆法。这一方法从早期由人工手把钎、锤击凿孔，用火雷管逐个引爆单个药包，发展到用凿岩台车或多臂钻车钻孔，应用毫秒爆破、预裂爆破及光面爆破等爆破技术。施工前，要根据地质条件、断面大小、支护方式、工期要求以及施工设备、技术等条件，选定掘进方式。主要的掘进方式有以下几种：

（1）全断面掘进法。整个开挖断面一次钻孔爆破，开挖成型，全面推进。在隧洞高度较大时，也可分为上、下两部分，形成台阶，同步爆破，并行掘进。在地质条件和施工条件许可时，优先采用全断面掘进法。

（2）导洞法。先开挖断面的一部分作为导洞，再逐次扩大开挖隧洞的整个断面。这是在隧洞断面较大，由于地质条件或施工条件，采用全断面开挖有困难时，以中小型机械为主的一种施工方法。导洞断面不宜过大，以能适应装碴机械装碴、出碴车辆运输、风水管路安装和施工安全为度。导洞可增加开挖爆破时的自由面,有利于探明隧洞的地质和水文地质情况,并为洞内通风和排水创造条件。根据地质条件、地下水情况、隧洞长度和施工条件,确定采用下导洞、上导洞或中心导洞等。导洞开挖后,扩挖可以在导洞全长挖完之后进行,也可以和导洞开挖平行作业。

(3)分部开挖法。在围岩稳定性较差,一般需要支护的情况下,开挖大断面的隧洞时,可先开挖一部分断面,及时做好支护,然后再逐次扩大开挖。用钻爆法开挖隧洞,通常从第一序钻孔开始,经过装药、爆破、通风散烟、出碴等工序,到开始第二序钻孔,作为一个隧洞开挖作业循环。尽量设法压缩作业循环时间,以加快掘进速度。20世纪80年代,一些国家采用钻爆法在中硬岩中开挖断面面积为$100m^3$左右的隧洞,掘进速度平均每月约为$200m$。中国鲁布革水电站工程,开挖直径为$8.8m$的引水隧洞,单工作面平均月进尺达$231m$,最高月进尺达$373.7m$。

(二)掘进机法

掘进机是全断面开挖隧洞的专用设备。它利用大直径转动刀盘上的刀具对岩石的挤压、滚切作用来破碎岩石。美国罗宾斯公司在1952年开始生产第一台掘进机。20世纪70年代以后,掘进机有了较快的发展。开挖直径范围为$1.8\sim11.5m$。在中硬岩中,用掘进机开挖$80\sim100m^3$大断面隧洞,平均掘进速度为每月$350\sim400m$。美国芝加哥卫生管理区隧洞和蓄水库工程,在石灰岩中开挖直径为$9.8m$的隧洞,最高月进度可达$750m$。美国奥索引水隧洞直径$3.09m$,在页岩中开挖,最高月进尺达$2088m$。隧洞掘进机开挖比钻爆法掘进速度快,用工少,施工安全,开挖面平整,造价低,但机体庞大,运输不便,只能适用于长洞的开挖,并且本机直径不能调整,对地质条件及岩性变化的适应性差,使用有局限性。

(三)新奥地利隧洞施工法

新奥地利隧洞施工法简称新奥法(NATM),是奥地利学者L. V. 拉布采维茨等人于20世纪50年代初期创建,并于1963年正式命名的,涉及隧洞设计、施工及管理等方面一整套的工程技术方法。它的主要特点是:运用现代岩石力学的理论,充分考虑并利用围岩的自身承载能力,把衬砌与围岩当成一个整体看待;在施工过程中,必须进行现场量测,并应用量测资料修订设计和指导施工;采用预裂爆破、光面爆破等技术或用掘进机开挖,用锚杆和喷射混凝土等作为支护手段,并强调适时支护。总之,是在充分考虑围岩自身承载能力的基础上,因地制宜搞好隧洞开挖与支护。

(四)盾构法

盾构法是利用盾构在软质地基或破碎岩层中掘进隧洞的施工方法。盾构是一种带有护罩的专用设备,利用尾部已装好的衬砌块作为支点向前推进,用刀盘切割土体,同时排土和拼装后面的预制混凝土衬砌块。盾构法是19世纪初期发明,首先用于开挖英国伦敦泰晤士河水底隧道。盾构机掘进的出碴方式有机械式和水力式,以水力式居多。水力盾构在工作面处有一个注满膨润土液的密封室。膨润土液既用于平衡土压力和地下水压力,又用作输送排出土体的介质。

（五）顶管法

为在地下修建涵洞或管道,用千斤顶将预制钢筋混凝土管或钢管逐渐顶入土层中,随顶随将土从管内挖出。这样将一节节管子顶入,做好接口,建成涵管。顶管法特别适于修建穿过已成建筑物或交通线下面的涵管。

第四节 砌石工程

一、主要施工方式

（一）干砌

不使用砂浆的砌石。每块沿子石先平放试安,确认底面贴实平稳,前沿与横线吻合一致,收分合格,接缝适中后,用小石顶紧卡严尾部,再砌侧面第二块沿子石。连砌4块短石后续砌长大丁字石一块,以加强内外衔接。

（二）浆砌

使用水泥石灰砂浆的砌石。先清除表面泥土、石渣,然后试放沿子石,待贴实平稳,缝口合适后,取出抹浆,重新安砌,并不再修打或更动。尾部试用小石卡紧填严,取出后铺浆再填入抹平。

（三）干填腹石

不使用砂浆填筑腹石。使用乱石,由坝顶通过抛石槽投放。沿子石每扣砌1~2层投次一次。按"大石在外,小石在内"原则,各石大面朝下,拣平排紧,小石塞严,空隙直径小于11厘米。小石不足时,用八磅锤打碎小块石,用手锤砸填。高度低于沿子石,靠近沿子石处与沿子石平齐。

（四）浆砌腹石

使用砂浆砌筑腹石。腹石按干填要求填实,采用座浆法,做到灰浆饱满,无干窝、灰窝。通常用水泥石灰砂浆,或水泥粘土砂浆砌筑。

（五）沿子石

简称"沿石"。指扣、砌坝（垛）岸表面的一层石料。通常由大块石中挑选，形状比较规则，有两个以上平面，扣砌时需专门加工。用以坚固坝面，增强御水抗溜能力，防止坝胎冲刷，方便日常管理。因砌排紧密，又称"镶面石"或"护面石"。

二、干砌石施工

干砌石施工工序为选石、试放、修凿和安砌。

（一）施工方法

常采用的干砌块石的施工方法有两种，即花缝砌筑法和平缝砌筑法。

（1）花缝砌筑法。花缝砌筑法多用于干砌片（毛）石。砌筑时，依石块原有形状，使尖对拐、拐对尖，相互联系砌成。砌石不分层，一般多将大面向上，如图 8－12。这种砌法的缺点是底部空虚，容易被水流淘刷变形，稳定性较差，且不能避免重缝、迭缝、翘口等毛病。但此法优点是表面比较平整，故可用于流速不大、不承受风浪淘刷的渠道护坡工程。

（2）平缝砌筑法。平缝砌筑法一般多适用于干砌块石的施工，如图 8－13。砌筑时将石块宽面与坡面竖向垂直，与横向平行。砌筑前，安放一块石块必须先进行试放，不合适处应用小锤修整，使石缝紧密，最好不塞或少塞小片石。这种砌法横向设有通缝，但竖向直缝必须错开。如砌缝底部或块石拐角处有空隙时，则应选用适当的片石塞满填紧，以防止底部砂砾垫层由缝隙淘出，造成坍塌。

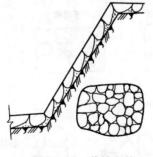

图 8－12　花缝砌筑

图 8－13　平缝砌筑

（二）封边

干砌块石是依靠块石之间的磨擦力来维持其整体稳定的。若砌体发生局部移动或变形，将会导致整体破坏。边口部位是最易损坏的地方，所以，封边工作十分重要。对护坡水下部分的封边，常采用大块石单层或双层干砌封边，然后将边外部分用粘土回填夯实,有时也可采用浆砌石埂进行封边。对护坡水上部分的顶部封边,则常采用比较大的方正块石砌成40cm左右宽度的平台,平台后所留的空隙用粘土回填夯实(图8-14)。对于挡土墙、闸翼墙等重力式墙身顶部,一般用混凝土封闭。

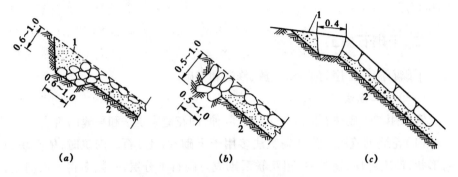

图8-14　干砌石封边方法(单位:m)

(a)、(b)坡面封边;(c)坡顶封边

1—粘土夯实;2—垫层

(三)干砌石的砌筑要点

造成干砌石施工缺陷的原因主要是由于砌筑技术不良、工作马虎、施工管理不善以及测量放样错漏等。缺陷主要有缝口不紧、底部空虚、鼓心凹肚、重缝、飞缝、飞口(即用很薄的边口未经砸掉便砌在坡上)、翘口(上下两块都是一边厚一边薄,石料的薄口部分互相搭接)、悬石(两石相接不是面的接触,而是点的接触)、浮塞叠砌、严重蜂窝以及轮廓尺寸走样等(图8-15)。

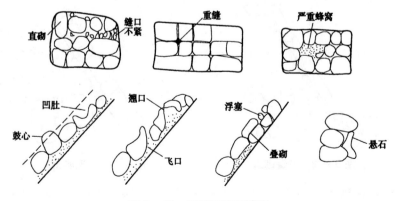

图8-15　干砌石施工缺陷

干砌石施工必须注意:

(1)干砌石工程在施工前,应进行基础清理工作。

（2）凡受水流冲刷和浪击作用的干砌石工程中采用竖立砌法（即石块的长边与水平面或斜面呈垂直方向）砌筑，使其空隙为最小。

（3）重力式挡土墙施工，严禁先砌好里、外砌石面，中间用乱石充填并留下空隙和蜂窝。

（4）干砌块石的墙体露出面必须设丁石（拉结石），丁石要均匀分布。同一层的丁石长度，如墙厚等于或小于40cm时，丁石长度应等于墙厚；如墙厚大于40cm，则要求同一层内外的丁石相互交错搭接，搭接长度不小于15cm，其中一块的长度不小于墙厚的2/3。

（5）如用料石砌墙，则两层顺砌后应有一层丁砌，同一层采用丁顺组砌时，丁石间距不宜大于2m。

（6）用干砌石作基础，一般下大上小，呈阶梯状，底层应选择比较方整的大块石，上层阶梯至少压住下层阶梯块石宽度的1/3。

（7）大体积的干砌块石挡土墙或其他建筑物，在砌体每层转角和分段部位，应先采用大而平整的块石砌筑。

（8）护坡干砌石应自坡脚开始自下而上进行。

（9）砌体缝口要砌紧，空隙应用小石填塞紧密，防止砌体在受到水流的冲刷或外力撞击时滑脱沉陷，以保持砌体的坚固性。一般规定干砌石砌体空隙率应不超过30%～50%。

（10）干砌石护坡的每一块石顶面一般不应低于设计位置5cm，不高出设计位置15cm。

三、浆砌石施工

浆砌石是用胶结材料把单个的石块联结在一起，使石块依靠胶结材料的粘结力、摩擦力和块石本身重量结合成为新的整体，以保持建筑物的稳固，同时，充填着石块间的空隙，堵塞了一切可能产生的漏水通道。浆砌石具有良好的整体性、密实性和较高的强度，使用寿命更长，还具有较好的防止渗水和抵抗水流冲刷的能力。

（一）砌筑工艺

浆砌石工程砌筑的工艺流程如图8-16。

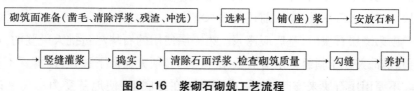

图8-16　浆砌石砌筑工艺流程

（1）铺筑面准备。对开挖成形的岩基面，在砌石开始之前应将表面已松散的岩块剔除，具有光滑表面的岩石须人工凿毛，并清除所有岩屑、碎片、泥沙等杂物。土壤地基按设计要求处理。

对于水平施工缝，一般要求在新一层块石砌筑前凿去已凝固的浮浆，并进行清扫、冲洗，使新旧砌体紧密结合。对于临时施工缝，在恢复砌筑时，必须进行凿毛、冲洗处理。

（2）选料。砌筑所用石料，应是质地均匀，没有裂缝，没有明显风化迹象，不含杂质的坚硬石料。严寒地区使用的石料，还要求具有一定的抗冻性。

（3）铺（座）浆。对于块石砌体，由于砌筑面参差不齐，必须逐块座浆、逐块安砌，在操作时还须认真调整，务使座浆密实，以免形成空洞。

座浆一般只宜比砌石超前 0.5～1m 左右，座浆应与砌筑相配合。

（4）安放石料。把洗净的湿润石料安放在座浆面上，用铁锤轻击石面，使座浆开始溢出为度。

石料之间的砌缝宽度应严格控制，采用水泥砂浆砌筑时，块石的灰缝厚度一般为 2～4cm，料石的灰缝厚度为 0.5～2cm，采用小石混凝土砌筑时，一般为所用骨料最大粒径的 2～2.5 倍。

安放石料时应注意，不能产生细石架空现象。

（5）竖缝灌浆。安放石料后，应及时进行竖缝灌浆。一般灌浆与石面齐平，水泥砂浆用捣插棒捣实，小石混凝土用插入式振捣器振捣，振实后缝面下沉，待上层摊铺座浆时一并填满。

（6）振捣。水泥砂浆常用捣棒人工插捣，小石混凝土一般采用插入式振动器振捣。应注意对角缝的振捣，防止重振或漏振。

每一层铺砌完 24～36h 后（视气温及水泥种类、胶结材料强度等级而定），即可冲洗、准备上一层的铺砌。

（二）砌筑方法

1. 基础砌筑

基础施工应在地基验收合格后方可进行。基础砌筑前，应先检查基槽（或基坑）的尺寸和标高，清除杂物，接着放出基础轴线及边线。对于土质基础，砌筑前应先将基础夯实，并在基础面上铺上一层 3～5cm 厚的稠砂浆，然后安放石块。对于岩石基础，座浆前还应洒水湿润。

砌第一层石块时，基底应座浆。第一层使用的石块尽量挑大一些的，这样受力较好，并便于错缝。所有石块第一层都必须大面向下放稳，以脚踩不动即可。不要用小石块来支垫，要使石面平放在基底上，使地基受力均匀基础稳固。选择比较方正的石块,砌在各转角上,称为角石,角石两边应与准线相合。角石砌好后,再砌里、外面的石块,称为面石;最后砌填中间部分,称为腹石(图8 - 17)。砌填腹石时应根据石块自然形状交错放置,尽量使石块间缝隙最

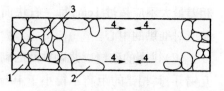

图 8 - 17　基础砌筑
1—角石;2—面石;3—腹石;4—砌石方向

小,再将砂浆填入缝隙中,最后根据各缝隙形状和大小选择合适的小石块放入用小锤轻击,使石块全部挤入缝隙中。禁止采用先放小石块后灌浆的方法。

接砌第二层以上石块时,每砌一块石块,应先铺好砂浆,砂浆不必铺满、铺到边,尤其在角石及面石处,砂浆应离外边约4.5cm,并铺得稍厚一些,当石块往上砌时,恰好压到要求厚度,并刚好铺满整个灰缝。灰缝厚度宜为20~30mm,砂浆应饱满。阶梯形基础上的石块应至少压砌下级阶梯的1/2,相邻阶梯的块石应相互错缝搭接。基础的最上一层石块,宜选用较大的块石砌筑。基础的第一层及转角处和交接处,应选用较大的块石砌筑。块石基础的转角及交接处应同时砌起。如不能同时砌筑又必须留槎时,应砌成斜槎。

块石基础每天可砌高度不应超过4.2m。在砌基础时还必须注意不能在新砌好的砌体上抛掷块石,这会使已粘在一起的砂浆与块石受振动而分开,影响砌体强度。

2. 挡土墙

砌筑块石挡土墙时,块石的中部厚度不宜小于20cm;每砌3~4匹为一分层高度,每个分层高度应找平一次;外露面的灰缝厚度,不得大于4cm,两个分层高度间的错缝不得小于8cm(图8 - 18)。

料石挡土墙宜采用同匹内丁顺相间的砌筑形式。当中间部分用块石填筑时,丁砌料石伸入块石部分的长度应小于20cm。

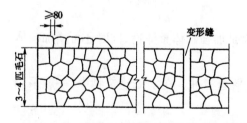

图 8 - 18　块石挡土墙立面(单位:mm)

3. 桥、涵拱圈

浆砌拱圈一般选用于小跨度的单孔桥拱、涵拱施工,施工方法及步骤如下:

(1)拱圈石料的选择。拱圈的石料一般为经过加工的料石,石块厚度不应小于15cm。石块的宽度为其厚度的1.5~2.5倍,长度为厚度的2~4倍,拱圈所用的石料应凿成楔形(上宽下窄),如不用楔形石块时,则应用砌缝宽度的变化来调整拱度,但砌缝厚薄

相差最大不应超过 1cm,每一石块面应与拱压力线垂直。因此拱圈砌体的方向应对准拱的中心。

(2)拱圈的砌缝。浆砌拱圈的砌缝应力求均匀,相邻两行拱石的平缝应相互错开,其相错的距离不得小于 10cm。砌缝的厚度决定于所选用的石料,选用细料石,其砌缝厚度不应大于 1cm;选用粗料石,砌缝不应大于 2cm。

(3)拱圈的砌筑程序与方法。拱圈砌筑之前,必须先做好拱座。为了使拱座与拱圈结合好,须用起拱石。起拱石与拱圈相接的面,应与拱的压力线垂直。

当跨度在 10m 以下时,拱圈的砌筑一般应沿拱的全长和全厚,同时由两边起拱石对称地向拱顶砌筑;当跨度大于 10m 以上时,则拱圈砌筑应采用分段法进行。分段法是把拱圈分为数段,每段长可根据全拱长来决定,一般每段长 3~6m。各段依一定砌筑顺序进行(图 8-19),以达到使拱架承重均匀和拱架变形最小的目的。

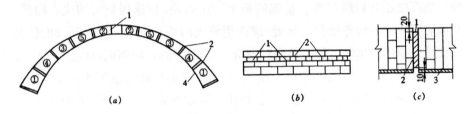

图 8-19　拱圈分段及空缝结构(单位:mm)

(a)拱圈分段;(b)空缝平面图;(c)空缝侧视图

1—拱顶石;2—空缝;3—垫块;4—拱模板;①②③④⑤—砌筑程序

拱圈各段的砌筑顺序是:先砌拱脚,再砌拱顶,然后砌 1/4 处,最后砌其余各段。砌筑时一定要对称于拱圈跨中央。各段之间应预留一定的空缝,防止在砌筑中拱架变形面产生裂缝,待全部拱圈砌筑完毕后,再将预留空缝填实。

(三)勾缝与分缝

1. 勾缝

石砌体表面进行勾缝的目的,主要是加强砌体整体性,同时还可增加砌体的抗渗能力,另外也美化外观。

勾缝按其形式可分为凹缝、凸缝、平缝三种。在水工建筑物中,一般采用平缝。

勾缝的程序是在砌体砂浆未凝固以前,先沿砌缝,将灰缝剔深 20~30mm 形成缝槽,待砌体完成和砂浆凝固以后再进行勾缝。勾缝前,应将缝槽冲洗干净,自上而下,不整齐处应修整。勾缝的砂浆宜用水泥砂浆,砂用细砂。砂浆稠度要掌握好,过稠勾出缝来表面粗糙不光滑,过稀容易坍落走样。最好不使用火山灰质水泥,因为这种水泥干缩性大,勾缝容易开裂。砂浆强度等级应符合设计规定,一般应高于原砌体的砂浆强度等级。

砌体的隐蔽回填部分,可不专门作勾缝处理,但有时为了加强防渗,应事前在砌筑过程中,用原浆将砌缝填实抹平。

2. 伸缩缝

浆砌体常因地基不均匀沉陷或砌体热胀冷缩可能导致产生裂缝。为避免砌体发生裂缝,一般在设计中均要在建筑物某些接头处设置伸缩缝(沉陷缝)。施工时,可按照设计规定的厚度、尺寸及不同材料作成缝板。缝板有油毛毡(一般常用三层油毛毡刷柏油制成)、柏油杉板(杉板两而刷柏油)等,其厚度为设计缝宽,一般均砌在缝中。如采用前者,则需先立样架,将伸缩缝一边的砌体砌筑平整,然后贴上油毡,再砌另一边;如采用柏油杉板做缝板,最好是架好缝板,两面同时等高砌筑,不需再立样架。

(四)砌体养护

为使水泥得到充分的水化反应,提高胶结材料的早期强度,防止胶结材料干裂,应在砌体胶结材料终凝后(一般砌完 6~8h)及时洒水养护 14~21d,最低限度不得少于 7d。养护方法是配专人洒水,经常保持砌体湿润,也可在砌体上加盖湿草袋,以减少水分的蒸发。夏季的洒水养护还可起降温的作用,由于日照长、气温高、蒸发快,一般在砌体表面要覆盖草袋、草帘等,白天洒水 7~10 次,夜间蒸发少且有露水,只需洒水 2~3 次即可满足养护需要。

冬季当气温降至 0℃以下时,要增加覆盖草袋、麻袋的厚度,加强保温效果。冰冻期间不得洒水养护。砌体在养护期内应保持正温。砌筑面的积水、积雪应及时清除,防止结冰。冬季水泥初凝时间较长,砌体一般不宜采用洒水养护。

养护期间不能在砌体上堆放材料、修凿石料、碰动块石,否则会引起胶结面的松动脱离。砌体后隐蔽工程的回填,在常温下一般要在砌后 28d 方可进行,小型砌体可在砌后 10~12d 进行回填。

(五)浆砌石施工的砌筑要领

砌筑要领可概括为"平、稳、满、错"四个字。平,同一层面大致砌平,相邻石块的高差宜小于 2~3cm;稳,单块石料的安砌务求自身稳定;满,灰缝饱满密实,严禁石块间直接接触;错,相邻石块应错缝砌筑,尤其不允许顺水流方向通缝。

(六)石砌体质量要求

(1)砌石工程所用石材必须质地坚硬,不风化,不含杂质,并符合一定的规格尺寸。

(2)砌石工程所用胶结材料必须符合国家标准及设计要求。

(3)石砌体的砌筑必须严格遵照 HBJ203—83《砖石工程施工及验收规范》中规定。

第五节　土石方施工质量控制

一、土方开挖

土方开挖施工工序分为表土及岸坡清理、软基或土质岸坡开挖两个工序。

(一)表土及岸坡清理

1. 项目分类

(1)主控项目。表土及岸坡清理施工工序主控项目分为表土清理,不良地质土的处理,地质坑、孔处理。

(2)一般项目。表土及岸坡清理施工工序一般项目分为清理范围和土质岸边坡度。

2. 检查方法及数量

(1)主控项目。观察、查阅施工记录(录像或摄影资料收集备查)等方法,进行全数检查。

(2)一般项目。

1)清理范围:采用量测方法,每边线测点不少于 5 点,且点间距不大于 20m。

2)土质岸边坡度:采用量测方法,每 10 延米量测一点;高边坡需测定断面,每 20 延米测一个断面。

3. 质量验收评定标准

(1)表土清理。树木、草皮、树根、乱石、坟墓以及各种建筑物全部清除;水井、泉眼、地道、坑窖等洞穴的处理符合设计要求。

(2)不良地质土的处理。淤泥、腐殖质土、泥炭土全部清除;对风化岩石、坡积物、残积物、滑坡体、粉土、细砂等处理符合设计要求。

(3)地质坑、孔处理。构筑物基础区范围内的地质探孔、竖井、试坑的处理符合设计要求;回填材料质量满足设计要求。

(4)清理范围。满足设计要求。长、宽边线允许偏差:人工施工 0～50cm,机械施工 0～100cm。

(5)岸边坡度。岸边坡度不陡于设计边坡。

一般情况下主体工程施工场地地表的植被清理,应延伸至构筑物最大开挖边线或建筑物基础边线(或填筑坡脚线)外侧至少5m的距离;挖除树根的范围应延伸到最大开挖边线、填筑线或建筑物基础外侧至少3m的距离;原坝体加高培厚工程,其清理范围应包括原坝顶及坝坡。

（二）软基或土质岸坡开挖

1.项目分类

（1）主控项目。软基或土质岸坡开挖施工工序主控项目分为保护层开挖、建基面处理、渗水处理。

（2）一般项目。软基或土质岸坡开挖施工工序一般项目为基坑断面尺寸和开挖面平整度。

2.检查方法及数量

（1）主控项目。采用观察、测量与查阅施工记录等方法进行全数检查。

（2）一般项目。采用观察、测量、查阅施工记录等方法,检测点采用横断面控制,断面间距不大于20m,各横断面点数间距不大于2m,局部突出或凹陷部位(面积在0.5m²以上者)应增设检测点。

3.质量验收评定标准

（1）保护层开挖。保护层开挖方式应符合设计要求,在接近建基面时,宜使用小型机具或人工挖除,不应扰动建基面以下的原地基。

（2）建基面处理。构筑物地基及岸坡开挖面平顺。软基或土质岸坡与土质构筑物接触时,采用斜面连接,无台阶、急剧变坡及反坡。

（3）渗水处理。构筑物基础区及岸坡渗水(含泉眼)妥善引排或封堵,建基面清洁无积水。

（4）基坑断面尺寸及开挖面平整度。

1）无结构要求或无配筋。

①长或宽不大于10m:符合设计要求,允许偏差为 -10～20cm。

②长或宽大于10m:符合设计要求,允许偏差为 -20～30cm。

③坑(槽)底部标高:应符合设计要求,允许偏差为 -10～20cm。

④垂直或斜面平整度:应符合设计要求,允许偏差为20cm。

2）有结构要求,有配筋预埋件。

①长或宽不大于10m:符合设计要求,允许偏差为 0～20cm。

②长或宽大于10m:符合设计要求,允许偏差为 0～30cm。

③坑(槽)底部标高:应符合设计要求,允许偏差为 0～20cm。

④斜面平整度:应符合设计要求,允许偏差为15cm。

二、土料填筑

土料填筑施工分为结合面处理、卸料及铺筑、压实、接缝处理4个工序。

(一)结合面处理

1. 项目分类

(1)主控项目。结合面处理工序主控项目有建基面地基压实、土质建基面刨毛、无粘性土建基面的处理、岩面和混凝土面处理。

(2)一般项目。结合面处理工序一般项目有层间结合面、涂刷浆液质量。

2. 检查方法及数量

(1)主控项目。

1)建基面地基压实:采用方格网布点检查,坝轴线方向50m,上下游方向20m范围内布点。检验深度应深入地基表面1.0m,对地质条件复杂的地基,应加密布点取样检验。

2)土质建基面刨毛:采用方格网布点检查,每验收单元不少于30点。

3)无粘性土建基面的处理:采用观察、查阅施工记录,进行全数检查。

4)岩面和混凝土面处理:采用方格网布点检查,每验收单元不少于30点。

(2)一般项目。

1)层间结合面:采用观察方法,进行全数检查。

2)涂刷浆液质量:采用观察、抽测方法,每拌和一批至少取样抽测1次。

3. 质量验收评定标准

(1)建基面地基压实。粘性土、砾质土地基土层的压实度等指标符合设计要求。无粘性土地基土层的相对密实度符合设计要求。

(2)土质建基面刨毛。土质地基表面刨毛2~3cm,层面刨毛均匀细致,无团块、空白。

(3)无粘性土建基面的处理。反滤过渡层材料的铺设应满足设计要求。

(4)岩面和混凝土面处理。与土质防渗体结合的岩面或混凝土面,无浮渣、污染杂物,无乳皮粉尘、油垢,无局部积水等。铺填前涂刷浓泥浆或粘土水泥砂浆,涂刷均匀,无空白,混凝土面涂刷厚度为3~5mm;裂隙岩面涂刷厚度为5~10mm;且回填及时,无风干现象,铺浆厚度允许偏差0~2mm。

(5)层间结合面。上下层铺土的结合层面无砂砾、杂物,表面松土,湿润均匀,无积水。

(6)涂刷浆液质量。浆液稠度适宜、均匀,无团块,材料配比误差不大于10%。

（二）卸料及铺筑

1.项目分类

（1）主控项目。卸料及铺筑施工工序中主控项目有卸料、铺填。

（2）一般项目。卸料及铺筑施工工序中一般项目有结合部土料填筑、铺土厚度、铺填边线。

2.检查方法及数量

（1）主控项目。卸料、铺填中采用观察方法，进行全数检查。

（2）一般项目。

1）结合部土料填筑：采用观察方法，进行全数检查。

2）铺土厚度：采用测量方法，网格控制，每 $100m^2$ 一个测点。

3）铺填边线：采用测量方法，每条边线，每 10 延米一个测点。

3.质量验收评定标准

（1）卸料。卸料、平料符合设计要求，均衡上升。施工面平整、土料分区清晰，上下层分段位置错开。

（2）铺填。上下游坝坡填筑应有富余量，防渗铺盖在坝体以内部分应与心墙或斜墙同时铺筑。铺料表面应保持湿润，符合施工含水量。

（3）结合部土料填筑。防渗体与地基（包括齿槽）、岸坡、溢洪道边墙、坝下埋管及混凝土齿墙等结合部位的土料填筑，无架空现象。土料厚度均匀，表面平整，无团块、无粗粒集中，边线整齐。

（4）铺土厚度。厚度均匀，符合设计要求，允许偏差为 0 ~ −5cm。

（5）铺填边线。铺填边线应有一定富余度，压实削坡后坝体铺填边线满足 0 ~ 10cm（人工施工）或 0 ~ 30cm（机械施工）要求。

（三）土料压实

1.项目分类

（1）主控项目。土料压实工序主控项目有碾压参数、压实质量、压实土料的渗透系数。

（2）一般项目。土料压实工序一般项目有碾压搭接带宽度、碾压面处理。

2.检查方法及数量

（1）主控项目。

1）碾压参数：查阅试验报告、施工记录，每班至少检查 2 次。

2）压实质量：取样试验，粘性土宜采用环刀法、核子水分密度仪。砾质土采用挖坑灌砂（灌水）法，土质不均匀的粘性土和砾质土的压实度检测也可采用三点击实法。粘性土 1 次/（100 ~ 200 m^3）；砾质土 1 次/（200 ~ 500 m^3）。

3)压实土料的渗透系数:渗透试验,满足设计要求。

(2)一般项目。

1)碾压搭接带宽度:采用观察、量测方法,每条搭接带每一单元抽测3处。

2)碾压面处理:通过现场观察、查阅施工记录,进行全数检查。

3.质量验收评定标准

(1)碾压参数。压实机具的型号、规格,碾压遍数、碾压速度、碾压振动频率、振幅和加水量应符合碾压试验确定的参数值。

(2)压实质量。压实度和最优含水率符合设计要求。1级、2级坝和高坝的压实度不小于98%;3级中低坝及3级以下低坝的压实度不小于96%;土料的含水量应控制在最优量的 -2% ~3%。取样合格率不小于90%,不合格试样不应集中,且不低于压实度设计值的98%。

(3)压实土料的渗透系数。符合设计要求。

(4)碾压搭接带宽度。分段碾压时,相邻两段交接带碾压迹应彼此搭接,垂直碾压方向搭接带宽度应不小于0.3 ~0.5m;顺碾压方向搭接带宽度应为1 ~1.5m。

(5)碾压面处理。碾压表面平整,无漏压,个别弹簧、起皮、脱空,剪力破坏部分处理符合设计要求。

(四)接缝处理

1.项目分类

(1)主控项目。接缝处理工序主控项目有接合坡面和接合坡面碾压。

(2)一般项目。接缝处理工序一般项目有接合坡面填土、接合坡面处理。

2.检查方法及数量

(1)主控项目。采用观察及测量检查方法,接合坡面项目每一结合坡面抽测3处;接合坡面碾压项目,每10延米取试样1个,如一层达不到20个试样,可多层累积统计;但每层不得少于3个试样。

(2)一般项目。

1)接合坡面填土:采用观察、取样检验方法,进行全数检查。

2)接合坡面处理:采用观察、布置方格网量测方法,每验收单元不少于30点。

3.质量验收评定标准

(1)接合坡面。斜墙和心墙内不应留有纵向接缝,防渗体及均质坝的横向接坡不应陡于1:3,其高差符合设计要求,与岸坡接合坡度应符合设计要求。

均质土坝纵向接缝斜坡坡度和平台宽度应满足稳定要求,平台间高差不大于 15m。

（2）接合坡面碾压。接合坡面填土碾压密实，层面平整，无拉裂和起皮现象。

（3）接合坡面填土。填土质量符合设计要求，铺土均匀、表面平整，无团块、无风干。

（4）接合坡面处理。纵横接缝的坡面削坡、润湿、刨毛等处理符合设计要求。

三、砂砾料填筑

砂砾料填筑施工分为铺填、压实两个工序。

（一）砂砾料铺填

1. 项目分类

（1）主控项目。砂砾料铺填施工工序主控项目有铺料厚度、岸坡接合处铺填。

（2）一般项目。砂砾料铺填工序一般项目有铺填层面外观、富余铺填宽度。

2. 检查方法及数量

（1）主控项目。

1）铺料厚度：按 $20m \times 20m$ 方格网的角点为测点，定点测量，每单元不少于 10 点。

2）岸坡接合处铺填：采用观察、量测，每条边线，每 10 延米量测 1 组。

（2）一般项目。

1）铺填层面外观：采用观察方法，进行全数检查。

2）富余铺填宽度：采用观察、量测，每条边线，每 10 延米量测 1 组。

3. 质量验收评定标准

（1）铺料厚度。铺料层厚度均匀，表面平整，边线整齐。允许偏差不大于铺料厚度的 10%，且不应超厚。

（2）岸坡接合处铺填。纵横向接合部应符合设计要求；岸坡接合处的填料不得分离、架空。检测点允许偏差 $0 \sim 10cm$。

（3）铺填层面外观。砂砾料填筑力求均衡上升，无团块、无粗粒集中。

（4）富余铺填宽度。富余铺填宽度满足削坡后压实厚质量要求。检测点允许偏差 $0 \sim 10cm$。

（二）砂砾料压实

1. 项目分类

(1)主控项目。砂砾料压实工序主控项目有碾压参数、压实质量。

(2)一般项目。砂砾料压实工序一般项目有压层表面质量、断面尺寸。

2. 检查方法及数量

(1)主控项目。

1)碾压参数:查阅试验报告、施工记录,每班至少检查 2 次。

2)压实质量:查阅施工记录,取样试验,按填筑 1000 ~ 5000m³ 取 1 个试样,每层测点不少于 10 个,渐至坝顶处每层或每单元不宜少于 5 个;测点中应至少于有 1 ~ 2 个点分布在设计边坡线以内 30cm 处,或与岸坡接合处附近。

(2)一般项目。

1)压层表面质量:采用观察方法,进行全数检查。

2)断面尺寸:采用尺量检查,每层不少于 10 处。

3. 质量验收评定标准

(1)碾压参数。压实机具的型号、规格,碾压遍数、碾压速度和加水量应符合碾压试验确定的参数值。

(2)压实质量。相对密实度不低于设计要求。

(3)压层表面质量。表面平整,无漏压、欠压。

(4)断面尺寸。压实削坡后上、下游设计边坡超填值允许偏差 ±20cm,坝轴线与相邻坝料接合面尺寸允许偏差 ±30cm。

四、特殊条件下的施工控制

(一)雨季土坝压实施工控制

土石坝填筑是大面积的露天作业,施工过程中遇到雨天,会给控制土壤含水量带来很大的困难。因此在多雨地区,常由于雨天多,土壤含水量高,雨后不能立即恢复上土,以致雨季粘性土料的填筑成为控制工程进度的主要关键所在。为了保证工程按质又不过多的增加成本,可采用下列措施。

(1)合理进行大坝断面设计,尽量缩小防渗体(心墙,或斜墙)的断面,减少粘性土料的用量。

(2)在降雨时,坝上应停止粘性土料的填筑。在多雨地区宜采用气胎辗。如采用羊足碾时,要同时配使用平碾,在便在雨前封闭坝面以利排水。为了便于排走雨水,坝填筑面应略向上游倾斜。

(3)必要时在土料储料场和坝面采用人工防雨措施,如备用大防雨布或塑料薄膜。遇雨遮盖填筑面,雨后去盖,将表面湿土稍加清理晾晒,即可上土复工。在抢进度赶拦洪时,为了保证高速度施工,在防渗体填筑面积不太大时,在多雨地区可以考虑采用雨篷作业。雨篷一般为简单屋架式,用帆布或塑料布覆盖,不过篷内填土,辗压不便,篷架升高也麻烦,因此也有采用缆索悬挂式吊棚的。

(4)在雨季施工中,重要的是在非雨期时于坝面附近储备数量足够、质量合格的土料,以供雨季施工时使用。

(5)合理选用某种非粘性土料作为大坝防渗体,再采取一定的施工措施,就有可能在雨季继续施工。如美国于1958年在华盛顿州建成的高度170m的Swift·Greek坝,那里不仅平均年降雨量高达300mm而且雨天又多。因此大坝心墙确定用含砾砂性壤土筑成,并采用施工措施:①在垂直工作面上开挖土料;②在压实料场表面留有一定的坡度,以防雨水渗入填筑土料;③坝面填筑成8%~10%的坡度,坡向上游;④压实土层改用垂直于坝轴线方向,以利坝面排水;⑤由于松土易遭雨水淋湿,所以坝面在铺土以后尽快进行碾压。采取以上措施以后,虽然土料较湿,但坝面完全可以用50t气胎碾进行碾压。

(二)冬季施工控制

在冬季负气温下,土料将发生冻结,并使其物理力学性质发生变化,这对土石坝冬季施工将造成严重影响。不过只要采取适当的技术措施,仍能保证填筑质量。

土料在降温冷却过程中,其中的水分不是一遇冷空气就转变为冰的,土料开始结冰的温度总是低于0℃,即土料的冻结有所谓过冷现象。土料的过冷温度和过冷持续时间与土料的种类、含水量和冷却强度等有关。当负温不是太低时,土料中的水分能长期处于过冷状态而不结冰。含水量低于塑限的土及含水量低于4%~5%的砂砾细料,由于水分子颗粒间的相互作用,土的过冷现象极为明显。

土的过冷现象说明当负气温不太低时,用具有正温的土料在露天填筑,只要控制好土料含水量,有可能在土料还未冻结之前,争取填筑完毕。

土料发生冻结时,由于水汽从温度较高处向温度较低处移动,而产生水分转移。水分转移和聚集的结果,使土的冻结层中形成冰晶体和裂缝。冰在土料中决定着冻土的性质,使其强度增大,不易压实。当其融化后,则使土料的强度和稳定性大为降低,或呈松散状态。但土料的含水量接近或低于塑限冻结时,上述现象不甚显著,压实后经过冻融,其力学性质变化也较小。砂砾细料含水量低于4%~5%,冻结时仍呈松散状态,超过此值后则冻成硬块,不易压实。

（1）因此，碾压式土石坝冬季施工时，只要采取适当的技术措施，防止土料冻结，降低土料含水量和减少冻融影响，仍可保证施工质量，加快施工进度。防止料场中的土料冻结，是土石坝冬季施工的主要内容。为此，可采取以下措施。

1）选择冬季施工的专用料区。对砂砾粒应选择粗粒含量较多和易于压实的地区，在夏、秋季进行备料，采用明沟截流和降低地下水位，使砂砾料中的细料含水量降低到 4% 以下；对于粘性土宜选择运距近、含水量接近塑限及地势较高的料区，如含水量较大，须在冬季前进行处理，以满足防冻要求。因此，如有可能，应选用向阳背风的料区。

2）料场表土翻松保温。冬季结冰前将料区表土翻松 30 ~ 40cm 深，并碎成小块耙平，使松土的孔隙中充满空气，因而可以降低表层土的导热性，防止下部土料冻结。如某工地在料区表面铺 30cm 厚的松土，气温到 -12℃ 左右时，下部土温仍保持在 4 ~ 13℃。

3）覆盖融热材料保温。根据气温和现场条件，利用树叶、稻草、炉渣及锯木屑等材料，覆盖于土区或土库表面，形成蓄热保温层，使土料不致冻结。

4）覆盖冰、雪蓄热保温。可以利用自然雪或人工铺雪于料场表面土上。由于雪的导热性能低，可以达到土料蓄热保温不致冻结的目的。或者也可将料场四周用 0.5m 高的土埂围起来，并在场内每隔 1.5m 打一根承冰层的支撑木桩，冬季来临时，在土埂内充满水，待水面结冰到 10 ~ 15cm 厚时，将冰层下的水排走，而形成一个很好的空气隔热保温层，这也可以达到使土料不致冻结的目的。

（2）除了防止料场土料冻结外，在土料运输过程中，也应注意土料保温。

1）土温的散失主要是在装、卸过程中，因此应采取快速运输，避免转运，力求从装土到卸土铺填为止的时间，不超过土料冻结所需时间。土料开始冻结时间见表 8 - 1。

表 8 - 1　土料开始冻结时间

气温/℃	-5	-10	-20	< -30	备　　注
开始冻结时间/min	90	60	30	20	当遇大风时，开始冻结时间将显著减少

2）尽量采用容量大、调度灵活及易于倾卸的运输工具，并进行覆盖保温。为了防止土料与金属车厢直接接触，可设置木板隔层，或在车厢内垫一层浸透食盐水（浓度为 20%）的麻袋。

（3）冬季施工时，对负气温下土料填筑的基本要求如下。

1）粘性土的含水量不应超过限塑，防渗体的土料含水量不应大于0.9倍塑限，但也不宜低于塑限2%；砂砾料（指粒径小于5mm的细料）的含水量应小于4%。

2）压实时土料平均温度，一般应保持正温。实践证明，土料温度低于0℃，压实效果即将降低，甚至难以压实。

冬季施工的坝体填筑，根据气温条件的不同，可采用露天作业或暖棚内作业。

露天作业要求准备料温度不低于5~10℃，其填筑工作可以在较寒冷的气温下进行（日最低气温不低于-5℃，碾压时土料温度不低于+2℃），粘性土中允许有少量小于5cm的冻块，但冻块不应集中在填筑层中。如果气温过低或风速过大，则须停止填筑。砂砾料露天填筑的气温，也不应低于-15℃，砂料中允许有少量小于10cm的冻块，但同样不应集中在填筑中。此外，露天作业应力求加快压实工作速度，以免土料冻结。

棚内作业，只是在棚内采取加温措施，使土料保持正温。加温热源可用蒸汽和火炉等。不过费用较高，只是在严寒地区而又必须继续施工时，才宜采用。

第六节　黄河防洪工程维护

一、堤防工程维修

1.堤顶维修应符合以下要求：

（1）堤肩土质边埂发生损坏，宜采用含水量适宜的粘性土，按原标准进行修复。

（2）土质的堤顶面层结构严重受损，应刨毛、洒土、补土、刮平、压实，按原设计标准修复，堤顶高程不足，应按原高程修复，所用土料宜与原土料相同。

（3）硬化堤顶损坏，应按原结构与相应的施工方法修复。

（4）硬化堤顶的土质堤防，因堤身沉陷使硬化堤顶与堤身脱离的，可拆除硬化顶面，用粘性土或石渣补平、夯实，然后用相同材料对硬化顶面进行修复。

2.堤坡维修应符合以下要求：

（1）土质堤坡出现大雨淋沟或损坏，应按开挖、分层回填夯实的顺序修理，所用土料宜与原筑堤土料相同，并在修复的坡面补植草皮。

（2）浅层（局部）滑坡，应采用全部挖除滑动体后重新填筑的方法处理，并符合下列规定：

①分析滑坡成因，对渗水、堤脚下挖塘、冲刷、堤身土质不好等因素引起的滑坡，采取相应的处理措施。

②应将滑坡体上部未滑动的边坡削至稳定的坡度。

③挖除滑动体应从上边缘开始，逐级开挖，每级高度 0.2m，沿滑动面挖成锯齿形，每一级深度上应一次挖到位，并一直挖至滑动面外未滑动土中 0.5 ~ 1.0m。平面上的挖除范围宜从滑坡边线四周向外展宽 1 ~ 2m。

④重新填筑的堤坡应达到重新设计的稳定边坡。

⑤滑坡处理的过程中，应注意原堤身稳定和挡水安全。

（3）深层圆弧滑坡，应采用挖除主滑体并重新填筑压实的方法处理。重新填筑的堤坡应达到重新设计的稳定边坡，堤坡稳定计算应符合 GB 50286 的规定。

3. 堤防防护维修应按照有关规定执行。

4. 堤身裂缝维修应符合以下要求：

（1）堤身裂缝修理应在查明裂缝成因，且裂缝已趋于稳定时进行。

（2）土质堤防裂缝修理宜采用开挖回填、横墙隔断、灌堵缝口、灌浆堵缝等方法。

（3）纵向裂缝修理宜采用开挖回填的方法，并符合下列要求：

①开挖前，可用经过滤的石灰水灌入裂缝内，了解裂缝的走向和深度，以指导开挖。

②裂缝的开挖长度超过裂缝两端各 1m，深度超过裂缝底部 0.3 ~ 0.5m；坑槽底部的宽度不小于 0.5m，边坡符合稳定及新旧土结合的要求。

③坑槽开挖时宜采取坑口保护措施，避免日晒、雨淋、进水和冻融；挖出的土料宜远离坑口堆放。

④回填土料与原土料相同，并控制适宜的含水量。

⑤回填土分层夯实，夯实土料的干密度不小于堤身土料的干密度。

（4）横向裂缝修理宜采用横墙隔断的方法，并符合下列要求：

①与临水相通的裂缝，在裂缝临水坡先修前戗；背水坡有漏水的裂缝，在背水坡做好反滤导渗；与临水尚水连通的裂缝，从背水面开始，分段开挖回填。

②除沿裂缝开挖沟槽，还宜增挖与裂缝垂直的横槽（回填后相当于横墙），横槽间距 3 ~ 5m，墙体底边长度为 2.5 ~ 3.0m，墙体厚度不宜小于 0.5m。

③开挖回填宜符合本节的规定。

（5）宽度小于 3～4cm、深度小于 1m 的纵向裂缝或龟纹裂缝宜采用灌堵缝口的方法，并符合下列要求：

①由缝口灌入干而细的沙壤土，用板条或竹片捣实。

②灌缝后，宜修土埂压缝防雨，埂宽 10cm，高出原顶（坡）面 3～5cm。

（6）堤顶或非滑动性的堤坡裂缝宜采用灌浆堵缝的方法修理。缝宽较大，缝深较小的宜采用自流灌浆修理；缝宽较小，缝深较大的宜采用充填灌浆修理：

①采用自流灌浆宜符合下列要求：

a.缝顶挖槽，槽宽深各为 0.2m，用清水洗缝。

b.按"先稀后稠"的原则用沙壤土泥浆灌缝，稀稠两种泥浆的水土重量比分别为 1:0.15 与 1:0.25。

c.灌满后封堵沟槽。

②采用充填灌浆修理，可将缝口逐段封死，由缝侧打孔灌浆。

5.堤防隐患处理应符合以下要求：

（1）堤身隐患应视其具体情况，采用开挖回填、充填灌浆等方法处理。

（2）位置明确，埋藏较浅的堤身隐患，宜采用开挖回填的方法处理，并符合下列要求：

①将洞穴等隐患的松土挖出，再分层填土夯实，恢复堤身原状。

②位于临水侧的隐患，宜采用粘性土料进行回填，位于背水侧的隐患，宜采用沙性土料进行回填。

（3）范围不明确、埋藏较深的洞穴、裂缝等堤身隐患宜采用充填灌浆处理，并符合第六条的规定。

（4）对以下两类堤基隐患，应探明性质并采取相应的处理措施，并应符合 GB 50286 和 SL 260 的规定。

①堤基中的暗沟、故河道、塌陷区、动物巢穴、墓坑、窑洞、坑塘、井窖、房基、杂填土等。

②堤防背水坡或堤后地面出现过渗漏、管涌或流土险情的透水堤基、多层堤基。

6.充填灌浆应符合以下要求：

（1）灌浆过程中应做好记录。孔号、孔位、灌浆历时、吃浆压力、浆液浓度以及灌浆过程中出现的异常现象等均应进行全面、详细的记录。每天工作结束后应对当天的记录资料进行整理分析，计算每孔吃浆量，并绘制必要的图表。

(2)泥浆土料:浆液中的土料宜选用成浆率较高,收缩性较小、稳定性较好的粉质粘土或重粉质壤土,土料组成以粘粒含量 20% ~ 45%、粉粒 40% ~ 70%、沙粒小于 10% 为宜。在隐患严重或裂缝较宽,吸浆量大的堤段可适当选用中粉质壤土或少量沙壤土。在灌浆过程中,可根据需要在泥浆中掺入适量膨润土、水玻璃、水泥等外加剂,其用量宜通过试验确定。

(3)制浆贮存:泥浆比重可用比重计测定,宜控制在 1.5 左右。浆液主要力学性能指标以容重 13 ~ 16kN/m³、粘度 30 ~ 100s、稳定性小于 0.1mg/m³、胶体率大于 80%、失水量 10 ~ 30cm³/30min 为宜。

制浆过程中应按要求控制泥浆稠度及各项性能指标,并应通过过滤筛清除大颗粒和杂物,保证浆液均匀干净,泥浆制好后送贮浆池待用。

(4)泵输泥浆:宜采用离心式灌浆机输送泥浆,以灌浆孔口压力小于 0.1MPa 为准来控制输出压力。

(5)锥孔布设:宜按多排梅花形布孔,行距 1.0m 左右,孔距 1.5 ~ 2.0m。锥孔应尽量布置在隐患处或其附近。对松散渗透性强,隐患多的堤防,可按序布孔,逐渐加密。

(6)造孔:可用全液压式打锥机造孔。造孔前应先清除干净孔位附近杂草、杂物。孔深宜超过临背水堤脚连线 0.5 ~ 1.0m。处理可见裂缝时,孔深宜超过缝深 1 ~ 2m。

(7)灌浆:宜采用平行推进法灌浆,孔口压力应控制在设计最大允许压力以内。灌浆应先灌边孔、后灌中孔,浆液应先稀后浓,根据吃浆量大小可重复灌浆,一般 2 ~ 3 遍,特殊 4 ~ 5 遍。

在灌浆过程中应不断检查各管进浆情况。如胶管不蠕动,宜将其他一根或数根灌浆管的阀门关闭,使其增压,继续进浆。当增压 10 分钟后仍不进浆时,应停止增压拔管换孔,同时记下时间。

注浆管长度以 1.0 ~ 1.5m 为宜,上部应安装排气阀门,注浆前和注浆过程中应注意排气,以免空气顶托、灌不进浆,影响灌浆效果。

(8)封孔收尾:可用容重大于 16kN/m³ 的浓浆,或掺加 10% 水泥的浓浆封孔,封孔后缩浆空孔应复封。输浆管应及时用清水冲洗,所用设备及工器具应归类收集整理入仓。

(9)灌浆中应及时处理串浆、喷浆、冒浆、塌陷、裂缝等异常现象。串浆时,可堵塞串浆孔口或降低灌浆压力;喷浆时,可拔管排气;冒浆时,可减少输浆量、降低浆液浓度或灌浆压力;发生塌陷时,可加大泥浆浓度灌浆,并将陷坑用粘土回填夯实;发生裂缝时,可夯实裂缝、减小灌浆压力、少灌多复,裂缝较大并有滑坡时,应采用翻筑方法处理。

二、堤防工程抢修

1.渗水抢修应符合以下要求:

(1)渗水险情应按"临水截渗,背水导渗"的原则抢修,并符合下列要求:

①抢修时,尽量减少对渗水范围的扰动,避免人为扩大险情。

②在渗水堤段背水坡脚附近有深潭、池塘的,抢护时宜在背水坡脚处抛填块石或土袋固基。

(2)水浅流缓、风浪不大、取土较易的堤段,宜在临水侧采用粘土截渗,并符合下列要求:

①先清除临水边坡上的杂草、树木等杂物。

②抛土段超过渗水段两端5m,并高出洪水位约1m。

(3)水深较浅而缺少粘性土料的堤段,可采用土工膜截渗,铺设土工膜宜符合下列要求:

①先清除临水边坡和坡脚附近地面有棱角或尖角的杂物,并整平堤坡。

②土工膜可根据铺设范围的大小预先粘接或焊接。土工膜的下边沿折叠粘牢形成卷筒,并插入直径4~5cm的钢管。

③铺设前,宜在临水堤肩上将土工膜卷在滚筒上。

④土工膜沿堤坡紧贴展铺。

⑤土工膜宜满铺渗水段临水边坡并延长至坡脚以外1m以上。预制土工膜宽度不能达到满铺要求时,也可搭接,搭接宽度宜大于0.5m。

⑥土工膜铺好后,在其上压一两层土袋,由坡脚最下端压起,逐层向上紧密平铺排压。

(4)堤防背水坡大面积严重渗水的险情,宜在堤背开挖导渗沟,铺设滤料、土工织物或透水软管等,引导渗水排出,并符合有关的规定。

(5)堤身透水性较强、背水坡土体过于松软或堤身断面小而采用导渗沟法有困难的堤段,可采用土工织物反滤导渗,并符合下列要求:

①先清除渗水边坡上的草皮(或杂草)、杂物及松软的表层土。

②根据堤身土质,选取保土性、透水性、防堵性符合要求的土工织物。

③铺设时搭接宽度不小于0.3m。均匀铺设沙、石材料作透水压载层,并避免块石压载与土工织物直接接触。

④堤脚挖排水沟,并采取相应的反滤、保护措施。

(6)堤身断面单薄、渗水严重,滩地狭窄,背水坡较陡或背水堤脚有潭坑、

池塘的堤段,宜抢筑透水后戗压渗,并符合下列要求:

①采用透水性较大的沙性土,分层填筑密实。

②戗顶高出浸润线出逸点0.5~1.0m,顶宽2~4m,戗坡1:3~1:5,戗台长度宜超过渗水堤段两端3m。

(7)防洪墙(堤)发生渗水险情,应按 SL 230 的规定抢修。

2.管涌(流土)抢护应符合以下要求:

(1)管涌(流土)险情应按"导水抑沙"的原则抢护,并符合下列要求:

①管涌口不应用不透水材料强填硬塞。

②因地制宜选用符合要求的滤料。

(2)堤防背水地面出现单个管涌,宜抢筑反滤围井,并符合下列要求:

①沿管涌口周围码砌围井,并在预计蓄水高度上埋设排水管,蓄水高度以该处不再涌水带沙的原则确定。围进高度小于1.0m,可用单层土袋;大于1.5m可用内外双层土袋,袋间填散土并夯实。

②井内按反滤要求填筑滤料,如井内涌水过大、填筑滤料困难,可先用块石或砖块抛填,等水势消减后,再填筑滤料。

③滤层填筑总厚度按照出水基本不带沙颗粒的原则确定,滤层下陷宜及时补充。

④背水地面有集水坑、水井内出现翻沙鼓水的,可在集水坑、水井内倒入滤料,形成围井。

(3)管涌较多、面积较大、涌水带沙成片的,宜抢筑反滤铺盖,并符合下列要求:

①按反滤要求在管涌群上面铺盖滤层。

②滤层顶部压盖保护层。

(4)湖塘积水较深、难以形成围井的,宜采用导滤堆抢护,并符合下列要求:

①导滤堆的面积以防止渗水从导滤堆中部向四周扩散、带出泥沙为原则确定。

②先用粗沙覆盖渗水冒沙点,再抛小石压住所有抛下的粗沙层,继抛中石压住所有小石。

③湖塘底部有淤泥时,宜先用碎石抛出淤泥面,再铺粗沙、小石、中石形成导滤堆。

(5)在滤料缺乏的地区,可在背水侧修筑围堰,蓄水反压。

3.漏洞抢修应符合以下要求:

（1）漏洞险情应按"临水截堵，背水滤导"的原则抢修，并符合下列要求：

①发现漏洞出水口，应采取多种措施尽快查找漏洞进水口，标示位置。

②临水截堵和背水滤导同时进行。

（2）在堤防临水面宜根据漏洞进口情况，分别采用不同的截堵方法：

①漏洞进水口位置明确、进水口周围土质较好的宜塞堵，并符合下列要求：

a. 用软性材料塞填漏洞进水口，塞堵时做到快、准、稳，使洞周封严。

b. 用粘性土修筑前戗加固。

c. 注意水下操作人员人身安全。

②漏洞进水口位置可大致确定的可采用软帘盖堵，并应符合下列要求：

a. 宜先清理软帘覆盖范围内的堤坡。

b. 将预制的软帘顺堤坡铺放，覆盖漏洞进水口所在范围。

c. 盖堵见效后抛压粘性土修筑前戗加固。

③漏洞进水口较多、较小、难以找准且临水则水深较浅、流速较小的宜修筑围堰，并符合下列要求：

a. 用土袋修筑围堰，将漏洞进口围护在围堰内。

b. 在围堰内填筑粘性土进行截堵。

（3）在漏洞出水口，宜修筑反滤围井，并符合下列要求：

①在漏洞出水口周围用土袋码砌围井，并在预计蓄水高度埋设排水管。

②保持围井自身稳定。

③围井内可填沙石或柳秸料。

4. 裂缝抢修应符合以下要求：

（1）裂缝险情应按"判明原因，先急后缓"的原则抢修，并符合下列要求：

①进行险情判别，分析其严重程度，并加强观测。

②裂缝伴随有滑坡、崩塌险情的，应先抢护滑坡、崩塌险情，待险情趋于稳定后，再予处理。

③降雨前，应对较严重的裂缝采取措施，防止雨水流入。

（2）漏水严重的横向裂缝，在险情紧急或河水猛涨来不及全面开挖时，可先在裂缝段临水面做前戗截流，再沿裂缝每隔3～5m挖竖井并填土截堵，待险情缓和，再采取其他处理措施。

（3）洪水期深度大并贯穿堤身的横向缝宜采用复合土工膜盖堵，并符合下列要求：

①复合土工膜铺设在临水堤坡，并在其上用土帮坡或铺压土袋。

②背水坡用土工织物反滤排水。

③抓紧时间修筑横墙。

5. 跌窝(陷坑)抢修应符合以下要求:

(1)跌窝险情应根据其出险的部位及原因,按"抓紧翻筑抢护、防止险情扩大"的原则进行抢修。

(2)抢修堤顶的跌窝,宜采用翻筑回填的方法,并符合下列要求:

①翻出跌窝内的松土,分层填土夯实,恢复堤防原状。

②宜用防渗性能不小于原堤身土的土料回填。

③堤身单薄、堤顶较窄的堤防,可外帮加宽堤身断面,外帮宽度以保证翻筑跌窝时不发生意外为宜。

(3)抢修临水坡的跌窝,宜符合下列要求:

①跌窝发生在临水侧水面以上,宜按第五条的规定进行抢修。

②跌窝发生在临水侧水面下且水深不大时,修筑围堰处理。

③跌窝发生在临水侧水面下且水深较大时,用土袋直接填实跌窝,待全部填满后再抛粘性土封堵、帮宽。

(4)抢修背水坡的跌窝,宜符合下列要求:

①不伴随渗水或漏洞险情的跌窝,宜采用开挖回填的方法进行处理,所用土料的透水性能不小于原堤身土。

②伴随渗水或漏洞险情的跌窝,宜填实滤料处理,并符合下列要求:

a. 在堤防临水侧截堵渗漏通道。

b. 清除跌窝内松土、软泥及杂物。

c. 用粗沙填实,渗涌水势较大时,可加填石子或块石、砖头、梢料等,待水势消减后再予填实。

d. 跌窝填满后,可按沙石滤层铺设方法抢护。

6. 防漫溢抢修应符合以下要求:

(1)堤防和土心坝垛防漫溢抢修应符合下列要求:

①根据洪水预报,估算洪水到达当地的时间和最高水位,按预定抢护方案,积极组织实施,并应抢在洪水漫溢之前完成。

②堤防防漫溢抢修应按"水涨堤高"原则,在堤顶修筑子堤。

③坝、垛防漫溢抢修应按"加高止漫"原则,在坝、垛顶部修筑子堤;按"护顶防冲"原则,在坝顶铺设防冲材料防护。

(2)抢筑子堤应就地取材,全线同步升高、不留缺口,并符合下列要求:

①清除草皮、杂物,并开挖结合槽。

②子堤应修在堤顶临水侧或坝垛顶面上游侧,其临水坡脚距堤(坝)肩线
0.5～1.0m。

③子堤断面应满足稳定要求,其堤顶超出预报最高水位0.5～1.0m。

④必要时应采取防风浪措施。

(3)在坝、垛顶面铺设柴把、柴料或土工织物防护,宜符合下列要求:

①柴护顶:

a. 在坝、垛顶面前后各打桩一排,桩距坝肩0.5～1.0m。

b. 柴把直径0.5m左右,搭接紧密,并用麻绳或铅丝绑扎在桩上。

②柴料护顶:漫坝水深流急的,可在两侧木桩间直接铺一层厚0.3～0.5m
的柴料,并在柴料上抛压块石。

③土工织物护顶:

a. 将土工织物铺放于坝、垛顶面,用桩固定。

b. 在土工织物上铺放土袋、块石或混凝土预制块等重物。

c. 土工织物的长、宽分别超过坝顶长、宽的0.5～1.0m。

三、河道整治工程维修

1. 坝体维修应符合下列要求:

(1)土心出现大雨淋沟、陷坑,宜采用开挖回填的方法修理,挖除松动土
体,由下至上分层回填夯实。

(2)土心发生裂缝,应根据裂缝特征进行修理,并符合下列规定:

①表面干缩、冰冻裂缝以及缝深小于1.0m的龟纹裂缝,宜采用灌堵缝口
的方法。

②缝深不大于3.0m的沉陷裂缝,待裂缝发展稳定后,宜采用开挖回填的
方法,并符合本规程的有关规定。

③非滑动性质的深层裂缝,宜采用充填灌浆或上部开挖回填与下部灌浆
相结合的方法处理。

(3)土心滑坡,应根据滑坡产生的原因和具体情况,采用开挖回填、改修缓
坡等方法进行处理,并符合下列规定:

①开挖回填:

a. 挖除滑坡体上部已松动的土体,按设计边坡线分层回填夯实。滑坡体
方量很大,不能全部挖除时,可将滑弧上部能利用的松动土体移做下部回填土
方,由下至上分层回填。

b. 开挖时,对未滑动的坡面,按边坡稳定要求放足开挖线;回填时,逐坯开

蹬,做好新旧土的结合。

c.恢复土心边坡的排水设施。

②改修缓坡:

a.放缓边坡的坡度应经土心边坡稳定分析确定。

b.将滑动土体上部削坡,按放缓的土心边坡加大断面,做到新旧土体结合,分层回填夯实。

c.回填后,应恢复坡面排水设施及防护设施。

2.护脚维修应符合下列要求:

(1)水面以上,护脚平台或护脚坡面发生凹陷时,应抛石排整到原设计断面。排整应做到大石在外,小石在里,层层错压,排挤密实。

(2)水面以下,探测的护脚坡度陡于稳定坡度或护脚出现走失时,应抛散石或石笼加固,有航运条件可采用船只抛投。完成后应检查抛石位置是否符合要求。

(3)散抛石护坡的护脚修理,可直接从坝顶运石抛卸于护坡或置放于护坡的滑槽上,滑至护脚平台上,然后进行人工排整,损坏的护坡于抛石结束后整平;砌石护坡的护脚修理,应防止石料砸坏护坡。

(4)护脚坡度陡于设计坡度,应按原设计要求用块石或石笼补抛至原设计坡度。

(5)海堤的堤岸防护工程,其桩式护脚、混凝土或钢筋混凝土块体护脚和沉井护脚受到风暴潮冲刷破坏,应按原设计要求补设。

3.透水桩坝、枵槎坝等其他型式护岸应根据其材料性质,按有关规定进行修理。

4.风浪冲刷抢护应符合以下要求:

(1)铺设土工织物或复合土工膜防浪,宜符合下列要求:

①先清除铺设范围内堤坡上的杂物。

②铺设范围按堤坡受风浪冲击的范围确定。

③土工织物或复合土工膜的上沿宜用木桩固定,表面宜用铜丝或绳坠块石的方法固定。

(2)挂柳防浪,宜符合下列要求:

①选干枝直径不小于0.1m,长不小于1m的树(枝)冠。

②在树杈上系重物止浮,在干枝根部系绳备挂。

③在堤顶临水侧打桩,桩距和悬挂深度根据流势和坍塌情况而定。

④从坍塌堤段下游向上游顺序搭接叠压逐棵挂柳入水。

（3）土袋防浪，宜符合下列要求：

①水上部分或水深较小时，先将堤坡适当削平，然后铺设土工织物或软草滤层。

②根据风浪冲击范围摆放土袋，袋口朝向堤坡，依次排列，互相叠压。

③堤坡较陡的，可在最底一层土袋前面打桩防止滑落。

（4）草、木排防浪抢护宜将草、木排拴固在堤上，或者用锚固定，将草、木排浮在距堤 3～5m 的水面上。

5.坍塌抢修应符合以下要求：

（1）堤防坍塌险情应按"护脚固基、缓流挑流"的原则抢修，并符合下列要求：

①堤防坍塌抢修，宜抛投块石、石笼、土袋等防冲物体护脚固基。

②大流顶冲、水深流急，水流淘刷严重、基础冲塌较多的险情，应采用护岸缓流的措施。

（2）堤岸防护工程坍塌险情宜根据护脚材料冲失程度及护坡、土心坍塌的范围和速度，及时采取不同的抢修措施。

①护脚坡面轻微下沉，宜抛块石、石笼加固，并将坡面恢复到原设计状况。护脚坍塌范围较大时，可采用抛柴枕、土袋枕等方法抢修。

②护坡块石滑塌，宜抛石、石笼、土袋抢修。土心外露滑塌时，宜先采用柴枕、土袋、土袋枕或土工织物软体排抢修滑塌部位，然后抛石笼或柴枕固基。

③护坡连同部分土心快速沉入水中，宜先抛柴枕、土袋或柴石搂厢抢护坍塌部位，然后抛块石、石笼或柴枕固基。

（3）采用块石、石笼、土袋抢修宜符合下列要求：

①根据水流速度大小，选择抛投的防冲物体。

②抛投防冲物体宜从最能控制险情的部位抛起，向两边展开。

③块石的重量以 30～75kg 为宜，水深流急处，宜用大块石抛投。

④装石笼做到小块石居中，大块石在外，装石要满，笼内石块要紧密匀称。

⑤土袋充填度以不大于 80% 为宜，装土后用绳绑扎封口。

⑥抛于内层的土袋宜尽量紧贴土心。

（4）采用柴枕抢修宜符合下列要求：

①柴枕长 5～15m，枕径 0.5～1.0m，柴、石体积比 2:1 左右，可按流速大小或出险部位调整用石量。

②捆抛枕的作业场地宜设在出险部位上游距水面较近且距出险部位不远的位置。

③用于护岸缓流的柴枕宜高出水面1m,在枕前加抛散石或石笼护脚。

④抛于内层的柴枕宜尽量紧贴土心。

(5)采用柴石搂厢抢修宜符合下列要求:

①查看流势,分析上、下游河势变化趋势,勘测水深及河床土质,确定铺底宽度和桩、绳组合形式。

②整修堤坡,宜将崩塌后的土体外坡削成1:0.5左右。

③柴石搂厢每立方米埽体压石$0.2\sim0.4m^3$,埽体着底前宜厚柴薄石,着底后宜薄柴厚石,压石宜采用前重后轻的压法。

④底坯总厚度1.5m左右,在底坯上继续加厢,每坯厚$1.0\sim1.5m$。每加厢一坯,宜适当后退,做成1:0.5左右的埽坡,坡度宜陡不宜缓,不宜超过1:0.5。每坯之间打桩联接。

⑤搂厢修做完毕后宜在厢体前抛柴枕和石笼护脚护根。

⑥柴石搂厢关键工序宜由熟练人员操作。

(6)采用土袋枕抢修宜符合下列要求:

①土袋枕用幅宽$2.5\sim3.0m$的织造型土工织物缝制,长$3.0\sim5.0m$,高、宽均为$0.6\sim0.7m$。

②装土地点宜设在靠近坝垛出险部位的坝顶,袋中土料宜充实。

③水深流急处,宜有留绳,防止土袋枕冲走。

④抛于内层的土袋枕宜尽量紧贴土心。

(7)采用土工织物软体排抢修宜符合下列要求:

①用织造型土工织物,按险情出现部位的大小,缝制成排体,也可预先缝制成$6m\times6m$、$10m\times8m$、$10m\times12m$等规格的排体,排体下端缝制折径为1m左右的横袋,两边及中间缝制折径1m左右的竖袋,竖袋间距一般$3\sim4m$。

②两侧拉绳直径为1.0cm的尼龙绳,上下两端的挂排绳分别为直径1.0cm和1.5cm的尼龙绳,各绳缆均宜留足长度。

③排体上游边宜与未出险部位搭接,软体排宜将土心全部护住。

④排体外宜抛土枕、土袋、块石等。

6.滑坡抢修应符合以下要求:

(1)堤防滑坡险情应按"减载加阻"的原则抢修,并符合下列要求:

①在渗水严重的滑坡体上,应避免大量人员践踏。

②在滑动面上部和堤顶,不应存放料物和机械。

(2)堤岸防护工程发生护坡、护脚连同部分土心下滑或重力式挡土墙发生砌体倾倒的险情,其抢修宜符合下列要求:

①发生"缓滑",宜采用抛石固基及上部减载的方法抢修。

②发生"骤滑",宜采用土工织物软体排或柴石搂厢等保护土心,防止水流冲刷。

③发生倾倒,宜抛石、抛石笼或采用柴石搂厢抢修。

(3)堤防背水坡滑坡险情,宜采用固脚阻滑的方法抢修,并符合下列要求:

①在滑坡体下部堆放土袋、块石、石笼等重物,堆放量可视滑坡体大小,以阻止继续下滑和起固脚作用为原则确定。

②削坡减载。

(4)堤防背水坡排渗不畅、滑坡范围较大、险情严重且取土困难的堤段宜抢筑滤水土撑,并符合下列要求:

①可清理滑坡体松土并按有关规定开挖导渗沟。

②土撑底部宜铺设土工织物,并用沙性土料填筑密实。

③每条土撑顺堤方向长 10m 左右,顶宽 5~8m,边坡 1:3~1:5,戗顶高出浸润线出逸点不小于 0.5m,土撑间距 8~10m。

④堤基软弱,或背水坡脚附近的溃水、软泥的堤段,宜在土撑坡脚处用块石、沙袋固脚。

(5)堤防背水坡排渗不畅、滑坡范围较大、险情严重而取土较易的堤段宜抢筑滤水后戗,并符合下列要求:

①后戗长度根据滑坡范围大小确定,两端宜超过滑坡堤段 5m,后戗顶宽 3~5m。

②施工宜符合本规程的有关规定。

(6)堤防背水坡滑坡严重、范围较大,修筑滤水土撑和滤水后戗难度较大,且临水坡又有条件抢筑截渗土戗的堤段,宜采用粘土前戗截渗的方法抢修,并符合本规程的有关规定。

(7)水位骤降引起临水坡失稳滑动的险情,可抛石或抛土袋抢护,并符合下列要求:

①先查清滑坡范围,然后在滑坡体外缘抛石或土袋固脚。

②不得在滑动土体的中上部抛石或土袋。

③削坡减载。

(8)对由于水流冲刷引起的临水堤坡滑坡,其抢护方法宜符合本规程的有关规定。

(9)采用抛石固基的方法抢修应符合下列要求:

①出现滑动前兆时,宜探摸护脚块石,找出薄弱部位,迅速抛块石、柴枕、

石笼等固基阻滑。

②块石、柴枕、石笼等应压住滑动体底部。

(10)采用土工织物软体排、柴石搂厢抢修应符合规定。

四、滑坡处理

(一)滑坡类型

土坝的滑坡按其性质分为剪切性滑坡、塑流性滑坡和液化性滑坡三类(图8－20);按滑动面形状不同可分为弧形滑坡、直线或折线滑坡及复合滑坡三类;按滑坡发生的部位不同分为上游滑坡和下游滑坡两类。这里主要介绍第一种分法的几类滑坡。

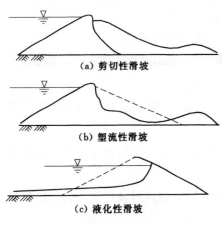

(a) 剪切性滑坡

(b) 塑流性滑坡

(c) 液化性滑坡

图8－20　土石坝滑坡类型

(1)剪切性滑坡。主要是由于坝坡坡度较陡、填土压实密度较差、渗透水压力较大、受到较大的外荷作用、填土密度发生变化和坝基土层强度较低等因素,使部分坝体或坝体连同部分坝基上土体的剪应力超过了土体抗剪强度,因而沿该面产生滑动。

(2)塑流性滑坡。主要发生在坝体和坝基为含水量较大的高塑性粘土的情况,这种土在一定的荷载作用下,产生蠕动作用或塑性流动,即使土的剪应力低于土的抗剪强度,但剪应变仍不断增加,当坝体产生明显的塑性流动时,便形成了塑流性滑坡。

(3)液化性滑坡。在坝体或坝基为均匀的密度较小的中细砂或粉砂情况下,当水库蓄水后土体处于饱和状态时,如遇强烈振动或地震,砂土体积产生急剧收缩,而土体孔隙中的水分来不及排出,使砂粒处于悬浮状态,抗剪强度极小,甚至为零,因而砂体像液体那样向坝坡外四处流散,造成滑坡,故称液化性滑坡,简称液化。

坝体产生滑坡的根本原因在于坝体内部(如设计、施工方面)存在问题等,而外部因素(如管理过程中水位控制不合理等),能够诱发、促使或加快滑坡的发生和发展。

1.勘测设计方面的原因

某些设计指标选择过高,坝坡设计过陡,或对土石坝抗震问题考虑不足;

坝端岩石破碎或土质很差,设计时未进行防渗处理,因而产生绕坝渗流;坝基内有高压缩性软土层、淤泥层,强度较低,勘测时没有查明,设计时也未作任何处理;下游排水设备设计不当,使下游坝坡大面积散浸等。

2.施工方面的原因

施工时为赶速度,土料碾压未达标准,干密度偏低,或者是含水量偏高,施工孔隙压力较大;冬季雨季施工时没有采取适当的防护措施,影响坝体施工质量;合龙段坝坡较陡,填筑质量较差;心墙坝坝壳土料未压实,水库蓄水后产生大量湿陷等。

3.运用管理方面的原因

水库运用中若水位骤降,土体孔隙中水分来不及排出,致使渗透压力增大;坝后排水设备堵塞,浸润线抬高;白蚁等害虫害兽打洞,形成渗流通道;在土石坝附近爆破或在坝坡上堆放重物等也会引起滑坡。

另外,在持续暴雨和风浪淘涮下,在地震和强烈振动作用下也能产生滑坡。

（二）土石坝滑坡的预防和处理

1.滑坡的抢护

发现有滑坡征兆时,应分析原因,采取临时性的局部紧急措施,及时进行抢护。主要措施有:

（1）对于因水库水位骤降而引起的上游坝坡滑坡,可立即停止放水,并在上游坝坡脚抛掷砂袋或砂石料,作为临时性的压重和固脚。若坝面已出现裂缝,在保证坝体有足够挡水能力的前提下,可采取在坝体上部削土减载的办法,增强其稳定性。

（2）对于因渗漏而引起的下游坝坡的滑坡,可尽可能降低水库水位,减小渗漏。或在上游坝坡抛土防渗,在下游滑坡体及其附近坝坡上设置导渗排水沟,降低坝体浸润线。当坝体滑动裂缝已达较深部位,则应在滑动体下部及坝脚处用砂石料压坡固脚或修筑土料戗台(图8-21)。

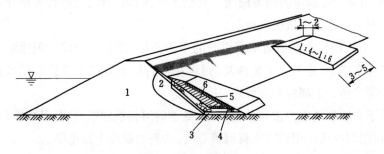

图8-21　土料戗台

1—坝体;2—滑动体;3—砂层;4—碎石;5—土袋;6—填土

另外,还要做好裂缝的防护,避免雨水入渗,导走坝外地面径流,防止冰冻、干缩等。

2. 滑坡的处理

当滑坡已经形成且坍塌终止,或经抢护已处于稳定状态时,应根据滑坡的原因、状况,已采取的抢护办法等,确定合理、有效措施,进行永久性处理。滑坡处理应在水库低水位时进行,处理的原则是"上堵下排,上部减载,下部压重"。

(1)对于因坝体土料碾压不实、浸润线过高而引起的下游滑坡,可在上游修建粘土斜墙,或在坝体内修建混凝土防渗墙防渗,下游采取压坡、导渗和放缓坝坡等措施(图8-22)。

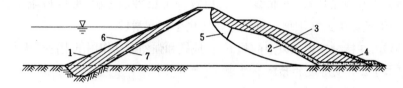

图8-22　上游防渗下游压坡的滑坡处理图
1—粘土斜墙;2—砂砾石;3—土料压坡;4—排水体;5—滑裂线;6—护坡;7—上游坝坡线

(2)对于因坝体土料含水量较大、施工速度较快、孔隙水压力过大而引起的滑坡,可放缓坝坡、压重固脚和加强排水。当发生上游滑坡时,应降低库水位,然后在滑动体坡脚抛筑透水压重体,并在其上填土培厚坝脚,放缓坝坡。若无法降低库水位,则利用行船在水上抛石或抛砂袋,压坡固脚。

(3)对于因坝体内存在软弱土层而引起的滑坡,主要采取放缓坝坡,并在坝脚处设置排水压重的办法。

(4)对于因坝基内存在软粘土层、淤泥层、湿陷性黄土层或易液化的均匀细砂层而引起的滑坡,可先在坝脚以外适当距离处修一道固脚齿槽,槽内填石块,然后清除坝坡脚至固脚齿槽间的软粘土等,铺填石块,与固脚齿槽相连,并在坝坡面上用土料填筑压重台。

(5)对于因排水设备堵塞而引起的下游滑坡,先是要分段清理排水设备,恢复其排水能力,若无法完全恢复,则可在堆石排水体的上部设置贴坡排水,然后在滑动体的下部修筑压坡体、压重台等。

对于滑坡裂缝也要进行认真处理,处理时可将裂缝挖开,把其中稀软土体挖出,再用与原坝体相同的土料回填夯实,达到原设计干容重要求。

第九章　混凝土施工

第一节　料场规划

一、骨料的料场规划

骨料的料场规划是骨料生产系统设计的基础。伴随设计阶段的深入,料场勘探精度的提高,要提出相应的最佳用料方案。最佳用料方案取决于料场的分布、高程,骨料的质量、储量、天然级配、开采条件、加工要求、弃料多少、运输方式、运距远近、生产成本等因素。骨料料场的规划、优选,应通过全面技术经济论证。

砂石骨料的质量是料场选择的首要前提。骨料的质量要求包括强度、抗冻、化学成分、颗粒形状、级配和杂质含量等。水工现浇混凝土粗骨料多用四级配,即 5 ~ 20mm、20 ~ 40mm、40 ~ 80mm、80 ~ 120mm(或 150mm)。砂子为细骨料,通常分为粗砂和细砂两级,其大小级配由细度模数控制,合理取值为 2.4 ~ 3.2。增大骨料颗粒尺寸、改善级配,对于减少水泥用量,提高混凝土质量,特别是对大体积混凝土的控温防裂具有积极意义。然而,骨料的天然级配和设计级配要求总有差异,各种级配的储量往往不能同时满足要求。这就需要多采或通过加工来调整级配及其相应的产量。骨料来源有三种:①天然骨料,采集天然砂砾料经筛分分级,将富裕级配的多余部分作为弃料;天然混合料中含砂不足时,可用山砂即风化砂补足;②人工骨料,用爆破开采块石,通过人工破碎筛分成碎石,磨细成砂;③组合骨料,以天然骨料为主,人工骨料为辅。人工骨料可以由天然骨料筛出的超径料加工而得,也可以爆破开采块石经加工而成。

搞好砂石料场规划应遵循如下原则:

(1)首先要了解砂石料的需求、流域(或地区)的近期规划、料源的状况,以确定是建立流域或地区的砂石生产基地还是建立工程专用的砂石系统。

（2）应充分考虑自然景观、珍稀动植物、文物古迹保护方面的要求，将料场开采后的景观、植被恢复（或美化改造）列入规划之中，应重视料源剥离和弃渣的堆存，应避免水土流失，还应采取恢复的措施。在进行经济比较时应计入这方面的投资。当在河滩开采时，还应对河道冲淤、航道影响进行论证。

（3）满足水工混凝土对骨料的各项质量要求，其储量力求满足各设计级配的需要，并有必要的富余量。初查精度的勘探储量，一般不少于设计需要量的3倍，详细精度的勘探储量，一般不少于设计需要量的2倍。

（4）选用的料场，特别是主要料场，应场地开阔，高程适宜，储量大，质量好，开采季节长，主辅料场应能兼顾洪枯季节，互为备用。

（5）选择可采率高，天然级配与设计级配较为接近，用人工骨料调整级配数量少的料场。任何工程应充分考虑利用工程弃渣的可能性和合理性。

（6）料场附近有足够的回车和堆料场地，且占用农田少，不拆迁或少拆迁现有生活、生产设施。

（7）选择开采准备工作量小，施工简便的料场。

如以上要求难以同时满足，应以满足主要要求，即以满足质量、数量为基础，寻求开采、运输、加工成本费用低的方案，确定采用天然骨料、人工骨料还是组合骨料用料方案。若是组合骨料，则需确定天然和人工骨料的最佳搭配方案。通常对天然料场中的超径料，通过加工补充短缺级配，形成生产系统的闭路循环，这是减少弃料、降低成本的好办法。若采用天然骨料方案，为减少弃料应考虑各料场级配的搭配，满足料场的最佳组合。显然，质好、量大、运距短的天然料场应优先采用。只有在天然料运距太远，成本太高时，才考虑采用人工骨料方案。

人工骨料通过机械加工，级配比较容易调整，以满足设计要求。人工破碎的碎石，表面粗糙，与水泥砂浆胶结强度高，可以提高混凝土的抗拉强度，对防止混凝土开裂有利。但在相同水灰比情况下，同等水泥用量的碎石混凝土较卵石混凝土的和易性和工作度要差一些。

有碱活性的骨料会引起混凝土的过量膨胀，一般应避免使用。当采用低碱水泥或掺粉煤灰时，碱骨料反应受到抑制，经试验证明对混凝土不致产生有害影响时，也可选用。当主体工程开挖渣料数量较多，且质量符合要求时，应尽量予以利用。它不仅可以降低人工骨料成本，还可节省运渣费用，减少堆渣用地和环境污染。

二、天然砂石料开采

20 世纪 50 年代、60 年代,混凝土骨料以天然砂石料为主,如三门峡、新安江、丹江口、刘家峡等工程。70 年代、80 年代兴建的葛洲坝、铜街子、龙羊峡、李家峡等大型水电站和 90 年代兴建的黄河小浪底水利枢纽,也都采用天然砂石骨料。葛洲坝一期、二期工程砂石骨料生产系统月生产 49.5 万 m^3,年产 395 万 m^3,生产总量达 2600 万 m^3。

按照砂石料场开采条件,可分为水下和陆上开采两类。20 世纪 50 年代到 60 年代中期,水下开采砂石料多使用 $120m^3/h$ 链斗式采砂船和 $50 \sim 60m^3$ 容量的砂驳配套采运,也有用窄轨矿车配套采运的。20 世纪 70 年代后,葛洲坝工程先后采用了生产能力更大的 $250m^3/h$ 和 $750m^3/h$ 的链斗式采砂船,250 型采砂船枯水期最大日产 $5220m^3$。750 型采砂船枯水期最大日产达 $13458m^3$,中水期达 $11537m^3$,水面下正常挖深 16m,最大挖深 20m。两艘船平均日产可达 1.5 万 ~1.6 万 m^3。水口工程砂石料场含砂率偏高,在采砂船链斗转料点装设筛分机,筛除部分砂子,减少毛料运输。

三、人工骨料采石场

我国西南、中南一些地区缺少天然砂石料资源,20 世纪 50 年代修建的狮子滩、上犹江、流溪河等工程,都曾建人工碎石系统。60 年代,映秀湾工程采用棒磨制砂。70 年代,乌江渡采用规模较大的人工砂石料生产系统,生产的人工砂石骨料质优价廉。借鉴乌江渡的经验,80 年代后,广西岩滩、云南漫湾、贵州东风、湖南五强溪、湖北隔河岩、四川宝珠寺等大型水电站工程相继采用人工砂石骨料,并取得较好的社会经济效益。五强溪工程在采用强磨蚀性石英砂岩生产人工骨料方面有了新的突破。90 年代的二滩水电站建成较先进的人工砂石系统,长江三峡水利枢纽建成了世界上规模最大的月生产成品砂 39 万 t 的下岸溪人工砂系统和月生产成品粗骨料 76 万 t 的古树岭人工碎石加工系统,采用新型液压圆锥破碎机和立式冲击破碎机等先进的砂石生产设备。

工程实践证明,由于新鲜灰岩具有较好的强度和变形性能,且便于开采和加工,被公认为最佳的骨料料源;其次为正长岩、玄武岩、花岗岩和砂岩;流纹岩、石英砂岩和石英岩由于硬度较高,虽也可做料源,但加工困难并加大生产成本。有些工程还利用主体工程开挖料作为骨料料源。

人工骨料料源有时在含泥量上超标,需在加工工艺流程中设法解决。如乌江渡工程,因含泥量偏大,并存在黏土结团颗粒,在加工系统中设置了洗衣机,效果良好,含泥量从3%降到1%以下。湖南江垭工程则在一破单元中专设筛子剔除泥块。

少数水电工程由于对料源的勘探深度未达到要求,在开工之后曾发生料场不符合要求的情况。如漫湾水电站的田坝沟流纹岩石料场,在开挖后地发现1号和2号山头剥离量过大,不得不将其放弃,改以3号山头作为采区。

二滩工程混凝土骨料用正长岩生产砂石料,采石场位于大坝上游左岸金龙沟,规划开采总量470万 m³。开采梯段高度12.5m,用6台液压履带钻车钻孔,使用微差挤压爆破技术,使石料块度适宜,1.6m以上的大块率可控制在5%~8%左右。平均单位耗药量0.5~0.6kg/m³。石料用2台推土机和1台装载机配合4辆30t自卸车运至集料平台,向预初碎的颚式破碎机供料;或是用自卸车直接向旋回破碎机供料。采石场开采后形成高255m的边坡,按照边坡长期稳定和环保要求,采用钢丝网喷混凝土和预应力锚索等综合支护措施。采石场实际月生产能力可达20万 m³以上。

随着大型、高效、耐用的骨料加工机械的发展以及管理水平的提高,人工骨料的成本接近甚至低于天然骨料。采用人工骨料尚有许多天然骨料生产不具备的优点,如级配可按需调整,质量稳定,管理相对集中,受自然因素影响小,有利于均衡生产,减少设备用量,减少堆料场地,同时尚可利用有效开挖料。因此,采用人工骨料或用机械加工骨料搭配的工程越来越多,在实践中取得了明显的技术经济效果。

第二节　骨料开采与加工

一、骨料的开采与加工

骨料的加工主要是对天然骨料进行筛选分级,人工骨料需要通过破碎、筛分加工等。

(一)天然骨料开采能力的确定

骨料开采量取决于混凝土中各种粒径料的需要量。若第 i 组骨料所需的净料量为 q_i,则要求开采天然骨料的总量 Q 可按下式计算

$$Q_i = (1 + k) \frac{q_i}{P_i} \tag{9 - 1}$$

式中　k——骨料生产过程的损失系数,为各生产环节损失系数的总和,则 $k =$

$k_1 + k_2 + k_3 + k_4$；其中，k_1、k_2、k_3、k_4 参见表 9 – 1；

　　P_i——天然骨料中第 i 种骨料粒径含量的百分数。

表 9 – 1　　天然骨料生产过程骨料损失系数表

骨料损失的生产环节		系数	损失系数值		
			砂	小石	大中石
开挖作业	水上	k_1	0.15 ~ 0.2	0.02	0.02
	水下		0.3 ~ 0.45	0.05	0.03
加工过程		k_2	0.07	0.02	0.01
运输堆料		k_3	0.05	0.03	0.02
混凝土生产		k_4	0.03	0.02	0.02

　　第 i 种骨料净料需要量 q_i 与第 j 种强度等级混凝土的工程量 V_j 有关，也与该强度等级混凝土中 i 种粒径骨料的单位用量 e_{ij} 有关。于是，第 i 组骨料的净料需要量 q_i 可表达为

$$q_i = (1 + k_c) \sum_j e_{ij} V_j \qquad (9-2)$$

式中　k_c——混凝土出机后运输、浇筑中的损失系数，为 1% ~ 2%。

　　由于天然级配与混凝土的设计级配难以吻合，总有一些粒径的骨料含量较多，而另一些粒径短缺。若为了满足短缺粒径需要而增大开采量，将导致其余各粒径的弃料增加，造成浪费。此种情况下，可通过调整混凝土骨料设计级配及用人工骨料搭配短缺料等措施，减少骨料开挖总量。

　　(二)人工骨料开采量确定

　　如需要开采石料作为人工骨料料源，则石料开采量 V_r，可按下式计算

$$V_r = \frac{(1 + k) e V_0}{\beta \gamma} \qquad (9-3)$$

式中　k——人工骨料损失系数；对碎石，加工损失为 2% ~ 4%，对人工砂，加工损失为 10% ~ 20%；运输储存损失为 3% ~ 6%；

　　e——每方混凝土的骨料用量(t/m^3)；

　　V_0——混凝土的总需用量(m^3)；

　　β——块石开采成品获得率，取 80% ~ 95%；

　　γ——块石表观密度(t/m^3)。

　　在采用或部分采用人工骨料方案时，若有有效开挖石料可供利用，则应将利用部分扣除，确定实际开采石料量。

(三)骨料生产能力的确定

(1)工作制度。骨料加工厂的工作制度可根据工程特点,参照表 9 - 2 制定。但在骨料加工厂生产不均衡时以及骨料供应高峰期,每月实际工作日数和实际工作小时数可高于表 9 - 2 所列数值。具体选定要结合毛料开采、储备和加工厂各生产单元车间调节能力,以及净骨料的运输条件等,综合考虑加班的小时数。

表 9 - 2 骨料加工厂工作制度

月工作日数/天	日工作班数	日有效工作时数/h	月工作小时数/h
25	2	14	350
25	3	20	500

(2)生产能力的确定。骨料加工厂的生产能力应满足高峰时段的平均月需要量,即

$$Q_d = K_s(Q_c A + Q_0) \tag{9 - 4}$$

式中　Q_d——骨料加工厂的月处理能力(t);

　　　Q_c——高峰时段的混凝土月平均浇筑强度(m^3);

　　　Q_0——工程其他骨料的月需要量(t);

　　　A——每立方米混凝土的砂石用量(t),一般可取 2.15 ~ 2.20t;

　　　K_s——骨料加工、转运损耗及弃料在内的综合补偿系数,一般可取 1.2 ~

　　　　　　1.3,天然砂石料还应考虑级配不平衡引起的弃料补偿。

骨料加工厂的小时生产能力与作业制度有很大关系,在高峰施工时段,一个月可以工作 25 天以上,一天也可 3 班作业。但为了统计、分析和比较,建议采用规范的计算方法,一般可按每月 25 天,每天 2 班 14h 计算。按高峰月强度计算处理能力时,每天可按 3 班 20h 计算。

骨料生产累计过程线的斜率就是加工厂的生产强度,斜率最大的时段就是骨料的高峰生产时段。据此,可确定骨料加工的生产能力 $p(m^3/h)$

$$p = \frac{K_1 V}{K_2 mnT} \tag{9 - 5}$$

式中　V——骨料生产高峰期的总产量(m^3);

　　　T——骨料生产高峰期的月数;

　　　K_1——高峰时段骨料生产的不均匀系数;

　　　K_2——时间利用系数;

　　　m——每日有效的工作时数,可取 20h;

n——每月有效工作日数,可取 25 ~ 28 天。

二、基础处理

对砂砾地基应清除杂物,整平基础面;对于岩基,一般要求清除到质地坚硬的新鲜岩面,然后进行整修。整修是用铁锹等工具去掉表面松软岩石、棱角和反坡,并用高压水进行冲洗,压缩空气吹扫。当有地下水时,要认真处理,否则会影响混凝土的质量。常见的处理方法为:做截水墙拦截渗水,引入集水井一并排出。

对基岩进行必要的固结灌浆,以封堵裂缝、阻止渗水;沿周边打排水孔,导出地下水,在浇筑混凝土时埋管,用水泵排出孔内积水,直至混凝土初凝,7 天后灌浆封孔;将底层砂浆和混凝土的水灰比适当降低。

三、施工缝处理

施工缝是指浇筑块之间新老混凝土之间的结合面。为了保证建筑物的整体性,在新混凝土浇筑前,必须将老混凝土表面的水泥膜(又称乳皮)清除干净,并使其表面新鲜整洁、有石子半露的麻面,以利于新老混凝土的紧密结合。但对于要进行接缝灌浆处理的纵缝面,可不凿毛,只需冲洗干净即可。

施工缝的处理方法有以下几种:

(1)风砂枪喷毛。将经过筛选的粗砂和水装入密封的砂箱,并推入压缩空气。高压空气混合水砂,经喷砂嘴喷出,把混凝土表面喷毛。一般在混凝土浇筑后 24 ~ 48h 开始喷毛,视气温和混凝土强度增长情况而定。如能在混凝土表层喷洒缓凝剂,则可减少喷毛的难度。

(2)高压水冲毛。在混凝土凝结但尚未完全硬化以前,用高压水(压力0.1 ~ 0.25MPa)冲刷混凝土表面,形成毛面;对龄期稍长的,可用压力更高的水(压力 0.4 ~ 0.6MPa),有时配以钢丝刷刷毛。高压水冲毛关键是掌握冲毛时机,过早会使混凝土表面松散和冲去表面混凝土;过迟则混凝土变硬,不仅增加工作困难,而且不能保证质量。一般而言,春秋季节,在浇筑完毕后 10 ~ 16h 开始;夏季掌握在 6 ~ 10h;冬季则在 18 ~ 24h 后进行。如在新浇混凝土表面洒刷缓凝剂,则可延长冲毛时间。

(3)刷毛机刷毛。在大而平坦的仓面上,可用刷毛机刷毛,它装的旋转的粗钢丝刷和吸收浮渣的装置,利用粗钢丝刷的旋转刷毛,并利用吸渣装置吸收浮渣。

(4)风镐凿毛或人工凿毛。对已经凝固的混凝土利用风镐凿毛或石工工具凿毛,凿深约 1~2cm,然后用压力水冲净。凿毛多用于垂直缝仓面清扫。应在即将浇筑新混凝土前进行,以清除施工缝上的垃圾和灰尘,并用压力水冲洗干净。

喷毛、冲毛和刷毛适用于尚未完全凝固的混凝土水平缝面的处理。全部处理完后,需用高压水清洗干净,要求缝面无尘、无渣,然后再盖上麻袋或草袋进行养护。

四、仓面准备

浇筑仓面的准备工作,包括机具设备、劳动组合、材料的准备等,应事先安排就绪;仓面施工的脚手架应检查是否牢固,电源开关、动力线路是否符合安全规定;照明、风水电供应、所需混凝土及工作平台、安全网、安全标识等是否准备就绪。地基或施工缝处理完毕并养护一定时间后,在仓面进行放线,安装模板、钢筋和预埋件。

五、模板、钢筋及预埋件检查

当已浇好的混凝土强度达到 2.5MPa 后,可进行脚手架架设等作业。开仓浇筑前,必须按照设计图样和施工规范的要求,对以下三方面内容进行检查,签发合格证。

(1)模板检查。主要检查模板的架立位置与尺寸是否准确,模板及其支架是否牢固、稳定,固定模板用的拉条是否发生弯曲等。模板板面要求洁净、密缝并涂刷脱模剂。

(2)钢筋检查。主要检查钢筋的数量、规格、间距、保护层、接头位置及搭接长度是否符合设计要求。要求焊接或绑扎接头必须牢固,安装后的钢筋网骨架应有足够的刚度和稳定性,钢筋表面应清洁。

(3)预埋件检查。主要是对预埋管道、止水片、止浆片等进行检查。主要检查其数量、安装位置和牢固程度。

第三节 混凝土拌制

混凝土拌制,是按照混凝土配合比设计要求,将其各组成材料(砂石、水泥、水、外加剂及掺合料等)拌和成均匀的混凝土料,以满足浇筑的需要。

混凝土制备的过程包括贮料、供料、配料和拌和。其中配料和拌和是主要生产环节,也是质量控制的关键,要求品种无误、配料准确、拌和充分。

一、混凝土配料

配料是按设计要求,称量每次拌和混凝土的材料用量。配料的精度直接影响混凝土质量。混凝土配料要求采用重量配料法,即是将砂、石、水泥、掺和料按重量计量,水和外加剂溶液按重量折算成体积计算。施工规范对配料精度(按重量百分比计)的要求是:水泥、掺合料、水、外加剂溶液为±1%,砂石料为±2%。

设计配合比中的加水量根据水灰比计算确定,并以饱和面干状态的砂子为标准。由于水灰比对混凝土强度和耐久性影响极为重大,绝对不能任意变更。施工采用的砂子,其含水量又往往较高,在配料时采用的加水量,应扣除砂子表面含水量及外加剂中的水量。

(一)给料设备

给料是将混凝土各组分从料仓按要求供到称料料斗。给料设备的工作机构常与称量设备相连,当需要给料时,控制电路开通,进行给料。当计量达到要求时,即断电停止给料。常用的给料设备有:皮带给料机、电磁振动给料机、叶轮给料机和螺旋给料机。

(二)混凝土称量

混凝土配料称量的设备有:简易称量(地磅)、电动磅秤、自动配料杠杆秤、电子秤、配水箱及定量水表。

(1)简易称量。当混凝土拌制量不大,可采用简易称量方式(9－1)。地磅称量,是将地磅安装在地槽内,用手推车装运材料推到地磅上进行称量。这种方法最简便,但称量速度较慢。台秤称量需配置称料斗、贮料斗等辅助设备。称料斗安装在台秤上,骨料能由贮料斗迅速落入,故称量时间较快,但贮料斗承受骨料的重量大,结构较复杂。贮料斗的进料可采用皮带机、卷扬机等提升设备。

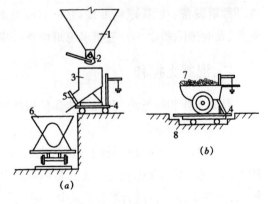

图9－1　简易称量设备

(a)称料斗称料;(b)地磅称量

1—贮料斗;2—弧形门;3—称料斗;4—台秤;

5—卸料门;6—斗车;7—手推车;8—地槽

（2）自动配料杠杆秤。自动配料杠杆秤带有配料装置和自动控制装置（图9-2）。自动化水平高，可作砂、石的称量，精度较高。

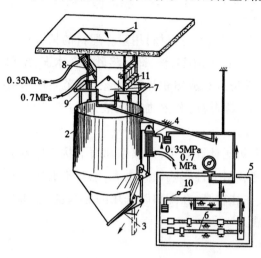

图9-2　自动配料杠杆秤

1—骨料贮料仓；2—称量漏斗；3—卸料闸门；

4—卸料闸门气顶；5—秤柜；6—秤杆；7—进料弧形门；

8—进料弧形门气顶；9—称量杠杆；

10—水银接点（水银开关）；11—铸铁重块

（3）电子秤。电子秤是通过传感器承受材料重力拉伸，输出电信号在标尺上指出荷重的大小，当指针与预先给定数据的电接触点接通时，即断电停止给料，同时继电器动作，称料斗斗门打开向集料斗供料，其称量更加准确，精度可达99.5%。

（4）配水箱及定量水表。水和外加剂溶液可用配水箱和定量水表计量。配水箱是搅拌机的附属设备，可利用配水箱的浮球刻度尺控制水或外加剂溶液的投放量。定量水表常用于大型搅拌楼，使用时将指针拨至每盘搅拌用水量刻度上，按电钮即可送水，指针也随进水量回移，至零位时电磁阀即断开停水。此后，指针能自动复位至设定的位置。

称量设备一般要求精度较高，而其所处的环境粉尘较大，因此应经常检查调整，及时清除粉尘。一般要求每班检查一次称量精度。

二、混凝土拌和

混凝土拌和的方法，有人工拌和和机械拌和两种。

（一）人工拌和

人工拌和是在一块钢板上进行，先倒入砂子，后倒入水泥，用铁铲反复干拌至少三遍，直到颜色均匀为止。然后在中间扒一个坑，倒入石子和2/3的定量水，翻拌1遍。再进行翻拌（至少2遍），其余1/3的定量水随拌随洒，拌至颜色一致，石子全部被砂浆包裹，石子与砂浆没有分离、泌水与不均匀现象为止。人工拌和劳动强度大、混凝土质量不容易保证，拌和时不得任意加水。人工拌和只适宜于施工条件困难、工作量小，强度不高的混凝土施工。

（二）机械拌和

用拌和机拌和混凝土较广泛,能提高拌和质量和生产率。拌和机械有自落式和强制式两种。自落式分为锥形反转出料和锥形倾翻出料两种型式;强制式分为涡浆式、行星式、单卧轴式和双卧轴式。

(1)混凝土搅拌机。

1)自落式混凝土搅拌机:自落式搅拌机是通过筒身旋转,带动搅拌叶片将物料提高,在重力作用下物料自由坠下,反复进行,互相穿插、翻拌、混合使混凝土各组分搅拌均匀的。

锥形反转出料搅拌机是中、小型建筑工程常用的一种搅拌机,其正转搅拌,反转出料。由于搅拌叶片呈正、反向交叉布置,拌和料一方面被提升后靠自落进行搅拌,另一方面又被迫沿轴向作左右窜动,搅拌作用强烈。

锥形反转出料搅拌机,主要由上料装置、搅拌筒、传动机构、配水系统和电气控制系统等组成。当混合料拌好以后,可通过按钮直接改变搅拌筒的旋转方向,拌和料即可经出料叶片排出。

双锥形倾翻出料搅拌机进出料在同一口,出料时由气动倾翻装置使搅拌筒下旋50°~60°,即可将物料卸出(图9-3)。双锥形倾翻出料搅拌机卸料迅速,拌筒容积利用系数高,拌和物的提升速度低,物料在拌筒内靠滚动自落而搅拌均匀,能耗低,磨损小,能搅拌大粒径骨料混凝土。主要用于大体积混凝土工程。

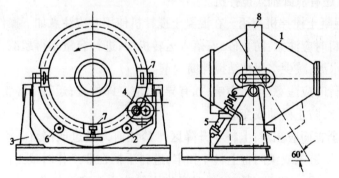

图9-3 双锥形倾翻出料搅拌机
1—搅拌筒;2—曲梁;3—固定机架;4—电动机和减速装置;
5—气缸;6—支承滚轮;7—夹持滚轮;8—齿环及轮箍

2)强制式混凝土搅拌机一般筒身固定,搅拌机片旋转,对物料施加剪切、挤压、翻滚、滑动、混合使混凝土各组分搅拌均匀。

立轴强制式搅拌机是在圆盘搅拌筒中装一根回转轴,轴上装的拌和铲和刮板,随轴一同旋转(图9-4)。它用旋转着的叶片,将装在搅拌筒内的物料强行搅拌使之均匀。涡浆强制式搅拌机由动力传动系统、上料和卸料装置、搅拌系统、操纵机构和机架等组成。

单卧轴强制式混凝土搅拌机的搅拌轴上装有两组叶片,两组推料方向相反,使物料既有圆周方向运动,也有轴向运动,因而能形成强烈的物料对流,使混合料能在较短的时间内搅拌均匀。它由搅拌系统、进料系统、卸料系统和供水系统等组成(图9-5)。

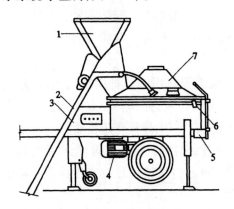
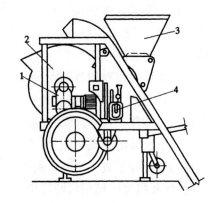

图9-4　立轴强制式混凝土搅拌机　　　　　图9-5　卧轴强制式搅拌机

1—上料斗;2—上料轨道;3—开关箱;4—电动机;　　1—变速装置;2—搅拌筒;3—上料斗;4—水泵

　　5—出浆口;6—进水管;7—搅拌筒

此外,还有双卧轴式搅拌机。

(2)混凝土搅拌机使用。在混凝土搅拌机使用时应注意如下操作要点:

1)进料时应注意:防止砂、石落入运转机构;进料容量不得超载;进料时避免先倒入水泥,减少水泥粘结搅拌筒内壁。

2)运行时应注意:运行声响,如有异常,应立即检查;运行中经常检查紧固件及搅拌叶,防止松动或变形。

3)安全方面应注意:上料斗升降区严禁任何人通过或停留。检修或清理该场地时,用链条或锁闩将上料斗扣牢;进料手柄在非工作时或工作人员暂时离开时,必须用保险环扣紧;出料时操作人员应手不离开操作手柄,防止手柄自动回弹伤人(强制式机更要重视);上料前,应将出料手柄用安全钩扣牢,方可上料搅拌;停机下班,应将电源拉断,关好开关箱;冬季施工下班,应将水箱、管道内的存水排清。

4)停电或机械故障时应注意:对于快硬、早强、高强混凝土应及时将机内拌和物掏净;普通混凝土,在停拌45min内将拌和物掏净;缓凝混凝土,根据缓凝时间,在初凝前将拌和物掏净;掏时,应将电源拉断,防止突然来电。

此外,还应注意混凝土搅拌机运输安全,安装稳固。

(3)搅拌机生产率计算。拌和机是按照装料、拌和、卸料三个过程循环工作的,每循环工作一次就拌制出一罐新鲜混凝土料,按拌和实方体积(L或m³),确定拌和机的工作容量(又称出料体积)。

拌和机的装料体积,是指每拌和一次,装入拌和筒内各种松散体积之和。拌和机的出料系数,是出料体积与装料体积之比,约为0.65~0.7。

单台拌和机的生产率,主要取决于拌和机的工作容量和循环工作一次所需的时间。其计算式为

$$\pi = [3600V_0/(t_1 + t_2 + t_3)]k_t \tag{9-6}$$

式中　π——单台拌和机生产率,m³/h;

　　V_0——拌和机工作容量,m³;

　　t_1——装料时间,固定斗装料为10~15s,提升斗装料为15~20s;

　　t_3——卸料时间,倾翻卸料为15~20s,非倾翻卸料为30~60s;

　　k_t——时间利用系数,视施工条件而定。

拌和时间t_2与拌和机工作容量、坍落度大小及气温有关。

第四节　混凝土运输与施工

一、水平运输设备

通常混凝土的水平运输有有轨运输和无轨运输两种,前者一般用轨距为762mm或1000mm的窄轨机车拖运平台车完成,平台车上除放3~4个盛料的混凝土罐外,还应留一放空罐的位置,以得卸料后起吊设备可以放置空罐。大型平板车载运混凝土立罐如图9-6所示。

放置在平车上的混凝土盛料容器常用立罐。罐壳为钢制品,装料口大,出料口小,并设弧门控制,用人力或压气启闭,如图9-7所示。立罐容积有1m³、3m³、6m³、9m³几种,容量大小应与拌和机及起重机

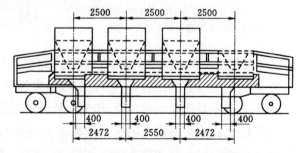

图9-6　大型平板车载运混凝土立罐(单位:mm)

的能力相匹配。如3m³罐为1.7t,盛料3m³约8t,共约10t,可与1000L、1500L、3000L的拌和机和10t的起重机匹配。6m³罐则与20t起重机匹配。

为了方便卸料,可在罐的底部附设振动器,利用振动作用使塑性混凝土料顺利下落。

立罐多用平台车运输,也有将汽车改装后载运立罐的,这样运输较为机动灵活。

汽车运输有用自卸车直接盛混凝土,运送并卸入与起重机不脱钩的卧罐内,再将卧罐吊运入仓卸料;也有将卧罐直接放在车厢内到拌和楼装料后运至浇筑仓前,再由起重机吊入仓内,混凝土卧罐如图9-8所示。

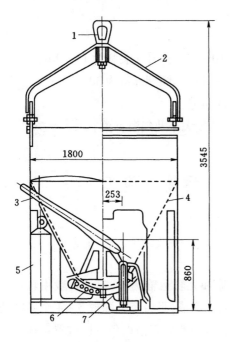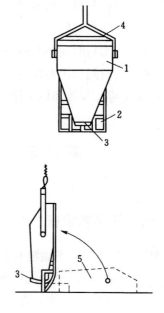

图9-7　混凝土立罐结构图(单位:mm)
1—吊环;2—吊梁;3—操作杆;4—罐壁;
5—贮气罐;6—斗门;7—支架

图9-8　混凝土卧罐
1—盛料斗;2—滑架;3—斗门;
4—吊梁;5—平卧状态

尽管汽车运输比较机动灵活,但成本较高,混凝土容易漏浆和分离,特别是当道路不平整时,其质量难以保证。故通常仅用于建筑物基础部位,分散工程,或机车运输难于达到的部位,作为一种辅助运输方式。

综上可见,大量混凝土的水平运输以有轨机车拖运装载料罐的平板车更普遍。若地形陡峭,拌和楼布置于一岸,则轨路一般按进退式铺设,即列车往返采用进退出入;若运输量较大,则采用双轨,以保证运输畅通无阻;若地形较开阔,可铺设环行线路,效率较高;若拌和楼两岸布置,采用穿梭式轨路,则运输效率更高。有轨运输,当运距1~1.5km,列车正常循环时间约1h,包括料罐脱钩、挂钩、吊运、卸料、空回多次往复时间。视运距长短,每台起重机可配置2~4辆列车。铁路应经常检查维修,保持行驶平稳、安全,有利于减轻运送混凝土的泌水和分离。

二、垂直运输设备

（一）门式起重机(图9－9)

门式起重机又称门机,它的机身下部有一门架,可供运输车辆通行,这样便可使起重机和运输车辆在同一高程上行驶。它运行灵活,操纵方便,可起吊物料作径向和环向移动,定位准确,工作效率较高。门机的起重臂可上扬收拢,便于在较拥挤狭窄的工作面上与相邻门机共浇一仓,有利于提高浇筑速度。国内常用的 10/20t 门机,最大起重幅度 40/20m,轨上起重高度30m,轨下下放深度35m。为了增大起重机的工作空间,国内新产 20/60t 和 10/30t 的高架门机,其轨上高度可达70m,既有

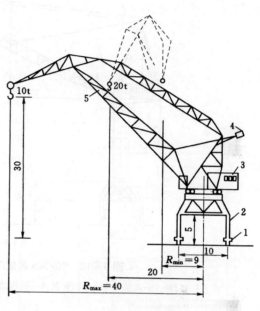

图9－9　10/20t 门式起重机(单位:m)
1—行驶装置;2—门架;3—机房;
4—活动平衡重;5—起重臂

利于高坝施工,减少栈桥层次和高度,也适宜于中、低坝降低或取消起重机行驶的工作栈桥。图9－10 是 10/30t 高架门机外形图。

（二）塔式起重机

塔式起重机又称塔机或塔吊。为了增加起吊高度,可在移动的门架上加设高达数十米的钢塔。其起重臂可铰接于钢塔顶,能仰俯,也有臂固定,由起重小车在臂的轨道上行驶,完成水平运动,以改变其起重幅度。10/25t 塔式起重机如图9－11 所示。塔机的工作空间比门机大,由于机身高,其稳定灵活性较门机差。在行驶轮旁设有夹具,工作时夹具夹住钢轨保持稳定。当有 6 级以上大风,必须停止行驶工作。因塔顶是借助钢丝绳的索引旋转,所以它只能向一个方向旋转180°或360°后再反向旋转,而门机却可随意旋转,故相邻塔机运行的安全距离要求较严。对 10/25t 塔机而言,起重机相向运行,相邻的中心

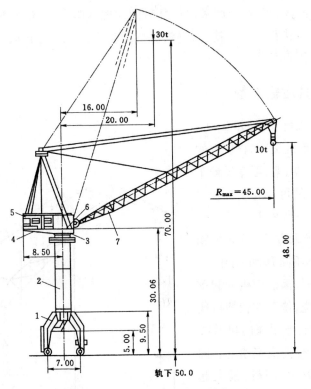

图 9 – 10　10/30t 高架门机（单位：m）

1—门架；2—高架塔身；3—回转盘；4—机房；5—平衡重；6—操纵台；7—起重臂

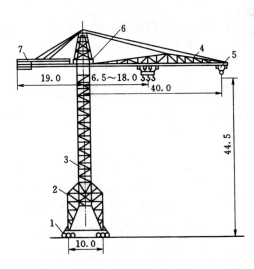

图 9 – 11　10/25t 塔式起重机（单位：m）

1—行驶装置；2—门架；3—塔身；4—起重臂；

5—起重小车；6—回转塔架；7—平衡重

距不小于 85 ~ 87m；当起重臂与平衡重相向时，不小于 58 ~ 62m；当平衡重相向时，不小于 34m。若分高程布置塔机，则可使相近塔机在近距离同时运行。由于塔机运行的灵活性较门机差，其起重能力、生产率都较门机低。

为了扩大工作范围，门机和塔机多安设在栈桥上。栈桥桥墩可以是与坝体结合的钢筋混凝土结构，也可以是下部为与坝体结合的钢筋混凝土，上部是可拆除回收的钢架结构。桥面结构多用工具式钢架，跨度 20 ~ 40m，上铺枕木、轨道和桥面板。桥面中部为运输轨道,两侧为起重机轨道,如图 9 – 12 所示。

（三）缆式起重机

平移式缆索起重机有首尾两个可移动的钢塔架。在首尾塔架顶部凌空架设承重缆索。行驶于承重索上的起重小车靠牵引索牵引移动,另用起重索起吊重物。机房和操纵室均设在首塔内,用工业电视监控操纵。尾塔固定,首塔沿弧形轨道移动者,称为辐射式缆机;两端固定者,称为固定式缆机,俗称"走线"。

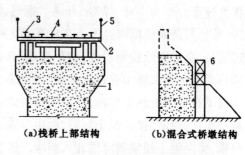

(a)栈桥上部结构　　(b)混合式桥墩结构

图 9 – 12　门机和塔机的工作栈桥示意图

1—钢筋混凝土桥墩;2—桥面;3—起重机轨道;
4—运输轨道;5—栏杆;6—可拆除的钢架

固定式缆机工作控制面积为一矩形;辐射式缆机控制面积为一扇形。固定式缆机运行灵活,控制面积大,但设备投资、基建工程量、能源消耗和运行费用都大于后者。辐射式缆机的优缺点恰好与之相反。

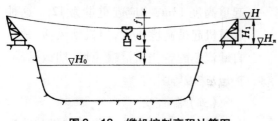

图 9 – 13　缆机控制高程计算图

缆机的起重量通常为 10 ~ 20t,最高达 50t。其跨度和塔架高度视建筑物的外形尺寸和缆机所在位置的地形情况经专门设计而定。经确定塔架高度 H,就应选确定塔顶控制高程 H,其关系如图 9 – 13 所示。

塔架高度 H_t 的计算公式为

$$H_t = H - H_n \tag{9 – 7}$$

塔顶控制高程 H 的计算公式为

$$H = H_0 + \Delta + a + f \tag{9 – 8}$$

式中　H_0——缆机浇筑部位的最大高程,m;

　　　Δ——吊物最低安全裕度,不小于1m;

　　　a——吊罐底至承重索的最小距离,可取 6 ~ 10m;

　　　f——满载时承重索的垂度,一般取跨度 L 的 5%;

　　　H_n——轨道顶面高程,m。

缆机质量要求最高的部件是承受载重小车移动的承重索,它要求用光滑、耐磨、抗拉强度很高的高强钢丝制成,价格高昂,其制造工艺仅为世界少数国家掌握。缆机的跨度一般为 600 ~ 1000m,跨度太大不仅垂度大,且承重索和塔架承受的拉力过大。缆机起重小车的行驶速度可达 360～670m/min,起重提升速度一般为 100～290m/min。通常,缆机吊运混凝土每小时 8～12 罐。20t 缆机月浇筑强度可达 5 万～8 万 m³/月。为提高其生产率,当今多采用高速缆机,仓面无线控制操作,定位准确,卸料迅速。为缩短吊运循环时间,尽可能将混凝土拌和楼布置靠近缆机,以便料罐不脱钩,直接从拌和楼接料;如拌和楼不在缆机控制范围内,可采用特制的运料小车,向不脱钩的料罐供料。运料小车从拌和楼接混凝土料后,由机车施运至缆机控制范围内,对准不脱钩的料罐,将混凝土经倾斜滑槽卸入料罐。这样就省去了装料的脱钩和挂钩时间,如图 9-14 所示。

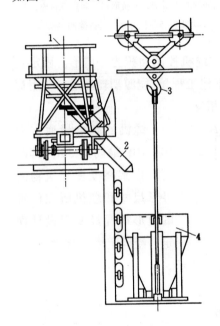

图 9-14　东风电站卸料小车

1—运料小车;2—卸料滑槽;
3—起重钩;4—装料料罐

（四）履带式起重机

将履带式挖掘机的工作机构改装,即成为履带式起重机。若将 3m³ 挖掘机改装,当起重 20t,起重幅度 18m 时,相应起吊高度 23m;当要求起重幅度达 28m 时,起重高度 13m,相应起重量为 12t。这种起重机起吊高度不大,但机动灵活,常与自卸汽车配合浇筑混凝土墩、墙或基础、护坦、护坡等。

（五）塔带机

早在 20 世纪 20 年代塔带机就曾用于混凝土运输,由于用塔带机输送,混凝土易产生分离和砂浆损失,因而影响了它的推广应用。

近些年来,国外一些厂商研制开发了各种专用的混凝土塔带机,从以下三方面来满足运输混凝土的要求。

（1）提高整机和零部件的可靠性。

（2）力求设备轻型化,整套设备组装方便、移动灵活、适应性强。

（3）配置保证混凝土质量的专用设备。

墨西哥惠特斯(Huites)大坝第一次成功地用 3 台罗泰克(ROTEC)塔带机为主要设备浇筑混凝土,用 2 年多时间浇筑了 280 万 m³ 混凝土,高峰年浇筑混凝土达 210 万 m³,高峰月浇筑强度达 24.8 万 m³,创造了混凝土筑坝技术的新纪录。长江三峡工程用 6 台塔(顶)带机,1999—2000 年共浇筑了 330 万 m³

混凝土,单台最高月产量 5.1 万 m^3 ,最高日产量 $3270m^3$ 。三峡工程采用的美国罗泰克公司制造的 TC2400 型塔带机如图 9 - 15 所示。

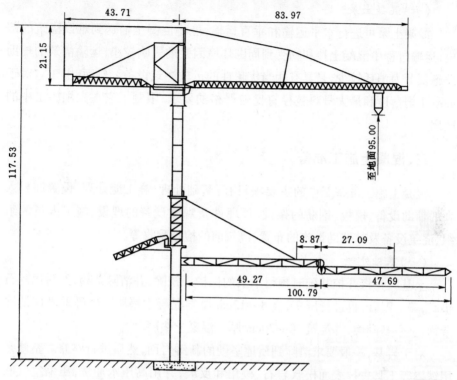

图 9 - 15　罗泰克公司 TC2400 型塔带机(单位:m)

　　塔带机是集水平运输和垂直运输于一体,将塔机和皮带运输机有机结合的专用皮带机,要求混凝土拌和、水平供料、垂直运输及仓面作业一条龙配套,以提高效率。塔带机布置在坝内,要求大坝坝基开挖完成后快速进行塔带机系统的安装、调试和运行,使其尽早投入正常生产。输送系统直接从拌和厂受料,拌和机兼做给料机,全线自动连续作业。机身可沿立柱自升,施工中无须搬迁,不必修建多层、多条上坝公路,汽车可不出仓面。在简化施工设施、节省运输费用、提高浇筑速度、保证仓面清洁等方面,充分反映了这种浇筑方式的优越性。

　　塔带机一般为固定式,专用皮带机也有移动式的,移动式又有轮胎式和履带式两种,以轮胎式应用较广,最大皮带长度为 32 ~ 61m,以 CC200 型胎带机为目前最大规格,布料幅度达 61m,浇筑范围 50 ~ 60m,一般较大的浇筑块可用一台胎带机控制整个浇筑仓面。

　　塔带机是一种新型混凝土浇筑运输设备,它具有连续浇筑、生产率高、运行灵活等明显优势。随着胶带机运输浇筑系统的不断完善,在未来大坝混凝土施工中将会获得更加广泛的应用。

(六)混凝土泵

混凝土泵可进行水平运输和垂直运输,能将混凝土输送到难以浇筑的部位,运输过程中混凝土拌和物受到周围环境因素的影响较小,运输浇筑的辅助设施及劳力消耗较少,是具有相当优越性的运输浇筑设备。然而,由于它对于混凝土坍落度和最大骨料粒径有比较严格的要求,限制了它在大坝施工中的应用。

三、混凝土施工准备

混凝土施工准备工作的主要项目有:基础处理、施工缝处理、设置卸料入仓的辅助设备、模板、钢筋的架设、预埋件及观测设备的埋设、施工人员的组织、浇筑设备及其辅助设施的布置、浇筑前的检查验收等。

(一)基础处理

土基应先将开挖基础时预留下来的保护层挖除,并清除杂物,然后用碎石垫底,盖上湿砂,再进行压实,浇 8～12cm 厚素混凝土垫层。砂砾地基应清除杂物,整平基础面,并浇筑 10～20cm 厚素混凝土垫层。

对于岩基,一般要求清除到质地坚硬的新鲜岩面,然后进行整修。整修是用铁撬等工具去掉表面松软岩石、棱角和反坡,并用高压水冲洗,压缩空气吹扫。若岩面上有油污、灰浆及其粘结的杂物,还应采用钢丝刷反复刷洗,直至岩面清洁为止。清洗后的岩基在混凝土浇筑前应保持洁净和湿润。

(二)施工缝处理

施工缝是指浇筑块之间新老混凝土之间的结合面。为了保证建筑物的整体性,在新混凝土浇筑前,必须将老混凝土表面的水泥膜(又称乳皮)清除干净,并使其表面新鲜整洁、有石子半露的麻面,以利于新老混凝土的紧密结合。

施工缝的处理方法有以下几种:

(1)风砂水枪喷毛。将经过筛选的粗砂和水装入密封的砂箱,并通入压缩空气。高压空气混合水砂,经喷枪喷出,把混凝土表面喷毛。一般在混凝土浇后 24～48h 开始喷毛,视气温和混凝土强度增长情况而定。如能在混凝土表层喷洒缓凝剂,则可减少喷毛的难度。

(2)高压水冲毛。在混凝土凝结后但尚未完全硬化以前,用高压水(压力 0.1～0.25MPa)冲刷混凝土表面,形成毛面,对龄期稍长的可用压力更高的水(压力 0.4～0.6MPa),有时配以钢丝刷刷毛。高压水冲毛关键是掌握冲毛时机,过早会使混凝土表面松散和冲去表面混凝土;过迟则混凝土变硬,不仅增加工作困难,而且不能保证质量。一般春秋季节,在浇筑完毕后 10～16h 开始;夏季掌握在 6～10h;冬季则在 18～24h 后进行。如在新浇混凝土表面洒刷缓凝剂,则延长冲毛时间。

(3)刷毛机刷毛。在大而平坦的仓面上,可用刷毛机刷毛,它装有旋转的粗钢丝刷和吸收浮渣的装置,利用粗钢丝刷的旋转刷毛并利用吸渣装置吸收浮渣。

喷毛、冲毛和刷毛适用于尚未完全凝固混凝土水平缝面的处理。全部处理完后,需用高压水清洗干净,要求缝面无尘无渣,然后再盖上麻袋或草袋进行养护。

(4)风镐凿毛或人工凿毛。已经凝固混凝土利用风镐凿毛或石工工具凿毛,凿深约 1～2cm,然后用压力水冲净。凿毛多用于垂直缝。

仓面清扫应在即将浇筑前进行,以清除施工缝上的垃圾、浮渣和灰尘,并用压力水冲洗干净。

(三)仓面准备

浇筑仓面的准备工作,包括机具设备、劳动组合、照明、风水电供应、所需混凝土原材料的准备等,应事先安排就绪,仓面施工的脚手架、工作平台、安全网、安全标识等应检查是否牢固,电源开关、动力线路是否符合安全规定。

(四)模板、钢筋及预埋件检查

开仓浇筑前,必须按照设计图纸和施工规范的要求,对仓面安设的模板、钢筋及预埋件进行全面检查验收,签发合格证。

(1)模板检查。主要检查模板的架立位置与尺寸是否准确,模板及其支架是否牢固稳定,固定模板用的拉条是否弯曲等。模板板面要求洁净、密缝并涂刷脱模剂。

(2)钢筋检查。主要检查钢筋的数量、规格、间距、保护层、接头位置与搭接长度是否符合设计要求。要求焊接或绑扎接头必须牢固,安装后的钢筋网应有足够的刚度和稳定性,钢筋表面应清洁。

(3)预埋件检查。对预埋管道、止水片、止浆片、预埋铁件、冷却水管和预埋观测仪器等,主要检查其数量、安装位置和牢固程度。

四、混凝土入仓方式

(一)自卸汽车转溜槽、溜筒入仓

自卸汽车转溜槽、溜筒入仓适用于狭窄、深坑混凝土回填。斜溜槽的坡度一般在 1:1 左右,如图 9-16 所示。混凝土的坍落度一般为 6cm 左右。溜筒长度一般不超过 15m,混凝土自由下落高度不大于 2m。每道溜槽控制的浇筑宽度 5~6m。这种入仓方式准备工作量大,需要和易性好的混凝土,以便仓内操作,所以这种混凝土入仓方式多在特殊情况下使用。

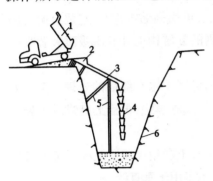

图 9-16　自卸汽车转溜槽、溜筒入仓

1—自卸汽车;2—储料斗;3—斜溜槽;

4—溜筒(漏斗);5—支撑;6—基岩面

(二)自卸汽车在栈桥上卸料入仓

浇筑仓内架设栈桥,汽车在栈桥上将混凝土料卸入仓内。常用在起重机起吊范围以外、面积不大、结构简单的基础部位。当汽车无法直通栈桥时,可经过一次倒运再由汽车上栈桥卸料。

汽车栈桥布置应根据每个浇筑块的面积、形状、结构情况和混凝土标号以及通往浇筑块的运输路线等条件来确定栈桥位置、数量及其方向。每条栈桥控制浇筑宽度为 6~8m,若宽度太大,则平仓困难,且易造成骨料分离和仓内不平整,影响质量。仓外必须有汽车回车场地,使汽车能顺利上桥。自卸汽车在栈桥上卸料入仓方式如图 9-17 所示。

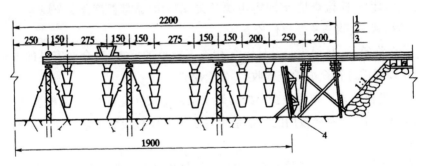

图 9-17　自卸汽车栈桥入仓(单位:cm)

1—护轮;2—水板;3—钢轨;4—模板

由于汽车栈桥准备工作量大,成本较高,质量控制困难,因此,在一般情况下不宜采用这种入仓方式。

(三)吊罐入仓

使用起重机械吊运混凝土罐入仓是目前普遍采用的入仓方式,其优点是入仓速度快、使用方便灵活、准备工作量少、混凝土质量易保证。立罐入仓如图 9-18 所示。

图 9 - 18　缆机吊运立罐入仓

(四)汽车直接入仓

自卸汽车开进仓内卸料,它具有设备简单、工效高、施工费用较低等优点。在混凝土起吊运输设备不足,或施工初期尚未具备安装起重机条件的情况下,可使用这种方法。这种方法适用于浇筑铺盖、护坦、海漫和闸底板以及大坝、厂房的基础等部位的混凝土。常用的方式有端进法和端退法(图 9 - 19、图 9 - 20)。

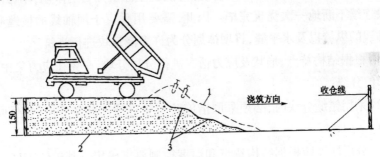

图 9 - 19　端进法示意图(单位:cm)
1—新入仓混凝土;2—老混凝土面;3—振捣后的台阶

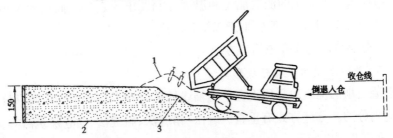

图 9 - 20　端退法示意图(单位:cm)
1—新入仓混凝土;2—老混凝土面;3—振捣后的台阶

（1）端进法。当基础凹凸起伏较大或有钢筋的部位，汽车无法在浇筑仓面上通过时采用此法。

开始浇筑时汽车不进入仓内，当浇筑至预定的厚度时，在新浇的混凝土面上铺厚 6~8mm 的钢垫板，汽车在其上驶入仓内卸料浇筑。浇筑层厚度不超过 1.5m。

（2）端退法。汽车倒退驶入仓内卸料浇筑。立模时预留汽车进出通道，待收仓时再封闭。浇筑层厚度 1m 以下为宜。汽车轮胎应在进仓前冲洗干净，仓内水平施工缝面应保持洁净。

汽车直接入仓浇筑混凝土的特点：

1）工序简单，准备工作量少，不要搭设栈桥，使用劳力较少，工效较高。

2）适用于面积大、结构简单、较低部位的无筋或少筋仓面浇筑。

3）由于汽车装载混凝土经较长距离运输且卸料速度较快，砂浆与骨料容易分离，因此，汽车卸料落差不宜超过 2m。平仓振捣能力和入仓速度要适应。

五、混凝土浇筑方式确定

（一）混凝土坝分缝分块原则

混凝土坝施工，由于受到温度应力与混凝土浇筑能力的限制，不可能使整个坝段连续不断地一次浇筑完毕。因此，需要用垂直于坝轴线的横缝和平行于坝轴线的纵缝以及水平缝，将坝体划分为许多浇筑块进行浇筑。

（1）根据结构特点、形状及应力情况进行分层分块，避免在应力集中、结构薄弱部位分缝。

（2）采用错缝分块时，必须采取措施防止竖直施工缝张开后向上、向下继续延伸。

（3）分层厚度应根据结构特点和温度控制要求确定。基础约束区一般为 1~2m，约束区以上可适当加厚；墩墙侧面可散热，分层也可厚些。

（4）应根据混凝土的浇筑能力和温度控制要求确定分块面积的大小。块体的长宽比不宜过大，一般以小于 2.5:1 为宜。

（5）分层分块均应考虑施工方便。

（二）混凝土坝的分缝分块形式

混凝土坝的浇筑块是用垂直于坝轴线的横缝和平行于坝轴线的纵缝以及水平缝划分的。分缝方式有垂直纵缝法、错缝法、斜缝法、通仓浇筑法等，如图 9-21 和图 9-22 所示。

1.纵缝法

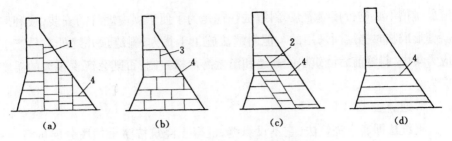

图9-21　混凝土坝的分缝型式

(a)垂直纵缝法;(b)错缝法;(c)斜缝法;(d)通仓浇筑法

1—纵缝;2—斜缝;3—错缝;4—水平缝

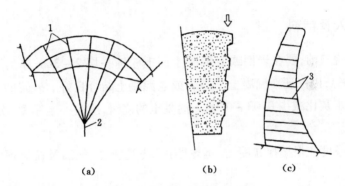

图9-22　拱坝浇筑分缝分块

(a)临时横缝布置;(b)临时横缝的梯形键槽;(c)浇筑块

1—临时横缝;2—拱心;3—水平缝

　　用垂直纵缝把坝段分成独立的柱状体,因此又叫柱状分块。它的优点是温度控制容易,混凝土浇筑工艺较简单,各柱状块可分别上升,彼此干扰小,施工安排灵活,但为保证坝体的整体性,必须进行接缝灌浆;模板工作量大,施工复杂。纵缝间距一般为20~40m,以便降温后接缝有一定的张开度,便于接缝灌浆。

　　为了传递剪应力的需要,在纵缝面上设置键槽,并需要在坝体到达稳定温度后进行接缝灌浆,以增加其传递剪应力的能力,提高坝体的整体性和刚度。

　　2.错缝分块法

　　错缝法又称砌砖法。分块时将块间纵缝错开,互不贯通,故坝的整体性好,进行纵缝灌浆。但由于浇筑块互相搭接,施工干扰很大,施工进度较慢,同时在纵缝上、下端因应力集中容易开裂。

　　3.斜缝法

　　斜缝一般沿平行于坝体第二主应力方向设置,缝面剪应力很小,只要设置缝面键槽不必进行接缝灌浆,斜缝法往往是为了便于坝内埋管的安装,或利用斜缝形成临时挡洪面采用的。但斜缝法施工干扰大,斜缝顶并缝处容易产生应力集中,斜缝前后浇筑块的高差和温差需严格控制,否则会产生很大的温度应力。

4.通缝法

通缝法即通仓浇筑法,它不设纵缝,混凝土浇筑按整个坝段分层进行;一般不需要埋设冷却水管。同时由于浇筑仓面大,便于大规模机械化施工,简化了施工程序,特别是大大减少模板工作量,施工速度快。但因其浇筑块长度大,容易产生温度裂缝,所以温度控制要求比较严格。

六、入仓铺料

开始浇筑前,要在岩面或老混凝土面上先铺一层 2~3cm 厚的水泥砂浆(接缝砂浆),以保证新混凝土与基岩或老混凝土结合良好。砂浆的水灰比应较混凝土水灰比减少 0.03~0.05。混凝土的浇筑,应按一定厚度、次序、方向分层推进。

铺料厚度应根据拌和能力、运输距离、浇筑速度、气温及振捣器的性能等因素确定。

一般情况下,浇筑层的允许最大厚度不应超过表9-3规定的数值,如采用低流态混凝土及大型强力振捣设备时,其浇筑层厚度应根据试验确定。

表9-3　混凝土浇筑层的允许最大铺料厚度

项次	振捣器类别或结构类型		浇筑层的允许最大铺料厚度
1	插入式	电动硬轴振捣器	振捣器工作长度的0.8倍
		软轴振捣器	振捣器工作长度的1.25倍
2	表面式	在无筋或单层钢筋结构中	250mm
		在双层钢筋结构中	120mm

混凝土入仓时,应尽量使混凝土按先低后高顺序进行,并注意分料不要过分集中,包括以下要求:

(1)仓内有低塘或溜面,应按先低后高进行卸料,以免泌水集中带走灰浆。

(2)由迎水面至背水面把泌水赶至背水面部分,然后处理集中的泌水。

(3)根据混凝土强度等级分区,先高强度后低强度进行下料,以减少高强度区的断面。

　　(4)要适应结构物特点。如浇筑块内有廊道、钢管或埋件的仓位,卸料必须两侧平起,廊道、钢管两侧的混凝土高差不得超过铺料的层厚(一般30~50cm)。

(一)平层浇筑法

　　平层浇筑法是混凝土按水平层连续地逐层铺镇,第一层浇完后再浇筑第二层,依次类推,直至达到设计高度,如图9-23(a)所示。

　　平层浇筑法,因浇筑层之间的接触面积大(等于整个仓面面积),应注意防止出现冷缝(即铺填上层混凝土时,下层混凝土已经初凝)。为了避免产生冷缝,仓面面积 A 和浇筑层厚度 h 必须满足

$$Ah \leqslant KQ(t_2 - t_1) \tag{9-9}$$

式中　A——浇筑仓面最大水平面积,m^2;

　　　　h——浇筑厚度,取决于振捣器的工作深度,一般为 0.3~0.5m;

　　　　K——时间延误系数,可取 0.8~0.85;

　　　　Q——混凝土浇筑的实际生产能力,m^3/h;

　　　　t_2——混凝土初凝时间,h;

　　　　t_1——混凝土运输、浇筑所占时间,h。

　　平层浇筑法实际应用较多,包括以下特点:

　　(1)铺料的接头明显,混凝土便于振捣,不易漏振。

　　(2)平层铺料法能较好地保持老混凝土的清洁,保证新老混凝土之间的接合质量。

　　(3)适用于不同坍落度的混凝土。

　　(4)适用于有廊道、竖井、钢管等结构的混凝土。

(二)斜层浇筑法

　　当浇筑仓面面积较大,而混凝土搅和、运输能力有限时,采用平层浇筑法容易产生冷缝时,可用斜层浇筑法和台阶浇筑法。

　　斜层浇筑法是在浇筑仓面,从一端向另一端推进,推进中及时覆盖,以免发生冷缝。斜层坡度不超过10°,否则在平仓振捣时易使砂浆流动,骨料分离,下层已捣实的混凝土也可产生错动,如图9-23(b)所示。浇筑块高度一般限制在1.5m左右。当浇筑块较薄,且对混凝土采取预冷措施时,斜层浇筑法是较常见的方法,因浇筑过程中混凝土冷量损失较小。

(三)台阶浇筑法

　　台阶浇筑法是从块体短边一端向另一端铺料,边前进边加高,逐步向前推进并形成明显的台阶,直至把整个仓位浇到收仓高程。浇筑坝体迎水面仓位

时,应顺坝轴线方向铺料,如图 9 - 23(c)所示。

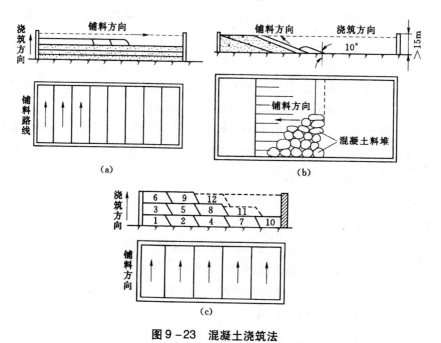

图 9 - 23　混凝土浇筑法
(a)平层浇筑法;(b)斜层浇筑法;(c)台阶浇筑法

施工要求如下:

(1)浇筑块的台阶层数以 3 ~ 5 层为宜,层数过多,易使下层混凝土错动,并使浇筑仓内平仓振捣机械上下频繁调动,容易造成漏振。

(2)浇筑过程中,要求台阶层次分明。铺料厚度一般为 0.3 ~ 0.5m。台阶宽度应大于 1.0m,长度为 2 ~ 3m,坡度不大于 1:2。

(3)水平施工缝只能逐步覆盖,必须注意保持老混凝土面的湿润和清洁。接缝砂浆在老混凝土面上边摊铺边浇筑混凝土。

(4)平仓振捣时注意防止混凝土分离和漏振。

(5)在浇筑中如因机械和停电等故障而中止工作时,要做好停仓准备,即必须在混凝土初凝前,把接头处混凝土振捣密实。

应该指出,不管采用上述何种铺筑方法,浇筑时相邻两层混凝土的间歇时间不允许超过混凝土铺料允许间隔时间,混凝土允许间隔时间是指自混凝土拌和机出料口到初凝前覆盖上层混凝土为止的这一段时间,它与气温、太阳辐射、风速、混凝土入仓温度、水泥品种、掺外加剂品种等条件有关,见表 9 - 4。

表9-4　混凝土浇筑允许间隔时间

混凝土浇筑时的气温 （℃）	允许间隔时间（min）	
	普通硅酸盐水泥	矿渣硅酸盐水泥及 火山灰质硅酸盐水泥
20～30	90	120
10～20	135	180
5～10	195	

七、平仓、振捣

（一）平仓

将卸入仓内的成堆混凝土，按要求厚度摊平的过程称为平仓。入仓混凝土应及时平仓，不得堆积。仓内如有粗骨料堆叠时，应均匀地分散至砂浆较多处，但不得以水泥砂浆覆盖，以免造成蜂窝。对于坍落度较小的混凝土、仓面较大且无模板拉条干扰时，可吊入小型履带式推土机平仓，一般还可在机后安装振捣器组，平仓、振捣两用，效率较高。有条件时应采用平仓机平仓。

（二）振捣

振捣是影响混凝土浇筑质量的关键工序。振捣的作用在于借助振捣器产生的高频小振幅振动力强迫混凝土振动，使混凝土拌和物颗粒间的摩擦力和粘接力大大减小，相对密度大的骨料下沉，互相挤密，密度小的空气和多余水分被排出表面，从而使混凝土密实。

振捣机械按其工作方式不同，可分为内部振捣器、表面振捣器外部振捣器和振动台（图9-24）。前两类广泛用于各类现浇混凝土工程中，

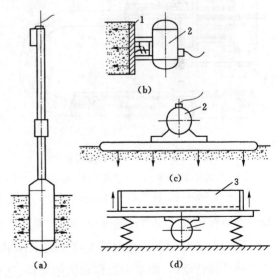

图9-24　混凝土振捣器

（a）内部振捣器；（b）外部振捣器；

（c）表面振捣器；（d）振动台

1—模板；2—振捣器；3—振动台

后两类主要用于构件预制厂。

内部振捣器又称为插入式振捣器(图9-25、图9-26),使用最广泛。插入式捣器有电动软轴式、电动硬轴式(图9-27)和风动式3种。硬轴式和风动式的工作棒直径较大,振动力和振捣范围大,主要用于大、中型工程的大体积少筋混凝土结构;电动软轴式的重量轻、功率小、灵活方便,常用于狭窄部位或钢筋密集部位。

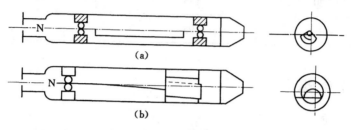

图9-25 振捣棒振动原理

(a)偏心式;(b)行星式

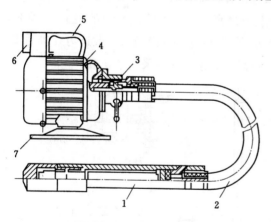

图9-26 软轴行星式振捣器

1—振捣棒;2—软轴;3—防逆装置;4—电动机;
5—握手;6—电动机开关;7—电动机回转支座

表面振捣器又称平板振动器,它是由带偏心块的电动机和平板(钢板或木板)组成,在混凝土表面进行振捣,适用于薄板结构。

外部振捣器又称附着式振捣器,这种振捣器是固定在模板外侧的横挡和竖挡上,偏心块转动时所产生的振动力通过模板传给混凝土,使之密实。适用于钢筋密集或预埋件多、断面尺寸小的构件。使用此种

振捣器对模板及其支撑件的强度、刚度、稳定性要求较高。

振动台是一个支撑在弹性支座上的工作平台,在平台下面装有振动机构,当振动机构转动时,即带动工作台强迫振动,从而使工作台上的构件混凝土得到密实。振动台一般用于预制构件厂及实验室。

混凝土浇筑振捣应注意以下要求:

(1)混凝土浇筑应先平仓后振捣,严禁以振捣代替平仓。

(2)振捣器(棒)振捣混凝土应按一定的顺序和间距插点,均匀地进行,防

止漏振和重振。振捣器(棒)应垂直直插入,快插慢拔,插入下层混凝土5cm左右,以加强层间结合;插入混凝土的间距,应根据试验确定并不应超过振捣器有效半径的1.5倍。

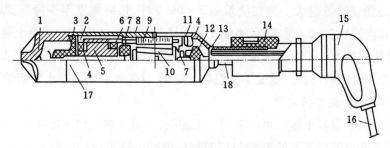

图9-27 硬轴偏心式振捣器

1—端塞;2—吸油嘴;3—油盘;4—轴承;5—偏心轴;6—油封座;7—油封;
8—中间壳体;9—定子;10—转子;11—轴承座;12—接线盖;13—尾盖;
14—减振器;15—手柄;16—引出电缆;17—圆销孔;18—连接管

(3)振捣时严禁碰触到模板、钢筋和预埋件,以免引起位移、变形、漏浆以及破坏已初凝的混凝土与钢筋的粘接。

(4)在预埋件特别是止水片、止浆片周围,应细心振捣,必要时可辅以人工捣固密实。

(5)浇筑块的第一层、卸料接触带和台阶边坡的混凝土应加强振捣。

(6)混凝土振捣应严格掌握时间,防止振捣不足和过振。混凝土振捣完全的标志有:混凝土表面不再有明显的下沉;无明显气泡生成;混凝土表面出现浮浆;混凝土有均匀的外形,并充满模板的边角。每点上的振动时间以15~25s为宜。

第五节 混凝土特殊季节施工

一、混凝土冬季施工

(一)混凝土冬季施工的一般要求

现行施工规范规定:寒冷地区的日平均气温稳定在5℃以下或最低气温稳定在3℃以下时,温和地区的日平均气温稳定在3℃以下时,均属于低温季节,这就需要采取相应的防寒保温措施,避免混凝土受到冻害。

混凝土在低温条件下,水化凝固速度大为降低,强度增长受到阻碍。当气

温在 −2℃时,混凝土内部水分结冰,不仅水化作用完全停止,而且结冰后由于水的体积膨胀,使混凝土结构受到损害,当冰融化后,水化作用虽将恢复,混凝土强度也可继续增长,但最终强度必然降低。试验资料表明:混凝土受冻越早,最终强度降低越大。如在浇筑后 3 ~ 6h 受冻,最终强度至少降低 50% 以上;如在浇筑后 2 ~ 3d 受冻,最终强度降低只有 15% ~ 20%。如混凝土强度达到设计强度的 50% 以上(在常温下养护 3 ~ 5d)时再受冻,最终强度则降低极小,甚至不受影响,因此,低温季节混凝土施工,首先要防止混凝土早期受冻。

(二)冬季施工措施

低温季节混凝土施工可以采用人工加热、保温蓄热及加速凝固等措施,使混凝土入仓浇筑温度不低于 5℃;同时保证混凝土浇筑后的正温养护条件,在未达到允许受冻临界强度以前不遭受冻结。

1. 调整配合比和掺外加剂

(1)对非大体积混凝土,采用发热量较高的快凝水泥。

(2)提高混凝土的配制强度。

(3)掺早强剂或早强型减水剂。其中氯盐的掺量应按有关规定严格控制,并不适应于钢筋混凝土结构。

(4)采用较低的水灰比。

(5)掺加气剂可减缓混凝土冻结时在其内部水结冰时产生的静水压力,从而提高混凝土的早期抗冻性能。但含气量应限制在 3% ~ 5%。因为,混凝土中含气量每增加 1%,会使强度损失 5%,为弥补由于加气剂招致的强度损失,最好与减水剂并用。

2. 原材料加热法

当日平均气温为 −2 ~ −5℃时,应加热水拌和;当气温再低时,可考虑加热骨料。水泥不能加热,但应保持正温。

水的加热温度不能超过 80℃,并且要先将水和骨料拌和后,这时水不超过 60℃,以免水泥产生假凝。所谓假凝是指拌和水温超过 60℃时,水泥颗粒表面将会形成一层薄的硬壳,使混凝土和易性变差,而后期强度降低的现象。

砂石加热的最高温度不能超过 100℃,平均温度不宜超过 65℃,并力求加热均匀。对大中型工程,常用蒸气直接加热骨料,即直接将蒸气通过需要加热的砂、石料堆中,料堆表面用帆布盖好,防止热量损失。

3. 蓄热法

蓄热法是将浇筑好的混凝土在养护期间用保温材料加以覆盖,尽可能把混凝土在浇筑时所包含的热量和凝固过程中产生的水化热蓄积起来,以延缓混凝土的冷却速度,使混凝土在达到抗冰冻强度以前,始终保持正温。

4.加热养护法

当采用蓄热法不能满足要求时可以采用加热养护法,即利用外部热源对混凝土加热养护,包括暖棚法、蒸气加热法和电热法等。大体积混凝土多采用暖棚法,蒸气加热法多用于混凝土预制构件的养护。

(1)暖棚法。即在混凝土结构周围用保温材料搭成暖棚,在棚内安设热风机、蒸气排管、电炉或火炉进行采暖,使棚内温度保持在15~20℃以上,保证混凝土浇筑和养护处于正温条件下。暖棚法费用较高,但暖棚为混凝土硬化和施工人员的工作创造了良好的条件。此法适用于寒冷地区的混凝土施工。

(2)蒸气加热法。利用蒸气加热养护混凝土,不仅使新浇混凝土得到较高的温度,而且还可以得到足够的湿度,促进水化凝固作用,使混凝土强度迅速增长。

(3)电热法。是用钢筋或薄铁片作为电极,插入混凝土内部或贴附于混凝土表面,利用新浇混凝土的导电性和电阻大的特点,通过50~100V的低压电,直接对混凝土加热,使其尽快达到抗冻强度。由于耗电量大,大体积混凝土较少采用。

上述几种施工措施,在严寒地区往往是同时采用,并要求在拌和、运输、浇筑过程中,尽量减少热量损失。

(三)冬季施工注意事项

(1)砂石骨料宜在进入低温季节前筛洗完毕。成品料堆应有足够的储备和堆高,并进行覆盖,以防冰雪和冻结。

(2)拌和混凝土前,应用热水或蒸汽冲洗搅拌机,并将水或冰排除。

(3)混凝土的拌和时间应比常温季节适当延长。延长时间应通过试验确定。

(4)在岩石地基或老混凝土面上浇筑混凝土前,应检查其曙度。如为负温,应将其加热成正温。加热深度不小于10cm,并经验证合格方可浇筑混凝土。仓面清理宜采用喷洒温水配合热风枪,寒冷期间亦可采用蒸气枪,不宜采用水枪或风水枪。在软基上浇筑第一层混凝土时,必须防止与地基接触的混凝土遭受冻害和地基受冻变形。

(5)混凝土搅拌机应设在搅拌棚内并设有采暖设备,棚内温度应高于5℃。混凝土运输容器应有保温装置。

(6)浇筑混凝土前和浇筑过程中,应注意清除钢筋、模板和浇筑设施上附着的冰雪和冻块,严禁将雪冻块带入仓内。

（7）在低温季节施工的模板，一般在整个低温期间都不宜拆除。如果需要拆除，要求：

1）混凝土强度必须大于允许受冻的临界强度。

2）具体拆模时间，应满足温控防裂要求，当预计拆模后混凝土表面降温可能超过 6～9℃时，应推迟拆模时间，如必须拆模时，应在拆模后采取保护措施。

（8）低温季节施工期间，应特别注意温度检查。

二、混凝土夏季施工

在混凝土凝结过程中，水泥水化作用进行的速度与环境温度成正比。当温度超过 32℃时，水泥的水化作用加剧，混凝土内部温度急剧上升，等到混凝土冷却收缩时，混凝土就可能产生裂缝。前后的温差越大，裂缝产生的可能性就越大。对于大体积混凝土施工时，夏季降温措施尤为重要。

为了降低夏季混凝土施工时的温度，可以采取以下一些措施：

（1）采用发热量低的水泥，并加掺和料和减水剂，以减低水泥用量。

（2）采用地下水或人造冰水拌制混凝土，或直接在拌和水中加入碎冰块以代替一部分水，但要保证碎冰块能在拌和过程中全部融化。

（3）用冷水或冷风预冷骨料。

（4）在拌和站、运输道路和浇筑仓面上搭设凉棚，遮阳防晒，对运输工具可用湿麻袋覆盖，也可在仓面不断喷雾降温。

（5）加强洒水养护，延长养护时间。

（6）气温过高时，浇筑工作可安排在夜间进行。

第六节　混凝土质量评定标准

普通混凝土施工分为基础面、施工缝处理，模板制作及安装，钢筋制作及安装，预埋件制作及安装，混凝土浇筑，外观质量检查 6 个工序。

一、基础面、施工缝处理

基础面、施工缝处理包括基础面及施工缝两个工序。

（一）基础面

1.项目分类

（1）主控项目。基础面施工工序主控项目有基础面、地表水和地下水、施工缝。

(2)一般项目。基础面施工工序一般项目有岩面清理。

2.检查方法及数量

(1)主控项目。

1)基础面(岩基):观察、查阅设计图样或地质报告,进行全仓检查。

2)基础面(软基):观察、查阅测量断面图及设计图样,进行全仓检查。

3)地表水和地下水:观察,进行全仓检查。

(2)一般项目。岩面清理:观察,进行全仓检查。

3.质量验收评定标准

(1)基础面(岩基):符合设计要求;基础面(软基):预留保护层已挖除。

(2)地表水和地下水。妥善引排或封堵。

(3)岩面清理。符合设计要求,清洗洁净,无积水,无积渣杂物。

(二)施工缝

1.项目分类

(1)主控项目。施工缝施工工序主控项目有施工缝的留置位置、施工缝面凿毛。

(2)一般项目。施工缝施工工序一般项目有缝面清理。

2.检查方法及数量

通过观察,进行全数检查。

3.质量验收评定标准

(1)施工缝的留置位置。符合设计或有关施工规范规定。

(2)施工缝面凿毛。基面无乳皮、成毛面、微露粗砂。

(3)缝面清理。符合设计要求;清洗洁净、无积水、无积渣杂物。

二、模板制作及安装

1.项目分类

(1)主控项目。模板制作及安装施工工序主控项目有稳定性、刚度和强度,承重模板底面高程,排架、梁板、柱、墙,结构物边线与设计边线,预留孔、洞尺寸及位置。

(2)一般项目。模板制作及安装施工工序一般项目有模板平整度、相邻两板面错台,局部平整度,板面缝隙,结构物水平断面内部尺寸,脱模剂涂刷,模板外观。

2.检查方法及数量

(1)稳定性、刚度和强度。对照设计图样检查,进行全部检查。

(2)承重模板底面高程。仪器测量,模板面积在 100m² 以内,不少于 10 点;每增加 100m²,增加检查点数不少于 10 点。

(3)排架、梁板、柱、墙。

1)结构断面尺寸:钢尺测量,模板面积在 100m² 以内,不少于 10 点;每增加 100m²,增加检查点数不少于 10 点。

2)轴线位置偏差:仪器测量,模板面积在 100m² 以内,不少于 10 点;每增加 100m²,增加检查点数不少于 10 点。

3)垂直度:2m 靠尺量测或仪器测量,模板面积在 100m² 以内,不少于 10 点;每增加 100m²,增加检查点数不少于 10 点。

(4)结构物边线与设计边线。钢尺测量,模板面积在 100m² 以内,不少于 10 点;每增加 100m²,增加检查点数不少于 10 点。

(5)预留孔、洞尺寸及位置。测量、查看图样,模板面积在 100m² 以内,不少于 10 点;每增加 100m²,增加检查点数不少于 10 点。

(6)模板平整度、相邻两板面错台。2m 靠尺量测或拉线检查,模板面积在 100m² 以内,不少于 10 点;每增加 100m²,增加检查点数不少于 10 点。

(7)局部平整度。按水平线(或垂直线)布置检测点,2m 靠尺量测,模板面积在 100m² 以上,不少于 20 点;每增加 100m²,增加检查点数不少于 10 点。

(8)板面缝隙。量测,100m² 以上,检查 3 ~ 5 点;100m² 以内,检查 1 ~ 3 点。

(9)结构物水平断面内部尺寸。测量,100m² 以上,不少于 10 点;100m² 以内,不少于 5 点。

(10)脱模剂涂刷。查阅产品质检证明,进行全面检查。

(11)模板外观。观察,全面检查。

3.质量验收评定标准

(1)稳定性、刚度和强度。满足混凝土施工荷载要求,符合模板设计要求。

(2)承重模板底面高程。允许偏差 ±5mm。

(3)排架、梁板、柱、墙。

1)结构断面尺寸:允许偏差 ±10mm。

2)轴线位置偏差:允许偏差 ±10mm。

3)垂直度:允许偏差 ±5mm。

(4)结构物边线与设计边线。

1)外露表面:内模板:允许偏差 -10 ~ 0mm;外模板:允许偏差 0 ~ 10mm。

2)隐蔽内面:允许偏差15mm。

(5)预留孔、洞尺寸及位置。

1)孔、洞尺寸:允许偏差±10mm。

2)孔、洞位置:允许偏差±10mm。

(6)模板平整度、相邻两板面错台。

1)外露表面:钢模:允许偏差2mm;木模:允许偏差3mm。

2)隐蔽内面:允许偏差5mm。

(7)局部平整度。

1)外露表面:钢模:允许偏差3mm;木模:允许偏差5mm。

2)隐蔽内面:允许偏差10mm。

(8)板面缝隙。

1)外露表面:钢模:允许偏差1mm;木模:允许偏差2mm。

2)隐蔽内面:允许偏差2mm。

(9)结构物水平断面内部尺寸。允许偏差±20mm。

(10)脱模剂涂刷。产品质量符合标准要求,涂刷均匀,无明显色差。

(11)模板外观。表面光洁、无污物。

三、钢筋制作及安装

钢筋制作及安装包括钢筋制作与安装及钢筋连接两个施工工序。

(一)钢筋制作与安装

1.项目分类

(1)主控项目。钢筋制作与安装施工工序主控项目有钢筋的数量、规格尺寸、安装位置,钢筋接头的力学性能,焊接接头和焊缝外观,钢筋连接,钢筋间距、保护层。

(2)一般项目。钢筋制作与安装施工工序一般项目有钢筋长度方向,同一排受力钢筋间距,双排钢筋的排与排间距,梁与柱中箍筋间距,保护层厚度。

2.检查方法及数量

(1)主控项目。

1)钢筋的数量、规格尺寸、安装位置:对照设计文件,进行全数检查。

2)钢筋接头的力学性能:对照仓号在结构上取样测试,焊接200个接头检查1组,机械连接500个接头检查1组。

3)焊接接头和焊缝外观:观察并记录,不少于10点。

4)钢筋连接:参照钢筋连接施工质量标准。

5)钢筋间距、保护层:观察、量测,不少于 10 点。

（2）一般项目。

1)钢筋长度方向:观察、量测,不少于 5 点。

2)同一排受力钢筋间距:观察、量测,不少于 5 点。

3)双排钢筋的排与排间距:观察、量测,不少于 5 点。

4)梁与柱中箍筋间距:观察、量测,不少于 10 点。

5)保护层厚度:观察、量测,不少于 5 点。

3. 质量验收评定标准

（1）钢筋的数量、规格尺寸、安装位置。符合质量标准和设计的要求。

（2）钢筋接头的力学性能。符合规范要求和国家及行业有关规定。

（3）焊接接头和焊缝外观。不允许有裂缝、脱焊点、漏焊点,表面平顺,没有明显的咬边、凹陷气孔等。

（4）钢筋连接。参照钢筋连接施工质量标准。

（5）钢筋间距、保护层。符合质量标准和设计的要求。

（6）钢筋长度方向。局部偏差 ±1/2 净保护层厚。

（7）同一排受力钢筋间距。

1)排架、柱、梁:允许偏差 ±0.5d。

2)板、墙:允许偏差 ±0.1 倍间距。

（8）双排钢筋的排与排间距。允许偏差 ±0.1 倍排距。

（9）梁与柱中箍筋间距。允许偏差 ±0.1 倍箍筋间距。

（10）保护层厚度。局部偏差 ±1/4 净保护层厚。

（二）钢筋连接

1. 项目分类

钢筋连接施工工序检验项目有点焊及电弧焊、对焊及熔槽焊、绑扎连接、机械连接。

2. 检查方法及数量

（1）点焊及电弧焊。观察、量测,每项不少于 10 点。

（2）对焊及熔槽焊。观察、量测,每项不少于 10 点。

（3）绑扎连接。

1)缺扣、松扣:观察、量测,每项不少于 10 点。

2)弯钩朝向正确:观察、量测,每项不少于 10 点。

3)搭接长度:量测,每项不少于 10 点。

（4）机械连接。观察、量测,每项不少于 10 点。

3. 质量验收评定标准

(1)点焊及电弧焊。

1)帮条对焊接头中心:纵向偏移差不大于 $0.5d$。

2)接头处钢筋轴线的曲折: $\leqslant 4°$。

3)焊缝:长度:允许偏差 $-0.05d$;高度:允许偏差 $-0.05d$;表面气孔夹渣:在 $2d$ 长度上数量不多于 2 个;气孔、夹渣的直径不大于 3mm。

(2)对焊及熔槽焊。

1)焊接接头根部未焊透深度。 $\phi25\sim40mm$ 钢筋; $\leqslant0.15d$; $\phi40\sim70mm$ 钢筋; $\leqslant0.10d$。

2)接头处钢筋中心线的位移: $0.10d$ 且不大于 2mm。

3)焊缝表面(长为 $2d$)和焊缝截面上蜂窝、气孔、非金属杂质:不大于 $1.5d$。

(3)绑扎连接。

1)缺扣、松扣: $\leqslant20\%$ 且不集中。

2)弯钩朝向正确:符合设计图样。

3)搭接长度:允许偏差 -0.05 设计值。

(4)机械连接。

1)带肋钢筋冷挤压连接接头。

①压痕处套筒外形尺寸:挤压后套筒长度应为原套筒长度的 $1.10\sim1.15$ 倍,或压痕处套筒的外径波动范围为原套筒外径的 $0.8\sim0.9$ 倍。

②挤压道次:符合型式检验结果。

③接头弯折: $\leqslant4°$。

④裂缝检查:挤压后肉眼观察无裂缝。

2)直(锥)螺纹连接接头。

①丝头外观质量:保护良好,无锈蚀和油污,牙型饱满光滑。

②套头外观质量:无裂纹或其他肉眼可见缺陷。

③外露丝扣:无 1 扣以上完整丝扣外露。

④螺纹匹配:丝螺纹与套筒螺纹满足连接要求,螺纹结合紧密,无明显松动,以及相应处理方法得当。

四、预埋件制作及安装

预埋件制作及安装包括止水片(带)、伸缩缝(填充材料)施工、排水系统施工、冷却及灌浆管路施工、铁件施工 5 个施工工序。

(一)止水片(带)

1.项目分类

(1)主控项目。预埋件制作及安装施工工序主控项目有片(带)外观、基座、片(带)插入深度、沥青井(柱)、接头。

(2)一般项目。预埋件制作及安装施工工序一般项目有片(带)偏差、搭接长度、止水片(带)中心线与接缝中心线安装偏差。

2.检查方法及数量

(1)主控项目。

1)片(带)外观:观察,所有外露止水片(带)。

2)基座:观察,不少于5点。

3)片(带)插入深度:观察,不少于1点。

4)沥青井(柱):观察,不少于1点。

5)接头:全数检查。

(2)一般项目。

1)片(带)偏差:量测,检查3~5点。

2)搭接长度。

①金属止水片:量测,每个焊接点。

②橡胶、PVC止水带:量测,每个连接处。

③金属止水片与PVC止水带接头栓接长度:量测,每个连接带。

3)止水片(带)中心线与接缝中心线安装偏差:量测,检查1~2点。

3.质量验收评定标准

(1)片(带)外观。表面平整,无浮皮、锈污、油渍、砂眼、钉孔、裂纹等。

(2)基座。符合设计要求(按建基面要求验收合格)。

(3)片(带)插入深度。符合设计要求。

(4)沥青井(柱)。位置准确、牢固,上下层衔接好,电热元件及绝热材料埋设准确,沥青填塞密实。

(5)接头。符合工艺要求。

(6)片(带)偏差。

1)宽:允许偏差±5mm。

2)高:允许偏差±2mm。

3)长:允许偏差±20mm。

(7)搭接长度。

1)金属止水片:≥20mm,双面焊接。

2）橡胶、PVC 止水带：≥100mm。

3）金属止水片与 PVC 止水带接头栓接长度：≥350mm（螺栓栓接法）。

（8）止水片（带）中心线与接缝中心线安装偏差。允许偏差 ±5mm。

（二）伸缩缝（填充材料）施工

1．项目分类

（1）主控项目。伸缩缝（填充材料）施工工序主控项目有伸缩缝缝面。

（2）一般项目。伸缩缝（填充材料）施工工序一般项目有涂敷沥青料、粘贴沥青油毛毡、铺设预制油毡板或其他闭缝板。

2．检查方法及数量

采用观察方法，进行全数检验。

3．质量验收评定标准

（1）伸缩缝缝面。平整、顺真、干燥，外露铁件应割除，确保伸缩有效。

（2）涂敷沥青料。涂刷均匀平整、与混凝土黏接紧密，无气泡及隆起现象。

（3）粘贴沥青油毛毡。铺设厚度均匀平整、牢固、搭接紧密。

（4）铺设预制油毡板或其他闭缝权。铺设厚度均匀平整、牢固，相邻块安装紧密平整无缝。

（三）排水系统施工

1．项目分类

（1）主控项目。排水系统施工工序主控项目有孔口装置、排水管通畅性。

（2）一般项目。排水系统施工工序一般项目有排水孔倾斜度、排水孔（管）位置、基岩排水孔。

2．检查方法及数量

采用量测，进行全数检验。

3．质量验收评定标准

（1）孔口装置。按设计要求加工、安装，并进行防锈处理，安装牢固，不得有渗水、漏水现象。

（2）排水管通畅性。通畅。

（3）排水孔倾斜度。允许偏差不大于 4%。

（4）排水孔（管）位置。允许偏差不大于 100mm。

（5）基岩排水孔。

1）倾斜度偏差：孔深不大于 8m，允许偏差不大于 1%；孔深小于 8m，允许偏差不大于 2%。

2）深度偏差：允许偏差 ±0.5%。

（四）冷却及灌浆管路施工

1. 项目分类

（1）主控项目。冷却及灌浆管路施工工序主控项目有管路安装。

（2）一般项目。冷却及灌浆管路施工工序一般项目有管路出口。

2. 检查方法及数量

（1）管路安装。通气、通水，检验所有接头。

（2）管路出口。观察，进行全数检验。

3. 质量验收评定标准

（1）管路安装。安装牢固、可靠，接头不漏水、不漏气，无堵塞。

（2）管路出口。露出模板外 300～500mm，妥善保护，有识别标志。

（五）铁件施工

1. 项目分类

（1）主控项目。铁件施工工序主控项目有高程、方位、埋入深度及外露长度等。

（2）一般项目。铁件施工工序一般项目有铁件外观、锚筋钻孔位置、钻孔底部的孔径、钻孔深度、钻孔的倾斜度相对设计轴线。

2. 检查方法及数量

（1）主控项目。对照图样，现场观察、查阅施工记录、量测。

（2）一般项目。采用观察、量测，进行全数检验。

3. 质量验收评定标准

（1）高程、方位、埋入深度及外露长度等。符合设计要求。

（2）铁件外观。表面无锈皮、油污等。

（3）锚筋钻孔位置。

1）梁、柱的锚筋：允许偏差不大于 20mm。

2）钢筋网的锚筋：允许偏差≤50mm。

（4）钻孔底部的孔径。锚筋直径加 20mm。

（5）钻孔深度。符合设计要求。

（6）钻孔的倾斜度相对设计轴线。允许偏差不大于 5%（在全孔深度范围内）。

五、混凝土浇筑

1. 项目分类

（1）主控项目。混凝土浇筑施工工序主控项目有入仓混凝土料、平仓分层、混凝土振捣、铺筑间歇时间、浇筑温度(指有温控要求的混凝土)、混凝土养护。

（2）一般项目。混凝土浇筑施工工序一般项目有砂浆铺筑、积水和泌水、插筋、管路等埋设件以及模板的保护、混凝土表面保护、脱模。

2. 检查方法及数量

（1）入仓混凝土料:观察,不少于入仓总次数的50%。

（2）平仓分层:观察、量测,进行全部检验。

（3）混凝土振捣:在混凝土浇筑过程中进行全部检查。

（4）铺筑间歇时间:在混凝土浇筑过程中进行全部检查。

（5）浇筑温度(指有温控要求的混凝土):温度计测量。

（6）混凝土养护:观察,进行全部检验。

（7）砂浆铺筑:观察,进行全部检验。

（8）积水和泌水:观察,进行全部检验。

（9）插筋、管路等埋设件以及模板的保护:观察、量测,进行全部检验。

（10）混凝土表面保护:观察,进行全部检验。

（11）脱模:观察或查阅施工记录,不少于脱模总次数的30%。

3. 质量验收评定标准

（1）入仓混凝土料。无不合格料入仓,如有少量不合格入仓,应及时处理至达到要求。

（2）平仓分层。厚度不大于振捣棒有效长度的90%,铺设均匀,分层清楚,无骨料集中现象。

（3）混凝土振捣。振捣器垂直插入下层5cm,有次序,无漏振、无超振。

（4）铺筑间歇时间。符合设计要求,无初凝现象。

（5）浇筑温度(指有温控要求的混凝土)。满足设计要求。

（6）混凝土养护。表面保持湿润,连续养护时间基本满足设计要求。

（7）砂浆铺筑。厚度不大于3cm,均匀平整,无漏铺。

（8）积水和泌水。无外部水流入,泌水排除及时。

（9）插筋、管路等埋设件以及模板的保护。保护好,符合设计要求。

（10）混凝土表面保护。保护时间、保温材料质量符合设计要求。

（11）脱模。脱模的时间符合施工技术规范或设计文件的要求。

六、外观质量检查

1. 项目分类

（1）主控项目。混凝土外观质量检查主控项目有表面平整度、外形尺寸、重要部位缺损。

（2）一般项目。混凝土外观质量一般项目有麻面、蜂窝、孔洞、错台、跑模、掉角、表面裂缝。

2. 检查方法及数量

（1）主控项目。

1）表面平整度：2m 靠尺检查，$100m^2$ 以上的表面检查点数 6 ~ 10 点；$100m^2$ 以下的表面检查点数 3 ~ 5 点。

2）外形尺寸：钢尺测量，抽查 15%。

3）重要部位缺损：观察、仪器检测，进行全部检验。

（2）一般项目。观察、量测，进行全部检验。

3. 质量验收评定标准

（1）表面平整度。符合设计要求。

（2）形体尺寸。符合设计要求或 ±20mm。

（3）重要部位缺损。不允许，应修复符合设计要求。

（4）麻面、蜂窝。麻面、蜂窝累计面积不超过 0.5%，经处理符合设计要求。

（5）孔洞。单个面积不超过 $0.01m^2$，深度不超过骨料最大粒径，经处理后符合设计要求。

（6）错台、跑模、掉角。经处理后符合设计要求。

（7）表面裂缝。短小、不跨层的表面裂缝经处理符合设计要求。

第七节　混凝土坝裂缝处理

一、坝体裂缝的分类及成因

（一）混凝土坝裂缝的分类及成因

1. 混凝土坝裂缝的分类及特征

当混凝土坝由于温度变化、地基不均匀沉陷及其他原因引起的应力和变形超过了混凝土的强度和抵抗变形的能力时，将产生裂缝。按产生的原因不同，可以分为沉陷缝、干缩缝、温度缝、应力缝和施工缝等五种。

（1）沉陷缝。属于贯穿性的裂缝，其走向一般与沉陷走向一致。对于大体积混凝土,较小的不均匀沉陷引起的裂缝,一般看不出错距;对较大的不均匀沉陷引起的裂缝,往往有错距;对于轻型薄壁的结构,则有较大的错距,裂缝的宽度受温度变化影响较小。

(2)干缩缝。属于表面性的裂缝,走向纵横交错,无规律性,形似龟纹,缝宽与长度均很小。

(3)温度缝。由混凝土固结时的水化作用或外界温度变化引起。由于裂缝产生的原因不同,裂缝分为表层、深层或贯穿性的。表层裂缝的走向一般无规律性;深层或贯穿性的裂缝,方向一般与主钢筋方向平行或接近于平行,与架立钢筋方向垂直或接近于垂直,缝宽大小不一,裂缝沿长度方向无大的变化,缝宽受温度变化的影响较明显。

(4)应力缝。属于深层或贯穿性的裂缝。其走向基本上与主应力方向垂直,与主钢筋方向垂直或接近垂直,缝宽一般较大,且沿长度或深度方向有显著的变化,受温度变化的影响较小。

(5)施工缝。属于深层或贯穿性的裂缝。走向与工作缝面一致,竖直施工缝开缝宽度较大,水平施工缝一般宽度较小。

2. 混凝土坝裂缝的成因

(1)设计方面的原因。主要包括:①结构断面过于单薄,孔洞面积所占比例过大,或配筋不够以及钢筋布置不当等,致使结构强度不足,建筑物抗裂性能降低;②分缝分块不当,块长或分缝间距过大,错缝分块时搭接长度不够,温度控制不当,造成温差过大,使温度应力超过允许值;③基础处理不当,引起基础不均匀沉陷或扬压力增大,使坝体内局部区域产生较大的拉应力或剪应力而造成裂缝。

(2)施工方面的原因。主要包括:①混凝土养护不当,使混凝土水分消失过快而引起干缩;②基础处理、分缝分块、温度控制或配筋等未按设计要求施工;③施工质量控制不严,使混凝土的均匀性、密实性和抗裂性降低;④模板强度不够,或振捣不慎,使模板发生变形或位移;⑤施工缝处理不当,或出现冷缝时未按工作缝要求进行处理;⑥混凝土凝结过程中,在外界温度骤降时,没有做好保温措施,使混凝土表面剧烈收缩;⑦使用了收缩性较大的水泥,使混凝土产生过度收缩或膨胀。

(3)管理运用方面的原因。主要包括:①建筑物在超载情况下使用,承受的应力大于允许应力;②维护不当,或冰冻期间未做好防护措施等。

(4)其他方面的原因。由于地震、爆破、冰凌、台风和超标准洪水等引起建筑物的振动,或超设计荷载作用而发生裂缝。

(二)砌石坝产生裂缝的原因

(1)坝体温差过大。温降时坝体产生收缩,若材料受约束而不能自由变形时,坝体内出现拉应力,当拉应力超过材料的抗拉强度时,坝体中产生裂缝。这种裂缝为温度裂缝。

(2)地基不均匀沉陷。地基中存在软弱夹层,或节理裂隙发育,风化不一,受力后使坝体产生不均匀沉陷,使砌体局部产生较大的拉应力或剪应力。这种裂缝为沉陷缝。

(3)坝体应力不足。由于砌体石料强度不够,或砂浆标号太低,超标准运用,施工质量控制不严,当坝体受力后,因抗拉、抗压和抗剪强度不够而产生应力裂缝。

二、混凝土坝裂缝处理方法

(一)处理目的及方法选择

混凝土坝裂缝处理的目的是恢复其整体性,保持混凝土的强度、耐久性和抗渗性。一般裂缝宜在低水头或地下水位较低时修补,而且要在适宜于修补材料凝固的温度或干燥条件下进行;水下裂缝如必须在水下修补时,应选用相应的修补材料和方法。

(1)对龟裂缝或开度大于 0.5mm 的裂缝,可在表面涂抹环氧砂浆或表面粘贴条状砂浆,有些裂缝可以进行表面凿槽嵌补或喷浆处理。

(2)对微细裂缝,可在迎水面做表面涂抹水泥砂浆、喷浆或增做防水层处理。

(3)对渗漏裂缝,视情况轻重可在渗水出口处进行表面凿槽后嵌补水泥砂浆或环氧材料,或钻孔进行内部灌浆处理。

(4)对结构强度有影响的裂缝,可浇筑新混凝土或钢筋混凝土进行补强,还可视情况进行灌浆、喷浆、钢筋锚固或预应力锚索加固等处理。

(5)对温度缝和伸缩缝,可用环氧砂浆粘贴橡皮等柔性材料修补,也可用喷浆、钻孔灌浆或表面凿槽嵌补沥青砂浆或环氧砂浆等方法修补。

(6)对施工冷缝,可采用钻孔灌浆、喷浆或表面凿槽嵌补进行处理。

(二)裂缝的表层处理方法

1.表面涂抹

(1)普通水泥砂浆涂抹

先将裂缝附近的混凝土凿毛后清洗干净,并洒水使之保持湿润,用标号不低于 425 号的水泥和中细砂以 1∶1 ~ 1∶2 的灰砂比拌成砂浆涂抹其上。将水泥砂浆一次或分几次抹完,一次涂抹过厚容易在侧面和顶部引起流淌或因自重下坠脱壳,太薄容易在收缩时引起开裂。涂抹的总厚度一般为 $1.0 \sim 2.0$cm,最后用铁抹压实、抹光。涂抹 $3 \sim 4$h 后需洒水养护,并避免阳光直射,防止收浆过程中发生干裂或受浆。

（2）防水快凝砂浆涂抹

为加速凝固和提高防水性能,可在水泥砂浆内加入防水剂,即快凝剂。防水剂可采用成品,也可自行配制。涂抹时,先将裂缝凿成深约2cm、宽约20cm的毛面,清洗干净并保持表面湿润,然后在其上涂刷一层厚约1mm的防水快凝灰浆,硬化后即涂抹一层厚约 $0.5 \sim 1.0$cm 防水快凝砂浆,待硬化后再抹一层防水快凝灰浆,又抹一层防水快凝砂浆,逐层交替涂抹,直至与原混凝土面平齐为止。

（3）环氧砂浆涂抹

环氧砂浆的配方及配制工艺可参见有关参考资料。根据裂缝的环境分别选用不同的配方。对干燥状态的裂缝可用普通环氧砂浆;对潮湿状态的裂缝,则宜用环氧焦油砂浆或用以酮亚胺作固化剂的环氧砂浆。

2. 表面贴补

表面贴补就是用粘胶剂把橡皮或其他材料粘贴在裂缝部位的混凝土面上,达到封闭裂缝、防渗堵漏的目的。

（1）橡皮贴补

如图 9 – 28 所示,沿裂缝两侧先凿成宽 $14 \sim 16$cm,深 $1.5 \sim 2.0$cm 的槽,并吹洗干净,使槽面干燥。在槽内涂一层环氧基液,随即用水泥砂浆抹平,待表面凝固后,洒水养护三天。橡皮厚度以 $3 \sim 5$mm 为宜,宽度按混凝土面凿毛宽度

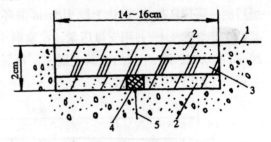

图 9 – 28　橡皮贴补裂缝

1—原混凝土面;2—环氧砂浆;3—橡皮;

4—石棉线;5—裂缝

为准。橡皮按需要尺寸备好后,进行表面处理,先放在浓硫酸中浸泡 $5 \sim 10$min,再用水冲净,晾干待用。

在处理好的表面刷一层环氧基液,再铺一层厚 5mm 的环氧砂浆,并在环氧砂浆中间顺裂缝方向划开宽 3mm 的缝,缝内填以石棉线,然后将粘贴面刷有一层环氧基液的橡皮从裂缝的一端开始铺贴在刚涂抹好的环氧砂浆上。铺贴时要用力均匀压紧,直至浆液从橡皮边缘挤出。为使橡皮不致翘起,需用包

有塑料薄膜的木板将橡皮压紧。在橡皮表面刷一层环氧基液,再抹一层环氧砂浆以防止橡皮老化。

(2)玻璃丝布贴补

玻璃丝布一般采用无碱玻璃纤维织成。其强度高,耐久性好,气泡易排除,施工方便。玻璃布贴补的粘胶剂多为环氧基液。玻璃布粘贴前要将混凝土面凿毛,并冲洗干净,使表面无油污灰尘,如果表面不平整,可先用环氧砂浆抹平。粘贴时,先在粘贴面上均匀刷一层环氧基液(不能有气泡产生),然后展平、拉直玻璃布,放置并抹平使之紧贴混凝土面上,再用刷子或其他工具在玻璃布面上刷一遍,使环氧基液浸透玻璃布并溢出,接着又在玻璃布上刷环氧基液。按同样方法粘贴第二层玻璃布,但上层玻璃布应比下层玻璃布稍宽 1 ~ 2cm,以便压力。玻璃布的层数视情况而定,一般粘贴 2 ~ 3 层即可。如图 9 - 29 所示。

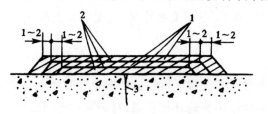

图 9 - 29　玻璃布粘补示意图(单位:cm)

1—玻璃布;2—环氧基液;3—裂缝

(3)紫铜片和橡皮联合贴补

沿裂缝凿一条宽20cm,深5cm 的槽,槽的上部向两侧各扩大 10cm 凿毛面,槽内和凿毛面均清洗干净。槽底用厚为15mm 的水泥砂浆填平,待凝固干燥后刷一层环氧基液,再抹上厚为5mm 的环氧砂浆,随即将剪裁好的紫铜片紧贴在环氧砂浆上,并用支撑压紧。在紫铜片上刷一层环氧基液,再填抹厚为20mm 的水泥砂浆,干燥后在其上刷一层环氧基液和环氧砂浆,然后用橡皮贴上压紧。如图 9 - 30 所示。

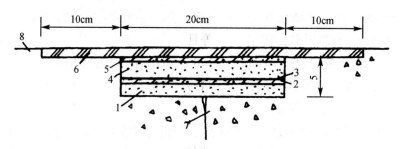

图 9 - 30　紫铜片和橡皮联合粘补裂缝示意图

1—水泥砂浆;2—环氧砂浆;3—紫铜片;4—水泥砂浆;

5—环氧砂浆;6—橡皮;7—裂缝;8—原混凝土面

3.凿槽嵌补

此方法是沿混凝土裂缝凿一条深槽,槽内嵌填各种防水材料,以防渗水,主要适用于修补对结构强度没有影响的裂缝。

　　凿槽时,槽形可根据裂缝位置和填补材料而定,凿槽的形状如图9-31所示。其中图(a)多用于竖直裂缝;图(b)多用于水平裂缝;图(c)的特点是内大外小,填料后在口门用木板挤压,可以使填料紧密而不致被挤出来,多用于顶面裂缝及有水渗出的裂缝;图(d)对以上三种情况均能适用。嵌补时,槽内须修理平整,清洗干净,除预缩砂浆外,一般要求槽面干燥。嵌补材料有水泥砂浆、沥青材料、环氧砂浆及预缩砂浆等。

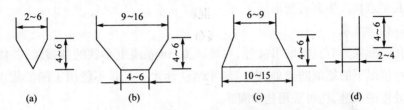

图9-31　缝槽形状及尺寸图(单位:cm)

　　嵌补的沥青材料有沥青油膏、沥青砂浆和沥青麻丝三种。沥青油膏是以石油沥青为主要材料,加入适量的松焦油、硫化鱼油以改善其黏结性、弹性和抗老化性,加入重松节油提高其和易性及结膜性,加入石棉和滑石粉改善其感温性和保油性。这种油膏常用于预制混凝土屋面嵌缝,也可嵌补水工建筑物不渗水裂缝。沥青砂浆是由沥青、砂子及填充料制成,并要求在较高温度下施工,否则,温度降低会变硬,不易操作。沥青麻丝是将麻丝或石棉绳在沥青中浸煮后,用工具将其嵌填入缝内,填好后用水泥砂浆封面保护。嵌补时每次用量不宜过多,要逐层将其嵌入缝内。

　　(三)裂缝的内部处理方法

　　裂缝的内部处理方法通常为钻孔灌浆。灌浆材料常用水泥和化学材料,可根据裂缝的性质、开度及施工条件等具体情况选定。对开度大于0.3mm的裂缝,一般采用水泥灌浆;对开度小于0.3mm的裂缝,宜采用化学灌浆;而对于渗透流速较大或受温度变化影响的裂缝,则不论其开度如何,均宜采用化学灌浆的处理方法。

　　1. 水泥灌浆

　　施工程序为:钻孔→冲洗→止浆或堵漏→管路安装→压水试验→灌浆→封孔→质检。

　　一般采用风钻钻孔,孔径36~56mm,孔距1.0~1.5m。如为多排钻孔应布置成梅花形,灌浆孔的孔径要均匀。每条裂缝钻孔完毕后进行冲洗,顺序为按竖向排列孔自上而下逐孔进行,接着进行止浆或堵漏处理。处理方法有水泥砂浆涂抹、环氧砂浆涂抹、凿槽嵌堵和胶泥粘贴。灌浆管一般采用直径为19～38mm 的钢管,钢管上部加工丝扣,安装前先在外壁裹上旧棉絮,并用麻丝捆紧,然后用管子钳旋入孔中,埋入深度可根据孔深和灌浆压力的大小确定。孔口、管壁周围的空隙可用旧棉絮或其他材料塞紧,并用水泥砂浆封堵,以防止冒浆或灌浆管从孔口脱出。通过压水试验判断裂缝是否阻塞,检查管路及止浆堵漏效果,然后进行灌浆。灌浆材料一般为高标号普通硅酸盐水泥,灌浆压力一般采用 0.3～0.5MPa,以保证裂缝的可灌性,提高浆体结石质量,而又不引起建筑物发生有害变形。

2. 化学灌浆

化学灌浆具有良好的可灌性,可灌入 0.3mm 或更小些的细裂缝,并能适应各种情况下的堵漏防渗处理,特别能堵住涌水。凡是不能用水泥灌浆进行内部处理的裂缝,均可采用化学灌浆。

化学灌浆的施工程序为:钻孔→压气检验→止浆→试漏→灌浆→封孔→检查。

化学灌浆的布孔方式分为骑缝孔和斜孔两种。如图 9－32 所示。

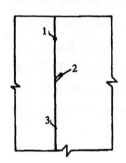

骑缝孔的钻孔工作量小,孔内占浆少,且缝面不易被钻孔灰粉堵塞。但缝面止浆要求高,灌浆压力受限制,扩散范围较小。斜孔的优缺点和骑缝孔相反,并根据裂缝的深度和结构物的厚度,可分别布置成单排孔或多排孔。

对于结构物厚度不大的裂缝,应尽量采用骑缝灌浆。如为大体积建筑物,且裂缝较深,浆液扩散范围不能满足要求时,则应用斜孔辅助。骑缝孔多采用灌浆嘴施灌,斜孔一般埋设灌浆管施灌。孔距一般采用 1.5～2.0m,孔径为 30～36mm。对于甲凝及环氧树脂等憎水性材料,最好采用压气检验的方法,对于丙凝、聚氨酯等

图 9－32　钻孔布置
方式示意图
1—骑缝孔;2—斜孔;
3—裂缝

亲水性材料,可用压水试验的方法。压水时可在水中加入颜料,以便观察。化学灌浆材料的渗透性较好,造价高,为保证灌浆质量,节省浆液,要求对缝面进行严格而又细致的止浆。灌浆压力可根据灌浆材料、结构物的厚度、缝面止浆情况以及灌浆设备的允许压力而定。对于坝体裂缝灌浆,当采用甲凝或环氧树脂时,灌浆压力一般可选用 0.4～0.5MPa;当采用丙凝等材料时,灌浆压力一般可采用 0.3～0.5MPa,结束压力可选用 0.6～0.7MPa,灌注时压力由低到高,当压力骤升而停止吸浆时,即可停止灌浆。

灌浆方法有单液法和双液法两种。

(四)浆砌石坝裂缝处理方法

浆砌石坝体裂缝处理的目的是增强坝体整体性,提高坝体的抗渗能力,恢复或加强坝体的结构强度。处理的具体方法有:填塞封闭裂缝,加厚坝体,灌浆处理和表面粘补等四种。

1.填塞封闭裂缝

这种方法是当库水位下降时,先将裂缝凿深约5cm,并洗净缝内的砂浆,用水泥砂浆仔细勾缝堵塞,并常做成凸缝,以增加耐久性。对于内部裂缝则以水灰比较大的砂浆灌填密实。

裂缝填塞后,能提高坝体抗渗能力和局部整体性。对于稳定的温度裂缝和错缝不大的沉陷缝,均可采用这种方法。处理工作尽量安排在低温时进行。否则高温下处理,温降干缩时又会出现裂缝。

2.加厚坝体

对于坝体单薄、强度不够所产生的应力裂缝和贯穿整个坝体的沉陷缝,根本的处理方法是加厚坝体,以增强坝体的整体性和改善坝体应力状态。坝体加厚的尺寸,应由应力核算确定。

图9-33(a)所示为四川团结水库浆砌石拱坝,因砌筑质量差,坝体石料的强度低,坝体横断面的尺寸不合理,产生应力集中而出现水平裂缝。此外,还有几条细微的竖缝分布于坝顶,这是水库放空时坝身在回复过程中被拉裂的。图9-33(b)所示为团结水库浆砌石拱坝加固断面图。

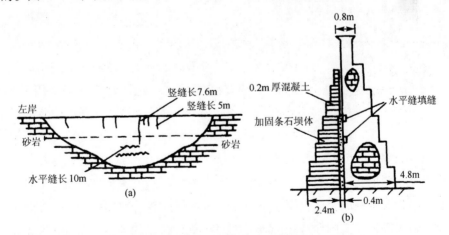

图9-33 团结水库浆砌石拱坝裂缝处理示意图

(a)下游面裂缝分布图;(b)加固断面图

3.灌浆处理

对于多种原因造成的数量众多的贯穿性裂缝,常用灌浆处理。灌浆材料可根据裂缝的大小、渗漏情况和施工条件确定。当裂缝大于 $0.1 \sim 0.2mm$ 时,多采用水泥灌浆,当裂缝小于 $0.1 \sim 0.2mm$ 时,应采用硅酸钠灌浆或其他化学灌浆。

4.表面粘补

对于随气温或坝体变形而变化,但尚未稳定的裂缝,可采用表面粘补的方法处理。这些裂缝并不影响坝体结构的受力条件。通常用环氧基液粘贴橡皮、玻璃丝布或塑料布等,粘贴在裂缝的上游面,以防止沿裂缝渗漏并适应裂缝的活动变化。

第十章　钢筋施工

第一节　钢筋分类

一、钢筋的种类、规格、性能

(一)钢筋种类和规格

钢筋种类繁多,按照不同的方法分类如下:

(1)按照钢筋外形分:光面钢筋(圆钢)、变形钢筋(螺纹、人字纹、月牙肋)、钢丝、钢绞线。

(2)按照钢筋的化学成分分:碳素钢(常用低碳钢);合金钢(低合金钢)。

(3)按照钢筋的强度分:Ⅰ级钢筋(强度 235/370);Ⅱ级钢筋(强度 335/490);Ⅲ级钢筋(强度 400/570);Ⅳ级钢筋(强度 500/630)。

(4)按照钢筋的作用分:受力钢筋(受拉、受压、弯起钢筋),构造钢筋(分布筋、箍筋、架立筋、腰筋及拉筋)。

(二)钢筋性能

钢筋的性能包括机构性能和化学性能。水工钢筋混凝土常用热轧Ⅰ级、Ⅱ级、Ⅲ级及 5 号钢筋。热轧钢筋的机械性能见表 10 – 1。

表 10 – 1　热轧钢筋的机械性能

品　种		牌　号	公称直径 (m)	屈服点 (MPa)	抗拉强度 (MPa)	伸长率 (%)	冷　弯
外　形	强度等级		不　小　于				弯曲角度 (°)
光圆钢筋	Ⅰ	HPB235(Q235)	8 ~ 20	235	370	25	180
变形钢筋	Ⅱ	HRB335	8 ~ 40	335	490	16	180
	Ⅲ	HRB400	8 ~ 40	400	570	14	90
	Ⅳ	HRB500	10 ~ 32	500	630	12	90

二、钢筋现场验收和保管

钢筋出厂时应具备钢材出厂质量证明书和试验报告单。运到工地后,施工单位应查验钢材出厂证明书和试验报告单,并按照来料品种、规格分别堆放,对不同品种规格应挂牌明示。

每捆(盘)钢筋(丝)均应有标牌,一般不少于两个标牌,标牌上应有供方厂标,钢号炉罐(批)号等印记,进场时应按炉罐(批)号及直径分批进行外观检查,并按照现行国家有关标准的规定抽取试样作力学性能和抗弯性能试验,合格后方可使用。当钢筋在加工过程中发生脆断,焊接性能不良或力学性能显著不正常等现象时,应按现行国家标准对该批钢筋进行化学成分检验或金相、冲击韧性等专项检验。进口钢筋当需要焊接时,还要进行化学成分检验。

钢筋作机械性能试验抽样方法如下:

以同规格、同炉罐(批)号的不多于60t钢筋为一批,从每批中任选取四根试样钢筋,两根做拉力试验,长度为10d + 200mm,两根做冷弯试验,长度为5d + 150mm。如试验时有某一项不符合标准要求,应从同批中取双倍试样,重做试验,还不合格则该批钢筋为不合格品,不得在工程上使用。

钢筋在运输或储存时,不得损坏标志,特别是材料管理人员在发料时,一定要防止钢筋串捆、分捆后应随时复制标牌,及时捆扎牢固。

钢筋不得和酸、盐、油等物品存放在一起以防锈蚀和油污。

三、钢筋符号

钢筋混凝土构件中所用的钢筋种类随生产条件的不同而有区别,各种钢筋的符号见表 10 - 2,应用符号的表示方法是在符号右侧写出钢筋直径(以mm 为计量单位),例如 ø16 表示直径为 16mm 的 Ⅱ 级钢筋。表中热轧钢筋和冷拉钢筋各分为四个强度等级。

表 10 - 2　钢筋符号表

钢筋种类		符号
热轧钢筋	Ⅰ级钢筋	Φ
	Ⅱ级钢筋	Φ
	Ⅲ级钢筋	Φ
	Ⅳ级钢筋	Φ

续表

钢筋种类		符号
冷拉钢筋	冷拉Ⅰ级钢筋	Φ^L
	冷拉Ⅱ级钢筋	Φ^L
	冷拉Ⅲ级钢筋	Φ^L
	冷拉Ⅳ级钢筋	Φ^L

第二节　钢筋配料

钢筋的配料是指识读工程图纸、计算钢筋下料长度和编制配筋表。

一、钢筋下料长度

(1)钢筋长度。施工图(钢筋图)中所指的钢筋长度是钢筋外缘至外缘之间的长度,即外包尺寸。

(2)混凝土保护层厚度。混凝土保护层厚度是指受力钢筋外缘至混凝土表面的距离,其作用是保护钢筋在混凝土中不被锈蚀。

(3)钢筋接头增加值。由于钢筋直条的供货长度一般为 $6 \sim 10m$,而有的钢筋混凝土结构的尺寸很大,需要对钢筋进行接长。钢筋接头增加值见表 10 −3 ~ 表 10 −5。

(4)钢筋弯曲调整长度。钢筋有弯曲时,在弯曲处的内侧发生收缩,而外皮却出现延伸,中心线则保持原有尺寸。一般量取钢筋尺寸时,对于架立筋和受力筋量外皮、箍筋量内皮、下料则量中心线。这样,钢筋的外包线长度与中心线长度(直条状钢筋两者相等除外)存在一个差值,即弯曲调整值,计算下料长度时必须从外包尺寸中扣除该差值。

弯曲调整值的大小与弯转角度、钢筋直径及弯转时心轴的直径有关。对于Ⅰ级圆钢弯曲角度为 $30°$、$45°$、$60°$、$90°$、$135°$时,其弯曲调整值分别为 $0.35d$、$0.5d$、$0.85d$、$2d$、$2.5d$。

表 10 −3　钢筋绑扎接头的最小搭接长度

钢筋级别	HPB235 级	HRB335 级	HRB400 级
受拉区	$30d$	$35d$	$40d$
受压区	$20d$	$25d$	$30d$

表 10 – 4　钢筋对焊长度损失值　　　　　　　（单位:mm）

钢筋直径	< 16	16 ~ 25	> 25
损失值	20	25	30

表 10 – 5　钢筋搭接焊最小搭接长度

焊接类型	HPB235 级钢筋	HRB335 级钢筋和 HRB400 级钢筋
双面焊	$4d$	$5d$
单面焊	$8d$	$10d$

钢筋端部弯钩的长度与弯钩的形式及弯制方法有关。人工弯制时,半圆弯钩的端部加长值为 $6.25d$,斜弯钩端部加长值为 $4.9d$(取 $5d$),直角弯钩为 $3.5d$。机械弯制时该加长值可缩短或取消。

(5)钢筋下料长度计算。

直筋下料长度 = 构件长度 + 搭接长度 – 保护层厚度 + 弯钩增加长度

弯起筋下料长度 = 直段长度 + 斜段长度 + 搭接长度 – 弯折减少长度
　　　　　　　+ 弯钩增加长度

箍筋下料长度 = 直段长度 + 弯钩增加长度 – 弯折减少长度
　　　　　　 = 箍筋周长 + 箍筋调整值

二、钢筋配料

钢筋配料是钢筋加工中的一项重要工作,合理地配料能使钢筋得到最大限度的利用,并使钢筋的安装和绑扎工作简单化。钢筋配料是依据钢筋表合理安排同规格、同品种的下料,使钢筋的出厂规格长度能够得以充分利用,或库存各种规格和长度的钢筋得以充分利用。

(1)归整相同规格和材质的钢筋。下料长度计算完毕后,把相同规格和材质的钢筋进行归整和组合,同时根据现有钢筋的长度和能够及时采购到的钢筋的长度进行合理组合加工。

(2)合理利用钢筋的接头位置。对有接头的配料,在满足构件中接头的对焊或搭接长度,接头错开的前提下,必须根据钢筋原材料的长度来考虑接头的布置。要充分考虑原材料被截下来的一段长度的合理使用,如果能够使一根钢筋正好分成几段钢筋的下料长度,则是最佳方案。但往往难以做到,所以在配料时,要尽量地使被截下的一段能够长一些,这样才不致使余料成为废料,使钢筋能得到充分利用。

（3）钢筋配料应注意的事项。

1）配料计算时，要考虑钢筋的形状和尺寸在满足设计要求的前提下，要有利于加工安装。

2）配料时，要考虑施工需要的附加钢筋。如板双层钢筋中保证上层钢筋位置的撑脚、墩墙双层钢筋中固定钢筋间距的撑铁、柱钢筋骨架增加四面斜撑等。

根据钢筋下料长度计算结果和配料选择后，汇总编制钢筋配料单。在钢筋配料单中必须反映出工程部位、构件名称、钢筋编号、钢筋简图及尺寸、钢筋直径、钢号、数量、下料长度和钢筋重量等。

列入加工计划的配料单，将每一编号的钢筋制作一块料牌作为钢筋加工的依据，并在安装中作为区别各工程部位、构件和各种编号钢筋的标志，如图 10－1 所示。

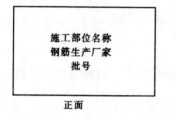
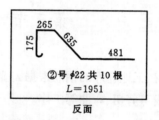

图 10－1　钢筋料牌

钢筋配料单和料牌，应严格校核，必须准确无误，以免返工浪费。

三、钢筋代换

钢筋加工时，由于工地现有钢筋的种类、钢号和直径与设计不符，应尽量在不影响使用条件下进行代换。但代换必须征得工程监理的同意。

（一）钢筋代换的基本原则

（1）等强度代换。不同种类的钢筋代换，按抗拉设计值相等的原则进行代换。

（2）等截面代换。相同种类和级别的钢筋代换，按截面相等的原则进行代换。

（二）钢筋代换方法

（1）等强度代换。如施工图中所用的钢筋设计强度为 f_{y1}，钢筋总面积为 A_{s1}，代换后的钢筋设计强度为 f_{y2}，钢筋总面积为 A_{s2}，则应使

$$A_{s1} f_{y1} \leqslant A_{s2} f_{y2} \qquad (10-1)$$

即

$$(n_1 \pi d_1^2 f_{y1})/4 \leqslant (n_2 \pi d_2^2 f_{y2})/4$$

$$n_2 \geqslant (n_1 d_1^2 f_{y1})/d_2^2 f_{y2}$$

式中　n_1——施工图钢筋根数;

　　　　n_2——代换钢筋根数;

　　　　d_1——施工图钢筋直径;

　　　　d_2——代换钢筋直径。

(2)等截面代换。如代换后的钢筋与设计钢筋级别相同,则应使

$$A_{s1} \leqslant A_{s2} \qquad (10-2)$$

则

$$n_2 \geqslant (n_1 d_1^2)/d_2^2$$

式中符号意义同上。

第三节　钢筋加工

储存在工地仓库的钢筋根据需要进行加工。钢筋的加工包括去锈、调直、冷拉、划线与剪切、弯曲等工序。

一、去锈

钢筋堆存过久或受潮后,表面形成一层橘黄色的氧化铁,俗称铁锈。

老锈是指钢筋表面鸡皮式的斑点,锈迹呈紫黑色。

新锈是指钢筋加工后生锈,呈黄色和淡褐色。

过去认为有铁锈的钢筋,不但影响与混凝土的粘结力,而且锈蚀在混凝土中会继续发展,使钢筋锈蚀恶化,受力性能将不断降低,最后导致构件的破坏。通过不同生锈程度钢筋的握裹力强度试验说明,只有当钢筋表面已形成有脱壳锈蚀情况时,才必须进行去锈工作,一般只有轻微铁锈时,不仅不影响钢筋与混凝土的握裹力,而且还会增强握裹力。

去锈的方法很多,常用钢丝刷、电动圆盘钢丝删、喷砂或酸洗等。目前除冷拔用酸洗除锈、焊接用电动圆盘钢丝刷除锈外,因工作量变化幅度大,并无定型设备,常根据不同条件自行选用。固定式钢筋除锈机、电动除锈机如图10-2和图10-3所示。对于预应力钢筋,去锈要求更加严格,凡已锈蚀或油污的钢筋、钢丝,一律不得使用。已去锈的钢筋应一端对齐堆存,以便划线。

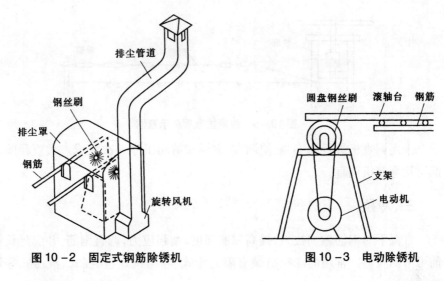

图 10 -2　固定式钢筋除锈机　　　　　图 10 -3　电动除锈机

二、调直

盘圆钢筋在使用前应加以调直,对直条钢筋由于运输等的原因造成的弯曲,也应加以调直后再使用。钢筋调直后的弯曲度每米不应超过 4mm。凡是超过规定弯曲度的钢筋,不允许使用,否则会影响受力性能。

钢筋的调直方法,分人工调直和机械调直两种。对于盘圆钢筋,一般用卷扬机或调直机调直如图 10 - 4 所示。绞磨拉直钢筋示意图如图 10 - 5 所示。在调直时必须注意冷拉率:对于 Ⅰ 级钢筋不得超过 3%。Ⅱ ~ Ⅳ级钢筋不得超过 1%,在不允许使用冷拉钢筋的结构中则其冷拉率均不得大于 1%。

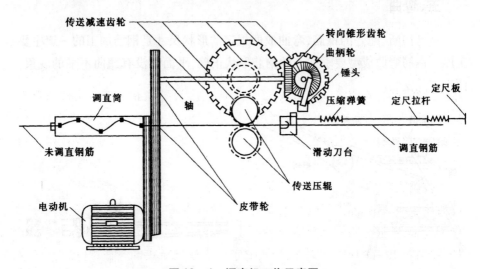

图 10 -4　调直机工作示意图

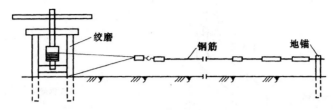

图 10 - 5　绞磨拉直钢筋示意图

采用调直机进行加工,能使调直、去锈和剪切工序一次完成。大直径的钢筋可用弯筋机调直。

三、冷拉

常温下对钢筋施加拉力,提高屈服强度,增强应力,调直钢筋,并能延长钢筋可节约材料。常用的冷拉机械有阻力轮式、卷扬机式、丝杠式、液压式等钢筋冷拉机。

四、划线与剪切

划线是根据要求,用画笔划出所需要的长度位置,以便剪切。为此,必须在划线前根据图纸按不同构件先编制配料单,计算出下料长度,然后根据配料单进行划线下料。

划线后的钢筋用手动剪筋机、自动切筋机或氧气切割进行剪切,见图 10 - 6 ~ 图 10 - 9。

五、弯曲

将已切断、配好的钢筋,弯曲成所规定的形状尺寸是钢筋加工的一道主要工序。钢筋弯曲成型要求加工的钢筋形状正确,平面上没有翘曲不平的现象,便于绑扎安装。

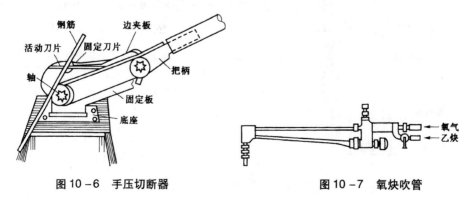

图 10 - 6　手压切断器　　　　　　图 10 - 7　氧炔吹管

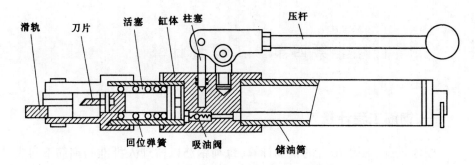

图 10 - 8　GJ5Y - 16 型手动液压切断机

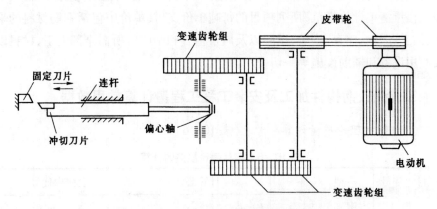

图 10 - 9　电动钢筋切断机构造示意图

常用的弯筋工具有手动弯筋工具和电动弯筋机两类。

手动弯筋工具能够弯曲的钢筋最大直径为 25mm,电动弯筋机能够弯曲直径为 10~40mm 的钢筋。CJ7 - 40 型钢筋弯曲机如图 10 - 10 所示。

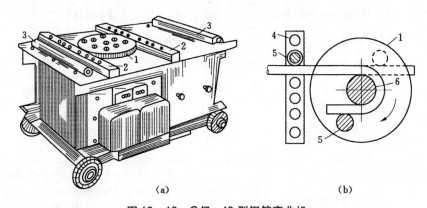

(a)　　　　　　　　　　　(b)

图 10 - 10　CJ7 - 40 型钢筋弯曲机

1—弯曲工作盘;2—板条;3—滚筒轴;4—插孔;5—成型轴;6—心轴

第四节　工程量计算

一、钢筋工程计量

按合同施工图纸配置的钢筋计算,每项钢筋以监理人批准的钢筋下料表所列的钢筋直径和长度换算成重量进行计量。承包人为施工需要设置的架立筋,在切割、弯曲加工中损耗的钢筋重量,不予计量,各项钢筋分别按《水利工程工程量清单计价规范》所列项目的每吨单价支付,单价中包括钢筋材料的采购、加工、运输、储存、安装、试验以及质量检查和验收等所需全部人工、材料以及使用设备和辅助设施等一切费用。

二、钢筋、钢构件加工及安装工程工程量计算常用数据

(一)钢材理论质量计算参考表(表10-6)

表10-6　钢材理论质量的计算

项目	序号	型　材	计算公式	公式中代号
钢材断面积计算公式	1	方钢	$F = a^2$	a—边宽
	2	圆角方钢	$F = a^2 - 0.8584r^2$	a—边宽;r—圆角半径
	3	钢板、扁钢、带钢	$F = a \times \delta$	a—边宽;δ—厚度
	4	圆角扁钢	$F = a\delta - 0.8584r^2$	a—边宽;δ—厚度;r—圆角半径
	5	圆角、圆盘条、钢丝	$F = 0.7854d^2$	d—外径
	6	六角钢	$F = 0.866a^2 = 2.598s^2$	a—对边距离;s—边宽
	7	八角钢	$F = 0.8284a^2 = 4.8284s^2$	
	8	钢管	$F = 3.1416\delta(D - \delta)$	D—外径;δ—壁厚
	9	等边角钢	$F = d(2b - d) + 0.2146$ $(r^2 - 2r_1^2)$	d—边厚;b—边宽;r—内面圆角半径;r_1—端边圆角半径
	10	不等边角钢	$F = d(B + b - d) + 0.2146$ $(r^2 - 2r_1^2)$	d—边厚;B—长边宽;B—短边宽;r—内面圆角半径;r_1—端边圆角半径

续表

项目		序号	型　　材	计算公式	公式中代号
钢材断面积	计算公式	11	工字钢	$F = hd + 2t(b-d) + 0.8584$ $(r^2 - r_1^2)$	h—高度；b—腿宽；d—腰厚；t—平均腿厚；r—内面圆角半径；r_1—边端圆角半径
		12	槽钢	$F = hd + 2t(b-d) + 0.4292$ $(r^2 - r_1^2)$	
质量计算	基本公式		$W(\text{kg}) = F(\text{mm}^2) \times L(长度, \text{m}) \times G(密度, \text{g/cm}^3) \times 1/1000$ 式中　W—质量；F—断面积。钢的密度一般按 7.85g/cm³ 计算。其他型材如钢材、铝材等，亦可引用上式查照其不同的密度计算。	

（二）热轧工字钢通常长度如下：

10～18 号工字钢　　　5～19m

20～63 号工字钢　　　6～19m

（三）热轧等边角钢通常长度见表 10-7

表 10-7　热轧等边角钢长度

型　号	2～9	10～14	16～20
长度（m）	4～12	4～19	6～19

（四）热轧不等边角钢的通常长度见表 10-8

表 10-8　热轧不等边角钢长度

型　号	长度/m
2.5/1.6～9/5.6	4～12
10/6.3～14/9	4～19
16/10～20/12.5	6～19

（五）热轧槽钢的通常长度见表 10-9

表 10-9　热轧槽钢长度

型　号	长度/m
5～8	5～12
>8～18	5～19
>18～40	6～19

第五节　钢筋安装

一、准备工作

(1)熟悉图纸。熟悉图纸的工作应首先进行,结合结构图和配料单,逐号核对安装部位所需钢筋的位置、间距、保护层及形状、尺寸等。必要时,可绘制各片钢筋网的安装草图。

(2)测量放线、高程控制。

(3)清理仓面和清理钢筋、机具准备等。

(4)考虑施工顺序、劳动组合、安全措施和有关工序的配合。

二、安装方法

钢筋安装,一般采用现场手工绑扎。有的钢筋网或骨架采用场外绑扎,现场整体吊装。这种方法虽可缩短仓内循环作业时间,但要占用起重机械。对于墩、墙、板、柱及护坦面层钢筋可考虑采用整装工艺。

散装法的施工程序:焊接架立筋、画线钢筋、绑焊接、垫保护层、固定预埋件、检查校正等。

现场画线应从中心点开始,向两侧按钢筋间距放点,最后用根数核对。钢筋绑扎时,应注意钢筋接头要分散布置,两端应留有足够的锚固长度或搭接长度。相邻两个绑扎点丝扣的方向需交错90°。

三、钢筋的绑扎和安装

建基面终验清理完毕或施工缝处理完毕养护一定时间,混凝土强度达到2.5MPa后,即进行钢筋的绑扎与安装作业。钢筋的安设方法有两种:一种是将钢筋骨架在加工厂制好,再运到现场安装,称为整装法;另一种是将加工好的散钢筋运到现场,再逐根安装,称为散装法。

(1)绑扎接头。根据施工规范规定:直径在25mm以下的钢筋接头,可采用绑扎接头。轴心受压、小偏心受拉构件和承受振动荷载的构件中,钢筋接头不得采用绑扎接头。

1)钢筋绑扎采用应遵守以下规定。

a.搭接长度不得小于表10-10规定的数值。

表 10 - 10　钢筋绑扎接头的最小搭接长度

钢筋级别	Ⅰ级钢筋	Ⅱ级钢筋	Ⅲ级钢筋
受拉区	30d	35d	40d
受压区	20d	25d	30d

注:d 为钢筋直径。

b. 受拉区域内的光面钢筋绑扎接头的末端,应做弯钩。

c. 梁、柱钢筋的接头,如采用绑扎接头,则在绑扎接头的搭接长度范围内应加密钢箍。当搭接钢筋为受拉钢筋时,箍筋间距不应大于 5d(d 为两搭接钢筋中较小的直径);当搭接钢筋为受压钢筋时,箍筋间距不应大于 10d。

2)钢筋接头应分散布置,配置在同一截面内的受力钢筋,其接头的截面积占受力钢筋总截面积的比例应符合下列要求。

a. 绑扎接头在构件的受拉区中不超过 25%,在受压区中不超过 50%。

b. 焊接与绑扎接头距钢筋弯起点不小于 10d,也不位于最大弯矩处。

c. 施工中如分辨不清受拉、受压区时,其接头设置应按受拉区的规定。

d. 两根钢筋相距在 30d 或 50cm 以内,两绑扎接头的中距在绑扎搭接长度以内,均做同一截面。

e. 直径不大于 12mm 的受压 Ⅰ 级钢筋的末端,以及轴心受压构件中任意直径的受力钢筋的末端,可不做弯钩,但搭接长度不应小于 30d。

(2)钢筋绑扎方法。按照既定的安装顺序和放线位置安设钢筋。

钢筋的绑扎应顺直均匀、位置正确。钢筋绑扎的操作方法有一面顺扣法、十字花扣法、反十字扣法、兜扣法、缠扣法、兜扣加缠法、套扣法等,较常用的是一面顺扣法,如图 10 - 11 所示。

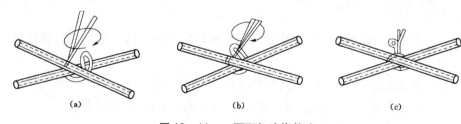

(a)　　　　　　　　　(b)　　　　　　　　　(c)

图 10 - 11　一面顺扣法绑扎法

一面顺扣法的操作步骤是:首先将已切断的扎丝在中间折合成 180°弯,然后将扎丝清理整齐。绑扎时,执在左手的扎丝应靠近钢筋绑扎点的底部,右手拿住钢筋钩,食指压在钩前部,用钩尖端钩住扎丝底扣处,并紧靠扎丝开口端,绕扎丝拧转两圈套半,在绑扎时扎丝扣伸出钢筋底部要短,并用钩尖将铁丝扣紧。为使绑扎后的钢筋骨架不变形，每个绑扎点进扎丝扣的方向要求交替变换90°。

（3）钢筋安装。单根钢筋的运输比较简单，但装卸和现场安装麻烦，容易与其他工作互相干扰，而且手工劳动的工作量大，为了简化现场施工，提高工业化施工水平，宜采用工厂预制的钢筋骨架。

在现场上安装单根钢筋或钢筋骨架，其质量首先表现在钢筋排列位置的准确度，而且要考虑到立模和浇筑混凝土时，对其可能产生的变形变位的影响。为此，一般可在钢筋下设置水泥砂浆垫块或混凝土垫块（垫块的质量应与构件混凝土相同），双层钢筋尚需用短筋支撑，以保证不产生变形变位，使钢筋保护层的厚度符合设计要求。

在浇筑混凝土以前，必须按照设计图和规范进行详细的检查，并作检查记录，凡质量不合格者，应加以修正至合乎要求为止。

四、安全管理

钢筋绑扎安装，尤其是在高空进行作业时，应特别注意安全，除遵守高空作业的安全规程外，还要注意以下几点：

（1）时刻佩带好安全防护用具，加强防范意识。

（2）多人合力传递时起落转停要步调保持一致，防止钢筋掉下伤人。

（3）随时检查安全通道、脚手架平台的可靠性，并防止工具、箍筋或短钢筋等坠落伤人。

（4）人工抬运安装钢筋时应防止碰触电线，避免触电事故。

（5）雷雨大风天气应暂停露天作业，预防雷击伤人。

钢筋绑扎安装完毕后应进行检查验收，并应做好隐蔽工程记录。检查内容有以下几项：

（1）钢筋的级别、直径、根数、间距、位置以及预埋件的规格、位置、数量是否与设计相符。

（2）钢筋接头位置、数量、搭接长度是否符合规定。

（3）钢筋绑扎是否牢固、钢筋表面是否清洁，有无油污、铁锈等。

（4）混凝土保护层是否符合要求等。

第十一章　水利工程质量

第一节　概　　述

一、概念

建设工程质量简称工程质量。工程质量是指工程满足业主需要的,符合国家法律、法规、技术规范标准、设计文件及合同规定的特性综合。

建设工程作为一种特殊的产品,除具有一般产品共有的质量特性,如性能、寿命、可靠性、安全性、经济性等满足社会需要的使用价值及其属性外,还具有特定的内涵。

建设工程质量的特性主要表现在以下六个方面。

(1)适用性。适用性即功能,是指工程满足使用目的的各种性能。包括:理化性能,如:尺寸、规格、保温、隔热、隔音等物理性能,耐酸、耐碱、耐腐蚀、防火、防风化、防尘等化学性能;结构性能,指地基基础牢固程度,结构的足够强度、刚度和稳定性;使用性能,如民用住宅工程要能使居住者安居,工业厂房要能满足生产活动需要,道路、桥梁、铁路、航道要能通达便捷等。建设工程的组成部件、配件、水、暖、电、卫器具、设备也要能满足其使用功能;外观性能,指建筑物的造型、布置、室内装饰效果、色彩等美观大方、协调等。

(2)耐久性。耐久性即寿命,是指工程在规定的条件下,满足规定功能要求使用的年限,也就是工程竣工后的合理使用寿命周期。由于建筑物本身结构类型不同、质量要求不同、施工方法不同、使用性能不同的个性特点,如民用建筑主体结构耐用年限分为四级(15～30年,30～50年,50～100年,100年以上),公路工程设计年限一般按等级控制在10～20年,城市道路工程设计年限,视不同道路构成和所用的材料,设计的使用年限也有所不同。

(3)安全性。安全性是指工程建成后在使用过程中保证结构安全、保证人身和环境免受危害的程度。建设工程产品的结构安全度、抗震、耐火及防火能力,人民防空的抗辐射、抗核污染、抗爆炸波等能力,是否能达到特定的要求,都是安全性的重要标志。工程交付使用之后,必须保证人身财产、工程整体都有能免遭工程结构破坏及外来危害的伤害。工程组成部件,如阳台栏杆、楼梯扶手、电器产品漏电保护、电梯及各类设备等,也要保证使用者的安全。

(4)可靠性。可靠性是指工程在规定的时间和规定的条件下完成规定功能的电力。工程不仅要求在交工验收时要达到规定的指标,而且在一定的使用时期内要保持应有的正常功能。如工程上的防洪与抗震能力、防水隔热、恒温恒湿措施、工业生产用的管道防"跑、冒、滴、漏"等,都属可靠性的质量范畴。

(5)经济性。经济性是指工程从规划、勘察、设计、施工到整个产品使用寿命周期内的成本和消耗的费用。工程经济性具体表现为设计成本、施工成本、使用成本三者之和。包括从征地、拆迁、勘察、设计、采购(材料、设备)、施工、配套设施等建设全过程的总投资和工程使用阶段的能耗、水耗、维护、保养乃至改建更新的使用维修费用。

(6)与环境的协调性。与环境的协调性是指工程与其周围生态环境协调,与所在地区经济环境协调以及与周围已建工程相协调,以适应可持续发展的要求。

上述六个方面的质量特性彼此之间是相互依存的。总体而言,适用、耐久、安全、可靠、经济、与环境适应性,都是必须达到的基本要求,缺一不可。

二、影响工程质量的因素

影响建设工程项目质量的因素很多,通常可以归纳为五个方面,即4M1E,指:人(Man)、材料(Material)、机械(Machine)、方法(Method)和环境(Environment)。事前对这五方面的因素严加控制,是保证建筑工程质量的关键。

(1)人。人是生产经营活动的主体,也是直接参与施工的组织者、指挥者及直接参与施工作业活动的具体操作者。人员素质,即人的文化、技术、决策、组织、管理等能力的高低直接或间接影响工程质量。此外,人,作为控制的对象,是要避免产生失误;作为控制的动力,是要充分调动人的积极性,发挥人的主导作用。

为此,要根据工程特点,从确保质量出发,从人的技术水平、人的生理缺陷、人的心理行为、人的错误行为等方面来控制人的使用。因此,建筑行业实行经营资质管理和各类行业从业人员持证上岗制度是保证人员素质的重要措施。

（2）材料。材料包括原材料、成品、半成品、构配件等，它是工程建设的物质基础，也是工程质量的基础。要通过严格检查验收，正确合理地使用，建立管理台账，进行收、发、储、运等各环节的技术管理，避免混料和将不合格的原材料使用到工程上。

（3）机械。机械包括施工机械设备、工具等，是施工生产的手段。要根据不同工艺特点和技术要求，选用合适的机械设备；正确使用、管理和保养好机械设备。工程机械的质量与性能直接影响到工程项目的质量。为此要健全"人机固定"制度、"操作证"制度、岗位责任制度、交接班制度、"技术保养"制度、"安全使用"制度、机械设备检查制度等，确保机械设备处于最佳使用状态。

（4）方法。方法，包含施工方案、施工工艺、施工组织设计、施工技术措施等。在工程中，方法是否合理，工艺是否先进，操作是否得当，都会对施工质量产生重大影响。应通过分析、研究、对比，在确认可行的基础上，切合工程实际，选择能解决施工难题、技术可行、经济合理，有利于保证质量、加快进度、降低成本的方法。

（5）环境。影响工程质量的环境因素较多，有工程技术环境，如工程地质、水文、气象等；工程管理环境，如质量保证体系、质量管理制度等；劳动环境，如劳动组合、作业场所、工作面等；法律环境，如建设法律法规等；社会环境，如建筑市场规范程度、政府工程质量监督和行业监督成熟度等。环境因素对工程质量的影响，具有复杂而多变的特点，如气象条件就变化万千，温度、湿度、大风、暴雨、酷暑、严寒都直接影响工程质量。又如前一工序往往就是后一工序的环境，前一分项、分部工程也就是后一分项、分部工程的环境。因此，加强环境管理，改进作业条件，把握好环境，是控制环境对质量影响的重要保证。

第二节 质量控制体系

一、质量控制责任体系

在工程项目建设中，参与工程建设的各方，应根据国家颁布的《建设工程质量管理条例》以及合同、协议与有关文件的规定承担相应的质量责任。

（一）建设单位的质量责任

建设单位要根据工程特点和技术要求，按有关规定选择相应资质等级的勘察、设计单位和施工单位，在合同中必须有质量条款，明确质量责任，并真实、准确、齐全地提供与建设工程有关的原始资料。凡建设工程项目的勘察、设计、施工、监理以及与工程建设有关重要设备材料的采购,均实行招标,依法确定程序和方法,择优选定中标者。不得将应由一个承包单位完成的建设工程项目肢解成若干部分发包给几个承包单位;不得迫使承包方以低于成本的价格竞标;不得任意压缩合理工期;不得明示或暗示设计单位或施工单位违反建设强制性标准,降低建设工程质量。建设单位对其自行选择的设计、施工单位发生的质量问题承担相应责任。

建设单位应根据工程特点,配备相应的质量管理人员。对国家规定强制实行监理的工程项目,必须委托有相应资质等级的工程监理单位进行监理。建设单位应与监理单位签订监理合同,明确双方的责任和义务。

建设单位在工程开工前,负责办理有关施工图设计文件审查、工程施工许可证和工程质量监督手续,组织设计和施工单位认真进行检查,涉及建筑主体和承重结构变动的装修工程,建设单位应在施工前委托原设计单位或者相应资质等级的设计单位提出设计方案,经原审查机构审批后方可施工。工程项目竣工后,应及时组织设计、施工、工程监理等有关单位进行施工验收,未经验收备案或验收备案不合格的,不得交付使用。

建设单位按合同约定负责采购供应的建筑材料、建筑构配件和设备,应符合设计文件和合同要求,对发生的质量问题,应承担相应的责任。

(二)勘察、设计单位的质量责任

勘察、设计单位必须在资质等级许可的范围内承揽相应的勘察、设计任务,不允许承揽超越其资质等级许可范围以外的任务,不得将承揽工程转包或违法分包,也不得以任何形式用其他单位的名义承揽业务或允许其他单位或个人以本单位的名义承揽业务。

勘察、设计单位必须按照国家现行的有关规定、工程建设强制性技术标准和合同要求进行勘察、设计工作,并对所编制的勘察设计文件的质量负责。勘察单位提供的地质、测量、水文等勘察成果文件必须准确。设计单位提供的设计文件应当符合国家规定的设计深度要求,注明工程合理使用年限。设计文件中选用的材料、构配件和设备,应当注明规格、型号、性能等技术生产线,不得指定生产厂、供应商。设计单位应就审查合格的施工图文件向施工单位作出详细说明,解决施工中对设计提出的问题,负责设计变更。参与工程质量事故分析,并对设计造成的质量事故,提出相应的处理方案。

(三)施工单位的质量责任

施工单位必须在其资质等级许可的范围内承揽相应的施工任务,不允许承揽超越其资质等级业务范围以外的任务,不得将承接的工程转包或违法分包,也不得以任何形式用其他施工单位的名义承揽工程或允许其他单位、个人以本单位的名义承揽工程。

施工单位对所承包的工程项目的质量负责。应当建立健全质量管理体系,落实质量责任制,确定工程项目的项目经理。技术、施工、设备采购的一项或多项实行总承包的,总承包单位应对其承包的建设工程或采购的设备的质量负责;实行总分包的工程,分包应按照分包合同约定其分包工程的质量向总承包单位负责,总承包单位与分包单位对分包工程的质量承担连带责任。

施工单位必须按照工程设计图纸和施工技术规范标准组织施工。未经设计单位同意,不得擅自修改工程设计。在施工中,必须按照工程设计要求、施工技术规范标准和合同约定,对建筑材料、构配件、设备和商品混凝土进行检验,不得偷工减料,不使用不符合设计和强制性技术标准要求的产品,不使用未经检验和试验或检验与试验不合格的产品。

（四）工程监理单位的质量责任

工程监理单位应按其资质等级许可的范围承揽工程监理业务,不允许超越本单位资质等级许可的范围或以其他工程监理单位的名义承揽工程监理业务,不得转让工程监理业务,不允许其他单位或个人以本单位的名义承揽工程监理业务。

工程监理单位应依照法律、法规以及有关技术标准、设计文件和建设工程承包合同,与建设单位签订监理合同,代表建设单位对工程质量实施监理,并对工程质量承担监理责任。监理责任主要有违法责任和违约责任两个方面。如工程监理单位故意弄虚作假,降低工程质量标准,造成质量事故,要承担法律责任。若工程监理单位与承包单位串通,谋取非法利益,给建设单位造成损失的,应当与承包单位承担连带赔偿责任。如果监理单位在责任期内,不按照监理合同约定履行监理职责,给建设单位或其他单位造成损失的,属违约责任,应当向建设单位赔偿。

（五）建筑材料、构配件及设备生产或供应单位的质量责任

建筑材料、构配件及设备生产或供应单位对其生产或供应的产品质量负责。生产商或供应商必须具备相应的生产条件、技术装备和质量管理体系,所生产或供应的建筑材料、构配件及设备的质量应符合国家和行业现行的技术规定的合格标准与设计要求,并与说明书和包装上的质量标准相符,且应有相应的产品检验合格证,设备有详细的使用说明等。

二、建筑工程质量政府监督管理的职能

(一)建立和完善工程质量管理法规

工程质量管理法规包括行政性法规和工程技术规范标准,前者如《中华人民共和国建筑法》、《建设工程质量管理条例》等,后者如工程设计规范、建筑工程施工质量验收统一标准、工程施工质量验收规范等。

(二)建立和落实工程质量责任制

工程质量责任制包括工程质量行政领导的责任、项目法定代表人的责任、参建单位法定代表人的责任和质量终生负责制等。

(三)建设活动主体资格的管理

国家对从事建设活动的单位实行严格的从业许可制度,对从事建设活动的专业技术人员实行严格的执业资格制度。建设行政部门及有关专业部门活动各自分工,负责对各类资质标准的审查、从业单位的资质等级的最后认定、专业技术人员资格等级和从业范围等实施动态管理。

(四)工程承发包管理

工程承发包管理包括规定工程招标承发包的范围、类型、条件,对招标承发包活动的依法监督和工程合同管理。

(五)控制工程建设程序

工程建设程序包括工程报建、施工图设计文件的审查、工程施工许可、工程材料和设备准用、工程质量监督、施工验收备案等管理。

第三节　全面质量管理

一、概念

全面质量管理是以组织全员参与为基础的质量管理形式。全面质量管理代表了质量管理发展的最新阶段,起源于美国,后来在其他一些工业发达国家开始推行,并且在实践运用中各有所长。特别是日本,在20世纪60年代以后推行全面质量管理并取得了丰硕的成果,引起世界各国的瞩目。80年代后期以来,全面质量管理得到了进一步的扩展和深化,其含义远远超出了一般意义上的质量管理的领域,而成为一种综合的、全面的经营管理方式和理念。我国从1978年推行全面质量管理以来,在理论和实践上都有一定的发展,并取得

了成效,这为在我国贯彻实施 ISO 9000 族国际标准奠定了基础,反之,ISO 9000 族国际标准的贯彻和实施又为全面质量管理的深入发展创造了条件。我们应该在推行全面质量管理和贯彻实施 ISO 9000 族国际标准的实践中,进一步探索、总结和提高,为形成有中国特色的全面质量管理而努力。

全面质量管理在早期称为 TQC,以后随着进一步发展而演化成为 TQM。A.V.费根鲍姆于 1961 年在其《全面质量管理》一书中首先提出了全面质量管理的概念:"全面质量管理是为了能够在最经济的水平上,并考虑到充分满足用户要求的条件下进行市场研究、设计、生产和服务,把企业内各部门研制质量、维持质量和提高质量的活动构成为一体的一种有效体系。"A.V.费根鲍姆的这个定义强调了以下三个方面。首先,这里的"全面"一词是相对于统计质量控制中的"统计"而言。也就是说要生产出满足顾客要求的产品,提供顾客满意的服务,单靠统计方法控制生产过程是很不够的,必须综合运用各种管理方法和手段,充分发挥组织中的每一个成员的作用,从而更全面地去解决质量问题。其次,"全面"还相对于制造过程而言。产品质量有个产生、形成和实现的过程,这一过程包括市场研究、研制、设计、制订标准、制订工艺、采购、配备设备与工装、加工制造、工序制造、检验、销售、售后服务等多个环节,它们相互制约、共同作用的结果决定了最终的质量水准。仅仅局限于只对制造过程实行控制是远远不够的。再次,质量应当是"最经济的水平"与"充分满足顾客要求"的完美统一,离开经济效益和质量成本去谈质量是没有实际意义的。

A.V.费根鲍姆的全面质量管理观点在世界范围内得到了广泛的接受。但各个国家在实践中都结合自己的实际进行了创新。特别是 20 世纪 80 年代后期以来,全面质量管理得到了进一步的扩展和深化,其含义远远超出了一般意义上的质量管理的领域,而成为一种综合的、全面的经营管理方式和理念。在这一过程中,全面质量管理的概念也得到了进一步的发展。2000 版 ISO 9000 族标准中对全面质量管理的定义为:一个组织以质量为中心,以全员参与为基础,目的在于通过让顾客满意和本组织所有成员及社会受益而达到长期成功的管理途径:这一定义反映了全面质量管理概念的最新发展,也得到了质量管理界广泛认可。

二、全面质量管理 PDCA 循环

PDCA 循环又称戴明环,是美国质量管理专家戴明博士首先提出的,它反映了质量管理活动的规律。质量管理活动的全部过程,是质量计划的制订和组织实现的过程,这个过程就是按照 PDCA 循环,不停顿地周而复始地运转的。每一循环都围绕着实现预期的目标,进行计划、实施、检查和处置活动,随着对存在问题的克服、解决和改进,不断增强质量能力,提高质量水平。

PDCA 循环主要包括四个阶段:计划(Plan)、实施(Do)、检查(Check)和处置(Action)。

(1)计划(Plan)。质量管理的计划职能,包括确定或明确质量目标和制订实现质量目标的行动方案两个方面。建设工程项目的质量计划,一般由项目干系人根据其在项目实施中所承担的任务、责任范围和质量目标,分别进行质量计划而形成的质量计划体系。实践表明质量计划的严谨周密、经济合理和切实可行,是保证工作质量、产品质量和服务质量的前提条件。

(2)实施(Do)。实施职能在于将质量的目标值,通过生产要素的投入、作业技术活动和产出过程,转换为质量的实际值。在各项质量活动实施前,根据质量计划进行行动方案的部署和交底;在实施过程中,严格执行计划的行动方案,将质量计划的各项规定和安排落实到具体的资源配置和作业技术活动中去。

(3)检查(Check)。指对计划实施过程进行各种检查,包括作业者的自检、互检和专职管理者专检。

(4)处置(Action)。对于质量检查所发现的质量问题或质量不合格,及时进行原因分析,采取必要的措施,予以纠正,保持工程质量形成过程的受控状态。

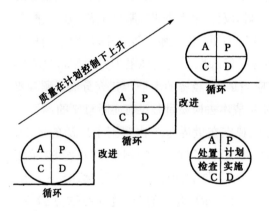

图 11 – 1　PDCA 循环示意图

PDCA 循环如图 11 – 1 所示。

三、全面质量管理要求

(一)全过程的质量管理

任何产品或服务的质量,都有一个产生、形成和实现的过程。从全过程的角度来看,质量产生、形成和实现的整个过程是由多个相互联系、相互影响的环节所组成的,每一个环节都或轻或重地影响着最终的质量状况。为了保证和提高质量就必须把影响质量的所有环节和因素都控制起来。为此,全过程的质量管理包括了从市场调研、产品的设计开发、生产(作业),到销售、服务等全部有关过程的质量管理。换句话说,要保证产品或服务的质量,不仅要搞好生产或作业过程的质量管理,还要搞好设计过程和使用过程的质量管理。要把质量形成全过程的各个环节或有关因素控制起来,形成一个综合性的质量管理体系,做到以预防为主,防检结合,重在提高。为此,全面质量管理强调必须体现如下两个思想:

(1)预防为主、不断改进的思想。优良的产品质量是设计和生产制造出来的而不是靠事后的检验决定的。事后的检验面对的是已经既成事实的产品质量。根据这一基本道理,全面质量管理要求把管理工作的重点,从"事后把关"转移"事前预防"上来;从管结果转变为管因素,实行"预防为主"的方针,把不合格消灭在它的形成过程之中,做到"防患于未然"。当然,为了保证产品质量,防止不合格品出厂或流入下道工序,并把发现的问题及时反馈,防止再出现、再发生,加强质量检验在任何情况下都是必不可少的。强调预防为主、不断改进的思想,不仅不排斥质量检验,而且甚至要求其更加完善、更加科学。质量检验是全面质量管理的重要组成部分,企业内行之有效的质量检验制度必须坚持,并且要进一步使之科学化、完善化、规范化。

(2)为顾客服务的思想。顾客有内部和外部之分:外部的顾客可以是最终的顾客,也可以是产品的经销商或再加工者;内部的顾客是企业的部门和人员。实行全过程的质量管理要求企业所有各个工作环节都必须树立为顾客服务的思想。内部顾客满意是外部顾客满意的基础。因此,在企业内部要树立"下道工序是顾客"、"努力为下道工序服务"的思想。现代工业生产是一环扣一环,前道工序的质量会影响后道工序的质量,一道工序出了质量问题,就会影响整个过程以至产品质量。因此,要求每道工序的工序质量,都要经得起下道工序,即"顾客"的检验,满足下道工序的要求。有些企业开展的"三工序"活动即复查上道工序的质量;保证本道工序的质量;坚持优质、准时为下道工序服务是为顾客服务思想的具体体现。只有每道工序在质量上都坚持高标准,都为下道工序着想,为下道工序提供最大的便利,企业才能目标一致地、协调地生产出符合规定要求,满足用户期望的产品。

可见,全过程的质量管理就意味着全面质量管理要"始于识别顾客的需要,终于满足顾客的需要"。

(二)全员的质量管理

产品和服务质量是企业各方面、各部门、各环节工作质量的综合反映。企业中任何一个环节,任何一个人的工作质量都会不同程度地直接或间接地影响着产品质量或服务质量。因此,产品质量人人有责,人人关心的产品质量和服务质量,人人做好本职工作,全体参加质量管理,才能生产出顾客满意的产品。要实现全员的质量管理,应当做好三个方面的工作。

(1)必须抓好全员的质量教训和培训。教育和培训的目的有两个方面。第一,加强职工的质量意识,牢固树立"质量第一"的思想。第二,提高员工的技术能力和管理能力,增强参与意识。在教育和培训过程中,要分析不同层次员工的需求,有针对性地开展教育和培训。

(2)要制定各部门、各级各类人员的质量责任制,明确任务和职权,各司其职,密切配合,以形成一个高效、协调、严密的质量管理工作的系统。这就要求企业的管理者要勇于授权、敢于放权。授权是现代质量管理的基本要求之一。原因在于,第一,顾客和其他相关方能否满意、企业能否对市场变化作出迅速反应决定了企业能否生存。而提高反应速度的重要和有效的方式就是授权。第二,企业的职工有强烈的参与意识,同时也有很高的聪明才智,赋予他们权力和相应的责任,也能够激发他们的积极性和创造性。其次,在明确职权和职责的同时,还应该要求各部门和相关人员对于质量作出相应的承诺。当然,为了激发他们的积极性和责任心,企业应该将质量责任同奖惩机制挂起钩来。只有这样,才能够确保责、权、利三者的统一。

(3)要开展多种形式的群众性质量管理活动,充分发挥广大职工的聪明才智和当家做主的进取精神。群众性质量管理活动的重要形式之一是质量管理小组。除了质量管理小组之外,还有很多群众性质量管理活动,如合理化建议制度、和质量相关的劳动竞赛等。总之,企业应该发挥创造性,采取多种形式激发全员参与的积极性。

(三)全企业的质量管理

全企业的质量管理可以从纵横两个方面来加以理解。从纵向的组织管理角度来看,质量目标的实现有赖于企业的上层、中层、基层管理乃至一线员工的通力协作,其中尤以高层管理能否全力以赴起着决定性的作用。从企业职能间的横向配合来看,要保证和提高产品质量必须使企业研制、维持和改进质量的所有活动构成为一个有效的整体。全企业的质量管理可以从两个角度来理解。

(1)从组织管理的角度来看,每个企业都可以划分成上层管理、中层管理和基层管理。"全企业的质量管理"就是要求企业各管理层次都有明确的质量管理活动内容。当然,各层次活动的侧重点不同。上层管理侧重于质量决策,制订出企业的质量方针、质量目标、质量政策和质量计划,并统一组织、协调企业各部门、各环节、各类人员的质量管理活动,保证实现企业经营管理的最终目的;中层管理则要贯彻落实领导层的质量决策,运用一定的方法找到各部门的关键、薄弱环节或必须解决的重要事项,确定出本部门的目标和对策,更好地执行各自的质量职能,并对基层工作进行具体的业务管理;基层管理则要求每个职工都要严格地按标准、按规范进行生产,相互间进行分工合作,互相支持协助,并结合岗位工作,开展群众合理化建议和质量管理小组活动,不断进行作业改善。

(2)从质量职能角度看,产品质量职能是分散在全企业的有关部门中的,要保证和提高产品质量,就必须将分散在企业各部门的质量职能充分发挥出来。

但由于各部门的职责和作用不同,其质量管理的内容也是不一样的。为了有效地进行全面质量管理,就必须加强各部门之间的组织协调,并且为了从组织上、制度上保证企业长期稳定地生产出符合规定要求、满足顾客期望的产品,最终必须要建立起企业的质量管理体系,使企业的所有研制、维持和改进质量的活动构成为一个有效的整体。建立和健全全企业质量管理体系,是全面质量管理深化发展的重要标志。

可见,全企业的质量管理就是要"以质量为中心,领导重视、组织落实、体系完善"。

(四)多方法的质量管理

影响产品质量和服务质量的因素也越来越复杂:既有物质的因素,又有人的因素;既有技术的因素,又有管理的因素;既有企业内部的因素,又有随着现代科学技术的发展,对产品质量和服务质量提出了越来越高要求的企业外部的因素。要把这一系列的因素系统地控制起来,全面管好,就必须根据不同情况,区别不同的影响因素,广泛、灵活地运用多种多样的现代化管理办法来解决当代质量问题。

目前,质量管理中广泛使用各种方法,统计方法是重要的组成部分。除此之外,还有很多非统计方法。常用的质量管理方法有所谓的老七种工具,具体包括因果图、排列图、直方图、控制图、散布图、分层图、调查表;还有新七种工具,具体包括:关联图法、KJ法、系统图法、矩阵图法、矩阵数据分析法、PDPC法、矢线图法。除了以上方法外,还有很多方法,尤其是一些新方法近年来得到了广泛的关注,具体包括:质量功能展开(QFD)、故障模式和影响分析(FMEA)、头脑风暴法(Brainstorming)、"6σ"法、水平对比法(Benchmarking)、业务流程再造(BPR)等。

总之,为了实现质量目标,必须综合应用各种先进的管理方法和技术手段,必须善于学习和引进国内外先进企业的经验,不断改进本组织的业务流程和工作方法,不断提高组织成员的质量意识和质量技能。"多方法的质量管理"要求的是"程序科学、方法灵活、实事求是、讲求实效"。

上述"三全一多样",都是围绕着"有效地利用人力、物力、财力、信息等资源,以最经济的手段生产出顾客满意的产品"这一企业目标的,这是我国企业推行全面质量管理的出发点和落脚点,也是全面质量管理的基本要求。坚持质量第一,把顾客的需要放在第一位,树立为顾客服务、对顾客负责的思想,是我国企业推行全面质量管理贯彻始终的指导思想。

第四节　质量控制方法

一、质量控制的方法

施工质量控制的方法,主要包括审核有关技术文件、报告和直接进行检查或必要的试验等。

(一)审核有关技术文件、报告或报表

对技术文件、报告、报表的审核,是项目经理对工程质量进行全面控制的重要手段,具体内容有:

(1)审核分包单位的有关技术资质证明文件,控制分包单位的质量。

(2)审核开工报告,并经现场核实。

(3)审核施工方案、质量计划、施工组织设计或施工计划,控制工程施工质量有可靠的技术措施保障。

(4)审核有关材料、半成品和构配件质量证明文件(如出场合格证、质量检验或试验报告等),确保工程质量有可靠的物质基础。

(5)审核反映工序质量动态的统计资料或控制图表。

(6)审核设计变更、修改图纸和技术核定书等,确保设计及施工图纸的质量。

(7)审核有关质量事故或质量问题的处理报告,确保质量事故或问题处理的质量。

(8)审核有关新材料、新工艺、新技术、新结构的技术鉴定书,确保新技术应用的质量。

(9)审核有关工序交接检查,分部分项工程质量检查报告等文件,以确保和控制施工过程中的质量。

（10）审核并签署现场有关技术签证、文件等。

（二）现场质量检查

1.现场质检查的内容

（1）开工前检查。目的是检查是否具备开工条件，开工后能否连续正常施工，能否保证工程质量。

（2）工序交接检查。对于重要的工序或对质量有重大影响的工序，在自检、互检的基础上，还要组织专职人员进行工序交接检查。

（3）隐蔽工程检查。凡是隐蔽工程均应检查认证后方能掩盖。

（4）停工后复工前的检查。因处理质量问题或某种原因停工后需复工时，经检查认可后方能复工。

（5）分项、分部工程完工后，经检查认可，签署验收记录后方可进行下一工程项目施工。

（6）成品保护检查。检查成品有无保护措施，或保护措施是否可靠。

此外，还应经常深入现场，对施工操作质量进行巡检，必要时还应进行跟班或追踪检查。

2.现场进行质量检查的方法

现场进行质量检查的方法有目测法、实测法和试验法三种。

（1）目测法。其手段可归纳为看、摸、敲、照四个字。

①看，是根据质量标准进行外观目测。如清水墙面是否洁净，喷涂是否密实，颜色是否均匀，内墙抹灰大面积及口角是否平直，地面是否光洁平整，油漆浆活表现观感等。

②摸，是手感检查。主要用于装饰工程的某些检查项目，如水刷石、干粘石粘结牢固程度，油漆的光滑度，浆活是否掉粉等。

③敲，是运用工具进行音感检查。如对地面工程、装饰工程中的水磨石、面砖、大理石贴面等均应进行敲击检查，通过声音的虚实判断有无空鼓，还可根据声音的清脆和沉闷判定属于面层空鼓还是底层空鼓。

④照，指对于难以看到或光线较暗的部位，可采用镜子反射或灯光照射的方法进行检查。

（2）实测法。指通过实测数据与施工规范及质量标准所规定的允许偏差对照，来判断质量是否合格。实测检查法的手段可归纳为靠、吊、量、套四个字。

①靠，是用直尺、塞尺检查墙面、地面、屋面的平整度。

②吊,是用托线板以线锤吊线检查垂直度。

③量,是用测量工具盒计量仪表等检查断面尺寸、轴线、标高、适度、温度等的偏差。这种方法用得最多,主要是检查允许偏差项目。如外墙砌砖上下窗口偏移用经纬仪或吊线检查等。

④套,是以方尺套方,辅以塞尺检查。如对阴阳角的方正、踢脚线的垂直度、预掉构件的方正等项目的检查。

(3)试验法。指必须通过试验手段,才能对质量进行判断的检查方法。如对钢筋对焊接头进行拉力试验,检验焊接的质量等。

①理化试验。常用的理化试验包括物理力学性能方面的检验和化学成分及含量的测定等。

物理性能有:密度、含水量、凝结时间、安定性、抗渗等。力学性能的检验有:抗拉强度、抗压强度、抗弯强度、抗折强度、冲击韧性、硬度、承载力等。

②无损测试或检验。借助专门的仪器、仪表等探测结构或材料、设备内部组织结构或损伤状态。这类仪器有:回弹仪、超声波探测仪、渗透探测仪等。

二、施工质量控制的手段

(一)施工质量的事前控制

事前控制是以施工准备工作为核心,包括开工前的施工准备、作业活动前的施工准备等工作质量控制。施工质量的事前预控途径如下:

(1)施工条件的调查和分析。包括合同条件、法规条件和现场条件,做好施工条件的调查和分析,发挥其重要的预控作用。

(2)施工图纸会审和设计交底。理解设计意图和对施工的要求,明确质量控制要点、重点和难点,以及消除施工图纸的差错等。因此,严格进行设计交底和图纸会审,具有重要的事前预控作用。

(3)施工组织设计文件的编制与审查。施工组织设计文件是直接指导现场施工作业技术活动和管理工作的纲领性文件。工程项目施工组织设计是以施工技术方案为核心,通盘考虑施工程序,施工质量、进度、成本和安全目标的要求。科学合理的施工组织设计对有效地配置合格的施工生产要素,规范施工技术活动和管理行为,将起到重要的导向作用。

(4)工程测量定位和标高基准点的控制。施工单位必须按照设计文件所确定的工程测量定位及标高的引测依据,建立工程测量基准点,自行做好技术复核,并报告项目监理机构进行复核检查。

(5)施工总(分)包单位的选择和资质的审查。对总(分)包单位资格与能力的控制是保证工程施工质量的重要方面。确定承包内容、单位及方式既直接关系到业主方的利益和风险,更关系到建设工程质量的保证问题。因此,按照我国现行法规的规定,业主在招标投标前必须对总(分)包单位进行资格审查。

(6)材料设备及部品采购质量的控制。建筑材料、构配件、半成品和设备是直接构成工程实体的物质,应该从施工备料开始进行控制,包括对供应厂商的评审、询价、采购计划与方式的控制等。施工单位必须有健全有效的采购控制程序,按照我国现行法规规定,主要材料采购前必须将采购计划报送工程监理部审查,实施采购质量预控。

(7)施工机械设备及工器具的配置与性能控制,对施工质量、安全、进度和成本有重要的影响,应在施工组织设计过程中根据施工方案的要求来确定,施工组织设计批准之后应对其落实状态进行检查控制,以保证技术预案的质量能力。

(二)施工质量的事中控制

建设项目施工过程质量控制是最基本的控制途径,因此必须抓好与作业工序质量形成相关的配套技术与管理工作,其主要途径有:

(1)施工技术复核。施工技术复核是施工过程中保证各项技术基准正确性的重要措施,凡属轴线、标高、配方、样板、加工图等用作施工依据的技术工作,都要进行严格复核。

(2)施工计量管理。包括投料计量、检测计量等,其正确性与可靠性直接关系到工程质量的形成和客观效果的评价。因此,施工全过程必须对计量人员资格、计量程序和计量器具的准确性进行控制。

(3)见证取样送检。为了保证工程质量,我国规定对工程使用的主要材料、半成品、构配件以及施工过程中留置的试块及试件等实行现场见证取样送检。见证员由建设单位及工程监理机构中有相关专业知识的人员担任,送检的试验室应具备国家或地方工程检测主管部门批准的相关资质,见证取样送检必须严格执行规定的程序,包括取样见证并记录,样本编号、填单、封箱,送试验室核对、交接、试验检测、报告。

(4)技术核定和设计变更。在工程项目施工过程中,因施工方对图纸的某些要求不甚明白,或者是图纸内部的某些矛盾,或施工配料调整与代用、改变建筑节点构造、管线位置或走向等,需要通过设计单位明确或确认的,施工方必须以技术联系单的方式向业主或监理工程师提出,报送设计单位核准确认。在施工期间,无论是建设单位、设计单位或施工单位提出,需要进行局部设计变更的内容,都必须按规定程序用书面方式进行变更。

(5)隐蔽工程验收。所谓隐蔽工程,是指上一工序的施工成果要被下一道工序所覆盖,如地基与基础工程、钢筋工程、预埋管线等均属隐蔽工程。施工过程中,总监理工程师应安排监理人员对施工过程进行巡视和检查,对隐蔽工程、下道工序施工完成后难以检查的重点部位,专业监理工程师应安排监理员进行旁站,对施工过程中出现的质量缺陷,专业监理工程师应及时下达监理工程师通知,要求承包单位整改并检查整改结果。工程项目的重点部位、关键工序应由项目监理机构与承包单位协商后共同确认。监理工程师应从巡视、检查、旁站监督等方面对工序工程质量进行严格控制。加强隐蔽工程质量验收,是施工质量控制的重要环节。其程序要求施工方首先完成自检并合格,然后填写专用的"隐蔽工程验收单",验收的内容应与已完成的隐蔽工程实物相一致,事先通知监理机构及有关方面,按约定时间进行验收。验收合格的工程由各方共同签署验收记录。验收不合格品的隐蔽工程,应按验收意见进行整改后重新验收,应严格隐蔽工程验收的程序和记录,对于预防工程质量隐患,提供可溯的质量记录具有重要作用。

(6)其他。长期施工管理实践过程形成的质量控制途径和方法,如批量施工前应做样板示范、现场施工技术质量例会、质量控制资料管理等,也是施工过程质量控制的重要工作途径。

(三)施工质量的事后控制

施工质量的事后控制,主要是进行已完工程的成品保护、质量验收和对不合格品的处理,以保证最终验收的建设工程质量。

(1)已完工程的成品保护,目的是避免已完施工成品受到来自后续施工以及其他方面的污染或损坏。其成品保护问题和措施,在施工组织设计与计划阶段就应该从施工顺序上进行考虑,防止施工顺序不当或交叉作业造成相互干扰、污染和损坏,成品形成后可采取防护、覆盖、封闭、包裹等相应措施进行保护。

(2)施工质量检查验收作为事后质量控制的途径,应严格按照施工质量验收统一标准规定的质量验收划分,从施工顺序作业开始,依次做好检验批、分项工程、分部工程及单位工程的施工质量验收。通过多层次的设防把关,严格验收,控制建设工程项目的质量目标。

(3)当建筑工程质量不符合要求时应按下列规定进行处理:

①经返工重做或更换器具设备的检验批应重新进行验收。

②经有资质的检测单位检测鉴定能够达到设计要求的检验批应予以

验收。

③经有资质的检测单位检测鉴定达不到设计要求但经原设计单位核算认可能够满足结构安全和使用功能的检验批可予以验收。

④经返修及加固处理的分项分部工程虽然改变外形尺寸但仍能满足安全使用要求可按技术处理方案和协商文件进行验收。

通过返修或加固处理仍不能满足安全使用要求的分部工程、单位(子单位)工程严禁验收。

第五节　工程质量评定

根据 SL 176—2007《水利水电工程施工质量检验与评定规程》,工程项目经过施工期、试运行期后,由监理单位进行统计并评定工程项目质量等级,经项目法人认定后,质量监督机构核定。

一、工程质量评定标准

（一）合格标准

(1)单位工程质量全部合格。

(2)工程施工期及试运行期,各单位工程观测资料分析结果均符合国家和行业技术标准以及合同约定的标准要求。

（二）优良标准

(1)单位工程质量全部合格,其中70%以上单位工程质量达到优良等级,且主要单位工程质量全部优良。

(2)工程施工期及试运行期,各单位工程观测资料分析结果符合国家和行业技术标准以及合同约定的标准要求。

二、工程项目施工质量评定表的填写方法

根据 SL 176—2007《水利水电工程施工质量检验与评定规程》,填报工程项目施工质量评定表,具体如下:

（一）表头填写

(1)工程项目名称:工程项目名称应与批准的设计文件一致。

(2)工程等级:应根据工程项目的规模、作用、类型和重要性等,按照有关规定进行划分,设计文件中一般予以明确。

（3）建设地点：主要是指工程建设项目所在行政区域或流域（河流）的名称。

（4）主要工程量：是指建筑、安装工程的主要工程数量，如土方量、石方量、混凝土方量及安装机组（台）套数量。

（5）项目法人：组织工程建设的单位。对于项目法人自己直接组织建设工程项目，项目法人建设单位的名称与建设单位的名称一般来说是一致的，项目法人名称就是建设单位名称；有的工程项目的项目法人与建设单位是一个机构两块牌子，这时建设单位的名称可填项目法人也可填建设单位的名称；对于项目法人在工程建设现场派驻有建设单位的，可以将项目法人与建设单位的名称一起填上，也可以只填建设单位。

（6）设计单位：设计单位是指承担工程项目勘测设计任务的单位，若一个工程项目由多个勘测设计单位承担时，一般均应填上，或以完成主要单位工程和完成主要工程建设任务的勘测设计单位。

（7）监理单位：指承担工程项目监理任务的监理单位。如果一个工程项目由多个监理单位监理时，一般均应填上，或填承担主要单位工程的监理单位和完成主要工程建设任务的监理单位。

（8）施工单位：施工单位是指直接与项目法人或建设单位签订工程承包合同的施工单位。若一个工程项目由多个施工单位承建时，应填承担主要单位工程和完成主要工程建设任务的施工单位。

（9）开工、竣工日期：开工日期一般指主体工程正式开工的日期，如开工仪式举行的日期，或工程承包合同中阐明的日期。工程项目的竣工日期是指工程竣工验收鉴定书签订的日期。

（10）评定日期：评定日期是指监理单位填写工程项目施工质量评定表时的日期。

（二）表身填写

此表不仅填写施工期施工质量，还应包含试运行期工程质量。

（1）单位工程名称：指该工程项目中的所有单位工程须逐个填入表中。

（2）在单元工程质量统计：首先应统计每个单位工程中单元工程的个数，再统计其中每个单位工程中优良单元工程的个数，最后逐个计算每个单位工程的单元工程优良率。

（3）分部工程质量统计：先统计每个单位工程中分部工程的个数，再统计每个单位工程中优良分部工程的个数，最后计算每个单位工程中分部工程的优良率。

每个单位工程的质量等级应是以单位工程的分部工程的优良率为基础,不仅考虑优良单位工程中的主要分部工程必须优良的条件,同时应考虑到原材料质量、中间产品、金属结构及启闭机、机电设备、重要隐蔽单元工程施工记录,以及外观质量、施工质量检验资料的完整程度和是否发生过质量事故、观测资料分析结论等情况,来确定单位工程的质量等级。该栏填写的应是经项目法人认定、质量监督机构核定后的单位工程质量等级。对于单位工程中的分部工程优良率达到70%以上时,若主要分部工程没有达到优良,或因原材料质量、中间产品质量、金属结构、启闭机制造质量和机电产品质量,以及外观质量、施工质量检验资料完整程序没有达到优良标准的要求,或主要分部工程中发生了质量事故或其他分部工程中发生了重大及以上质量事故,应在备注栏内予以简要说明。

(三)表尾的填写

(1)评定结构。统计本工程项目中单位工程的个数,质量全部合格。其中优良工程的个数,计算工程项目单位工程的优良率;再计算主要单位工程的优良率,它是优良等级的主要单位工程的个数与主要单位工程的总个数之比值;最后再计算工程项目的质量等级。

(2)观测资料分析结论:填写通过实测资料提供数据的分析结果。

(3)监理单位意见:水利水电工程项目一般都不止一个施工单位承建,工程项目的质量等级应由各监理单位组织评定,工程项目的总监理工程师根据各单位工程质量评定的结果,确定工程项目的质量等级。总监理工程师签名并盖监理单位公单章,将其结果和有关资料报给项目法人(建设单位)。

(4)项目法人意见:若只有一个监理单位监理的工程项目,项目法人对监理单位评定的结果予以审查确认。若由多个监理单位共同监理的工程项目,每一个监理单位只能对其监理的工程建设内容的质量进行评定和复核,整个工程项目的质量评定应由项目法人组织有关人员进行评定,法定代表人或项目法人签名并盖单位公章,将结果和相关资料上报质量监督机构。

(5)质量监督机构核定意见:质量监督机构在接到项目法人(建设单位)报来的工程项目质量评定结果和有关资料后,对照有关标准,认真审查,核定工程项目的质量等级。由工程项目质量监督负责人或质量监督机构负责人签名,并盖相应质量监督机构的公章。

三、工程质量评定表

工程质量评定表:1 个。

单位工程评定表:共 15 个。

单元工程为例,分部工程 9 个,分部工程施工质量评定表 9 个。

以分部工程为例,单元工程 17 个,单元工程施工质量评定表共填写 39 个,具体详见表 11 - 1。

表 11 -1　单元工程质量评定表

分部工程名称	单元工程名称	单元工程数量(个)	单元工程质量评定表
闸室段	土方开挖	1	《水利水电工程软基和岸坡开挖单元工程质量评定表》
	土方回填	2	《水利水电工程回填土单元工程质量评定表》
	垫层混凝土浇筑	1	《水利水电工程混凝土单元工程质量评定表》
			《水利水电工程基础面或混凝土施工缝处理工序质量评定表》
			《水利水电工程混凝土模板工序质量评定表》
			《水利水电工程混凝土浇筑工序质量评定表》
	底板混凝土浇筑	1	《水利水电工程混凝土单元工程质量评定表》
			《水利水电工程基础面或混凝土施工缝处理工序质量评定表》
			《水利水电工程混凝土模板工序质量评定表》
			《水利水电工程混凝土钢筋工序质量评定表》
			《水利水电工程混凝土止水、伸缩缝和排水管安装工序质量评定表》
			《水利水电工程混凝土浇筑工序质量评定表》
	墙身混凝土浇筑	1	《水利水电工程混凝土单元工程质量评定表》
			《水利水电工程基础面或混凝土施工缝处理工序质量评定表》
	墙身混凝土浇筑	1	《水利水电工程混凝土模板工序质量评定表》
			《水利水电工程混凝土钢筋工序质量评定表》
			《水利水电工程混凝土止水、伸缩缝和排水管安装工序质量评定表》
			《水利水电工程混凝土浇筑工序质量评定表》

续表

分部工程名称	单元工程名称	单元工程数量(个)	单元工程质量评定表
闸室段	砂砾混凝土回填	1	《水利水电工程回填砂砾料单元工程质量评定表》
			《水利水电工程混凝土单元工程质量评定表》
			《水利水电工程基础面或混凝土施工缝处理工序质量评定表》
			《水利水电工程混凝土模板工序质量评定表》
			《水利水电工程混凝土钢筋工序质量评定表》
			《水利水电工程混凝土浇筑工序质量评定表》
	电缆井底板浇筑	3	《水利水电工程混凝土单元工程质量评定表》
			《水利水电工程基础面或混凝土施工缝处理工序质量评定表》
			《水利水电工程混凝土模板工序质量评定表》
			《水利水电工程混凝土钢筋工序质量评定表》
			《水利水电工程混凝土浇筑工序质量评定表》
	电缆井墙身浇筑	3	《水利水电工程混凝土单元工程质量评定表》
			《水利水电工程基础面或混凝土施工缝处理工序质量评定表》
			《水利水电工程混凝土模板工序质量评定表》
			《水利水电工程混凝土钢筋工序质量评定表》
			《水利水电工程混凝土浇筑工序质量评定表》
	电缆沟、输油沟垫层浇筑	2	《水利水电工程混凝土单元工程质量评定表》
			《水利水电工程基础面或混凝土施工缝处理工序质量评定表》
			《水利水电工程混凝土模板工序质量评定表》
			《水利水电工程混凝土浇筑工序质量评定表》
	电缆沟、输油沟墙身砌筑	2	《水利水电工程砌砖(挡土墙)单元工程质量评定表》

第六节　质量统计分析

对工程项目进行质量控制的一个重要方法是利用质量数据和统计分析方法。通过收集和整理质量数据，进行统计分析比较，可以找出生产过程的质量规律，从而对工程产品的质量状况进行判断，找出工程中存在的问题和问题缠身的原因，然后再有针对性地找出解决问题的具体措施，从而有效解决工程中出现的质量问题，保证工程质量符合要求。

一、工程质量数据

质量数据是用以描述工程质量特征性能的数据。它是进行质量控制的基础，如果没有相关的质量数据，那么科学的现代化质量控制就不会出现。

（一）质量数据的收集

质量数据的收集总的要求应当是随机地抽样，即整批数据中每一个数据都有被抽到的同样机会。常用的方法随机法、系统抽样法、二次抽样法和分层抽样法。

（二）质量数据的特征

为了进行统计分析和运用特征数据对质量进行控制，经常要使用许多统计特征数据。

统计特征数据主要有均值、中位数、极值、极差、标准偏差、变异系数。其中，均值、中位数表示数据集中的位置；极差、标准偏差、变异系数表示数据的波动情况，即分散程度。

（三）质量数据的分类

根据不同的分类标准，可以将质量数据分为不同的种类。

按质量数据所具有的特点，可以将其分为计量值数据和计数值数据；按期收集目的可分为控制性数据和验收性数据。

1. 按质量数据的特点分类

（1）计数值数据

计数值数据是不连续的离散型数据。如不合格品数、不合格的构件数等，这些反映质量状况的数据是不能用量测器具来度量的，采用计数的办法，只能出现0、1、2等非负数的整数。

（2）计量值数据

计量值数据是可连续取值的连续型数据。如长度、重量、面积、标高等质量特征,一般都是可以用量测工具或仪器等量测,一般都带有小数。

2.按质量数据收集的目的分类

(1)控制性数据

控制性数据一般是以工序作为研究对象,是为分析、预测施工过程是否处于稳定状态而定期随机地抽样检验获得的质量数据。

(2)验收性数据

验收性数据是以工程的最终实体内容为研究对象,以分析、判断其质量是否达到技术标准或用户的要求,而采取随机抽样检验获取的质量数据。

(四)质量数据的波动

在工程施工过程中常可看到在相同的设备、原材料、工艺及操作人员条件下,生产的同一种产品的质量不同,反映在质量数据上,即具有波动性,其影响因素有偶然性因素和系统性因素两大类。

1.偶然性因素造成的质量数据波动

偶然性因素引起的质量数据波动属于正常波动,偶然因素是无法或难以控制的因素,所造成的质量数据的波动量不大,没有倾向性,作用是随机的,工程质量只有偶然因素影响时,生产才处于稳定状态。

2.系统性因素造成的质量数据波动

由系统因素造成的质量数据波动属于异常波动,系统因素是可控、易消除的因素,这类因素不经常产生,但具有明显的倾向性,对工程质量的影响较大。

质量控制的目的就是要找出出现异常波动的原因,即系统性因素是什么,并加以排除,使质量只受随机性因素的影响。

二、质量控制统计方法

通过对质量数据的收集、整理和统计分析,找出质量的变化规律和存在的质量问题,提出进一步的改进措施,这种运用数学工具进行质量控制的方法是所有涉及质量管理的人员所必须掌握的,它可以使质量控制工作定量化和规范化。在质量控制中常用的数学工具及方法主要有以下几种。

(一)排列图法

排列图法又叫作巴雷特法、主次排列图法,是分析影响质量主要问题的有效方法,将众多的因素进行排列,主要因素就会令人一目了然,如图 11-2 所示。

排列图法由一个横坐标、两个纵坐标、几个长方形和一条曲线组成。左侧的纵坐标是频数或件数,右侧的纵坐标是累计频率,横轴则是项目或因素,按项目

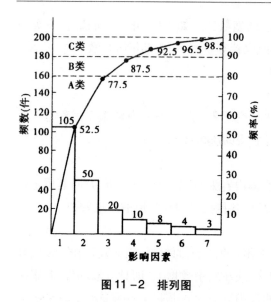

图 11-2 排列图

频数大小顺序在横轴上自左而右画长方形,其高度为频数,再根据右侧的纵坐标画出累计频率曲线,该曲线又叫作巴雷特曲线。

(二)直方图法

直方图法又叫作频率分布直方图,它们将产品质量频率的分布状态用直方图形来表示,根据直方图形的分布形状和与公差界限的距离来观察、探索质量分布规律,分析和判断整个生产过程是否正常。

利用直方图可以制定质量标准,确定公差范围,可以判明质量分布情况是否符合标准的要求。

1.直方图的分布形式

直方图主要有六种分布形式,如图 11-3 所示。

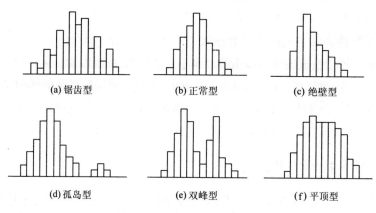

(a)锯齿型   (b)正常型   (c)绝壁型

(d)孤岛型   (e)双峰型   (f)平顶型

图 11-3 直方图的分布形式

(1)锯齿型,如图 11-3(a)所示,通常是由于分组不当或是组距确定不当而产生的。

(2)正常型,如图 11-3(b)所示,说明产品生产过程正常,并且质量稳定。

(3)绝壁型,如图 11-3(c)所示,一般是剔除下限以下的数据造成的。

(4)孤岛型,如图 11-3(d)所示,一般是由于材质发生变化或他人临时替班所造成的。

(5)双峰型,如图 11-3(e)所示,主要是将两种不同的设备或工艺的数据混在一起所造成的。

(6)平顶型,如图 11 -3(f)所示,生产过程中有缓慢变化的因素是产生这种分布形式的主要原因。

2. 使用直方图需要注意的问题

(1)直方图是一种静态的图像,因此不能够反映出工程质量的动态变化。

(2)画直方图时要注意所参考数据的数量,不能太少,一般应大于 50 个数据,否则画出的直方图难以正确反映总体的分布状态。

(3)直方图呈正态分布时,可求平均值和标准差。

(4)直方图出现异常时,应注意将收集的数据分层,然后画直方图。

(三)相关图法

产品质量与影响质量的因素之间具有一定的联系,但不一定是严格的函数关系,这种关系叫作相关关系,可利用直角坐标系将两个变量之间的关系表达出来。相关图的形式有正相关、负相关、非线性相关和无相关。此外还有调查表法、分层法等。

(四)因果分析图法

因果分析图也叫鱼刺图、树枝图,这是一种逐步深入研究和讨论质量问题的图示方法。

在工程建设过程中,任何一种质量问题的产生,一般都是多种原因造成的,这些原因有大有小,把这些原因按照大小顺序分别用主干、大枝、中枝、小枝来表示,这样,就可一目了然地观察出导致质量问题的原因,并以此为据,制定相应对策,如图 11 -4 所示。

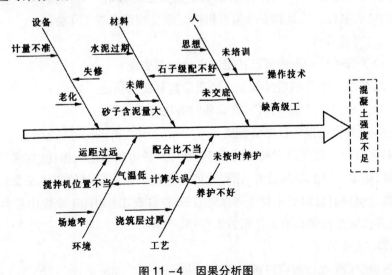

图 11 -4　因果分析图

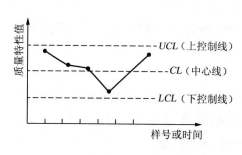

图 11-5　管理图

（五）管理图法

管理图也可以叫作控制图，它是反映生产过程随时间变化而变化的质量动态，即反映生产过程中各个阶段质量波动状态的图形，如图 11-5 所示。管理图利用上下控制界限，将产品质量特性控制在正常波动范围内，如果工程质量出现问题就可以通过管理图发现，进而及时制定措施进行处理。

第七节　竣工验收

一、自查

对于建设内容复杂、技术含量较高的水利水电工程项目，考虑到若只进行一次性竣工验收，因时间仓促而使有些问题不能进行认真细致的查验和充分讨论，而影响验收工作的质量。因此，要求在申请竣工验收前，项目法人应组织竣工验收自查。自查工作由项目法人主持，勘测、设计、监理、施工、主要设备制造（供应）商以及运行管理等单位的代表参加。项目法人组织工程竣工验收自查前，应提前 10 个工作日通知质量和安全监督机构，同时向法人验收监督管理机关报告。质量和安全监督机构应派员列席自查工作会议。

（一）自查条件

（1）工程主要建设内容已按批准设计全部完成。

（2）各单位工程的质量等级已经质量监督机构核定。

（3）工程投资已基本到位，并具备财务决算条件。

（4）有关验收报告已准备就绪。

初步验收一般应成立初步验收工作组，组长由项目法人担任，其成员通常由设计、施工、监理、质量监督、运行管理和有关上级主管单位的代表及有关专家组成。质量监督部门不仅要参加竣工验收自查工作组，还要提出质量评定报告，并在竣工验收自查工作报告上签字。

（二）自查内容

（1）竣工验收自查应包括以下主要内容：

1）检查有关单位的工作报告。

2）检查工程建设情况，评定工程项目施工质量等级。

3）检查历次验收、专项验收的遗留问题和工程初期运行所发现问题的处理情况。

4）确定工程尾工内容及其完成期限和责任单位。

5）对竣工验收前应完成的工作作出安排。

6）讨论并通过竣工验收自查工作报告。

项目法人应在完成竣工验收自查工作之日起 10 个工作日内，将自查的工程项目质量结论和相关资料报质量监督机构核备。

（2）竣工验收自查工作报告主要内容如下：

前言（包括组织机构、自查工作过程等）

一、工程概况

（一）工程名称及位置

（二）工程主要建设内容

（三）工程建设过程

二、工程项目完成情况

（一）工程项目完成情况

（二）完成工程量与初设批复工程量比较

（三）工程验收情况

（四）工程投资完成及审计情况

（五）工程项目移交和运行情况

三、工程项目质量评定

四、验收遗留问题处理情况

五、尾工及安排意见

六、存在的问题及处理意见

七、结论

八、工程项目竣工验收检查工作组成员签字表

参加竣工验收自查的人员应在自查工作报告上签字。项目法人应自竣工验收自查工作报告通过之日起 30 个工作日内，将自查报告报法人验收监督管理机关。

二、工程质量抽样检测

（一）竣工验收主持单位

（1）根据竣工验收的需要，竣工验收主持单位可以委托具有相应资质的工程质量检测单位对工程质量进行抽样检测。

（2）根据竣工验收主持单位的要求和项目的具体情况，项目法人应负责提出工程质量抽样检测的项目、内容和数量，经质量监督机构审核后报竣工验收主持单位核定。

（3）项目法人自收到检测报告的 10 个工作日内，应获取工程质量检测报告。

（二）项目法人

（1）项目法人与竣工验收主持单位委托的具有相应资质工程质量检测单位签订工程质量检测合同。检测所需费用由项目法人列支，质量不合格工程所发生的检测费用由责任单位承担。

（2）根据竣工验收主持单位的要求和项目的具体情况，项目法人应负责提出工程质量抽样检测的项目、内容和数量，经质量监督机构审核后报竣工验收主持单位核定。

（3）项目法人应自收到检测报告 10 个工作日内将其上报竣工验收主持单位。

（4）对抽样检测中发现的质量问题，项目法人应及时组织有关单位研究处理。在影响工程安全运行以及使用功能的质量问题未处理完毕前，不得进行竣工验收。

（5）不得与工程质量检测单位隶属同一经营实体。

（三）工程质量检测单位

（1）应具有相应工程质量检测资质。

（2）应按照有关技术标准对工程进行质量检测，按合同要求及时提出质量检测报告并对检测结论负责。

（3）不得与工程建设的项目法人、设计、监理、施工、设备制造（供应）商等单位隶属同一经营实体。

三、竣工技术预验收

对于建设内容复杂、技术含量较高的水利水电工程项目，考虑到若只进行一次性竣工验收，因时间仓促而使有些问题不能进行认真细致的查验和充分讨论，而影响验收工作的质量。因此，要求在竣工验收之前进行一次技术性的预验收。

竣工技术预验收应由竣工验收主持单位组织的专家组负责,专家组成员通常有设计、施工、监理、质量监督、运行管理等单位代表以及有关专家组成。竣工技术预验收专家组成员应具有高级技术职称或相应执业资格,2/3 以上成员应来自工程非参建单位。工程参建单位的代表应参加技术预验收,负责回答专家组提出的问题。竣工技术预验收专家组可下设专业工作组,并在各专业工作组检查意见的基础上形成竣工技术预验收工作报告。

(一)竣工技术预验收的主要工作内容

(1)检查工程是否按批准的设计完成。

(2)检查工程是否存在质量隐患和影响工程安全运行的问题。

(3)检查历次验收、专项验收的遗留问题和工程初期运行中所发现问题的处理情况。

(4)对工程重大技术问题作出评价。

(5)检查工程尾工安排情况。

(6)鉴定工程施工质量。

(7)检查工程投资、财务情况。

(8)对验收中发现的问题提出处理意见。

(二)竣工技术预验收的工作程序

(1)现场检查工程建设情况并查阅有关工程建设资料。

(2)听取项目法人、设计、监理、施工、质量和安全监督机构、运行管理等单位工作报告。

(3)听取竣工验收技术鉴定报告和工程质量抽样检测报告。

(4)专业工作组讨论并形成各专业工作组意见。

(5)讨论并通过竣工技术预验收工作报告。

(6)讨论并形成竣工验收鉴定书初稿。

(三)竣工技术预验收工作报告格式

前言(包括验收依据、组织机构、验收过程等)

第一部分 工程建设

一、工程概况

(一)工程名称、位置

(二)工程主要任务和作用

(三)工程设计主要内容

1. 工程立项、设计批复文件

2. 设计标准、规模及主要技术经济指标

3. 主要建设内容及建设工期

二、工程施工过程

1. 主要工程开工、完工时间（附表）

2. 重大技术问题及处理

3. 重大设计变更

三、工程完成情况和完成的主要工程量

四、工程验收、鉴定情况

（一）单位工程验收

（二）阶段验收

（三）专项验收（包括主要结论）

（四）竣工验收技术鉴定（包括主要结论）

五、工程质量

（一）工程质量监督

（二）工程项目划分

（三）工程质量检测

（四）工程质量核定

六、工程运行管理

（一）管理机构、人员和经费

（二）工程移交

七、工程初期运行及效益

（一）工程初期运行情况

（二）工程初期运行效益

（三）初期运行监资料分析

八、历次验收及相关鉴定提出的主要问题的处理情况

九、工程尾工安排

十、评价意见

第二部分　专项工程（工作）及验收

一、征地补偿和移民安置

（一）规划（设计）情况

（二）完成情况

（三）验收情况及主要结论

二、水土保持设施

（一）设计情况

（二）完成情况

（三）验收情况及主要结论

三、环境保护

（一）设计情况

（二）完成情况

（三）验收情况及主要结论

四、工程档案（验收情况及主要结论）

五、消防设施（验收情况及主要结论）

六、其他

第三部分　财务审计

一、概算批复

二、投资计划下达及资金到位

三、投资完成及交付资产

四、征地拆迁及移民安置资金

五、结余资金

六、预计未完工程投资及费用

七、财务管理

八、竣工财务决算报告编制

九、稽查、检查、审计

十、评价意见

第四部分　意见和建议

第五部分　结论

第六部分　竣工技术预验收专家组专家签名表

四、竣工验收

（一）竣工验收单位构成

竣工验收委员会可设主任委员 1 名,副主任委员以及委员若干名,主任委员应由验收主持单位代表担任。竣工验收委员会由竣工验收主持单位、有关地方人民政府和部门、有关水行政主管部门和流域管理机构、质量和安全监督机构、运行管理单位的代表以及有关专家组成。对于技术较复杂的工程,可以吸收有关方面的专家以个人身份参加验收委员会。

竣工验收的主持单位按以下原则确定:

(1)中央投资和管理的项目,由水利部或水利部授权流域机构主持。

(2)中央投资、地方管理的项目,由水利部或流域机构与地方政府或省一级水行政主管部门共同主持,原则上由水利部或流域机构代表担任验收主任委员。

(3)中央和地方合资建设的项目,由水利部或流域机构主持。

(4)地方投资和管理的项目由地方政府或水行政主管部门主持。

(5)地方与地方合资建设的项目,由合资各方共同主持,原则上由主要投资方代表担任验收委员会主任委员。

(6)多种渠道集资兴建的甲类项目由当地水行政主管部门主持;乙类项目由主要出资方主持,水行政主管部门派员参加。大型项目的验收主持单位要报省级水行政主管部门批准。

(7)国家重点工程按国家有关规定执行。

为了更好地保证验收工作的公正和合理,各参建单位如项目法人、勘测、设计、监理、施工和主要设备制造(供应)商等单位应派代表参加竣工验收,负责解答验收委员会提出的问题,并作为被验收单位代表在验收鉴定书上签字。

项目法人应在竣工验收前一定的期限内(通常为1个月左右),向竣工验收的主持单位递交《竣工验收申请报告》,可以让主持竣工验收单位与其他有关单位有一定的协商时间,同时也有一定的时间来检查工程是否具备竣工验收条件。项目法人还应在竣工验收前一定的期限内(通常为半个月左右)将有关材料送达竣工验收委员会成员单位,以便验收委员会成员有足够的时间审阅有关资料,澄清有关问题。《竣工验收申请报告》通常包括如下内容:

1)工程完成情况。

2)验收条件检查结果。

3)验收组织准备情况。

4)建议验收时间、地点和参加单位。

验收主持单位在接到项目法人《竣工验收申请报告》后,应同有关单位进行协商,拟定验收时间、地点及验收委员会组成单位等有关事宜,批复验收申请报告。

(二)竣工验收主要内容与程序

(1)现场检查工程建设情况及查阅有关资料。

(2)召开大会：

1)宣布验收委员会组成人员名单。

2)观看工程建设声像资料。

3)听取工程建设管理工作报告。

4)听取竣工技术预验收工作报告。

5)听取验收委员会确定的其他报告。

6)讨论并通过竣工验收鉴定书。

7)验收委员会委员和被验收单位代表在竣工验收鉴定书上签字。

（三）竣工验收鉴定

(1)工程项目质量达到合格以上等级的,竣工验收的质量结论意见为合格。

(2)竣工验收鉴定书格式如下。数量按验收委员会组成单位、工程主要参建单位各 1 份以及归档所需要份数确定。自鉴定书通过之日起 30 个工作日内,由竣工验收主持单位发送有关单位。

竣工验收鉴定书格式

前言（包括验收依据、组织机构、验收过程等）

一、工程设计和完成情况

（一）工程名称及位置

（二）工程主要任务和作用

（三）工程设计主要内容

1. 工程立项、设计批复文件

2. 设计标准、规模及主要技术经济指标

3. 主要建设内容及建设工期

4. 工程投资及投资来源

（四）工程建设有关单位(可附表)

（五）工程施工过程

1. 主要工程开工、完工时间

2. 重大设计变更

3. 重大技术问题及处理情况

（六）工程完成情况和完成的主要工程量

（七）征地补偿及移民安置

（八）水土保持设施

（九）环境保护工程

二、工程验收及鉴定情况

（一）单位工程验收

（二）阶段验收

（三）专项验收

（四）竣工验收技术鉴定

三、历次验收及相关鉴定提出问题的处理情况

四、工程质量

（一）工程质量监督

（二）工程项目划分

（三）工程质量抽检（如有时）

（四）工程质量核定

五、概算执行情况

（一）投资计划下达及资金到位

（二）投资完成及交付资产

（三）征地补偿和移民安置资金

（四）结余资金

（五）预计未完工程投资及预留费用

（六）竣工财务决算报告编制

（七）审计

六、工程尾工安排

七、工程运行管理情况

（一）管理机构、人员和经费情况

（二）工程移交

八、工程初期运行及效益

（一）初期运行管理

（二）初期运行效益

（三）初期运行监测资料分析

九、竣工技术预验收

十、意见和建议

十一、结论

十二、保留意见（应有本人签字）

十三、验收委员会委员和被验单位代表签字表

十四、附件：竣工技术预验收工作报告

第八节　质量事故处理

一、事故处理必备条件

建筑工程质量事故分析的最终目的是为了处理事故。由于事故处理具有复杂性、危险性、连锁性、选择性及技术难度大等特点，因此必须持科学、谨慎的观点，并严格遵守一定的处理程序。

（1）处理目的明确。

（2）事故情况清楚。

一般包括事故发生的时间、地点、过程、特征描述、观测记录及发展变化规律等。

（3）事故性质明确。

通常应明确三个问题：是结构性还是一般性问题；是实质性还是表面性问题；事故处理的紧迫程度。

（4）事故原因分析准确、全面。

事故处理就像医生给人看病一样，只有弄清病因，方能对症下药。

（5）事故处理所需资料应齐全。

资料是否齐全直接影响到分析判断的准确性和处理方法的选择。

二、事故处理要求

事故处理通常应达到以下四项要求：①安全可靠、不留隐患。②满足使用或生产要求。③经济合理。④施工方便、安全。要达到上述要求，事故处理必须注意以下事项。

（一）综合治理

首先，应防止原有事故处理后引发新的事故；其次，应注意处理方法的综合应用，以取得最佳效果；再者，一定要消除事故根源，不可治表不治里。

（二）事故处理过程中的安全

避免工程处理过程中或者说在加固改造的过程中倒塌，造成了更大的人员和财产损失，为此应注意以下问题。

（1）对于严重事故、岌岌可危、随时可能倒塌的建筑，在处理之前必须有可靠的支护。

（2）对需要拆除的承重结构部件，必须事先制订拆除方案和安全措施。

（3）凡涉及结构安全的，处理阶段的结构强度和稳定性十分重要，尤其是钢结构容易失稳问题引起足够重视。

（4）重视处理过程中由于附加应力引发的不安全因素。

（5）在不卸载条件下进行结构加固，应注意加固方法的选择以及对结构承载力的影响。

（三）事故处理的检查验收工作

目前，对新建施工，由于引进工程监理，在"三控三管一协调"方面发挥了重要作用。但对于建筑物的加固改造工程事故处理及检查验收工作重视程度还不够，应予以加强。

三、质量事故处理的依据

进行工程质量事故处理的主要依据有四个方面：质量事故的实况资料；具有法律效力的，得到有关当事各方认可的工程承包合同、设计委托合同、材料或设备购销合同以及监理合同或分包合同等合同文件；有关的技术文件、档案和相关的建设法规。

（一）质量事故的实况资料

要搞清质量事故的原因和确定处理对策，首要的是要掌握质量事故的实际情况。有关质量事故实况的资料主要可来自以下几个方面。

（1）施工单位的质量事故调查报告。质量事故发生后，施工单位有责任就所发生的质量事故进行周密的调查、研究掌握情况，并在此基础上写出调查报告，提交监理工程师和业主。在调查报告中首先就与质量事故有关的实际情况做详尽的说明，其内容应包括：

1）质量事故发生的时间、地点。

2）质量事故状况的描述。发生的事故类型（如混凝土裂缝、砖砌体裂缝）；发生的部位（如楼层、梁、柱，及其所在的具体位置）；分布状态及范围；严重程度（如裂缝长度、宽度、深度等）。

3）质量事故发展变化的情况（其范围是否继续扩大、程度是否已经稳定等）。

4）有关质量事故的观测记录、事故现场状态的照片或录像。

（2）监理单位调查研究所获得的第一手资料。

其内容大致与施工单位调查反告中有关内容相似，可用来与施工单位所提供的情况对照、核实。

（二）有关合同及合同文件

（1）所涉及的合同文件可以是：工程承包合同、设计委托合同、设备与器材购销合同、监理合同等。

（2）有关合同和合同文件在处理质量事故中的作用是确定在施工过程中有关各方是否按照合同有关条款实施其活动，借以探寻产生事故的可能原因。例如，施工单位是否在规定时间内通知监理单位进行隐蔽工程验收；监理单位是否按规定时间实施了检查验收；施工单位在材料进场时，是否按规定或约定进行了检验等。此外，有关合同文件还是界定质量责任的重要依据。

（三）有关的技术文件和档案

（1）有关的设计文件。如施工图纸和技术说明等。它是施工的重要依据。在处理质量事故中，其作用一方面是可以对照设计文件，核查施工质量是否完全符合设计的规定和要求；另一方面是可以根据所发生的质量事故情况，核查设计中是否存在问题或缺陷，成为导致质量事故的一方面原因。

（2）与施工有关的技术文件、档案和资料。

1）施工组织设计或施工方案、施工计划。

2）施工记录、施工日志等。根据它们可以查对发生质量事故的工程施工时的情况，如：施工时的气温、降雨、风、浪等有关的自然条件；施工人员的情况；施工工艺与操作过程的情况；使用的材料情况；施工场地、工作面、交通等情况；地质及水文地质情况等。借助这些资料可以追溯和探寻事故的可能原因。

3）有关建筑材料的质量证明资料。例如，材料批次、出厂日期、出厂合格证或检验报告、施工单位抽检或试验报告等。

4）现场制备材料的质量证明资料。例如，混凝土拌和料的级配、水灰比、坍落度记录；混凝土试块强度试验报告；沥青拌和料配比、出机温度和摊铺温度记录等。

5）质量事故发生后，对事故状况的观测记录、试验记录或试验报告等。例如，对地基沉降的观测记录；对建筑物倾斜或变形的观测记录；对地基钻探取样记录与试验报告，对混凝土结构物钻取试样的记录与试验报告等。

6）其他有关资料。上述各类技术资料对于分析质量事故原因，判断其发展变化趋势，推断事故影响及严重程度，考虑处理措施等都是不可缺少的。

（四）相关的建设法规

1998年3月1日《中华人民共和国建筑法》颁布实施，对加强建筑活动的监督管理，维护市场秩序，保证建设工程质量提供了法律保障。这部工程建设和建筑业大法的实施,标志着我国工程建设和建筑业进入了法制管理新时期。通过几年的发展,国家已基本建立起以《建筑法》为基础与社会主义市场经济体制相适应的工程建设和建筑业法规体系,包括法律、法规、规章及示范文本等。与工程质量及质量事故处理有关的有以下几类,简述如下:

(1)勘察、设计、施工、监理等单位资质管理方面的法规。《建筑法》明确规定"国家对从事建筑活动的单位实行资质审查制度"。这方面的法规由建设部于 2001 年以部令发布的《建设工程勘察设计企业资质管理规定》、《建筑业企业资质管理规定》和《工程监理企业资质管理规定》等。这类法规主要内容涉及勘察、设计、施工和监理等单位的等级划分;明确各级企业应具备的条件;确定各级企业所能承担的任务范围;其等级评定的申请、审查、批准、升降管理等方面。

(2)从业者资格管理方面的法规。《建筑法》规定对注册建筑师、注册结构工程师和注册监理工程师等有关人员实行资格认证制度。1995 年国务院颁布的《中华人民共和国注注册建筑师条例》、1997 年建设部、人事部颁布的《注册结构工程师执业资格制度暂行规定》和 1998 年建设部、人事部颁发的《监理工程师考试和注册试行办法》等。这类法规主要涉及建筑活动的从业者应具有相应的执业资格;注册等级划分;考试和注册办法;执业范围;权利、义务及管理等。

(3)建筑市场方面的法规。这类法律、法规主要涉及工程发包、承包活动,以及国家对建筑市场的管理活动。于 1999 年 10 月 1 日施行的《中华人民共和国合同法》和于 2000 年 1 月 1 日施行的《中华人民共和国招标投标法》是国家对建筑市场管理的两个基本法律。与之相配套的法规有 2001 年国务院发布的《工程建设项目招标范围和规模标准的规定》,国家原计委《工程项目自行招标的试行办法》,建设部《建筑工程设计招标投标管理办法》,2001 年国家原计委等七部委联合发布的《评标委员会和评标方法的暂行规定》等以及 2001 年建设部发布的《建筑工程发包与承包价格计价管理办法》和与国家工商行政管理总局共同发布的《建设工程勘察合同》、《建筑工程设计合同》等示范文本,2012 年住房与城乡建设部、国家工商行政管理总局联合发布的《建设工程监理合同》示范文本,2013 年住房与城乡建设部、国家工商行政管理总局发布的《建设工程监理合同》示范文本等法律、法规、文件主要是为了维护建筑市场的正常秩序和良好环境,充分发挥竞争机制,保证工程项目质量,提高建设水平。例如《招标投标法》明确规定"投标人不得以低于成本的报价竞标",就是防止恶性杀价竞争,导致偷工减料引起工程质量事故。《合同法》明文规定"禁止承包人将工程分包给不具备相应资质条件的单位,禁止分包单位将其承包的工程再分包。建设工程主体结构的施工必须由承包人自行完成"。对违反者处以罚款,没收非法所得直至吊销资质证书,这均是为了保证工程施工的质量,防止因操作人员素质低造成质量事故。

(4)建筑施工方面的法规。以《建筑法》为基础,国务院及住房与城乡建设部颁布了一系列建筑工程施工管理办法的法规、方法,涉及施工技术管理、建设工程监理、建筑安全生产管理、施工机械设备管理和建设工程质量监督管理。它们与现场施工密切相关,因而与工程施工质量有密切关系或直接关系。例如《建设工程监理规范》明确了现场监理工作的内容、深度、范围、程序、行为规范和工作制度;国务院颁布的《建设工程质量管理条例》,以《建筑法》为基础,全面系统地对与建设工程有关的质量责任和管理问题,做了明确的规定,可操作性强。它不但对建设工程的质量管理具有指导作用,而且是全面保证工程质量和处理工程质量事故的重要依据。

(5)标准化管理方面的法规。2000年建设部发布《工程建设标准强制性条文》和《实施工程建设强制性标准监督规定》是典型的标准化管理类法规,它的实施为《建设工程质量管理条例》提供了技术法规支持,是参与建设活动各方执行工程建设强制性标准和政府实施监督的依据,同时也是保证建设工程质量的必要条件,是分析处理工程质量事故、判定责任方的重要依据。一切工程建设的勘察、设计、施工、安装、验收都应按现行标准进行,不符合现行强制性标准的勘察报告不得报出,不符合强制性条文规定的设计不得审批,不符合强制性标准的材料、半成品、设备不得进场,不符合强制性标准的工程质量必须处理,否则不得验收、不得投入使用。目前采用的是2013版《工程建设标准强制性条文》。

(五)监理单位编制质量事故调查报告

调查的主要目的是要明确事故的范围、缺陷程度、性质、影响和原因,为事故的分析和处理提供依据。

调查报告的内容主要包括:

(1)与事故有关的工程情况。

(2)质量事故的详细情况,诸如质量事故发生的时间、地点、部位、性质、现状及发展变化情况等。

(3)事故调查中有关的数据、资料和初步估计的直接损失。

(4)质量事故原因分析与判断。

(5)是否需要采取临时防护措施。

(6)事故处理及缺陷补救的建议方案与措施。

(7)事故涉及的有关人员的情况。

事故原因分析是确定事故处理措施方案的基础。正确的处理来源于对事故原因的正确判断。为此,监理工程师应当组织设计、施工、建设单位等各方参加事故原因分析。事故处理方案的制订应以事故原因分析为基础。如果某些事故一时认识不清,而且事故一时不致产生严重的恶化,可以继续进行调查、观测,以便掌握更充分的资料数据,作进一步分析,找出原因,以利制订处理方案;切忌急于求成,不能对症下药,采取的处理措施不能达到预期效果,造成反复处理的不良后果。

(六)工程质量事故处理的程序

工程监理人员应熟悉各级政府建设行政主管部门处理工程质量事故的基本程序,特别是应把握在质量事故处理中如何履行自己的职责。工程质量事故发生后,监理人员可按以下程序进行处理,如图 11 −6 所示。

(1)工程质量事故发生后,总监理工程师应签发《工程暂停令》,并要求停止进行质量缺陷部位和与其有关联部位及下道工序施工,应要求施工单位采取必要的措施,防止事故扩大并保护好现场。同时,要求质量事故发生单位迅速按类别和等级向相应的主管部门上报,并于 24h 内写出书面报告。

质量事故报告应包括以下内容:

1)事故发生的单位名称,工程产品名称、部位、时间、地点。

2)事故的概况和初步估计的直接损失。

3)事故发生后采取的措施。

4)相关各种资料(有条件时)。

各级主管部门处理权限及组成调查组权限如下:

特别重大质量事故由国务院按有关程序和规定处理;重大质量事故由国家建设行政主管部门归口管理;严重质量事故由省、自治区、直辖市建设行政主管部门归口管理;一般质量事故由市、县级建设行政主管部门归口管理。

工程质量事故调查组由事故发生地的市、县以上建设行政主管部门或国务院有关主管部门组织成立。特别重大质量事故调查组组成由国务院批准;一、二级重大质量事故调查组由省、自治区、直辖市建设行政主管部门提出组成意见,人民政府批准;三、四级重大质量事故调查组由市、县级行政主管部门提出组成意见,相应级别人民政府批准;严重质量事故调查组由省、自治区、直辖市建设行政主管部门组织;一般质量事故调查组由市、县级建设行政主管部门组织;事故发生单位属国务院部委的,由国务院有关主管部门或其授权部门会同当地建设行政主管部门组织调查组。

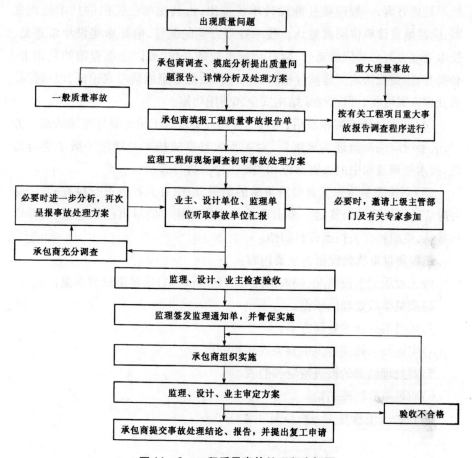

图 11 - 6 工程质量事故处理程序框图

（2）监理工程师在事故调查组展开工作后，应积极协助，客观地提供相应证据，若监理方无责任，监理工程师可应邀参加调查组，参与事故调查；若监理方有责任，则应予以回避，但应配合调查组工作。质量事故调查组的职责是：

1）查明事故发生的原因、过程、事故的严重程度和经济损失情况。

2）查明事故的性质、责任单位和主要责任人。

3）组织技术鉴定。

4）明确事故主要责任单位和次要责任单位，承担经济损失的划分原则。

5）提出技术处理意见及防止类似事故再次发生应采取的措施。

6）提出对事故责任单位和责任人的处理建议。

7）写出事故调查报告。

（3）当监理工程师接到质量事故调查组提出的技术处理意见后，可组织相关单位研究,并责成相关单位完成技术处理方案,并予以审核签认。质量事故技术处理方案,一般应委托原设计单位提出,由其他单位提供的技术处理方案,应经原设计单位同意签认。技术处理方案的制订,应征求建设单位意见。技术处理方案必须依据充分,应在质量事故的部位、原因全部查清的基础上,必要时,应委托法定工程质量检测单位进行质量鉴定或请专家论证,以确保技术处理方案可靠、可行,保证结构安全和使用功能。

(4)技术处理方案核签后,监理工程师应要求施工单位制订详细的施工方案,必要时应编制监理实施细则,对工程质量事故技术处理施工质量进行监理,技术处理过程中的关键部位和关键工序应进行旁站。

(5)对施工单位完工自检后报验的结果,组织有关各方进行检查验收,必要时应进行处理结果鉴定。要求事故单位整理编写质量事故处理报告,并审核签认,组织将有关技术资料归档。

工程质量事故处理报告主要内容:

1)工程质量事故情况、调查情况、原因分析(选自质量事故调查报告)。

2)质量事故处理的依据。

3)质量事故技术处理方案。

4)实施技术处理施工中有关问题和资料。

5)对处理结果的检查鉴定和验收。

6)质量事故处理结论。

(6)签发《工程复工令》,恢复正常施工。

第十二章　水利工程管理

第一节　概　　述

　　大约在距今 5000 多年前,我国古代社会进入了原始公社末期,农业开始成为社会的基本经济。人们为了生产和生活的方便,以氏族公社为单位,集体居住在河流和湖泊的两旁。人们临水而居虽然有着很大的便利,但也常常受到河水泛滥的危害。为防御洪水,人们修起了一个人围村堤,开始了我国古代的原始形态的防洪工程,此时也开始设立了专门管理工程事务的职官——"司空"。"司空"是古代中央政权机关中主管水土等工程的最高行政长官。禹即是被部落联盟委以司空重任,主持治水工作《尚书·尧典》记"禹作司空","平水土"),治水成功后,被推举为部落联盟领袖,成为全国共主。

　　从远古人的"居丘",到禹治洪水后的"降丘宅土",将广大平原进行开发,这是人们改造大自然的胜利。随着社会实践和生产力的提高,人们防洪的手段也从简易的围村堤向筑堤防洪转变,并随着生产和生活需求,向引用水工程发展。春秋战国时期,楚国修建的"芍陂",被称为"天下第一塘",可以灌田万顷;吴国开凿的胥河,是我国最早的人工运河;西门豹的引黄治邺和秦国的郑国渠,都是著名的引水灌溉工程。随着水利工程的大规模修筑,统治者开始意识到水事管理的重要性,建立了正式的水事管理机构,工程管理的相关制度也逐步开始形成。

　　《管子·度地》的记载表明,春秋时期已有细致的水利工程管理制度。其中规定:水利工程要由熟悉技术的专门官吏管理,水官在冬天负责检查各地工程,发现需要维修治理的,即向政府书面报告,经批准后实施。施工要安排在春季农闲时节,完工后要经常检查维护。水利修防队伍从老百姓中抽调,每年秋季按人口和土地面积摊派,并且服工役可代替服兵役。汛期堤坝如有损坏,要把责任落到实处到人,抓紧修治,官府组织人力支持。遇有大雨,要对堤防加以适当遮盖,在迎水冲刷的危险堤段要派人据守防护。这些制度说明我们的祖先在水利工程治理方面已经积累了丰富的实践经验。

一、水利工程管理的含义

水利工程是伴随着人类文明发展起来的,在整个发展过程中,人们对水利工程要进行管理的意识越来越强烈,但发展至今并没有一个明确的概念。近年来,随着对水利工程管理研究的不断深入,不少学者试图给水利工程管理下一个明确的定义。一部分学者认为,水利工程管理实质上就是保护和合理运用已建成的水利工程设施,调节水资源,为社会经济发展和人民生活服务的工作,进而使水利工程能够很好地服务于防洪、排水、灌溉、发电、水运、水产、工业用水、生活用水和改善环境等方面。一部分学者认为,水利工程管理,就是在水利工程项目发展周期过程中,对水利工程所涉及的各项工作,进行的计划、组织、指挥、协调和控制,以达到确保水利工程质量和安全,节省时间和成本,充分发挥水利工程效益的目的。它分为两个层次,一是工程项目管理:通过一定的组织形式,用系统工程的观点、理论和方法,对工程项目管理生命周期内的所有工作,包括项目建议书、可行性研究、设计、设备采购、施工、验收等系统过程,进行计划、组织、指挥、协调和控制,以达到保证工程质量、缩短工期、提高投资的目的;二是水利工程运行管理:通过健全组织,建立制度,综合运用行政、经济、法律、技术等手段,对已投入运行的水利工程设施,进行保护、运用,以充分发挥工程的除害兴利效益。一部分学者认为,水利工程管理是运用、保护和经营已开发的水源、水域和水利工程设施的工作。一部分学者认为,水利工程管理是从水利工程的长期经济效益出发,以水利工程为管理对象,对其各项活动进行全面、全过程的管理。完整的内容应该涵盖工程的规划、勘测设计、项目论证、立项决策、工程设计、制定实施计划、管理体制、组织框架、建设施工、监理监督、资金筹措、验收决算、生产运行、经营管理等内容。一个水利工程的完整管理可以分为三个阶段,即第一阶段,工程前期的决策管理;第二阶段,工程的实施管理;第三阶段,工程的运营管理。

在综合多位学者对水利工程管理概念理解的基础上,可以这样归纳,水利工程管理是指在深入了解已建水利工程性质和作用的基础上,为尽可能地趋利避害,保护和合理利用水利工程设施,充分发挥水利工程的社会和经济效益,所做出的必要管理。

二、流域治理体系

2002年修订的《水法》第十二条规定"国家对水资源实行流域管理与行政

区域管理相结合的管理体制"。国务院水行政主管部门在国家确定的重要江河湖泊设立的流域管理机构,在所管辖的范围内行使法律、行政法规规定的和国务院水行政主管部门授予的水资源管理和监督职责。我国已按七大流域设立了流域管理机构,有长江水利委员会、黄河水利委员会、海河水利委员会、淮河水利委员会、珠江水利委员会、松辽水利委员会、太湖流域管理局。七大江河湖泊的流域机构依照法律、行政法规的规定和水利部的授权,在所管辖的范围内对水资源进行管理与监督。

2002年《水法》对流域管理机构的法定管理范围确定为:参与流域综合规划和区域综合规划的编制工作;审查并管理流域内水工程建设;参与拟订水功能区划,监测水功能区水质状况;审查流域内的排污设施;参与制订水量分配方案和旱情紧急情况下的水量调度预案;审批在边界河流上建设水资源开发、利用项目;制订年度水量分配方案和调度计划;参与取水许可管理;监督、检查、处理违法行为等。

新《水法》确立的"水资源流域管理与区域管理相结合,监督管理与具体管理相分离"的管理体制,一方面是对水资源流域自然属性的认识与尊重,体现了资源立法中生态观念的提升,另一方面是对政府管制中出现的部门利益驱动、代理人代理权异化、公共权力恶性竞争、设租与寻租等"政府失灵"问题的克服与纠正,体现了行政权力制约与管理科学化、民主化的公共治理理念。

水利工程建成交付水管单位后,水管单位就拥有了发挥工程效益的主要经营要素——劳动者(管理职工),主要劳动资料(水利工程),劳动对象(天然水资源)。如果运行费用的资金来源有保证,水管单位就拥有了全部经营要素。这些经营要素必须互相结合,才能使水利工程发挥防洪、灌溉、发电、城镇供水、水产、航运等设计效益。使水利工程发挥效益的技术、经济活动就是经营水利的过程。经营的目的是以尽可能小的劳动耗费和尽可能少的劳动占用取得尽可能大的经营成果。尽可能大的经营成果就是在保证工程安全前提下,充分发挥工程的综合效益。水管单位为达到上述目标,就必须运用管理科学,把计划、组织、指挥、协调、控制等管理职能与经营过程结合起来,使各种经营要素得到合理的结合。概括地说,水利工程管理是一门在运用水利工程进行防洪、供水等生产活动过程中对各种资源(人与物)进行计划、组织、指挥、协调和控制,以及对所产生的经济关系(管理关系)及其发展变化规律进行研究的边缘学科,它涉及到生产力经济学、政治经济学、管理科学、心理学、会计学、水利科学技术,以及数理统计、系统工程等许多社会科学和自然科学的理论和知识。

水管单位既是生产活动的组织者,又是一定社会生产关系的体现者。因此,水管单位的经营管理基本内容包括两个方面:一方面是生产力的合理组织,包括劳动力的组织、劳动手段的组织、劳动对象的组织,以及生产力要素结合的组织,等等。另一方面是有关生产关系的正确处理,包括正确处理国家、水管单位与职工之间的关系,水管单位与用水单位的关系,等等。

经营管理过程是生产力合理组织和生产关系的正确处理这两种基本职能共同结合发生作用的过程。在经营管理的实践中,又表现为计划、组织、指挥、协调和控制等一系列具体管理职能。通过决策和计划,明确水管单位的目标;通过组织,建立实现目标的手段;通过指挥,建立正常的生产秩序;通过协调,处理好各方面的关系;通过控制,检查计划的实现情况,纠正偏差,使各方面的工作更符合实际,从而保证计划的贯彻执行和决策的实现。

水管单位管理生产经营活动的具体内容可归纳为以下各项:

(1)管理制度的确定和管理机构的建立。主要包括管理制度的建设,管理层次的确定,职能机构的设置,管理人员的配备,责任制和各项生产技术规章制度的建立等。

(2)计划管理。主要包括定额管理、统计、技术档案管理等基础工作;生产经营的预测、决策;长期和年度计划的编制、执行与控制等。

(3)生产技术管理。主要包括水利工程的养护修理、检查观测工作的组织管理;生产调度工作;信息管理;设备和物资管理;科学技术管理等。

(4)成本管理。主要包括供水成本的测算,水价的核定,水费的管理等。

(5)多种经营管理。主要包括水管单位开展多种经营的方针、原则、内容,以及量本利分析等。

(6)财务管理。主要包括资金管理、经济核算,以及财务计划的编制和执行等。

(7)考核评比。主要包括制定水管单位经营管理工作的考核内容、指标体系和综合评比方法等。

第二节　管理要求

一、基本要求

1.工程养护应做到及时消除表面的缺陷和局部工程问题,防护可能发生的损坏,保持工程设施的安全、完整、正常运用。

2. 管理单位应依据水利部、财政部《水利工程维修养护定额标准(试点)》(水办[2004]307 号)编制次年度养护计划,并按规定报主管部门。

3. 养护计划批准下达后,应尽快组织实施。

二、大坝管护

1. 坝顶养护应达到坝顶平整,无积水,无杂草,无弃物;防浪墙、坝肩、踏步完整,轮廓鲜明;坝端无裂缝,无坑凹,无堆积物。

2. 坝顶出现坑洼和雨淋沟缺,应及时用相同材料填平补齐,并应保持一定的排水坡度;坝顶路面如有损坏,应及时修复;坝顶的杂草、弃物应及时清除。

3. 防浪墙、坝肩和踏步出现局部破损,应及时修补。

4. 坝端出现局部裂缝、坑凹,应及时填补,发现堆积物应及时清除。

5. 坝坡养护应达到坡面平整,无雨淋沟缺,无荆棘杂草滋生;护坡砌块应完好,砌缝紧密,填料密实,无松动、塌陷、脱落、风化、冻毁或架空现象。

6. 干砌块石护坡的养护应符合下列要求:

(1)及时填补、楔紧脱落或松动的护坡石料。

(2)及时更换风化或冻损的块石,并嵌砌紧密。

(3)块石塌陷、垫层被淘刷时,应先翻出块石,恢复坝体和垫层后,再将块石嵌砌紧密。

7. 混凝土或浆砌块石护坡的养护应符合下列要求:

(1)清除伸缩缝内杂物、杂草,及时填补流失的填料。

(2)护坡局部发生侵蚀剥落、裂缝或破碎时,应及时采用水泥砂浆表面抹补、喷浆或填塞处理。

(3)排水孔如有不畅,应及时进行疏通或补设。

8. 堆石或碎石护坡石料如有滚动,造成厚薄不均时,应及时进行平整。

9. 草皮护坡的养护应符合下列要求:

(1)经常修整草皮、清除杂草、洒水养护,保持完整美观。

(2)出现雨淋沟缺时,应及时还原坝坡,补植草皮。

10. 对无护坡土坝,如发现有凹凸不平,应进行填补整平;如有冲刷沟,应及时修复,并改善排水系统;如遇风浪淘刷,应进行填补,必要时放缓边坡。

三、排水设施管护

1. 排水、导渗设施应达到无断裂、损坏、阻塞、失效现象,排水畅通。

2. 排水沟(管)内的淤泥、杂物及冰塞,应及时清除。

3. 排水沟(管)局部的松动、裂缝和损坏,应及时用水泥砂浆修补。

4. 排水沟(管)的基础如被冲刷破坏,应先恢复基础,后修复排水沟(管);修复时,应使用与基础同样的土料,恢复至原断面,并夯实;排水沟(管)如设有反滤层时,应按设计标准恢复。

5. 随时检查修补滤水坝趾或导渗设施周边山坡的截水沟,防止山坡浑水淤塞坝趾导渗排水设施。

6. 减压井应经常进行清理疏通,保持排水畅通;周围如有积水渗入井内,应将积水排干,填平坑洼。

四、输、泄水建筑物管护

1. 输、泄水建筑物表面应保持清洁完好,及时排除积水、积雪、苔藓、蚧贝、污垢及淤积的沙石、杂物等。

2. 建筑物各部位的排水孔、进水孔、通气孔等均应保持畅通;墙后填土区发生塌坑、沉陷时应及时填补夯实;空箱岸(翼)墙内淤积物应适时清除。

3. 钢筋混凝土构件的表面出现涂料老化,局部损坏、脱落、起皮等,应及时修补或重新封闭。

4. 上下游的护坡、护底、陡坡、侧墙、消能设施出现局部松动、塌陷、隆起、淘空、垫层散失等,应及时按原状修复。

5. 闸门外观应保持整洁,梁格、臂杆内无积水,及时清除闸门吊耳、门槽、弧形门支铰及结构夹缝处等部位的杂物。钢闸门出现局部锈蚀、涂层脱落时应及时修补;闸门滚轮、弧形门支铰等运转部位的加油设施应保持完好、畅通,并定期加油。

6. 启闭机的管护应符合下列要求:

(1)防护罩、机体表面应保持清洁、完整。

(2)机架不得有明显变形、损伤或裂缝,底脚连接应牢固可靠;启闭机连接件应保持紧固。

(3)注油设施、油泵、油管系统保持完好,油路畅通,无漏油现象;减速箱、液压油缸内油位保持在上、下限之间,定期过滤或更换,保持油质合格。

(4)制动装置应经常维护,适时调整,确保灵活可靠。

(5)钢丝绳、螺杆有齿部位应经常清洗、抹油,有条件的可设置防尘设施;启闭螺杆如有弯曲,应及时校正。

(6)闸门开度指示器应定期校验,确保运转灵活、指示准确。

7. 机电设备的管护应符合下列要求：

(1)电动机的外壳应保持无尘、无污、无锈；接线盒应防潮，压线螺栓紧固；轴承内润滑脂油质合格，并保持填满空腔内 1/2～1/3。

(2)电动机绕组的绝缘电阻应定期检测，小于 0.5 兆欧时，应进行干燥处理。

(3)操作系统的动力柜、照明柜、操作箱、各种开关、继电保护装置、检修电源箱等应定期清洁、保持干净；所有电气设备外壳均应可靠接地，并定期检测接地电阻值。

(4)电气仪表应按规定定期检验，保证指示正确、灵敏。

(5)输电线路、备用发电机组等输变电设施按有关规定定期养护。

8. 防雷设施的管护应符合下列规定：

(1)避雷针(线、带)及引下线如锈蚀量超过截面30%时，应予更换。

(2)导电部件的焊接点或螺栓接头如脱焊、松动应予补焊或旋紧。

(3)接地装置的接地电阻值应不大于 10 欧，超过规定值时应增设接地极。

(4)电器设备的防雷设施应按有关规定定期检验。

(5)防雷设施的构架上，严禁架设低压线、广播线及通讯线。

五、观测设施管护

1. 观测设施应保持完整，无变形、损坏、堵塞。

2. 观测设施的保护装置应保持完好，标志明显，随时清除观测障碍物；观测设施如有损坏，应及时修复，并重新校正。

3. 测压管口应随时加盖上锁。

4. 水位尺损坏时，应及时修复，并重新校正。

5. 量水堰板上的附着物和堰槽内的淤泥或堵塞物，应及时清除。

六、自动监控设施管护

1. 自动监控设施的管护应符合下列要求：

(1)定期对监控设施的传感器、控制器、指示仪表、保护设备、视频系统、通信系统、计算机及网络系统等进行维护和清洁除尘。

(2)定期对传感器、接收及输出信号设备进行率定和精度校验。对不符合要求的，应及时检修、校正或更换。

(3)定期对保护设备进行灵敏度检查、调整，对云台、雨刮器等转动部分加注润滑油。

2. 自动监控系统软件系统的养护应遵守下列规定：

(1)制定计算机控制操作规程并严格执行。

(2)加强对计算机和网络的安全管理,配备必要的防火墙。

(3)定期对系统软件和数据库进行备份,技术文档应妥善保管。

(4)修改或设置软件前后,均应进行备份,并做好记录。

(5)未经无病毒确认的软件不得在监控系统上使用。

3. 自动监控系统发生故障或显示警告信息时,应查明原因,及时排除,并详细记录。

4. 自动监控系统及防雷设施等,应按有关规定做好养护工作。

七、管理设施管护

1. 管理范围内的树木、草皮,应及时浇水、施肥、除害、修剪。

2. 管理办公用房、生活用房应整洁、完好。

3. 防污道路及管理区内道路、供排水、通讯及照明设施应完好无损。

4. 工程标牌(包括界桩、界牌、安全警示牌、宣传牌)应保持完好、醒目、美观。

第三节　堤防管理

一、堤防的工作条件

堤防是一种适应性很强,利用坝址附近的松散土料填筑、碾压而成的挡水建筑物。其工作条件如下:

(1)抗剪强度低。由于堤防挡水的坝体是松散土料压实填成的,故抗剪强度低,易发生坍塌、失稳滑动、开裂等破坏。

(2)挡水材料透水。坝体材料透水,易产生渗漏破坏。

(3)受自然因素影响大。堤防在地震、冰冻、风吹、日晒、雨淋等自然因素作用下,易发生沉降、风化、干裂、冲刷、渗流侵蚀等破坏,故工作中应符合自然规律,严格按照运行规律进行管理。

二、堤防的检查

堤防的检查工作主要有四个方面:①经常检查;②定期检查;③特别检查;

④安全鉴定。

（一）经常检查

堤防的经常性检查是由管理单位指定有经验的专职人员对工程进行的例行检查，并需填写有关检查记录。此种检查原则上每月至少应进行1~2次。检查内容主要包括以下几个方面：

（1）检查坝体有无裂缝。检查的重点应是坝体与岸坡的连接部位，异性材料的接合部位，河谷形状的突变部位，坝体土料的变化部位，填土质量较差的部位，冬季施工的坝段等部位。如果发现裂缝，应检查裂缝的位置、宽度、方向和错距，并跟踪记录，观测其发展情况。对横向裂缝，应检查贯穿的深度、位置，是否形成或将要形成漏水通道；对于纵向裂缝，应检查是否形成向上游或向下游的圆弧形，有无滑坡的迹象。

（2）检查下游坝坡有无散浸和集中渗流现象，渗流是清水还是浑水；在坝体与两岸接头部位和坝体与刚性建筑物连接部位有无集中渗流现象；坝脚和坝基渗流出逸处有无管涌、流土和沼泽化现象；埋设在坝体内的管道出口附近有无异常渗流或形成漏水通道，检查渗流量有无变化。

（3）检查上下游坝坡有无滑坡、上部坍塌、下部塌陷和隆起现象。

（4）检查护坡是否完好，有无松动、塌陷、垫层流失、石块架空、翻起等现象；草皮护坡有无损坏或局部缺草，坝面有无冲沟等情况。

（5）检查坝体上和库区周围排水沟、截水沟、集水井等排水设备有无损坏、裂缝、漏水或被土石块、杂草等阻塞。

（6）检查防浪墙有无裂缝、变形、沉陷和倾斜等；坝顶路面有无坑洼，坝顶排水是否畅通，坝轴线有无位移或沉降，测桩是否损坏等。

（7）检查坝体有无动物洞穴，是否有害虫、害兽的活动迹象。

（8）对水质、水位、环境污染源等进行检查观测，对堤防量水堰的设备、测压管设备进行检查。

对每次检查出的问题应及时研究分析，并确定妥善的处理措施。有关情况要记录存档，以备检索。

（二）定期检查

定期检查是在每年汛前、汛后和大量用水期前后组织一定力量对工程进行的全面性检查。检查的主要内容有：

（1）检查溢洪道的实际过水能力。对不能安全运行，洪水标准低的堤防，要检查是否按规定的汛期限制水位运行。如果出现较大洪水，有没有切实可行的保坝措施，并是否落实。

(2)检查坝址处、溢洪道岸坡或库区及水库沿岸有无危及坝体安全的滑坡、塌方等情况。

(3)坝前淤积严重的坝体,要检查淤积库容的增加对坝体安全和效益所带来的危害。特别要复核抗洪能力,以及采取哪些相应措施,以免造成洪水漫坝的危险。

(4)检查溢洪道出口段回水是否可能冲淹坝脚,影响坝体安全。

(5)对坝下涵管进行检查。

(6)检查掌握水库汛期的蓄水和水位变化情况,严格按照规定的安全水位运用,不能超负荷运行。放水期注意控制放水流量,以防库水位骤降等因素影响坝体安全。

(三)特别检查

特别检查是当工程发生严重破坏现象或有重大疑点时,组织专门力量进行检查。通常在发生特大洪水、暴雨、强烈地震、工程非常运用等情况时进行。

(四)安全鉴定

工程建成后,在运用头三至五年内须对工程进行一次全面鉴定,以后每隔六至十年进行一次。安全鉴定应由主管部门组织,由管理、设计、施工、科研等单位及有关专业人员共同参加。

三、堤防的养护修理

堤防的养护修理应本着"经常养护,随时维修,养重于修,修重于抢"的原则进行,一般可分为经常性养护维修、岁修、大修和抢修。经常性的养护维修是根据检查发现的问题而进行的日常保养维护和局部修补,以保持工程的完整性。岁修一般是在每年汛后进行,属全面的检查维修。大修是指工程损坏较大时所作的修复。大修一般技术复杂,可邀请有关设计、科研及施工单位共同研究修复方案。抢修又称为抢险,当工程发生事故,危及整个工程安全及下游人民生命财产的安全时,应立即组织力量抢修。

堤防的养护修理工作主要包括下列内容:

(1)在坝面上不得种植树木和农作物,不得放牧,铲草皮,搬动护坡和导渗设施的砂石材料等。

(2)堤防坝顶应保持平整,不得有坑洼,并具有一定的排水坡度,以免积水。坝顶路面应经常养护,如有损坏应及时修复和加固。防浪墙和坝肩的路沿石、栏杆、台阶等如有损坏应及时修复。坝顶上的灯柱如有歪斜,线路和照明设备损坏,应及时调整和修补。

（3）坝顶、坝坡和戗台上不得大量堆放物料和重物,以免引起不均匀沉陷或局部塌滑。坝面不得作为码头停靠船只和装卸货物,船只在坝坡附近不得高速行驶。坝前靠近坝坡如有较大的漂浮物和树木应及时打捞。

（4）在距坝顶或坝的上下游一定的安全距离范围之内,不得任意挖坑、取土、打井和爆破,禁止在水库内炸鱼等对工程有害的活动。

（5）对堤防上下游及附近的护坡应经常进行养护,如发现护坡石块有松动、翻动和滚动等现象,以及反滤层、垫层有流失现象,应及时修复。如果护坡石块的尺寸过小,难以抵抗风浪的淘刷,可在石块间部分缝隙中充填水泥砂浆或用水泥砂浆勾缝,以增强其抵抗能力。混凝土护坡伸缩缝内的填充料如有流失,应将伸缩缝冲洗干净后按原设计补充填料,草皮护坡如有局部损坏,应在适当的季节补植或更换新草皮。

（6）堤防与岸坡连接处应设置排水沟,两岸山坡上应设置截水沟,将雨水或山坡上的渗水排至下游,防止冲刷坝坡和坝脚。坝面排水系统应保持完好,畅通无阻,如有淤积、堵塞和损坏,应及时清除和修复。维护坝体滤水设施和坝后减压设施的正常运用,防止下游浑水倒灌或回流冲刷,以保持其反滤和排渗能力。

（7）堤防如果有减压井,井口应高于地面,防止地表水倒灌。如果减压井因淤积而影响减压效果,应及时采取掏淤、洗井、抽水的方法使其恢复正常。如减压井已损坏无法修复,可将原减压井用滤料填实,另打新井。

（8）坝体、坝基、两岸绕渗及坝端接触渗漏不正常时,常用的处理方法是上游设防堵截,坝体钻孔灌浆,以及下游用滤土导渗等。对岩石坝基渗漏可以用帷幕灌浆的方法处理。

（9）坝体裂缝,应根据不同的情况,分别采取措施进行处理。

（10）对坝体的滑坡处理,应根据其产生的原因、部位、大小、坝型、严重程度及水库内水位高低等情况,进行具体分析,采取适当措施。

（11）在水库的运用中,应正确控制水库水位的降落速度,以免因水位骤降而引起滑坡。对于坝上游布置有铺盖的堤防,水库一般不空放空,以防铺盖干裂或冻裂。

（12）如发现堤防坝体上有兽洞、蚁穴,应设法捕捉害兽和灭杀白蚁,并对兽洞和蚁穴进行适当处理。

（13）坝体、坝基及坝面的各种观测设备和各种观测仪器应妥善保护,以保证各种设备能及时准确和正常地进行各种观测。

（14）保持整个坝体干净、整齐,无杂草和灌木丛,无废弃物和污染物,无对坝体有害的隐患及影响因素,做好大坝的安全保卫工作。

第四节　水闸管理

一、水闸检查

水闸检查是一项细致而重要的工作,对及时准确地掌握工程的安全运行情况和工情、水情的变化规律,防止工程缺陷或隐患,都具有重要作用。主要检查内容包括:①闸门(包括门槽、门支座、止水及平压阀、通气孔等)工作情况;②启闭设施启闭工作情况;③金属结构防腐及锈蚀情况;④电气控制设备、正常动力和备用电源工作情况。

（一）水闸检查的周期

检查可分为经常检查、定期检查、特别检查和安全鉴定四类。

（1）经常检查。用眼看、耳听、手摸等方法对水闸的闸门、启闭机、机电设备、通信设备、管理范围内的河道、堤防和水流形态等进行检查。经常检查应指定专人按岗位职责分工进行。经常检查的周期按规定一般为每月不少于一次,但也应根据工程的不同情况另行规定。重要部位每月可以检查多次,次要部位或不易损坏的部位每月可只检查一次;在宣泄较大流量,出现较高水位及汛期每月可检查多次,在非汛期可减少检查次数。

（2）定期检查。一般指每年的汛前、汛后、用水期前后、冰冻期（指北方）的检查,每年的定期检查应为 4~6 次。根据不同地区汛期到来的时间确定检查时间,例如华北地区可安排 3 月上旬、5 月下旬、7 月、9 月底、12 月底、用水期前后 6 次。

（3）特别检查。是水闸经过特殊运用之后的检查,如特大洪水超标准运用、暴风雨、风暴潮、强烈地震和发生重大工程事故之后。

（4）安全鉴定。应每隔 15~20 年进行一次,可以在上级主管部门的主持下进行。

（二）水闸检查内容

对水闸工程的重要部位和薄弱部位及易发生问题的部位,要特别注意检查观测。检查的主要内容有:

（1）水闸闸墙背与干堤连接段有无渗漏迹象。

（2）砌石护坡有无坍塌、松动、隆起、底部掏空、垫层散失,砌石挡土墙有无倾斜、位移(水平或垂直)、勾缝脱落等现象。

(3)混凝土建筑物有无裂缝、腐蚀、磨损、剥蚀露筋;伸缩缝止水有无损坏、漏水;门槽、门坎的预埋件有无损坏。

(4)闸门有无表面涂层剥落、门体变形、锈蚀、焊缝开裂或螺栓、铆钉松动;支承行走机构是否运转灵活、止水装置是否完好,开度指示器、门槽等能否正常工作等。

(5)启闭机械是否运转灵活,制动准确,有无腐蚀和异常声响;钢丝绳有无断丝、磨损、锈蚀、接头不牢、变形;零部件有无缺损、裂纹、磨损及螺杆有无弯曲变形;油压机油路是否通畅,油量、油质是否合乎规定要求,调控装置及指示仪表是否正常,油泵、油管系统有否漏油。备用电源及手动启闭是否可靠。

(6)机电及防雷设备、线路是否正常,接头是否牢固,安全保护装置动作是否准确可靠,指示仪表指示是否正确,备用电源是否完好可靠,照明、通信系统是否完好。

(7)进、出闸水流是否平顺,有无折冲水流或波状水跃等不良流态。

二、水闸养护

(一)建筑物土工部分的养护

对于土工建筑物的雨淋沟、浪窝、塌陷以及水流冲刷部分,应立即进行检修。当土工建筑物发生渗漏、管涌时,一般采用上游堵截渗漏、下游反滤导渗的方法进行及时处理。当发现土工建筑物发生裂缝、滑坡,应立即分析原因,根据情况可采用开挖回填或灌浆方法处理,但滑坡裂缝不宜采用灌浆方法处理。对于隐患,如蚁穴兽洞、深层裂缝等,应采用灌浆或开挖回填处理。

(二)砌石设施的养护

对干砌块石护坡、护底和挡土墙,如有塌陷、隆起、错动时,要及时整修,必要时,应予更换或灌浆处理。

对浆砌块石结构,如有塌陷、隆起,应重新翻砌,无垫层或垫层失效的均应补设或整修。遇有勾缝脱落或开裂,应冲洗干净后重新勾缝。浆砌石岸墙、挡土墙有倾覆或滑动迹象时,可采取降低墙后填土高度或增加拉撑等办法予以处理。

(三)混凝土及钢筋混凝土设施的养护

混凝土的表面应保持清洁完好,对苔藓、蚧贝等附着生物应定期清除。对混凝土表面出现的剥落或机械损坏问题,可根据缺陷情况采用相应的砂浆或混凝土进行修补。

对于混凝土裂缝,应分析原因及其对建筑物的影响,拟定修补措施。裂缝的修补方法参阅项目三有关内容。

水闸上、下游,特别是底板、闸门槽、消力池内的砂石,应定期清理打捞,以防止产生严重磨损。

伸缩缝填料如有流失,应及时填充,止水片损坏时,应凿槽修补或采取其他有效措施修复。

（四）其他设施的养护

禁止在交通桥上和翼墙侧堆放砂石料等重物,禁止各种船只停靠在泄水孔附近,禁止在附近爆破。

三、水闸的控制运用

水闸控制运用又称水闸调度,水闸调度的依据是:①规划设计中确定的运用指标;②实时的水文、气象情报、预报;③水闸本身及上下游河道的情况和过流能力;④经过批准的年度控制运用计划和上级的调度指令。在水闸调度中需要正确处理除水害与兴水利之间的矛盾,以及城乡用水、航运、放筏、水产、发电、冲淤、改善环境等有关方面的利害关系。在汛期,要在上级防汛指挥部门的领导下,做好防汛、防台、防潮工作。在水闸运用中,闸门的启闭操作是关键,要求控制过闸流量,时间准确及时,保证工程和操作人员的安全,防止闸门受漂浮物的冲击以及高速水流的冲刷而破坏。

为了改进水闸运用操作技术,需要积极开展有关科学研究和技术革新工作,如:改进雨情、水情等各类信息的处理手段;率定水闸上下游水位、闸门开度与实际过闸流量之间的关系;改进水闸调度的通信系统;改善闸门启闭操作系统;装置必要的闸门遥控、自动化设备。

四、水闸的工程管理

水闸常见的安全问题和破坏现象有:在关闸挡水时,闸室的抗滑稳定;地基及两岸土体的渗透破坏;水闸软基的过量沉陷或不均匀沉陷;开闸放水时下游连接段及河床的冲刷;水闸上、下游的泥沙淤积;闸门启闭失灵;金属结构锈蚀;混凝土结构破坏、老化等。针对这些问题,需要在运用管理中做好检查观测、养护修理工作。

水闸的检查观测是为了能够经常了解水闸各部位的技术状况,从而分析判断工程安全情况和承担任务的能力。工程检查可分为经常检查、定期检查、特别检查与安全鉴定。水闸的观测要按设计要求和技术规范进行,主要观测项目有水闸上、下游水位,过闸流量,上、下游河床变形等。

对于水闸的土石方、混凝土结构、闸门、启闭机、动力设备、通信照明及其他附属设施,都要进行经常性的养护,发现缺陷及时修理。按照工作量大小和技术复杂程度,养护修理工作可分为四种,即经常性养护维修、岁修、大修和抢修。经常性养护维修是保持工程设备完整清洁的日常工作,按照规章制度、技术规范进行;岁修是指每年汛后针对较大缺陷,按照所编制的年度岁修计划进行的工程整修和局部改善工作;大修是指工程发生较大损坏后而进行的修复工作和陈旧设备的更换工作,一般工作量较大,技术比较复杂;抢修是指在工程重要部位出现险情时进行的紧急抢救工作。

为了提高工程管理水平,需要不断改进观测技术,完善观测设备和提高观测精度;研究采用各种养护修理的新技术、新设备、新材料、新工艺。随着工程的逐年老化,要研究采用增强工程耐久性和进行加固的新技术,延长水闸的使用年限。

第五节　土石坝监测

一、测压管法测定土石坝浸润线

测压管法是在坝体选择有代表性的横断面,埋设适当数量的测压管,通过测量测压管中的水位来获得浸润线位置的一种方法。

(一)测压管布置

土石坝浸润线观测的测点应根据水库的重要性和规模大小、土坝类型、断面型式、坝基地质情况以及防渗、排水结构等进行布置。一般选择有代表性、能反映主要渗流情况以及预计有可能出现异常渗流的横断面,作为浸润线观测断面。例如,选择最大坝高、老河床、合龙段以及地质情况复杂的横断面。在设计时进行浸润线计算的断面,最好也作为观测断面,以便与设计进行比较。横断面间距一般为100～200m,如果坝体较长、断面情况大体相同,可以适当增大间距。对于一般大型和重要的中型水库,浸润线观测断面不少于3个,一般中型水库应不少于2个。

每个横断面内测点的数量和位置,以能使观测成果如实地反映出断面内浸润线的几何形状及其变化,并能描绘出坝体各组成部位如防渗排水体、反滤层等处的渗流状况。要求每个横断面内的测压管数量不少于3根。

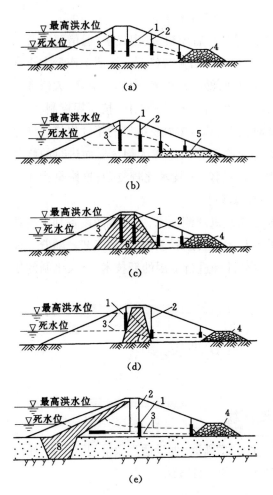

图 12 - 1　不同坝型浸润线测压管布置示意图
(a)均质土坝(有反滤坝趾);(b)均质土坝(有水平排水);
(c)宽心墙坝;(d)窄心墙坝;(e)带截水墙的斜墙坝
1—进水管段;2—导管;3—浸润线;4—反滤坝趾;
5—水平反滤层;6—宽心墙;7—窄心墙;8—斜墙

（1）具有反滤坝趾的均质土坝,在上游坝肩和反滤坝趾上游各布置一根测压管,其间根据具体情况布置一根或数根测压管,如图 12 -1(a)所示。

（2）具有水平反滤层的均质土坝,在上游坝肩以及水平反滤层的起点处各布置一根测压管,其间视情况而定。也可在水平反滤层上增设一根测压管,如图 12 -1(b)所示。

（3）对于塑性心墙,如心墙较宽,可在心墙布置 2 ~ 3 根测压管,在下游透水料紧靠心墙外和反滤层坝趾上游端各埋设一根测压管,如图 12 -1(c)所示。

如心墙较窄,可在心墙上下游和反滤坝趾上游端各布景一根测压管,其间根据具体情况布置,如图 12 -1(d)所示。

（4）对于塑性斜墙坝,在紧靠斜墙下游埋设一根测压管,反滤坝趾上游端埋设一根测压管,其间距视具体情况布置。紧靠斜墙的测压管,为了不破坏斜墙的防渗性能并便于观测,通常采用有水平管段的 L 形测压管。水平管段略倾斜,进水管端稍低,坡度在 5% 左右,以避免气塞现象。

水平管段的坡度还应考虑坝基的沉陷,防止形成倒坡,如图 12 -1(e)所示。

（5）其他坝型的测压管布置,可考虑按上述原则进行。需要在坝的上游坝坡埋设测压管时,应尽可能布置在最高洪水位以上,如必须埋设在最高洪水位以下时,需注意当水库水位上升将淹没管口时,用水泥砂浆将管口封堵。

（二）测压管的结构

测压管长期埋设在坝体内，要求管材经久耐用。常用的有金属管、塑料管和无砂混凝土管。无论哪种测压管均由进水管、导管和管口保护设备三部分组成。

1. 进水管

常用的进水管直径为 38～50mm，下端封口，进水管壁钻有足够数量的进水孔。对埋设于粘性土中的进水管，开孔率为 15% 左右；对砂性土，开孔率为 20% 左右。孔径一般为 6mm 左右，沿管周分 4～6 排，呈梅花形排列。管内壁缘毛刺要打光。

进水管要求能进水且滤土。为防止土粒进入管内，需在管外周包裹两层钢丝布、玻璃丝布或尼龙丝布等不易腐烂变质的过滤层，外面再包扎棕皮等作为第二过滤层，最外边包两层麻布，然后用尼龙绳或铅丝缠绕扎紧，如图 12-2 所示。

进水管的长度：对于一般土料与粉细砂，应自设计最高浸润线以上 0.5 至最低浸润线以下 1m，对于粗粒土，则不短于 3m。

2. 导管

导管与进水管连接并伸出坝面，连接处应不漏水，其材料和直径与进水管相同，但管壁不钻孔。

3. 管口保护设备

伸出坝面的导管应装设专门的设备加以保护，以保护测压管不受人为破坏，防止雨水、地表水流入测压管内或沿侧压管外壁渗入坝体，避免石块和杂物落入管中，堵塞测压管。

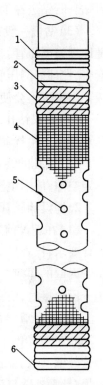

图 12-2　测压管进水管结构示意图

1—缠绕铅丝；2—两层麻布；3—第二过滤层；
4—第一过滤层；
5—进水孔；
6—封闭管底

（三）测压管的安装埋设

测压管一般在土石坝竣工后钻孔埋设，只有水平管段的 L 形测压管，必须在施工期埋设。首先钻孔，再埋设测压管，最后进行注水试验，以检查是否合格。

1. 钻孔注意事项

（1）测压管长度小于 10m 的，可用人工取土器钻孔，长度超过 10m 的测压管则需用钻机钻孔。

（2）用人工取土器钻孔前，应将钻头埋入土中一定的深度（0.5m）后，再钻进。若钻进中遇有石块确实不易钻动时，应取出钻头，并以钢钎将石块捣碎后再钻。若钻进深度不大时,可更换位置再钻。

(3)钻机一般在短时间内即能完成钻孔,如短期内不易塌孔,可不下套管,随即埋设测压管。若在砂壤土或砂砾料坝体中钻孔,为防止孔壁坍塌;可先下套管,在埋好测压管后将套管拔出,或者采用管壁钻了小孔的套管,万一套管拔不出来也不会使测压管作废。

(4)建议钻孔采用麻花钻头干钻,尽量不用循环水冲孔钻进,以免钻孔水压对坝体产生扰动破坏及可能产生裂缝。

(5)钻孔的终孔直径应不小于110mm,以保证进水段管壁与孔壁之间有一定空隙,能回填洗净的干砂。

2. 埋设测压管注意事项

(1)在埋设前对测压管应作细致检查,进水管和导管的尺寸与质量应合乎设计要求,检查后应作记录。管子分段接头可采用接箍或对焊。在焊接时应将管内壁的焊疤打去,以避免由于焊接使管内径缩小,造成测头上下受阻。管子分段连接时,要求管子在全长内保持顺直。

(2)测压管全部放入钻孔后,进水管段管壁与孔壁之间应回填粒径约为0.2mm的洗净的干砂。导管段管壁与孔壁之间应回填粘土并夯实,以防雨水沿管外壁渗入。由于管与孔壁之间间隙小,回填松散粘土往往难以达到防水效果,导管外壁与钻孔之间可回填事先制备好的膨胀粘土泥球,直径1~2cm,每填1m,注入适量稀泥浆水,以浸泡粘土球使之散开膨胀,封堵孔壁。

(3)测压管埋设后,应及时做好管口保护设备,记录埋设过程,绘制结构图,最后将埋设处理情况以及有关影响因素记录在考证表内。

3. 测压管注水试验检查

测压管埋设完毕后,要及时作注水试验,以检验灵敏度是否合格。试验前先量出管中水位,然后向管中注入清水。在一般情况下,土料中的测压管,注入相当于测压管中3~5m长体积的水;砂砾料中的测压管,注入相当于测压管中5~10m长体积的水。注入后测量水面高程,以后再经过5min、10min、15min、20min、30min、60min后各测量水位一次,以后间隔时间适当延长,测至降到原水位为止。记录测量结果,并绘制水位下降过程线,作为原始资料。对于粘壤土,测压管水位如果5昼夜内降至原来水位,认为是合格的;对于砂壤土,水位一昼夜降到原来水位,认为合格。对于砂砾料,如果在12h内降到原来水位,或灌入相应体积的水而水位升高不到3~5m,认为是合格的。

二、渗流观测资料的整理与分析

(一)土石坝渗流变化规律

土石坝渗流在运用过程中是不断变化的。引起渗流变化的原因,一般有库水位发生变化、坝体的不断固结、坝基沉陷、泥沙产生淤积、土石坝出现病害。其中,前四种原因引起的渗流变化属于正常现象,其变化具有一定的规律性:一是测压管水位和渗流量随库水位的上升而增加,随库水位的下降而减少;二是随着时间的推移,由于坝体固结、坝基沉陷、泥沙淤积等原因,在相同的库水位条件下,渗流观测值趋于减小,最后达到稳定。当土石坝产生坝体裂缝、坝基渗透破坏、防渗或排水设施失效、白蚁等生物破坏或含在土中的某些物质被水溶出等病害时,其渗流就不符合正常渗流规律,出现各种异常渗流现象。

(二)坝身测压管资料的整理和分析

1.绘制测压管水位过程线

以时间为横坐标,以测压管水位为纵坐标,绘制测压管水位过程线。为便于分析相关因素的影响,在过程线图上还应同时绘出上下游水位过程线、雨量分布线,如图 12-3 所示。

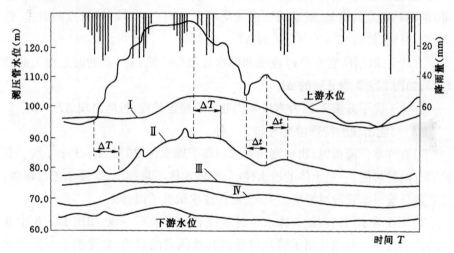

图 12-3　测压管水位过程线示意图

从图 12-3 可以看出:

(1)测压管水位与库水位有着相应的关系,即测压管水位过程线的起伏(峰、谷)次数大体上与库水位过程线相同。

(2)测压管水位变化(上升或下降)的时刻,往往比库水位开始变化(上升或下降)的时刻来得晚,两者的时间差一般称为测压管的滞后时间(如图中的 ΔT 或 Δt)。

饱和土体中测压管水位的滞后时间主要取决于测压管容积充水及放水时

间。管径越大,管内充水或放水时间越长,滞后时间也越长。为了减小滞后时间,宜选用较小直径的测压管。实际上,坝基测压管水位的滞后时间主要取决于其自身充放水时间。非饱和土体内测压管水位的滞后时间主要是由非饱和土体孔隙充水时间所引起的,远较饱和土体中测压管容积充水时间长。实际上,坝身测压管水位的滞后时间的绝大部分是由非饱和土体充水时间或饱和土体放水时间所引起的。

由于坝身测压管有较明显的滞后时间,因此就不能用同一时刻的上下游水位和管水位进行比较,这就给资料分析带来麻烦,为此,需首先估计"滞后时间",用以消除对测压管水位的影响。其次,滞后时间的长短也可作为分析坝的渗流状态的一项参考指标。一般来说,密实、透水性弱的坝体滞后时间长,而较松散、土料透水性强的坝体则滞后时间较短。滞后时间的估算方法常采用以下两种:

方法1:当水库水位和测压管水位处于一个水文年中,各有一段较长的相对稳定时间的,可在它们的过程线上选取由稳定状态开始变化(上升或下降均可)时两转折点的时差,或者选取由变化状态达到稳定时两转折点的时差,作为滞后时间,如图12 – 3中Ⅰ线的ΔT。

方法2:取测压管水位过程线和库水位过程线峰(谷)值的时差作为滞后时间,如图12 – 3中Ⅱ线的Δt。

方法1优于方法2,因为方法2仍处于不稳定过程,可能出现$\Delta T \neq \Delta t$。

(3)可能出现的特殊情况有如下几种。

1)在库水位降低时,出现测压管水位高于库水位,如图12 – 3中Ⅰ线。其原因有两种可能:一是土体的透水性小,管内水体不易排出,这属于正常现象;二是测压管进水管段被淤堵而失灵,可作注水试验予以验证。

2)测压管水位过程线与库水位过程线有时起伏不一致,如图12 – 3中Ⅱ线的凸起处。其原因是测压管水位受到其他因素的影响,如受到坝表面雨水渗入或者受到土坡地下水位上升的影响。因此,对局部时段的测定值应舍去。

3)测压管水位不随库水位变化,呈一水平直线,如图12 – 3中Ⅲ线,其原因为测压管失灵。该观测资料不能用。

2. 实测浸润线与设计浸润线对比分析

土坝设计的浸润线都是在固定水位(如正常高水位,设计洪水位)的前提下计算出来的,而在运用中,一般情况下正常高水位或设计洪水位维持时间极短,其他水位也变化频繁。因此,设计水位对应时刻的实测浸润线并非对应于该水位时的浸润线,如果库水位上升达到高水位,则在高水位下的比较往往出现"实测浸润线低于设计浸润线";相反,用低水位的观测值比较,又会出现"实测浸润线高于设计浸润线",如图 12 - 4 所示。事实上,只有库水位达到设计库水位并维持才可能直接比较,或者设法消除滞后时间的影响,否则很难说明问题。

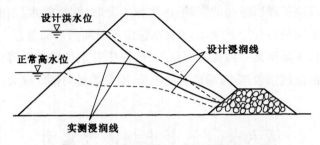

图 12 - 4   实测浸润线与设计浸润线比较图

3. 测压管水位与库水位相关分析

对于一座已建成的坝,测压管水位只与上下游水位有关,当下游水位基本不变时,可以时间为参数,绘制测压管水位与库水位相关曲线,相关曲线形状有下列几种。

(1)测压管水位与库水位曲线相关。坝身土料渗透系数较大,滞后时间较短时一般是曲线相关,如图 12 - 5 所示。图中相关曲线逐年向左移动,说明测压管水位逐年下降,渗流条件改善;反之,相关曲线向右移动,则说明渗流条件恶化。

(2)测压管水位与库水位呈圈套曲线。当坝身土料渗透系数较小时,相关曲线往往呈圈套状,这是由于滞后时间所造成的,如图 12 - 6 所示。

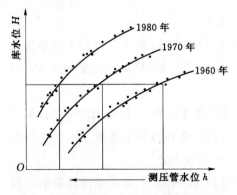

图 12 -5   测压管水位与库水位曲线相关图

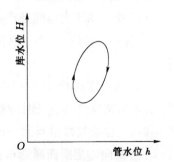

图 12 -6   测压管水位与库水位
相关过程线(单圈套)

按时间顺序点绘某一次库水位升降过程(例如在一年内)的库水位与测压

管水位关系曲线,经过整理就可得出一条顺时针旋转的单圈套曲线。这时对应于相同的库水位就有不同的测压管水位,库水位上升过程对应的测压管水位低,库水位下降过程对于测压管的水位高,这属于正常现象。若出现反时针方向旋转的情况,属于不正常,其资料不能用。

该曲线反映了滞后时间的影响:库水位上升时,测压管水位相应上升,库水位上升至最高值时开始下降,测压管水位由于时间滞后而继续上升,然后才下降。库水位下降至某一高程又开始上升,测压管水位继续下降一段时间后才上升。坝的渗透系数越小,滞后时间越长,圈套的横向幅度越大。

第六节　混凝土坝渗流监测

一、混凝土坝压力监测

混凝土坝的筑坝材料不是松散体,不必担心发生流土和管涌,因此坝体内部的渗流压力监测没有土石坝那么重要,除了为监测水平施工缝设置少量渗压计外,一般很少埋设坝体内部渗流压力监测仪器。对于混凝土坝特别是混凝土重力坝而言,大坝是靠自身的重力来维持坝体稳定的,从坝工设计到水库安全管理通常担心坝体与基础接触部位的扬压力,这是因为扬压力的增加等于减少了坝体自身的重量,也减少了坝体的抗滑稳定性,因此,混凝土坝渗流压力监测重点是监测坝体和坝基接触部位的扬压力以及绕坝渗流压力。

（一）坝基扬压力监测

混凝土坝坝基扬压力监测的一般要求为:

（1）坝基扬压力监测断面应根据坝型、规模、坝基地质条件和渗控措施等进行布置。一般设1~2个纵向监测断面,1、2级坝的横向监测断面不少于3个。

（2）纵向监测断面以布置在第一道排水幕线上为宜,每个坝段至少设1个测点;坝基地质条件复杂时,测点应适当增加,遇到强透水带或透水性强的大断层时,可在灌浆帷幕和第一道排水幕之间增设测点。

（3）横向监测断面通常布置在河床坝段、岸坡坝段、地质条件复杂的坝段以及灌浆帷幕转折的坝段。支墩坝的横向监测断面一般设在支墩底部。每个断面设3~4个测点,地质条件复杂时,可适当加密测点。测点通常布置在排水幕线上,必要时可在灌浆帷幕前布少量测点,当下游有帷幕时,在其上游侧也应布置测点,防渗墙或板桩后也要设置测点。

(4)在建基面以下扬压力观测孔的深度不宜大于1m,深层扬压力观测孔在必要时才设置。扬压力观测孔与排水孔不能相互替代使用。

(5)当坝基浅层存在影响大坝稳定的软弱带时,应增加测点。测压管进水段应埋在软弱带以下0.5~1m的岩体中,并作好软弱带处进水管外围的止水,以防止下层潜水向上渗漏。

(6)对于地质条件良好的薄拱坝,经论证可少作或不作坝基扬压力监测。

(7)坝基扬压力监测的测压管有单管式和多管式两种,可选用金属管或硬塑料管。进水段必须保证渗漏水能顺利地进入管内。当可能发生塌孔或管涌时,应增设反滤装置。管口有压时,安装压力表;管口无压时,安装保护盖,也可在管内安装渗压计。

(二)坝基扬压力监测布置

坝基扬压力监测布置通常需要考虑坝的类型、高度坝基地质条件和渗流控制工程特点等因素,一般是在靠近坝基的廊道内设测压管进行监测。纵向(坝轴线方向)通常需要布置1~2个监测断面,横向(垂直坝轴线方向)对于1级或2级坝至少布置3个监测断面。

纵向监测最主要的监测断面通常布置在第一排排水帷幕线上,每个坝段设一个测点;若地质条件复杂,测点数应适当增加,遇大断层或强透水带时,在灌浆帷幕和第一道排水幕之间增设测点。

横向监测断面选择在最高坝段、地质条件复杂的谷岸台地坝段及灌浆帷幕转折的坝段。横断面间距一般为50~100m。坝体较长、坝体结构和地质条件大体相同,可适当加大横断面间距。横断面上一般设3~4个测点,若地质条件复杂,测点应适当增加。若坝基为透水地基,如砂砾石地基,当采用防渗墙或板桩进行,防渗加固处理时,应在防渗墙或板桩后设测点,以监测防渗处效果。当有下游帷幕时,应在帷幕的上游侧布置测点。另外也可在帷幕前布置测点,进一步监测帷幕的防渗效果。

坝基若有影响大坝稳定的浅层软弱带,应增设测点。如采用测压管监测,测压管的进水管段应设在软弱带以下0.5~1m的基岩中,同时应作好软弱带导水管段的止水,防止下层潜水向上渗漏。

二、渗流量监测

当渗流处于稳定状态时,渗流量大小与水头差之间保持固定的关系。当水头差不变而渗流量显著增加或减少时,则意味着渗流出现异常或防渗排水措施失效。因此,渗流量监测对于判断渗流和防渗排水设施是否正常具有重要的意义,是渗流监测的重要项目之一。

(一)渗流量监测设计

渗流量监测是渗流监测的重要内容,它直观反映了坝体或其他防渗系统的防渗效果,历史上很多失事的大坝也都是先从渗流量突然增加开始的,因此渗流量监测是非常重要的监测项目。

渗流量设施的布置,可根据坝型和坝基地质条件、渗流水的出流和汇集条件等因素确定。对于土石坝,通常在大坝下游能够汇集渗流水的地方设置集水沟和量水设备,集水沟及量水设备应布置在不受泄水建筑物泄洪影响以及坝面和两岸雨水排泄影响的地方。将坝体、坝基排水设施的渗水集中引至集水沟,在集水沟出口进行观测。也可以分区设置集水沟进行观测,最后汇至总集水沟观测总渗流量。混凝土坝渗流量的监测可在大坝下游设集水沟,而坝体渗水由廊道内的排水沟引至排水井或集水井观测渗流量。

(二)渗流量监测方法

常用的渗流量监测方法有容积法、量水堰法和测流速法,可根据渗流量的大小和汇集条件选用。

(1)容积法,适用渗流量小于1L/s的渗流监测。具体监测时,可采用容器(如量筒)对一定时间内的渗水总量进行计量,然后除以时间就能得到单位时间的渗流量。如渗流量较大时,也可采用过磅称重的方法,对渗流量进行计量,同样可求出单位时间的渗流量。

(2)量水堰法,适用渗流量1~300L/s时的渗流监测。用水尺量测堰前水位,根据堰顶高程计算出堰上水头H,再由H按量水堰流量公式计算渗流量。量水堰按断面可分为直角三角形堰、梯形堰、矩形堰三种。

(3)测流速法,适用流量大于300L/s时的渗流监测。将渗流水引入排水沟,只要测量排水沟内的平均流速就能得到渗流量。

三、绕坝渗流监测

当大坝坝肩岩体的节理裂隙发育,或者存在透水性强的断层、岩溶和堆积层时,会产生较大的绕坝渗流。绕坝渗流不公影响坝肩岩体的稳定,而且对坝体和坝基的渗流状况也会产生不利影响。因此,对绕坝渗流进行监测是十分必要的。有关规范对绕坝渗流监测的一般规定如下:

(1)绕坝渗流监测包括两岸坝端及部分山体、土石坝与岸坡或混凝土建筑物接触面以及防渗齿墙或灌浆帷幕与坝体或两岸接合部等关键部位。绕坝渗流监测的测点应根据枢纽布置、河谷地形、渗控措施和坝肩岩土体的渗透特性进行布置。

(2)绕渗监测断面宜沿着渗流方向或渗流较集中的透水层(带)布置,数量一般为2~3个,每个监测断面上布置3~4条观测铅直线(含渗流出口)。如需分层观测时,应做好层间止水。

(3)土工建筑物与刚性建筑物接合部的绕渗观测,应在对渗流起控制作用的接触轮廓线处设置观测铅直线,沿接触面不同高程布设观测点。

(4)岸坡防渗齿槽和灌浆帷幕的上下游侧应各设1个观测点。

(5)绕坝渗流观测的原理和方法与坝体、坝基的渗流观测相同,一般采用测压管或渗压计进行观测,测压管和渗压计应埋设于死水位或筑坝前的地下水位之下。

绕坝渗流的测点布置应根据地形、枢纽布置、渗流控制设施及绕坝渗流区渗透特性而定。在两岸的帷幕后沿流线方向分别布置2~3个监测断面,在每个断面上布置3~4个测点。帷幕前可布置少量测点。

对于层状渗流,可利用不同高程上的平洞布置监测孔,无平洞时,可分别将监测孔钻入各层透水带,至该层天然地下水位以下一定深度,一般为1m,必要时可在一个孔内埋设多管式测压管,但必须做好上下两测点间的隔水措施,防止层间水相通。

第七节　3S 技术应用

一、遥感技术的应用

水利信息包括水情、雨情信息、汛旱灾情信息、水量水质信息、水环境信息、水工程信息等。为了获取这些信息,水利行业建立了一个庞大的信息监测网络,该网络在水利决策中发挥了重大作用。20 世纪 90 年代后随着以遥感为主的观测技术的快速发展和日趋成熟,使其已成为水利信息采集的重要手段。如在防洪抗旱方面,洪涝灾害遥感监测已初步建成业务化运行系统,旱情遥感监测模型也逐渐实用化;在水土保持方面,全国性的土壤侵蚀遥感大调查已经开展了三次,第一次在"七五"期间,由水利部遥感技术应用中心负责,第二次在"九五"期间,由水利部水土保持监测中心和中国科学院遥感所负责,第三次在"十五"和"十一五"期间;在水资源调查、水环境监测等其他方面,遥感的应用也越来越多。

相对于传统的信息获取手段,遥感技术具有宏观、快速、动态、经济等特点。由于遥感信息获取技术的快速发展,各类不同时空分辨率的遥感影像获取将会越来越容易,遥感技术的应用将会越来越广泛。可以肯定,遥感信息将成为现代化水利的日常信息源。

水利信息化建设中所涉及的数据量既有实时数据,又有环境数据、历史数据;既有栅格数据(如遥感数据),又有矢量数据、属性数据。水利信息中70%以上与空间地理位置有关,组织和存储这些不同性质的数据是一件非常复杂的事情,关系型数据库管理系统是难以管理如此众多的空间信息的,而 GIS 恰好具备这一功能。实质上,地理信息系统不仅可以用于存储和管理各类海量水利信息,还可以用于水利信息的可视化查询与网上发布,地理信息系统的空间分析能力甚至可以直接为水利决策提供辅助支持,如地理信息系统的网络分析功能可以直接为防洪救灾中的避险迁安服务。

目前,GIS 在水利行业已广泛应用于防洪减灾、水资源管理、水环境、水土保持等领域之中。

如前所述,水利信息 70% 以上与空间地理性置有关,以 GPS 为代表的全新的卫星空间定位方法,是获取水利信息空间位置的必不可少的手段。

二、3S 技术在防洪减灾中的应用

遥感、地理信息系统和全球定位系统技术在防洪、减灾、救灾方面的应用是最广泛的,相对也是最成熟的,其应用几乎覆盖这些工作的全过程。

(1)数据采集和信息提取技术在雨情、水情、工情、险情和灾情等方面都能不同程度地发挥作用,在基础地理信息提取方面更是优势明显。

(2)在数据与信息的存储、管理和分析方面,目前大多数涉及防洪、减灾和救灾的信息管理系统都已以 GIS 为平台建设,2000 年以后的建设的都是以 WebGIS 为平台,可以多终端和远程发布、浏览和权限操作,这对防汛工作来讲是至关重要的。

(3)水利信息 3S 高新技术在防汛决策支持方面将起越来越大的作用,这也是应用潜力最大的方面。目前如灾前评估、避险迁安和抢险救灾物质输运路线、气象卫星降雨定量预报。

三、3S 技术在水资源实时监控管理中的应用

(一)GIS 技术在水资源实时监控管理中的应用

1.空间数据的集成环境

在水资源实时监控系统中不仅包含大量非空间信息,还包含空间信息以及和空间信息相互关联的信息。包括地理背景信息(地形、地貌、行政区划、居民地、交通等),各类测站位置信息(雨量、水文、水质、墒情、地下水等),水资源分析单元(行政单元、流域单元等)、水系(河流、湖泊、水库、渠道等),水利工程分布、各类用水单元(灌区、工厂居民地等)。这些实体均应采用空间数据模型(如点、线、多边形、网络等)来描述。GIS 提供管理空间数据的强大工具,应用 GIS 技术对用于水资源实时监控系统中空间数据的存储、处理和组织。

2.空间分析的工具

采用 GIS 空间叠加方法可以方便地构造水资源分析单元,将各个要素层在空间上联系起来。同时 GIS 的空间分析功能还可以进行流域内各类供用水对象的空间关系分析;建立在流域地形信息、遥感影像数据支持下的流域三维虚拟系统,配置各类基础背景信息、水资源实时监控信息,实现流域的可视化管理。

3.构建集成系统的应用

GIS 具有很强的系统集成能力,是构成水资源实时监控系统集成的理想环境。GIS 具有强大的图形显示能力,需要很少的开发量,就可以实现电子地图显示、放大、缩小、漫游。同时很多 GIS 软件采用组件化技术,数据库技术和网络技术,使 GIS 与水资源应用模型、水资源综合数库以及现有的其他系统集成起来。因此,应用 GIS 来构建水资源实时监控系统可以增强系统的表现力,拓展系统的功能。

(二)遥感技术在水资源实时监控管理中的应用

1.提供流域背景信息

运用遥感技术可以及时更新水资源实时监控系统的流域背景信息,如流域的植被状况、水系、大型水利工程、灌区、城市及农村居民点等。这些信息虽然可以从地形图和专题地图中获得,但运用遥感手段可以获取最新的变化信息,以提供提高系统应用的可靠性。

2.提供水资源实时监测信息

遥感是应用装载在一定平台(如卫星)上的传感器来感知地表物体电磁波信息,包括可见光、近红外、热红外、微波等,通过遥感手段可以直接或间接地获取水资源实时监测信息。获取地表水体化息,包括水面面积、水深、浑浊度等;计算土壤含水量;计算地表蒸散发量;计算大气水汽含量等。

3.评估水资源实时监控效果

通过遥感手段可以发现、快速评估水资源实时管理和调度的效果,如调水后地表水体的变化、土壤墒情的变化、天然植被的恢复情况、农作物长势的变化等。

(三)GPS 技术在水资源实时监控系统应用

GPS 即全球定位系统,在水资源实时监控系统中主要可以应用其定位和导航的作用。如各种测站、监测断面、取水口位置的测量。另外最新采用移动监测技术也应用 GPS 技术,实时确定监测点的地理坐标,并把监测信息传输到控制中心,控制中心可以运用发回地理坐标确定监测点所在水系、河段及断面位置。这种方式可以大大提高贵重监测仪器(如水质监测仪器)的利用效率,同时也提高了系统灵活反映能力。

四、3S 技术在旱情信息管理系统中的应用

(一)农情、墒情和简单气象要素信息的采集

目前在全国的部分省(自治区、直辖市),建立了以省为单位的旱情信息管理系统。以山东省为例,全省有定时、定点墒情监测站 100 余个,基本上做到每个县有一个观测点,逐旬逢 6 监测。监测内容有统一的规范格式,数据项除了包括站名站号,还主要包含农事信息和墒情信息两部分。农事信息有:观测点种植内容分白地、麦地、棉花、薯类、水稻、玉米、春杂、夏杂等,并对其中两种最主要的面积类型进一步描述,面积比例占第一位的为"作物 1",占第二位的为"作物 2",对这两种主要作物还要描述其生长期,分为播种期、幼苗期、成长期、开花期、黄熟期几个阶段。根据作物受害与否定性分为:正常和干旱。根据受害程度分为:没有、轻微、中度、严重,绝收五级。土壤的墒情分别测定0.1m、0.2m、0.4m 三个不同深度的土壤重量含水百分率,对相应的土壤质地,根据其质地粗细也分为壤土、沙土和黏土。对前期灌溉和降水情以毫米数表达。在部分点还有地下水埋深(m)的记录。观测内容细致全面。

(二)旱情观测数据的传输与管理

目前全国的旱情信息系统建设水平还很不平衡,在旱情监测信息系统建设比较好的省份,农情和墒情信息能通过公共网络逐旬汇总到省防汛抗旱指挥部门,雨情能实现逐日汇总到省防汛抗旱指挥部门,这些信息通过水利专网可以比较及时地传送到国家防汛抗旱总指挥部办公室的全国旱情管理信息系统中,但在一些经济和技术条件相对落后的省份,只能做到逐旬汇总上报概略的受旱面积和旱灾程度评价意见。

(三)旱情监测与墒情预报信息系统研究进展

近年也有学者开展了旱情监测与墒情预报研究,将逐旬定点观测的墒情作为旬观测修正基准,依据逐日气象条件、灌溉情况估算的土壤流失或补墒过程,将当前墒情作为判断旱情状况的依据。

（四）抗旱决策支持与抗旱效果评估

将现代化的空间遥感技术、地理信息系统技术、全球定位系统技术与现代通讯技术集成为一个完整的干旱的监测,快速评估和预警系统,可以实现遥感信息的多时相采集和墒情信息采集的空间定位,通过现状数据和历史数据的分析对比,能够提出对旱情的评估意见,依托丰富的信息表达手段完成会商决策支持。通过对抗旱措施的跳跃监测,使抗旱效果灵敏地得到反映,方便管理部门的决策。

五、3S技术在水环境信息管理系统中的应用

从整体结构来讲,水环境信息管理系统主要包括三个方面:水环境信息数据库、水环境信息数据库的维护以及水环境信息的网络发布。水环境信息中有大量的空间信息,这样,GIS技术在水环境信息系统中便发挥了独特的功能,包括图形库的采集、编辑、管理、维护、空间分析以及WEB发布等。

从数据内容划分,水环境信息系统中的信息主要包括水质监测站信息、水质标准与指标信息、水质动态监测数据、水质综合评价数据、水质特征值统计数据、背景信息及其他信息等方面;从数据的格式分,包括空间图形数据与非图形数据,空间图形数据一般以GIS格式存贮存管理,其他数据以二维数据表的形式放入关系数据库中进行统一管理。

在水环境信息管理的3S技术应用中,数据库的设计与建设是信息系统建设的关键。首先水环境数据是多维的。对于每一个水质监测数据,它都有个时间戳,记录了数据采集的时间,同时,每个数据还有个地理戳,记录了数据采集的具体位置。这样,时间维、空间维和各个主题域（水质指标）一起构成了水质多维数据;其次水环境数据还是有粒度的,水质监测原始数据在采样时间上精确到了分钟（采磁时间,采样时分）,在取样位置上又精确到了测点（测站、断面、测线、测点）,因此数据量是极其庞大的。为了方便更好地查询和分析数据,需要对原始监测数据进行综合,按时间形成不同粒度的数据,如低度综合的月平均、季度平均,高度综合的年平均、水期（枯水期、丰水期）平均。

第八节　国外水利工程管理

水利工程治理是一项复杂的系统工作,受流域和水资源情况、经济社会发展水平、水利管理体制、社会历史背景等因素的影响,不同国家和地区的水利工程治理水平不尽相同,治理模式和治理方式也多种多样。由于经济发展水平比较高,发达国家在对水利工程的开发利用和管理方面进行了更多有针对性、可操作性和实用性的探索,对现代水利工程治理进行了更加深入细致的研究,积累了丰富的经验。

一、美国田纳西河流域开发与治理

(一)田纳西河流域概况

田纳西河位于美国东南部,是密西西比河的二级支流,长 1050 千米,流域面积 10.5 万平方千米,地跨弗吉尼亚、北卡罗来纳、佐治亚、亚拉巴马、密西西比、田纳西和肯塔基 7 个州。该河发源于弗吉尼亚州,向西汇入密西西比河的支流俄亥俄河,流域内雨量充沛,气候温和,年降水量 1100～1800 毫米,多年平均降水量 1320 毫米。从 19 世纪后期以来,由于对资源进行不合理的开发利用,田纳西河流域自然环境遭到严重破坏,水土流失严重,经常暴雨成灾、洪水泛滥。到 20 世纪 30 年代,该流域的 526 万公顷耕地中有 85% 遭到洪水破坏,成为美国最贫困落后的地区之一。

为解决田纳西河流域洪灾泛滥、环境恶化、管理失控的局面,美国国会于 1933 年批准设立田纳西河流域管理局(以下简称 TVA),负责对该地区进行综合开发和管理。经过多年的实践,田纳西河流域的开发和管理取得了显著的成就,从根本上改变了田纳西河流域落后的面貌,TVA 的管理也因此成为世界水利流域管理的一个独特和成功的范例,具有很高的参考和借鉴意义。

(二)田纳西河流域管理的主要特点

(1)开展专门立法:由于田纳西河流域涉及多个州,而且各个州的权力都很大,为保证对流域实行统一管理,1933 年美国国会审议通过了《田纳西河流域管理局法》,对田纳西河流域管理局的职能、任务和权力作了明确规定,包括:①独立行使人事权;②土地征用权;③项目开发权;④流域经济发展及综合治理和管理;⑤可向多领域投资开发等。此后,根据流域开发和管理的变化和需要,该法案又不断进行修改和补充,使凡涉及流域开发和管理的重大举措

（如发行债券等）都能得到相应的法律支撑，从法律角度奠定了独特的流域管理基础。

（2）构建强有力的管理体制：成立之初，田纳西河流域管理局便被确定为联邦一级管理机构，代表联邦政府管理流域内的相关事务，建立了适合自身条件的独特的管理机制。依据田纳西河流域管理局法，田纳西河流域管理局既是联邦政府机构，又是企业法人。一方面，作为政府机构，田纳西河流域管理局只接受总统和国会的监督，完成其政府职能。另一方面，作为企业法人，田纳西河流域管理局采取公司制，设立董事会和地区资源管理理事会。董事会由 9 人兼职组成，由总统提名，掌握管田纳西河流域管理局的一切权力。田纳西河流域管理局的组织机构设置由董事会自主决定，根据业务需要进行不断调整。地区资源管理理事会主要由地方社区代表组成，其主要职能是为流域的资源管理提供咨询性建议，以促进当地民众积极参与流域开发和管理，具有较大的民意代表性。

（3）采用独特的管理方法：由于田纳西河流域管理局的日常运营涉及航运和发电等诸多方面，其问题也是多方面的。为此，田纳西河流域管理局建立了一种独特的解决问题的方法，即综合资源管理法。每当碰到问题时，无论是水力发电、航运，还是防洪、水质管理，田纳西河流域管理局都将其放在最广泛的范围内加以研究思考。田纳西河流域管理局将各种问题视为是相互联系的，充分考虑某一方面资源的变化对其他方面可能带来的影响，将各种资源有机地结合起来综合对待，从而将问题造成的整体风险和损失降至最低。尽管随着时间的推移，田纳西河流域管理局的综合开发中所出现的问题不断发生变化，但田纳西河流域管理局牢牢坚持其综合解决问题的方法，并取得了较佳的成效。

（4）创新建管分离的方式：田纳西河流域管理局对其工程建设方式和内容进行了策略转变，不断加以创新。最初，田纳西河流域管理局的工程建设都由自己承担，很少有其他单位的参与。然而，随着规模的扩大，田纳西河流域管理局逐渐地将其工程建设转变为自行建设与承包建设相结合。从 1988 年起，田纳西河流域管理局不再自行建设工程，全部委托给社会承包。

（5）建立多元化的融资体系：田纳西河流域管理局的开发与治理资金，1960 年以前主要由联邦政府拨款，1960 年以后发行债券成为主要的资金筹集渠道。《田纳西河流域管理局法案》规定田纳西河流域管理局有权发行总金额在 300 亿美元以内的债券及其他债券凭证，以资助其水利电力建设与开发，并规定债券将成为对该局合法投资的一部分。

(6)重视人力资源开发:田纳西河流域管理局非常重视人力资源的开发,创办了田纳西河流域管理局职工大学,聘请了专业教师和中、高级管理人员讲课,形成了较完善的教育培训体系。田纳西河流域管理局职工都要接受定期的岗位培训,包括上岗前培训、在岗培训、转岗培训等,管理局特别重视新技术和计算机应用技能的培训,并要求每位员工每年必须完成学时的培训任务。田纳西河流域管理局职工大学还和美国众多著名大学联合开设了多门选修课程,将选修课程的成绩记入学分,为职工继续深造提供了良好的条件。田纳西河流域管理局对人力资源开发的方法和手段,取得了明显的社会效益和经济效益。

(7)强调高科技的应用:田纳西河流域管理局非常重视高科技的应用,大胆地采用多种高新技术手段,以确保流域管理目标的顺利实现。在其流域管理中广泛应用地理信息系统、全球定位系统、遥感技术和计算机等先进技术,不仅有效地提高了管理水平,也大大提高了工作效率。通过综合运用 3S 技术,田纳西河流域管理局可以采集、存储、管理分析、描述和应用流域内与空间和地理分布相关的数据,及时、可靠地对流域内资源的地点、数量、质量、空间分布进行准确输入、贮存、控制、分析、显示,以便有关部门做出科学合理的决策。

二、加拿大的水坝安全管理

(一)概况

加拿大共有各类水坝 14000 座(坝高大于 2.5 米),其中大型坝(坝高 15 米以上,在国际大坝委员会注册登记的)933 座,这些水坝大部分以水力发电为主,兼顾灌溉、供水、防洪、娱乐等功能。在加拿大,各省有自己管理水坝的方式,除艾伯塔省、不列颠哥伦比亚省和魁北克省三省外,其他省均没有制定专门的水坝安全条例,而是在综合的水法或水资源法中对水坝安全做出了规定。1989 年,加拿大成立大坝协会(CDA),其宗旨是在水坝领域走在世界前列,并强调对社会环境的重视,为需要制定水坝安全条例和政策的地区提供支持。该协会于 1999 年出台了对行业具有指导作用的《水坝安全导则》,该导则被视为各地水坝安全管理最好的实践依据。

(二)安全管理的工作机制

1.水坝分类

加拿大水坝安全分类的方法是以溃坝后果的严重程度为依据。根据有关规定,所有的水坝、挡水或输水设施都应根据潜在的溃坝后果进行分类。溃坝后果包括两类损失,即下游的生命损失以及对经济、社会环境的破坏情况。根据后果严重程度,将水坝分为后果非常严重、严重、低和很低四类。在生命损失和经济、社会环境破坏两类后果中,水坝的后果分类按其中高的一类来控制。溃坝后果分类的目的是以此决定水坝的设计及运行标准。溃坝后果越严重,说明设计标准越要作相应提高,运行维护的要求也相应提高,以保证水坝的安全运行。

2. 水坝安全监管机构

根据法律框架,设置了专门的水坝安全监管机构。虽然各省监管机构的名称不同,如不列颠哥伦比亚省是水权监管员及其办公室,魁北克省为环境部部长及其办公室,安大略省为自然资源部,但由于在法律框架中确定了负责水坝安全的管理机构,并明确了其监管的权利和职责,因此监管的作用能得到真正落实。专门的水坝安全监管机构的设置,可以压缩政府行政管理规模,因为监管机构只需监督水坝业主的执行情况,而不需要人力资源的大量投入。另外,设立专门的水坝监管机构,有助于提高水坝安全的专业管理水平,并能及时了解水坝安全方面的新情况、新趋势。

3. 水坝安全管理中的职权划分

加拿大的水坝安全管理体系中,法规明确规定业主负责大坝安全,政府负责监督。监管机构的职责主要包括:制定水坝安全的有关规范、标准;发放水坝施工和运行许可证,负责水坝注册登记;监督业主进行安全检查,在认为必要时,监管机构可自行检查;水坝安全法律框架的执法权力,即当水坝业主不履行职责时可采取必要的措施,如在魁北克省,部长可通过罚款措施来贯彻法律框架的执行,允许监管机构向水坝业主收取水运行许可证费和年费。在不列颠哥伦比亚省,省政府有正常的预算拨款程序向管理机构提供经费支持。水坝业主责任明确。法律法规中明确了水坝业主对水坝安全负有主要责任,并可就失事造成的任何破坏追究其责任,这一措施激励了水坝业主高度重视安全问题的责任心。业主会主动配合水坝监管机构,寻求经济有效的水坝安全管理办法。

4. 水坝安全管理程序

在加拿大水坝安全管理是一套连续性的程序,从施工期至蓄水期及长期运行期。主要内容包括水坝的正常运行及维护、水坝安全复核及专题研究、制定实用可行的应急预案、建立预警预报系统、进行缺点调查及采取必要的除险加固措施等。相对于传统的水坝安全管理方法,加拿大的水坝安全管理中引入了一些创新的理念,主要体现在:①对水坝安全检查和监测的理解。传统的水坝安全检查及监测方案是在保证水坝绝对安全,即没有风险的基础上,制订一个系统的计划,如现有的监测程序、固定的检查频率等,监测内容主要用来对设计参数的复核和跟踪,并把自动化监测系统看作是万能的手段。加拿大的水坝安全方案基于相对安全(即存在剩余风险)的理念,监测方案针对具体的水坝或每座水坝的性态而设计,监测原理是早期探测可能导致潜在破坏发生的信号,只有当特殊需要时才安装自动监测系统。②重视对水坝及其设施安全功能的评价。通过系统性的检查、测试、维护及加固措施,对水坝及溢洪、泄洪设施等挡水建筑物的可靠性及功能进行评价。评价水坝在遭遇突发事件时的安全性,尤其是遇到各种洪水(如校核洪水、PMF)时的功能。③水坝安全复核。注重复核专家组由各不同专业的专家组成,对水坝进行全面的诊断,并强调对水坝及溢洪设施的运行安全和对突发事件的处理能力进行复核,对一些特殊的工程开展潜在破坏模式的分析。

(三)水坝安全管理的特点——引入风险管理理念

进入 21 世纪后,加拿大将风险管理理念引入大坝安全管理中,进一步提高了大坝的安全管理水平,其研究和实践一直处于世界领先水平。

1. 管理对象和管理内容

水坝安全管理的对象是水坝,广义的水坝包括挡水、输水和泄水建筑物。然而水坝风险管理的对象除了水坝外,还包括溃坝后可能影响的下游地区。管理单位必须清楚地知道如果水坝溃决,对下游的影响有多大,将会影响到下游哪些地区,这些区域中灾害程度如何,如何采取撤离等应急措施,并要与下游区域保持紧密联系。对于管理内容,水坝风险管理的核心理念是降低风险。除了日常的工程检查、检测、维护和调度,保证水坝处于一种很好的工作状态外,更注重如何避免或减少下游的损失。因此,风险管理的一个重要思路就是要防患于未然,当突发事件发生时有可操作的、有针对性的应急预案,避免或减少下游损失,特别是生命损失。风险管理的内容已经从水坝延伸到下游广大的淹没范围。业主有责任研究下游区域承受的风险和降低风险的措施,并通过有关部门实施降低下游风险的管理。

2. OMS 手册和 EPP 文件

加拿大水坝安全管理特别要求业主编制 OMS 手册和 EPP 文件。这两个文件是管理者据以管理水坝安全和发生紧急情况时正确应对的依据,具有明显的针对性、预见性和可操作性。OMS 手册是指导管理人员在运行、维护和监测过程中保障水库运行安全的制度性、技术性文件,是经过批准的法规性、指导性文件,在加拿大水坝安全管理中起到了十分重要的作用。加拿大的每座水库都根据具体情况制定了 OMS 手册,指导水库的运行、检查、监测和维护工作,有效提升了工程的安全运行水平。EPP 文件是指导水坝运行管理人员在突发事件发生时行动的程序和过程,该文件简单明了,便于操作和使用。包括的主要内容有:对紧急事件的分级(大坝事件、大坝警报及溃坝的定义)、通告流程图、溃坝淹没图、对 EPP 的测试、更新及员工培训。EPP 文件中还明确规定了水坝业主与下游应急机构(社团)之间各自的职责和任务,并建立水库大坝 EPP 与下游应急机构 EPP 之间的链接。为保证水坝运行管理人员完全熟悉 EPP 文件的所有内容及有关设备的情况,了解其各自的权力、职责和任务,除对应急预案进行测试和演练外,还定期为有关工作人员提供必要的培训,并进行相应的考核。

3.专业化和社会化管理概念

加拿大的水坝安全管理已实现了管理的专业化和社会化。所谓的专业化,包括两个方面,一方面,水坝安全都由具备专业知识的注册安全工程师负责;另一方面,加拿大大坝协会的专业技术人员协助政府检查监督水坝安全,所有进行安全评价、现场检查的人员都是具有资质的专业注册工程师。所谓社会化,是指一个业主统一管理着某个范围内的一大批水库大坝,承担这些水坝的安全责任。例如,不列颠哥伦比亚水电公司水坝管理部门仅有 20 名左右的员工,却管理了不列颠哥伦比亚省内 43 座水坝的安全,每座水库有 1 名富有水坝安全管理经验的注册工程师负责其安全,他们可同时负责附近区域的几座水库的安全。因此,业主既发挥了效益,又节约了成本,大大提高了水坝安全管理的效率。

4.消除安全隐患的排序理念和方法

以风险理念为指导的水坝安全管理已在加拿大得到应用。这种方法可以使业主了解水坝的安全程度,采用有针对性的措施维护水坝安全。作为风险分析方法之一的破坏模式及影响分析法(FMEA)及关键度分析法(FMECA)都是分析水坝隐患的有效方法,目标是对水坝系统、系统各部件的功能、各部件潜在的破坏模式及各个破坏模式对整个系统的影响进行全面、系统的分析。其最终目的是发现水坝结构及运行管理中存在的缺陷与薄弱环节,并对水库风险因素进行排序,从而为水坝安全管理及工程除险加固提供科学依据。

三、日本的水库运行管理

(一)管理概况

日本国土总面积 37.78 万平方千米,四面环海,南北长 2000 千米,东西宽

300 千米,以山地、丘陵为主,大部分地区处于温带,南北气候差别很大,南部地区处于亚热带,北部地区处于亚北极带。日本四季分明,雨量受季节影响变化较大,夏季降水集中且水量较大;各岛降雨情况基本相似,多年平均降雨量 1700 毫米。但人均水资源占有量不足全球平均水平的一半,世界排名第 37 位,属水资源缺乏型国家。截至 2011 年 3 月,日本已建坝高 15 米以上的水库大坝 2630 座,主要以土坝、混凝土重力坝、堆石坝和拱坝为主。全国大坝最高的是黑部水库,混凝土拱坝,坝高 186 米,位于富山县,库容 2 亿立方米,1956 年开工,1963 年建成。最大库容水库为德山水库,总库容 6.6 亿立方米,心墙堆石坝,坝高 161 米。日本水库建设目的主要有灌溉用水、防洪减灾、发电、自来水、工业用水、维护河流生态、消融冰雪和娱乐休闲等,按首要功能划分,57.13% 的水库承担灌溉任务,31.43% 的水库承担防洪减灾任务,23.71% 的水库用于发电,23.2% 的水库为生活供水,20.35% 的水库承担河流生态维护功能。

近十多年来,日本因移民、生态环境保护等因素的制约,新建水库的阻力较大、成本很高,已基本停止新水库的建设。因此,目前特别重视通过修订调度运用方式和再开发事业(水库工程的加固扩建、清淤等),以充分发挥和有效利用已建水库的防洪与兴利功能。日本河川上的水库大坝开发建设由国土交通省统一规划,以防洪减灾、河流生态维护功能为主的水库由国土交通省下属河川局与各地方整备局(如关西地方整备局)兴建和管理,其他水库大坝由业主(如独立行政法人水资源机构)建设和管理。日本水库运行管理分为洪水时的管理、低水时的管理和水库周边设施的管理。洪水时的管理相当于中国的防洪调度,即在收集气象、水雨情和河川信息的基础上,对洪峰流量进行预测,然后按照调度规程发出操作指令进行泄洪,最大限度地避免下游河川水位大涨大落,减轻洪灾损失。在泄洪过程中,特别重视对下游的报警和巡视。低水时的管理相当于中国的兴利调度,即充分有效利用水库调节设施,维持水库和河流的正常功能,平时确保用水水量、水质的稳定,枯水、水质事故等异常情况时对流量和水量进行有效调配。水库及周边设施的管理包括水库大坝安全监测和检查、水库周边的环境保护以及周边旅游设施的管理等。

(二)水库运行管理的特点

1.责权利明确

在日本,与水管理有关的部门很多,但并不单纯管水,水管理只是其若干职能中的一部分,但各部门之间的职责根据有关法律划分明确。相关的中央机构主要包括国土交通省、厚生劳动省、农林水产省、经济产业省、环境省等。另外,还有水资源机构(JWA)等独立行政法人,并在各地设立分支机构,以及具体管理水库的水库综合事务管理所等。日本水库大坝及配套水利工程开发建设由国土交通省统一规划,厚生劳动省分管城镇生活用水,农林水产省分管农业用水和水源保护森林开发,经济产业省分管工业、发电用水,环境省分管水质及环保问题。防洪由国土交通省统管,经济产业省、厚生劳动省、农林水产省协管。各部门下设相应机构,如国土交通省下设地方整备局,各整备局设有相应的水库综合事务管理所。在一个部门内部,各机构分工明确。如国土交通省下设 8 个地方整备局及北海道开发局,负责地区河川行政管理事务,地方整备局下属水库统合管理所及水资源机构下设水库综合管理所,具体负责河川开发、水库建设与管理工作。

以防洪、生态环境保护功能为主的公益性水库,主要由国家公共财正气投资,直接由国土交通省及其下属机构开发建设。公益性水库建成后的运行管理也完全由国家财政负担,包括用于水库管理人员、大坝与设备维修养护、更新改造等方面经费的开支,管理人员参照享受国家公务员待遇。公益性水库之外的其他水库,由业主自主开发建设和管理。

2. 水库管理的法律法规健全

日本制定了完善的与水资源有关的法律法规,主要包括河川法、特定多目的水坝法、水资源开发促进法、日本水资源机构法、水库区特别措施法等。此外,还有一些环保方面的法律法规适用于水库建设和运行管理,包括基本环境法、环境影响评估法和社会基础设施开发优先计划法等。其中,河川法涉及的水坝数量多、范围广。日本的河川法为水资源规划、水利工程建设及其后续管理奠定了国家层面的法律法依据。日本于 1896 年颁布了第一部河川法(旧河川法),确立了现代河川管理体系,主要目的在于规范防洪治水管理,同时对原始性态水权做了认定(沿袭水利权)。随着日本经济高速发展对水资源需求的日益增大,1964 年对旧河川法进行了修订,变以治水为核心的旧法为以水资源开发利用及治水并重的新法,主要目的在于推出防洪治水与水资源利用的统一管理制度,新法保留沿袭水权,沿袭水权之外的水权分配给工业用水和城市用水,通过水库和引水工程予以实现,明确提出水权概念,建立河流资源利用许可制度(即水权制度)。为了应对日本经济社会发展过程中出现的严重生态环境问题,1997 年对河川法再次修订,增加了生态环保方面的要求。日本水库大坝管理主要遵循国土交通省颁布的《河川管理设施等建筑物法令》和日本大坝工会发布的《水库建筑物管理标准》。按照有关法律规定,每个水库根据其设计、建设、安全管理、调度等情况,需编制《水库设施管理规程》,重要水库在此基础上还需编制《水库设施管理规程实施细则》。

3.资金落实,管理规范

日本的水库运行管理单位,均实行管养分离,管理单位人员很少,设备保养与维护工作委托专业公司承担。水库管理资金有保障,管理经费出处很明确。河川法规定河流管理所需要费用按照"受益者负担"原则分配,因此,水库运行和维护管理费用主要由各类用水者与政府共同负担。日本水库运行(包括人员工资、日常办公支出)和维修养护等管理经费有相对稳定的来源渠道,特别值得提出的是,农业用水者负责费用也有保障。水资源机构长良川河口堰每年防洪管理经费、兴利水资源管理经费分别占全年管理经费的 37.1% 和62.9%,其中防洪管理所需经费主要来自国土交通省,兴利水资源管理所需经费主要由地方政府与各类用水户承担。

水库管理条件优越,管理设施先进、自动化水平高,且管理工作规范。大坝安全监测、雨情水情观测(包括气象、水温)、下游泄洪报警设施等可以实施远程监控与操作,从而确保了水库的正常与安全运行。在水库精细化管理方面,水库泄洪前均要发布泄洪警报,或通过电话、传真进行事先通报,或采用警报车沿途通告放流时间,或重点部位设置警报器警报或指示牌标识泄流信息,或在关键地段专人把守,以确保公共安全。

4.定期检查,及时维护

日本水库大坝安全管理实行点检制度和定期检查制度。

(1)点检制度:即日常的定点监测、日常巡视检查和特殊时期临时点检。点检由负责水库管理的有关人员或其委托的公司付诸实施。根据《河川管理设施等建筑物法令》和《水库建筑物管理标准》,大坝安全监测项目中漏水量、扬压力(浸润线)和变形量规定为必测项目,同时,大坝的巡视检查也列为必需内容。日本水库管理分为第一期(试验性蓄水)、第二期(第一期结束后至少 3 年)和第三期(第二期结束后)三个不同阶段,不同阶段必测项目的测量频次和巡测检查频次在法令中均予以规定。工程管理单位每年对观测资料进行整编与分析,成果上报有关部门确认与备案。

(2)定检制度:根据《河川管理设施等建筑物法令》和《水库建筑物管理标准》,定检频率为每 3 年一次以上。定期检查要求组织具有资质的和富有专业经验的技术人员参加,针对定检之前的点检成果进行综合评价,定检方式为协商总体方案、现场确认或核查、书面检查和现场检查,最终根据测量结果、目测情况、听取意见等对检查结果进行综合判定,检查结果上报国土交通省和水资源机构有关部门确认和备案。定检项目主要包括三部分:①管理体制及管理状况;②资料和记录的整理保管状况;③设施及其维修状况。通过定期检查,给出综合判定结论,主要包括:①有必要马上采取措施;②有征兆,今后需要注意监测;③没有问题。通过定期检查,确认大坝是否管理得当,大坝安全性是否有保障,并查处管理不当的项目,提出对策。

5. 尊重自然,重视生态保护

20世纪70年代时,伴随急剧的城市化、工业化,日本的城市用水需求激增,严重供水不足、频繁的争水事件、严重的地表沉陷和严重水质污染,督促着日本水库采用顾及生态环境的管理方式。随后,在水库建设与运行管理过程中采取有效措施应对生态环境保护问题,如对水库调度运行方式进行调整,在保证航运、防洪、发电等原有重要功能的同时,特别注重区域水质改善等问题。为维持河川的自然生态,通过泄放生态基流和设置鱼道等措施,维持河流不断流,保护生态环境,维护河流的健康生命。日本在水库规划、建设、管理的每一个阶段,都特别重视生态环境保护,将大坝、河流以及周围环境作为整体考虑,努力实现人工环境、自然环境的和谐统一。为减少对峡谷中植物的破坏和对动物与昆虫类生活的影响,在水库工程建设中,水库内外交通联系尽量采用隧道及桥梁,不惜增加许多建设投资。

6. 严格的取水许可权制度

根据《新河川法》规定,行政官员具有许可授予的使用河水的权利,许可证根据水资源利用法规授予。水库取水也采用取水许可权制度。取水许可权按使用目的分为以下几类:灌溉水权、发电水权(水力发电)、生活用水水权、工业水权、其他目的(养鱼、除雪等)。许可水权具体内容包括:用水目的、取水地点、取水方式(泵水、水坝放闸等)、取水量、水库储蓄水量、已获批准期间(合法期间)等。填写取水许可证申请表并提交给行政官员审批,不同取水分类其许可证年限不同。例如,发电取水大约可取水30年,其他取水大约可取水10年,已获得批准的期限在到达期限时还可延期。在执行水库取水许可的同时,对于获得取水许可证的取水单位,如果没有按照许可证要求实施取水,行政官员有权利对取水单位予以制裁。水库管理单位必须严格依据事先确定的取水许可权分配水资源。一旦发生不按照取水许可权配水情况,水库管理单位将受到惩罚;水资源用户也要按照取水许可权要求获取水资源。当水资源缺乏时,加入库内蓄水仅能满足下游生态基流要求,则必须首先满足生态基流的要求,而不能将水库水资源首先供给获得取水许可证的用户使用。

7. 注重宣传和社会参与

日本水库重视自我宣传,利用库区开展防灾减灾宣传,使得公众了解水库基本知识;水库管理机构与地方政府合作,在下游建立亲水空间;开放水库坝体内部供公众参观,了解水库基本结构和安全常识;开展库区娱乐活动,增进公众与水库感情;利用水库周边环境,对各类人群、协会等进行环境教育,增进人类亲水属性;水库下游开设纪念馆,有利于公众对水库基本常识的了解;采取一些喜闻乐见的方式进行水库宣传,吸引公众关注和参与水库管理,将水库构造为亲水平台,使公众进一步了解水、亲近水,营造人人爱惜水资源、关心水环境的良好社会氛围,共同参与水库及周边环境的保护工作。

第十三章　水利工程招投标

第一节　概　　述

一、招投标的起源

招标投标最早起源于 230 多年前市场经济比较发达的英国。资本主义国家的购买市场按照购买人的标准可分为公共市场和私人市场,相应地,采购行为也分为公共采购行为和私人采购行为。私人采购行为的方法和程序一般不受约束(除非涉及国家和公共利益)。而政府机构和公用事业部门进行公共采购的开支来源主要是税收,来源于广大的纳税人。因此如何管好、用好纳税人的钱关系到对公众负责的问题。政府和公共事业部门有义务保证其采购行为合理、有效、公平,保证其采购行为公开、透明、公正,保证其采购产品的质量和服务的优良。在这种情况下,招标投标便产生了。英国于 1782 年首先设立了皇家文具采购局,它作为办公用品采购的官方机构,采用了公开招标这种形式。该部门后来发展为物资供应部,专门负责采购政府各部门所需物资。由于招标投标制度具有公开、公平、公正的特点,招标竞争是政府采购的核心原则,因此它在许多国家都得到蓬勃发展,不少国家都效仿成立了专门机构,或者通过制定专项法律确定了招标采购的法律地位。美国、法国、比利时、瑞士、新加坡、韩国、日本等国家的法规中都有关于招标投标的详细规定。

1861 年,美国制定的一项法案要求每一项采购至少有三个投标人;1868 年,美国国会又通过立法确立公开开标和公开授予合同的程序;1947 年,美国以《武装部队采购法》确立了国防采购的方法和程序;1949 年,美国国会又通过《联邦财产与行政服务法》,该法为联邦服务总署提供了统一的采购政策和方法。美国联邦政府招标采购的商品和劳务在生产中的总值从 1948 年的 12% 上升至 20 世纪 60 年代的 23%,而 80 年代政府采购总额已达 3000 亿美元。

韩国于 1995 年先后制定了《政府合同法》、《政府合同法实施细则》等一系列有关招标投标的法规；新加坡于 1997 年加入关贸总协定后，政府采购实行《政府采购协定》，并制定了《政府采购法案》，对招标投标作了较为详细的规定。

从工程承包的国际市场看，公开招标是工程承包的一种最常用方式。1957 年，国际咨询工程师联合会（FIDIC）在总结各国实践的基础上，首次编制出版了标准的《土木工程施工合同条件格式》，专门用于国际工程项目。1963 年、1977 年又分别出版了第二版、第三版。1987 年在瑞士洛桑举行的 FIDIC 年会上发行了第四版。1999 年，FIDIC 根据不断变化发展的新形势又重新编写了新版《施工合同条件》，即 1999 年第 1 版。1999 版包括四种合同条件，分别为：用于由雇主设计的建筑和工程的《施工合同条件》；用于由承包商设计的电气和机械设备以及建筑和工程的《生产设备和设计施工合同条件》，以及《设计采购施工（EPC）/交钥匙工程合同条件》；用于多种管理方式的各类工程项目和建筑工程的《简明合同格式》。这些《合同条件》以招标承包制为基础，规定了工程承包过程中的管理条件和承发包双方的权利义务，由于《合同条件》比较规范、公平、公正，目前已广泛应用于国际建筑工程市场。

二、招投标在我国的发展

1949 年新中国成立以后，由于当时所处的特殊历史时期，从建国起到 20 世纪 80 年代前，我国基本上不存在招标投标，政府所有的采购和发包基本上照搬苏联计划经济一整套制度，采用指令性计划的形式对工程和服务按照国家批准的计划进行分配和实施。20 世纪 80 年代初，我国开始逐步实行招标投标制度，先后在利用国外贷款、机电设备进口、建设工程发包、科研课题分配、出口商品配额分配等领域推行。1980 年世界银行提供给我国第一笔贷款（即大学发展项目贷款）时，即以国际竞争性招标方式在我国开展其项目的采购和建设。在以后几年里，我国先后利用国际招标完成了许多大型项目的建设和引进，如中国南海莺歌海盆地石油资源的开采、华北平原盐碱地改造项目等，其中最著名、在全国工程界影响最大的就是云南鲁布革水电站工程。鲁布革水电站工程是我国水利水电系统第一个全面实行招标投标制的项目。

1984 年 11 月 20 日，国家原计委和国家原建设部联合颁布了我国工程建设领域的第一个规章——《建设工程招标投标暂行规定》。1989 年 4 月 9 日，水利部颁发了《水利工程施工招标投标工作的管理规定（试行）》，在全国水利系统拉响了招标投标的进军号角。1992 年 11 月 6 日，原建设部颁发了 23 号令《工程建设施工招标投标管理办法》。1995年4月21日,水利部根据全国水利系统招标投标的实践对1989年颁发的暂行规定进行修改和补充,正式颁发了《水利工程建设项目施工招标投标管理规定》。根据国务院产业政策的有关规定,国家原计委于1997年8月18日颁发了《国家基本建设大中型项目实行招标投标的暂行规定》。

从上述部站规章的制定和颁布实施情况来看,国家原计委、水利部、原建设部均对工程招标投标作了规定,但显然缺乏全国统一的、层次较高的法律,全国的建设项目招标投标存在一些突出问题,主要表现在:①推行招标投标力度不够,不少单位不愿意招标或想方设法规避招标。②招标投标程序不规范,做法不统一,漏洞较多,不少项目有招标之名无招标之实。③招标投标中的不正当交易和腐败现象比较严重,招标人虚假招标、私泄标底,投标人串通投标、贿赂投标,中标人中标后擅自切割标段、转包、分包,吃回扣、钱权交易等违法行为时有发生。④政企不分,对招标投标活动的行政干预过多,有的招标人既是管理者,又是经营者,有的国家机关随意改变招标结果,指定招标代理机构或者中标人。⑤行政监督体制不顺,职责不清,一些地区和部门自定章法,各行其是,在一定程度上助长了地方保护主义和部门保护主义,有的地方和部门甚至只许本地区、本系统的单位参加投标,限制公平竞争。这些问题,亟待通过立法加以解决。

基于以上原因,国家原计委根据八届全国人大常委会的立法规划,于1994年6月开始组织起草工作,在认真调查研究、广泛征求意见、总结经验并借鉴国外做法的基础上,数易其稿,完成了《招标投标法》送审稿,于1996年7月上报国务院。送审稿上报国务院后,原国务院法制局(即现在的"国务院法制办")征求了有关部门、地方的意见,并进行了研究。1998年国务院机构改革后,国务院法制办会同国家原计委就法律涉及的几个重要问题,进一步征求了国务院有关部门和专家的意见并到一些地方调研,在此基础上经过反复研究、修改形成了《招标投标法(草案)》。1999年3月17日,国务院第15次常务会议原则通过《招标投标法(草案)》,3月27日,国务院正式提请全国人大常委会审议《招标投标法(草案)》。1999年4月26日,九届全国人大常委会对《招标投标法(草案)》进行了初步审议;会后,全国人大财经委员会、全国人大法律委员会、全国人大常委会法制工作委员会联合召开国务院有关部门和部分专家参加的座谈会,并普遍征求了国务院有关部门和地方的意见;根据各方面的意见,对《招标投标法(草案)》进行了修改,并经全国人大法律委员会审议通过后,提请九届全国人大常委会第十一次会议审议。1999年8月30日,九届全国人大常委会第十一次会议经表决,通过《中华人民共和国招标投标法》,以第二十一号国家主席令发布,从 2000 年 1 月 1 日起施行。

第二节　招标程序

一、招标前提交招标报告备案

报告的具体内容:招标已具备的条件,招标方式,分标方案,招标计划安排,投标人资质(资格)条件,评标方法,评标委员会组建方案以及开标、评标的工作具体安排等。

水利部是国务院水行政主管部门,对全国水利工程建设实行宏观管理。水利部所属流域机构(长江水利委员会、黄河水利委员会、淮河水利委员会、珠江水利委员会、海河水利委员会、松辽河水利委员会和太湖流域管理局)是水利部的派出机构,对其所在的流域行使水行政主管部门的职责,负责本流域水利工程建设的行业管理;省(自治区、直辖市)水利(水电)厅(局)是本地区的水行政主管部门,负责本地区水利工程建设的行业管理。

二、编制招标文件

水利水电工程施工招标文件要严格按照规定使用《水利水电工程标准施工招标文件》(水建管〔2009〕629 号)的要求编制。

三、发布招标信息、招标公告或投标邀请书

采用公开招标方式的项目,招标人应当通过原国家发展计划委员会指定的媒介(指《中国日报》《中国经济导报》《中国建设报》和中国采购与招标网:http://www.chinabidding.com.cn)之一发布招标公告,其中大型水利工程建设项目以及国家重点项目、中央项目、地方重点项目还应当同时在《中国水利报》发布招标公告。指定报纸在发布招标公告的同时,应将招标公告如实抄送指定网络。

四、其他要求

1)招标公告正式媒介发布至发售资格预审文件(或招标文件)的时间间隔一般不少于 10 日。

2)招标人应当对招标公告的真实性负责,招标公告不得限制潜在投标人的数量。

3)采用邀请招标方式的,招标人应当向 3 个以上有投标资格的法人或其他组织发出投标邀请书。

4)投标人少于 3 个的,招标人应当依照《水利工程建设项目招标投标管理规定》(水利部令第 14 号)重新招标。

五、组织资格预审(若进行资格预审)

资格预审是指在投标前对潜在投标人进行资格审查。目的是为了有效地控制招标工程中的投标申请人数量,确保工程招标人选择到满意的投标申请人实施工程建设。

一般来说,资格审查方式可分为资格预审和资格后审。资格预审适用于公开招标或部分邀请招标的技术复杂的工程、交钥匙的工程等。资格后审是指在开标后对投标人进行的资格审查。对于一些工期要求比较紧、工程技术和结构不复杂的工程项目,为了争取早日开工,可进行资格后审。

六、组织购买招标文件的潜在投标人现场踏勘(若组织)

水利水电施工招标文件的投标人须知前附表规定组织踏勘现场的,招标人按照招标公告(或投标邀请书)规定的时间和地点组织踏勘现场。

七、接受投标人对招标文件有关问题要求澄清的函件,对问题进行澄清,并书面通知所有潜在投标人

招标人对已发出的招标文件进行必要澄清或者修改的,应当在招标文件要求提交投标文件截止日期至少 15 日前,以书面形式通知所有投标人。该澄清或者修改的内容为招标文件的组成部分。不足 15 日的,招标人应当顺延提交投标文件的截止时间。

八、组织成立评标委员会,并在中标结果确定前保密

九、在规定时间和地点,接受符合招标文件要求的投标文件

在投标截止时间之前,投标人可以撤回已递交的投标文件或进行更正和补充,但应当符合招标文件的要求,投标人在递交投标文件的同时,应当递交投标保证金。

依法必须进行招标的项目,自招标文件开始发出之日起至投标人提交投标文件截止之日起,最短不应当少于 20 日。

十、组织开标、评标会议

十一、确定中标人

十二、向水行政主管部门提交招标投标情况的书面总结报告

十三、发中标通知书,并将中标结果通知所有投标人

十四、进行合同谈判,并与中标人订立书面合同

中标人收到中标通知书后,招标人、中标人双方应具体协商谈判签订合同事宜,形成合同草案。合同草案一般需要先报招标投标管理机构审查。对合同草案的审查,主要是看其是否按中标的条件和价格拟订。经审查后,招标人与中标人应当自中标通知书后发出之日起 30 天内,按照招标文件和中标人的投标文件正式签订书面合同。招标人与中标人签订合同后 5 个工作日内,应当退还投标保证金。

第三节 招标文件编制

一、招标的主要特点

(1)水利工程施工招标既有普遍性又有特殊性,是普遍性与特殊性的统一。

(2)水利施工招标投标竞争激烈,容易出现围标、串标、挂靠等情况。

(3)水利施工招标一般应采用主管部门颁发的招标示范文本和合同条款。

(4)水利施工招标可设置标底,财政性投资项目一般不设置标底,但要设置最高限价。国家发改委鼓励实行无标底的评标方法。

(5)水利工程施工招标评标方法多样,一般性(小型和技术较简单的)工程可以采用经评审的最低投标价法,大中型工程一般采用综合评估法和二阶段评标法。

(6)施工招标评标现场比较难于判断投标人报价低于其成本价的情况,特

别是大中型和技术复杂的水利工程,应在招标文件中采取公正的措施尽量避免最低价中标,以确保水利工程的质量和安全。

(7)大中型水利工程一般分多个标段招标,但分标应有利于施工、有利于管理、有利于竞争,不造成过多的干扰,不影响工程的整体性、安全性和结构完整性。招标时,一个标段编制一个招标文件。分标主要考虑的因素有:

1)工程特点,指工程规模、技术难易程度、工程施工场地的分布情况等因素。工程规模大、技术复杂、工程场地分布广的工程应采用分标方式,有利于加快进度和适度竞争。

2)对工程造价的影响。一般情况下,一个承包商来总包易于管理,便于人力、物力、设备的调配与调度,因而有利于降低工程造价。但对大型、复杂的工程项目如果不进行分标,使有资格参加工程投标的承包商大大减少,竞争减少可能会导致报价上涨,可能反而得不到合理的报价。

3)充分发挥专业承包商的特长。工程项目是由单位工程、单项工程或专业工程组成的,分标时应考虑各部分专业和技术方向的差别,尽量按专业领域和技术方向来划分,以便充分发挥各承包商的专业、技术特长。

4)施工组织管理是否方便。在分标时应考虑施工组织管理两个方面的因素:施工进度的衔接和施工布置的干扰。分包时应充分考虑施工进度的衔接和施工现场布置的要求,对各承包商之间的施工场地进行细致周密的安排,避免各承包商之间相互干扰。为了保证施工进度平顺地衔接,关键项目一定要选择施工技术水平高、能力强、信誉好的承包商,以防止影响其他承包商的施工进度。

5)资金筹措情况。分标应考虑到招标人对项目建设资金到位的时间安排。

6)设计进度方面,主要根据设计合同对各部分项目设计进度的要求,按照设计进度的先后顺序来分标。

(8)大型水利工程大多采用单价承包方式或永久工程单价承包、临时工程总价承包的方式,只有少数水文地质条件好、设计较完善(已经达到施工图设计阶段)的施工招标才采用总价承包方式。

(9)施工招标一般在监理招标后进行,这样有利于施工合同条件的采用和实施,有利于设计施工的协调,有利于实现工程质量、安全、投资、进度的统一。

(10)施工招标涉及面广,合同关系较复杂,既与勘察设计单位有关,也与监理单位有关,还涉及移民征地、设备采购与安装等方面。

二、施工招标文件编制的依据

（1）国家有关招标投标的法律、行政法规、部门规章、地方性法规规章和主管部门合法的规范性文件等。

（2）项目审批部门批准的初步设计报告批准文件或核准的施工图设计及其附件设计文本、图纸。

（3）国家和行业主管部门颁发的有关勘察设计规范、施工技术规范、行业规范、地方规范等。

（4）《合同法》和有关经济法规、质量法规、劳动法规、移民征地法规、安全生产法规、保险法规和规范性文件。

（5）国家和主管部门颁布的各种施工招标与合同条款示范文本。如：国家发改委、财政部、原建设部、铁道部、交通部、原信息产业部、水利部、民用航空总局、广播电影电视总局九部委56号令联合颁布并于2008年5月1日开始实施的《标准施工招标资格预审文件》和《标准施工招标文件》；水利部、国家电力公司和国家工商行政管理局在2000年以水建管[2000]62号文颁布实施的GF—2000—0208《水利水电工程施工合同和招标文件示范文本》。

（6）招标人对招标项目的质量、进度、投资造价等控制性要求。

（7）招标人对工程创优、文明施工、安全、环保等方面的要求。

（8）招标人对招标项目的特殊技术、施工工艺等要求。

（9）施工招标前项目法人已经与有关单位和部门签订的合同文件。

三、施工招标文件的主要内容

（1）投标邀请书或投标通知书。

（2）投标须知。施工招标文件中，投标须知居于非常重要的地位，投标人必须对投标须知的每一条款都认真阅读。投标须知的主要内容包括：工程概况，招标范围和内容，资金来源，投标资格要求，联合体要求，投标费用和保密，招标文件的组成，招标文件的答疑要求，招标文件使用语言，投标文件的组成，是否允许替代方案、有何要求，投标报价要求，合同承包方式，投标文件有效期，投标保证金的形式要求、有效期和金额要求，现场考察要求，投标文件的包装、份数、签署要求，投标文件的递交、截止时间地点规定，投标文件的修改与撤回规定，开标的时间、地点规定，开标评标的程序，评标过程的澄清或签辩，重大偏差的规定与认定，投标文件算术错误的修正，评标方法，重新招标或中止招标的规定，定标原则和时间规定，中标通知书颁发和合同签订的要求，履约保证金的规定等。

（3）合同条款，包括通用合同条款和专用合同条款。国家有关部门对许多建设项目都制定了规范的合同条款，供招标人使用，如前所述的《标准施工招标资格预审文件》、《标准施工招标文件》和 GF—2000—0208《水利水电工程施工合同和招标文件示范文本》。前两者要求在政府投资项目中施行，GF—2000—0208 合同范本主要适用于大中型水利水电工程的招标投标，小型水利水电工程可参照使用。

根据水利部有关规定，大中型水利工程应该采用 GF—2000—0208 中规定的合同条件。同时，水利部规定："除《合同条件》的'专用合同条款'中所列编号的条款外，'通用合同条款'其他条款的内容不得更动。"因此，在大中型水利工程招标文件编制中使用合同条件时，通用合同条款不能修改，专用合同条款可结合招标项目的实际来修改和补充。

（4）投标报价要求及其计算方式。投标报价是评标委员会评标时的重要因素，也是投标人最关心的内容。因此，招标人或招标代理机构在招标文件中应事先规定报价的具体要求、工程量清单及说明、计算方法、报价货币种类等。水利工程基本上是报综合单价，即包括直接费、间接费、税金、利润、风险等。招标文件中还应注明合同类型（总价合同或是单价合同）、投标价格是否固定不变（如果可变，则应注明如何调整），以及价格的调整方法、调整范围、调整依据、调整数量的认定等，否则很容易引起纠纷。

（5）合同协议书和投标报价书格式。水利工程施工合同协议书对组成合同文件的解释顺序作了如下规定：①协议书（包括补充协议）；②中标通知书；③投标报价书；④专用合同条款；⑤通用合同条款；⑥技术条款；⑦图纸；⑧已标价的工程量清单；⑨经双方确认进入合同的其他文件。

（6）投标保函、履约保函格式。招标文件对投标保函和履约保函一般都规定有具体的格式，也是法定的可以规定的废标条件。除非招标文件有明文规定，否则投标人必须提交招标文件规定格式和内容的保函。如果不这样做，可能引起投标文件的无效。

（7）法定代表证明书、授权委托书格式。这两个文件是投标文件中必须随附的法定文件，是招标文件必备的格式文件，投标人必须按照招标文件的规定格式和内容要求填写，否则可能引起投标文件的无效。

（8）招标项目数量、工程量清单及其说明。工程量清单包括报价说明、分项工程报价表和汇总表等，是水利工程招标投标报价的基础。根据国家和水利部有关规定，水利工程应该采用工程量清单报价，只有这样，所有投标人报价比较基础才统一,否则报价无从比较,对报价的评价也有失公平、公正。工程量清单说明应该清楚规定项目的合同承包方式,报价总价或单价包含的内容、范围,算术错误的修正方法等。投标人不能对工程量清单进行修改、补充,因为如果各投标人都对工程量清单进行修改补充,那么,各投标人报价比较的基础就不同。因此招标文件不允许投标人修改工程量清单,否则可能导致废标。

(9)投标辅助资料。其主要包括如下内容:①主要材料预算价格表;②材料价格表;③单价汇总表;④机械台时费计算表;⑤混凝土、砂浆材料单价计算表;⑥建筑、安装工程单价分析表;⑦拟投入本合同工作的施工队伍简要情况表(格式);⑧拟投入本合同工作的主要人员表(格式);⑨拟投入本合同工作的主要施工设备表(格式);⑩劳动力计划表(格式);⑪主要材料和水、电需用量计划表(格式)。

(10)资格审查或证明文件资料。其主要包括以下内容:①投标人资质文件复印件;②投标人营业执照复印件;③联合体协议书(如有);④投标人基本情况表(格式);⑤近期完成的类似工程情况表(格式);⑥正在施工的新承接的工程情况表(格式);⑦注册会计师事务所出具的财务状况表(格式)。

(11)投标人经验、履约能力、资信情况等证明文件。施工投标是竞争性非常激烈的投标,特别是对于大型水利工程来说,投标人的经验、能力和资信是招标人非常看重的一个方面。但这些方面的内容也容易出现虚假材料,招标人或招标代理机构应采取措施防止投标人造假,以便于评标委员会审查判断其真伪性。

(12)评标标准和方法。评标方法的选择是施工招标过程中非常重要的一个环节,应根据招标项目的规模、技术复杂程度、施工条件、市场竞争情况等因素来规定评标方法和标准。招标文件中必须非常明确地表达施工招标的评标标准和方法,发出招标文件后,除非有错误,否则不要随便更改评标标准和方法,因为招标文件是在资格审查完成后发出的,此时已经知道所有的投标人,如果随意修改评标标准和方法,很容易引起不必要的误解。

对于水利项目来说,评标的方法主要有三种:经评审的最低投标价法、综合评估法和二阶段评标法。

评标的标准,一般包括价格标准和非价格标准。价格标准比较容易确定,非价格标准应尽可能客观和量化,按货币或相对权利(即系数或得分)进行量化。一般,对于服务和特许经营评标,非价格标准主要有:投标人资格、主要技术或服务人员资格资历、经验、信誉、可靠性保证、专业技术方案、管理能力、资金实力、类似经验、服务能力与保证等因素;对于工程施工评标,非价格标准主要有：工期、质量、安全、文明施工、技术人员和管理人员素质、资信、经验等因素；对于货物评标，非价格标准主要有：付款计划、交货期、运营成本、货物的有效性和配套性、零配件供应能力、服务承诺及反应、相关培训、质量保证、技术、安全性能、环境效益等因素。

（13）技术条款。技术规格和要求是招标文件中最重要的内容之一，是指招标项目在技术、质量方面的标准，也就是通常说的招标技术条款。技术规格或技术要求的确定，往往是招标能否具有竞争性、能否达到预期目的的技术制约因素。因此，世界各国和有关国际组织都普遍要求，招标文件规定的技术规格、标准应采用所在国法定的或国际公认的标准。《招标投标法》规定："国家对招标项目的技术、标准有规定的，招标人应当按照其规定在招标文件中提出相应要求"，也就是要求招标人或招标代理机构或设计单位在编制招标文件时对招标项目的技术要求应按照国家规范和标准，国家、行业主管部门或地方有规定的按行业或地方标准，国家、主管部门、地方没有规定的，可参照国际惯例或行业惯例，不能另搞一套。

对于大中型水利水电工程来说，应采用 GF—2000—0208 合同条件；对于一些特殊施工技术、施工工艺或在 GF—2000—0208 中没有论述的，则应由项目设计单位负责编写、补充和完善。

（14）招标图纸。招标图纸一般由招标项目的设计单位负责提供，内容包含在招标设计中。如果招标文件要求的份数超出原设计合同的数量，则需要另行支付图纸费用。

（15）其他招标资料。其他招标资料主要指，不构成招标文件的内容、仅对投标人编写投标文件具有参考作用的资料。招标人对投标人根据参考资料而引起的错误不承担任何责任。

第四节　投标程序

一、水利水电工程施工投标的一般程序

从投标人的角度看，水利水电工程施工投标的一般程序，主要经历以下几个环节：

（1）参加资格预审。

（2）购买招标文件。

（3）组织投标班子。

（4）研究招标文件。

（5）参加踏勘现场和投标预备会。

（6）编制、递送投标文件。

（7）出席开标会议，填写投标文件澄清函。

（8）接受中标通知书，签订合同，提供履约担保。

投标详细程序如图 13-1 所示。

二、投标活动的主要内容

当招标人通过新闻媒介发出招标公告后，承包商应首先认真研究招标工程的性质、规模、技术难度，结合自身主观影响因素，如技术实力、经济实力、管理实力、信誉实力等，认真分析业主、潜在竞争对手、风险问题等客观影响因素，决定是否参与投标。

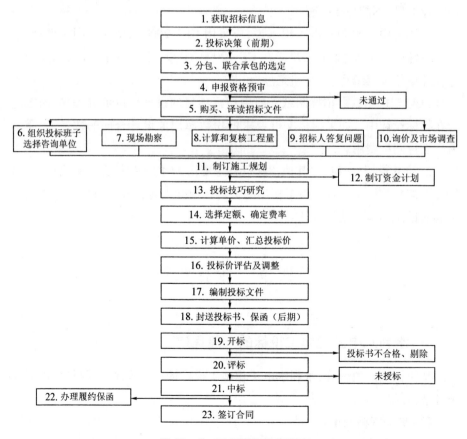

图 13-1 工程项目投标程序

　　投标人获取招标信息渠道是否通畅,往往决定该投标人是否在投标竞争中占得先机,这就需要投标人日常建立广泛的信息网络。投标人获取招标信息的主要途径有:①通过招标公告来发现投标目标;②通过政府部门或行业协会获取信息;③通过设计单位、咨询机构、监理单位等获取信息;④搞好公共关系,深入有关部门收集信息;⑤取得老客户的信任,从而承接后续工程或接受邀请,获取信息;⑥和业务相关单位经常联系,以获取信息或能够联合承包项目;⑦通过社会知名人士介绍获取信息等。

　　(1)参加资格预审。资格审查方式可分为资格预审和资格后审。如招标人发布资格预审公告,则投标人需要按照《水利水电工程标准施工招标资格预审文件》中规定的资格预审申请文件格式认真准备申请文件,参加资格预审。

　　(2)购买招标文件和有关资料,缴纳投标保证金。投标人经资格审查合格后,便可向招标人申购招标文件和有关资料,同时要按照招标文件规定的时间缴纳投标保证金。

　　投标保证金是为防止投标人对其投标活动不负责任而设定的一种担保形式。一般来说,投标保证金可以采用现金,也可以采用支票、银行汇票,还可以是银行出具的银行保函等。

　　(3)组织投标班子。实践证明,建立一个强有力的、内行的投标班子是投标获得成功的根本保证。施工企业必须精心挑选精明能干、富有经验的人员组成投标工作机构。

　　投标班子一般应包括下列三类人员:

　　1)经营管理类人员。这类人员一般是从事工程承包经营管理的行家里手,熟悉工程投标活动的筹划和安排,具有相当的决策水平。

　　2)专业技术类人员。这类人员是从事各类专业工程技术的人员,如建造师、造价工程师等。

　　3)商务金融类人员。这类人员是从事有关金融、贸易、财税、保险、会计、采购、合同、索赔等项工作的人员。

　　(4)研究招标文件。购买招标文件后,应认真研究文件中所列工程条件、范围、项目、工程量、工期和质量要求、施工特点、合同主要条款等,弄清承包责任和报价范围,避免遗漏,发现含义模糊的问题,应做书面记录,以备向招标人提出询问。同时列出材料和设备的清单,调查其供应来源状况、价格和运输问题,以便在报价时综合考虑。

　　(5)参加踏勘现场和投标预备会。投标人在去现场踏勘之前,应先仔细研究招标文件有关概念的含义和各项要求,特别是招标文件中的工作范围、专用条款以及设计图纸和说明等,然后有针对性地拟定出踏勘提纲,确定重点需要澄清和解答的问题,做到心中有数。投标人参加现场踏勘的费用,由投标人自己承担。招标人一般在招标文件发出后,就着手考虑安排投标人进行现场踏勘等准备工作,并在现场踏勘中对投标人给予必要的协助。

投标人进行现场踏勘的内容,主要包括以下几个方面:

1)工程的范围、性质以及与其他工程之间的关系。

2)投标人参与投标的工程与其他承包商或分包商之间的关系。

3)现场地貌、地质、水文、气候、交通、电力、水源等情况,有无障碍物等等。

4)进出现场的方式,现场附近有无食宿条件、料场开采条件、其他加工条件、设备维修条件等。

5)现场附近治安情况。

投标预备会,又称答疑会、标前会议,一般在现场踏勘之后的 1~2 天内举行,也可能根据情况不举行。研究招标文件和勘查现场过程中发现的问题,应向招标人提出,并力求得到解答,而且自己尚未注意到的问题,可能会被其他投标人提出;设计单位、招标人等也将会就工程要求和条件、设计意图等问题做出交底说明。因此,参加投标预备会对于进一步吃透招标文件、了解招标人意图、工程概况和竞争对手情况等均有重要作用,投标人不应忽视。

(6)编制和递交投标文件。经过现场踏勘和投标预备会后,投标人可以着手编制投标文件。投标人编制和递交投标文件的具体步骤和要求如下:

1)结合现场踏勘和投标预备会的结果,进一步分析招标文件。招标文件是编制投标文件的主要依据,因此,必须结合已获取的有关信息认真细致地加以分析研究,特别是要重点研究其中的投标人须知、专用条款、设计图纸、工程范围以及工程量清单等,要弄清到底有没有特殊要求或有哪些特殊要求。

2)校核招标文件中的工程量清单。投标人是否校核招标文件中的工程量清单或校核得是否准确,直接影响到投标报价和中标机会。因此,投标人应认真对待。通过认真校核工程量,投标人大体确定了工程总报价之后,估计某些项目工程量可能会增加或减少的,就可以相应地提高或降低单价。如发现工程量有重大出入的,特别是漏项的,可以在投标截止规定时间前以书面形式提出澄清申请,要求招标人对招标文件予以澄清。

3)根据工程类型编制施工规划或施工组织设计。投标文件中施工规划或施工组织设计是一项重要内容,它是招标人对投标人能否按时、按质、按价完成工程项目的主要判断依据。由于水利工程招标一般分标,这里通常认为应该是单位工程施工组织设计。一般包括施工程序、方案,施工方法,施工进度计划,施工机械、材料、设备的选定和临时生产、生活设施的安排,劳动力计划,以及施工现场平面和空间的布置。施工规划或施工组织设计的主要编制依据是设计图纸、技术规范,工程量清单,招标文件要求的开工、竣工日期,以及对市场材料、机械设备、劳动力价格的调查。编制施工规划或施工组织设计,要在保证工期和工程质量的前提下,尽可能使成本最低、利润最大。具体要求是:根据工程类型编制出最合理的施工程序,选择和确定技术上先进、经济上合理的施工方法,选择最有效的施工设备、施工设施和劳动组织,周密、均衡地安排人力、物力和生产,正确编制施工进度计划,合理布置施工现场的平面和空间。

4)根据工程价格构成进行工程估价,确定利润方针,计算和确定报价。投标报价是投标的一个核心环节,投标人要根据工程价格构成对工程进行合理估价,确定切实可行的利润方针,正确计算和确定投标报价。投标人不得以低于成本的报价竞标。

5)形成、制作投标文件。投标文件应完全按照招标文件的各项要求编制。投标文件应当对招标文件提出的实质性要求和条件作出响应,一般不能带任何附加条件,否则将导致投标无效。投标文件一般应包括以下内容:①投标函及投标函附录;②法定代表人身份证明或附有法定代表人身份证明的授权委托书;③投标保证金;④已标价工程量清单与报价表;⑤施工组织设计;⑥项目管理机构;⑦资格审查资料;⑧投标人须知前附表规定的其他材料。

6)递送投标文件。递送投标文件,也称递标,是指投标人在招标文件要求提交投标文件的截止时间前,将所有准备好的投标文件密封送达投标地点。招标人收到投标文件后,应当签收保存,不得开启。投标人在投标截止时间之前,可以对所递交的投标文件进行补充、修改或撤回,并书面通知招标人,但所递交的补充、修改或撤回通知必须按招标文件的规定编制、密封和标志。补充、修改的内容为投标文件的组成部分。

(7)出席开标会议,填写投标文件澄清函。投标人在编制、递交了投标文件后,要积极准备出席开标会议。参加开标会议对投标人来说,既是权利也是义务。投标人参加开标会议,要注意其投标文件是否被正确启封、宣读,对于被错误地认定为无效的投标文件或唱标出现的错误,应当现场提出异议。

在评标期间,评标委员会要求澄清投标文件中不清楚问题的,投标人应积极予以说明、解释、澄清。澄清投标文件一般由评标委员会向投标人发出投标文件澄清通知,由投标人书面作出说明或澄清的方式进行。说明、澄清和确认的问题,作为投标文件的组成部分。在澄清过程中,投标人不得更改报价、工期等实质性内容,开标后和定标前提出的任何修改声明或附加优惠条件,一律不得作为评标的依据。但评标委员会按照评审办法,对确定为实质上响应招标文件要求的投标文件进行校核时发现的计算上或累计上的计算错误,应进行修改并取得投标人的认可。

(8)接受中标通知书,签订合同,提供履约担保。投标人被确定为中标人后,应接受招标人发出的中标通知书。未中标的投标人有权要求招标人退还其投标保证金。自中标通知书发出之日起30日内,招标人和中标人应当按照招标文件和中标人的投标文件订立书面合同,中标人提交履约保函。招标人和中标人不得另行订立背离招标文件实质性内容的其他协议。当确定的中标人拒绝签订合同时,招标人可与确定的候补中标人签订合同,并按项目管理权限向水行政主管部门备案。

第五节　投标文件编制

一、投标文件的编制要求

(一)投标文件编制的一般要求

(1)投标人编制投标文件时必须使用招标文件提供的投标文件表格格式,但表格可以按同样格式扩展。投标保证金、履约保证金的方式,按招标文件有关条款的规定可以选择。投标人根据招标文件的要求和条件填写投标文件的空格时,凡要求填写的空格都必须填写,不得空着不填,否则即被视为放弃意见。实质性的项目或数字,如工期、质量等级、价格等未填写的,将被作为无效或作废的投标文件处理。将投标文件按规定的日期送交招标人,等待开标、决标。

(2)应当编制的投标文件“正本”仅一份,“副本”则按招标文件前附表所述的份数提供,同时要在标书封面标明“投标文件正本”和“投标文件副本”字样。投标文件正本和副本如有不一致之处,以正本为准。

(3)投标文件正本和副本均应使用不能擦去的墨水打印或书写,各种投标文件的填写都要字迹清晰、端正,补充设计图纸要整洁、美观。

(4)所有投标文件均由投标人的法定代表人签署、加盖印鉴,并加盖法人单位公章。

(5)填报投标文件应反复校核,保证分项和汇总计算均无错误。全套投标文件均应无涂改和行间插字,除非这些删改是根据招标人的要求进行的,或者是投标人造成的必须修改的错误。修改处应由投标文件签字人签字证明并加盖印鉴。

（6）如招标文件规定投标保证金为合同总价的某一百分比时，开投标保函不要太早，以防泄漏自己报价。但有的投标者提前开出并故意加大保函金额，以麻痹竞争对手的情况也是存在的。

（7）投标人应将投标文件的技术标和商务标分别密封在内层包封，再密封在一个外层包封中，并在内封上标明"技术标"和"商务标"。标书包封的封口处都必须加贴封条，封条贴缝应全部加盖密封章或法人章。内层和外层包封都应由投标人的法定代表人签署、加盖印鉴，并加盖法人单位公章。内层和外层包封都应写明投标人名称和地址、工程名称、招标编号，并注明开标时间以前不得开封。在内层和外层包封上还应写明投标人的名称与地址、邮政编码，以便投标出现逾期送达时能原封退回。如果内外层包封没有按上述规定密封并加写标志，投标文件将被拒绝，并退还给投标人。投标文件应按时递交至招标文件前附表所述的单位和地址。

（8）投标文件的打印应力求整洁、悦目，避免评标专家产生反感。投标文件的装订也要力求精美，使评标专家从侧面产生对投标企业实力的认可。

（二）技术标编制的要求

技术标与施工组织设计虽然在内容上是一致的，但在编制要求上却有一定差别。施工组织设计的编制一般注重管理人员和操作人员对规定和要求的理解和掌握。而技术标则要求能让评标委员会的专家们在较短的时间内，发现标书的价值和独到之处，从而给予较高的评价。因此，技术标编制前应注意以下问题。

（1）针对性。在评标过程中，投标人往往把技术标做得很厚。而其中的内容往往都是对规范标准的成篇引用，或对其他项目标书的成篇抄袭，因而使标书毫无针对性。该有的内容没有，无须有的内容却充斥标书。这样的标书常常引起评标专家的反感，因而导致技术标严重失分。

（2）全面性。如前面评标办法介绍的，对技术标的评分标准一般都分为许多项目，这些项目都分别被赋予一定的评分分值。这就意味着，这些项目不能发生缺项，一旦发生缺项，该项目就可能被评为零分，这样中标概率将会大大降低。

另外，对一般项目而言，评标的时间往往有限，评标专家没有时间对技术标进行深入的分析。因此，只要有关内容齐全，且无明显的低级错误或理论上的错误，技术标一般不会扣很多分。所以，对一般工程来说，技术标内容的全面比内容的深入细致更重要。

（3）先进性。技术标得分要高，一般来说也不容易。没有技术亮点，没有特别吸引招标人的技术方案，是不大可能得高分的。因此，标书编制时，投标人应仔细分析招标人的热衷点，在这些点上采用先进的技术、设备、材料或工艺，使标书对招标人和评标专家产生更强的吸引力。

（4）可行性。技术标的内容最终都是要付诸实现的，因此，技术标应有较强的可行性。为了凸显技术标的先进性，盲目提出不切实际的施工方案、设备计划，都会给今后的具体实施带来困难，甚至导致建设单位或监理工程师提出违约指控。

（5）经济性。投标人参加投标，承揽业务的最终目的都是为了获取最大的经济利益，而施工方案的经济性，直接关系到投标人的效益，因此必须十分慎重。另外，施工方案也是投标报价的一个重要影响因素，经济合理的施工方案，能降低投标报价，使报价更具竞争力。

（三）投标文件的递交

投标人应在招标文件前附表规定的日期内将投标文件递交给招标人。当招标人按招标文件中投标须知规定，延长递交投标文件的截止日期时，投标人要仔细记住新的截止时间，避免因标书的逾期送达而导致废标。

投标人可以在递交投标文件以后，在规定的投标截止时间之前，采用书面形式向招标人递交补充、修改或撤回其投标文件的通知。在投标截止日期以后，不能更改投标文件。投标人的补充、修改或撤回通知，应按招标文件中投标须知的规定编制、密封、签章、标识和递交，并在包封上标明"补充""修改"或"撤回"字样。补充、修改的内容为投标文件的组成部分。根据投标须知的规定，在投标截止时间与招标文件中规定的投标有效期终止日之间的这段时间内，投标人不能再撤回投标文件，否则其投标保证金将不予退还。

投标人递交投标文件不宜太早，一般在招标文件规定的截止日期前一两天内密封送交指定地点比较好。

二、投标估价及其依据

投标报价前，投标人首先应根据有关法规、取费标准、市场价格、施工方案等，并考虑到上级企业管理费、风险费用、预计利润和税金等所确定的承揽该项工程的企业水平的价格，进行投标估价。投标估价是承包商生产力水平的真实体现，是确定最终报价的基础。

投标估价的主要依据如下：

（1）招标文件，包括招标答疑文件。

（2）建设工程工程量清单计价规范、预算定额、费用定额以及地方的有关工程造价文件，有条件的企业应尽量采用企业施工定额。

（3）劳动力、材料价格信息，包括由地方造价管理部门发布的造价信息资料。

（4）地质报告、施工图，包括施工图指明的标准图。

（5）施工规范、标准。

（6）施工方案和施工进度计划。

（7）现场踏勘和环境调查所获得的信息。

（8）当采用工程量清单招标时应包括工程量清单。

三、投标报价的程序

承包工程有总价合同、单价合同、成本加酬金合同等合同形式，不同的合同形式的计算报价是有差别的。报价计算主要步骤如下：

（一）研究招标文件

招标文件是投标的主要依据，承包商在计算标价之前和整个投标报价期间，均应组织参加编制商务标的人员认真细致地阅读招标文件，仔细分析研究，弄清招标文件的要求和报价内容。一般主要应弄清报价范围、取费标准、采用定额、工料机定价方法、技术要求、特殊材料和设备、有效报价区间等。同时，在招标文件研究过程中要注意发现互相矛盾和表述不清的问题等。对这些问题，应及时通过招标预备会或采用书面提问形式，请招标人给予解答。

在投标实践中，报价发生较大偏差甚至造成废标的原因，常见的有两个。其一是造价估算误差太大，其二是没弄清招标文件中有关报价的规定。因此，标书编制以前，全体与投标报价有关的人员都必须反复认真研读招标文件。

（二）现场调查

现场条件是投标人投标报价的重要依据之一。现场调查不全面不细致，很容易造成与现场条件有关的工作内容遗漏或者工程量计算错误。由这种错误所导致的损失，一般是无法在合同的履行中得到补偿的。现场调查一般主要包括如下方面。

（1）自然地理条件。包括施工现场的地理位置，地形、地貌，用地范围，气象、水文情况，地质情况，地震及设防烈度，洪水、台风及其他自然灾害情况等。

（2）市场情况。包括建筑材料和设备、施工机械设备、燃料、动力和生活用品的供应状况、价格水平与变动趋势，劳务市场状况，银行利率和外汇汇率等情况。

对于不同建设地点,由于地理环境和交通条件的差异,价格变化会很大。因此,要准确估算工程造价就必须对这些情况进行详细调查。

(3)施工条件。包括临时设施、生活用地位置和大小,供排水、供电、进场道路、通信设施现状,引接供排水线路、电源、通信线路和道路的条件和距离,附近现有建(构)筑物、地下和空中管线情况,环境对施工的限制等。

这些条件,有的直接关系到临时设施费支出的多少,有的则或因与施工工期有关,或因与施工方案有关,或因涉及技术措施费,从而直接或间接影响工程造价。

(4)其他条件。包括交通运输条件、工地现场附近的治安情况等。

交通条件直接关系到材料和设备的到场价格,对工程造价影响十分显著。治安状况则关系到材料的非生产性损耗,因而也会影响工程成本。

(三)编制施工组织设计

施工组织设计包括进度计划和施工方案等内容,是技术标的主要组成部分。

施工组织设计的水平反映了承包商的技术实力,是决定承包商能否中标的主要因素。而且施工进度安排合理与否,施工方案选择是否恰当,都与工程成本、报价有密切关系。一个好的施工组织设计可大大降低标价。因此,在估算工程造价之前,工程技术人员应认真编制好施工组织设计,为准确估算工程造价提供依据。

(四)计算或复核工程量

要确定工程造价,首先要根据施工图和施工组织设计计算工程量,并列出工程量表。而当采用工程量清单招标时,需要对工程量清单中的数量进行复核。

工程量的大小是影响投标报价的最直接因素。为确保复核工程量准确,在计算中应注意以下几个方面。

(1)正确进行项目划分,做到与当地定额或单位估价表项目一致。

(2)按一定顺序进行,避免漏算或重算。

(3)以施工图为依据。

(4)结合已定的施工方案或施工方法。

(5)进行认真复核与检查。

(五)确定人工、材料、机械使用单价

工、料、机的单价应通过市场调查或参考当地造价管理部门发布的造价信息确定。而工、料、机的用量尽量根据企业定额确定,无企业定额时,可依据国家或地方颁布的预算定额确定。

(六)计算工程直接费

根据分项工程中工、料、机等生产要素的需用量和单价,计算分项工程的直接成本的单价和合价,而后计算出其他直接费、现场经费,最后计算出整个工程的直接工程费。

（七）计算间接费

根据当地的费用定额或企业的实际情况,以直接工程费为基础,计算出工程间接费。

（八）估算其他费用

其他费用包括企业管理费、预计利润、税金及风险费用。

（九）计算工程总估价

综合工程直接费、间接费、上级企业管理费、风险费用、预计利润和税金形成工程总估价。

（十）审核工程估价

（1）单位工程造价。将投标报价折合成单位工程造价,例如房屋工程按平方米造价,铁路、公路按公里造价,铁路桥梁、隧道按每延米造价,公路桥梁按桥面单位面积（桥面面积）造价,水电站按单位装机容量造价等,并将该项目的单位工程造价与类似工程的单位工程造价进行比较,以判定报价水平的高低。

（2）全员劳动生产率。所谓全员劳动生产率是指全体人员每工日的生产价值。一定时期内,企业一定的生产力水平决定了全员劳动生产率水平相对稳定。因而企业在承揽同类工程或机械化水平相近的项目时应具有相近的全员劳动生产率水平。因此,可以此为尺度,将投标工程造价与类似工程造价进行比较,从而判断造价的正确性。

（3）单位工程消耗指标。各类建筑工程每平方米建筑面积所需的劳动力和各种材料的数量均有一个合理的指标。因而将投标项目的单位工程用工、用料水平与经验指标相比,也能判断其造价是否处于合理的水平。

（4）分项工程造价比例。一个单位工程是由很多分项工程构成的,它们在工程造价中都有一个合理的大体比例,承包商可通过投标项目的各分项工程造价的比例与同类工程的统计数据相比较,从而判断造价估算的准确性。

（5）各类费用的比例。任何一个工程的费用都是由人工费、材料费、施工机械费、设备费、间接费等各类费用组成的,它们之间都应有一个合理的比例。将投标工程造价中的各类费用比例与同类工程的统计数据进行比较,也能判断估算造价的正确性和合理性。

（6）预测成本比较。若承包商曾对企业在同一地区的同类工程报价进行积累和统计,则还可以采用线性规划、概率统计等预测方法进行计算,计算出投标项目造价的预测值。将造价估算值与预测值进行比较,也是衡量造价估算正确性和合理性的一种有效方法。

(7)扩大系数估算法。根据企业以往的施工实际成本统计资料,采用扩大系数估算投标工程的造价,是在掌握工程实施经验和资料的基础上的一种估价方法。其结果比较接近实际,尤其是在采用其他宏观指标对工程报价难以校准的情况下,本方法更具优势。扩大系数估算法,属宏观审核工程报价的一种手段。不能以此代替详细的报价资料,报价时仍应按招标文件的要求详细计算。

(8)企业内部定额估价法。根据企业的施工经验,确定企业在不同类型的工程项目施工中的工、料、机等的消耗水平,形成企业内部定额,并以此为基础计算工程估价。此方法不但是核查报价准确性的重要手段,也是企业内部承包管理、提高经营管理水平的重要方法。

(十一)确定报价策略和投标技巧

根据投标目标、项目特点、竞争形势等,在采用前述的报价决策的基础上,具体确定报价策略和投标技巧。

(十二)最终确定投标报价

根据已确定的报价策略和投标技巧对估算造价进行调整,最终确定投标报价。

第六节　开标程序

一、开标活动

(一)开标时间、地点、参会人员

招标单位应在前附表规定的开标时间和地点举行开标会议,投标单位的法人代表或授权的代表应签名报到,以证明出席开标会议。投标人的法定代表人或其委托代理人未参加开标会的,招标人可将其投标文件按无效标处理。

时间:投标人须知前附表规定的投标截止时间。

地点:投标人须知前附表规定的地点,如:水利公共资源交易市场开标大厅。

参会人员:招标人、投标人、招标代理机构、建设行政主管部门及监督机构等。

（二）投标保证金的形式

开标会议在招标管理机构监督下，由招标单位组织主持，对投标文件开封进行检查，确定投标文件内容是否完整和按顺序编制、是否提供了投标保证金、文件签署是否正确。按规定提交合格撤回通知的投标文件不予开封。

投标保证金的形式包括现金、银行汇票、银行本票、支票、投标保函。根据《工程建设项目施工招标投标办法》第三十七条规定：投标保证金一般不得超过投标总价的百分之二，但最高不得超过八十万元。

（三）投标文件有下列情形之一的，招标人不予受理

（1）逾期送达的或者未送达指定地点的。

（2）未按招标文件要求密封的。

（3）未经法定代表人签署或未盖投标单位公章或未盖法定代表人印鉴的。

（4）未按规定格式填写，内容不全或字迹模糊、辨认不清的。

（5）投标单位未参加开标会议。

（四）投标文件有下列情形之一的，由评标委员会初审后按废标处理

（1）无单位盖章并无法定代表人或法定代表人授权的代理人签字或盖章。

（2）未按规定的格式填写，内容不全或关键字迹模糊、无法辨认的。

（3）投标人递交两份或多份内容不同的投标文件，或在一份投标文件中对同一招标项目报有两个或多个报价，且未声明哪一个有效，按招标文件规定提交备选投标方案的除外。

（4）投标人名称或组织结构与资格预审时不一致的。

（5）未按招标文件要求提交投标保证金的。

（6）联合体投标未附联合体各方共同投标协议的。

二、开标程序

主持人按下列程序进行开标。

（1）宣布开标纪律。

（2）公布在投标截止时间前递交投标文件的投标人名称，并确认投标人法定代表人或其委托代理人是否在场。

（3）宣布主持人、开标人、唱标人、记录人、监标人等有关人员姓名。

（4）除投标人须知前附表另有约定外，由投标人推荐的代表检查投标文件的密封情况。

（5）宣布投标文件开启顺序：按递交投标文件的先后顺序的逆序。

（6）设有标底的，公布标底。

（7）按照宣布的开标顺序当众开标,公布投标人名称、标段名称、投标保证金的递交情况、投标报价、质量目标、工期及其他招标文件规定开标时公布的内容,并进行文字记录。

（8）主持人、开标人、唱标人、记录人、监标人、投标人的法定代表人或其委托代理人等有关人员在开标记录上签字确认;开标记录表(格式)见表13-1。

（9）开标结束。

表13-1　开标记录表(格式)

（项目名称）＿＿＿＿＿＿（标段名称）

开标时间：　　年　　月　　日　　时　　分

序号	投标人	密封情况	投标保证金	投标报价（元）	质量目标	工期	备注	投标人法定代表人或其委托代理人签名
招标人编制的标底								

开标结束时间：＿＿＿＿年＿＿＿＿月＿＿＿＿日＿＿＿＿时

主持人：＿＿＿＿开标人：＿＿＿＿唱标人：＿＿＿＿记录人：＿＿＿＿监标人：＿＿＿＿

＿＿＿＿年＿＿＿＿月＿＿＿＿日

第七节　评标与定标

招标评标的方法和标准有多种,根据招标项目的具体情况可采用的主要方法包括:最低投标价法、综合评估法、二阶段评标法、合理最低投标价法、综合评议法(包括寿命期费用评标价法),以及法律、行政法规允许的其他评标方法。水利项目招标评标常采用的方法主要有:最低投标价法、综合评估法和二阶段评标法三种。

一、最低评标价法

最低评标价法一般适用于具有通用技术、性能标准或者招标人对其技术、性能标准没特殊要求的招标项目。根据发改委56号令的规定,招标人编制施工招标文件时,应不加修改地引用《标准文件》规定的方法。评标办法前附表由招标人根据招标项目具体特点和实际需要编制,用于进一步明确未尽事宜,但务必与招标文件中其他章节相衔接,并不得与《标准文件》的内容相抵触,否则抵触内容无效。评标办法前附表见表13-2。

(一)评标方法

(1)评审比较的原则。最低评标价法是以投标报价为基数,考量其他因素形成评审价格,对投标文件进行评价的一种评标方法。

评标委员会对满足招标文件实质要求的投标文件,根据详细评审标准规定的量化因素及量化标准进行价格折算,按照经评审的投标价由低到高的顺序推荐中标候选人,或根据招标人授权直接确定中标人,但投标报价低于其成本的除外,并且中标人的投标应当能够满足招标文件的实质性要求。经评审的投标价相等时,投标报价低的优先,投标报价也相等的,由招标人自行确定。

(2)最低评标价法的基本步骤。首先按照初步评审标准对投标文件进行初步评审,然后依据详细评审标准对通过初步审查的投标文件进行价格折算,确定其评审价格,再按照由低到高的顺序推荐1~3名中标候选人或根据招标人的授权直接确定中标人。

(二)评审标准

(1)初步评审标准。根据《标准施工招标文件》的规定,投标初步评审为形式评审、资格评审、响应性评审、施工组织设计和项目管理机构评审标准四个方面。

1)形式评审标准。初步评审的因素一般包括:投标人的名称、投标函的签字盖章、投标文件的格式、联合体投标人、投标报价的唯一性、其他评审因素等。审查、评审标准应当具体明了,具有可操作性。比如申请人名称应当与营业执照、资质证书以及安全生产许可证等一致;申请函签字盖章应当由法定代表人或其委托代理人签字或加盖单位公章等。对应于前附表中规定的评审因素和评审标准是列举性的,并没有包括所有评审因素和标准,招标人应根据项目具体特点和实际需要,进一步删减、补充和细化。

表 13-2　评标办法前附表

条　款　号		评审因素	评审标准
2.1.1(8)	形式评审其他标准		
		……	……
2.1.2(12)	资格审查其他标准		
		……	……
2.1.3(9)	响应性评审其他标准		
		……	……
2.1.4	施工组织设计和项目管理机构评审标准	施工方案与技术措施	……
		质量管理体系与措施	……
		安全管理体系与措施	……
		工程进度计划与措施	……
		环境保护管理体系与措施	……
		资源配备计划	……
		其他主要人员	……
		施工设备	……
		试验、检测仪器设备	……
		……	……
条　款　号		量化因素	量化标准
2.2	详细评审标准	单价遗漏	……
		付款条件	……
		……	……

2) 资格评审标准。资格评审的因素一般包括营业执照、安全生产许可证、资质等级、财务状况、类似项目业绩、信誉、项目经理、其他要求、联合体投标人等。该部分内容分为以下两种情况：

①未进行资格预审的。评审标准须与投标人须知前附表中对投标人资质、财务、业绩、信誉、项目经理的要求以及其他要求一致，招标人要特别注意在投标人须知中补充和细化的要求，应体现出来。

②已进行资格预审的。评审标准须与资格预审文件资格审查办法详细审查标准保持一致。在递交资格预审申请文件后、投标截止时间前发生可能影响其资格条件或履约能力的新情况，应按照招标文件中投标人须知的规定提交更新或补充资料。

a. 响应性评审标准。响应性评审的因素一般包括投标内容、工期、工程质量、投标有效期、投标保证金、权利义务、已标价工程量清单、技术标准和要求等。

表 13-2 中所列评审因素已经考虑到了与招标文件中投标人须知等内容衔接。招标人可以依据招标项目的特点补充一些响应性评审因素和标准，如投标人有分包计划的，其分包工作类别及工作量须符合招标文件要求。招标人允许偏离的最大范围和最高项数，应在响应性评审标准中规定，作为判定投标是否有效的依据。

b. 施工组织设计和项目管理机构评审标准。施工组织设计和项目管理机构评审的因素一般包括施工方案与技术措施、质量管理体系与措施、安全管理体系与措施、环境保护管理体系与措施、工程进度计划与措施、资源配备计划、技术负责人、其他主要成员、施工设备、试验和检测仪器设备等。

针对不同项目特点，招标人可以对施工组织设计和项目管理机构的评审因素及其标准进行补充、修改和细化，如施工组织设计中可以增加对施工总平面图、施工总承包的管理协调能力等评审指标，项目管理机构中可以增加对项目经理的管理能力，如创优能力、创文明工地能力以及其他一些评审指标等。

（2）详细评审标准。详细评审的因素一般包括单价遗漏、付款条件等。

详细评审标准对表 13-2 中规定的量化因素和量化标准是列举性的，并没有包括所有量化因素和标准，招标人应根据项目具体特点和实际需要，进一步删减、补充或细化。例如，增加算数性错误修正量化因素，即根据招标文件的规定对投标报价进行算数性错误修正。还可以增加投标报价的合理性量化因素，即根据本招标文件的规定和对投标报价的合理性进行评审。除此之外，还可以增加合理化建议量化因素,即技术建议可能带来的实际经济效益,按预定的比例折算后,在投标价内减去该值。

(三)评标程序

(1)初步评审。

1)对于未进行资格预审的,评标委员会可以要求投标人提交规定的有关证明以便核验。评标委员会依据上述标准对投标文件进行初步评审,有一项不符合评审标准的,应否决其投标。

对于已进行资格预审的,评标委员会依据评标办法中表13-2规定的评审标准对投标文件进行初步评审。有一项不符合评审标准的,应否决其投标。当投标人资格预审申请文件的内容发生重大变化时,评标委员会依据评标办法中表13-2规定的标准对其更新资料进行评审。

2)投标报价有算术错误的,评标委员会按以下原则对投标报价进行修正,修正的价格经投标人书面确认具有约束力。投标人不接受修正价格的,应当否决该投标人的投标。

①投标文件中的大写金额与小写金额不一致的,以大写金额为准。

②总价金额与依据单价计算出的结果不一致的,以单价金额为准修正总价,但单价金额小数点有明显错误的除外。

(2)详细评审。

1)评标委员会依据本评标办法中详细评审标准规定的量化因素和标准进行价格折算,计算出评标价,并编制价格比较一览表。

2)评标委员会发现投标人的报价明显低于其他投标报价,或者在设有标底时明显低于标底,使得其投标报价可能低于其成本的,应当要求该投标人作出书面说明并提供相应的证明材料。投标人不能合理说明或者不能提供相应证明材料的,由评标委员会认定该投标人以低于成本报价竞争,否决其投标。

(3)投标文件的澄清和修正。

1)在评标过程中,评标委员会可以书面形式要求投标人对所提交的投标文件中不明确的内容进行书面澄清或说明,或者对细微偏差进行修正。评标委员会不接受投标人主动提出的澄清、说明或修正。

2)澄清、说明和修正不得改变投标文件的实质性内容(算术性错误修正的除外)。投标人的书面澄清、说明和修正属于投标文件的组成部分。

3)评标委员会对投标人提交的澄清、说明或修正有疑问的,可以要求投标人进一步澄清、说明或修正,直至满足评标委员会的要求。投标文件澄清通知(格式)、投标文件澄清函(格式)见[范例13-1]和[范例13-2]。

【范例13-1】　投标文件澄清通知(格式)

编号：

_____(投标人名称)：

　　_____(项目名称)_____(标段名称)评标委员会对你方的投标文件进行了仔细的审查,现需你方对下列问题以书面形式予以澄清：

　　1.……

　　2.……

　　　　……

　　请将上述问题的澄清函于_____年_____月_____日_____时前递交至_____(详细地址)或传真至_____(传真号码)。采用传真方式的,应在_____年_____月_____日_____时前将原件递交至_____(详细地址)。

评标委员会负责人：_____(签字)

_____年_____月_____日

【范例13-2】投标文件澄清函(格式)

编号：

_____(项目名称)_____(标段名称)评标委员会：

　　投标文件澄清通知(编号：_____)已收悉,现就有关问题澄清如下：

　　1.……

　　2.……

　　　　……

投标人：_____(盖单位章)

法定代表人或其委托代理人：_____(签字)

_____年_____月_____日

　　(4)评标结果。

　　①除授权评标委员会直接确定中标人外,还可以按照经评审的价格由低到高的顺序推荐中标候选人,但最低价不能低于成本价。

　　②评标委员会完成评标后,应当向招标人提交书面评标报告。

　　评标报告应当如实记载以下内容:基本情况和数据表;评标委员会成员名单;开标记录;符合要求的投标一览表;否决投标的情况说明;评标标准、评标方法或者评标因素一览表;经评审的价格一览表;经评审的投标人排序;推荐的中标候选人名单或根据招标人授权确定的中标人名单,签订合同前要处理的事宜;以及需要澄清、说明、修正事项纪要。

二、百分制打分法

百分制打分法是由评标委员对投标者的各项投标内容进行无记名打分,最后统计得分,得分超过投标标准分且是最高分者为中标单位。

(一)评分内容和定分方法见表13-3

(二)评分分值范围见表13-4

(三)统计得分

把表13-4中5项得分相加得出总分,评标委员会根据投标人的最终得分,按高低次序确定投标人最终的排列名次,并按照招标文件中规定推荐不超过3名有排序的合格的中标候选人。

表13-3 评分内容和定分方法

序号	评分内容	评 分 方 法
1	评标价	以低于标准10%的评标价为最高得分,高于或低于该评标的按比例减分
2	施工能力	以拟投入本工程人力、财务和设备等因素定分
3	施工组织管理	以施工组织设计、关键工程技术方案和主要管理人员素质等因素定分
4	质量保证	以质量检测设备、质量管理体系等因素定分
5	业绩和信誉	以投标人近5年完成类似工程的质量、工期和履约表现等因素定分

表13-4 评分分值范围

序号	项目名称	分值范围	均值
1	评标价	50~70	60
2	施工能力	10~18	14
3	施工组织管理	8~12	10
4	质量保证	6~10	8
5	业绩和信誉	6~10	8

打分法虽然比较公正,但主观性强,也不是最科学的评标方法。针对这些情况有的学者提出了综合评估法,这种方法较前面几种方法具有合理性和科

学性,但在评标时,对投标单位的评语缺少客观性,存在一定的主观性。

三、综合评估法

(一)概述

所谓综合评估法,就是在评标过程中,根据招标文件中的规定,将投标单位的(经济)报价因素、技术因素、商务因素等方面进行全面综合考察,推荐最大限度地满足招标文件中规定的各项评价标准的投标为中标候选人的一种评标方法。

衡量投标文件是否最大限度地满足招标文件中规定的各项评价标准,可以采取折算为货币的方法、打分的方法或者其他方法。常采用打分的方法进行量化,需量化的因素及其权重应当在招标文件中明确规定。

水利项目招标评标,特别是大型项目,无论是勘察设计、建设监理,还是土建施工、重要设备材料采购、科技项目、项目法人、代建单位、设计施工总承包等招标,大多采用综合评估法。可以说,综合评估法是大型和复杂工程和服务招标普遍采用的一种评标方法,在水利项目招标评标中占有重要地位,但如何科学、公正、公平地设置各种评标因素和评审标准,也是值得研究的重要课题。综合评估法一般采用百分制评分,列入评标项目的技术、报价、商务等因素的每一项赋予一定的评分标准值,然后将各评委的评分根据评标办法的规定进行汇总统计,以综合评分得分高低先后顺序推荐第一、第二、第三中标候选人。

(二)应用综合评估法需注意的问题

(1)综合评估法主要适用于大中型水利工程,技术复杂的其他项目招标,项目需要综合考虑投标人的技术经济、资源资金、商务资信等因素的服务招标等。对于技术要求较低或具有通用技术标准的项目,不宜采用综合评估法。

(2)综合评估法使用的关键之一是如何合理确定各评标因素的权重。应用综合评估法时,应注意结合项目实际和市场竞争程度,在咨询专家和参考类似项目的基础上确定各评标因素的权重。一般来说,技术工艺复杂、技术质量要求高的项目应在技术因素方面设置较大的权重,相应降低报价因素的权重;对于服务招标,如项目管理、科技、勘察、设计、监理、咨询等招标更应该注重技术方案、实力、资信和经验的因素。

(3)对于技术要求和质量要求较高的项目,除在评标因素权重方面考虑外,还可以对某些技术指控因素设置合格标准或最低要求,规定投标人的该项技术指标因素达不到要求时,可以就此判定其技术不合格而判定其整个投标不合格,但这类规定一定要在招标文件上明确规定,对所有投标人一视同仁。

（4）综合评估法一般均应设置最高限价，对于公益性水利工程和采用财政性资金的项目招标，最高限价以国家批准的概算或国家有关限额规定为基础确定最高限价。是否规定最低限价则根据项目实际和市场竞争等因素来确定。

（5）采用综合评估法评标，在进行评标专家的抽取或确定时，应保证有技术方面和造价经济方面的专家参加评标，不能仅抽取技术专家或造价经济专家，必须根据项目涉及的专业技术因素和报价比重等因素确定技术专家与造价经济专家的比例和具体数量。无论如何，采用综合评估法时不能没有造价经济方面的专家参加评标。

（6）采用综合评估法时，招标文件中应明确规定，评标委员会评标时首先应根据招标文件和评标办法的有关规定对各投标人的标书进行有效性评审，凡无效的标书就不应该再进行技术经济评审了。

（7）采用综合评估法时，必须明确定标条件和排名规定，一般应规定综合评估分数最高的为第一名，依次类推；而且评标报告也必须推荐或确定第一、第二、第三名候选人。对于使用国有资金的项目，建议直接授权评标委员会确定中标人。

第十四章　水利工程合同管理

第一节　概　　述

一、合同的概念与特征

（1）合同的概念。合同又称契约，是当事人之间确立一定权利义务关系的协议。广泛的合同，泛指一切能发生某种权利义务关系的协议。我国于1999年10月1日开始实施的《中华人民共和国合同法》中，对合同的主体及权利义务的范围都作了限定，即合同是平等主体之间确立民事权利义务关系的协议。采用了狭义的合同概念。

建设工程合同是承包方与发包方之间确立承包方完成约定的工程项目，发包方支付价款与酬金的协议，它包括工程勘察、设计、施工合同。它是《合同法》中记名合同的一种，属于《合同法》调整的范围。

计划经济期间，所有建设工程项目都由国家调控，工程建设中的一切活动均由政府统筹安排，建设行为主体都按政府指令行事，并只对政府负责。行为主体之间并无权利义务关系存在，所以，也无须签订合同。但在市场经济条件下，政府只对工程建设市场进行宏观调控，建设行为主体均按市场规律平等参与竞争，各行为主体的权利义务皆由当事人通过签订合同自主约定，因此，建设工程合同成为明确承发包双方责任、保证工程建设活动得以顺利进行的主要调控手段之一，其重要性已随着市场经济体制的进一步确立而日益明显。

需要指出，除建设工程合同以外，工程建设过程中，还会涉及许多其他合同，如设备、材料的购销合同，工程监理的委托合同，货物运输合同，工程建设资金的借贷合同，机械设备的租赁合同，保险合同等，这些合同同样也是十分重要的。它们分属各个不同的合同种类，分别由《合同法》和相关法规加以调整。

（2）合同法的法律特征。

1）合同的主体是经济律认可的自然人、法人和其他组织。自然人包括我国公民和外国自然人，其他组织包括个人独资企业、合伙企业等。

2）合同当事人的法律地位平等。合同是当事人之间意思表示一致的法律行为，只有合同各方的法律地位平等时，才能保证当事人真实地表达自己的意志。所谓平等，是指当事人在合同关系中法律地位是平等的，不存在谁领导谁的问题，也不允许任何一方将自己的意志强加于对方。

3）合同是设立、变更、终止债权债务关系的协议。首先，合同是以设立、变更和终止债权债务关系为目的的；其次，合同只涉及债权债务关系；再次，合同之所以称为协议，是指当事人意思表示一致，即指当事人之间形成了合意。

二、建设工程合同管理的概念

《合同法》第二百六十九条规定："建设工程合同是承包人进行工程建设，发包人支付价款的合同。建设工程合同包括工程勘察、设计、施工合同。"建设工程合同管理，指在工程建设活动中，对工程项目所涉及的各类合同的协商、签订与履行过程中所进行的科学管理工作，并通过科学的管理，保证工程项目目标实现的活动。

建设工程合同管理的目标主要包括工程的工期管理、质量与安全管理、成本（投资）管理、信息管理和环境管理。其中，工期主要包括总工期、工程开工与竣工日期、工程进度及工程中的一些主要活动的持续时间等；工程质量主要包括其在安全、使用功能及其在耐久性能、环境保护等方面所有明显的、隐含的能力的特性总和。据此，可将建设工程质量概括为：根据国家现行的有关法律、法规、技术标准、设计文件的规定和合同的约定，对工程的安全、适用、经济、美观等特性的综合要求。工程成本主要包括合同价格、合同外价格、设计变更后的价格、合同的风险等。

三、建设工程合同管理的原则

建设工程合同管理一般应遵循以下几个原则。

（1）合同第一位原则。在市场经济中，合同是当事人双方经过协商达成一致的协议，签订合同是双方的民事行为。在合同所定义的经济活动中，合同是第一位的，作为双方的高行为准则，合同限定和调节着双方的义务和权利。任何工程问题和争议首先都要按照合同解决，只有当法律判定合同无效，或争议超过合同范围时才按法律解决。所以在工程建设过程中，合同具有法律上的高优先地位。合同一经签订,则成为一个法律文件。双方按合同内容承担相应的法律责任,享有相应的法律权利。合同双方都必须用合同规范自己的行为,并用合同保护自己。

在任何国家,法律确定经济活动的约束范围和行为准则,而具体经济活动的细节则由合同规定。

(2)合同自愿原则。合同自愿是市场经济运行的基本原则之一,也是一般国家的法律准则。合同自愿体现在以下两个方面:

1)合同签订时,双方当事人在平等自愿的条件下进行商讨。双方自由表达意见,自己决定签订与否,自己对自己的行为负责。任何人不得利用权力、暴力或其他手段向对方当事人进行胁迫,以致签订违背当事人意愿的合同。

2)合同自愿构成。合同的形式、内容、范围由双方商定。合同的签订、修改、变更、补充和解释,以及合同争执的解决等均由双方商定,只要双方一致同意即可,他人不得随便干预。

(3)合同的法律原则。建设工程合同都是在一定的法律背景条件下签订和实施的,合同的签订和实施必须符合合同的法律原则。它具体体现在以下三个方面:

1)合同不能违反法律,合同不能与法律相抵触,否则合同无效。这是对合同有效性的控制。

2)合同自由原则受法律原则的限制,所以工程实施和合同管理必须在法律所限定的范围内进行。超越这个范围,触犯法律,会导致合同无效、经济活动失败,甚至会带来承担法律责任的后果。

3)法律保护合法合同的签订和实施。签订合同是一个法律行为,合同一经签订,合同以及双方的权益即受法律保护。如果合同一方不履行或不正确履行合同,致使对方利益受到损害,则不履行一方必须赔偿对方的经济损失。

(4)诚实信用原则。合同的签订和顺利实施应建立在承包商、业主和工程师紧密协作、互相配合、互相信任的基础上,合同各方应对自己的合作伙伴、对合同及工程的总目标充满信心,业主和承包商才能圆满地执行合同,工程师才能正确地、公正地解释和进行合同管理。在工程建设实施过程中,各方只有互相信任才能紧密合作,才能有条不紊地工作,才可以从总体上减少各方心理上的互相提防和由此产生的不必要的互相制约。这样,工程建设就会更为顺利地实施,风险和误解就会较少,工程花费也会较少。

诚实信用有以下一些基本的要求和条件:

1)签约时双方应互相了解,任何一方应尽力让对方正确地了解自己的要求、意图及其他情况。业主应尽可能地提供详细的工程资料、工程地质条件的信息,并尽可能详细地解答承包商的问题,为承包商的报价提供条件。承包商应尽可能提供真实可靠的资格预审资料、各种报价单、实施方案、技术组织措施文件。合同是双方真实意思的表达。

2)任何一方都应真实地提供信息,对所提供信息的正确性负责,并且应当相信对方提供的信息。

3)不欺诈,不误导。承包商按照自己的实际能力和情况正确报价,不盲目压价,并且明确业主的意图和自己的工程责任。

4)双方真诚合作。承包商应正确全面地履行合同义务,积极施工,遇到干扰应尽量避免业主遭受损失,防止损失的发生和扩大。

5)在市场经济中,诚实信用原则必须有经济的、合同的甚至是法律的措施,如工程保函、保留金和其他担保措施,对违约的处罚规定和仲裁条款,法律对合法合同的保护措施,法律和市场对不诚信行为的打击和惩罚措施等予以保证。没有这些措施保证或措施不完备,就难以形成诚实信用的氛围。

(5)公平合理原则。建设工程合同调节双方的合同法律关系,应不偏不倚,维护合同双方在工程建设中的公平合理的关系。具体表现在以下几个方面:

1)承包商提供的工程(或服务)与业主支付的价格之间应体现公平的原则,这种公平通常以当时的市场价格为依据。

2)合同中的责任和权利应平衡,任何一方有一项责任就必须有相应的权利;反之,有权利就必须有相应的责任。应无单方面的权利和单方面的义务条款。

3)风险的分担应公平合理。

4)工程合同应体现工程惯例。工程惯例是指建设工程市场中通常采用的做法,一般比较公平合理,如果合同中的规定或条款严重违反惯例,往往就违反了公平合理的原则。

5)在合同执行中,应对合同双方公平地解释合同,统一地使用法律尺度来约束合同双方。

第二节　水利施工合同

一、施工合同

(一)施工合同的概念

水利工程施工合同,是发包人与承包人为完成特定的工程项目,明确相互权利、义务关系的协议,它的标的是建设工程项目。按照合同规定,承包人应完成项目施工任务并取得利润,发包人应提供必要的施工条件并支付工程价款而得到工程。

施工合同管理是指水利建设主管机关、相应的金融机构,以及建设单位、监理单位、承包企业依照法律和行政法规、规章制度,采取法律的、行政的手段,对施工合同关系进行组织、指导、协调和监督,保护施工合同当事人的合法权益,处理施工合同纠纷,防止和制裁违法行为,保证施工合同法规的贯彻实施等一系列活动。施工合同管理的目的是约束双方遵守合同规则,避免双方责任的分歧以及不严格执行合同而造成的经济损失。施工合同管理的作用主要体现在:一是可以促使合同双方在相互平等、诚信的基础上依法签订切实可行的合同;二是有利于合同双方在合同执行过程中相互监督,确保合同顺利实施;三是合同中明确规定了双方具体的权利与义务,通过合同管理确保合同双方严格执行;四是通过合同管理,增强合同双方履行合同的自觉性,使合同双方自觉遵守法律规定,共同维护当事人双方的合法权益。

(二)监理人对施工合同的管理

1. 在工期管理方面

按合同规定,要求承包人提交施工总进度计划,并在规定的期限内批复,经批准的施工总进度计划(称合同进度计划),作为控制工程进度的依据,并据此要求承包人编制年、季和月进度计划,并加以审核;按照年、季和月进度计划进行实际检查;分析影响进度计划的因素,并加以解决;不论何种原因发生工程的实际进度与合同进度计划不符时,要求承包人提交一份修订的进度计划,并加以审核;确认竣工日期的延误等。

2. 在质量管理方面

检验工程使用的材料、设备质量;检验工程使用的半成品及构件质量;按合同规定的规范、规程,监督检验施工质量;按合同规定的程序,验收隐蔽工程和需要中间验收工程的质量;验收单项竣工工程和全部竣工工程的质量等。

3. 在费用管理方面

严格对合同约定的价款进行管理;对预付工程款的支付与扣还进行管理;对工程进行计量,对工程款的结算和支付进行管理;对变更价款进行管理;按约定对合同价款进行调整,办理竣工结算;对保留金进行管理等。

二、施工合同的分类

(一)施工合同的分类

1. 总价合同

总价合同是发包人以一个总价将工程发包给承包人,当招标时有比较详细的设计图纸、说明书及能准确算出工程量时,可采取这种合同,总价合同又可分为以下三种:

(1)固定总价合同。合同双方以图纸和工程说明为依据,按商定的总价进行承包,除非发包人要求变更原定的承包内容,否则承包人不得要求变更总价。这种合同方式一般适用于工程规模较小,技术不太复杂,工期较短,且签订合同时已具备详细的设计文件的情况。对于承包人来说可能有物价上涨的风险,报价时因考虑这种风险,故报价一般较高。

(2)可调价总价合同。在投标报价及签订施工合同时,以设计图纸、《工程量清单》及当时的价格计算签订总价合同。但合同条款中商定,如果通货膨胀引起工料成本增加时,合同总价应相应调整。这种合同发包人承担了物价上涨风险,这种计价方式适用于工期较长,通货膨胀率难以预测,现场条件较为简单的工程项目。

(3)固定工程量总价合同。承包人在投标时,按单价合同办法,分别填报分项工程单价,从而计算出总价,据之签订合同,完工后,如增加了工程量,则用合同中已确定的单价来计算新的工程量和调整总价,这种合同方式,要求《工程量清单》中的工程量比较准确。合同中的单价不是成品价,单价中不包括所有费用。

2. 单价合同

(1)估计工程量单价合同。承包人投标时,按工程量表中的估计工程量为基础,填入相应的单价为报价。合同总价是估计工程量乘单价,完工后,单价不变,工程量按实际工程量。这种合同形式适用于招标时难以准确确定工程量的工程项目,这里的单价是成品价与上面不同。

这种合同形式的优点是,可以减少招标准备工作;发包人按《工程量清单》开支工程款,减少了意外开支;能鼓励承包人节约成本;结算简单。缺点是对于某些不易计算工程量的项目或工程费应分摊在许多工程的复杂工程项目,这种合同易引起争议。

(2)纯单价合同。招标文件只向投标人给出各分项工程内的工作项目一览表,工程范围及必要的说明,而不提供工程量,承包人只要给出单价,将来按实际工程量计算。

3. 实际成本加酬金合同

实报实销加事先商定的酬金确定造价,这种合同适合于工程内容及技术经济指标未能完全确定，不能提出确切的费用而又急于开工的工程；或是工程内容可能有变更的新型工程；以及施工把握不大或质量要求很高，容易返工的工程。缺点是发包人难以对工程总造价进行控制，而承包人也难以精打细算节约成本，所以此种合同采用较少。

4. 混合合同

即以单价合同为主，以总价合同为辅，主体工程用固定单价，小型或临时工程用固定总价。

水利工程中由于工期长，常使用单价合同。在 FIDIC 条款中，是采取单位单价方式，即按各项工程的单价进行结算，它的特点是尽管工程项目变化，承包人总金额随之变化，但单位单价不变，整个工程施工及结算中，保持同一单价。

(二)施工合同类型的选择

水利工程项目选用哪种合同类型，应根据工程项目特点、技术经济指标、招标设计深度，以及确保工程成本、工期和质量的要求等因素综合考虑后决定。

1. 根据项目规模、工期及复杂程度

对于中小型水利工程一般可选用总价合同，对于规模大、工期长且技术复杂的大中型工程项目，由于施工过程中可能遇到的不确定因素较多，通常采用单价合同承包。

2. 根据工程设计明确程度

对于施工图设计完成后进行招标的中小型工程，可以采用总价合同。对于建设周期长的大型复杂工程，往往初步设计完成后就开始施工招标，由于招标文件中的工作内容详细程度不够，投标人据以报价的工程量为预计量值，一般应采用单价合同。

3. 根据采用先进施工技术的情况

如果发包的工作内容属于采用没有可遵循规范、标准和定额的新技术或新工艺施工，较为保险的作法是采用成本加酬金合同。

4. 根据施工要求的紧迫程度

某些紧急工程，特别是灾后修复工程，要求尽快开工且工期较紧。此时可能仅有实施方案，还没有设计图纸。由于不可能让承包人合理地报出承包价格，只能采用成本加酬金合同。

三、施工合同文件的组成

施工合同文件是施工合同管理的依据，根据 GF—2000—0208《水利水电

土建工程施工合同条件》(示范文本),它由如下部分组成:

(1)协议书(包括补充协议)。

(2)中标通知书。

(3)投标报价书。

(4)专用合同条款。

(5)通用合同条款。

(6)技术条款。

(7)图纸。

(8)已标价的《工程量清单》。

(9)经双方确认进入合同的其他文件。

组成合同的各项文件应互相解释,互为说明。当合同文件出现含糊不清或不一致时,由监理人做出解释。除合同另有规定外,解释合同文件的优先顺序规定在专用合同条款内。

施工合同示范文本分通用合同条款和专用合同条款两部分,通用合同条款共计 60 条,内容涵盖了合同中所涉及的词语涵义、合同文件、双方的一般义务和责任、履约担保、监理人和总监理工程师、联络、图纸、转让和分包、承包人的人员及其管理、材料和设备、交通运输、工程进度、工程质量、文明施工、计量与支付、价格调整、变更、违约和索赔、争议的解决、风险和保险、完工与保修等,一般应全文引用,不得更动;专用合同条款应按其条款编号和内容,根据工程实际情况进行修改和补充。凡列入中央和地方建设计划的大中型水利水电土建工程应使用施工合同示范文本,小型水利水电土建工程可参照使用。

第三节　施工合同分析与控制

一、施工合同分析

(1)在一个水利枢纽工程中,施工合同往往有几份、十几份甚至几十份,各合同之间相互关联。

(2)合同文件和工程活动的具体要求(如工期、质量、费用等)、合同各方的责任关系、事件和活动之间的逻辑关系错综复杂。

(3)许多参与工程的人员听涉及的活动和问题仅为合同文件的部分内容,

因此合同管理人员应对合同进行全面分析,再向各职能人员进行合同交底以提高工作效率。

(4)合同条款的语言有时不够明了,必须在合同实施前进行分析,以方便进行合同的管理工作。

(5)在合同中存在的问题和风险包括合同审查时已发现的风险和还可能隐藏着的风险,在合同实施前有必要作进一步的全面分析。

(6)在合同实施过程中,双方会产生许多争执,解决这些争执也必须对合同进行分析。

二、合同分析的内容

(一)合同的法律背景分析

分析合同签订和实施所依据的法律、法规,承包人应了解适用于合同的法律的基本情况(范围、特点等),指导整个合同实施和索赔工作,对合同中明示的法律要重点分析。

(二)合同类型分析

类型不同的合同,其性质、特点、履行方式不一样,双方的责任、权利关系和风险分担也不一样。这直接影合同双方的责任和权利的划分,影响工程施工中合同的管理和索赔。

(三)承包人的主要任务分析

(1)承包人的责任,即合同标的。承包人的责任包括:承包人在设计、采购、生产、试验、运输、土建、安装、验收、试生产、缺陷责任期维修等方面的责任;施工现场的管理责任;给发包人的管理人员提供生活和工作条件的责任等。

(2)工作范围。它通常由合同中的工程量清单、图纸、工程说明、技术规范定义。工程范围的界限应很清楚,否则会影响工程变更和索赔,特别是固定总价合同的工作范围。

(3)工程变更的规定。重点分析工程变更程序和工程变更的补偿范围。

(四)发包人的责任分析

发包人的责任分析主要是分析发包人的权利和合作责任。发包人的权利是承包人的合作责任,是承包人容易产生违约行为的地方;发包人的合作责任是承包人顺利完成合同规定任务的前提,同时又是承包人进行索赔的理由。

(五)合同价格分析

应重点分析合同采用的计价方法、计价依据、价格调整方法、合同价格所包括的范围及工程款结算方法和程序。

（六）施工工期分析

分析施工工期，合理安排工作计划，在实际工程中，工期拖延极为常见和频繁，对合同实施和索赔影响很大，要特别重视。

（七）违约责任分析

如果合同的一方未遵守合同规定，造成对方损失，则应受到相应的合同处罚。

违约责任分析主要分析如下内容。

（1）承包人不能按合同规定的工期完成工程的违约金或承担发包人损失的条款。

（2）由于管理上的疏忽而造成对方人员和财产损失的赔偿条款。

（3）由于预谋和故意行为造成对方损失的处罚和赔偿条款。

（4）由于承包人不履行或不能正确履行合同责任，或出现严重违约时的处理规定。

（5）由于发包人不履行或不能正确履行合同责任，或出现严重违约时的处理规定，特别是对发包人不及时支付工程款的处理规定。

（八）验收、移交和保修分析

（1）验收

验收包括许多内容，如材料和机械设备的进场验收、隐蔽工程验收、单项工程验收、全部工程竣工验收等。

在合同分析中，应对重要的验收要求、时间、程序以及验收所带来的法律后果作出说明。

（2）移交

竣工验收合格即办理移交。应详细分析工程移交的程序，对工程尚存的缺陷、不足之处以及应由承包人完成的剩余工作，发包人可保留其权利，并指令承包人限期完成，承包人应在移交证书上注明的日期内尽快地完成这些剩余工程或工作。

（3）保修

分析保修期限和保修责任的划分。

（九）索赔程序和争执解决的分析

重点分析索赔的程序、争执的解决方式和程序以及仲裁条款，包括仲裁所依据的法律，仲裁地点、方式和程序，仲裁结果的约束力等。

三、合同控制

(一)预付款控制

预付款是承包工程开工以前业主按合同规定向承包人支付的款项。承包人利用此款项进行施工机械设备和材料以及在工地设置生产、办公和生活设施的开支。预付款金额的上限为合同总价的五分之一,一般预付款的额度为合同总价的10%~15%。

预付款的实质是承包人先向业主提取的贷款,是没有利息的,在开工以后是要从每期工程进度款中逐步扣除还清的。通常对于预付款,业主要求承包商出具预付款保证书。

工程合同的预付款,按世界银行采购指南规定分为以下几种。

①调遣预付款:用做承包商施工开始的费用开支,包括临时设施、人员设备进场、履约保证金等费用。

②设备预付款:用于购置施工设备。

③材料预付款:用于购置建筑材料。其数额一般为该材料发票价的75%以下,在月进度付款凭证中办理。

(二)工程进度款

工程进度款是承包商依据工程进度的完成情况,不仅要计算工程量所需的价格,还再增加或者扣除相应的项目款才为每月所需的工程进度款。此款项一般需承包商尽早向监理工程师提交该月已完工程量的进度款付款申请,按月支付,是工程价款的主要部分。

承包商要核实投标及变更通知后报价的计算数字是否正确、核实申请付款的工程进度情况及现场材料数量、已完工程量,项目经理签字后交驻地监理工程师审核,驻地监理工程师批准后转交业主付款。

(三)保留金

保留金也称滞付金,是承包商履约的另一种保证,通常是从承包商的进度款中扣下一定百分比的金额,以便在承包商违约时起补偿作用。在工程竣工后,保留金应在规定的时间退还给承包商。

(四)浮动价格计算

外界环境的变化如人工、材料、机械设备价格会直接影响承包商的施工成本。假若在合同中不对此情况进行考虑,按固定价格进行工程价格计算的话,承包商就会为合同中未来的风险而进行费用的增加,如果合同规定不按浮动价格计算工程价格,承包商就会预测到由合同期内的风险而增加费用,该费用应计入标价中。一般来说,短期的预测结果还是比较可靠的,但对远期预测就可能很不准确,这就造成承包商不得不大幅度提高标价以避免未来风险带来的损失。这种做法难以正确估计风险费用,估计偏高或偏低,无论是对业主和承包商来说都是不利的。为获得一个合理的工程造价,工程价款支付可以采用浮动价格的方法来解决。

（五）结算

当工程接近尾声时要进行大量的结算工作。同一合同中包含需要结算的项目不止一个,可能既包括按单价计价项目,又包括按总价付款项目。当竣工报告已由业主批准,该项目已被验收时,该建筑工程的总款额就应当立即支付。按单价结算的项目,在工程施工已按月进度报告付过进度款,由现场监理人员对当时的工程进度工程量进行核定,核定承包人的付款申请并付了款,但当时测定的工程量可能准确也可能不准确,所以该项目完工时应由一支测量队来测定实际完成的工程量,然后按照现场报告提供的资料,审查所用材料是否该付款,扣除合同规定已付款的用料量,成本工程师则可标出实际应当付款的数量。承包人自己的工作人员记录的按单价结算的材料使用情况与工程师核对,双方确认无误后支付项目的结算款。

四、发包人违约

（一）违约行为

发包人应当按合同约定完成相应的义务。如果发包人不履行合同义务或不按合同约定履行义务,则应承担相应的违约责任。发包人的违约行为包括:

（1）发包人不按合同约定按时支付工程预付款;

（2）发包人不按合同约定支付工程进度款,导致施工无法进行;

（3）发包人无正当理由不支付工程竣工结算价款;

（4）发包人不履行合同义务或者不按合同约定履行义务的其他情况。

发包人的违约行为可以分成两类:一类是不履行合同义务,如发包人应当将施工所需的水、电、电讯线路从施工场地外部接至约定地点,但发包人没有履行该项义务,即构成违约;另一类是不按合同约定履行义务,如发包人应当开通施工场地与城乡公共道路的通道,并在专用条款中约定了开通的时间和质量要求,但实际开通的时间晚于约定或质量低于合同约定,也构成违约。

（二）违约责任

合同约定应该由工程师完成的工作,工程师没有完成或没有按照约定完成,给承包人造成损失的,也应当由发包人承担违约责任。因为工程师是代表发包人进行工作的,其行为与合同约定不符时,视为发包人的违约。发包人承担违约责任后,可以根据监理委托合同追究监理单位相应的责任。

发包人承担违约责任的方式有以下四种:

(1)赔偿因其违约给承包人造成的经济损失

赔偿损失是发包人承担违约责任的主要方式,其目的是补偿因违约给承包人造成的经济损失。承包人、发包人双方应当在专用条款内约定发包人赔偿承包人损失的计算方法。损失赔偿额应当相当于因违约所造成的损失,包括合同履行后可以获得的利益,但不得超过发包人在订立合同时预见或者应当预见到的因违约可能造成的损失。

(2)支付违约金

支付违约金的目的是补偿承包人的损失,双方在专用条款中约定发包人应当支付违约金的数额或计算方法。

(3)顺延延误的工期

对于因为发包人违约而延误的工期,应当相应顺延。

(4)继续履行

发包人违约后,承包人要求发包人继续履行合同的,发包人应当在承担上述违约责任后继续履行施工合同。

五、承包人违约

(一)违约的情况

承包人的违约行为主要有以下三种情况:

(1)因承包人原因不能按照协议书约定的竣工日期或者工程师同意顺延的工期竣工。

(2)因承包人原因工程质量达不到协议书约定的质量标准。

(3)承包人不履行合同义务或不按合同约定履行义务的其他情况。

(二)违约责任

承包人承担违约责任的方式有以下4种:

1.赔偿因其违约给发包人造成的损失

承、发包人双方应当在专用条款内约定承包人赔偿发包人损失的计算方法。损失赔偿额应当相当于因违约所造成的损失,包括合同履行后可以获得的利益,但不得超过承包人在订立合同时预见或者应当预见到的因违约可能造成的损失。

2.支付违约金

双方可以在专用条款中约定承包人应当支付违约金的数额或计算方法。发包人在确定违约金的费率时,一般要考虑以下因素:

(1)发包人盈利损失;

(2)由于工期延长而引起的贷款利息增加;

(3)工程拖期带来的队附加监理费;

(4)由于本工程拖期无法投入使用,租用其他建筑物时的租赁费。

至于违约金的计算方法,在每个合同文件中均有具体规定,一般按每延误1天赔偿一定的款额计算,累计赔偿额一般不超过合同总额的10%。

3.采取补救措施

对于施工质量不符合要求的违约,发包人有权要求承包人采取返工、修理、更换等补救措施。

4.继续履行

承包人违约后,如果发包人要求承包人继续履行合同时,承包人承担上述违约责任后仍应继续履行施工合同。

六、监理工程师职责

监理工程师在发包方与承包方订立的承包合同中属于独立的第三方,其职责由监理委托合同和承发包双方签订的承包合同中规定,主要职责是受项目法人委托对工程项目的质量、进度、投资、安全进行控制,对工程合同和项目信息进行管理,协调各方在合同履行过程中的各种关系,为顺利按计划实现工程建设目标而努力。监理工程师的主要职责如下:

(1)按监理合同的规定协助发包方进行除监理招标以外的各项招标工作。如采用委托代理招标,则招标工作主要由招标代理机构负责。

(2)按监理合同要求全面负责对工程的监督与管理,协调各承包方的关系,对合同文件进行解释(具体由监理合同明确),处理各方矛盾。

(3)按合同规定权限向承包方发布开工令,发布暂停工程或部分工程施工的指示,发布复工令。审批由于发包方原因而引起的承包方的工期延误,核实承包方提前完工的时间。

(4)负责核签和解释、变更、说明工程设计图纸,发出图纸变更命令,提供新的补充图纸,审批承包商提供的施工设计图、浇筑图和加工图。

(5)得到发包方同意后,批准工程的分包。

(6)有权要求撤换那些不能胜任本项目职责工作或行为不端或玩忽职守的承包方的任何人员。

（7）有权检查承包方人员变动情况，可随时检查承包方人员上岗资料证明。

（8）核查承包方进驻工地的施工设备，有权要求承包方增加和更换施工设备，批准承包方变更设备。

（9）审批承包方提供的总进度计划、年度、季度和月进度计划或单位工程进度计划，审批赶工措施，修正进度计划，经发包方授权批准承包方延长完工期限。

（10）审批承包方的质检体系，审查承包方的质量报表，有权对全部工程的所有部位及任何一项工艺、材料和工程设备进行检查和检验。

（11）参与检查验收合同规定的各种材料和工程设备。

（12）对隐蔽工程和工程的隐蔽部分进行验收。

（13）指示承包方及时采取措施清除处理不合格的工程材料和工程设备。

（14）按合同规定期限向承包方提交测量基准点、基准线和水准点及其书面资料，审批承包方的施工控制网。

（15）批准或指示承包方进行必要的补充地质勘探。

（16）检查、监督、指挥全工地的施工作业安全以及消防、防汛和抗灾等工作，审批承包方的安全生产计划。

（17）审核和出具预付款证书，审核承包方每月提供的工程量报表和有关计量资料，核定承包方每月进度付款申请单，向发包书出具进度付款证书。

（18）复核承包方提交的完工付款清单和最终付款申请单，或出具临时付款证书。

（19）协调发包方与承包方因政策、法规引起的价格调整的合同金额。

（20）根据工程需要和发包方授权，指示承包方进行合同规定的变更内容（协调和调整合同价格超过15%时的调整金额。此项授权范围具体由招标文件和合同规定）。

（21）指令承包方以计日工方式进行任何一项变更工作，批准动用备用金。

（22）对承包方违约发出警告，责令承包方停工整顿，暂停支付工程款。

（23）按合同规定处理承发包方的违约纠纷和索赔事项。

（24）审核承包方提交分部工程、单位工程和整体工程的完工验收申请报告并抻出审核意见，根据发包方授权签署工程移交证书给承包方。

（25）组织验收承包方在规定的保修期内应完成的日常维护和缺陷修复工作。根据发包方授权签署和颁发保修责任终止证书给承包方。

（26）组织验收承包方按合同规定应完成的完工清场和撤退前需要完成的

所有工作。

（27）批准承包方提出的合理化建议。

（28）监理委托合同中规定的监理工程师的其他权利以及在各种补充协议中发包方授权监理工程师行使的一切权利。

第四节　FIDIC 合同条件

一、FIDIC 简介

FIDIC 是指国际咨询工程师联合会（Federation Internationale des Ingenieurs Conseils）。它是由该联合会的五个法文词首组成的缩写词。国际咨询工程师联合会是国际上最具有权威性的咨询工程师组织，为规范国际工程咨询和承包活动，该组织编制了许多标准合同条件，其中 1957 年首次出版的 FIDIC 土木工程施工合同条件在工程界影响最大，专门用于国际工程项目，但在第 4 版时删去了文件标题中的"国际"一词，使 FIDIC 合同条件不仅适用于国际招标工程，只要把专用条件稍加修改，也同样适用于国内招标合同。采用这种标准的合同格式有明显的优点，能合理平衡有关各方之间的要求和利益，尤其能公平地在合同各方之间分配风险和责任。

二、施工合同文件的组成

构成合同的各个文件应被视作互为说明的。为解释之目的，各文件的优先次序如下：

（1）合同协议书。

（2）中标函。

（3）投标函。

（4）合同专用条件。

（5）合同通用条件。

（6）规范。

（7）图纸。

（8）资料表以及其他构成合同一部分的文件。

具体内容见表 14 - 1。

表 14-1　施工合同文件的组成

合同协议书	业主发出中标函的 28 天内，接到承包商提交的有效履约保证后，双方签署的法律性标准化格式文件
	为了避免履行合同过程中产生争议，专业条件指南中最好注明接受的合同价格、基准日期、开工日期
中标函	业主签署的对投标书的正式接受函
投标函	承包商填写并签字的法律性投标函和投标函附录
	包括报价和对招标文件及合同条款的确认文件
合同专用条件	
合同通用条件	
规范	除了工程主要部位施工应达到的技术标准和规范以外还可包括	对承包商文件的要求
		应由业主获得的认可
		对基础、结构、工程设备、通行手段的阶段性
		承包商的设计
		防线的基准点、基准线和参考标高
		合同涉及的第三方
		环境限制
		水、电、气和其他现场供应的设施
		业主的设备和免费提供的材料
		指定分包商
		合同内规定承包商应为业主提供的人员和设施
		承包商负责采购材料和设备提供的样本
		制造和施工过程中的检验
		竣工检验
		暂列金额
图纸	合同中规定的工程图纸，及由业主（或代表）根据合同颁发的对图纸的增加和修改
资料表以及其他构成合同一部分的文件	资料表：由承包商填写并随投标函一起提交的文件，包括工程量表、数量、列表及费率、单价表等
	构成合同一部分的其他文件：在合同协议书或中标函中列明范围的文件（包括合同履行过程中构成对双方有约束力的文件）

如果在合同文件中发现任何含混或矛盾之处,工程师应颁布任何必要的澄清或指示。

三、合同争议的解决

(一)解决合同争议的程序

首先由双方在投标队录中规定的日期前,联合任命一个争议裁决委员会(Dispute Adjudication Board,DAB)。

如果双方间发生了有关或起因于合同或工程实施的争议,任何一方可以将该争议以书面形式,提交 DAB,并将副本送另一方和工程师,委托 DAB 作出决定。双方应按照 DAB 为对该争议做出决定可能提出的要求,立即给 DAB 提供所需的所有资料、现场进入权及相应的设施。

DAB 应在收到此项委托后 84 天内,提出它的决定。

如果任何一方对 DAB 的决定不满意,可以在收到该决定通知后 28 天内,将其不满向另一方发出通知。

在发出了表示不满的通知后,双方在仲裁前应努力以友好的方式解决争议,如果仍达不成一致,仲裁在表示不满的通知发出后 56 天进行。

(二)争议裁决委员会

(1)争议裁决委员会的组成。签订合同时,业主与承包商通过协商组成裁决委员会。裁决委员会可选定为 1 名或 3 名成员,一般由 3 名成员组成,合同每一方应提名 1 名成员,由对方批准。双方应与这两名成员共同并商定第三位成员,第三人作为主席。

(2)争议裁决委员会的性质。属于非强制性但具有法律效力的行为,相当于我国法律中解决合同争议的调解,但其性质则属于个人委托。成员应满足以下要求:

1)对承包合同的履行有经验。

2)在合同的解释方面有经验。

3)能流利地使用合同中规定的交流语言。

(3)工作。由于裁决委员会的主要任务是解决合同争议,因此不同于工程师需要常驻工地。

1)平时工作。裁决委员会的成员对工程的实施定期进行考察现场,了解施工进度和实际潜在的问题,一般在关键施工作业期间到现场考察,但两次考察的间隔时间不少于 140 天,离开现场前,应向业主和承包商交考察报告。

2)解决合同争议的工作。接到任何一方申请后,在工地或其他选定的地点处理争议的有关问题。

（4）报酬。付给委员的酬金分为月聘请费用和日酬金两部分，由业主与承包商平均负担。裁决委员会到现场考察和处理合同争议的时间按日酬金计算，相当于咨询费。

（5）成员的义务。保证公正处理合同争议是其最基本的义务，虽然当事人双方各提名 1 名成员，但他不能代表任何一方的单方利益，因此合同规定。

1）在业主与承包商双方同意的任何时候，他们可以共同将事宜提交给争议裁决委员会，请他们提出意见。没有另一方的同意，任一方不得就任何事宜向争议委员会建议。

2）裁决委员会或其中的任何成员不应从业主、承包商或工程师处单方获得任何经济利益或其他利益。

3）不得在业主、承包商或工程师处担任咨询顾问或其他职务。

4）合同争议提交仲裁时，不能被任命为仲裁人，只能作为证人向仲裁提供争议证据。

第五节　合同实施

一、合同交底

合同交底是由合同管理人员在对合同的主要内容进行分析、解释和说明的基础上，通过组织项目管理人员和各个工程小组学习合同条文和合同总体分析结果，使大家熟悉合同中的主要内容、规定、管理程序，了解合同双方的合同责任和工作范围，各种行为的法律后果等，使大家都树立全局观念，使各项工作协调一致，避免执行中的违约行为。

在传统的施工管理系统中，人们十分重视图纸交底工作，却不重视合同交底工作，导致各个项目组和各个工程小组对项目的合同体系、合同基本内容不甚了解，影响了合同的履行。

项目经理或合同管理人员应将各种任务或事件的责任分解，落实到具体的工作小组、人员和分包单位。合同交底的目的和任务如下：

（1）对合同的主要内容达成一致理解。

（2）将各种合同事件的责任分解落实到各工程小组或分包商。

（3）将工程项目和任务分解，明确其质量和技术要求以及实施的注意要点等。

（4）明确各项工作或各个工程的工期要求。

（5）明确成本目标和消耗标准。

（6）明确相关事件之间的逻辑关系。

（7）明确各个工程小组（分包人）之间的责任界限。

（8）明确完不成任务的影响和法律后果。

（9）明确合同有关各方的责任和义务。

二、合同实施跟踪

（一）施工合同跟踪

合同签订后，合同中各项任务的执行要落实到具体的项目经理部或具体的项目参与人，承包单位作为履行合同义务的主体，必须对项目经理或项目参与人的履行情况进行跟踪、监督和控制，确保合同义务的完全履行。

施工合同跟踪有两个方面的含义：一是承包单位的合同管理职能部门对项目经理部或项目参与人的履行情况进行的跟踪、监督和检查；二是项目经理部或项目参与人本身对合同计划的执行情况进行的跟踪、检查与对比。在合同实施过程中二者缺一不可。

1. 合同跟踪的依据

合同跟踪的重要依据是合同以及依据合同而编制的各种计划文件；其次还要依据各种实际工程文件，如原始记录、报表、验收报告等；另外，还要依据管理人员对现场情况的直观了解，如现场巡视、交谈、会议、质量检查等。

2. 合同跟踪对象

（1）承包的任务。

1）工程施工的质量，包括材料、构件、制品和设备等的质量，以及施工或安装质量，是否符合合同要求等。

2）工程进度，是否在预订的期限内施工，工期有无延长，延长的原因是什么等。

3）工程数量，是否按合同要求完成全部施工任务，有无合同规定以外的施工任务等。

4）成本的增加或减少。

（2）工程小组或分包人的工程和工作。

可以将工程施工任务分别交由不同的工程小组或发包给专业分包完成，工程承包商必须对这些工程小组或分包商及其所负责的工程进行跟踪检查、协调关系,提出意见、建议或警告,保证工程总体质量和进度。

对专业分包人的工作和负责的工程,总承包商负有协调和管理的责任,并承担由此造成的损失,所以专业分包人的工作和负责的工程必须纳入总承包的计划和控制中,防止因分包人工程管理失误而影响全局。

(3)业主和其委托的工程师的工作。

1)业主是否及时、完整地提供了工程施工的实施条件,如场地、图纸、资料等。

2)业主和工程师是否及时给予了指令、答复和确认等。

3)业主是否及时并足额地支付了应付的工程款项。

(二)偏差分析

通过合同跟踪,可能会发现合同实施中存在的偏差,即工程的实际情况偏离了工程计划和工程目标,应该及时分析原因,采取措施,纠正偏差,避免损失。

合同实施偏差分析的内容包括以下几个方面。

1.产生偏差的原因分析

通过对合同执行实际情况与实施计划的对比分析,不仅可以发现合同实施的偏差,而且可以探索引起差异的原因。原因分析可以采用鱼刺图、因果关系分析图(表)、成本量差、价差、效率差分析等方法定性或定量地进行。

2.合同实施偏差的责任分析

即分析产生合同偏差的原因是由谁引起的,应该由谁承担责任。

责任分析必须以合同为依据,按合同规定落实双方的责任。

3.合同实施的趋势分析

针对合同实施偏差情况,可以采取不同的措施,应分析在不同措施下合同执行的结果与趋势,包括:

(1)最终的工程状况,包括总工期的延误、总成本的超支、质量标准、所能达到的产生能力(或功能要求)等。

(2)承包商将承担什么样的后果,如被罚款、被清算,甚至被起诉,对承包商资信、企业形象、经营战略的影响等。

(3)最终工程经济效益(利润)水平。

(三)偏差的处理

根据合同实施偏差分析的结果,承包商应该采取相应的调整措施,调整措施可以分为:

(1)组织措施,如增加人员投入,调整人员安排,调整工作流程和工作计划等。

(2)技术措施,如变更技术方案,采用新的高效率的施工方案等。

(3)经济措施,如增加投入,采取经济激励措施等。

(4)合同措施,如进行合同变更,采取附加协议,采取索赔手段等。

(四)工程变更管理

工程变更管理一般是指在工程施工过程中,根据合同约定对施工的程序、工程的内容、数量、质量要求及标准等作出的变更。

1. 工程变更的原因

工程变更一般主要有以下几方面的原因:

(1)业主的变更指令。如业主有新的意图、对建筑的新要求、业主修改项目计划、削减项目预算等。

(2)由于设计人员、监理方人员、承包商事先没有很好地理解业主的意图,或设计的错误,导致图纸修改。

(3)工程环境的变化,预定的工程条件不准确,要求实施方案或实施计划变更。

(4)由于产生新技术和知识,有必要改变原计划、预案实施方案或实施计划,或由于业主指南及业主责任的原因造成施工方案的改变。

(5)政府部门对工程有新的要求,如国家计划变化、环境保护要求、城市规划变动等。

(6)由于合同实施出现问题,必须调整合同目标或修改合同条款。

2. 工程变更的范围

根据 FIDIC 施工合同条件,工程变更的内容可能包括以下几个方面。

(1)改变合同中所包括的任何工作的数量。

(2)改变任何工作的质量和性质。

(3)改变工程任何部分的标高、基准线、位置和尺寸。

(4)删减任何工作,但要交他人实施的工作除外。

(5)任何永久工程需要的任何附加工作、工程设备、材料或服务。

(6)改动工程的施工顺序或时间安排。

根据我国合同示范文本,工程变更包括设计变更和工程质量标准等其他实质性内容的变更,其中设计变更包括:

(1)更改工程有关部分的标高、基准线、位置和尺寸。

(2)增减合同中约定的工程量。

(3)改变有关工程的施工时间和顺序。

(4)其他有关工程变更需要的附加工作。

3. 工程变更的程序

工程变更是索赔的主要起因。由于工程变更对工程施工过程影响很大，会造成工期的拖延和费用的增加，容易引起双方的争执，所以要十分重视工程变更管理问题。

一般工程施工承包合同中都有关于工程变更的具体规定。工程变更一般按照如下程序。

（1）提出工程变更。根据工程实施的实际情况，承包商、业主、工程师、设计单位都可以根据需要提出工程变更。

（2）工程变更的批准。承包商提出的工程变更，应该交与工程师审查并批准；由设计方提出的工程变更应该与业主协商或经业主审查并批准；由业主方提出的工程变更，涉及设计修改的应该与设计单位协商，并且一般通过工程师发出。工程师发出工程变更的权利，一般会在施工合同中明确约定，通常在发出变更通知前应征得业主批准。

（3）工程变更指令的发出及执行。为了避免耽误工程，工程师和承包商就变更价格和工期补偿达成一致意见之前有必要先行发布指示，先执行工程变更工作，然后再就变更价格和工期补偿进行协商和确定。

工程变更指令的发出有两种形式：书面形式和口头形式。一般情况下要求用书面形式发布变更指示，如果由于情况紧急而来不及发出书面指示，承包商应该根据合同规定要求工程师书面认可。

根据工程惯例，除非工程师明显超越合同权限，承包商应该无条件地执行工程变更的指示。即使工程变更价款没有规定，或者承包商对工程师答应给予付款的金额不满意，承包商也必须一边进行变更工作，一边根据合同寻求解决办法。

4. 工程变更的责任分析与补偿要求

根据工程变更的具体情况可以分析确定工程变更的责任和费用补偿。

（1）由于业主要求、政府部门要求、环境变化、不可抗力、原设计错误等导致的设计修改，应该由业主承担责任；由此所造成的施工方案的变更以及工期的延长和费用的增加应该向业主索赔。

（2）由于承包商的施工过程、施工方案出现错误、疏忽而导致设计的修改，应该由承包商承担责任。

（3）施工方案变更要经过工程师的批准，不论这种变更是否会对业主带来好处（如工期缩短、节约费用）。

由于承包商的施工过程、施工方案本身的缺陷而导致了施工方案的变更，由此所引起的费用增加和工期延长应该由承包商承担责任。

业主向承包商授标前(或签订合同前),可以要求承包商对施工方案进行补充、修改或作出说明,以便符合业主的要求。在授标后(或签订合同后)业主为了加快工期、提高质量等要求变更施工方案,由此所引起的费用增加可以向业主索赔。

第六节　合同违约

一、违反合同民事责任的构成要件

法律责任的构成要件是承担法律责任的条件。《合同法》规定,当事人一方不履行合同义务或履行合同义务不符合约定的,应当承担违约责任。也就是说,不管何种情况也不管当事人主观上是否有过错,更不管是何种原因(不可抗力除外),只要当事人一方不履行合同或者履行合同不符合约定,都要承担违约责任。这就是违反合同民事责任的构成要件。

《合同法》规定,违反合同民事责任的构成要件是严格责任,而不是过错责任。按照这一规定,即使当事人一方没有过错,或者因为别人没有履行义务而使合同的履行受到影响,只要合同没有履行或者履行合同不符合约定,就应当承担违约责任。至于当事人与其他人的纠纷,是另一个法律关系,应分开解决。当然,对于当事人一方有过错的,更要承担责任,如《合同法》规定的缔约过失、无效合同和可撤销合同采取过错责任,有过错一方要向受损害一方赔偿损失。

二、承担违反合同民事责任的方式及选择

《合同法》规定,当事人一方不履行合同义务或者履行合同义务不符合规定的,应继续履行或采取补救措施,承担赔偿损失等违约责任。承担违反合同民事责任的方式有:①继续履行;②采取补救措施;③赔偿损失;④支付违约金。

承担违反合同民事责任的方式在具体实践中如何选择? 总的原则是由当事人自由选择,并有利于合同目的的实现。提倡继续履行和补救措施优先,有利于合同目的的实现,特别是有些经济合同不履行,有可能涉及国家经济建设和公益性任务的完成,水利工程就是这样。水利建设任务能否顺利完成,直接关系的公共利益能否顺利实现。当然,如果合同不能继续履行或者无法采取

补救措施,或者继续履行、采取补救措施仍不能完成合同约定的义务,就应该赔偿损失。

(1)关于继续履行方式。继续履行是承担违反合同民事责任的首选方式,当事人订立合同的目的就是为了通过双方全面履行约定的义务,使各自的需要得到满足。一方违反合同,其直接后果是对方需要得不到满足。因此,继续履行合同,使对方需要得到满足,是违约方的首要责任。特别是对于价款或者报酬的支付,《合同法》明确规定,当事人一方未支付价款或者报酬的,对方可以要求其支付价款或报酬。

在某些情况下,继续履行可能是不可能或没有必要的,此时承担违反合同民事责任的方式就不能采取继续履行了。例如,水利工程建设中,大型水泵供应商根本没有足够的技术力量和设备来生产合同约定的产品,原来订合同时过高估计了自己的生产能力,甚至订合同是为了赚钱盲目承接任务,此时履行合同不可能,只能是赔偿对方损失。如果供货商通过努力(如加班、增加技术力量和其他投入等)能够和产出符合约定的产品,则应采取继续履行或采取补救措施的方式。又如季节性很强的产品,过了季节就没法销售或使用的,对方延迟交货就意味着合同继续履行没有必要。《合同法》规定了三种情形不能要求继续履行的:①法律上或事实上不能继续履行的;②债务的标的不适于强制履行或履行费用过高的;③债权人在合理期限内未要求履行物。

(2)关于采取补救措施。采取补救措施是在合同一方当事人违约的情况下,为了减少损失使合同尽量圆满履行所采取的一切积极行为。如:不能如期履行合同义务的,与对方协商能否推迟履行;自己一时难于履行的,在征得对方当事人同意的前提下,尽快寻找他人代为履行;当发现自己提供的产品质量、规格不符合合同约定的标准时,积极负责修理或调换。总之,采取补救措施不外乎避免或减少损失和达到合同约定要求两个方面。《合同法》规定,质量不符合约定的,应当按照当事人的约定承担违约责任;对违约责任没有约定或约定不明确,依法仍不能确定的,受损害方根据标的性质及损失大小,可以合理选择要求修理、更换、重作、退货、减少价款或者报酬等违约责任。例如在水利工程中,某单位工程的部分单元工程质量严重不合格,一般就要求拆除并重新施工。

(3)关于承担赔偿损失。承担赔偿损失,就是由违约方承担因其违约给对方造成的损失。《合同法》规定,当事人一方不履行合同义务或者履行合同义务不符合约定的,在履行义务或者采取补救措施后,对方还有其他损失的,应当赔偿损失。至于赔偿额的计算,《合同法》原则规定为:损失赔偿应当相当于因违约所造成的损失,包括合同履行后可以获得的利益,但不得超过违反合同一方订立合同时预见到或者应当预见到的因违反合同可能造成的损失;经营者对消费者提供商品或服务有欺诈行为的,依照《消费者权益保护法》的规定承担损害赔偿责任,即加倍赔偿。《合同法》还规定,当事人可以约定因违约产生的损失赔偿额的计算方法。当事人一方违约后,对方应当采取适当措施防止损失的扩大,没有采取适当措施致使损失扩大的,不得就扩大的损失要求赔偿。

至于支付违约金、定金的收取或返还,它们是一种损失赔偿的具体方式,不仅具有补偿性,而且具有惩罚性。

(4)关于违约金。违约金是指不履行或者不完全履行合同的一方当事人按照法律规定或者合同约定支付给另一方当事人一定数额的货币。违约金具有两种性质:①补偿性,在违约行为给对方造成损失时,违约金起到一定的补偿作用;②惩罚性,惩罚违约行为,当事人约定了违约金,不论违约是否给对方造成损失,都要支付违约金。

对于违约金的数量如何确定? 约定违约金的高于或低于违约造成的损失怎么办?《合同法》有明确规定,当事人可以约定一方违约时应当根据违约情况向对方支付一定数额的违约金,因此,违约金的数量可以由当事人双方在订立合同时约定,或者在订立合同后补充约定。对于违约金低于造成的损失的,当事人可以请求人民法院或仲裁机构予以增加;对于违约金过分高于造成的损失的,当事人也可以请求人民法院或仲裁机构予以适当减少。

(5)关于定金。定金是订立合同后,为了保证合同的履行,当事人一方根据约定支付给对方作为债权担保的货币。定金具有补偿性,即给付定金的一方在不履行合同约定的义务或债务时,定金不能收回,用于赔偿对方的损失。例如,投标人在递交投标文件时附交的投标保证金就具有定金的性质,投标人在中标后不承担合同义务,无法定情况而放弃中标的,招标人即可以没收其投标保证金。定金还具有惩罚性,即给付定金的一方不履行合同约定义务的,即使没有给对方造成损失也不能收回;而收受定金的一方不履行合同约定义务的,应当双倍返还定金。

第七节　施工索赔

一、索赔的特点

(1)索赔是合同管理的一项正常的规定,一般合同中规定的工程赔偿款是合同价的 7% ~8% 。

（2）索赔作为一种合同赋予双方的具有法律意义的权利主张,其主体是双向的。在工程施工合同中,业主与承包方都有索赔的权利,业主可以向承包方索赔,同样承包方也可以向业主索赔。而在现实工程实施中,大多数出现的情况是承包方向业主提出索赔。由于承包方向业主进行索赔申请的时候,没有很烦琐的索赔程序,所以在一些合同协议书中一般只规定了承包方向业主进行索赔的处理方法和程序。

（3）索赔必须建立在损害结果已经客观存在的基础上。不管是时间损失还是经济损失,都需要有客观存在的事实,如果没有发生就不存在索赔的情况。

（4）索赔必须以合同或者法律法规为依据。只有一方存在违约行为,受损方就可以向违约方提出索赔要求。

（5）索赔应该采用明示的方式,需要受损方采用书面形式提出,书面文件中应该包括索赔的要求和具体内容。

（6）索赔的结果一般是索赔方可以得到经济赔偿或者其他赔偿。

二、索赔的程序

索赔程序如图 14 -1。

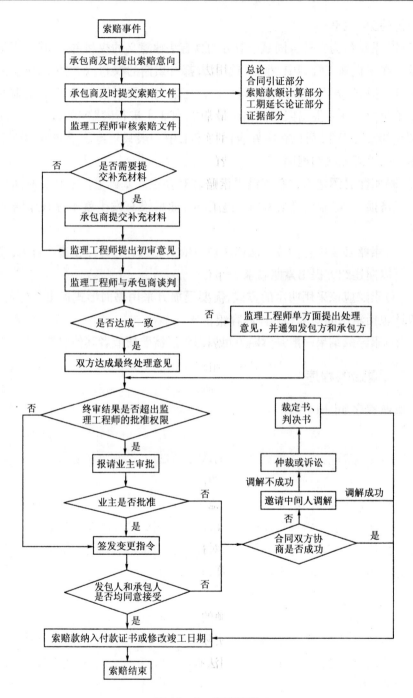

图 14 - 1　索赔程序

三、索赔费用的计算方法

索赔费用的计算方法有实际费用法、总费用法和修正的总费用法。

(一)实际费用法

实际费用法是计算工程索赔时最常用的一种方法。这种方法的计算原则是以承包商为某项索赔工作所支付的实际开支为根据,向业主要求费用补偿。

用实际费用法计算时,在直接费的额外费用部分的基础上,再加上应得的间接费和利润,即是承包商应得的索赔金额。由于实际费用法所依据的是实际发生的成本记录或单据,所以在施工过程中,系统而准确地积累记录资料是非常重要的。

(二)总费用法

总费用法就是当发生多次索赔事件以后,重新计算该工程的实际总费用,实际总费用减去投标报价时的估算总费用,即为索赔金额

索赔金额=实际总费用-投标报价估算总费用

不少人对采用该方法计算索赔费用持批评态度,因为实际发生的总费用中可能包括了承包商的原因,如施工组织不善而增加的费用;同时投标报价估算的总费用也可能为了中标而过低。所以这种方法只有在难以采用实际费用法时才应用。

(三)修正的总费用法

修正的总费用法是对总费用法的改进,即在总费用计算的原则上,去掉一些不合理的因素,使其更合理。修正的内容如下:①将计算索赔款的时段局限于受到外界影响的时间,而不是整个施工期;②只计算受影响时段内的某项工作所受影响的损失,而不是计算该时段内所有施工工作所受的损失;③与该项工作无关的费用不列入总费用中;④对投标报价费用重新进行核算:按受影响时段内该项工作的实际单价进行核算,乘以实际完成的该项工作的工程量,得出调整后的报价费用。

按修正后的总费用计算索赔金额的公式如下:

索赔金额=某项工作调整后的实际总费用-该项工作的报价费用

与总费用法相比,修正的总费用法有了实质性的改进,它的准确程度已接近于实际费用法。

四、工期索赔的分析

(一)工期索赔的分析

工期索赔的分析包括延误原因分析、延误责任的界定、网络计划(CPM)分析、工期索赔的计算等。

运用网络计划方法分析延误事件是否发生在关键线路上,以决定延误是否可以索赔。在工期索赔中,一般只考虑对关键线路上的延误或者非关键线路因延误而变成关键线路时才给予顺延工期。

(二)工期索赔的计算方法

(1)直接法。如果某干扰事件直接发生在关键线路上,造成总工期的延误,可以直接将该干扰事件的实际干扰时间(延误时间)作为工期索赔值。

(2)比例分析法。采用比例分析法时,可以按工程量的比例进行分析。

(三)网络分析法

在实际工程中,影响工期的干扰事件可能会很多,每个干扰事件的影响程度可能都不一样,有的直接在关键线路上,有的不在关键线路上,多个干扰事件的共同影响结果究竟是多少可能引起合同双方很大的争议,采用网络分析方法是比较科学合理的,其思路是:假设工程按照双方认可的工程网络计划确定的施工顺序和时间施工,当某个或某几个干扰事件发生后,使网络中的某个工作或某些工作受到影响,使其持续时间延长或开始时间推迟,从而影响总工期,则将这些工作受干扰后的新的持续时间和开始时间等代入网络中,重新进行网络分析和计算,得到的新工期与原工期之间的差值就是干扰事件对总工期的影响,也就是承包商可以提出的工期索赔值。网络分析方法通过分析干扰事件发生前和发生后网络计划的计算工期之差来计算工期索赔值,可以用于各种干扰事件和多种干扰事件共同作用所引起的工期索赔。

第八节　黄河水利工程维修养护合同

一、堤防工程日常维修养护合同

依据《中华人民共和国合同法》等相关法律、法规_____(以下称发包人)与_____(以下称承包人)就所辖堤防工程日常维修养护工作,在自愿、平等、协商一致的基础上订立本合同,合同价款(大写)_____圆,(小写)_____元(详见工程量清单)。

工程维修养护期限为1年,自_____年1月1日起至_____12月31日止。

本合同的实施,应符合国家和水利行业颁布的技术标准、规范、规程、规定及技术要求。

(一)工程维修养护内容

1.堤防工程基本情况:(起止桩号、堤身高度、堤顶宽度、边坡等)＿＿＿＿＿

＿＿＿＿＿＿＿＿＿＿＿＿＿＿＿＿＿＿＿＿＿＿＿＿＿＿＿＿＿＿＿＿＿＿＿＿＿

＿＿＿＿＿＿＿＿＿＿＿＿＿＿＿＿＿＿＿＿＿＿＿＿＿＿＿＿＿＿＿＿＿＿＿＿＿

＿＿＿＿＿＿＿＿＿＿＿＿＿＿＿＿＿＿＿＿＿＿＿＿＿＿＿＿＿＿＿＿＿＿＿＿＿

2.维修养护项目及内容

(1)堤顶

堤顶修补、填垫、整平、刮压、洒水、清扫,排水沟整修,边埂整修,行道林及堤肩草皮养护。

(2)堤坡

堤坡(淤区、前后戗边坡)整修、填垫、护坡、排水沟整修,辅道整修、填垫,草皮养护及补植。

(3)附属设施

标志标牌(碑)维护,护堤地边埂(沟)整修。

(4)防浪林、护堤林

浇水、施肥、打药、除草、涂白、补植及修剪。

(5)淤区

淤区整修、填垫,围格堤整修,排水沟维修,适生林养护。

(6)前(后)戗

戗台、边埂整修、填垫,树木、草皮养护。

(7)土牛(备防土)整修

(8)备防石整修

(9)管理房维修

(10)害堤动物防治

(11)防浪(洪)墙维护

(二)质量标准与技术要求

1.堤顶

(1)堤顶高程、宽度等主要技术指标符合设计或竣工验收时的标准。

(2)未硬化堤顶保持花鼓顶,达到饱满平整,无车槽及明显凹凸、起伏,无杂物,堤顶整洁,雨后无积水,平均每5.0m长堤段纵向高差不应大于0.1m,横向坡度宜保持在2%～3%。

(3)硬化堤顶保持无积水、无杂物,堤顶整洁,路面无损坏、裂缝、翻浆、脱皮、泛油、龟裂、啃边等现象。

(4)泥结碎石堤顶适时补充磨耗层和洒水养护,保持顶面平顺,无明显凹凸、起伏。

(5)堤肩无明显坑洼,堤肩线平顺规整,植草防护。

(6)边埝埝面平整,埝线顺直,无杂草。

(7)行道林树木生长旺盛,无病虫害,无人畜破坏,保持现有树株不缺损;修剪整齐、美观,鱼鳞坑、浇水沟规整。

2.堤坡

(1)堤坡(淤区边坡)保持竣工验收时的坡度,坡面平顺,无残缺、水沟浪窝、陡坎、洞穴、陷坑、杂草杂物,堤脚线清晰明确。

(2)砌石堤坡和混凝土堤坡保持设计或竣工验收标准。

(3)对雨后出现的局部残缺和水沟浪窝、陷坑等,按标准进行恢复。

(4)上堤辅道保持完整、平顺,无沟坎、凹陷、残缺,无蚕食、侵蚀堤身现象,硬化路口路面无损坏。

(5)排水沟完好、无损坏,无孔洞暗沟、沟身无蛰陷、断裂,接头无漏水、阻塞,出口无冲坑悬空,沟内无淤泥、杂物。

(6)草皮整洁美观,无高秆杂草,覆盖率不低于95%。

3.附属设施

(1)千米桩、百米桩、边界桩、交界牌、指示牌、标志牌、警示牌、责任牌、简介牌、纪念碑等埋设坚固,布局合理、尺度规范,标识清晰、醒目美观、无涂层脱落、无损坏和丢失。

(2)护堤地地面平整,边界明确,界沟、界埝规整平顺,无杂物。

4.防浪林、护堤林

树木生长旺盛,无病虫害,无高秆杂草,无人畜破坏,保持现有树株不缺损。

5.淤区

(1)淤区高程、宽度等主要技术指标保持设计或竣工验收标准,顶面平整。

(2)适生林树木生长旺盛,无病虫害,无高秆杂草,无人畜破坏,保持现有树株不缺损。

(3)排水沟完好、无损坏,无孔洞暗沟、沟身无蛰陷、断裂,接头无漏水、阻塞,出口无冲坑悬空,沟内无淤泥、杂物。

(4)围格堤顶平坡顺、无缺损,无高秆杂草。

6. 前(后)戗

(1)高程、宽度等主要技术指标保持设计或竣工验收标准。戗顶平整,无雨淋沟,边埂整齐,内外缘高差保持设计标准。

(2)排水沟完好、无损坏,无孔洞暗沟、沟身无蛰陷、断裂,接头无漏水、阻塞,出口无冲坑悬空,沟内无淤泥、杂物。

(3)草皮整洁美观,无高秆杂草,覆盖率不低于95%。

(4)树木生长旺盛,无病虫害,无高秆杂草,无人畜破坏,保持现有树株不缺损。

7. 土牛(备防土)

顶平坡顺、无缺损,边角整齐,无高秆杂草。

8. 备防石

摆放整齐、无坍垛,无杂草杂物,标注清晰。

9. 管理房

坚固完整、门窗无损坏,墙体无裂缝、墙皮无脱落,房顶不漏水。

10. 害堤动物防治

工程范围内无明显害堤动物危害痕迹。

11. 防浪(洪)墙

坚固完整、无破损,保持设计和工程验收标准。

(三)工程维修养护实施

承包人按照本合同约定适时进行工程维修养护,认真履行职责,按照工程维修养护标准,保持工程面貌完好。

根据工程维修养护进展情况,发包人依据本合同于每月_____日前向承包人提供下月的维修养护任务,月维修养护任务采用"两清单一说"的形式下达[即:维修养护任务统计表、工程(工作)量及价款清单,并对当月气候特点、雨水毁坏情况、具体任务进行简要说明],承包人在一日内,将维修养护月实施方案以书面形式提交监理工程师审批,监理工程师本月底前提出修改意见或批准,逾期视为同意。

若遇突发事件,发包人可依据本合同向承包人发出临时维修养护通知,承包人必须执行。

承包人按监理工程师确认的维修养护月实施方案开展工程维修养护作业。养护进度与经确认的月实施方案不符时,承包人按发包人或监理工程师的要求进行整改,确保适时对工程进行维修养护。

(四)质量检查与验收

1. 质量管理

根据工程维修养护需要,承包人建立健全质量保证体系,确保维修养护质量。

维修养护质量达到合同约定的质量标准。因承包人原因工程质量达不到维修养护标准,承包人承担违约责任。

双方对维修质量发生争议,由质量监督机构认定,造成的损失及所需费用,由责任方承担。

2. 检查

承包人按照本合同约定和发包人及监理工程师的指令,对维修养护质量进行自查,并做好记录。

发包人对维修养护工作进行不定期检查,将检查出的问题向承包人提出书面整改意见,承包人必须按期整改,否则,发包人可另行选择养护队伍进行工程维修养护,其费用由原承包人承担。

3. 验收

验收分为月验收和年度验收。

(1)月验收

月验收由发包人每月底组织进行,验收结果作为结算的依据。

(2)年度验收

年度验收由上一级主管单位组织进行。

承包人于12月_____日前向发包人提交年度验收申请,发包人在收到承包人提交的验收申请后一日内组织初步验收,验收合格由发包人向上级主管单位提交年度验收申请。

(五)价款结算与支付

日常维修养护价款按当月监理认可的实际维修养护工程量结算。工程维修养护完成并经验收合格后,次月一日前,发包人按照监理工程师签署的支付通知向承包人支付合同价款的_____%,另外_____%作为保证金,在通过上级主管单位年度验收后一次结清。

承包人不能按合同要求完成工程维修养护或维修养护质量达不到标准,经返工后仍不能满足质量要求或未按监理工程师指令返工,需要由其他维修养护单位完成的,其费用从保证金中支付。

发包人不按期支付,应向承包人说明情况、承诺付款日期,经承包人同意签订延期支付协议。

(六)合同变更

维修养护项目和内容、工程量、维修养护标准发生改变时,进行合同变更,具体事宜由发包人与承包人协商。

（七）双方权利和义务

1.发包人

（1）制订日常维修养护年度计划,向承包人提供月维修养护项目清单。

（2）审查批复承包人提交的年度维修养护方案。

（3）向承包人提供与工程维修养护相关的档案资料。

（4）提供测量基准点、水准点、基本资料和相关数据。

（5）协调和处理工程维修养护范围内的迁占及维修养护的社会环境等问题。

（6）在实施维修养护前将委托的监理单位、监理内容和总监理工程师姓名及职权以书面形式通知承包人。

（7）授权派驻工程现场代表,职权不得与监理工程师职权相互交叉。双方职权不明确时,由发包人以书面形式确认。

（8）协调解决维修养护施工所需的用电、用水、排水、照明、通信等问题。

2.承包人

（1）按照发包人提供的年度维修养护计划编制年度实施方案,提交发包人审批。根据发包人提供的每月任务清单制订月实施方案,提交监理工程师审批。

（2）接受发包人和监理工程师的检查、监督。执行发包人或监理工程师发出的与本合同有关的指令和通知。

（3）遵守法律、法规、规章及行业规定,在维修养护过程中防止噪音、扬尘、废水、废油及生活垃圾造成的环境破坏、人员伤害及财产损失。及时拆除临时设施,清除因工程维修养护产生的废弃物。

（4）承担维修养护施工用电、用水、排水、照明、通信等费用。

（5）负责维修养护工作范围内的工程及设施保护,做好工程现场地下管线和邻近建筑物或构筑物的保护,造成损坏的进行恢复并承担相应费用。

（6）及时向发包人提供工程维修养护进展情况、管理信息、相关资料和文件等。

（7）认真做好日常维修养护安全生产和文明施工,承担由于自身安全措施不利造成事故的责任和因此发生的费用。

（八）违约责任

1.发包人

（1）不及时组织维修养护验收；

（2）无正当理由不按时进行结算；

（3）指令错误给承包人造成损失；

（4）有不履行合同义务或履行合同义务不当的其他行为。

发包人承担违约责任，并向承包人赔偿由此造成的经济损失。

2. 承包人

（1）维修养护质量达不到标准；

（2）不执行发包人或监理工程师指令；

（3）不能及时完成维修养护任务；

（4）有不履行合同义务或履行合同义务不当的其他行为。

承包人承担违约责任，并向发包人赔偿由此造成的经济损失。

（九）争议的解决

双方在履行合同时发生争议，可以和解或者调解。当事人不愿和解、调解或者和解、调解不成的，双方可申请仲裁或向有管辖权的人民法院起诉。本合同采用＿＿＿＿＿＿＿方式解决争议。

发生争议后，除非出现下列情况，双方都应继续履行合同，保持工程维修养护的连续。

（1）单方违约导致合同无法履行，双方协议停止工程维修养护；

（2）调解方要求停止工程维修养护，且为双方接受；

（3）仲裁机构或法院要求停止工程维修养护。

（十）其他

本合同项目不得转包和违法分包。

本合同执行期间，如遇不可抗力，致使合同无法履行时，双方均不承担违约责任，双方要在力所能及的条件下迅速采取措施，减少灾害损失，并按有关法规规定及时协商处理。

合同生效与终止：

本合同自双方法定代表人或其授权代表在合同书上签字并加盖公章后生效；

工程维修养护期限届满、价款结清后，本合同自然终止。

本合同的工程量清单、工程量认定及说明、来往文件系本合同的组成部分，若发生矛盾以本合同条款为准。

本合同空格部分填写的文字与印刷文字具有同等效力。

本合同一式六份。正本两份，双方各执一份；副本四份，发包人两份，承包人一份,监理单位一份。

本合同未尽事宜由双方协商解决。

合同签订地点:

合同订立时间:

发包人(公章):　　　　　　　　承包人(公章):

法定代表人(公章):　　　　　　法定代表人(公章):

委托代理人:　　　　　　　　　委托代理人:
电话:　　　　　　　　　　　　电话:
传真:　　　　　　　　　　　　传真:
地址:　　　　　　　　　　　　地址:
邮政编码:　　　　　　　　　　邮政编码:
开户银行:　　　　　　　　　　开户银行:
账号:　　　　　　　　　　　　账号:

二、河道整治工程日常维修养护合同

依据《中华人民共和国合同法》等相关法律、法规,_____(以下称发包人)与_____(以下称承包人)就所辖河道整治工程日常维修养护工作,在自愿、平等、协商一致的基础上订立本合同,合同价款(大写)_____圆,(小写)_____元(详见工程量清单)。

工程维修养护期限为1年。自_____年1月1日起至_____年12月31日止。

本合同的实施,应符合国家和水利行业颁布的技术标准、规范、规程、规定及技术要求。

(一)工程维修养护内容

1.基本情况:(工程名称、坝岸设计指标、安全运行状况等)

2.维修养护项目和内容

(1)坝顶

坝顶修补、填垫、整平、洒水、刮平、清扫,沿子石、边埝、备防石整修,树株及草皮养护。

(2)坝坡

坝坡整修、填垫,排水沟整修,树株、草皮养护及补植。

(3)根石

根石探测、根石排整。

(4)附属设施

管理房、标志标牌(碑)维护,护坝地、边埝整修。

(5)上坝路

整修、填垫。

(6)护坝林

浇水、施肥、打药、除草、补植及修剪。

(二)质量标准和要求

1.坝顶

(1)坝顶宽度、高程符合设计或竣工验收时的标准,顶面平整,无凹凸、裂缝、陷坑、浪窝,无乱石、杂物及高秆杂草等。

(2)沿子石规整、无缺损、无勾缝脱落;眉子土(边埝)平整、无缺损。

(3)备防石位置合理,摆放整齐,无坍垛、无杂草杂物,标识清晰。

(4)树木生长旺盛,无病虫害,无人畜破坏,保持现有树株不缺损;修剪整齐、美观,鱼鳞坑规整。

(5)联坝顶保持平整,无车槽及明显凹凸、起伏;降雨期间及时排水,雨后无积水。

2.坝坡

(1)上坝坡:坡面平顺,无水沟浪窝、裂缝、洞穴、陷坑;草皮整洁美观,覆盖完好,无高秆杂草。

(2)散抛块石护坡:坡面平顺,无浮石、游石、缺石,无明显凹凸不平,坡面清洁。

(3)干砌石护坡:坡面平顺、砌块完好、砌缝紧密,无松动、塌陷、架空,灰缝无脱落,坡面清洁。

(4)浆砌石护坡:坡面平顺、清洁,灰缝无脱落,无松动、变形。

(5)排水沟完好,畅通无损坏,无孔洞暗沟、沟身无蛰陷、断裂,接头无漏水、阻塞,出口无冲坑悬空,沟内无淤泥、杂物。

3. 根石

(1)按要求进行根石探测,资料整编分析规范、完整。

(2)根石台高程、宽度、边坡等主要技术指标符合设计或竣工验收时的标准。台面平整,边坡平顺,无明显凹凸不平,无浮石、杂物。

4. 附属设施

(1)管理房整洁,门窗齐全无损坏,墙体无裂缝,墙皮无脱落,房顶不漏水。

(2)坝号桩、高标桩、边界桩、断面桩、指示牌、标志牌、责任牌、简介牌、纪念碑等埋设坚固,尺度规范,标识清晰、醒目美观、无涂层脱落、损坏或丢失。

(3)护坝地地面平整,边界明确,界沟、界埂规整平顺、无杂物。

5. 上坝路

(1)上坝路完整、平顺,无沟坎、凹陷。

(2)硬化柏油上坝路无积水、无杂物,路面整洁,路面无损坏、啃边等现象。

(3)泥结碎石上坝路适时补充磨耗层和洒水养护,顶面平顺,无明显凹凸、起伏。

6. 护坝林

树木生长旺盛,无病虫害,无高秆杂草,无人畜破坏,保持现有树株不缺损。

三、水闸工程日常维修养护合同

依据《中华人民共和国合同法》等相关法律、法规,＿＿＿＿＿＿＿(以下称发包人)与＿＿＿＿＿＿＿(以下称承包人)就所辖水闸工程日常维修养护工作,在自愿、平等、协商一致的基础上订立本合同,合同价款(大写)＿＿＿＿＿＿＿圆,(小写)＿＿＿＿＿＿＿元。

工程维修养护期限为 1 年。自＿＿＿＿＿＿＿年 1 月 1 日起至＿＿＿＿＿＿＿年 12 月 31 日止。

本合同的实施,应符合国家和水利行业颁布的技术标准、规范、规程、规定及技术要求。

(一)工程维修养护内容

1. 基本情况:(闸孔尺寸、孔数、设计流量等)＿＿＿＿＿＿＿＿＿＿＿＿＿＿＿＿

＿＿＿＿＿＿＿＿＿＿＿＿＿＿＿＿＿＿＿＿＿＿＿＿＿＿＿＿＿＿＿＿＿＿＿＿＿＿

＿＿＿＿＿＿＿＿＿＿＿＿＿＿＿＿＿＿＿＿＿＿＿＿＿＿＿＿＿＿＿＿＿＿＿＿＿＿

2. 维修养护项目及内容

（1）水工建筑物

土工部分整修、填垫，砌石护坡勾缝修补，砌石护坡、防冲设施维修，反滤排水设施、出水底部构件维修，混凝土破损修补，裂缝处理，伸缩缝填料填充。

（2）闸门

闸门维修，止水更换。

（3）启闭机

机体表面防腐处理，钢丝绳、传（制）动系统维护，配件更换。

（4）机电设备

电动机、操作设备、配电设备、输变电系统、避雷设施维护，配件更换。

（5）附属设施

机房、管理房、护栏维修，闸区绿化。

（6）闸室清淤

（7）自动控制设施

（8）自备发电机组（厂）

（二）质量标准和要求

1. 水工建筑物

（1）土工部位无水沟浪窝、塌陷、裂缝、渗漏、滑坡和洞穴等；排水系统、导渗及减压设施无损坏、堵塞、失效；土石结合部无异常渗漏。

（2）石工部位护坡无塌陷、勾缝脱落、松动、隆起、底部淘空、垫层散失；排水设施无堵塞、损坏、失效。

（3）混凝土部位（含钢丝网水泥板）无裂缝、腐蚀、破损、剥蚀、露筋（网）及钢筋锈蚀等。

（4）混凝土构件完整、无破损。

（5）伸缩缝、沉降缝填充封堵完好。

2. 闸门

（1）金属闸门无明显锈蚀，涂层无剥落；行走支撑装置的零部件无损伤、变形、裂缝、断裂等；支承行走机构运转灵活；吊耳板、吊座无变形。

（2）止水装置完好。

3. 启闭机

启闭设备运转灵活、制动性能良好、无腐蚀；钢丝绳无断丝、锈蚀，端头固定符合要求；零部件无缺损、裂纹，螺杆无弯曲变形；油路通畅，油量、油质符合要求。

4. 机电设备

机电设备及防雷设施完好,线路正常,接头牢固;安全保护装置准确可靠,指示仪表准确,备用电源完好。

5.附属设施

(1)机房、管理房完整清洁,门窗齐全无损坏,墙体无裂缝、墙皮无脱落,房顶不漏水。

(2)管理范围内整洁美观,树木生长旺盛,无缺损、病虫害,修剪整齐,鱼鳞坑规整;草皮覆盖完好,无高秆杂草。

(3)护栏、标志牌、简介牌、界桩等齐全完好。

6.闸室清淤

闸室过水通畅,无杂物。

7.自动控制设施

位移、渗流、应力应变、震动反应等安全监测设施完好;远程监控系统的现场设施、设备(仪器、传感器等)完好无损坏,运行正常。

8.自备发电机组(厂)

定期维护保养,设备清洁,保持良好。

第十五章　施工安全管理

第一节　概　　述

一、安全管理概念

安全生产是指生产过程处于避免人身伤害、设备损坏及其他不可接受的损害风险(危险)的状态。不可接受的损害风险(危险)是指：超出了法律、法规和规章的要求，超出了方针、目标和企业规定的其他要求，超出了人们普遍接受的要求。建筑工程安全生产管理是指建设行政主管部门、建筑安全监督管理机构、建筑施工企业及有关单位对建筑安全生产过程中的安全工作，进行计划、组织、指挥、控制、监督、调节和改进等一系列致力于满足生产安全的管理活动。

(一)建筑工程安全生产管理的特点

(1)安全生产管理涉及面广、涉及单位多。

由于建筑工程规模大，生产工艺复杂、工序多，在建造过程中流动作业多、高处作业多，作业位置多变，遇到不确定因素多，所以安全管理工作涉及范围大，控制面广。安全管理不仅是施工单位的责任，还包括建设单位、勘察设计单位、监理单位，这些单位也要为安全管理承担相应的责任和义务。

(2)安全生产管理动态性。

①由于建筑工程项目的单件性，使得每项工程所处的条件不同，所面临的危险因素和防范也会有所改变。

②工程项目的分散性。

施工人员在施工过程中，分散于施工现场的各个部位，当他们面对各种具体的生产问题时，一般依靠自己的经验和知识进行判断并作出决定，从而增加了施工过程中由不安全行为而导致事故的风险。

（3）安全生产管理的交叉性。

建筑工程项目是开放系统,受自然环境和社会环境影响很大,安全生产管理需要把工程系统和环境系统及社会系统相结合。

（4）安全生产管理的严谨性。

安全状态具有触发性,安全管理措施必须严谨,一旦失控,就会造成损失和伤害。

（二）建筑工程安全生产管理的方针

"安全第一"是建筑工程安全生产管理的原则和目标,"预防为主"是实现安全第一的最重要手段。

（三）建筑工程安全管理的原则

（1）"管生产必须管安全"的原则。一切从事生产、经营的单位和管理部门都必须管安全,全面开展安全工作。

（2）"安全具有否决权"的原则。安全管理工作是衡量企业经营管理工作好坏的一项基本内容,在对企业进行各项指标考核时,必须首先考虑安全指标的完成情况。安全生产指标具有一票否决的作用。

（3）职业安全卫生"三同时"的原则。"三同时"指建筑工程项目其劳动安全卫生设施必须符合国家规范规定的标准,必须与主体工程同时设计、同时施工、同时投入生产和使用。

（四）建筑工程安全生产管理有关法律、法规与标准、规范

（1）我国的安全生产的法律制度。

我国的安全生产法律体系如图 15 - 1 所示。

（2）法治是强化安全管理的重要内容。

法律是上层建筑的组成部分,为其赖以建立的经济基础服务。

（3）事故处理"四不放过"的原则。

①事故原因分析不清不放过;

②事故责任者和群众没有受到教育不放过;

③没有采取防范措施不放过;

④事故责任者没有受到处理不放过。

（五）安全生产管理体制

根据国务院发[1993]50 号文,当前我国的安全生产管理体制是"企业负责、行业管理、国家监察和群众监督、劳动者遵章守法"。

（六）安全生产责任制度

安全生产责任制度是建筑生产中最基本的安全管理制度,是所有安全规

章制度的核心。安全生产责任制度是指将各种不同的安全责任落实到具体安全管理的人员和具体岗位人员身上的一种制度。这一制度是安全第一、预防为主的具体体现,是建筑安全生产的基本制度。

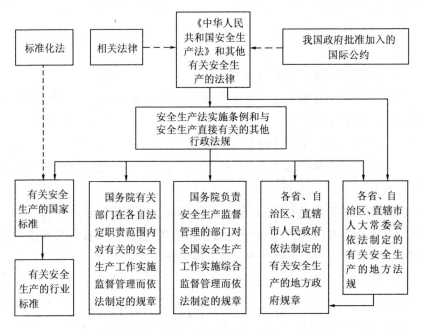

图 15 -1　安全生产管理体系

(七)安全生产目标管理

安全生产目标管理就是根据建筑施工企业的总体规划要求,制订出在一定时期内安全生产方面所要达到的预期目标并组织实现此目标。其基本内容是:确定目标、目标分解、执行目标、检查总结。

(八)施工组织设计

施工组织设计是组织建设工程施工的纲领性文件,是指导施工准备和组织施工的全面性的技术、经济文件,是指导现场施工的规范性文件。施工组织设计必须在施工准备阶段完成。

(九)安全技术措施

安全技术措施是指为防止工伤事故和职业病的危害,从技术上采取的措施。在工程施工中,是指针对工程特点、环境条件、劳力组织、作业方法、施工机械、供电设施等制订的确保安全施工的措施。

安全技术措施也是建设工程项目管理实施规划或施工组织设计的重要组成部分。

（十）安全技术交底

安全技术交底是落实安全技术措施及安全管理事项的重要手段之一。重大安全技术措施及重要部位的安全技术由公司负责人向项目经理部技术负责人进行书面的安全技术交底；一般安全技术措施及施工现场应注意的安全事项由项目经理部技术负责人向施工作业班组、作业人员作出详细说明，并经双方签字认可。

（十一）安全教育

安全教育是实现安全生产的一项重要基础工作，它可以提高职工搞好安全生产的自觉性、积极性和创造性，增强安全意识，掌握安全知识，提高职工的自我防护能力，使安全规章制度得到贯彻执行。安全教育培训的主要内容有：安全生产思想、安全知识、安全技能、安全操作规程标准、安全法规、劳动保护和典型事例。

（十二）班组安全活动

班组安全活动是指在上班前由班组长组织并主持，根据本班目前工作内容，重点介绍安全注意事项、安全操作要点，以达到组员在班前掌握安全操作要领，提高安全防范意识，减少事故发生的活动。

（十三）特种作业

特种作业是指在劳动过程中容易发生伤亡事故，对操作者本人，尤其对他人和周围设施的安全有重大危害因素的作业。直接从事特种作业者，称特种作业人员。

（十四）安全检查

安全检查是指建设行政主管部门、施工企业安全生产管理部门或项目经理，对施工企业和工程项目经理部贯彻国家安全生产法律及法规的情况、安全生产情况、劳动条件、事故隐患等进行的检查。

（十五）安全事故

安全事故是人们在进行有目的的活动中，发生了违背人们意愿的不幸事件，使其有目的的行动暂时或永久的停止。重大安全事故，是指在施工过程中由于责任过失造成工程倒塌或废弃、机械设备破坏和安全设施失当造成人身伤亡或者重大经济损失的事故。

（十六）安全评价

安全评价是采用系统科学方法，辨别和分析系统存在的危险性并根据其形成事故的风险大小，采取相应的安全措施，以达到系统安全的过程。安全评价的基本内容有：识别危险源、评价风险、采取措施，直到达到安全目标。

（十七）安全标志

安全标志由安全色、几何图形符号构成，以此表达特定的安全信息。其目的是引起人们对不安全因素的注意，预防事故的发生。安全标志分为禁止标志、警告标志、指令标志、提示性标志四类。

二、工程施工特点

建筑业的生产活动危险性大，不安全因素多，是事故多发行业。建筑施工的特点主要是：

（1）工程建设最大的特点就是产品固定，这是它不同于其他行业的根本点，建筑产品是固定的，体积大、生产周期长。建筑物一旦施工完毕就固定了，生产活动都是围绕着建筑物、构筑物来进行的，有限的场地上集中了大量的人员、建筑材料、设备零部件和施工机具等，这样的情况可以持续几个月或一年，有的甚至需要七八年，工程才能完成。

（2）高处作业多，工人常年在室外操作。一栋建筑物从基础、主体结构到屋面工程、室外装修等，露天作业约占整个工程的70%。现在的建筑物一般都在7层以上，绝大部分工人都在十几米或几十米的高处从事露天作业。工作条件差，且受到气候条件多变的影响。

（3）手工操作多，繁重的劳动消耗大量体力。建筑业是劳动密集型的传统行业之一，大多数工种需要手工操作。近几年来，墙体材料有了改革，出现了大模、滑模、大板等施工工艺，但就全国来看，绝大多数墙体仍然是使用粘土砖、水泥空心砖和小砌块砌筑。

（4）现场变化大。每栋建筑物从基础、主体到装修，每道工序都不同，不安全因素也就不同，即使同一工序由于施工工艺和施工方法不同，生产过程也不同。而随着工程进度的推进，施工现场的施工状况和不安全因素也随之变化。为了完成施工任务，要采取很多临时性措施。

（5）近年来，建筑任务已由以工业为主向以民用建筑为主转变，建筑物由低层向高层发展，施工现场由较为宽阔的场地向狭窄的场地变化。施工现场的吊装工作量增多，垂直运输的办法也多了，多采用龙门架（或井字架）、高大旋转塔吊等。随着流水施工技术和网络施工技术的运用，交叉作业也随之大量增加，木工机械如电平刨、电锯普遍使用。因施工条件变化，伤亡类别增多。过去是"钉子扎脚"等小事故较多，现在则是机械伤害、高处坠落、触电等事故较多。

建筑施工复杂，加上流动分散、工期不固定，比较容易形成临时观念，不采取可靠的安全防护措施,存在侥幸心理,伤亡事故必然频繁发生。

第二节　施工安全因素

事故潜在的不安全因素是造成人的伤害、物的损失事故的先决条件,各种人身伤害事故均离不开物与人这两个因素。人的不安全行为和物的不安全状态,是造成绝大部分事故的两个方面潜在的不安全因素,通常也可称作事故隐患。

一、安全因素特点

安全是在人类生产过程中,将系统的运行状态对人类的生命、财产、环境可能产生的损害控制在人类能接受水平以下的状态。安全因素的定义就是在某一指定范围内与安全有关的因素。水利水电工程施工安全因素有以下特点:

(1)安全因素的确定取决于所选的分析范围,此处分析范围可以指整个工程,也可以针对具体工程的某一施工过程或者某一部分的施工,例如围堰施工,升船机施工等。

(2)安全因素的辨识依赖于对施工内容的了解,对工程危险源的分析以及运作安全风险评价的人员的安全工作经验。

(3)安全因素具有针对性,并不是对于整个系统事无巨细的考虑,安全因素的选取具有一定的代表性和概括性。

(4)安全因素具有灵活性,只要能对所分析的内容具有一定概括性,能达到系统分析的效果的,都可成为安全因素。

(5)安全因素是进行安全风险评价的关键点,是构成评价系统框架的节点。

二、安全因素辨识过程

安全因素是进行风险评价的基础,人们在辨识出的安全因素的基础上,进行风险评价框架的构建。在进行水利水电工程施工安全因素的辨识,首先对工程施工内容和施工危险源进行分析和了解,在危险源的认知基础上,以整个工程为分析范围,从管理、施工人员、材料、危险控制等各个方面结合以往的安全分析危险,进行安全因素的辨识,其具体过程如图 15-2 所示。

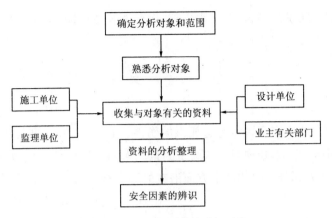

图 15 -2 安全因素的辨识过程

宏观安全因素辨识工作需要收集以下资料：

（一）工程所在区域状况

（1）本地区有无地震、洪水、浓雾、暴雨、雪害、龙卷风及特殊低温等自然灾害？

（2）工程施工期间如发生火药爆炸、油库火灾爆炸等对邻近地区有何影响？

（3）工程施工过程中如发生大范围滑坡、塌方及其他意外情况对行船、导流、行车等有无影响？

（4）附近有无易燃、易爆、毒物泄漏的危险源，对本区域的影响如何？ 是否存在其他类型的危险源？

（5）工程过程中排土、排碴是否会形成公害或对本工程及友邻工程进行产生不良影响？

（6）公用设施如供水、供电等是否充足？ 重要设施有无备用电源？

（7）本地区消防设备和人员是否充足？

（8）本地区医院、救护车及救护人员等配置是否适当？ 有无现场紧急抢救措施？

（二）安全管理情况

（1）安全机构、安全人员设置满足安全生产要求与否？

（2）怎样进行安全管理的计划、组织协调、检查、控制工作？

（3）对施工队伍中各类用工人员是否实行了安全一体化管理？

（4）有无安全考评及奖罚方面的措施？

（5）如何进行事故处理？ 同类事故发生情况如何？

（6）隐患整改如何？

（7）是否制定有切实有效且操作性强的防灾计划？领导是否经常过问？关键性设备、设施是否定期进行试验、维护？

（8）整个施工过程是否制定完善的操作规程和岗位责任制？实施状况如何？

（9）程序性强的作业（如起吊作业）及关键性作业（如停送电、放炮）是否实行标准化作业？

（10）是否进行在线安全训练？职工是否掌握必备的安全抢救常识和紧急避险、互救知识？

（三）施工措施安全情况

（1）是否设置了明显的工程界限标识？

（2）有可能发生塌陷、滑坡、爆破飞石、吊物坠落等危险场所是否标定合适的安全范围并设有警示标志或信号？

（3）友邻工程施工中在安全上相互影响的问题是如何解决的？

（4）特殊危险作业是否规定了严格的安全措施？能强制实施否？

（5）可能发生车辆伤害的路段是否设有合适的安全标志？

（6）作业场所的通道是否良好？是否有滑倒、摔伤的危险？

（7）所有用电设施是否按要求接地、接零？人员可能触及的带电部位是否采取有效的保护措施？

（8）可能遭受雷击的场所是否采取了必要的防雷措施？

（9）作业场所的照明、噪声、有毒有害气体浓度是否符合安全要求？

（10）所使用的设备、设施、工具、附件、材料是否具有危险性？是否定期进行检查确认？有无检查记录？

（11）作业场所是否存在冒顶片帮或坠井、掩埋的危险性？曾经采取了何等措施？

（12）登高作业是否采取了必要的安全措施（可靠的跳板、护栏、安全带等）？

（13）防、排水设施是否符合安全要求？

（14）劳动防护用品适应作业要求之情况，发放数量、质量、更换周期满足要求与否？

（四）油库、炸药库等易燃、易爆危险品

（1）危险品名称、数量、设计最大存放量？

（2）危险品化学性质及其燃点、闪点、爆炸极限、毒性、腐蚀性等了解与否？

（3）危险品存放方式（是否根据其用途及特性分开存放）？

（4）危险品与其他设备、设施等之间的距离、爆破器材分放点之间是否有殉爆的可能性？

（5）存放场所的照明及电气设施的防爆、防雷、防静电情况？

（6）存放场所的防火设施配置消防通道否？有无烟、火自动检测报警装置？

（7）存放危险品的场所是否有专人 24 小时值班,有无具体岗位责任制和危险品管理制度？

（8）危险品的运输、装卸、领用、加工、检验、销毁是否严格按照交全规定进行？

（9）危险品运输、管理人员是否掌握火灾、爆炸等危险状况下的避险、自救、互救的知识？是否定期进行必要的训练？

（五）起重运输大型作业机械情况

（1）运输线路里程、路面结构、平交路口、防滑措施等情况如何？

（2）指挥、信号系统情况如何？信息通道是否存在干扰？

（3）人—机系统匹配有何问题？

（4）设备检查、维护制度和执行情况如何？是否实行各层次的检查？周期多长？是否实行定期计划维修？周期多长？

（5）司机是否经过作业适应性检查？

（6）过去事故情况如何？

以上这些因素均是进行施工安全风险因素识别时需要考虑的主要因素。实际工程中需考虑的因素可能比上述因素还要多。

三、施工过程行为因素

采用 HFACS 框架对导致工程施工事故发生的行为因素进行分析。对标准的 HFACS 框架进行修订,以适应水电工程施工实际的安全管理、施工作业技术措施、人员素质等状况。框架的修改遵循 4 个原则:

（1）删除在事故案例分析中出现频率极少的因素,包括对工程施工影响较小和难以在事故案例中找到的潜在因素。

（2）对相似的因素进行合并,避免重复统计,从而无形之中提高类似因素在整个工程施工当中的重要性。

（3）针对水电工程施工的特点,对因素的定义、因素的解释和其涵盖的具体内容进行适当的调整。

（4）HFACS 框架是从国外引进的,将部分因素的名称加以修改,以更贴切我国工程施工安全管理业务的习惯用语。

对标准 HFACS 框架修改如下。

（一）企业组织影响（L4）

企业（包括水电开发企业、施工承包单位、监理单位）组织层的差错属于最高级别的差错，它的影响通常是间接地、隐性的，因而常会被安全管理人员所忽视。在进行事故分析时，很难挖掘起企业组织层的缺陷；而一经发现，其改正的代价也很高，但是却更能加强系统的安全。一般而言，组织影响包括 3 个方面：

（1）资源管理：主要指组织资源分配及维护决策存在的问题，如安全组织体系不完善、安全管理人员配备不足、资金设施等管理不当、过度削减与安全相关的经费（安全投入不足）等。

（2）安全文化与氛围：可以定义为影响管理人员与作业人员绩效的多种变量，包括组织文化和政策，比如信息流通传递不畅、企业政策不公平、只奖不罚或滥奖、过于强调惩罚等都属于不良的文化与氛围。

（3）组织流程：主要涉及组织经营过程中的行政决定和流程安排，如施工组织设计不完善、企业安全管理程序存在缺陷、制定的某些规章制度及标准不完善等。

其中，"安全文化与氛围"这一因素，虽然在提高安全绩效方面具有积极作用，但不好定性衡量，在事故案例报告中也未明确的指明，而且在工程施工各类人员成分复杂的结构当中，其传播较难有一个清晰的脉络。为了简化分析过程，将该因素去除。

（二）安全监管（L3）

（1）监督（培训）不充分：指监督者或组织者没有提供专业的指导、培训、监督等。若组织者没有提供充足的 CRM 培训，或某个管理人员、作业人员没有这样的培训机会，则班组协同合作能力将会大受影响，出现差错的概率必然增加。

（2）作业计划不适当：包括这样几种情况，班组人员配备不当，如没有职工带班，没有提供足够的休息时间，任务或工作负荷过量。整个班组的施工节奏以及作业安排由于赶工期等原因安排不当，会使得作业风险加大。

（3）隐患未整改：指的是管理者知道人员、培训、施工设施、环境等相关安全领域的不足或隐患之后，仍然允许其持续下去的情况。

（4）管理违规：指的是管理者或监督者有意违反现有的规章程序或安全操作规程，如允许没有资格、未取得相关特种作业证的人员作业等。

以上四项因素在事故案例报告中均有体现,虽然相互之间有关联,但各有差异,彼此独立,因此,均加以保留。

(三)不安全行为的前提条件(L2)

这一层级指出了直接导致不安全行为发生的主客观条件,包括作业人员状态、环境因素和人员因素。将"物理环境"改为"作业环境","施工人员资源管理"改为"班组管理","人员准备情况"改为"人员素质"。定义如下:

(1)作业环境:既指操作环境(如气象、高度、地形等),也指施工人员周围的环境,如作业部位的高温、振动、照明、有害气体等。

(2)技术措施:包括安全防护措施、安全设备和设施设计、安全技术交底的情况,以及作业程序指导书与施工安全技术方案等一系列情况。

(3)班组管理:属于人员因素,常为许多不安全行为的产生创造前提条件。未认真开展"班前会"及搞好"预知危险活动";在施工作业过程中,安全管理人员、技术人员、施工人员等相互间信息沟通不畅、缺乏团队合作等问题属于班组管理不良。

(4)人员素质:包括体力(精力)差、不良心理状态与不良生理状态等生理心理素质,如精神疲劳,失去情境意识,工作中自满、安全警惕性差等属于不良心理状态;生病、身体疲劳或服用药物等引起生理状态差,当操作要求超出个人能力范围时会出现身体、智力局限,同时为安全埋下隐患,如视觉局限、休息时间不足、体能不适应等;以及没有遵守施工人员的休息要求、培训不足、滥用药物等属于个人准备情况的不足。

将标准 HFACS 的"体力(精力)限制"、"不良心理状态"与"不良生理状态"合并,是因为这三者可能互相影响和转换。"体力(精力)限制"可能会导致"不良心理状态"与"不良生理状态",此处便产生了重复,增加了心理和生理状态在所有因素当中的比重。同时,"不良心理状态"与"不良生理状态"之间也可能相互转化,由于心理状态的失调往往会带来生理上的伤害,而生理上的疲劳等因素又会引起心理状态的变化,两者相辅相成,常常是共同存在的。此外,没有充分的休息、滥用药物、生病、心理障碍也可以归结为人员准备不足,因此,将"体力(精力)限制"、"不良心理状态"与"不良生理状态"合并至"人员素质"。

(四)施工人员的不安全行为(L1)

人的不安全行为是系统存在问题的直接表现。将这种不安全行为分成 3 类:知觉与决策差错、技能差错以及操作违规。

(1)知觉与决策差错:"知觉差错"和"决策差错"通常是并发的,由于对外界条件、环境因素以及施工器械状况等现场因素感知上产生的失误,进而导致做出错误的决定。决策差错指由于经验不足,缺乏训练或外界压力等造成,也可能理解问题不彻底,如紧急情况判断错误,决策失败等。知觉差错指一个人的感知觉和实际情况不一致,就像出现视觉划觉和空间定向障碍一样,可能是由于工作场所光线不足,或在不利地质、气象条件下作业等。

（2）技能差错:包括漏掉程序步骤、作业技术差、作业时注意力分配不当等。不依赖于所处的环境,而是由施工人员的培训水平决定,而在操作当中不可避免地发生,因此应该作为独立的因素保留。

（3）操作违规:故意或者主观不遵守确保安全作业的规章制度,分为习惯性的违章和偶然性的违规。前者是组织或管理人员常常能容忍和默许的,常造成施工人员习惯成自然。而后者偏离规章或施工人员通常的行为模式,一般会被立即禁止。

确定适用于水电工程施工的修订的 HFACS 框架应当如图 15－3 所示。

经过修订的新框架,根据工程施工的特点重新选择了因素。在实际的工程施工事故分析以及制定事故防范与整改措施的过程中,通常会成立事故调查组对某一类原因,比如施工人员的不安全行为进行调查,给出处理意见及建议。应用 HFACS 框架的目一之一是尽快找到并确定在工程施工中,所有已经发生的事故当中,哪一类因素占相对重要的部分,可以集中人力和物力资源对该因素所反映的问题进行整改。对于类似的或者可以归为一类的因素整体考虑,科学决策,将结果反馈给整改单位,由他们完成相关一系列后续工作。因此,修订后的 HFACS 框架通过对标准框架因素的调整,加强了独立性和概括性,使得能更合理地反映水电工程施工的实际状况。

应用 HFACS 框架对行为因素导致事故的情况初步分类,在求证判别一致性的基础上,分析了导致事故发生的主要因素。但这种分析只是静态的,Dekker 指出 HFACS 框架仅仅简单地将发生事故中的行为因素进行分类,没有指出上层因素是如何影响下层因素的,以及采取什么样的措施才能在将来尽量地避免事故发生。基于 HFACS 框架的静态分析只是将行为因素按照不同的层次进行了重新配置,没有寻求因素的发生过程和事故的解决之道。因此,有必要在此基础上,对 HFACS 框架当中相邻层次之间因素的联系进行分析,指出每个层次的因素如何被上一层次的因素影响,以及作用于下一次层次的因素,从而有利于针对某因素制定安全防范措施的时候,能够承上启下,进行综合考虑,使得从源头上避免该类因素的产生,并且能够有效抑制由于该因素发生而产生的连锁反应。

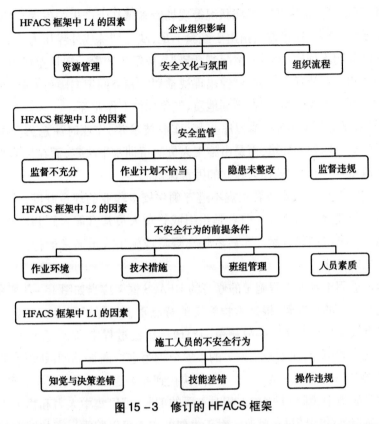

图 15 - 3　修订的 HFACS 框架

采用统计性描述,揭示不良的企业组织影响如何通过组织流程等因素向下传递造成安全监管的失误,安全监管的错误决定了安全检查与培训等力度,决定了是否严格执行安全管理规章制度等,决定了对隐患是否漠视等,这些错误造成了不安全行为的前提条件,进一步影响了施工人员的工作状态,最终导致事故的发生。进行统计学分析的目的是为了提供邻近层次的不同种类之间因素的概率数据,以用来确定框架当中高层次对底层次因素的影响程度。一旦确定了自上而下的主要途径,就可以量化因素之间的相互作用,也有利于制定针对性的安全防范措施与整改措施。

第三节　安全管理体系

一、安全管理体系内容

(一)建立健全安全生产责任制

安全生产责任制是安全管理的核心,是保障安全生产的重要手段,它能有效地预防事故的发生。

安全生产责任制是根据"管生产必须管安全"、"安全生产人人有责"的原则。明确各级领导和各职能部门及各类人员在生产活动中应负的安全职责的制度。有些安全生产责任制,就能把安全与生产从组织形式上统一起来,把"管生产必须管安全"的原则从制度上固定下来,从而增强了各级管理人员的安全责任心,使安全管理纵向到底、横向到边、专管成线、群管成网、责任明确、协调配合、共同努力,真正把安全生产工作落到实处。

安全生产责任制的内容要分级制定和细化,如企业、项目、班组都应建立各级安全生产责任制,按其职责分工,确定各自的安全责任,并组织实施和考评,保证安全生产责任制的落实。

(二)制定安全教育制度

安全教育制度是企业对职工进行安全法律、法规、规范、标准、安全知识和操作规程培训教育的制度,是提高职工安全意识的重要手段,是企业安全管理的一项重要内容。

安全教育制度内容应规定:定期和不定期安全教育的时间、应受教育的人员、教育的内容和形式,如新工人、外施队人员等进场前必须接受三级(公司、项目、班组)安全教育。从事危险性较大的特殊工种的人员必须经过专门的培训机构培训合格后持证上岗,每年还必须进行一次安全操作规程的训练和再教育。对采用新工艺、新设备、新技术和变换工种的人员应进行安全操作规程和安全知识的培训和教育。

(三)制定安全检查制度

安全检查是发现隐患、消除隐患、防止事故、改善劳动条件和环境的重要措施,是企业预防安全生产事故的一项重要手段。

安全检查制度内容应规定:安全检查负责人、检查时间、检查内容和检查方式。它包括经常性的检查、专业化的检查、季节性的检查和专项性的检查,以及群众性的检查等。对于检查出的隐患应进行登记,并采取定人、定时间、定措施的"三定"办法给予解决,同时对整改情况进行复查验收,彻底消除隐患。

(四)制定各工种安全操作规程

工种安全操作规程是消除和控制劳动过程中的不安全行为,预防伤亡事故,确保作业人员的安全和健康的需要的措施,也是企业安全管理的重要制度之一。

安全操作规程的内容应根据国家和行业安全生产法律、法规、标准、规范,结合施工现场的实际情况制定出各种安全操作规程。同时根据现场使用的新工艺、新设备、新技术,制定出相应的安全操作规程,并监督其实施。

（五）制定安全生产奖罚办法

企业制定安全生产奖罚办法的目的是不断提高劳动者进行安全生产的自觉性,调动劳动者的积极性和创造性,防止和纠正违反法律、法规和劳动纪律的行为,也是企业安全管理重要制度之一。

安全生产奖罚办法规定奖罚的目的、条件、种类、数额、实施程序等。企业只有建立安全生产奖罚办法,做到有奖有罚、奖罚分明,才能鼓励先进、督促落后。

（六）制定施工现场安全管理规定

施工现场安全管理规定是施工现场安全管理制度的基础,目的是规范施工现场安全防护设施的标准化、定型化。

施工现场安全管理规定的内容包括:施工现场一般安全规定、安全技术管理、脚手架工程安全管理（包括特殊脚手架、工具式脚手架等）、电梯井操作平台安全管理、马路搭设安全管理、大模板拆装存放安全管理、水平安全网、井字架龙门架安全管理、孔洞临边防护安全管理、拆除工程安全管理等。

（七）制定机械设备安全管理制度

机械设备是指目前建筑施工普遍使用的垂直运输和加工机具,由于机械设备本身存在一定的危险性。管理不当就可能造成机毁人亡。所以它是目前施工安全管理的重点对象。

机械设备安全管理制度应规定,大型设备应到上级有关部门备案,符合国家和行业有关规定,还应设专人负责定期进行安全检查、保养,保证机械设备处于良好的状态,以及各种机械设备的安全管理制度。

（八）制定施工现场临时用电安全管理制度

施工现场临时用电是目前建筑施工现场离不开的一项操作,由于其使用广泛、危险性比较大,因此它牵涉到每个劳动者的安全,也是施工现场一项重要的安全管理制度。

施工现场临时用电管理制度的内容应包括:外电的防护、地下电缆的保护、设备的接地与接零保护、配电箱的设置及安全管理规定（总箱、分箱、开关箱）、现场照明、配电线路、电器装置、变配电装置、用电档案的管理等。

（九）制定劳动防护用品管理制度

使用劳动防护用品是为了减轻或避免劳动过程中,劳动者受到的伤害和职业危害,保护劳动者安全健康的一项预防性辅助措施,是安全生产防止职业性伤害的需要,对于减少职业危害起着相当重要的作用。

劳动防护用品制度的内容应包括:安全网、安全帽、安全带、绝缘用品、防职业病用品等。

二、建立健全安全组织机构

施工企业一般都有安全组织机构,但必须建立健全项目安全组织机构,确定安全生产目标,明确参与各方对安全管理的具体分工,安全岗位责任与经济利益挂钩,根据项目的性质规模不同,采用不同的安全管理模式。对于大型项目,必须安排专门的安全总负责人,并配以合理的班子,共同进行安全管理,建立安全生产管理的资料档案。实行单位领导对整个施工现场负责,专职安全员对部位负责,班组长和施工技术员对各自的施工区域负责,操作者对自己的工作范围负责的"四负责"制度。

三、安全管理体系建立步骤

(一)领导决策

最高管理者亲自决策,以便获得各方面的支持和在体系建立过程中所需的资源保证。

(二)成立工作组

最高管理者或授权管理者代表成立的工作小组负责建立安全管理体系。工作小组的成员要覆盖组织的主要职能部门,组长最好由管理者代表担任,以保证小组对人力、资金、信息的获取。

(三)人员培训

培训的目的是使有关人员了解建立安全管理体系的重要性,了解标准的主要思想和内容。

(四)初始状态评审

初始状态评审要对组织过去和现在的安全信息、状态进行收集、调查分析、识别和获取现有的、适用的法律、法规和其他要求,进行危险源辨识和风险评价,评审的结果将作为制定安全方针、管理方案、编制体系文件的基础。

(五)制定方针、目标、指标的管理方案

方针是组织对其安全行为的原则和意图的声明,也是组织自觉承担其责任和义务的承诺。方针不仅为组织确定了总的指导方向和行动准则,而是评价一切后续活动的依据,并为更加具体的目标和指标提供一个框架。

安全目标、指标的制定是组织为了实现其在安全方针中所体现出的管理理念及其对整体绩效的期许与原则,与企业的总目标相一致。

管理方案是实现目标、指标的行动方案。为保证安全管理体系的实现,需

结合年度管理目标和企业客观实际情况,策划制定安全管理方案。该方案应明确旨在实现目标、指标的相关部门的职责、方法、时间表以及资源的要求。

第四节　施工安全控制

一、安全操作要求

(一)爆破作业

1. 爆破器材的运输

气温低于10℃运输易冻的硝化甘油炸药时,应采取防冻措施;气温低于-15℃运输硝化甘油炸药时,也应采取防冻措施;禁止用翻斗车、自卸汽车、拖车、机动三轮车、人力三轮车、摩托车和自行车等运输爆破器材;运输炸药雷管时,装车高度要低于车厢10cm。车厢、船底应加软垫。雷管箱不许倒放或立放,层间也应垫软垫;水路运输爆破器材,停泊地点距岸上建筑物不得小于250m;汽车运输爆破器材,汽车的排气管宜设在车前下侧,并应设置防火罩装置;汽车在视线良好的情况下行驶时,时速不得超过20km(工区内不得超过15km);在弯多坡陡、路面狭窄的山区行驶,时速应保持在5km以内。平坦道路行车间距应大于50m,上下坡应大于300m。

2. 爆破

明挖爆破音响依次发出预告信号(现场停止作业,人员迅速撤离)、准备信号、起爆信号、解除信号。检查人员确认安全后,由爆破作业负责人通知警报室发出解除信号。在特殊情况下,如准备工作尚未结束,应由爆破负责人通知警报室延后发布起爆信号,并用广播器通知现场全体人员。装药和堵塞应使用木、竹制做的炮棍。严禁使用金属棍棒装填。

深孔、竖井、倾角大于30°的斜井、有瓦斯和粉尘爆炸危险等工作面的爆破,禁止采用火花起爆;炮孔的排距较密时,导火索的外露部分不得超过1.0m,以防止导火索互相交错而起火;一人连续单个点火的火炮,暗挖不得超过5个,明挖不得超过10个;并应在爆破负责人指挥下,作好分工及撤离工作;当信号炮响后,全部人员应立即撤出炮区,迅速到安全地点掩蔽;点燃导火索应使用专用点火工具,禁止使用火柴和打火机等。

用于同一爆破网路内的电雷管,电阻值应相同。网路中的支线、区域线和母线彼此连接之前各自的两端应绝缘;装炮前工作面一切电源应切除,照明至少设于距工作面 30m 以外,只有确认炮区无漏电、感应电后,才可装炮;雷雨天严禁采用电爆网路;供给每个电雷管的实际电流应大于准爆电流,网路中全部导线应绝缘;有水时导线应架空;各接头应用绝缘胶布包好,两条线的搭接口禁止重叠,至少应错开 0.1m;测量电阻只许使用经过检查的专用爆破测试仪表或线路电桥;严禁使用其他电气仪表进行量测;通电后若发生拒爆,应立即切断母线电源,将母线两端拧在一起,锁上电源开关箱进行检查;进行检查的时间:对于即发电雷管,至少在 10min 以后;对于延发电雷管,至少在 15min 以后。

导爆索只准用快刀切割,不得用剪刀剪断导火索;支线要顺主线传爆方向连接,搭接长度不应少于 15cm,支线与主线传爆方向的夹角应不大于 90°;起爆导爆索的雷管,其聚能穴应朝向导爆索的传爆方向;导爆索交叉敷设时,应在两根交叉爆索之间设置厚度不小于 10cm 的木质垫板;连接导爆索中间不应出现断裂破皮、打结或打圈现象。

用导爆管起爆时,应有设计起爆网路,并进行传爆试验;网路中所使用的连接元件应经过检验合格;禁止导爆管打结,禁止在药包上缠绕;网路的连接处应牢固,两元件应相距 2m;敷设后应严加保护,防止冲击或损坏;一个 8 号雷管起爆导爆管的数量不宜超过 40 根,层数不宜超过 3 层,只有确认网路连接正确,与爆破无关人员已经撤离,才准许接入引爆装置。

(二)起重作业

钢丝绳的安全系数应符合有关规定。根据起重机的额定负荷,计算好每台起重机的吊点位置,最好采用平衡梁抬吊。每台起重机所分配的荷重不得超过其额定负荷的 75% ~ 80%。应有专人统一指挥,指挥者应站在两台起重机司机都能看到的位置。重物应保持水平,钢丝绳应保持铅直受力均衡。具备经有关部门批准的安全技术措施。起吊重物离地面 10cm 时,应停机检查绳扣、吊具和吊车的刹车可靠性,仔细观察周围有无障碍物。确认无问题后,方可继续起吊。

(三)脚手架拆除作业

拆脚手架前,必须将电气设备和其他管、线、机械设备等拆除或加以保护。拆脚手架时,应统一指挥,按顺序自上而下进行;严禁上下层同时拆除或自下而上进行。拆下的材料,禁止往下抛掷,应用绳索捆牢,用滑车、卷扬等方法慢慢放下来,集中堆放在指定地点。拆脚手架时,严禁采用将整个脚手架推倒的方法进行拆除。三级、特级及悬空高处作业使用的脚手架拆除时,必须事先制订安全可靠的措施才能进行拆除。拆除脚手架的区域内,无关人员禁止逗留和通过,在交通要道应设专人警戒。架子搭成后,未经有关人员同意,不得任意改变脚手架的结构和拆除部分杆子。

（四）常用安全工具

安全帽、安全带、安全网等施工生产使用的安全防护用具,应符合国家规定的质量标准,具有厂家安全生产许可证、产品合格证和安全鉴定合格证书,否则不得采购、发放和使用。常用安全防护用具应经常检查和定期试验,其检查试验的要求和周期如表 15－1 所示。高处临空作业应按规定架设安全网,作业人员使用的安全带,应挂在牢固的物体上或可靠的安全绳上,安全带严禁低挂高用。挂安全带用的安全绳,不宜超过 3m。在有毒有害气体可能泄漏的作业场所,应配置必要的防毒护具,以备急用,并及时检查维修更换,保证其处在良好待用状态。电气操作人员应根据工作条件选用适当的安全电工用具和防护用品,电工用具应符合安全技术标准并定期检查,凡不符合技术标准要求的绝缘安全用具、登高作业安全工具、携带式电压和电流指示器以及检修中的临时接地线等,均不得使用。

表 15－1　常用安全用具的检验标准与试验周期表

名　称	检查与试验质量标准要求	检查试验周期
塑料安全帽	1. 外表完整、光滑; 2. 帽内缓冲带、相带齐全无损; 3. 耐 40～120℃高温不变形; 4. 耐水、油、化学腐蚀性良好; 5. 可抗 3kg 的钢球从 5m 高处垂直坠落的冲击力	一年一次
安全带	检查: 1. 绳索无脆裂,断脱现象; 2. 安全带各部接口完整、牢固,无露朽和虫蛀现象; 3. 销口性能良好; 试验: 1. 静荷载:使用 255t 重物悬吊 5min 无损伤; 2. 动荷载:将重量为 120t 的重物从 2～2.8m 高架上冲击安全带,各部件无损伤	1. 每次使用前均应检查; 2. 新带使用一年后抽样试验; 3. 旧带每隔 6 个月抽查试验一次
安全网	1. 绳芯结构和网筋边绳结构符合要求; 2. 两件各 120kg 的重物同时由 4.5m 高处坠落冲击完好无损	每年一次,每次使用前进行外表检查

二、安全控制要点

（一）一般脚手架安全控制要点

（1）脚手架搭设这前应根据工程的特点和施工工艺要求确定搭设（包括拆除）施工方案。

（2）脚手架必须设置纵、横向扫地杆。

（3）高度在24m以下的单、双排脚手架均必须在外侧立面的两端各设置一道剪刀撑并应由底至顶连续设置中间各道剪刀撑。剪刀撑及横向斜撑搭设应随立杆、纵向和横向水平杆等同步搭设，各底层斜杆下端必须支承在垫块或垫板上。

（4）高度在24m以下的单、双排脚手架宜采用刚性连墙件与建筑物可靠连接，亦可采用拉筋和顶撑配合使用的附墙连接方式，严禁使用仅有拉筋的柔性连墙件。24m以上的双排脚手架必须采用刚性连墙件与建筑物可靠连接，连墙件必须采用可承受拉力和压力的构造。50m以下（含50m）脚手架连墙件，应按3步3跨进行布置，50m以上的脚手架连墙件应按2步3跨进行布置。

（二）一般脚手架检查与验收程序

脚手架的检查与验收应由项目经理组织项目施工、技术、安全、作业班组负责人等有关人员参加，按照技术规范、施工方案、技术交底等有关技术文件对脚手架进行分段验收，在确认符合要求后方可投入使用。

脚手架及其地基基础应在下列阶段进行检查和验收：

（1）基础完工后及脚手架搭设前。

（2）作业层上施加荷载前。

（3）每搭设完10～13m高度后。

（4）达到设计高度后。

（5）遇有六级及以上大风与大雨后。

（6）寒冷地区土层开冻后。

（7）停用超过一个月的，在重新投入使用之前。

（三）附着式升降脚手架、整体提升脚手架或爬架作业安全控制要点

附着式升降脚手架（整体提升脚手架或爬架）作业要针对提升工艺和施工现场作业条件编制专项施工方案，专项施工方案包括设计、施工、检查、维护和管理等全部内容。

安装搭设必须严格按照设计要求和规定程序进行，安装后经验收并进行荷载试验，确认符合设计要求后，方可正式使用。

进行提升和下降作业时,架上人员和材料的数量不得超过设计规定并尽可能减少。

升降前必须仔细检查附着连接和提升设备的状态是否良好,发现异常应及时查找原因并采取措施解决。

升降作业应统一指挥、协调动作。

在安装、升降、拆除作业时,应划定安全警戒范围并安排专人进行监护。

(四)洞口、临边防护控制

1.洞口作业安全防护基本规定

(1)各种楼板与墙的洞口按其大小和性质应分别设置牢固的盖板、防护栏杆、安全网或其他防坠落的防护设施。

(2)坑槽、桩孔的上口柱形、条形等基础的上口以及天窗等处都要作为洞口采取符合规范的防护措施。

(3)楼梯口、楼梯口边应设置防护栏杆或者用正式工程的楼梯扶手代替临时防护栏杆。

(4)井口除设置固定的栅门外还应在电梯井内每隔两层不大于10m处设一道安全平网进行防护。

(5)在建工程的地面入口处和施工现场人员流动密集的通道上方应设置防护棚,防止因落物产生物体打击事故。

(6)施工现场大的坑槽、陡坡等处除需设置防护设施与安全警示标牌外,夜间还应设红灯示警。

2.洞口的防护设施要求

(1)楼板、屋面和平台等面上短边尺寸小于25cm但大于2.5cm的孔口必须用坚实的盖板盖严,盖板要有防止挪动移位的固定措施。

(2)楼板面等处边长为25~50cm的洞口、安装预制构件时的洞口以及因缺件临时形成的洞口可用竹、木等做盖板盖住洞口,盖板要保持四周搁置均衡并有固定其位置不发生挪动移位的措施。

(3)边长为50~150cm的洞口必须设置一层以扣件连接钢管而成的网格栅,并在其上满铺竹篱笆或脚手板,也可采用贯穿于混凝土板内的钢筋构成防护网栅、钢盘网格,间距不得大于20cm。

(4)边长在150cm以上的洞口四周必须设防护栏杆,洞口下方设安全平网防护。

3.施工用电安全控制

(1)施工现场临时用电设备在5台及以上或设备总容量在50kW及以上

者应编制用电组织设计。临时用电设备在 5 台以下和设备总容量在 50kW 以下者应制订安全用电和电气防火措施。

（2）变压器中性点直接接地的低压电网临时用电工程必须采用 TN － S 接零保护系统。

（3）当施工现场与外线路共同同一供电系统时，电气设备的接地、接零保护应与原系统保持一致，不得一部分设备做保护接零，另一部分设备做保护接地。

（4）配电箱的设置。

①施工用电配电系统应设置总配电箱配电柜、分配电箱、开关箱，并按照"总→分→开"顺序作分级设置形成"三级配电"模式。

②施工用电配电系统各配电箱、开关箱的安装位置要合理。总配电箱配电柜要尽量靠近变压器或外电源处以便于电源的引入。分配电箱应尽量安装在用电设备或负荷相对集中区域的中心地带，确保三相负荷保持平衡。开关箱安装的位置应视现场情况和工况尽量靠近其控制的用电设备。

③为保证临时用电配电系统三相负荷平衡施工现场的动力用电和照明用电应形成两个用电回路，动力配电箱与照明配电箱应该分别设置。

④施工现场所有用电设备必须有各自专用的开关箱。

⑤各级配电箱的箱体和内部设置必须符合安全规定，开关电器应标明用途，箱体应统一编号。停止使用的配电箱应切断电源，箱门上锁。固定式配电箱应设围栏并有防雨防砸措施。

（5）电器装置的选择与装配。

在开关箱中作为末级保护的漏电保护器，其额定漏电动作电流不应大于 30mA，额定漏电动作时间不应大于 0.1s。在潮湿、有腐蚀性介质的场所中，漏电保护器要选用防溅型的产品，其额定漏电动作电流不应大于 15mA，额定漏电动作时间不应大于 0.1s。

（6）施工现场照明用电。

①在坑、洞、井内作业，夜间施工或厂房、道路、仓库、办公室、食堂、宿舍、料具堆放场所及自然采光差的场所应设一般照明、局部照明或混合照明。一般场所宜选用额定电压 220V 的照明器。

②隧道、人防工程、高温、有导电灰尘、比较潮湿或灯具离地面高度低于 2.5m 等场所的照明电源电压不得大于 36V。

③潮湿和易触及带电体场所的照明电源电压不得大于 24V。

④特别潮湿场所、导电良好的地面、锅炉或金属容器内的照明电源电压不

得大于 12V。

⑤照明变压器必须使用双绕组型安全隔离变压器,严禁使用自耦变压器。

⑥室外 220V 灯具距地面不得低于 3m,室内 220V 灯具距地面不得低于 2.5m。

4.垂直运输机械安全控制

1)外用电梯安全控制要点

(1)外用电梯在安装和拆卸之前必须针对其类型特点说明书的技术要求,结合施工现场的实际情况制订详细的施工方案。

(2)外用电梯的安装和拆卸作业必须由取得相应资质的专业队伍进行安装完毕,经验收合格取得政府相关主管部门核发的《准用证》后方可投入使用。

(3)外用电梯在大雨、大雾和六级及六级以上大风天气时应停止使用。暴风雨过后应组织对电梯各有关安全装置进行一次全面检查。

2)塔式起重机安全控制要点

(1)塔吊在安装和拆卸之前必须针对类型特点说明书的技术要求结合作业条件制订详细的施工方案。

(2)塔吊的安装和拆卸作业必须由取得相应资质的专业队伍进行安装完毕,经验收合格取得政府相关主管部门核发的《准用证》后方可投入使用。

(3)遇六级及六级以上大风等恶劣天气应停止作业将吊钩升起。行走式塔吊要夹好轨钳。当风力达十级以上时应在塔身结构上设置缆风绳或采取其他措施加以固定。

第五节　　安全应急预案

应急预案,又称"应急计划"或"应急救援预案",是针对可能发生的事故,为迅速、有序地开展应急行动、降低人员伤亡和经济损失而预先制定的有关计划或方案。它是在辨识和评估潜在重大危险、事故类型、发生的可能性、发生的过程、事故后果及影响严重程度的基础上,对应急机构职责、人员、技术、装备、设施、物资、救援行动及其指挥与协调方面预先做出的具体安排。应急预案明确了在事故发生前、事故过程中以及事故发生后,谁负责做什么,何时做,怎么做,以及相应的策略和资源准备等。

一、事故应急预案

为控制重大事故的发生,防止事故蔓延,有效地组织抢险和救援,政府和生产经营单位应对已初步认定的危险场所和部位进行风险分析。对认定的危险有害因素和重大危险源,应事先对事故后果进行模拟分析,预测重大事故发生后的状态、人员伤亡情况及设备破坏和损失程度,以及由于物料的泄漏可能引起的火灾、爆炸,有毒有害物质扩散对单位可能造成的影响。

依据预测,提前制定重大事故应急预案,组织、培训事故应急救援队伍,配备事故应急救援器材,以便在重大事故发生后,能及时按照预定方案进行救援,在最短时间内使事故得到有效控制。编制事故应急预案主要目的有以下两个方面:

(1)采取预防措施使事故控制在局部,消除蔓延条件,防止突发性重大或连锁事故发生。

(2)能在事故发生后迅速控制和处理事故,尽可能减轻事故对人员及财产的影响保障人员生命和财产安全。

事故应急预案是事故应急救援体系的主要组成部分,是事故应急救援工作的核心内容之一,是及时、有序、有效地开展事故应急救援工作的重要保障。事故应急预案的作用体现在以下几个方面:

(1)事故应急预案确定了事故应急救援的范围和体系,使事故应急救援不再无据可依、无章可循,尤其是通过培训和演练,可以使应急人员熟悉自己的任务,具备完成指定任务所需的相应能力,并检验预案和行动程序,评估应急人员的整体协调性。

(2)事故应急预案有利于做出及时的应急响应,降低事故后果。应急行动对时间要求十分敏感,不允许有任何拖延。事故应急预案预先明确了应急各方的职责和响应程序,在应急救援等方面进行了先期准备,可以指导事故应急救援迅速、高效、有序地开展,将事故造成的人员伤亡、财产损失和环境破坏降到最低限度。

(3)事故应急预案是各类突发事故的应急基础。通过编制事故应急预案,可以对那些事先无法预料到的突发事故起到基本的应急指导作用,成为开展事故应急救援的"底线"。在此基础上,可以针对特定事故类别编制专项事故应急预案,并有针对性制定应急措施、进行专项应对准备和演习。

(4)事故应急预案建立了与上级单位和部门事故应急救援体系的衔接。通过编制事故应急预案可以确保当发生超过本级应急能力的重大事故时与有关应急机构的联系和协调。

(5)事故应急预案有利于提高风险防范意识。事故应急预案的编制、评审、发布、宣传、推演、教育和培训,有利于各方了解可能面临的重大事故及其相应的应急措施,有利于促进各方提高风险防范意识和能力。

二、应急预案的编制

事故应急预案的编制过程可分为 4 个步骤,编制工作流程如图 15 - 4 所示。

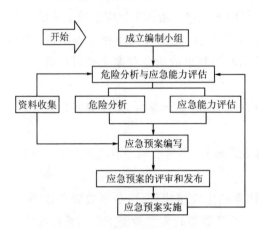

图 15 - 4　事故应急预案的工作流程

1. 成立事故预案编制小组

应急预案的成功编制需要有关职能部门和团体的积极参与,并达成一致意见,尤其是应寻求与危险直接相关的各方进行合作。成立事故应急预案编制小组是将各有关职能部门、各类专业技术有效结合起来的最佳方式,可有效地保证应急预案的准确性、完整性和实用性,而且为应急各方提供了一个非常重要的协作与交流机会,有利于统一应急各方的不同观点和意见。

2. 危险分析和应急能力评估

为了准确策划事故应急预案的编制目标和内容,应开展危险分析和应急能力评估工作。为有效开展此项工作,预案编制小组首先应进行初步的资料收集,包括相关法律法规、应急预案、技术标准、国内外同行业事故案例分析、本单位技术资料、重大危险源等。

(1)危险分析。危险分析是应急预案编制的基础和关键过程。在危险因素辨识分析、评价及事故隐患排查、治理的基础上,确定本区域或本单位可能发生事故的危险源、事故的类型、影响范围和后果等,并指出事故可能产生的次生、衍生事故,形成分析报告,分析结果作为应急预案的编制依据。危险分析主要内容为危险源的分析和危险度评估。危险源的分析主要包括有毒、有害、易燃、易爆物质的企事业单位的名称、地点、种类、数量、分布、产量、储存、危险度、以往事故发生情况和发生事故的诱发因素等。事故源潜在危险度的评估就是在对危险源进行全面调查的基础上,对企业单位的事故潜在危险度进行全面的科学评估,为确定目标单位危险度的等级找出科学的数据依据。

(2)应急能力评估。应急能力评估就是依据危险分析的结果,对应急资源的准备状况充分性和从事应急救援活动所具备的能力评估,以明确应急救援的需求和不足,为事故应急预案的编制奠定基础。应急能力包括应急资源(应急人员、应急设施、装备和物资)、应急人员的技术、经验和接受的培训等,它将直接影响应急行动的快速、有效性。制定应急预案时应当在评估与潜在危险相适应的应急能力的基础上,选择最现实、最有效的应急策略。

3. 应急预案编制

针对可能发生的事故,结合危险分析和应急能力评估结果等信息,按照应急预案的相关法律法规的要求编制应急救援预案。应急预案编制过程中,应注意编制人员的参与和培训,充分发挥他们各自的专业优势,使他们掌握危险分析和应急能力评估结果,明确应急预案的框架、应急过程行动重点以及应急衔接、联系要点等。同时编制的应急预案应充分利用社会应急资源,考虑与政府应急预案、上级主管单位以及相关部门的应急预案相衔接。

4. 应急预案的评审和发布

(1)应急预案的评审。为使预案切实可行、科学合理以及与实际情况相符,尤其是重点目标下的具体行动预案,编制前后需要组织有关部门、单位的专家、领导到现场进行实地勘察,如重点目标周围地形、环境、指挥所位置、分队行动路线、展开位置、人口疏散道路及流散地域等实地勘察、实地确定。经过实地勘察修改预案后,应急预案编制单位或管理部门还要依据我国有关应急的方针、政策、法律、法规、规章、标准和其他有关应急预案编制的指南性文件与评审检查表,组织有关部门、单位的领导和专家进行评议,取得政府有关部门和应急机构的认可。

(2)应急预案的发布。事故应急救援预案经评审通过后,应由最高行政负责人签署发布,并报送有关部门和应急机构备案。预案经批准发布后,应组织落实预案中的各项工作,如开展应急预案宣传、教育和培训,落实应急资源并定期检查,组织开展应急演习和训练,建立电子化的应急预案,对应急预案实施动态管理与更新,并不断完善。

三、事故应急预案主要内容

一个完整的事故应急预案主要包括以下 6 个方面的内容。

(一)事故应急预案概况

事故应急预案概况主要描述生产经营单位概总工以及危险特性状况等,同时对紧急情况下事故应急救援紧急事件、适用范围提供简述并作必要说明,如明确应急方针与原则,作为开展应急的纲领。

(二)预防程序

预防程序是对潜在事故、可能的次生与衍生事故进行分析,并说明所采取的预防和控制事故的措施。

（三）准备程序

准备程序应说明应急行动前所需采取的准备工作，包括应急组织及其职责权限、应急队伍建设和人员培训、应急物资的准备、预案的演练、公众的应急知识培训、签订互助协议等。

（四）应急程序

在事故应急救援过程中，存在一些必需的核心功能和任务，如接警与通知、指挥与控制、警报和紧急公告、通信、事态监测与评估、警戒与治安、人群疏散与安置、医疗与卫生、公共关系、应急人员安全、消防和抢险、泄漏物控制等，无论何种应急过程都必须围绕上述功能和任务开展。应急程序主要指实施上述核心功能和任务的步骤。

（1）接警与通知。准确了解事故的性质和规模等初始信息是决定启动事故应急救援的关键。接警作为应急响应的第一步，必须对接警要求作出明确规定，保证迅速、准确地向报警人员询问事故现场的重要信息。接警人员接受报警后，应按预先确定的通报程序，迅速向有关应急机构、政府及上级部门发出事故通知，以采取相应的行动。

（2）指挥与控制。建立统一的应急指挥、协调和决策程序，便于对事故进行初始评估，确认紧急状态，从而迅速有效地进行应急响应决策，建立现场工作区域，确定重点保护区域和应急行动的优先原则，指挥和协调现场各救援队伍开展救援行动，合理高效地调配和使用应急资源等。

（3）警报和紧急公告。当事故可能影响到周边地区，对周边地区的公众可能造成威胁时，应及时启动警报系统，向公众发出警报，同时通过各种途径向公众发出紧急公告，告知事故性质，对健康的影响、自我保护措施、注意事项等，以保证公众能够及时做出自我保护响应。决定实施疏散时，应通过紧急公告确保公众了解疏散的有关信息，如疏散时间、路线、随身携带物、交通工具及目的地等。

（4）通信。通信是应急指挥、协调和与外界联系的重要保障，在现场指挥部、应急中心、各事故应急救援组织、新闻媒体、医院、上级政府和外部救援机构之间，必须建立完善的应急通讯网络，在事故应急救援过程中应始终保持通讯网络畅通，并设立备用通信系统。

（5）事态监测与评估。在事故应急救援过程中必须对事故的发展势态及影响及时进行动态的监测，建立对事故现场及场外的监测和评估程序。事态监测在事故应急救援中起着非常重要的决策支持作用，其结果不仅是控制事故现场,制定消防、抢险措施的重要决策依据,也是划分现场工作区域、保障现场应急人员安全、实施公众保护措施的重要依据。即使在现场恢复阶段,也应当对现场和环境进行监测。

(6)警戒与治安。为保障现场事故应急救援工作的顺利开展,在事故现场周围建立警戒区域,实施交通管制,维护现场治安秩序是十分必要的,其目的是要防止与救援无关人员进入事故现场,保障救援队伍、物资运输和人群疏散等的交通畅通,并避免发生不必要的伤亡。

(7)人群疏散与安置。人群疏散是防止人员伤亡扩大的关键,也是最彻底的应急响应。应当对疏散的紧急情况和决策、预防性疏散准备、疏散区域、疏散距离、疏散路线、疏散运输工具、避难场所以及回迁等作出细致的规定和准备,应考虑疏散人群的数量、所需要的时间、风向等环境变化以及老弱病残等特殊人群的疏散等问题。对已实施临时疏散的人群,要做好临时生活安置,保障必要的水、电、卫生等基本条件。

(8)医疗与卫生。对受伤人员采取及时、有效的现场急救,合理转送医院进行治疗,是减少事故现场人员伤亡的关键。医疗人员必须了解城市主要的危险并经过培训,掌握对受伤人员进行正确消毒和治疗方法。

(9)公共关系。事故发生后,不可避免地引起新闻媒体和公众的关注。应将有关事故的信息、影响、救援工作的进展等情况及时向媒体和公众公布,以消除公众的恐慌心理,避免公众的猜疑和不满。应保证事故和救援信息的统一发布,明确事故应急救援过程中对媒体和公众的发言人和信息批准、发布的程序,避免信息的不一致性。同时,还应处理好公众的有关咨询,接待和安抚受害者家属。

(10)应急人员安全。水利水电工程施工安全事故的应急救援工作危险性极大,必须对应急人员自身的安全问题进行周密的考虑,包括安全预防措施、个体防护设备、现场安全监测等,明确紧急撤离应急人员的条件和程序,保证应急人员免受事故的伤害。

(11)抢险与救援。抢险与救援是事故应急救援工作的核心内容之一,其目的是为了尽快地控制事故的发展,防止事故的蔓延和进一步扩大,从而最终控制住事故,并积极营救事故现场的受害人员。尤其是涉及危险物质的泄漏、火灾事故,其消防和抢险工作的难度和危险性十分巨大,应对消防和抢险的器材和物资、人员的培训、方法和策略以及现场指挥等做好周密的安排和准备。

(12)危险物质控制。危险物质的泄漏或失控,将可能引发火灾、爆炸或中毒事故,对工人和设备等造成严重危险。而且,泄漏的危险物质以及夹带了有毒物质的灭火用水,都可能对一环境造成重大影响,同时也会给现场救援工作带来更大的危险。因此,必须对危险物质进行及时有效的控制,如对泄漏物的围堵、收容和洗消,并进行妥善处置。

(五)恢复程序

恢复程序是说明事故现场应急行动结束后所需采取的清除和恢复行动。现场恢复是在事故被控制住后进行的短期恢复,从应急过程来说意味着事故应急救援工作的结束,并进入到另一个工作阶段,即将现场恢复到一个基本稳定的状态。经验教训表明,在现场恢复的过程中往往仍存在潜在的危险,如余烬复燃、受损建筑物倒塌等,所以,应充分考虑现场恢复过程中的危险,制定恢复程序,防止事故再次发生。

(六)预案管理与评审改进

事故应急预案是事故应急救援工作的指导文件。应当对预案的制定、修改、更新、批准和发布作出明确的管理规定,保证定期或在应急演习、事故应急救援后对事故应急预案进行评审,针对各种变化的情况以及预案中所暴露出的缺陷,不断地完善事故应急预案体系。

四、应急预案的内容

根据《生产经营单位生产安全事故应急预案编制导则》(GB/T 29639—2013),应急预案可分为综合应急预案、专项应急预案和现场处置方案 3 个层次。

综合应急预案是应急预案体系的总纲,主要从总体上阐述事故的应急工作原则,包括应急组织机构及职责、应急预案体系、事故风险描述、预警及信息报告、应急响应、保障措施、应急预案管理等内容。

专项应急预案是为应对某一类型或某几种类型事故,或者针对重要生产设施、重大危险源、重大活动等内容而制定的应急预案。专项应急预案主要包括事故风险分析、应急指挥机构及职责、处置程序和措施等内容。

现场处置方案是根据不同事故类别,针对具体的场所、装置或设施所制定的应急处置措施,主要包括事故风险分析、应急工作职责、应急处置和注意事项等内容。水利水电工程建设参建各方应根据风险评估、岗位操作规程以及危险性控制措施,组织本单位现场作业人员及相关专业人员共同编制现场处置方案。

应急预案应形成体系,针对各级各类可能发生的事故和所有危险源制定专项应急预案和现场处置方案,并明确事前、事发、事中、事后各个过程中相关单位、部门和有关人员的职责。水利水电工程建设项目应根据现场情况,详细分析现场具体风险(如某处易发生滑坡事故),编制现场处置方案,主要由施工企业编制,监理单位审核,项目法人备案;分析工程现场的风险类型(如人身伤亡),编写专项应急预案,由监理单位与项目法人起草,相关领导审核,向各施工企业发布;综合分析现场风险,应急行动、措施和保障等基本要求和程序,编写综合应急预案,由项目法人编写,项目法人领导审批,向监理单位、施工企业发布。

由于综合应急预案是综述性文件,因此需要要素全面,而专项应急预案和现场处置方案要素重点在于制定具体救援措施,因此对于单位概况等基本要素不做内容要求。

综合应急预案、专项应急预案和现场处置方案主要内容分别见表15-2~表15-4。

表15-2 综合应急预案主要内容

目 录	具 体 内 容
总则	编制目的、编制依据、适用范围、应急预案体系、应急工作原则
事故风险描述	
应急组织机构及职责	应急组织机构、应急组织机构职责
预警及信息报告	预警、信息报告
应急响应	响应分级、响应程序、处置措施、应急结束
信息公开	
后期处置	
保障措施	通信与信息保障,应急队伍保障、物资装备保障、其他保障
应急预案管理	应急预案培训、应急预案演练、应急预案修订、应急预案备案、应急预案实施

表15-3 专项应急预案主要内容

目 录	具 体 内 容
事故风险分析	
应急指挥机构及职责	应急指挥机构、应急指挥机构职责
处置程序	信息报告、应急响应程序
处置措施	

表 15 - 4　　现场处置方案主要内容

目　　录	具　体　内　容
事故风险分析	
应急工作职责	
应急处置	事故应急处置程序、现场应急处置措施、事故报告
注意事项	

五、应急预案的编制步骤

应急预案的编制应参照《生产经营单位生产安全事故应急预案编制导则》（GB/T 29639—2013），预案的编制过程大致可分为下列六个步骤。

（一）成立预案编制工作组

水利水电工程建设参建各方应结合本单位实际情况，成立以主要负责人为组长的应急预案编制工作组，明确编制任务、职责分工，制定工作计划，组织开展应急预案编制工作。应急预案编制需要安全、工程技术、组织管理、医疗急救等各方面的知识，因此应急预案编制工作组是由各方面的专业人员或专家、预案制定和实施过程中所涉及或受影响的部门负责人及具体执行人员组成。必要时，编制工作组也可以邀请地方政府相关部门、水行政主管部门或流域管理机构代表作为成员。

（二）收集相关资料

收集应急预案编制所需的各种资料是一项非常重要的基础工作。掌握相关资料的多少、资料内容的详细程度和资料的可靠性将直接关系到应急预案编制工作是否能够顺利进行，以及能否编制出质量较高的事故应急预案。

需要收集的资料一般包括：

（1）适用的法律、法规和标准。

（2）本水利水电工程建设项目与国内外同类工程建设项目的事故资料及事故案例分析。

（3）施工区域布局，工艺流程布置，主要装置、设备、设施布置，施工区域主要建（构）筑物布置等。

（4）原材料、中间体、中间和最终产品的理化性质及危险特性。

（5）施工区域周边情况及地理、地质、水文、环境、自然灾害、气象资料。

（6）事故应急所需的各种资源情况。

（7）同类工程建设项目的应急预案。

（8）政府的相关应急预案。

（9）其他相关资料。

（三）风险评估

风险评估是编制应急预案的关键,所有应急预案都建立在风险分析基础之上。在危险因素分析、危险源辨识及事故隐患排查、治理的基础上,确定本水利水电工程建设项目的危险源、可能发生的事故类型和后果,进行事故风险分析,并指出事故可能产生的次生、衍生事故及后果,形成分析报告,分析结果将作为事故应急预案的编制依据。

（四）应急能力评估

应急能力评估就是依据危险发析的结果,对应急资源准备状况的充分性和从事应急救援活动所具备的能力评估,以明确应急救援的需求和不足,为应急预案的编制奠定基础。水利水电工程建设项目应针对可能发生的事故及事故抢险的需要,实事求是地评估本工程的应急装备、应急队伍等应急能力。对于事故应急所需但本工程尚不具备的应急能力,应采取切实有效措施予在弥补。

事故应急能力一般包括:

（1）应急人力资源（各级指挥员、应急队伍、应急专家等）。

（2）应急通信与信息能力。

（3）人员防护设备（呼吸器、防毒面具、防酸服、便携式一氧化碳报警器等）。

（4）消灭或控制事故发展的设备（消防器材等）。

（5）防止污染的设备、材料（中和剂等）。

（6）检测、监测设备。

（7）医疗救护机构与救护设备。

（8）应急运输与治安能力。

（9）其他应急能力。

（五）应急预案编制

在以上工作的基础上,针对本水利水电工程建设项目可能发生的事故,按照有关规定和要求,充分借鉴国内外同行业事故应急工作经验,编制应急预案。应急预案编制过程中,应注重编制人员的参与和培训,充分发挥他们各自的专业优势,告知其风险评估和应急能力评估结果,明确应急预案的框架、应急过程行动重点以及应急衔接、联系要点等。同时,应急预案应充分考虑和利用社会应急资源,并与地方政府、流域管理机构、水行政主管部门以及相关部门的应急预案相衔接。

（六）应急预案评审

《生产经营单位生产安全事故应急预案编制导则》（GB/T 29639—2013）、《生产安全事故应急预案管理办法》（国家安监总局令第17号）等提出了对应急预案评审的要求，即应急预案编制完成后，应进行评审或者论证。内部评审由本单位主要负责人组织有关部门和人员进行；外部评审由本单位组织外部有关专家进行，并可邀请地方政府有关部门、水行政主管部门或流域管理机构有关人员参加。应急评审合格后，由本单位主要负责人签署发布，并按规定报有关部门备案。

水利水电工程建设项目应参照《生产经营单位生产安全事故应急预案评审指南（试行）》（安监总厅应急〔2009〕73号）组织对应急预案进行评审。该指南给出了评审方法、评审程序和评审要点，附有应急预案形式评审表、综合应急预案要素评审表、专项应急预案要素评审表、现场处置方案要素评审表和应急预案附件要素评审表五个附件。

1.评审方法

应急预案评审分为形式评审和要素评审，评审可采取符合、基本符合、不符合三种方式简单判定。对于基本符合和不符合的项目，应指出指导性意见或建议。

（1）形式评审。依据有关规定和要求，对应急预案的层次结构、内容格式、语言文字和制定过程等内容进行审查。形式评审的重点是应急预案的规范性和可读性。

（2）要素评审。依据有关规定和标准，从符合性、适用性、针对性、完整性、科学性、规范性和衔接性等方面对应急预案进行评审。要素评审包括关键要素和一般要素。为细化评审，可采用列表方式分别对应急预案的要素进行评审。评审应急预案时，将应急预案的要素内容与表中的评审内容及要求进行对应分析，判断是否符合表中要求，发现存在问题及不足。

关键要素指应急预案构成要素中必须规范的内容。这些要素内容涉及水利水电工程建设项目参建各方日常应急管理及应急救援时的关键环节，如应急预案中的危险源与风险分析、组织机构及职责、信息报告与处置、应急响应程序与处置技术等要素。

一般要素指应急预案构成要素中简写或可省略的内容。这些要素内容不涉及参建各方日常应急管理及应急救援时的关键环节，而是预案构成的基本要素，如应急预案中的编制目的、编制依据、适用范围、工作原则、单位概况等要素。

2.评审程序

应急预案编制完成后,应在广泛征求意见的基础上,采取会议评审的方式进行审查,会议审查规模和参加人员根据应急预案涉及范围和重要程度确定。

(1)评审准备。应急预案评审应做好下列准备工作:

1)成立应急预案评审组,明确参加评审的单位或人员。

2)通知参加评审的单位或人员具体评审时间。

3)将被评审的应急预案在评审前送达参加评审的单位或人员。

(2)会议评审。会议评审可按照下列程序进行:

1)介绍应急预案评审人员构成,推选会议评审组组长。

2)应急预案编制单位或部门向评审人员介绍应急预案编制或修订情况。

3)评审人员对应急预案进行讨论,提出修改和建设性意见。

4)应急预案评审组根据会议讨论情况,提出会议评审意见。

5)讨论通过会议评审意见,参加会议评审人员签字。

(3)意见处理。评审组组长负责对各位评审人员的意见进行协调和归纳,综合提出预案评审的结论性意见。按照评审意见,对应急预案存在的问题以及不合格项进行分析研究,并对应急预案进行修订或完善。反馈意见要求重新审查的,应按照要求重新组织审查。

3. 评审要点

应急预案评审应包括下列内容:

(1)符合性:应急预案的内容是否符合有关法规、标准和规范的要求。

(2)适用性:应急预案的内容及要求是否符合单位实际情况。

(3)完整性:应急预案的要素是否符合评审表规定的要素。

(4)针对性:应急预案是否针对可能发生的事故类别、重大危险源、重点岗位部位。

(5)科学性:应急预案的组织体系、预防预警、信息报送、响应程序和处置方案是否合理。

(6)规范性:应急预案的层次结构、内容格式、语言文字等是否简洁明了,便于阅读和理解。

(7)衔接性:综合应急预案、专项应急预案、现场处置方案以及其他部门或单位预案是否衔接。

六、应急预案管理

(一)应急预案备案

依照《生产安全事故应急预案管理办法》(国家安监总局令第 17 号),对已报批准的应急预案备案。

中央管理的企业综合应急预案和专项应急预案,报国务院国有资产监督管理部门、国务院安全生产监督管理部门和国务院有关主管部门备案;其所属单位的应急预案分别抄送所在地的省、自治区、直辖市或者设区的市人民政府安全生产监督管理部门和有关主管部门备案。

水利水电工程建设项目参建各方申请应急预案备案,应当提交下列材料:

(1)应急预案备案申请表。

(2)应急预案评审或者论证意见。

(3)应急预案文本及电子文档。

受理备案登记的安全生产监督管理部门及有关主管部门应当对应急预案进行形式审查,经审查符合要求的,予以备案并出具应急预案备案登记表;不符合要求的,不予备案并说明理由。

（二）应急预案宣传与培训

应急预案宣传和培训工作是保证预案贯彻实施的重要手段,是增强参建人员应急意识,提高事故防范能力的重要途径。

水利水电工程建设参建各方应采取不同方式开展安全生产应急管理知识和应急预案的宣传和培训工作。对本单位负责应急管理工作的人员以及专职或兼职应急救援人员进行相应知识和专业技能培训,同时,加强对安全生产关键责任岗位员工的应急培训,使其掌握生产安全事故的紧急处置方法,增强自救互救和第一时间处置事故的能力。在此基础上,确保所有从业人员具备基本的应急技能,熟悉本单位应急预案,掌握本岗位事故防范与处置措施和应急处置程序,提高应急水平。

（三）应急预案演练

应急预案演练是应急准备的一个重要环节。通过演练,可以检验应急预案的可行性和应急反应的准备情况;通过演练,可以发现应急预案存在的问题,完善应急工作机制,提高应急反应能力;通过演练,可以锻炼队伍,提高应急队伍的作战能力,熟悉操作技能;通过演练,可以教育参建人员,增强其危机意识,提高安全生产工作的自觉性。为此,预案管理和相关规章中都应有对应急预案演练的要求。

（四）应急预案修订与更新

应急预案必须与工程规模、机构设置、人员安排、危险等级、管理效率及应急资源等状况相一致。随着时间推移,应急预案中包含的信息可能会发生变化。因此,为了不断完善和改进应急预案并保持预案的时效性,水利水电工程建设参建各方应根据本单位实际情况,及时更新和修订应急预案。

应就下列情况对应急预案进行定期和不定期的修改或修订:

(1)日常应急管理中发现预案的缺陷。

(2)训练或演练过程中发现预案的缺陷。

(3)实际应急过程中发现预案的缺陷。

(4)组织机构发生变化。

(5)原材料、生产工艺的危险性发生变化。

(6)施工区域范围的变化。

(7)布局、消防设施等发生变化。

(8)人员及通信方式发生变化。

(9)有关法律法规标准发生变化。

(10)其他情况。

应急预案修订前,应组织对应急预案进行评估,以确定是否需要进行修订以及哪些内容需要修订。通过对应急预案更新与修订,可以保证应急预案的持续适应性。同时,更新的应急预案内容应通过有关负责人认可,并及时通告相关单位、部门和人员;修订的预案版本应经过相应的审批程序,并及时发布和备案。

第六节 安全健康管理体系认证

职业健康安全管理的目标使企业的职业伤害事故、职业病持续减少。实现这一目标的重要组织保证体系,是企业建立持续有效并不断改进的职业健康安全管理体系(Occupational safety and health management systems,简称OSHMS)。其核心是要求企业采用现代化的管理模式、使包括安全生产管理在内的所有生产经营活动科学、规范并有效,通过建立安全健康风险的预测、评价、定期审核和持续改进完善机制,从而预防事故发生和控制职业危害。

国标《职业健康安全管理体系要求》已于 2011 年 12 月 30 日更新至 GB/T 28001—2011 版本,等同采用 OSHMS18001:2007 新版标准(英文版),并于 2012 年 2 月 1 日实施。GB/T 28001—2011 标准与 OHSAS18001:2007 在体系的宗旨、结构和内容上相同或相近。

一、OSHMS 简介

OSHMS 具有系统性、动态性、预防性、全员性和全过程控制的特征。

OSHMS 以"系统安全"思想为核心,将企业的各个生产要素组合起来作为一个系统,通过危险辨识、风险评价和控制等手段来达到控制事故发生的目的;OSHMS 将管理重点放在对事故的预防上,在管理过程中持续不断地根据预先确定的程序和目标,定期审核和完善系统的不安全因素,使系统达到最佳的安全状态。

(一)标准的主要内涵

职业健康安全管理体系结构如图 15－5 所示。它包括五个一级要素,即:职业健康安全方针(4.2);策划(4.3);实施和运行(4.4);检查(4.5);管理评

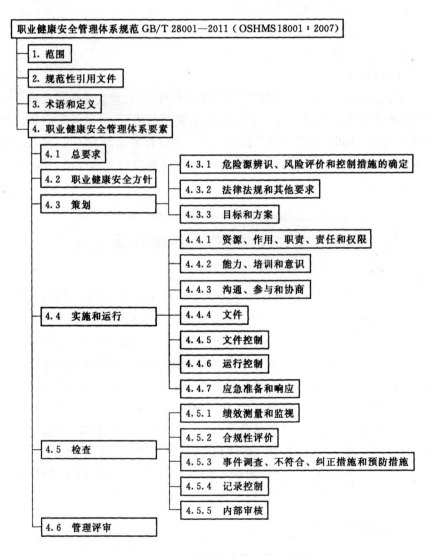

图 15－5　职业健康安全管理体系结构

审(4.6)。显然,这五个一级要素中的策划、实施和运行、检查和纠正措施三个要素来自 PDCA 循环,其余两个要素即职业健康安全方针和管理评审,一个是总方针和总目标的明确,一个是为了实现持续改进的管理措施。也即,其中心仍是 PDCA 循环的基本要素。

这五个一级要素,包括 17 个二级要素,即:职业健康安全方针;对危险源辨识、风险评价和风险控制的策划;法规和其他要求;目标;职业健康安全管理方案;结构和职责;培训、意识和能力;协商和沟通;文件;文件和资料控制;运行控制;应急准备和响应;绩效测量和监视;事故、事件、不符合、纠正和预防措施;记录和记录管理;审核;管理评审。这 17 个二级要素中一部分是体现体系主体框架和基本功能的核心要素,包括有:职业健康安全方针,对危险源辨识、风险评价和风险控制的策划,法规和其他要求,目标,职业健康安全管理方案,结构和职责,运行控制,绩效测量和监视,审核和管理评审。一部分是支持体系主体框架和保证实现基本功能的辅助要素,包括有:培训、意识和能力,协商和沟通,文件,文件和资料控制,应急准备和响应,事故、事件、不符合、纠正和预防措施,记录和记录管理。

职业健康安全管理体系的 17 个要素的目标和意图如下:

(1)职业健康安全方针。

1)确定职业健康安全管理的总方向和总原则及职责和绩效目标。

2)表明组织对职业健康安全管理的承诺,特别是最高管理者的承诺。

(2)危险源辨识、风险评价和控制措施的确定。

1)对危险源辨识和风险评价,组织对其管理范围内的重大职业健康安全危险源获得一个清晰的认识和总的评价,并使组织明确应控制的职业健康安全风险;

2)建立危险源辨识、风险评价和风险控制与其他要素之间的联系,为组织的整体职业健康安全体系奠定基础。

(3)法律法规和其他要求。

1)促进组织认识和了解其所应履行的法律义务,并对其影响有一个清醒的认识,并就此信息与员工进行沟通;

2)识别对职业健康安全法规和其他要求的需求和获取途径。

(4)目标和方案。

1)使组织的职业健康安全方针能够得到真正落实;

2)保证组织内部对职业健康安全方针的各方面建立可测量的目标;

3)寻求实现职业健康安全方针和目标的途径和方法;

4)制订适宜的战略和行动计划,并实现组织所确定的各项目标。

(5)资源、作用、职责和权限。

建立适宜于职业健康安全管理体系的组织结构;

确定管理体系实施和运行过程中有关人员的作用、职责和权限;

确定实施、控制和改进管理体系的各种资源。

1)建立、实施、控制和改进职业健康安全管理体系所需要的资源;

2)对作用、职责和权限作出明确规定,形成文件并沟通。

3)按照 OSHMS 标准建立、实施和保持职业健康安全管理体系。

4)向最高管理者报告职业健康安全管理体系运行的绩效,以供评审,并作为改进职业健康安全管理体系的依据。

(6)培训、意识和能力。

1)增强员工的职业健康安全意识;

2)确保员工有能力履行相应的职责,完成影响工作场所内职业健康安全的任务。

(7)沟通、参与和协商。

1)确保与员工和其他相关方就有关职业健康安全的信息进行相互沟通;

2)鼓励所有受组织运行影响的人员参与职业健康安全事务,对组织的职业健康安全方针和目标予以支持。

(8)文件。

1)确保组织的职业健康安全管理体系得到充分理解并有效运行;

2)按有效性和效率要求,设计并尽量减少文件的数量。

(9)文件控制。

1)建立并保持文件和资料的控制程序;

2)识别和控制体系运行和职业健康安全的关键文件和资料。

(10)运行控制。

1)制订计划和安排,确定控制和预防措施的有效实施;

2)根据实现职业健康安全的方针、目标、遵守法规和其他要求的需要,使与危险有关的运行和活动均处于受控状态。

(11)应急准备和响应。

1)主动评价潜在的事故和紧急情况,识别应急响应要求;

2)制订应急准备和响应计划,以减少和预防可能引发的病症和突发事件造成的伤害。

(12)绩效测量和监视。持续不断地对组织的职业健康安全绩效进行监测和测量,以识别体系的运行状态,保证体系的有效运行。

(13)合规性评价。

1)组织建立、实施并保持一个或多个程序,以定期评价对适用法律法规的遵守情况;

2)评价对组织同意遵守的其他要求的遵守情况。

(14)事件调查、不符合、纠正措施和预防措施。

1)组织应建立、实施并保持一个或多个程序,用于记录、调查及分析事件,以便确定可能造成或引发事件的潜在的职业健康安全管理的缺陷或其他原因;识别采取纠正措施的需求;识别采取预防措施的机会;识别持续改进的机会;沟通事件的调查结果。

事件调查应及时进行。任何识别的纠正措施需求或预防措施的机会应该按照相关规定处理。

2)不符合、纠正措施和预防措施。组织应建立、实施并保持一个或多个程序,用来处理实际或潜在的不符合,并采取纠正措施或预防措施。程序中应规定下列要求:

a. 识别并纠正不符合,并采取措施以减少对职业健康安全的影响;

b. 调查不符合情况,确定其原因,并采取措施以防止再度发生;

c. 评价采取预防措施的需求,实施所制订的适当预防措施,以预防不符合的发生;

d. 记录并沟通所采取纠正措施和预防措施的结果;

e. 评价所采取纠正措施和预防措施的有效性。

(15)记录控制。

1)组织应根据需要,建立并保持所必需的记录,用以证实其职业健康安全管理体系达到 OSHMS 标准各项要求结果的符合性。

2)组织应建立、实施并保持一个或多个程序,用于对记录的标识、存放、保护、检索、留存和处置。记录应保持字迹清楚、标识明确、易读,并具有可追溯性。

(16)内部审核。

1)持续评估组织的职业健康安全管理体系的有效性;

2)组织通过内部审核,自我评审本组织建立的职业健康安全体系与标准要求的符合性;

3)确定对形成文件的程序的符合程度;

4)评价管理体系是否有效满足组织的职业健康安全目标。

（17）管理评审。

1）评价管理体系是否完全实施和是否持续保持；

2）评价组织的职业健康安全方针是否继续合适；

3）为了组织的未来发展要求，重新制订组织的职业健康安全目标或修改现有的职业健康安全目标，并考虑为此是否需要修改有关的职业健康安全管理体系的要素。

（二）安全体系基本特点

建筑企业在建立与实施自身职业健康安全管理体系时，应注意充分体现建筑业的基本特点。

（1）危害辨识、风险评价和风险控制策划的动态管理。建筑企业在实施职业健康安全管理体系时，应根据客观状况的变化，及时对危害辨识、风险评价和风险控制过程进行评审，并注意在发生变化前即采取适当的预防性措施。

（2）强化承包方的教育与管理。建筑企业在实施职业健康安全管理体系时，应特别注意通过适当的培训与教育形式来提高承包方人员的职业安全健康意识与知识，并建立相应的程序与规定，确保他们遵守企业的各项安全健康规定与要求，并促进他们积极地参与体系实施和以高度责任感完成其相应的职责。

（3）加强与各相关方的信息交流。建筑企业在施工过程中往往涉及多个相关方，如承包方、业主、监理方和供货方等。为了确保职业健康安全管理体系的有效实施与不断改进，必须依据相应的程序与规定，通过各种形式加强与各相关方的信息交流。

（4）强化施工组织设计等设计活动的管理。必须通过体系的实施，建立和完善对施工组织设计或施工方案以及单项安全技术措施方案的管理，确保每一设计中的安全技术措施都根据工程的特点、施工方法、劳动组织和作业环境等提出有针对性的具体要求，从而促进建筑施工的本质安全。

（5）强化生活区安全健康管理。每一承包项目的施工活动中都要涉及现场临建设施及施工人员住宿与餐饮等管理问题，这也是建筑施工队伍容易出现安全与中毒事故的关键环节。实施职业安全健康管理体系时，必须控制现场临建设施及施工人员住宿与餐饮管理中的风险，建立与保持相应的程序和规定。

（6）融合。建筑企业应将职业安全健康管理体系作为其全面管理的一个组成部分，它的建立与运行应融合于整个企业的价值取向，包括体系内各要素、程序和功能与其他管理体系的融合。

(三)建筑业建立 OSHMS 的作用和意义

(1)有助于提高企业的职业安全健康管理水平。OSHMS 概括了发达国家多年的管理经验。同时,体系本身具有相当的弹性,容许企业根据自身特点加以发挥和运用,结合企业自身的管理实践进行管理创新。OSHMS 通过开展周而复始的策划、实施、检查和评审改进等活动,保持体系的持续改进与不断完善,这种持续改进、螺旋上升的运行模式,将不断地提高企业的职业安全健康管理水平。

(2)有助于推动职业安全健康法规的贯彻落实。OSHMS 将政府的宏观管理和企业自身的微观管理结合起来,使职业安全健康管理成为组织全面管理的一个重要组成部分,突破了以强制性政府指令为主要手段的单一管理模式,使企业由消极被动地接受监督转变为主动地参与的市场行为,有助于国家有关法律法规的贯彻落实。

(3)有助于降低经营成本,提高企业经济效益。OSHMS 要求企业对各个部门的员工进行相应的培训,使他们了解职业安全健康方针及各自岗位的操作规程,提高全体职工的安全意识,预防及减少安全事故的发生,降低安全事故的经济损失和经营成本。同时,OSHMS 还要求企业不断改善劳动者的作业条件,保障劳动者的身心健康,这有助于提高企业职工的劳动效率,并进而提高企业的经济效益。

(4)有助于提高企业的形象和社会效益。为建立 OSHMS,企业必须对员工和相关方的安全健康提供有力的保证。这个过程体现了企业对员工生命和劳动的尊重,有利于改善企业的公共关系,提升社会形象,增强凝聚力,提高企业在金融、保险业中的信誉度和美誉度,从而增加获得贷款、降低保险成本的机会,增强其市场竞争力。

(5)有助于促进我国建筑企业进入国际市场。建筑业属于劳动密集型产业。我国建筑业由于具有低劳动力成本的特点,在国际市场中比较有优势。但当前不少发达国家为保护其传统产业采用了一些非关税壁垒(如安全健康环保等准入标准)来阻止发展中国家的产品与劳务进入本国市场。因此,我国企业要进入国际市场,就必须按照国际惯例规范自身的管理,冲破发达国家设置的种种准入限制。OSHMS 作为第三张标准化管理的国际通行证,它的实施将有助于我国建筑企业进入国际市场,并提高其在国际市场上的竞争力。

二、管理体系认证程序

建立 OSHMS 的步骤如下:领导决策→成立工作组→人员培训→危害辨识

及风险评价→初始状态评审→职业安全健康管理体系策划与设计→体系文件编制→体系试运行→内部审核→管理评审→第三方审核及认证注册等。

建筑企业可参考如下步骤来制订建立与实施职业安全健康管理体系的推进计划。

(1)学习与培训。职业安全健康管理体系的建立和完善的过程,是始于教育、终于教育的过程,也是提高认识和统一认识的过程。教育培训要分层次、循序渐进地进行,需要企业所有人员的参与和支持。在全员培训基础上,要有针对性地抓好管理层和内审员的培训。

(2)初始评审。初始评审的目的是为职业安全健康管理体系建立和实施提供基础,为职业安全健康管理体系的持续改进建立绩效基准。

初始评审主要包括以下内容:

1)收集相关的职业安全健康法律、法规和其他要求,对其适用性及需遵守的内容进行确认,并对遵守情况进行调查和评价;

2)对现有的或计划的建筑施工相关活动进行危害辨识和风险评价;

3)确定现有措施或计划采取的措施是否能够消除危害或控制风险;

4)对所有现行职业安全健康管理的规定、过程和程序等进行检查,并评价其对管理体系要求的有效性和适用性;

5)分析以往建筑安全事故情况以及员工健康监护数据等相关资料,包括人员伤亡、职业病、财产损失的统计、防护记录和趋势分析;

6)对现行组织机构、资源配备和职责分工等进行评价。

初始评审的结果应形成文件,并作为建立职业安全健康管理体系的基础。

(3)体系策划。根据初始评审的结果和本企业的资源,进行职业安全健康管理体系的策划。策划工作主要包括:

1)确立职业安全健康方针;

2)制订职业安全健康体系目标及其管理方案;

3)结合职业安全健康管理体系要求进行职能分配和机构职责分工;

4)确定职业安全健康管理体系文件结构和各层次文件清单;

5)为建立和实施职业安全健康管理体系准备必要的资源;

6)文件编写。

(4)体系试运行。各个部门和所有人员都按照职业安全健康管理体系的要求开展相应的安全健康管理和建筑施工活动,对职业安全健康管理体系进行试运行,以检验体系策划与文件化规定的充分性、有效性和适宜性。

(5)评审完善。通过职业安全健康管理体系的试运行,特别是依据绩效监测和测量、审核以及管理评审的结果,检查与确认职业安全健康管理体系各要素是否按照计划安排有效运行,是否达到了预期的目标,并采取相应的改进措施,使所建立的职业安全健康管理体系得到进一步的完善。

三、管理体系认证的重点

(一)建立健全组织体系

建筑企业的最高管理者应对保护企业员工的安全与健康负全面责任,并应在企业内设立各级职业安全健康管理的领导岗位,针对那些对其施工活动、设施(设备)和管理过程的职业安全健康风险有一定影响的从事管理、执行和监督的各级管理人员,规定其作用、职责和权限,以确保职业安全健康管理体系的有效建立、实施与运行并实现职业安全健康目标。

(二)全员参与及培训

建筑企业为了有效地开展体系的策划、实施、检查与改进工作,必须基于相应的培训来确保所有相关人员均具备必要的职业安全健康知识,熟悉有关安全生产规章制度和安全操作规程,正确使用和维护安全和职业病防护设备及个体防护用品,具备本岗位的安全健康操作技能,及时发现和报告事故隐患或者其他安全健康危险因素。

(三)协商与交流

建筑企业应通过建立有效的协商与交流机制,确保员工及其代表在职业安全健康方面的权利,并鼓励他们参与职业安全健康活动,促进各职能部门之间的职业安全健康信息交流和及时接收处理相关方关于职业安全健康方面的意见和建议,为实现建筑企业职业安全健康方针和目标提供支持。

(四)文件化

与 ISO 9000 和 ISO 14000 类似,职业安全健康管理体系的文件可分为管理手册(A 层次)、程序文件(B 层次)、作业文件(C 层次,即工作指令、作业指导书、记录表格等)三个层次,如图 15-6 所示。

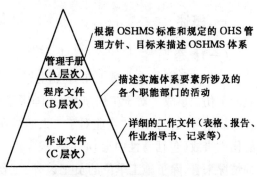

图 15-6　职业安全健康管理
体系文件的层次关系

(五)应急预案与响应

建筑企业应依据危害辨识、风险评价和风险控制的结果、法律法规等的要求,以往事故、事件和紧急状况的经历以及应急响应演练及改进措施效果的评审结果,针对施工安全事故、火灾、安全控制设备失灵、特殊气候、突然停电等潜在事故或紧急情况从预案与响应的角度建立并保持应急计划。

（六）评价

评价的目的是要求建筑企业定期或及时地发现其职业安全健康管理体系的运行过程或体系自身所在的问题,并确定出问题产生的根源或需要持续改进的地方。体系评价主要包括绩效测量与监测、事故和事件以及不符合的调查、审核、管理评审。

（七）改进措施

改进措施的目的是要求建筑企业针对组织职业安全健康管理体系绩效测量与监测、事故和事件,以及不符合的调查、审核以及管理评审活动所提出的纠正与预防措施的要求,制订具体的实施方案并予以保持,确保体系的自我完善功能,并依据管理评审等评价的结果,不断寻求方法持续改进建筑企业自身职业安全健康管理体系及其职业安全健康绩效,从而不断消除、降低或控制各类职业安全健康危害和风险。职业安全健康管理体系的改进措施主要包括纠正与预防措施和持续改进两个方面。

第七节　安全事故处理

水利工程施工安全是指在施工过程中,工程组织方应该采取必要的安全措施和手段来保证。施工人员的生命和健康安全,降低安全事故的发生概率。

一、概述

（一）概念

工伤事故就是企业员工在为公司或工厂进行施工建设中因为某种原因造成的工伤亡事故。对于工伤事故,我国国务院早就做出过规定,《工人职员伤亡事故报告规程》指出"企业对于工人职员在生产区域中所发生的和生产有关的伤亡事故（包括急性中毒）必须按规定进行调查、登记统计和报告"。从目前的情况来看,除了施工单位的员工以外,工伤事故的发生群体还包括民工、临时工和参加生产劳动的学生、教师、干部等。

（二）伤亡事故的分类

一般来说,伤亡事故的分类都是根据受伤害者受到的伤害程度进行划分的。

1.轻伤

轻伤是职工受到伤害程度最低的一种工伤事故,按照相关法律的规定,员工如果受到轻伤而造成歇工一天或一天以上就应视为轻伤事故处理。

2.重伤事故

重伤的情况分为很多种,一般来说凡是有下列情况之一者,都属于重伤,作重伤事故处理。

(1)经医生诊断成为残废或可能成为残废的。

(2)伤势严重,需要进行较大手术才能挽救的。

(3)人体要害部位严重灼伤、烫伤或非要害部位,但灼伤、烫伤占全身面积1/3以上的;严重骨折,严重脑震荡等。

(4)眼部受伤较重,对视力产生影响,甚至有失明可能的。

(5)手部伤害:大拇指轧断一切的,食指、中指、无名指任何一只轧断两节或任何两只轧断一节的局部肌肉受伤严重,引起肌能障碍,有不能自由伸屈的残废可能的。

(6)脚部伤害:一脚脚趾轧断三只以上的,局部肌肉受伤甚剧,有不能行走自如的残废的可能的;内部伤害,内脏损伤、内出血或伤及腹膜等。

(7)其他部位伤害严重的:不在上述各点内,经医师诊断后,认为受伤较重,根据实际情况由当地劳动部门审查认定。

3.多人事故

在施工过程中如果出现多人(3人或3人以上)受伤的情况,那么应认定为多人工伤事故处理。

4.急性中毒

急性中毒是指由于食物、饮水、接触物等原因造成的员工中毒。急性中毒会对受害者的机体造成严重的伤害,一般作为工伤事故处理。

5.重大伤亡事故

重大伤亡事故是指在施工过程中,由于事故造成一次死亡1~2人的事故,应作重大伤亡处理。

6.多人重大伤亡事故

多人重大伤亡事故是指在施工过程中,由于事故造成一次死亡3人或3人以上10人以下的重大工伤事故。

7.特大伤亡事故

特大伤亡事故是指在施工过程中,由于事故造成一次死亡10人或10人以上的伤亡事故。

二、事故处理程序

一般来说如果在施工过程中发生重大伤亡事故,企业负责人员应在第一时间组织伤员的抢救,并及时将事故情况报告给各有关部门,具体来说主要分为以下三个主要步骤。

(一)迅速抢救伤员、保护好事故现场

在工伤事故发生之后,施工单位的负责人应迅速组织人员对伤员展开抢救,并拨打120急救热线,另外,还要保护好事故现场,帮助劳动责任认定部门进行劳动责任认定。

(二)组织调查组

轻伤、重伤事故,由企业负责人或其指定人员组织生产、技术、安全等部门及工会组成事故调查组,进行调查;伤亡事故,由企业主管部门会同同级行政安全管理部门、公安部门、监察部门、工会组成事故调查组,进行调查。死亡和重大死亡事故调查组应邀请人民检察院参加,还可邀请有关专业技术人员参加,与发生事故有直接利害关系的人员不得参加调查组。

(三)现场勘察

1.作出笔录

通常情况下,笔录的内容包括事发时间、地点以及气象条件等;现场勘察人员的姓名、单位、职务;现场勘察起止时间、勘察过程;能量逸散所造成的破坏情况、状态、程度;设施设备损坏情况及事故发生前后的位置;事故发生前的劳动组合,现场人员的具体位置和行动;重要物证的特征、位置及检验情况等。

2.实物拍照

包括方位拍照,反映事故现场周围环境中的位置;全面拍照,反映事故现场各部位之间的联系;中心拍照,反映事故现场中心情况;细目拍照,提示事故直接原因的痕迹物、致害物;人体拍照,反映伤亡者主要受伤和造成伤害的部位。

3.现场绘图

根据事故的类别和规模以及调查工作的需要应绘制;建筑物平面图、剖面图;事故发生时人员位置及疏散图;破坏物立体图或展开图;涉及范围图;设备或工、器具构造图等。

4.分析事故原因、确定事故性质

分析的步骤和要求是:

(1)通过详细的调查、查明事故发生的经过。

（2）整理和仔细阅读调查资料，对受伤部位、受伤性质、起因物、致害物、伤害方法、不安全行为和不安全状态等七项内容进行分析。

（3）根据调查所确认的事实，从直接原因入手，逐渐深入到间接原因。通过对原因的分析、确定出事故的直接责任者和领导责任者，根据在事故发生中的作用，找出主要责任者。

（4）确定事故的性质。如责任事故、非责任事故或破坏性事故。

5.写出事故调查报告

事故调查组应着重把事故发生的经过、原因、责任分析和处理意见以及本次事故的教训和改进工作的建议等写成报告，以调查组全体人员签字后报批。如内部意见不统一，应进一步弄清事实，对照政策法规反复研究，统一认识。对于个别同志仍持有不同意见的，可在签字时写明自己的意见。

6.事故的审理和结案

建设部对事故的审批和结案有以下几点要求：

（1）事故调查处理结论，应经有关机关审批后，方可结案。伤亡事故处理工作应当在90日内结案，特殊情况不得超过180日。

（2）事故案件的审批权限，同企业的隶属关系及人事管理权限一致。

（3）对事故责任人的处理，应根据其情节轻重和损失大小，谁有责任，主要责任，其次责任，重要责任，一般责任，还是领导责任等，按规定给予处分。

（4）要把事故调查处理的文件、图纸、照片、资料等记录长期完整地保存起来。

第十六章　风险与信息管理

第一节　风险的概念

施工安全风险就是在施工环境中和施工期间客观存在的导致经济损失和人员伤亡的可能。显然,在施工现场由于主观和客观因素的影响,必然存在安全方面的风险,而这种风险发生与否有很大的随机性,是无法进行精确预测的。但是它是可以通过科学的数理分析方法进行分析后得出定性的预测结果,对于能够认知的因素加以识别,在施工安全管理中得到重视和规范。因此,针对水利水电工程施工安全风险而言,是希望采用正确的风险分析方法,推测出合理的概率,不希望类似事件发生或者对于潜在的威胁采取合理的预警和采取相应的应急办法,合理规避风险,这些研究工作对于实际工程有很大的指导意义。

一、风险

风险(risk)通常被解释为:"失去、伤害、劣势的可能性,导致危险或损失的事与人。"直到 20 世纪 70 年代人们对风险管理的概率还了解甚少。随着 80 年代美国风险分析协会(SRA)以及德国、法国、日本等发达国家风险管理机构的相继成立,风险管理理论体系首先在美国发展起来,随后我国也成立相关机构,工程安全管理越来越得到重视。

针对水利水电工程施工而言,风险指的是在施工中损失的不确定性或者可能出现的影响工程项目目标实施的不确定因素,因此风险也可以解释为是有害结果发生的可能性,是对潜在的、未来的可能发生损害的一种度量。进一步地说,风险是从水电工程施工事故发生的角度给出的,它描述了生产过程中发生事故的可能性和严重程度,用以表明 3 个方面的情况:

(1)生产过程中发生事故的概率,即事故概率风险。

（2）生产过程中发生事故可能造成安全与健康损害、财产损失的程度，即事故后果。它表明了一旦事故发生，会造成什么样的生命安全与健康损害、财产损失，以及损害和损失的程度如何。

（3）生产过程中发生事故的概率与事故后果，或生产事故发生的可能性与严重程度，即生产系统的事故风险。该风险可用下式表示：

$$R = f(F, C) \tag{16-1}$$

式中　R——生产系统事故风险；

　　　F——生产系统发生事故的可能性；

　　　C——生产系统发生事故的严重程度。

对建设工程项目管理而言，风险是指可能出现的影响项目目标实现的不确定因素。在水利水电工程安全风险管理研究中，一般通过风险值来评估风险的大小。风险值通过事件或系统的损失程度和损失发生的概率来评价；风险率是指系统在规定的时间和规定的条件下，不能完成规定功能的概率，也可以表示成系统的荷载超过系统承载能力的概率。风险值与风险量存在四种关系：

（1）若某个可能发生的事件其可能的损失程度和发生的概率都很大，则其风险值就很大。

（2）若某事件发生概率很小，但损失程度和范围很大，其风险值也可能较大。

（3）若某事件发生概率很大，损失程度与范围很小，其风险值亦可能较大。

（4）两者如果都较小，风险值则很小对风险等级的评估如表16-1所示。

表 16 -1　风险等级评估表

风险等级 可能性　　后果	轻度损失	中度损失	重大损失
很大	3	4	5
中等	2	3	4
极小	1	2	3

第二节　风险识别与量化

一、风险识别

风险识别包含两方面内容：识别哪些风险可能影响项目进展及记录具体

风险的各方面特征。风险识别不是一次性行为,而应有规律的贯穿整个项目中。

风险识别包括识别内在风险及外在风险。内在风险指项目工作组能加以控制和影响的风险,如人事任免和成本估计等。外在风险指超出项目工作组等控力和影响力之外的风险,如市场转向或政府行为等。

严格来说,风险仅仅指遭受创伤和损失的可能性,但对项目而言,风险识别还牵涉机会选择(积极成本)和不利因素威胁(消极结果)。

项目风险识别应凭借对"因"和"果"(将会发生什么导致什么)的认定来实现,或通过对"果"和"因"(什么样的结果需要予以避免或促使其发生,以及怎样发生)的认定来完成。

(一)对风险识别的输入

1.产品说明

在所识别的风险中,项目产品的特性起主要的决定作用。所有的产品都是这样,生产技术已经成熟完善的产品要比尚待革新和发明的产品风险低得多。与项目相关的风险常常以"产品成本"和"预期影响"来描述。

2.其他计划输出

应该回顾一下在其他区域里的程序输出,它们可以用来识别可能的风险。

(1)工作分析结构。非传统形式的结构细分往往能提供给我们高一层次分支图所不能看出来的选择机会。

(2)成本估计和活动时间估计。不合理的估计及仅凭有限信息做出的估计会产生更多风险。

(3)人事方案。确定团队成员有独特的工作技能使之难以替代,或有其他职责使成员分工细化。

(4)必需品采购管理方案。类似发展缓慢的地方经济这样的市场条件往往可能提供降低合同成本的选择。

3.历史资料

有关以往若干个项目情况的历史资料对识别目前项目的潜在风险具有特殊帮助。这种历史资料往往可以从以下渠道获得:

(1)项目资料文件。一个项目所牵涉的一个或更多的组织往往会保留过去项目的记录,这些记录会很详细,足以协助进行风险识别工作。

(2)商业数据。在很多应用领域我们可以获得商业的历史信息。

项目组的经验知识。项目组成员都会记得以往项目的产出和消耗情况。当然这样收集的信息可能很有用,但较之以文件资料形式记录的信息可靠性要低一些。

（二）工具和方法

1. 核对表

核对表一般根据风险要素编纂。包括项目的环境，其他程序的输出，项目产品或技术资料，以及内部因素，如团队成员的技能（或技能的缺陷）。有些应用领域广泛的应用分类图表作为风险原始资料的一部分。

2. 流量表

流量表能帮助项目组易于理解风险的缘由和影响。

3. 面谈

与不同的项目涉及人员进行有关风险的面谈有助于那些在常规计划中未被识别的风险。项目前期面谈记录（这些工作往往在进行可行性研究时进行）也是可以获得的。

（三）风险的输出

1. 风险因素

风险因素是指一系列可能影响项目向好或坏的方向发展的风险事件的总和，这些因素是复杂的，也就是说，它们应包括所有已识别的条目，而不论频率、发生之可能性，盈利或损失的数量等。一般风险因素包括：

（1）需求的变化。

（2）设计错误、疏漏和理解错误。

（3）狭义的定义或理解职务和责任。

（4）不充分估计。

（5）不胜任的技术人员。

对风险因素的描述应包括对以下 4 项内容的评估。

（1）由一个因素产生的风险事件发生的可能性。

（2）可能的结果范围。

（3）预期发生的时间。

（4）一个风险因素所产生的风险事件的发生频率。

机会和产出两者之间可以精确画出连续函数或画出离散函数。除此之外，在项目前期阶段对可能性和产出的评估比项目后期所做的评估值范围更大。

2. 潜在的风险事件

潜在的风险事件是指如自然灾害或团队特殊人员出走等影响项目的不连续事件。在发生这种事件或重大损失的可能相对巨大时，除风险因素外还应将潜在风险事件考虑在内。当潜在风险事件发生在不常有的特定应用领域时,常常是指如下一些事件。

(1)与普通项目要求不同的高新技术的发展领域,较常见于电子工业而少见于地产业的发展。

(2)类似风暴所造成的损失,较常见于建筑业,而不是生物科学技术领域。

对潜在风险的描述应包括以下 4 个要素的评估。

(1)风险事件发生的可能性。

(2)可选择的可能结果。

(3)事件发生的时间。

(4)发生频率的估测。

3. 风险征兆

风险征兆有时也被称为触发引擎,是一种实际风险事件的间接显示。

4. 对其他程序的输入

风险认定过程应在另一个相关领域中确定一个要求,以便进行进一步运作。如如果工作分析结构图不够细致,就无法进行充分的风险识别。

风险常常被作为系统规定参数或假定值输入其他过程。

二、风险量化

风险量化涉及对风险和风险之间相互作用的评估,以此评估分析项目可能的输出。这首先需要决定哪些风险值得反应。风险由于包括诸多因素而较复杂,这里就部分因素列举如下:

机会和威胁能够以出乎意料的方式相互作用(如计划的延迟会造成不得不考虑新的战略以缩短整个项目周期)。

一个单纯的风险事件能造成多重后果(如主要零部件递送延误会造成成本超支、计划延迟、多支付薪水以及产品质量低劣等)。

某个项目涉及人员的机会(如降成本)却往往意味着对其他项目涉及人员的威胁(不得不降低利润)。

数学技巧往往容易使人们对精确性和可靠性产生错误印象。

(一)对风险量化的输入

(1)投资者对风险的容忍度。

(2)风险因素。

(3)潜在风险事件。

(4)成本评估。

(5)运作周期评估。

(二)工具和方法

1.期望资金额

期望资金额是风险的一个重要指标,它是以下两个值的函数。

(1)风险事件的可能性。对一个假定风险事件发生可能性的评估。

(2)风险事件值。风险事件发生时对所引起的盈利和损失值的评估。

这个风险事件值要以有形资产和无形资产形式反映。在相同情形下,如果无法将无形资产计算在内,则将高概率的小亏损同低概率的大亏损等同起来会产生巨大差异。如果说风险事件会独立发生也会集体发生,会并行发生也会顺序发生,那么"预期资金总额"也总是被作为一种输入值,以进一步做分析(如决策树等)。

2.统计数字加总

统计数字加总是将每个具体工作课题的估计成本加总以计算出整个项目的成本的变化范围。可以用来量化项目总成本的变化范围来替代项目预算或提议价格的相对风险,如在项目变化范围评估中可以运用"力矩法"的技巧等。

3.模拟法

模拟法运用假定值或系统模型来分析系统行为或系统表现。较普通的模拟法模式是运用项目模型作为项目框架来制作项目日程表。大多模拟项目日程表是建立在某种形式的"蒙特卡洛"分析基础上的。这种技术往往由全局管理所采用,对项目"预演"多次以得出计算结果的数据计分。

蒙特卡洛分析和其他形式模拟法也可能用来估算项目成本可能的变化范围。

4.决策树

决策树是一种便于决策者理解的,用以说明不同决策之间和相关偶发事件之间的相互作用的图表。决策树的分支或代表决策(用方格表示)或代表偶发事件(用圆圈表示)。

5.专家判断

专家判断往往能够代替或者附加在前面提到过的数学技巧。如风险事件可以被专家描述为具有高、中、低 3 种发生概率和具有强烈、温和、有限 3 种影响。

(三)风险量化的产生

1.需跟踪的机会和需反应的威胁

风险量化的主要产出是一个记录着应被跟踪的机会和值得注意的威胁的

清单。

2.被忽视的机会和被吸纳的威胁

风险量化过程中也应记录下如下信息：

(1)哪些风险来源和风险事件被项目管理队伍决定忽略或吸纳了。

(2)是谁做出的该种决策。

第三节　施工风险管理

一、风险危险因素分析

一般对于水电工程施工安全因素的分析都是从事故中去分析,有关事故致因的研究理论较多,例如:事故频发倾向理论、事故因果论、能量转移论、扰动起源论、人失误主因论、能量转移论、扰动起源论、管理失误论、轨迹交叉论、变化论以及综合论等。危险因素识别的基本方法包括询问和交流、现场观察、查阅有关记录、获取外部信息、安全检查表等。在事故调查与分析的流程中,首先确定行为因素,其次确定环境、管理等因素,并在此基础上制定事故原因的框架图,将事故原因分为间接原因和直接原因两大类,其中事故发生的间接原因在于高层决策者、中间及基层管理人员、设计人员、规划制定人员的错误决策及潜在失误,而事故的直接原因在于作业人员的误操作、违章操作等。基于这样的思路,在事故原因分类当中,提出人为因素分析和分类系统(Human Factors Analysis and Classification System)即 HFACS 框架,它是在 Reason 的人为失误组织模型基础上不断发展的一种分析性的从航空事故演变的结构框架。除此之外还有由海事事故演变的结构框架。对事故原因当中的行为因素进行调查和分析,根据该事故致因模型,直接触发事故的是人的不安全行为,在查找出所有的不安全行为之后,对不安全行为的原因进行分析,从而分析出行为因素的各种隐性差错。然后针对操作者的失误与潜伏在系统当中破坏安全性的潜在诱因结合起来进行相关分析。这些潜在的诱因与组织监管机构、安全监督管理等因素有关。

HFACS 将涉及行为失误的因素分为 4 个层次,在 HFACS 框架当中,每个高层次都对相邻的下层次起到一定的作用。HFACS 就属于这样一种规范化、格式化的跨行业使用的基本分析框架,因此将 HFACS 框架引用为一种分析水电工程施工作业中的行为因素分析工具,对事故原因当中的行为因素进行收集和分析,得到了广泛的接受。

风险评价经过几十年的发展,形成了很多风险评价方法。风险评价方法是进行定性、定量风险评价的工具。随着评价目的和对象的不同,评价的内容和指标也不同。每种评价方法都有其适用范围和应用条件,在进行风险评价时,应该根据评价对象和要实现的评价目标,选择适用的评价方法。

风险评价方法分类的目的是为了根据评价对象选择适用的评价方法。常用的有按评价结果的量化程度分类法、按评价的推理过程分类法、按针对的系统性质分类法、按评价要达到的目的分类法等。按照评价对象的生命周期(阶段)不同可以分为:建设项目的安全预评价、安全验收评价、安全现状评价和废弃安全评价。按照评价内容可以分为:工厂设计的风险评价、安全生产风险管理的有效性评价、人的行为的安全性评价、生产设备的安全可靠性评价、作业环境条件评价、化学物质危险性评价。按照评价性质可分为:系统固有危险性评价和系统现实危险性评价。在识别出危险有害因素后,进行风险评价,给出安全生产风险,按照安全生产的实际情况和管理要求确定可接受风险标准,为采取风险控制措施提供科学依据。因此风险评价是安全生产风险管理的主要内容。

按照风险评价结果的量化程度,评价方法可分为定性风险评价法和定量风险评价法。对于定量地评价风险,目前采用的方法有:刘琳的对建筑坍塌建立的一种基于模糊灰色的综合评价方法;层次分析法(Analytic Hierarchy Process)即 AHP,此方法作为一种多准则的决策方法,它将评价系统的有关替代方案的各种要素分解成目标、准则、方案等层次,在此基础上进行定性和定量分析的决策。这种方法的特点是,在对复杂的决策问题的本质、影响因素及其内在关系等进行深入分析的基础上,利用较少的定量信息,把决策者的决策思维过程数学化,从而为多目标、多准则或无结构特性的复杂决策问题提供简便的决策手段。因此多准则决策理论为风险评价提供了数学理论支撑。多准则决策是指在多个不能互相替代的准则存在下进行的决策,它是由多目标决策(Multiple Objective Decision Making,MODM)和多属性决策(Multiple Attribute Decision Making,MADM)两个重要部分组成,一般情况,可以采用 AHP 来解决标准或选项之间相独立的问题。网络层次分析法 ANP(Analytic Net work Process)是在 AHP 方法的基础上得来的,用来解决标准或选项互相依赖的问题,ANP 方法允许分析复杂的系统,可以用来判断作业系统的故障行为风险。应用该方法分别评价了作业系统风险、环境影响风险、危险物质管理风险及新产品开发风险。尽管应用模糊 ANP 方法对作业系统的风险进行评价存在一些局限性,其模型输出依赖于专家的给定值,所以导致不能排除由于专家的偏见给定值不够客观,且在两两比较的过程中,可能存在不一致性,但如果分析中结合基于知识的方法,更精确地分析因素之间影响的两两比较值,合理应用统计学的方法,对事故统计数据进行分析,从而更精确地确定因素之间的依赖关系,就避免了由于专家给出的因素偏见而导致的不一致性的问题。遗憾的是,这也仅仅指出这是未来研究的重点之一,在水电工程施工风险研究中还需进一步探究更新层次的成果。

水电工程高危作业的安全评价首先应以危险因素辨识为基础,分析风险影响的行为因素,给出因素的分类与分层结构,构造适合水电工程施工的风险层次结构模型,即修订的 HFACS 框架:

(1)分析影响高危作业安全风险的行为因素。

(2)分析行为因素的因果关系,研究因素间的相互影响关系。

(3)研究计算水电施工高危作业风险值的 ANP 模型。

考虑行为因素相互影响的 ANP 模型如图 16 - 1 所示。

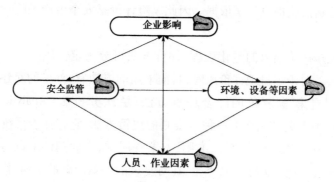

图 16 - 1　考虑因素相互影响的 ANP 模型

通过 ANP 模型的网络结构和前面研究得来的因素间相互影响关系,研究按间接优势度方式构造的 ANP 超矩阵、加权超矩阵、极限超矩阵。研究反映高危作业风险的风险评估值,利用该评估值与权重,计算最终的风险值。

(4)根据安全评价结果实施安全监控。

综上所述,全面考虑影响高危作业安全风险的行为因素,选取评价模型,结合实证研究成果与事故统计数据,更科学合理的定量评价因素间的相互影响,对高危作业的安全状况进行评价,以此指导监控,具有重要的科学意义与应用前景。

最后,根据水电工程施工安全管理的复杂性,国内不少水电开发企业针对各自特点,制定了一些安全管理对策和措施,提出安全生产的核心就是过程监控,杜绝施工过程中的违章指挥、违章操作和违章作业,规范施工作业行为,禁止无工序卡作业等。同时,针对工程安全施工编制有水电工程建设项目招标文件安全生产标准条款,还有职业健康安全管理体系文件,以及各项目工程建设管理部门的安全生产管理规章制度。以上制度与条款为规范水电工程施工现场全过程安全管理,规范安全文明施工,从施工组织与技术措施的源头上有效控制施工风险提供了依据。

二、安全事故预防和应急救援

在风险分析和风险评价的基础上,对水利水电工程施工安全要进行控制,即风险控制。根据风险控制原理,水利水电工程施工安全风险量的大小是由事故发生的可能性及其后果严重程度决定的,一个事故发生的可能性越大,后果越严重,则该事故的风险就越大。因此,水利水电工程施工安全事故风险控制的根本途径有两条:一是降低事故发生的概率;二是降低事故后果的严重程度。这两条控制途径可以概括为施工安全事故预防和应急救援。

（一）水利水电工程施工安全事故预防

从安全生产要素分析,事故预防主要包括以下几个方面:人为事故的预防、设备因素导致事故的预防、环境因素导致事故的预防和时间因素导致事故的预防。基于安全生产要素分析以及安全事故致因分析,水利水电工程施工安全事故预防措施可以通过事故危机预警、安全管理措施和安全技术措施3个方面进行制定。危机预警是通过监控的手段防范事故的发生;安全管理措施是通过规范工作人员在生产过程中的行为,减小事故发生;安全技术措施是通过采取相应的工程技术手段,以达到避免事故的发生。

为从源头上对水电工程施工过程存在的高危作业进行全过程安全监控,从安全组织、技术措施、监督检查、安全许可等方面严格把关,对工程建设参建各方应该履行的安全生产管理职责、权限、工作内容及工作流程进行梳理和细化,最终的成果采用高危作业过程监控程序文件表现。工程施工安全监控的目的是控制和减少施工现场的施工安全风险,实现安全目标,预防事故发生。因此,对高危作业的危险性实施评价,在评价的基础上,制定针对性的控制措施和管理方案,实现高危作业的分级监管。通过明确建立高危作业危险因素辨识、评价和监控,分析安全生产保证计划各要素之间的联系,对其实施进行控制,体现了系统的、主动的事故预防思想。

安全管理措施是通过法律法规、制度、规程、规章等管理的手段,来规范工作人员在安全生产过程中的行为,实现降低安全生产风险的目的。安全生产管理措施包括:安全生产责任制,安全规程,技术操作规程,安全决策,安全计划,安全教育、检查,事故处理决定,隐患整改意见,对设备、设施、装置和工具等检查、维修管理,职工健康监护等。完善的安全生产管理机构和合格、足够的安全生产管理人员是确保安全生产、避免发生安全生产危机和化解安全生产危机的最关键因素之一。企业各级生产人员应该知道本岗位的安全生产风险、预防与化解安全生产危机的措施,通过建立安全生产责任制,明确每一个员工的安全生产职责,使其在各自的职责范围内对安全生产负责。

安全技术措施的方法很多,常用的有按照针对的对象分析法、按照行业分类法等。如按照行业及防治事故的特点可以分为:防火、防爆安全技术,锅炉、压力容器安全技术,机械安全技术,冶金安全技术,道路安全技术,煤矿安全技术,非煤矿山安全技术,电气安全技术,建筑施工安全技术,航空航天安全技术等。在选择安全技术措施时,应优先选择消除危害的安全技术措施,如果不能消除危害,应尽量采取降低风险的安全技术措施,在不得已的情况下,才选择个体防护措施。

(二)水利水电工程施工安全应急救援

在水利水电工程施工过程中,不管预防措施如何完善,其活动过程中都有可能发生事故,尤其是随着现代施工技术的发展,施工过程中存在着巨大能量和有害物质,一旦发生重大事故,往往造成生命伤、财产损失和环境破坏。面对严峻的水利水电工程施工安全形势,一方面要坚持"安全第一、预防为主、综合治理"的方针,采取各种措施加强事故预防工作,深入开展事故隐患排查与治理,有效地避免和减少事故发生,从根本上保障人民群众生命财产安全。另一方面,针对当前事故总量大和重特大事故多发的现实情况,必须加强安全生产应急救援工作,有效处置各种生产安全事故,将人员伤亡和财产损失等尽可能降低到最低程度。

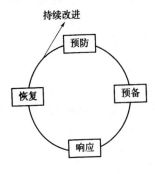

图 16-2　应急管理过程

水利水电工程施工安全应急救援是事故应急管理中的一部分内容。应急管理则是一个动态的过程,贯穿于事故发生前、中、后的整个过程,包括预防、预备、响应和恢复四个阶段(图 16-2)。尽管在实际情况中,这些阶段往往是交叉的,但每一个阶段都有自己明确的目标,而且每一个阶段又是构筑在前一个阶段的基础之上。因而,预防、预备、响应和恢复相互关联,构成了应急管理工作的一个动态循环改进过程。

　　由于自然或人为、技术等原因,当水利水电工程施工安全事故或灾害不可能完全避免的时候,建立事故应急救援体系,组织及时有效的应急救援行动,已成为抵御事故风险或控制灾害蔓延、降低危害后果的关键甚至是唯一手段。在应急救援工作前后过程中,应做好以下几个方面工作:

　　(1)加强风险管理、重大危险源管理和事故隐患的排查整改工作。各地区、各有关部门和各类生产经营单位通过建立预警制度,加强事故灾难预测预警工作,对重大危险源和重点部位定期进行分析和评估,研究可能导致安全生产事故发生的信息,并及时进行预警。

　　(2)坚持"险时搞救援,平时搞防范"的原则,建立应急救援队伍参与事故预防和隐患排查的工作机制,定期或不定期地组织救援队伍参与企业的安全检查、隐患排查、事故调查、危险源监控以及应急知识培训等工作。各类救援队伍把参与事故预防工作作为自己的基本职责之一,积极主动地参与并做好这方面的工作。

　　(3)严肃处理事故发生后迟报、漏报、瞒报等问题。国务院办公厅和国家安全生产监督管理总局对信息报告工作作出了明确的规定,各地区、各部门、各单位要认真贯彻执行,并与气象、水利、国土资源等部门加强工作联系和衔接,对重特大事故灾难信息、可能导致重特大事故的险情,或者其他自然灾害和灾难可能导致重特大安全生产事故灾难的重要信息,各级安全生产监督管理部门、其他有关部门和各生产经营单位要及时掌握、及时上报并密切关注事态发展,做好应对、防范和处置工作。

　　(4)强化现场救援工作。发生事故的单位要立即启动应急预案,组织现场抢救,控制险情,减少损失。事故现场救援必须坚持属地为主的原则,在各级政府的统一领导下,建立严密的事故应急救援的现场组织指挥机构和有效的工作机制,加强部门间的协调配合,快速组织各类应急救援队伍和其他救援力量,调集救援物资与装备,科学制定抢救方案,精心有力地开展应急救援工作,做到及时施救、有序施救、科学施救、安全施救、有效施救。各级安全生产监督管理部门及其应急救援指挥机构要会同有关部门搞好联合作战,充分发挥好作用,给政府当好参谋助手。

　　(5)做好善后处置和评估工作。通过评估,及时总结经验,吸取教训,改进工作,以提高应急管理和应急救援工作水平。

　　通过上述风险干预措施,可以化解安全生产危机,避免生产事故的发生,最大限度地减少人员伤亡、财产损失和不良社会影响。总之,水电工程施工相对一般建筑行业施工,以及其他行业的生产,存在着边施工边运行的情况,在企业组织结构、资源管理、施工环境、人员管理等诸多方面差异显著,目前的研究没有从整体上系统地研究水电工程施工安全风险行为因素分析与监控的问题。

第四节　项目信息管理

一、概述

工程项目的信息管理是指以工程建设项目作为目标系统的管理信息系统。它通过对工程建设项目建设监理过程的信息的采集、加工和处理为监理工程师的决策提供依据,对工程的投资、进度、质量进行控制,同时也作为确定索赔的内容、金额和反索赔提供确凿的事实依据。因此,信息管理是监理工作的一项重要内容。

（一）信息管理的任务

信息管理是指信息的收集、加工整理、传递、存储、应用等工作的总称。根据工程建设投资大、工期长、工艺复杂、质量要求高、各分部分项工程合同多、使用机械设备、材料数量大要求高的特点,信息管理采取人工决策和计算机辅助管理相结合的手段,特别是利用先进的信息存储、处理设备及时准确地收集、处理、传递和存储大量的数据,并进行工程进度、质量、投资的动态分析,达到工程施工管理的高效、迅速、准确。

（二）工程施工管理信息的类型

工程项目施工管理过程中涉及大量的信息,依据不同的标准可以分为下列几类。

1. 按照工程项目施工管理的目的划分

（1）投资控制信息。投资控制信息是指与投资控制直接有关的信息,如各种估算指标、类似工程的造价、物价指数、概算定额、工程项目投资估算、设计概算、合同价、工程报价表、币种汇率、利率、保险、施工阶段的支付账单、原材料价格、机械设备台班费、人工费、运杂费等。

（2）质量控制信息。如国家有关的质量政策及质量标准、项目建设标准、质量目标的分解结果、质量控制工作流程、质量控制的工作制度、质量控制的风险分析、质量抽样检查的数据等。

（3）进度控制信息。如施工定额、项目总进度计划、关键路线和关键工作、进度目标分解、里程碑路标、进度控制的工作流程、进度控制的工作制度、进度控制的风险分析、某段时间的进度记录等。

2.按照工程项目施工管理信息的来源划分

(1)项目内部信息。内部信息取自建设项目本身,如工程概况、设计文件、施工方案、合同文件、合同管理制度、信息资料的编码系统、信息目录表、会议制度、监理班子的组织、项目的投资目标、质量目标、进度目标、施工现场管理、交通管理等。

(2)项目外部信息。来自项目外部环境的信息称为外部信息。如国家有关的政策、法规及规章、国内及国际市场上原材料及设备价格、物价指数、类似工程造价、类似工程进度、投标单位的实力、投标单位的信誉、毗邻单位情况与主管部门、当地政府的有关信息等。

3.按照信息的稳定程度划分

(1)固定信息。固定信息是指在一定时间内相对稳定不变的信息,这类信息又可分为三种:

1)标准信息这主要是指各种定额和标准。如施工定额、原材料消耗定额、生产作业计划标准、设备和工具的耗损程度等。

2)计划信息。这是反映在计划期内拟定各项指标情况。

3)查询信息。这是指在一个较长的时期内很少发生变更的信息,如国家和专业部门颁发的技术标准、不变价格、施工管理工作制度、施工方法实施细则等。

(2)流动信息。流动信息是指在不断地变化着的信息。如项目实施阶段的质量、投资及进度的统计信息,它反映在某一时刻项目建设的实际进度及计划完成情况。再如,项目实施阶段的原材料消耗量、机械台班数、人工工日数等,都属于流动信息。

4.按照信息的层次划分

(1)战略性信息。指有关项目建设过程的战略决策所需的信息,如项目规模、项目投资总额、建设总工期、承包商的选定、合同价的确定等信息。

(2)策略性信息。供有关人员或机构进行短期决策用的信息,如项目年度计划、财务计划等。

(3)业务性信息。指的是各业务部门的日常信息,如日进度、月支付额等。这类信息是经常的,也是大量的。

(三)工程项目施工管理信息的特点

建设工程项目施工管理信息除具有信息的一般特征外,还具有一些自身的特点。

（1）信息来源的广泛性。建设工程施工管理信息来自工程业主（建设单位）、设计单位、工程监理单位、材料供应单位及施工单位组织内部各个部门；来自可行性研究、设计、招标、施工及保修等各个阶段中的各个单位乃至各个专业；来自质量控制、投资控制、进度控制、合同管理等各个方面。由于施工管理信息来源的广泛性，往往给信息的收集工作造成很大困难。如果信息收集的不完整、不准确、不及时，必然会影响到项目经理及工程师判断和决策的正确性、及时性。

（2）信息量大。由于工程建设规模大、牵涉面广、协作关系复杂，使得建设工程施工管理工作涉及大量的信息。项目经理及工程师不仅要了解国家及地方有关的政策、法规、技术标准规范，而且要掌握工程建设各个方面的信息。既要掌握计划的信息，又要掌握实际进度的信息，还要对它们进行对比分析。因此，项目经理及工程师每天都要处理成千上万的数据，而这样大的数据量单靠人手工操作处理是极困难的，只有使用电子计算机才能及时、准确地进行处理，才能为监理工程师的正确决策提供及时可靠的支持。

（3）动态性强。工程建设的过程是一个动态过程，项目经理及工程师实施的控制也是动态控制，因而大量的监理信息都是动态的，这就需要及时地收集和处理。

（4）有一定的范围和层次。业主与施工单位签署的施工合同的范围不一样，施工管理信息也不一样。工程建设过程中，会产生很多信息，这些信息并非都是施工管理信息，只有那些与施工单位工作有关的信息才是施工管理信息。不同的工程建设项目，所需的信息既有共性，又有个性。另外，不同的施工单位和施工单位的不同部门，所需的信息也不同。

（5）信息的系统性。建设工程项目施工管理信息是在一定时空内形成的，与建设工程施工管理活动密切相关。而且，建设工程施工管理信息的收集、加工、传递及反馈是一个连续的闭合环路，具有明显的系统性。

（四）项目信息的作用

建设项目信息资源对工程建设的施工管理活动产生巨大影响，其主要作用有以下几个方面：

（1）信息是建设项目管理不可缺少的资源。工程建设项目的建设过程实际上是人、财、物、技术、设备等资源投入的过程，而要高效、优质、低耗地完成工程建设任务，必须通过信息的收集、加工、处理和应用实现对上述资源的规划和控制。项目管理的主要功能就是通过信息的作用来规划、调节上述资源的数量、方向、速度和目标,使上述资源按照一定的规划运行,实现工程建设的投资、进度和质量目标。

(2)信息是监理人员实施控制的基础。控制是建设项目管理的主要手段。控制的主要任务是将计划目标与实际目标进行分析比较,找出差异和产生问题的原因,采取措施排除和预防偏差,保证项目建设目标的实现。

为有效地控制项目的三大目标,项目经理及工程师应当掌握项目建设的投资、进度和质量目标的计划值和实际值。只有掌握了这两方面的信息,项目经理及工程师才能实施控制工作。因此,从控制角度讲,如果没有信息,项目经理及工程师就无法实施正确的监督。

(3)信息是进行项目决策的依据。建设项目管理决策正确与否,直接影响工程建设项目建设总目标的实现,而影响决策正确与否的主要因素之一就是信息。如果没有可靠、正确的信息作依据,项目经理及工程师就不能做出正确的决策。如施工阶段对工程进度款的支付,项目经理及工程师只有在掌握有关合同规定及实际施工状况等信息后,才能决定是否支付或支付多少等。因此,信息是项目正确决策的依据。

(4)信息是项目经理及工程师协调工程建设项目各参与单位之间关系的纽带。工程建设项目涉及众多的单位,如上级主管政府部门、建设单位、监理单位、设计单位、施工单位、材料设备供应单位、交通运输、保险、外围工程单位(水、电、通信等)和税务部门等,这些单位都会对工程建设项目目标的实现带来一定影响。要使这些单位协调一致,就必须通过信息将它们组织起来,处理好各方面的关系,协调好它们之间的活动,实现建设目标。

总之,信息渗透到建设工程施工管理工作的各个方面,是建设工程施工管理活动不可缺少的要素。同其他资源一样,信息是十分重要和宝贵的资源,必须充分地开发和利用。

第五节　项目信息沟通

一、项目沟通管理

沟通是现代管理学研究的内容之一。沟通是指可理解的信息或思想在两个或两个以上人群中的传递或交换的过程。项目组织协调的程度和效果依赖于项目参与者之间沟通的程度。

沟通在建设工程项目管理中的主要作用是使项目各参与者对项目系统目标达成共识;化解矛盾,避免参与各方的冲突,确保工程项目各项任务的完成;通过沟通可以使项目系统各成员相互理解,不仅建立良好的个人关系,而且建立良好的团队精神,提高工作效率,确保各参与方的工作、各子项目的工作以及各项任务之间协调配合,相互支持。同时可以使各成员对项目实施的状况心中有数,当项目出现困难或突发事故时有良好的心理承受能力,并能迅速采取有效办法齐心克服。

(一)影响沟通的因素

现代工程建设项目规模大、投资长、技术复杂、参与方多,因此,项目沟通面广,内容杂而多,使得工程项目实施过程中的项目沟通十分困难。常见的影响因素有以下几方面。

1.专业分工

现代工程建设项目技术复杂,新技术、新材料、新工艺的使用,专业化和社会化的分工,加之项目管理的综合性,增加了相互交流和沟通的难度。不同专业、工种、工序之间难以做到协调配合。

2.个性和兴趣

由于工程项目各参与方来自不同的地区,人们的社会心理、文化教育、习惯、语言等都各异,理解和接受能力各异,并且个人的爱好不同,感兴趣的话题也不同,因而产生了沟通的障碍。

3.责、权、利

由于项目各参与者在项目实施中各自的责、权、利不同,因此项目行为的出发点不同,对项目的期望和要求也就不同。因此,协调配合的主动性、积极性相差较大,影响协调的效果。

4.态度和情感

由于工程项目是一次性的,项目中的成员、对象任务都是全新的,因此需要改变各参与者的行为方式和习惯,要求他们接受并适应新的结构和过程,这必然对他们的行为、心理产生影响。

5.外部因素

项目实施过程中,外部因素影响较大,如政治环境、经济环境等,特别是项目的企业的战略方针和政策应保持其稳定性,否则会造成协调的困难;而在项目周期中,外部影响因素是很难保持稳定不变的。

(二)建设项目管理中常见的沟通类型

建设项目管理中的沟通管理包括项目经理与业主的沟通、项目经理及项目组成员的沟通、项目管理者与承包商的沟通和项目经理与部门的沟通等4种类型。

1. 项目经理与业主的沟通

业主代表项目的所有者,对工程项目承担全部责任,行使项目的最高权力。项目经理作为项目管理者,接受业主的委托管理工程,对项目实行全面的管理。业主的支持是项目成功的关键,项目经理应保证与业主及时、准确的沟通。

(1)项目经理必须反复阅读、认真研究项目任务文件或合同,充分理解项目的目标和范围,理解业主的意图。

(2)项目经理必须与业主进行及时有效的沟通,让业主参与到项目中来。及时汇报项目的进展状况,成本、时间等资源的消耗,项目实施可能的结果,以及对将来可能发生的问题的预测,使他加深化对项目过程和困难的认识,积极为项目提供帮助,减少非程序干预。

(3)项目经理必须与业主建立良好的关系,要尊重业主,不能擅自做出权限外的决策。

(4)项目经理应灵活地待人处理,对于业主的领导或其他人员对项目的各种建议,应耐心地倾听并做解释和说明。

总之,项目组织本身是一个权利分享的系统,每个人来自不同的部门,有着不同的个人目的以及处事方式,这种权利系统处于一种不平衡的状态,项目经理只有依靠业主或高层领导强有力的支持,项目才有可能成功。

2. 项目经理与项目组成员的沟通

项目经理所领导的项目经理部是项目组织的领导核心,而项目经理部内各成员都能从项目整体目标出发,理解和履行自己的职责,相互协作和支持,使整个项目经理部的工作处于协调有序的状态,就要求项目经理与项目组成员之间及项目组各成员之间经常沟通协商,建立良好的工作关系。

项目经理在项目经理部内部的沟通中起着关键作用,为此必须在项目小组内部建立一个有效的沟通机制,协调各职能工作,激励项目经理部成员,组建一个有效的团队。

(1)建立完备的项目管理信息系统,明确规定项目中沟通的方式、渠道和时间,使大家按规则办事,形成有效的沟通机制。

(2)项目经理要关心项目成员的成长,对项目组成员进行激励。项目经理激励员工的方式与一般职能部门经理不同,在激励员工方面可以采取的措施包括给员工创造挑战的机会、关心和尊重项目组成员、事务处理公开等。

（3）在项目经理部内部建立绩效考评标准和方法，客观、公平、公正地对成员进行业绩考评，对成绩显著者进行表彰，以调动大家的积极性。

3.项目管理者与承包商的沟通

工程项目中各承包商之间存在着复杂的界面联系，且承包商的责任是圆满地履行合同，并获得合同规定的价款，工程的最终效益与他没有直接的经济关系，因此，他们较少考虑项目的整体的长远的利益。作为项目管理者及其项目部成员应与承包商进行有效沟通，共同完成项目目标。

（1）通过沟通，让承包商能充分理解项目的总目标、阶段目标和实施方案，让他们对自己在项目实施过程中的工作任务和各自的职责清楚明了，以免他们为了各自的利益，推卸界面上的工作责任，增加项目管理者的管理工作和管理难度。

（2）作为项目管理者，要主动关心承包商的工作状况，不以管理者自居，要欢迎或鼓励他们与自己多沟通，将项目实施工作中的问题及时汇报，以便项目经理部及时发现管理中的问题或及时做出科学的决策，做到事前控制，将不利因素或管理难题控制在萌芽状态。

（3）在项目实施过程中，项目管理者应通过各种沟通方式，让承包商及时掌握相关信息，了解事情的状况，以做出正确的选择，进行科学的决策，为项目管理的顺利进行打下良好的基础。

（4）项目管理者应注重指导和培训承包方工作人员，特别是基层管理者，指导他们如何具体操作，并和他们协商如何将事情做得更好，不能发布指令后就不闻不问。

总之，在项目的实施工程中，项目管理者只有与承包商进行及时、有效的沟通，才能得到承包商的理解和全方位的配合，共同实现项目的目标。

4.项目经理与部门经理的沟通

项目经理担负着项目成功的重大责任，那就必须赋予他一定的权利。项目经理权利的大小是相对于职能部门经理而言的，取决于项目在组织中的地位及项目的组织结构形式。项目经理与部门经理在企业中所担任的角色，各自所承担的责任、权利与义务各不相同，他们必然产生矛盾。但在项目管理中，他们之间有高度的依赖性，项目需要职能部门提供资源和管理工作上的大力支持。因此，他们之间的沟通是十分重要的，特别是在矩阵式组织结构中。

（1）一个项目要取得好的绩效，一个关键的因素就是项目经理要组建一个有效的团队。项目经理必须主动与职能部门经理沟通，与之建立良好的工作关系，确保管理工作的顺利进行。

（2）在项目实施过程中，项目经理与部门经理要建立一个畅通的沟通渠道。特别是在矩阵式项目结构中，项目经理部成员受职能部门经理和项目经理的双重领导，当双方目标不一致或有矛盾时，会使当事人无所适从。此外，由于矩阵式组织的复杂性和项目结合部的增加，会发生信息沟通量的膨胀和沟通渠道的复杂化，出现信息梗阻和信息失真，会给协调工作带来困难。

（3）部门经理要尊重项目经理所提出的要求。不能因为职能管理是企业管理等级的一部分，自己是"常任的"，并且可以与公司领导直接汇报、联系，有强大的高层支持，而项目经理是"临时的"，就挤压项目经理。

（4）项目经理与部门经理在行使自己权利的同时，要勇于承担责任，不能互相推诿。项目经理具体负责项目的组织、人员的组成以及项目实施的指导、计划和控制，而部门经理则可能对项目技术的选择、人员的安排方面施加影响。在承担责任方面，部门经理是直接的技术监督者，而项目经理是一个促成者。

（三）项目中的争执

1. 常见的争执情况

在工程实际中，冲突是不可避免的，但不是每次沟通协调都能成功。沟通的障碍常会导致组织争执，因此组织争执在工程实际中普遍存在，不可避免。项目中，常见争执有以下几种：

（1）项目各组织间的争执。冲突是项目结构的必然产物，作为一种冲突性目标的结果，争执在组织的任何层次都会发生。如项目的不同组织间的权利、利益的争执，合同缺陷、合同界面责任的互相推诿等。

（2）目标争执。工程项目实施过程中，项目组成员都有自己的目标和要求，而且项目组织中的不同部门由于没有充分认识和理解项目的总目标，对工程项目三大目标（质量、成本、工期）有时过分强调了某一方面，必然使其他目标受到损害，就会发生目标争执。研究发现，项目班子成员对特定目标（费用、进度计划、技术性能）越不理解，冲突越容易发生。项目班子对上级目标越一致，有害冲突越少。

（3）角色争执。在项目组织中，需明确部门和岗位及相应的职责。项目班子成员角色越不明确，越容易引起冲突。另外，存在双重角色的人，既在项目中分担一部分工作，又在企业的职能部门或其他岗位分担另一部分工作。因此，在工作时存在一个角色转变问题，有时常以这种角色的要求或心态去干另一角色的工作。

（4）专业争执。工程项目本身投资大，涉及专业、工种多，因此，在项目设计时,难免存在建筑设计与结构设计、设计方案与施工方案不一致、矛盾的现象。国外学者戴维·威尔蒙总结发现,项目班子成员的专业技术差异越大,其间发生冲突的可能越大。

(5)过程的争执。工程项目建设周期长,中间影响因素多,因此,存在前期决策与计划及后期实施控制时的矛盾。

2.争执的解决

在项目管理过程中,项目管理者要通过争执发现问题,不但要广开言路,获得信息,而且要通过争执作积极的引导,展开大讨论,多方协调沟通,寻求最佳解决方案,使各方满意。争执的解决意味着项目中已有了人们彼此之间相互依靠的协作。只有这样,才能在争执中求发展,共进步,顺利完成项目目标。

在实际工作中,项目经理可以采用各种方法解决争执。常见的有:

(1)撤出。从某个实际的或可能的争执中撤出或退出。

(2)缓和。淡化或避开争执中不一致的部分,异中求同。

(3)妥协。尽量寻求使争执双方在一定程度上都能满意的中间办法。

(4)通过协调或双方合作的方法解决。

(5)交由上级领导解决。

(6)采用强硬方式解决,如进行仲裁或诉讼。

第十七章　工程资料整编

第一节　概　述

一、资料整编要求

(1)工程资料应真实反映工程的实际情况,具有永久和期保存价值的材料必须完整、准确和系统。

(2)工程资料应使用原件,因各种原因不能使用原件的,应在复印件上加盖原件存放单位公章、注明原件存放处,并有经办人签字及日期。

(3)工程资料应保证字迹清晰,签字、盖章手续齐全,签字必须使用档案规定用笔。计算机形成的工程资料应采用内容打印、手工签字的方式。

(4)施工图的变更、洽商绘图应符合技术要求。凡采用施工蓝图改绘竣工图的,必须使用反差明显的蓝图,竣工图图面应整洁。

(5)工程档案的填写和编制应符合档案缩微管理和计算机输入的要求。

(6)工程档案的缩微制品,必须按国家缩微标准进行制作,主要技术指标(解像力、密度、海波残留量等)应符合国家标准规定,保证质量,以适应长期安全保管的需要。

(7)工程资料的照片(含底片)及声像档案,应图像清晰,声音清楚,文字说明或内容准确。

二、资料整编依据

对于水利工程施工,在整个过程中都贯穿着质量体系的认证和国家标准的管控。内业资料管理也有相应的国家标准。主要包括以下几个:

(1)《水利工程建设项目档案管理规定》(水办〔2005〕480 号)

(2)《水利工程建设项目档案验收管理办法》(水办〔2008〕336 号)

(3)《水利工程建设项目验收管理规定》(水利部令第 30 号)

(4)《水利水电建设工程验收规程》(SL 223—2008)

(5)《水利基本建设项目竣工决算审计暂行办法》(水监〔2002〕370 号)

(6)《建设工程质量管理条例》(2000 年 1 月 30 日,国务院令第 279 号)

三、工程资料分类

水利水电工程资料是指在工程建设过程中形成并收集汇编的各种形式的信息记录,一般可分为基建文件资料、监理资料、施工资料及竣工验收资料等。

(1)基建文件资料是建设单位在工程建设过程中形成并收集汇编的关于立项、征用地、拆迁、地质勘察、测绘、设计、招投标、工程验收等文件或资料的统称。

(2)监理资料是监理单位在工程建设监理过程中形成的资料的统称,包括监理规划、监理实施细则、监理月报、监理日志、监理工作记录、监理工作总结及其他资料。

(3)施工资料是施工单位在施工过程中形成的资料的统秒,包括施工管理资料、施工技术文件、施工物资资料、施工测量监测记录、施工记录、施工试验记录及检测报告、施工验收记录、施工质量评定资料等。

(4)竣工验收资料是在工程竣工验收过程中形成的资料的统称,包括竣工验收申请及其批复、竣工验收会议文件材料、竣工图、竣工验收鉴定书等。

第二节　　施工资料

一、施工资料管理

(1)施工资料应实行报验、报审管理。施工过程中形成的资料应按报验、报审程序,通过相关施工单位审核后,方可报建设(监理)单位。

(2)施工资料的报验、报审应有时限性要求。工程相关各单位宜在合同中约定报验、报审资料的申报时间及审批时间,并约定应承担的责任。当无约定时,施工资料的申报、审批不得影响正常施工。

(3)水利水电工程各类施工资料的具体管理工作流程应符合下列规定。

1)施工技术报审资料的管理流程如图 17 - 1 所示。

2)施工工序报验资料的管理流程如图 17 - 2 所示。

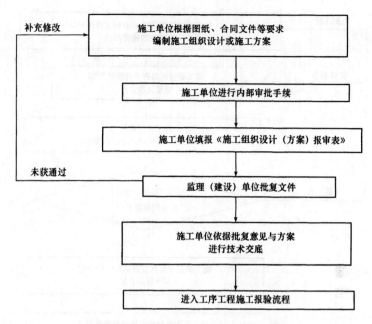

图 17-1　施工技术报审资料管理流程

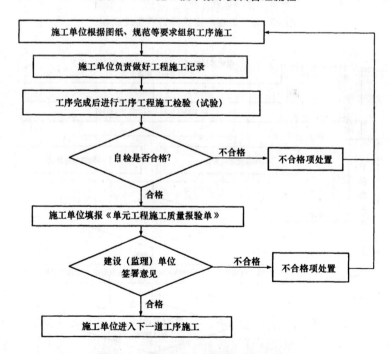

图 17-2　施工工序报验资料管理流程

3）工程物资进场报验资料的管理流程如图 17-3 所示。

4）工程物资选样资料的管理流程如图 17-4 所示。

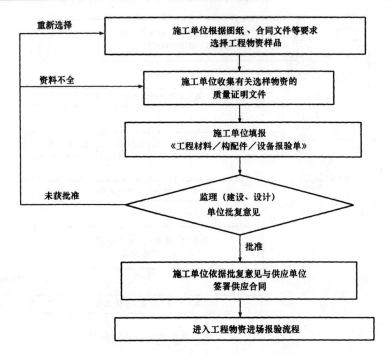

图 17 - 3　工程物资选样资料管理流程

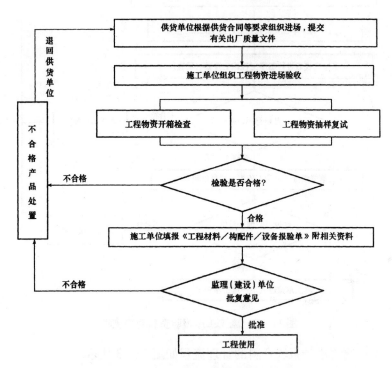

图 17 - 4　工程物资进场报验资料管理流程

5）部位工程报验资料的管理流程如图 17-5 所示。

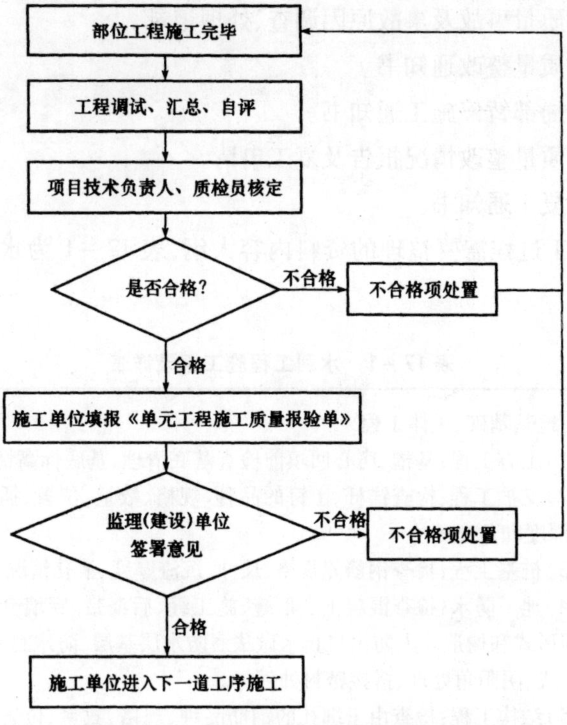

图 17-5　部位工程报验资料管理流程

二、水利工程施工记录

水利施工过程是整个工程至关重要的一部分，为了保证工程的质量和施工的安全，对施工过程资料的整理和搜集工作是必要的，一般施工过程资料包括以下内容：

（1）设计变更、洽商记录。

（2）工程测量、放线记录。

（3）预检、自检、互检、交接检记录。

（4）建（构）筑物沉降观测测量记录。

（5）新材料、新技术、新工艺施工记录。

（6）隐蔽工程验收记录。

（7）施工日志。

（8）混凝土开盘报告。

（9）混凝土施工记录。

（10）混凝土配合比计量抽查记录。

（11）工程质量事故报告单。

（12）工程质量事故及事故原因调查、处理记录。

（13）工程质量整改通知书。

（14）工程局部暂停施工通知书。

（15）工程质量整改情况报告及复工申请。

（16）工程复工通知书。

以上为施工过程需要整理的资料内容大纲，表 17 - 1 为水利施工中使用的具体内容。

表 17 - 1　水利工程施工记录详表

| 1 | 隐蔽工程检查记录 | 1、地基基础、主体工程
（1）土方工程：基槽、房心回填前检查基底清理、基底标高情况。
（2）支护工程：检查锚杆、土钉的品种、规格、数量、位置、插入长度、钻孔直径、深度和角度等。
（3）桩基工程：检查钢筋笼规格、尺寸、沉渣厚度、清孔情况。
（4）地下防水：检查混凝土变形缝、施工缝、后浇带、穿墙套管、埋设件等设置的形式和构造。人防出口止水做法。防水层基层、防水材料规格、厚度、铺设方式、阴阳角处理、搭接密封处理等。
（5）结构工程：检查由于绑扎的钢筋品种、规格、数量、位置、锚固和接头位置、搭接长度、保护层厚度和除锈、除污情况、钢筋代用变更及胡子筋处理等。检查钢筋连接型式、连接种类、接头位置、数量及焊条、焊剂、焊口形式、焊缝长度、厚度及表明清渣和连接质量等。
（6）预应力工程：检查预留孔的规格、数量、位置、形状、端部预埋垫板；预应力筋下料长度、切断方法、竖向位置偏差、固定、护套的完整性；锚具、夹具、连接点组装等。
（7）钢结构工程：检查地脚螺栓规格、位置、埋设方法、紧固等。
（8）外墙内、外保温构造节点做法。
2、建筑装饰装修工程
（1）地面工程：检查各基层（垫层、找平层、隔离层、防水层、填充层、地龙骨）材料品种、规格、铺设厚度、方式、坡度、标高、表面情况、密封处理、粘结情况等。
（2）抹灰工程：具有加强措施的抹灰应检查其加强构造的材料规格、铺设、固定、搭接等。
（3）门窗工程：检查预埋件和锚固件、螺栓等的规格、数量、位置、间距、埋设方式、与框的连接方式、防腐处理、缝隙的嵌填、密封材料的粘结等。
（4）吊顶工程：检查吊顶龙骨及吊件材质、规格、间距、连接方式、固定方式、表面防火、防腐处理、外观情况、接缝和边缝情况、填充和吸声材料的品种、规格、铺设、固定情况等。 |

续表

1	隐蔽工程检查记录	(5)轻质隔墙工程:检查预埋件、连接件、拉接筋的规格位置、数量、连接方式、与周边墙体及顶棚的连接、龙骨连接、间距、防火、防腐处理、填充材料设置等。 (6)饰面板(砖)工程:检查预埋件、后置埋件、连接件规格、位置、数量、连接方式、防腐处理等。有防水构造的部位应检查找平层、防水层的构造做法,同地面。 (7)幕墙工程:检查构件之间以及构件与主体结构的连接节点的安装及防腐处理;幕墙四周、幕墙与主体结构之间间隙节点的处理、封口的安装;幕墙伸缩缝、沉降缝、防震缝及墙面转角节点的安装、幕墙防雷接地节点的安装等。 (8)细部工程:检查预埋件、后置埋件和连接件规格、位置、数量、连接方式、防腐处理等。 3、建筑屋面工程 检查基层、找平层、保温层、防水层、隔离层材料品种、规格、厚度、铺设方式、搭接宽度、接缝处理、粘结情况;附加层、天沟、檐沟、泛水和变形缝细部做法,隔离层设置、密封处理部位等
2	预检记录	(1)模板:几何尺寸、轴线、标高、预埋件及预留孔位置、模板牢固性、接缝严密性、起拱情况、清扫口留置、模内清理、脱模剂涂刷、止水要求等;节点做法、放样检查。 (2)设备基础和预制构件安装:检查设备基础位置、混凝土强度、标高、几何尺寸、预留孔、预埋件等。 (3)地上混凝土结构施工缝:检查留置方法、位置、接茬处理等。 (4)管道预留孔洞:检查预留孔洞的尺寸、位置、标高等。 (5)管道预埋套管(预埋件):检查预埋套管(预埋件)的规格、型式、尺寸、位置、标高等。
3	施工检查记录	按规范要求应进行施工检查的重要工序,且本规程无相应施工记录表格的,应填写《施工检查记录》
4	交接检查记录	不同施工单位之间工程交接,应进行交接检查。移交单位、接受单位和见证单位共同对移交工程进行验收
5	地基验槽检查记录	包括基坑位置、平面尺寸、持力层检查、基底绝对高程和相对标高、基坑土质及地下水位等,有桩支护或桩基的工程还应进行桩的检查
6	预拌混凝土运输单	预拌混凝土供应单位应随车向施工单位提供预拌混凝土运输单,包括:工程名称、使用部位、供应方量、配合比、塌落度、出站时间、到场时间和施工单位测定的现场实测塌落度等
7	混凝土开盘鉴定	(1)预拌混凝土首次使用的混凝土配合比由混凝土供应单位进行开盘鉴定。 (2)现场搅拌混凝土,施工单位组织进行开盘鉴定

8	混凝土浇灌申请书	正式浇灌混凝土前,施工单位检查各项准备工作(如钢筋、模板工程检查,水电预埋检查;材料、设备及其他准备等)
9	地基钎探记录	
10	混凝土拆模申请书	在拆除现浇混凝土结构板、梁、悬臂构件等底模和挂墙侧模前,填写《混凝土拆模申请书》并附同条件混凝土强度报告,项目专业技术负责人审批。
11	混凝土搅拌、养护测温记录	(1)冬季混凝土施工时,应进行搅拌和养护测温记录。 (2)混凝土冬施搅拌测温记录应包括大气温度、原材料温度、出灌温度、入模温度等。 (3)混凝土冬施养护测温应绘制测温布置图,包括测温点的部位、深度等。测温记录应包括大气温度、各测温孔的实测温度、同一时间测得的各测温孔的平均温度和间隔时间等。
12	地基处理记录	
13	大体积混凝土养护测温记录	(1)大体积混凝土施工时应对入模时大气温度、各测温孔温度、内外温差和裂缝进行检查和记录。 (2)大体积混凝土养护测温应附测温点布置图,包括测温点的位置、深度等。
14	构件吊装记录	预制混凝土构件、大型钢、木构件吊装应有构件吊装记录
15	焊接材料烘焙记录	按规范和工艺文件等规定须烘焙的焊接材料应进行烘焙
16	地下工程防水效果检查记录	地下工程验收时应检查包括裂缝、渗漏部位、大小、渗漏情况、处理意见等。发现渗漏现象应制作《背水内表面结构工程展开图》
17	防水工程试水检查记录	(1)凡有防水要求的房间应有防水层及装修后的蓄水检查记录。检查内容包括蓄水方式、蓄水时间、蓄水深度、水落口及边缘的封堵情况和有无渗漏现象。 (2)屋面工程完工后,应对细部构造(屋面天沟、檐沟、泛水、水落口、变形缝、伸出屋面管道等)、接缝处和保护层进行雨期观察或淋水、蓄水检查。淋水试验持续时间不得少于 2h;蓄水时间不得少于 24h。

18	通风（烟）道、垃圾道检查记录	（1）通风（烟）道全数做通（抽）风和漏风、串风试验。 （2）垃圾道全数检查畅通情况。
19	基坑支护变形检测记录	在基坑开挖和支护结构使用期间，应按设计或规范规定对支护结构进行检测，并做变形记录
20	桩施工记录	桩基施工按规定做施工记录，检查内容包括孔位、孔径、孔深、桩体垂直度、桩顶标高、桩位偏差、桩顶完整性和接桩质量等。
21	预应力工程施工记录	（1）预应力张拉记录：记录（一）包括施工部位、预应力筋规格、平面示意图、张拉顺序、应力记录、伸长量。 （2）记录（二）对每根预应力筋的张拉实测值进行记录。 （3）后张法预应力张拉施工实行见证管理，做见证张拉记录。
22	有粘结预应力结构灌浆记录	记录内容包括灌浆孔状况、水泥浆配比状况、灌浆压力、灌浆量，并有灌浆点简图和编号
23	钢结构工程施工记录	（1）结构吊装记录：包括构件名称、安装位置、搁置与搭接长度、接头处理、固定方法、标高等。 （2）烘焙记录：焊接材料在使用前，按规定进行烘焙记录。 （3）钢结构安装施工记录： 1）主要受力构件安装应检查垂直度、测向弯曲等安装偏差。 2）主体结构在形成空间刚度单元并连接固定后，应检查整体垂直度和整体平面弯曲度的安装偏差，并做施工记录。 （4）钢网架结构总拼及屋面工程完工后，检查挠度值和其他安装偏差。
24	幕墙工程施工记录	（1）幕墙注胶检查记录：检查内容包括宽度、厚度、连续性、均匀性、密实度和饱满度。 （2）幕墙淋水检查记录：幕墙工程施工完成后，应在易渗漏部位进行淋水检查，填写《防水工程试水检查记录》。

第三节　监理资料

一、监理资料提纲

监理合同协议,监理大纲,监理规划、细则、采购方案、监造计划及批复文件;

设备材料审核文件;

施工进度、延长工期、索赔及付款报审材料;

开(停、复、返)工令、许可证等;

监理通知,协调会审纪要,监理工程师指令、指示,来往信函;

工程材料监理检查、复检、实验记录、报告;

监理日志、监理周(月、季、年)报、备忘录;

各项控制、测量成果及复核文件;

质量检测、抽查记录;

施工质量检查分析评估、工程质量事故、施工安全事故等报告;

工程进度计划实施的分析、统计文件;

变更价格审查、支付审批、索赔处理文件;

单元工程检查及开工(开仓)签证,工程分部分项质量认证、评估;

主要材料及工程投资计划、完成报表;

设备采购市场调查、考察报告;

设备制造的检验计划和检验要求、检验记录及试验、分包单位资格报审表;

原材料、零配件等的质量证明文件和检验报告;

会议纪要;

监理工程师通知单、监理工作联系单;

有关设备质量事故处理及索赔文件;

设备验收、交接文件,支付证书和设备制造结算审核文件;

设备采购、监造工作总结;

监理工作声像材料;

其他有关的重要来往文件。

二、监理资料内容

监理资料的内容包括：

(1)建设监理委托合同、中标通知书。

(2)监理公司营业执照、资质等级。

(3)项目监理机构人员安排。

1)人员资格证、上岗证。

2)现场监理印章使用通知。

3)现场监理人员变更通知。

(4)施工企业中标通知书。

(5)监理大纲、监理规划(应包含安全监理的内容,并根据工程项目变化情况调整监理规划的有关内容)。

1)工程项目概况。

2)监理工作范围。

3)监理工作内容。

4)监理工作目标。

5)监理工作依据。

6)项目监理机构的组织形式。

7)项目监理机构的人员配备计划。

8)项目监理机构的人员岗位职责。

9)监理工作程序。

10)监理工作方法及措施。

11)监理工作制度。

12)监理设施。

(6)施工招标答疑文件。

(7)施工承包合同。

(8)岩土工程勘察报告。

1)测量定位桩志图。

2)水准点桩志图。

3)桩位、水准点移交记录。

(9)设计文件。

1)规划通知书(规划许可证)。

2)总平面布置图。

3）施工图设计文件。

4）施工图审查意见及批准意见。

5）建筑设计防火审核意见书。

6）人防工程审核意见书。

（10）建筑工程质量监督注册登记表、通知书、工作方案。

（11）建筑工程安全监督注册登记表、通知书。

（12）施工许可证、安全施工许可证。

（13）开工报审表。

1）施工现场质量管理检查记录。

2）开工报告。包括：①施工许可证已获政府主要部门批准；②征地拆迁工作能满足工程进度的需要；③施工组织设计已获总监批准；④施工单位现场管理人员已到位，机具、施工人员已进场，主要工程材料已落实；⑤进场道路及水、电、通信等已满足开工要求。

3）施工组织设计报审表。包括：①可行性；②合法性；③与所选设备、施工方式适应性；④经济合理性。

4）施工企业营业执照、资质等级、安全生产许可证。

5）项目经理证、五大员证（施工员证、质检员证、安全员证、资料员证、造价员）、特种工证（电工、电焊工、架子工、机操工、塔吊等）。

（14）施工现场第一次会议记录。

1）各参建单位介绍机构、人员及分工。

2）建设单位宣布对总监的授权。

3）建设单位介绍开工准备情况。

4）施工单位介绍施工准备情况。

5）建设单位总监对施工准备情况提出意见和要求。

6）总监介绍监理规划的主要内容。

7）初步确定工地例会参加的人员、周期、地点及主要议题。

（15）施工测量放线报审表。

1）测量定位成果图。

2）有关测量放线数据参数。

3）施工企业复核成果图。

4）专业监理工程师复核情况。

（16）设计交底、图纸会审、设计变更。

（17）施工例会记录及其他会议记录。

1)检查上次会议议定事项落实情况,分析未完原因。

2)检查进度计划完成情况,确定下一周期进度目标。

3)检查质量状况,分析原因,改正出现的质量问题。

4)已完工程量核定,工程款支付。

5)解决需要协调的有关事项。

6)其他。

(18)监理实施细则(根据实际情况进行补充、修改和完善)。

1)专业工程的特点。

2)监理工作的流程。

3)监理工作的控制的要点及目标值。

4)监理工作的方法及措施。

(19)工程材料/构配件/设备报审表。

1)数量清单。

2)出厂合格证(材质证明书)。

3)材料试验委托单。

4)试验报告单。

(20)配合比通知单(砂浆、混凝土、商品混凝土)。

(21)分包单位资格报审表。

1)拟分包工程部位,分包工程占全部工程的份额。

2)分包单位营业执照、资质证书。

3)分包单位业绩证明材料。

4)分包工程人员资格证、上岗证。

(22)隐蔽工程报审表。

1)隐蔽工程验收资料。包括:①施工依据;②材料及检验试验报告单编号;③施工情况;④其他情况(如材料代用时)。

2)检验批验收记录。

(23)平行检验记录、旁站、巡视记录。

1)隐蔽工程平行检验记录。

2)砌体工程平行检验记录。

3)基础结构预验收记录。

4)主体结构回弹记录。

5)主体结构预验收记录。

(24)分部工程报验申请表。

1）各分项工程的评定资料。

2）分部工程质量评估报告。

（25）单项、分部工程质量评估报告。

（26）各单项工程验收报告（消防、人防、节能、桩基、幕墙、水、电等）。

（27）监理联系单。

（28）监理通知单、回复单。

（29）工程款支付证书、申请表。

（30）工程最终延期审批表、临时延期审批表、临时延期申请表。

（31）费用索赔审批表、申请表。

（32）工程暂停令、复工令（基础、主体验收报告，竣工验收监督通知书）。

（33）质量、安全事故报告及处理意见。

（34）建筑工程质量监督整改通知、复工记录、停工、复工通知。

（35）试件（块）试验报告，水、电等检验、试验记录、报告。

（36）监理日记（施工情况、监理情况、施工安全大事记等均应详细记录）、月报、台账、安全监理日记（详细记录）。

（37）单位工程竣工报审。

1）竣工报告。

2）各分部工程汇总情况。

（38）单位工程质量评估报告。

（39）单位工程竣工验收报告。

（40）单位工程竣工验收备案表。

（41）监理工作总结。应包括以下内容：

1）工程概况。

2）监理组织机构、监理人员和投入的监理设施。

3）监理合同履行情况。

4）监理工作成效。

5）施工过程中出现的问题及其处理情况和建议。

6）工程照片（有必要时）。施工阶段监理工作结束时，监理单位应向建设单位提交监理工作总结。

（42）其他来往文函（含施工现场安全设施的合格证、准用证、检测报告、设计代表委托书等）。

（43）施工监理月报。包括以下内容：

1）工程概况。

2)本月工程形象进度。

3)工程进度。包括:①本月实际完成情况与计划进度比较;②对进度完成情况及采取措施效果的分析。

4)工程质量。包括:①本月工程质量情况分析;②本月采取的工程质量措施及效果。

5)工程计量与工程款支付。包括:①工程量审核情况;②工程款审批情况及月支付情况;③工程款支付情况分析;④本月采取的措施及效果。

6)合同其他事项的处理情况。包括:①工程变更;②工程延期;③费用索赔。

7)本月监理工作小结。包括:①对本月进度、质量、工程款支付等方面情况的综合评价;②本月监理工作情况;③有关本工程的意见和建议;④下月监理工作的重点。

监理月报应由总监理工程师组织编制,签认后报建设单位和本监理单位。

三、监理工作总结

监理工作的最后环节是进行监理工作总结。总监理工程师应带领全体项目监理人员对监理工作进行全面的、认真的总结。监理工作总结应包括两部分:一是向业主提交的监理工作总结;二是向监理单位提交的监理工作总结。

（一）向业主提交的监理工作总结

项目监理机构向业主提交的监理工作总结,一般应包括以下内容:

(1)工程基本概况。

(2)监理组织机构及进场、退场时间。

(3)监理委托合同履行情况概述。

(4)监理目标或监理任务完成情况的评价。

(5)工程质量的评价。

(6)对工程建设中存在问题的处理意见或建议。

(7)质量保修期的监理工作。

(8)由业主提供的供监理活动使用的办公用房、车辆、试验设施等清单。

(9)表明监理工作总结的说明等。

(10)监理资料清单及工程照片等资料。

（二）向监理单位提交的监理工作总结

项目监理机构向监理单位提交的工作总结应包括的内容:监理组织机构情况;监理规划及其执行情况;监理机构各项规章制度执行情况;监理工作经验和教训;监理工作建议;质量保修期监理工作;监理资料清单及工程照片等资料。

第四节　维修养护资料

一、水管单位维修养护资料

（一）工程全面普查资料

水管单位运行观测部门在年度维修养护实施方案编制之前完成，主要是普查所辖工程目前存在的缺陷，需维修养护的项目及工程量，以供编制年度维修养护实施方案使用。

（二）年度维修养护实施方案

根据工程普查资料及管理重点进行编制，并按规定程序上报。内容包括上一年度计划执行情况、本年度计划编制的依据、原则、工程基本情况、本年度工程管理要点、维修养护项目的名称、内容及工程量、主要工作及进度安排、经费预算文件、维修养护质量要求、达到的目标、监理、质量监督检查、专项设计、主要措施实施情况。

（三）年度维修养护合同

（1）堤防工程维修养护合同。

（2）控导工程维修养护合同。

（3）水闸工程维修养护合同。

（四）月度工程普查

（1）管理班组月度工程普查记录清单：由水管单位运行观测部门完成，主要是普查所辖工程目前急需维修养护的项目、位置、内容、尺寸及工程量，供下达月维修养护任务通知书使用。

（2）管理班组月度工程普查统计汇总清单。

（3）水管单位月度工程普查统计汇总清单。

（五）月度维修养护任务通知书

（1）月度维修养护任务统计表：根据当月工程普查统计汇总情况，合理确定安排下月的维修养护内容及项目。

（2）月度维修养护项目工程（工作）量汇总表：按照月度维修养护任务统计表统计汇总的维修养护工程量。

（3）维修养护月度安排说明：简要说明当月维修养护项目安排情况（安排的项目、工程量和月度普查清单不一致时，详细说明情况）、维修养护内容、方法、质量要求以及完成时间等。

（六）观测记录及日志

（1）工程运行观测日志：内容主要包括工程运行状况、工程养护情况及存在问题。

（2）河势观测记录。

（3）水位观测记录。

（4）启闭机运行记录。

（5）启闭机检修记录。

（6）水闸工程的沉降、裂缝变形观测记录。

（7）测压管观测记录。

（七）月度会议纪要

由水管单位主持，维修养护、监理单位参加，会议主要通报维修养护工作进展、维修养护质量情况，讨论确定下月维修养护工作重点，协调解决维修养护工作存在的问题。

（八）月度验收签证

由水管单位组织月度验收，签证内容包括本月完成的维修养护项目工程量、质量、验收签证作为工程价款月支付的依据。

（九）水管单位（支）付款审核证书

（十）年度工作报告及验收资料

（1）工程维修养护年度管理工作报告。

（2）工程维修养护年度初验工作报告。

（3）水管单位年度工程管理工作总结。

（4）工程维修养护年度验收申请书。

（5）工程维修养护年度验收鉴定书。

（6）工程维修养护前、养护中、养护后影像资料。

二、养护单位维修养护资料

（一）维修养护施工组织方案

施工组织方案根据养护合同，结合维修养护工作特点及维修养护单位施工能力编制。

（二）维修养护自检记录表

（1）堤防工程维修养护自检记录表。

（2）控导工程维修养护自检记录表。

（3）水闸工程维修养护自检记录表。

（三）工程维修养护日志

内容包括维修养护完成工程量、工日、动用机械名称及台班。

（四）维修养护月报表

（五）月度验收申请表

（六）工程价款月支付申请书及月支付表

（七）工程维修养护年度工作报告

（八）工程维修养护年度验收请验报告

三、竣工验收报告

（一）工程建设管理工作报告

（1）工程概况。工程位置、工程布置、主要技术经济指标、主要建设内容、设计文件的批复过程等。

（2）主要项目施工过程及重大问题处理。

（3）项目管理。参建各单位机构设置及工作情况、主要项目招投标过程、工程概算与执行情况、合同管理、材料及设备供应、价款结算、征地补偿及移民安置等。

（4）工程质量。工程质量管理体系、主要工程质量控制标准、单元工程和分部工程质量数据统计、质量事故处理结果等。

（5）工程初期运用及效益。

（6）历次验收情况、工程移交及遗留问题处理。

（7）竣工决算。竣工决算结论、批准设计与实际完成的主要工程量对比、竣工审计结论等。

（8）附件。项目法人的机构设置及主要工作人员情况表、设计批准文件及调整批准文件、历次验收鉴定书、施工主要图纸、工程建设大事记等。

（二）工程设计工作报告

（1）工程概况。

（2）工程规划设计要点。

（3）重大设计变更。

（4）设计文件质量管理。

（5）设计为工程建设服务。

（6）附件：设计机构设置和主要工作人员情况表、重大设计变更与原设计对比等。

（三）工程施工管理工作报告

（1）工程概况。

（2）工程投标及标书编制原则。

（3）施工总布置、总进度和完成的主要工程量等。

（4）主要施工方法及主要项目施工情况。

（5）施工质量管理。施工质量保证体系及实施情况、质量事故及处理、工程施工质量自检情况等。

（6）文明施工与安全生产。

（7）财务管理与价款结算。

（8）附件：施工管理机构设置及主要工作人员对照表、投标时计划投入资源与施工实际投入资源对照表、工程施工管理大事记。

（四）工程建设监理工作报告

（1）工程概况、工程特性、工程项目组成、合同目标等。

（2）监理规划。包括组织机构及人员、监理制度、检测办法等。

（3）监理过程。包括监理合同履行情况。

（4）监理效果。质量、投资及进度控制工作成效及综合评价。施工安全与环境保护监理工作成效及综合评价。

（5）经验、建议，其他需要说明的事项。

（6）附件：监理机构设置与主要工作人员情况表、工程建设大事记。

（五）水利工程质量评定报告

（1）工程概况。工程名称及规模、开工及完工日期、参加工程建设的单位。

（2）工程设计及批复情况。工程主要设计指标及效益、主管部门的批复文件。

（3）质量监督情况。人员配备、办法及手段。

（4）质量数据分析。工程质量评定项目划分、分部及单位工程的优良品率、中间产品质量分析计算结果。

（5）质量事故及处理情况。

（6）遗留问题的说明。

（7）报告附件目录。

（8）工程质量评定意见。

（六）初步验收工作报告

（1）前言。

（2）初步验收工作情况。

（3）初步验收发现的主要问题及处理意见。

（4）对竣工验收的建议。

（5）初步验收工作组成员签字表。

（6）附件：专业组工作报告、重大技术问题专题或咨询报告、竣工验收鉴定书（初稿）。

（七）工程竣工验收申请报告

（1）工程完成情况。

（2）验收条件检查结果。

（3）验收组织准备情况。

（4）建议验收时间、地点和参加单位。

第五节　　竣工验收资料

一、竣工验收资料清单

（1）工程建设管理工作报告。

（2）工程建设大事记。

（3）拟验工程清单、未完工程清单、未完工程的建设安排及完成时间。

（4）技术预验收工作报告。

（5）验收鉴定书（初稿）。

（6）度汛方案。

（7）工程调度运用方案。

（8）工程建设监理工作报告。

（9）工程设计工作报告。

（10）工程施工管理工作报告。

（11）运行管理工作报告。

（12）工程质量和安全监督报告。

（13）前期工作文件及批复文件。

（14）主管部门批文。

（15）招标投标文件。

（16）合同文件。

（17）工程项目划分资料。

（18）单元工程质量评定资料。

（19）分部工程质量评定资料。

（20）单位工程质量评定资料。

（21）工程外观质量评定资料。

（22）工程质量管理有关文件。

（23）工程安全管理有关文件。

（24）工程施工质量检验文件。

（25）工程监理资料。

（26）施工图设计文件。

（27）工程设计变更资料。

（28）竣工图纸。

（29）征地移民有关文件。

（30）重要会议记录。

（31）质量缺陷备案表。

（32）安全、质量事故资料。

（33）阶段验收鉴定书。

（34）竣工决算及审计资料。

（35）工程建设中使用的技术标准。

（36）工程建设标准强制性条文。

（37）专项验收有关文件。

（38）安全、技术鉴定报告。

二、竣工验收资料立卷

第一卷　工程建设管理类

第一分卷　综合资料

1.项目法人组织机构设置及批复文件;

2.建设管理制度;

3.开工报告书;

4.下达投资计划、上级主管部门下达的有关指导性文件等。

第二分卷　初步设计及批复文件

安全鉴定资料,初步设计报告、审查意见及批复文件等

第三分卷　施工图、设计变更文件

第四分卷　质量监督

质量监督报告书、项目划分和监督计划书、质量检测报告等

第五分卷　工程合同

设计、监理、施工、质量检测等合同及合同变更文件等

第六分卷　招标、投标文件

包括招标文件、招标公告、评标报告、中标总结报告、中标通知书、履约保函以及投标文件等

第七分卷　财务管理

包括财务与会计管理资料、竣工决算报告及有关资料竣工审计资料等

第二卷　监理类

第一分卷　综合资料

包括监理规划、监理实施细则、项目划分、监理发布文件、与有关单位往来文件、会议纪要等

第二分卷　原材料、中间产品等质量平行检测资料

第三分卷　监理现场记录

包括监理现场测量、旁站记录、监理日志等

第四分卷　监理月报

第五分卷　验收资料

包括重要单元隐蔽工程和关键部位单元工程验收签证等

第三卷　施工类

第一分卷　综合资料

包括施工组织设计、施工进度计划、安全生产方面的文件措施、与有关单位往来文件、会议纪要。

第二分卷　原材料和中间产品资料

包括出厂合格证、各种试验报告单、经监理见证跟踪送检的质量抽检资料。

第三分卷　机电设备资料

包括出厂资料、安装调试、性能鉴定及试运行资料等。

第四分卷　原始记录

施工日志、含原始断面测量、现场记录等。

第五分卷　单元工程、分部工程质量评定资料

含隐蔽验收、开仓证、混凝土、砂浆试块统计分析资料。

第六分卷　施工月报

第七分卷　施工声像资料

第四卷　竣工图纸

第五卷　验收报告

第六卷　验收鉴定书

包括各阶段验收鉴定书。

三、竣工验收

（1）竣工验收委员会可设主任委员 1 名，副主任委员以及委员若干名，主任委员应由验收主持单位代表担任。竣工验收委员会由竣工验收主持单位、有关地方人民政府和部门、有关水行政主管部门和流域管理机构、质量和安全监督机构、运行管理单位的代表以及有关专家组成。工程投资方代表可参加竣工验收委员会。

（2）项目法人、勘测、设计、监理、施工和主要设备制造（供应）商等单位应派代表参加竣工验收，负责解答验收委员会提出的问题，并作为被验收单位代表在验收鉴定书上签字。

（3）竣工验收会议应包括以下主要内容和程序：

1）现场检查工程建设情况及查阅有关资料；

2）召开大会：

①宣布验收委员会组成人员名单。

②观看工程建设声像资料。

③听取工程建设管理工作报告。

④听取竣工技术预验收工作报告。

⑤听取验收委员会确定的其他报告。

⑥讨论并通过竣工验收鉴定书。

⑦验收委员会委员和被验收单位代表在竣工验收鉴定书上签字。

（4）工程项目质量达到合格以上等级的，竣工验收的质量结论意见为合格。

（5）数量按验收委员会组成单位、工程主要参建单位各一份以及归档所需要份数确定。自鉴定书通过之日起 20 个工作日内，由竣工验收主持单位发送有关单位。

第六节　工程档案验收

一、验收准备

（一）申请条件

水电建设项目主体工程—辅助设施已按照设计建成,能满足生产或使用的需要;项目试运行各项指标考核合格或者达到设计能力;完成了项目建设全过程文件材料的收集、整理与归档工作;基本完成了档案的分类、组卷、编号等整理工作。以上条件全都具备,建设单位可以提出验收申请。项目档案验收前,项目的建设单位(法人)应组织项目设计、监理、施工等方面负责人以及有关人员,根据档案工作的相关要求,依据《重大建设项目档案验收办法》验收内容及要求进行全面自检。

验收申报:申报程序——文件起草(报告请示)——报告编写

(二)编写项目档案专项验收报告

报告编写提纲:

(1)水电站工程档案专项验收建设单位报告编写提纲。

1)建设项目工程概况;

2)项目档案管理概况;

3)保证项目档案完整、准确、系统、安全所采取的控制措施(主要介绍落实及执行档案管理原则、管理制度、标准的情况,采取具体措施保证项目档案的完整、准确、系统的情况);

4)项目文件材料的形成、收集、整理与归档情况,竣工图的编制情况及设计修改通知单更改情况;

5)档案信息化建设及应用情况;

6)档案在项目建设、管理、试运行中的作用;

7)各阶段档案专项检查存在问题的整改情况;

8)存在的问题及解决措施;

9)对档案的完整性、准确性、系统性进行评价;

10)附件1:本工程建安合同项目清单;

附件2:本工程科研项目清单;

附件3:各阶段档案专项检查意见;

附件4:各类档案整编入库统计表(分业主管理、设计、科研、监理、施工、厂家等);

附件5:初步验收意见落实整改报告。

(2)水电站工程档案专项验收施工单位工程竣工档案自检报告编写提纲。

1)承担建设项目的概况;

2)项目档案管理概况;

3)保证项目档案完整、准确、系统、安全所采取的控制措施;

4）项目文件资料的形成、积累、整理与归档移交情况；

5）竣工图编制情况及设计修改通知单更改情况；

6）各阶段档案专项检查存在问题的整改情况；

7）存在的问题及解决的措施；

8）对档案的完整性、准确性、系统性进行评价；

9）附表：按单位或分部工程进行统计、所移交的各类档案的统计数据。

（3）水电站工程档案专项验收监理单位工程竣工档案自检报告编写提纲。

1）承担建设项目的概况；

2）项目档案管理概况；

3）保证项目档案完整、准确、系统、安全所采取的控制措施；

4）项目文件资料的形成、积累、整理与归档移交情况，以及对承包人项目文件资料形成、积累、整理与归档监管情况；

5）对承包人的竣工档案、竣工图编制和设计修改通知单更改的审核情况；

6）各阶段档案专项检查存在问题的整改情况；

7）存在的问题及解决的措施；

8）对档案的完整性、准确性、系统性进行评价；

9）附表：按单位或分部工程进行统计、所移交的各类档案的统计数据。

（4）水电站工程档案专项验收设计单位及试验、测量等中心工程竣工档案自检报告编写提纲。

1）承担建设项目的概况；

2）项目档案管理概况；

3）保证项目档案完整、准确、系统、安全所采取的控制措施；

4）项目文件资料的形成、积累、整理与归档移交情况；

5）各阶段档案专项检查存在问题的整改情况；

6）存在的问题及解决的措施；

7）对档案的完整性、准确性、系统性进行评价；

8）附表：按单位或分部工程进行统计、所移交的各类档案的统计数据。

（三）备查文件资料

（1）建设项目合法性文件。

1）项目核准、开工批复（发展改革委）；

2）规划许可证"建设项目选址意见书"（规划部门）；

3）土地使用证（土地局）；

4）水资源审批文件（不含输变电，水利部门）；

5)概算批复文件(项目立项审批部门);

6)招投标程序符合"招投标法"规定(上级主管单位);

7)(施工单位跨省)施工许可证(施工单位办理,建设厅<委>);

8)质量监督注册证书及规定阶段的监督报告(质量监督中心站);

9)移交生产签证书(启动委员会);

10)消防专项验收证书(不含输电);

11)建设项目职业卫生专项验收(卫生部门);

12)安全专项验收证书(安全生产监察局);

13)劳动卫生专项验收证书(劳动保障部门);

14)环保专项验收证书(环境保护部门);

15)水土保持专项验收证书(水利部门);

16)档案专项验收证书;

17)水电枢纽工程专项验收鉴定书;

18)无拖欠工程款、农民工工资证明(上级主管单位);

19)竣工决算(上级主管单位);

20)竣工决算审计报告(有资质的第三方会计师事务所);

21)竣工验收签证书。

由立项审批部门或受其委托单位组织安全、消防、土地、水利、环保、档案等专项验收单位参加。

(2)各专业技术文件。

1)各专业强制性条文实施计划和实施记录;

2)各专业施工管理文件;

3)质量验评资料:包括检验批、分项、分部、单位工程质量验评汇总、统计数据准确,且与"验评范围划分表"一致;

4)主要原材料出厂合格证、试验报告、进场检验报告、质量跟踪记录;

5)主要质量控制资料、施工纪录、隐蔽工程验收记录、过程检测记录(报告);

6)分部工程安全和功能检测记录;

7)移交时沉降观测报告、移交后继续观测记录(报告),单位工程主要功能抽查记录;

8)主机设备开箱文件。

(3)竣工图审核情况。

1)各专业设计文件,设计修改通知单及工程更改洽商内容;

2)各专业竣工图。

(4)项目档案管理机制。

1)项目档案管理机制及领导小组成立文件;

2)档案人员素质方面,专职档案人员学历、职称及上岗培训证;

3)项目档案管理规章制度及工作标准;

4)实行统一领导、分级管理原则,进行有效监督、指导、检查的记录及定期开展档案管理活动记录;

5)同步管理方面,档案人员参加工程阶段性质量检查及设备开箱记录等;

6)落实领导及有关人员责任制方面,应提供领导和各部门工作责任制及考核记录;

7)档案工作纳入合同管理方面,应提供档案管理责任写入主机设备及主要承包单位合同的有关条款。

(5)项目档案基础业务。

1)机读目录及分类目录或全引目录;

2)项目档案分类规则及方案,项目档案编制总说明。

(6)项目档案的安全保管情况。

1)档案库房设施设备配备要求基本齐全;

2)档案库房安全保管的预防(应急)措施,库房温、湿度记录。

(7)档案信息化管理。

档案信息化管理方面,主要实地查验档案管理系统,档案信息的利用以及档案信息安全情况。

二、验收程序

(1)项目档案专项验收前,监理单位、施工单位档案管理人员应对本单位形成的档案按照有关规定进行自行验收,并将检查结果报送建设单位。

(2)建设单位汇总各监理单位、施工单位报送的工程竣工档案材料后,档案人员应对各单位报送的和本单位形成的工程竣工档案按照有关规定进行审核和自行验收。向地方档案局申报建设项目档案专项验收。

(3)项目档案专项验收:项目档案专项验收会,采取二会一查形式,即首次会议、末次会议和现场抽查的方式。

首次会议应由建设单位汇报项目建设概况和项目档案管理情况,监理单位汇报项目文件质量控制和项目档案质量审查情况。

末次会议检查组应对申报验收单位的项目档案管理及项目档案归档齐

全、完整、准确和系统整理情况做出结论,并宣布验收意见。

现场检查,应根据各阶段档案形成数量按比例抽查调卷,抽查案卷数不得少于总卷册的 10%。

项目档案专项验收会应有设计、施工、监理、调试和生产运行单位的分管领导及技术负责人、档案人员参加,其他相关部门的有关人员列席。

以上规定的依据是《重大建设项目档案验收办法》的有关规定。项目档案专项验收程序一般包括自检和复检两个阶段。申报单位在自检并完成整改的基础上,向项目档案验收组织单位提出验收申请,并按《重大建设项目档案验收办法》规定的组织单位组织现场验收,形成验收意见。项目档案专项验收是建设项目质量评价及项目创优的必备条件之一。

第七节　工程档案移交与管理

在建设过程中,从立项直至竣工并投入使用的全过程中形成了大量的工程文件,包括文字、图表、声像、模型、实物等各种形式的记录,按档案的整编原则进行整理、编目、立卷后便形成建设工程档案,作为本建设项目的历史记录。概括起来,建设工程档案是在工程建设活动中直接形成的、具有归档保存价值的文字、图表、声像等各种形式的历史记录,简称工程档案。工程档案具有如下作用:(1)为工程本身的管理、维修、改建、扩建、恢复等工作提供依据。(2)为城市规划、工程设计、城市建设管理、产权产籍、工程备案等提供可靠的凭证。(3)作为历史查考、总结经验、技术交流、科学研究的信息资源。

工程档案包括工程准备阶段文件、监理文件、施工文件、竣工验收文件及竣工图五大部分。具体定义为:

工程准备阶段文件:工程开工以前,在建设项目立项、审批、征地、勘察、设计、招标投标等工程准备阶段的文件。

监理文件:监理单位在工程勘察、设计、施工等监理过程中形成的文件。

施工文件:施工单位在工程施工过程中形成的文件(资料)。

竣工验收文件:建设工程竣工验收活动中形成的文件,一般由建设单位收集、整理而成。

竣工图:工程竣工验收后,真实反映建设工程结果的图样。

一、施工项目信息管理系统

(一)建立信息代码系统

将各类信息按信息管理的要求分门别类,并赋予能反映其主要特征的代码,一般有顺序码、数字码、字符码和混合码等,用以表征信息的实体或属性;代码应符合唯一化、规范化、系统化、标准化的要求,以便利用计算机进行管理;代码体系应科学合理、结构清晰、层次分明,具有足够的容量、弹性和可兼容性,能满足施工项目管理需要。图 17 - 6 是单位工程成本信息编码示意图。

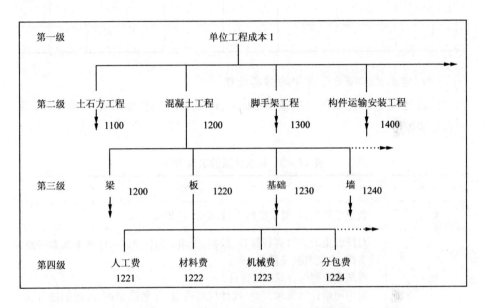

图 17 - 6　单位工程成本信息编码示意图

(二)明确施工项目管理中的信息流程

根据施工项目管理工作的要求和对项目组织结构、业务功能及流程的分析,建立各单位及人员之间、上下级之间、内外之间的信息连接,并保持纵横内外信息流动的渠道畅通有序,否则施工项目管理人员无法及时得到必要的信息,就会失去控制的基础、决策的依据和协调的媒介,将影响施工项目管理工作顺利进行。

(三)建立施工项目管理中的信息收集制度

对施工项目的各种原始信息来源、要收集的信息内容、标准、时间要求、传递途径、反馈的范围、责任人员的工作职责、工作程序等有关问题做出具体规定,形成制度,认真执行,以保证原始资料的全面性、及时性、准确性和可靠性。为了便于信息的查询使用,一般是将收集的信息填写在项目目录清单上,再输入计算机,其格式见表 17 - 2。

表 17 -2　项目目录清单

序号	项目名称	项目电子文档名称	内存/盘号	单位工程名称	单位工程电子文档名称	负责单位	负责人	日期	附注
1									
2									
3									
…									

（四）建立施工项目管理中的信息处理

信息处理主要包括信息的收集、加工、传输、存储、检索和输出等工作，其内容见表 17 -3。

表 17 -3　信息处理的工作内容

工作	内　　容
收集	收集原始资料，要求资料全面、及时、准确和可靠
加工	对所收集的资料进行筛选、校核、分组、排序、汇总、计算平均数等整理工作，建立索引或目录文件； 将基础数据综合成决策信息； 运用网络计划技术模型、线性规划模型、存储模型等，对数据进行统计分析和预测
传输	借助纸张、图片、胶片、磁带、软盘、光盘、计算机网络等载体传递信息
存储	将各类信息存储、建立档案，妥善保管，以备随时查询使用
检索	建立一套科学、迅速的检索方法，便于查找各类信息
输出	将处理好的信息按各管理层次的不同要求编制打印成各种报表和文件或以电子邮件、Web 网页等形式发布

二、施工项目信息管理系统的要求

（1）进行项目信息管理体系的设计时，应同时考虑项目组织和项目启动的需要，包括信息的准备、收集、标识、分类、分发、编目、更新、归档和检索等。信息应包括事件发生时的条件，以便使用前核查其有效性和相关性。所有影响项目执行的协议，包括非正式协议，都应正式形成文件。

（2）项目信息管理系统应目录完整、层次清晰、结构严密、表格自动生成。

（3）项目信息管理系统应方便项目信息输入、整理与存储，并利于用户随时提取信息。

（4）项目信息管理系统应能及时调整数据、表格与文档，能灵活补充、修改与删除数据。

（5）项目信息管理系统内含信息种类与数量应能满足项目管理的全部需要。

（6）项目信息管理系统应能使设计信息、施工准备阶段的管理信息、施工过程项目管理各专业的信息、项目结算信息、项目统计信息等有良好的接口。

（7）项目信息管理系统应能连接项目经理部内部各职能部门之间以及项目经理部与各职能部门、与作业层、与企业各职能部门、与企业法定代表人、与发包人和分包人、与监理机构等，使项目管理层与企业管理层及作业层信息收集渠道畅通、信息资源共享。

三、工程资料组卷要求

组卷是指按照一定原则和方法，将有保存价值的文件分类整理成案卷的过程。

（一）资料组卷要求

（1）工程资料如基建文件、监理资料、施工资料、水工建筑物质量评定资料及房建工程质量验收资料均应齐全、完整，并符合相关规定。文件材料和图纸应满足质量要求，否则应予以返工。

（2）工程竣工后，应绘制竣工图。竣工图应反差明显、图面整洁、线条清晰、字迹清楚，能满足微缩和计算机扫描的要求。

（3）工程资料组卷时，应按不同收集、整理单位及资料类别，按基建文件、监理资料、施工资料和竣工图分别进行组卷；施工资料还应按专业分类，以便于保管和利用。

（4）组卷时，应按单位工程进行组卷。卷内资料和排列顺序应依据卷内资料构成而定，一般顺序为封面、目录、资料部分、备考表和封底。

组成的卷案应美观、整齐。若卷内存在多类工程资料时，同类资料按自然形成的顺序和时间排序，不同资料之间应按一定顺序进行排列。

（5）水利工程资料组成的案卷不宜过厚，一般不超过40mm。案卷内不应有重复资料。

（二）资料组卷规定

（1）基建文件组卷。基建文件可根据类别和数量的多少组成一卷或多卷，如工程决策立项文件卷、征地拆迁文件卷、勘察、测绘与设计文件卷、工程开工文件卷、商务文件卷、工程竣工验收与备案文件卷。同一类基建文件还可根据数量多少组成一卷或多卷。

（2）监理资料组卷。监理资料可根据资料类别和数量多少组成一卷或多卷。

（3）施工资料组卷。施工资料组卷应按照专业、系统划分，每一专业、系统再按照资料类别并根据资料数量多少组成一卷或多卷。

对于专业化程度高，施工工艺复杂，通常由专业分包施工的子分部（分项）工程应分别单独组卷。应单独组卷子分部（分项）工程并按照顺序排列，并根据资料数量的多少组成一卷或多卷。

（4）水工建筑物施工质量评定资料组卷。根据单位工程或专业进行分卷，每单位工程应组成一卷，如堤防工程、灌浆工程、土砌工程、混凝土面板堆石坝、浆砌砌、发电厂房等，应分别组成一卷或多卷。

（5）房建工程质量验收资料组卷。房建工程施工质量验收资料应按资料的类别或专业进行分类组，有时也按单位工程进行组卷。并根据质量验收资料的多少组成一卷或多卷。

（6）组卷时，应注意：文字资料和图纸材料原则上不能混装在一个装具内，如资料材料较少，需放在一个装具内时，文字材料和图纸材料必须混合装订，其中文字材料排前，图样材料排后。

四、案卷的编写与装订

（一）案卷的规格

工程资料组卷时，要求卷内资料、封面、目录、备考表统一采用 A4 幅（297mm×210mm）尺寸，图纸分别采用 A0（841mm×1189mm）、S1（594mm×841mm）、A2（420mm×594mm）、A3（297mm×420mm）、A4（297mm×210mm）幅面。小于 A4 幅面的资料要用 A4 白纸（297mm×210mm）衬托。

（二）案卷的编写

（1）编写页号应以独立卷为单位。再案卷内资料材料排列顺序确定后，均以有书写内容的页面编写页号。

（2）每卷从阿拉伯数字 1 开始，用打号机或钢笔一次逐张连续标注页号，采用黑色、蓝色油墨或墨水。案卷封面、卷内目录和卷内备案表不编写页号。

（3）页号编写位置：单面书写的文字材料页号编写在右下角，双面书写的文字材料页号正面编写在右下角，背面编写在左下角。

（4）图纸拍叠后无论何种形式，页号一律编写在右下角。

（5）案卷脊背项目有档号、案卷题名，有档案保管单位填写。城建档案析案卷脊背由城建档案馆填写。

（三）案卷的装订

（1）案卷应采用统一规格尺寸的装具；属于工程档案的文字、图纸材料一律采用城建档案馆监制的硬壳卷夹或卷盒。

案卷装具的外表尺寸 310mm（高）×220mm（宽），卷盒厚度尺寸分别为 50mm、30mm 两种，卷夹厚度尺寸为 25mm；少量特殊的档案也可采用外表尺寸为 310mm（高）×430mm（宽），厚度尺寸为 50mm。案卷软（内）卷皮尺寸为 297mm（高）×210mm（宽）。

（2）文字材料必须装订成册，图纸材料可装订成册，也可散装存放。装订时要剔除金属物，装订线一侧根据案卷薄厚加垫草板纸。

（3）案卷用棉线在左侧三孔装订，棉线装订结打在背面。装订线距左侧 20mm，上下两孔分别距中孔 80mm。

（4）装订时，须将封面、目录、备考表、封底与案卷一起装订。图纸散装在卷盒内时，需将案卷封面、目录、备考表三件用棉线在左上角装订在一起。

五、归档与移交

（1）水利工程档案的保管期限分为永久、长期、短期三种。长期档案的实际保存期限不得短于工程的实际寿命。

（2）《水利工程建设项目文件材料归档范围和保管期限表》是对项目法人等相关单位应保存档案的原则规定。项目法人可结合实际，补充制定更加具体的工程档案归档范围及符合工程建设实际的工程档案分类方案。

（3）水利工程档案的归档工作，一般是由产生文件材料的单位或部门负责。总包单位对各分包单位提交的归档材料负有汇总责任。各参建单位技术负责人应对其提供档案的内容及质量负责；监理工程师对施工单位提交的归档材料应履行审核签字手续，监理单位应向项目法人提交对工程档案内容与整编质量情况的专题审核报告。

（4）水利工程文件材料的收集、整理应符合《科学技术档案案卷构成的一般要求》（GB/T 1182—2000）。归档文件材料的内容与形式均应满足档案整理规范要求。即内容应完整、准确、系统；形式应字迹清楚、图样清晰、图表整洁，竣工图及声像材料须标注的内容清楚、签字（章）手续完备，归档图纸应按《技术制图 复制图的折叠方法》（GB/T 10609.3—2009）的要求统一折叠。

（5）竣工图是水利工程档案的重要组成部分，必须做到完整、准确、清晰、系统、修改规范、签字手续完备。项目法人应负责编制项目总平面图和综合管线竣工图。施工单位应以单位工程或专业为单位编制竣工图。竣工图须由编制单位在图标上方空白处逐张加盖竣工图章，有关单位和责任人应严格履行签字手续。每套竣工图应附编制说明、鉴定意见及目录。施工单位应按以下要求编制竣工图：

1) 按施工图施工没有变动的，须在施工图上加盖并签署竣工图章。

2) 一般性的图纸变更及符合杠改或划改要求的，可在原施工图上更改，在说明栏内注明变更依据，加盖并签署竣工图章。

3) 凡涉及结构形式、工艺、平面布置等重大改变，或图面变更超过 1/3 的，应重新绘制竣工图（可不再加盖竣工图章）。重绘图应按原图编号，并在说明栏内注明变更依据，在图标栏内注明竣工阶段和绘制竣工图的时间、单位、责任人。监理单位应在图标上方加盖并签署竣工图确认章。

(6) 水利工程建设声像档案是纸制载体档案的必要补充。参建单位应指定专人，负责各自产生的照片、胶片、录音、录像等声像材料的收集、整理、归档工作，归档的声像材料均应标注事由、时间、地点、人物、作者等内容。工程建设重要阶段、重大事件、事故，必须要有完整的声像材料归档。

电子文件的整理、归档，参照《电子文件归档与管理规范》(GB/T 18894—2004) 执行。

(7) 项目法人可根据实际需要，确定不同文件材料的归档份数，但应满足以下要求：

1) 项目法人与运行管理单位应各保存 1 套较完整的工程档案材料（当二者为一个单位时，应异地保存 1 套）。

2) 工程涉及多家运行管理单位时，各运行管理单位则只保存与其管理范围有关的工程档案材料。

3) 当有关文件材料需由若干单位保存时，原件应由项目产权单位保存，其他单位保存复制件。

4) 流域控制性水利枢纽工程或大江、大河、大湖的重要堤防工程，项目法人应负责向流域机构档案馆移交 1 套完整的工程竣工图及工程竣工验收等相关文件材料。

(8) 工程档案的归档与移交必须编制档案目录。档案目录应为案卷级，并须填写工程档案交接单。交接双方应认真核对目录与实物，并由经手人签字、加盖单位公章确认。

(9) 工程档案的归档时间，可由项目法人根据实际情况确定。可分阶段在单位工程或单项工程完工后向项目法人归档,也可在主体工程全部完工后向项目法人归档。整个项目的归档工作和项目法人向有关单位的档案移交工作,应在工程竣工验收后三个月内完成。

六、电子档案的验收与移交

(1)建设单位在组织工程竣工验收前,提请当地建设(城建)档案管理机构对工程纸质档案进行预验收时,应同时提请对工程电子档案进行预验收。

(2)列入城建档案馆(室)接收范围的建设工程,建设单位向城建档案馆(室)移交工程纸质档案时,应同时移交一套工程电子档案。

(3)停建、缓建建设工程的电子档案,暂由建设单位保管。

(4)对改建、扩建和维修工程,建设单位应当组织设计、施工单位据实修改、补充、完善原工程电子档案。对改变的部位,应当重新编制工程电子档案,并和重新编制的工程纸质档案一起向城建档案馆(室)移交。

(5)城建档案馆(室)接收建设电子档案时,应按要求对电子档案再次检验,检验合格后,将检验结果按要求填入《建设电子档案移交、接收登记表》(表17-4),交接双方签字、盖章。

(6)登记表应一式两份,移交和接收单位各存一份。

七、电子档案的管理

(一)脱机保管

(1)建设电子档案的保管单位应配备必要的计算机及软、硬件系统,实现建设电子档案的在线管理与集成管理。并将建设电子档案的转存和迁移结合起来,定期将在线建设电子档案按要求转存为一套脱机保管的建设电子档案,以保障建设电子档案的安全保存。

(2)脱机建设电子档案(载体)应在符合保管条件的环境中存放,一式三套,一套封存保管,一套异地保存,一套提供利用。

(3)脱机建设电子档案的保管,应符合下列条件:

1)归档载体应作防写处理,不得擦、划、触摸记录涂层。

2)环境温度应保持在17~20℃之间,相对湿度应保持在25%~45%之间。

3)存放时应注意远离强磁场,并与有害气体隔离。

4)存放地点必须做到防火、防虫、防鼠、防盗、防尘、防湿、防高温、防光。

5)单片载体应装盒,竖立存放,且避免挤压。

表 17 -4   建设电子档案移交、接收登记表

载体编号			载体标识		
载体类型			载体数量		
载体外观检查	有无划伤		是否清洁		
病毒检查	杀毒软件名称		版本		
	病毒检查结果报告:				
载体存储电子文件检验项目	载体存储电子文件总数		文件夹数		
	已用存储空间				字节
载体存储信息读取检验项目	编制说明文件中相关内容记录是否完整				
	是否存有电子文件目录文件				
	载体存储信息能否正常读取				
移交人(签名)　　　　　　　　年　月　日			接收人(签名)　　　　　　　　年　月　日		
移交单位审核人(签名)　　　　　年　月　日			接收单位审核人(签名)　　　　　年　月　日		
移交单位(印章)　　　　　　　　年　月　日			接收单位(印章)　　　　　　　　年　月　日		

(二)有效存储

(1)建设电子档案保管单位应每年对电子档案读取、处理设备的更新情况进行一次检查登记。设备环境更新时应确认库存载体与新设备的兼容性,如不兼容,必须进行载体转换。

(2)对所保存的电子档案载体,必须进行定期检测及抽样机读检验,如发现问题应及时采取恢复措施。

（3）应根据载体的寿命，定期对磁性载体、光盘载体等载体的建设电子档案进行转存。转存时必须进行登记，登记内容应按表 17 - 5 的要求填写。

（4）在采取各种有效存储措施后，原载体必须保留三个月以上。

表 17 - 5　建设电子档案转存登记表

存储设备更新 与兼容性检验 情况登记	
光盘载体 转存登记	
磁性载体 转存登记	

填表人（签名）： 年　月　日	审核人（签名）： 年　月　日	单位（盖章）： 年　月　日

（三）迁移

（1）建设电子档案保管单位必须在计算机软、硬件系统更新前或电子文件格式淘汰前，将建设电子档案迁移到新的系统中或进行格式转换，保证其在新环境中完全兼容。

（2）建设电子档案迁移时必须进行数据校验，保证迁移前后数据的完全一致。

（3）建设电子档案迁移时必须进行迁移登记，登记内容应按表 17 - 6 的要求填写。

表 17 - 6　建设电子档案迁移登记表

原系统 设备情况	硬件系统： 系统软件： 应用软件： 存储设备：
目标系统 设备情况	硬件系统： 系统软件： 应用软件： 存储设备：
被迁移归档 电子文件情况	原文件格式： 目标文件格式： 迁移文件数： 迁移时间：
迁移检验情况	硬件系统校验： 系统软件校验： 应用软件校验： 存储载体校验： 电子文件内容校验： 电子文件形态校验：
迁移操作者（签名）： 　　　年　月　日	迁移校验者（签名）：　　　　　　单位（盖章）： 　　　年　月　日　　　　　　　年　月　日

（4）建设电子档案迁移后，原格式电子档案必须同时保留的时间不少于 2 年，但对于一些较为特殊必须以原始格式进行还原显示的电子档案，可采用保存原始档案的电子图像的方式。

（四）利用

（1）建设电子档案保管单位应编制各种检索工具，提供在线利用和信息服务。

（2）利用时必须严格遵守国家保密法规和规定。凡利用互联网发布或在线利用建设电子档案时，应报请有关部门审核批准。

（3）对具有保密要求的建设电子档案采用联网的方式利用时，必须按照国家、地方及部门有关计算机和网络保密安全管理的规定，采取必要的安全保密措施，报经国家或地方保密管理部门审批，确保国家利益和国家安全。

（4）利用时应采取在线利用或使用拷贝文件，电子档案的封存载体不得外借。脱机建设电子档案（载体）不得外借，未经批准，任何单位或人员不得擅自复制、拷贝、修改、转送他人。

（5）利用者对电子档案的使用应在权限规定范围之内。

（五）鉴定销毁

建设工程电子档案的鉴定销毁，应按照国家关于档案鉴定销毁的有关规定执行。销毁建设电子档案必须在办理审批手续后实施，并按要求填写建设电子档案销毁登记表（表17－7）。

表17－7　建设电子档案销毁登记表

序号	文件名称	文件字号	归档日期	页次	销毁原因	销毁人签字	备注

主要参考文献

[1]水利部黄河水利委员会,黄河河防词典. 郑州:黄河水利出版社,1995

[2]中华人民共和国行业标准,SL265 - 2001 水闸设计规范. 北京:中国水利水电出版社,2001

[3]刘小平,建筑工程项目管理[M]. 北京:高等教育出版社,2002

[4]水利部水利水电工程标准施工招标文件[S],北京:中国水利水电出版社,2007

[5]张华,水利工程监理. 北京:中国水利水电出版社,2004

[6]温随群,水利工程管理. 北京:中国广播电视大学出版社,2002

[7]侯全亮,黄河 400 问. 郑州:黄河水利出版社,2016

[8]胡一三,黄河防洪. 郑州:黄河水利出版社,1996

[9]尹红莲,现代水利工程项目管理. 郑州:黄河水利出版社,2014

[10]梅孝威,水利工程技术管理. 北京:中国水利水电出版社,2007

[11]李晓莉,水电建设项目档案管理实务. 北京:中国电力出版社,2015